Handbuch der Geschichte der Sozialpolitik in Deutschland

Band 1: Von der vorindustriellen Zeit bis zum Ende des Dritten Reiches

Von

Dr. rer. pol. Johannes Frerich

Univ.-Professor an der Rheinischen Friedrich-Wilhelms-Universität Bonn

und

Diplom-Volkswirt Martin Frey

Stellv. Leiter des Sekretariats des Ausschusses für Arbeit und Sozialordnung des Deutschen Bundestages

Zweite Auflage

R. Oldenbourg Verlag München Wien

Die Deutsche Bibliothek - CIP-Einheitsaufnahme

Frerich, Johannes:
Handbuch der Geschichte der Sozialpolitik in Deutschland / von Johannes Frerich und Martin Frey. - München ; Wien : Oldenbourg.

NE: Frey, Martin:

Bd. 1. Von der vorindustriellen Zeit bis zum Ende des Dritten Reiches. - 2. Aufl. - 1996
ISBN 3-486-23785-3

Gesamtherstellung: R. Oldenbourg Graphische Betriebe GmbH, München

ISBN 3-486-23785-3

Vorwort

Der Begriff der Sozialpolitik wurde erst in der Mitte des vergangenen Jahrhunderts – als die neuere staatliche Sozialpolitik bereits anderthalb Jahrzehnte alt war (Preußisches Regulativ von 1839) – in die gesellschaftspolitische Diskussion eingeführt und war insbesondere nach der Gründung des Vereins für Socialpolitik im Jahre 1872 aus dieser nicht mehr wegzudenken. War es ursprünglich die Soziale Frage im Sinne der Arbeiterfrage, die im Mittelpunkt der wissenschaftlichen Beschäftigung insbesondere der Kathedersozialisten mit der Sozialpolitik stand, so deutete sich bereits um die Jahrhundertwende eine Loslösung der Sinngebung des Begriffs der Sozialpolitik von der Arbeiterfrage einerseits und der Begrenzung auf staatliche Aktivitäten andererseits an. Verstärkt setzte nach dem Ersten Weltkrieg die Entwicklung der Sozialpolitik in Richtung auf eine allgemeine Gesellschaftspolitik ein. Zunehmend wurde die Sozialpolitik aus der historischen Bindung an die Soziale Frage des 19. Jahrhunderts gelöst und als gesellschaftliche Ordnungspolitik bzw. Gesellschaftspolitik schlechthin verstanden. In diesem Sinne kann Sozialpolitik definiert werden als die Gesamtheit aller staatlichen und außerstaatlichen Maßnahmen und Bestrebungen zur Verbesserung der Lebenslage von wirtschaftlich und/oder sozial schwachen Personenmehrheiten. Von ihrer Zielstellung her ist Sozialpolitik immer Verteilungspolitik; sie ist in ihrem Kern stets Beeinflussung von sich ansonsten einstellenden Verteilungen, sei es von Rechten oder Pflichten, von Einkommen oder Vermögen, sei es interpersonal und/oder intertemporal. Die soziale Umverteilung mit Hilfe der Sozialtransfers und ihrer Finanzierung ist ebenso Gegenstand der Sozialpolitik wie die kollektive Regelung der Arbeitsentgelte und Arbeitsbedingungen.

Die vorliegende Geschichte der Sozialpolitik ist im Grenz- und Schnittbereich von Wirtschaftswissenschaft, Geschichtswissenschaft und Politikwissenschaft angesiedelt und in mehrjähriger gemeinsamer Arbeit aufgrund umfangreicher eigener Quellenforschung entstanden. Das Buch bietet mehr als eine Ereignisdarstellung zur Sozialpolitik im historischen Ablauf, sondern dient vor allem dem Zweck, sozialpolitische Maßnahmen und Bestrebungen in gesamtwirtschaftliche und gesamtgesellschaftliche Zusammenhänge unter Berücksichtigung des jeweiligen politisch-administrativen Systems sowie der sozialpolitisch relevanten gesellschaftlichen Gruppen einzuordnen. Dadurch wird das vorliegende Buch zugleich zu einer Wirtschafts- und Gesellschaftsgeschichte, wenn auch aus dem Blickwinkel des Sozialpolitikers betrachtet.

Das vorliegende dreibändige Handbuch zur Geschichte der Sozialpolitik bietet gewiß mehr als eine erste Einführung. Es soll letztlich einen umfassenden Überblick über seinen Gegenstandsbereich geben. Zielgruppe des Buches sind nicht nur Studenten der Wirtschafts-, Sozial- und Rechtswissenschaften, sondern auch und gerade interessierte Wirtschafts- und Verwaltungspraktiker; für an Universitäten und Hochschulen sowie außerhalb dieser Einrichtungen tätige Wissenschaftler dürfte das Buch als Nachschlagewerk wertvoll sein, das auch für spezielle Fragestellungen mehr als nur eine erste Orientierung bietet. Besonderer Wert wurde bei der Erstellung des Buches auf die Erfassung umfangreichen empirischen Datenmaterials und sämtlicher Gesetzesquellen sowie der relevanten Literatur gelegt. Die Literaturangaben im laufenden Text erfüllen einerseits die übliche Zitier- und Belegfunktion, dienen andererseits jedoch dem Zweck, dem Leser eine eigene weitergehende Arbeit im Hinblick auf die angesprochene Thematik zu erleichtern. Das Literaturverzeichnis wird ergänzt durch ein weiteres nach Sachbereichen strukturiertes Quellenverzeichnis. Abkürzungs- und Tabellenverzeichnisse sowie detaillierte Personen- und Sachregister schließen die einzelnen Bände ab.

Der Band 1 des vorliegenden Buches befaßt sich mit der Sozialpolitik von ihren ersten Anfängen bis zum Ende des Zweiten Weltkrieges. Nach einem Überblick über die Sozialpolitik in vorindustrieller Zeit und im Industrialisierungsprozeß werden die Sozialpolitik im Deutschen Kaiserreich, in der Weimarer Republik sowie im Dritten Reich behandelt. Dabei bot die bereits vorhandene Literatur nur erste Anhaltspunkte für die eigene Arbeit; im Kern ging es vor allem darum, unter Rückgriff auf historische Primärquellen wie Gesetzesmaterialien und Statistiken zu weitergehenden Einsichten in die wirtschaftliche und soziale Entwicklung Deutschlands zu gelangen. Ob und inwieweit dies gelungen ist, müssen wir der Beurteilung durch entsprechend ausgewiesene Fachkollegen überlassen.

Im Zuge der Fertigstellung dieses Bandes ist eine nicht unbeträchtliche Dankesschuld entstanden. Dank gebührt einmal den Mitarbeiterinnen und Mitarbeitern der Bibliotheken des Deutschen Bundestages sowie der Rechts- und Staatswissenschaftlichen Fakultät der Rheinischen Friedrich-Wilhelms-Universität Bonn. Zu danken haben wir zum anderen einigen wissenschaftlichen Mitarbeitern – Diplom-Volkswirt Jost Lüking, Diplom-Volkswirtin Ellen Troska – und Studenten im Wirtschaftswissenschaftlichen Fachbereich der Universität Bonn, die die Abschlußphase des Buches in konstruktiv-kritischer Weise begleitet haben und bei der Durchführung der Korrekturen und der Erstellung der Register behilflich waren. Dank gebührt auch unseren Familienangehörigen, die unserer mehrjährigen Arbeit sehr viel Verständnis entgegengebracht haben.

Johannes Frerich

Martin Frey

Inhaltsverzeichnis

Kapitel 1

Sozialpolitik in vorindustrieller Zeit

Im allgemeinen werden die **Anfänge der sozialpolitischen Diskussion** in Deutschland, aber auch in anderen Ländern, mit jenem sozio-ökonomischen Strukturwandel in Verbindung gebracht, der durch den Beginn der Industrialisierung eingeleitet wurde. Dies ist sicherlich insofern begründet, als

- die **Soziale Frage** im Zuge der Industrialisierung ein bis dahin kaum gekanntes Ausmaß erreichte und zum dominierenden staats- und gesellschaftspolitischen Problem wurde,
- deutlich neue Wege der **Lösung sozialer Konflikte** beschritten wurden, was schließlich
- überhaupt erst den **Begriff der Sozialpolitik** entstehen ließ.

Nichtsdestoweniger sind staatliche und nichtstaatliche sozialpolitische Bemühungen im weitesten Sinne eines Ausgleichs zwischen Arm und Reich bereits in vorindustrieller Zeit erkennbar. Sie finden sich letztlich in allen Gesellschaften, in denen „zwischen sozialen Gruppen (Schichten, Ständen, Klassen) Unterschiede in den politischen, persönlichen und/oder wirtschaftlichen Rechten sowie in den Verfügungsmöglichkeiten über wirtschaftliche Güter (Einkommen und Vermögen) bestehen, die als so groß empfunden werden, daß sie entweder den inneren Frieden und damit die Existenz des Staates bedrohen oder mehrheitlich als nicht vertretbar angesehen werden" *(Lampert, 1977, S.61)*. Soziale Fragen und erste Ansätze der Sozialpolitik waren somit ohne Zweifel in irgendeiner Form bereits in der Frühgeschichte wohl aller Völker vorhanden *(vgl. Tönnies, 1907, S.7ff.; Achinger, 1939, S.20; Lampert, 1980a, S.25ff.)*.

1. Sozialpolitische Ansätze im Altertum und Frühmittelalter

1.1 Alter Orient, Judentum und antikes Griechenland

Bei den **urgeschichtlichen Stämmen** trat eine Soziale Frage im engeren Sinne des Spannungsverhältnisses zwischen sozialen Gruppen vermutlich nicht in Erscheinung. Davon abgesehen ist nicht eindeutig geklärt, ob die Einstellung gegenüber schwachen, hilfsbedürftigen und kranken Stammesmitgliedern eher hartherzig und grausam war oder ob es so etwas wie eine allgemeine Hilfsbereitschaft gab. Sicher scheint aber zu sein, daß sich die Hilfe für Schwache nicht über den Kreis des Stammes- bzw. der Blutsverwandtschaft hinaus erstreckte *(vgl. Laum, 1923, S.938)*.

In den **potamischen Hochkulturen** am Nil sowie an Euphrat und Tigris, in denen die wirtschaftliche Entwicklung neben auffälligem Reichtum auch breite Schichten wirtschaftlich Schwacher erzeugte, existierten dagegen bereits konkrete **Ansätze öffentlicher Fürsorge**. Die königliche Fürsorge erfolgte nicht nur aus realpolitischen Erwägungen, sondern vor allem aus religiösen Gründen. Im altorientalischen Götterkönigtum machte die Gemeinde den Führer zum Gottkönig, sofern er ihr Wohltaten erwies. Regierungsberichte aus **Ägypten** und **Babylonien** erwähnen bereits besondere Hilfen für Arme, Witwen und Waisen. HAMMURABI (1728–1686 v. Chr.) war wohl der erste Herrscher, der versuchte, die Fürsorge gesetzlich zu regeln. So sollten gemäß dem von ihm verfaßten Gesetzbuch von Unterdrückten nicht übermäßige Gebühren und Abgaben gefordert werden, damit ihre wirtschaftliche Existenz nicht zerstört werde; es sollte sichergestellt werden, daß die unterdrückten Klassen ihre rechtmäßige Entlohnung erhielten (ungekürzte Nahrungsrationen bei der Fronarbeit); für bestimmte Arbeiten (z. B. als Ochsentreiber, Sämann oder Hirte) nannte das Gesetz sogar feste Lohntaxen *(vgl. Laum, 1923, S.938)*.

Für die **Juden** (ab etwa 1600 v. Chr.) waren die Hilfe für den Nächsten durch Religion und Gesetz als heilige Pflicht vorgeschrieben und **Jahwe** der Gott der Armen und Verlassenen *(Sam. I 2,7ff.)*. Im Laufe der Zeit wurden die Pflichten der Nächstenliebe zu festen Rechtsgrundsätzen *(Mos. II 22,20ff.; III 25,35; V 15,11)*. **Fürsorge** erhielten nach dem **Alten Testament** neben den Sklaven und Fremden insbesondere Witwen und Waisen sowie besitzlose Handwerker und Tagelöhner. Die Hilfe, die teilweise prophylaktischen Charakter hatte, bestand in einer Ermäßigung bzw. einem Erlaß der gesetzlichen Abgaben, in der Gewährung bestimmter Gaben sowie in der Sicherung vor dem Absinken in die Armut. Bedeutsam waren in diesem Zusammenhang die Bestimmungen über den Erlaß von Darlehen, die Verordnungen über Leihe und Bürgschaft sowie die Schutzbestimmungen für die Handarbeiter (Schutz gegen Überzeitarbeit, Sicherung direkter Lohnzahlung) *(Mos. V 15; V 24, 14ff.; Sirach 29,8ff.)*. Daneben enthielt der **Talmud** eine Reihe von Bestimmungen, die einen theokratischen Arbeiterschutz begründeten (Sabbatruhe u. ä.); eine gewisse Fürsorge und eine relativ humane Behandlung war selbst für die Sklaven vorgesehen *(vgl. Laum, 1923, S.938f.)*.

Die im antiken **Griechenland** zunächst vorherrschende Staatsphilosophie, nach der fast alle Maßnahmen darauf gerichtet waren, den allgemeinen Wohlstand, die Macht und das Ansehen des Staates zu heben, bot nur wenig Raum für Barmherzigkeit. Arme und Schwache, die nicht arbeiten konnten, hatten für den Staat keinen Wert und wurden daher eher als Hemmnis und Last empfunden. Erst als sich im Anschluß an die **Perserkriege** (500–479 v. Chr.) die Sozialstruktur spürbar veränderte und einer kleinen reichen und privilegierten Schicht eine zunehmend größere deklassierte und unzufriedene Masse gegenüberstand, veränderte sich die Haltung der Herrschenden gegenüber Kranken und Notleidenden. Ursache dafür waren allerdings kaum karitative, sondern fast ausschließlich politische Gründe; hauptsächlich ging es darum, die für die bestehende Gesellschaftsordnung zur Gefahr werdenden und ständig wachsenden sozialen Spannungen abzuschwächen *(vgl. Wannagat, 1965, S.41; Brockmeyer, 1972)*.

Neben der an erster Stelle stehenden privaten Wohltätigkeit reicher Bürger kam es allmählich zu direkten staatlichen Eingriffen. Diese zielten zunächst vor allem darauf ab, die Landflucht zu steuern, besitzlose Bürger in eroberten Gebieten anzusiedeln und durch Arbeitsbeschaffungsmaßnahmen

(z. B. Errichtung öffentlicher Bauten) den Bettel zu bekämpfen, der als Schande für die Städte galt.

Eine auf dem Fürsorgeprinzip basierende staatliche Hilfe wurde zunächst für die durch den Krieg Verarmten eingeführt. Seit PEISISTRATOS (um 560 v.Chr.) erhielten bedürftige Kriegsbeschädigte und deren Hinterbliebene eine staatliche Unterstützung. Außerdem übernahm der Staat den Unterhalt und die Erziehung männlicher Kriegswaisen bis zu deren Volljährigkeit *(vgl. Peters, 1978, S.15; Laum, 1923, S.939)*.

Der Übergang vom Leistungs- zum Fürsorgestaat erfolgte aber erst unter PERIKLES (450–429 v. Chr.). In dieser Zeit dehnte Athen die staatliche Hilfe auf alle Bürger aus, die schwach und gebrechlich waren und deshalb ihren Lebensunterhalt nicht selbst verdienen konnten. Jede einzelne Gewährung von Unterstützung mußte nach Prüfung der Bedürftigkeit vom Rat der 500 beschlossen werden. Die Unterstützung war zeitlich befristet und schwankte zwischen 1 und 2 Obolen täglich (der Tageslohn belief sich auf 3–4 Obolen). Eine Armenpflege gab es außer in Athen nachweislich auch in Tarent und in Rhodos *(vgl. Peters, 1978, S.15; Laum, 1923, S.939)*.

Nachdem bereits zur Zeit von PERIKLES **Diäten** eingeführt worden waren, um den Armen die Ausübung ihrer politischen Rechte (Besuch der Volksversammlungen) zu ermöglichen und die Homogenität der Bürger zu wahren, gab es ab 392 v.Chr. auch Diäten für den Besuch von Theaterveranstaltungen. Obgleich es sich bei der Vergabe von Diäten zumindest *de iure* nicht um eine Form der Armenpflege handelte, hatte sie faktisch dieselbe Wirkung. In der Folgezeit entwickelte sich aus der Diätenvergabe ein umfangreiches Spendensystem; wie später in Rom waren es vor allem **Getreidespenden**. Während die Verteilung der Spenden zumeist durch den Staat erfolgte, stammten die Mittel überwiegend aus privaten Stiftungen (z.B. hellenistischer Fürsten) *(vgl. Laum, 1923, S.939)*. Im übrigen gab es bereits damals in den griechischen Städten eine größere Zahl von **Selbsthilfeeinrichtungen** in Form von Handwerksvereinen und -gilden (Eranoi), Krankenhilfsvereinen und Begräbnisgesellschaften *(vgl. Peters, 1978, S.15 f.; Pfeffer, 1970, S. 228 f.)*.

1. 2 Römisches Reich

Auch im Römischen Reich erfolgten staatliche Fürsorgemaßnahmen hauptsächlich aufgrund politischer Überlegungen. Vor allem nach den drei **Punischen Kriegen** (264–129 v. Chr.), die eine wachsende Verarmung und Proletarisierung breiter Bevölkerungskreise nach sich zogen, waren staatliche Eingriffe zur Abwehr sozialer Konflikte zunehmend erforderlich geworden.

Eine der ersten Maßnahmen bildete das von C. GRACCHUS (153–121 v. Chr.) erlassene Getreidegesetz (lex frumentaria), das der hauptstädtischen Bevölkerung eine Ermäßigung der Getreidepreise durch staatliche Zuschüsse sichern sollte. Nachdem seit CLODIUS die Getreidelieferungen an ärmere Bürger kostenlos abgegeben worden waren, stieg die Zahl der Unterstützungsempfänger bis zur Zeit CÄSARS (59–44 v.Chr.) auf rd. 320.000. Dieser konnte die Zahl der Unterstützten zeitweilig auf 150.000 reduzieren. Unter AUGUSTUS (31 v.–14 n.Chr.) waren es jedoch bereits wieder 200.000 Unterstützungsempfänger. Obwohl sich die hierfür aufgewandten staatlichen Ausgaben von 73 v.– 46 n.Chr. von 10 auf 77 Mio. Sesterzen erhöhten, wurde diese Form der Unterstützung mehrere Jahrhunderte beibehalten. Lediglich ihre Form änderte sich. So ließ AURELIAN (270–275 n. Chr.) statt Getreide täglich je 2 Pfund Brot an die arme Bevölkerung verteilen *(vgl. Laum, 1923, S. 940; Peters, 1978, S.16)*.

Andere Formen der Unterstützung waren die unentgeltliche Bereitstellung von Bädern, die Kombination von Brot und Spielen (panem et circenses) sowie die Verteilung von Geldmitteln nach beendigten Kriegen, bei Thronbesteigungen und bei Wahlen, um die verarmten, aber stimmberechtigten Bürger für sich zu gewinnen. Daneben entstanden zahlreiche private Stiftungen, die in unterschiedlichster Weise Bedürftigen halfen (vgl. *Wannagat, 1965, S.42*).

Die zunehmende Sittenlosigkeit und die immer deutlicher werdenden Verfallserscheinungen der römischen Gesellschaft führten in späterer Zeit, vor allem aus bevölkerungs- und militärpolitischen Erwägungen, zu verschiedenen Maßnahmen, durch welche die Eheschließungen gefördert, die Geburtenzahl gesteigert und der Nachwuchs gesichert werden sollten. Hervorzuheben ist insbesondere die sog. Alimentarinstitution, ein System von Familienbeihilfen, das aus Stiftungsgeldern finanziert wurde und den Zweck hatte, die Ernährung armer Kinder sicherzustellen. Dieses System der Alimentation wurde 101 n. Chr. von Kaiser TRAJAN eingeführt, unter HADRIAN, MARC AUREL und SEVERUS weiter ausgebaut und bestand bis 315 n. Chr. *(vgl. Laum, 1923, S.940; Lampert, 1980a, S.28).*

Neben den staatlichen Einrichtungen existierten auch im Römischen Reich vorwiegend auf berufsständischer Grundlage gebildete soziale **Selbsthilfeeinrichtungen**, so z.B. die **Krankenkassenvereine** (collegia tenuiorum) und die **Sterbekassenvereine** (collegia funeratica). Diese unter Staatsaufsicht stehenden Vereine, die sich aus Beitrittsgeldern sowie laufenden Beiträgen (stips mensuaria) finanzierten, gewährten Krankenhilfe und Heilmittel bei Krankheit und Unfällen sowie Geldbeträge an Hinterbliebene beim Tode von Mitgliedern *(vgl. Alföldy, 1975; Budischin/Kreuter, 1975, S.88; Peters, 1978, S. 16f.).*

1.3 Frühes Christentum

Mit dem zunehmenden Verfall des Römischen Weltreiches, der mit weit verbreiteter Not und großem Elend verbunden war, verschwanden auch die Ansätze der vom Staat beeinflußten Wohlfahrtspflege. Stattdessen übernahmen die jungen **christlichen Gemeinden**, in denen die **Nächstenliebe** und das **Gemeinschaftsgefühl** besonders ausgeprägt waren, die Fürsorge für Arme, Kranke und sonstige Bedürftige. Anders als in der Antike erfolgte diese Wohltätigkeit allein aus Liebe zum Mitmenschen. Die Unterstützung war zunächst formlos und unmittelbar den Bedürfnissen der Notleidenden angepaßt. Es bestand kein formeller Anspruch auf Unterstützung. Die Gemeindemitglieder waren nicht zur Entrichtung von Gaben verpflichtet, sondern lediglich durch das Gebot der Nächstenliebe dazu angehalten.

Die Gaben bestanden zum einen aus **Beiträgen zur Gemeindekasse** (arca bzw. corbora) und zum anderen in **Oblationen** (zumeist Naturalien) beim Abendmahl. Unterstützt wurden anfänglich nur die wirklich Bedürftigen, nicht dagegen Müßiggänger oder Arbeitsunwillige. Um die Hilfe möglichst individuell gestalten zu können, wurden die besonderen Verhältnisse der Unterstützungsbedürftigen in einer sog. **Armenliste** (matricula) genau erfaßt. Soweit möglich wurde angestrebt, arbeitsfähigen Armen eine **Beschäftigung** zu verschaffen. Diese gezielte Hilfe führte dazu, daß es in den kleinen überschaubaren christlichen Urgemeinden praktisch keine Bettler gab *(vgl. Laum, 1923, S. 940f.; Wannagat, 1965, S.43).*

Eine wesentliche inhaltliche und organisatorische **Veränderung** erfuhr die **christliche Wohltätigkeit** jedoch, als das Christentum unter Kaiser KONSTANTIN (324–337 n. Chr.) staatlich anerkannt wurde und an die Stelle der kleinen Urgemeinden vielfach Massengemeinden mit bisweilen mehr als 100.000 Mitgliedern traten. Diese Entwicklung führte nicht nur zu einer zunehmenden Hierarchisierung innerhalb der Kirche, sondern auch dazu, daß der alle Mitglieder der Urgemeinde verbindende brüderliche Geist mehr und mehr verschwand. Für die **Armenpflege** hatte dies zur Folge, daß im Laufe der Zeit die unmittelbare **brüderliche Hilfe** der Gemeindemitglieder zunehmend durch die indirektere Form der **Almosenverteilung** seitens der Kirche abgelöst wurde. Dieser Wandel wurde nicht zuletzt dadurch begünstigt, daß das Christentum als Staatsreligion anerkannt wurde und die Kirche von den Kaisern zahlreiche Privilegien zugewiesen bekam und ihr nunmehr durch großzügige Spenden vergleichsweise umfangreiche Mittel zur Verfügung standen. Gleichzeitig änderte sich die **Motivation**, die der Wohltätigkeit zugrunde lag; immer mehr verbreitete sich die Auffassung, daß die Hilfe für Arme und Kranke ein verdienstvolles, Gott wohlgefälliges Werk sei, durch das das **eigene Seelenheil** gesichert werden könne.

Die aus dem wirtschaftlichen Zusammenbruch des Römischen Reiches resultierende Verarmung immer weiterer Kreise machte es der Kirche – trotz Straffung der Organisation der Armenpflege – langfristig unmöglich, die sich gegen Ende des Altertums ausbreitende **Massenverelendung** zu verhindern. Um 325 n. Chr. entstanden – zuerst in den östlichen Gebieten – **Anstalten**, in denen die Hilfsbedürftigen, die ihren Familienverband verloren hatten, versorgt wurden. Daneben entwickelte sich die **Gemeindearmenpflege**, wobei große Städte in Bezirke unterteilt wurden, an deren Spitze ein Diakon stand. Vielfach gab es in den Bezirken auch schon besondere Häuser (Diakonien), in denen die Armen gespeist wurden. Diese Entwicklung der Fürsorge hatte jedoch zur Folge, daß eine bedürfnisgerechte individual-orientierte Versorgung kaum mehr möglich war. Die ungezielte Almosenverteilung begünstigte vielmehr die Ausbreitung des Bettels, der schon bald derart überhand nahm, daß sich VALENTINIAN II. (383–392 n. Chr.) veranlaßt sah, erstmals ein **Bettelverbot** zu erlassen.

1. 4 Germanische Völker und Fränkisches Reich

Innerhalb der **germanischen Stämme** dominierte anfangs die **Selbsthilfe**, so daß für übergreifende staatliche Fürsorgeeinrichtungen zunächst kein Bedürfnis bestand. Erst im Zuge des Ausbaus der Stammesfürstentümer und der damit einhergehenden gesellschaftlichen Umstrukturierung ergab sich die Notwendigkeit zu **staatlichen Fürsorgemaßnahmen** *(vgl. Peters, 1978, S. 18)*.

Mit der **Ausbreitung des Christentums** wurde die Kirche auch in Mittel- und Westeuropa zum Hauptträger der Armenfürsorge. Vor allem die fränkische Kirche, der durch die **Merowinger** enorme Mittel zuflossen, bemühte sich in starkem Maße um die Versorgung der Armen und den Bau von Armenhäusern. Ungeachtet dieser Bemühungen blieb jedoch die große Masse der Armen auf das **Betteln** angewiesen und zog mit **Bettelbriefen** versehen im Lande umher *(vgl. Laum, 1923, S. 942; Mollat, 1987, S. 30f.)*.

Um die Wanderbettelei einzuschränken, beschloß das **Konzil von Orléans** im Jahre 511 n. Chr., daß jede Diözese die Pflicht habe, die Armen und Kranken ihres Sprengels selbst zu versorgen. Zugleich wurde versucht, die auf die Städte zugeschnittene altkirchliche Armenpflege auf die Bezirke der Landpfarreien auszuweiten, wenngleich man dabei über Ansätze auch nicht hinauskam. Im Jahre 532 bekräftigte die **Synode von Tours** die Pflicht der Pfarrgemeinden, für ihre Armen aufzukommen, und gestattete ihnen, dafür die Mittel der unter der Verwaltung des Bischofs stehenden Kirchengüter in Anspruch zu nehmen *(vgl. Mollat, 1987, S. 42)*.

Erst unter KARL DEM GROSSEN (768–814) entstand eine deutlich über das vorrangige und fallweise Almosengeben hinausgehende **Wohlfahrtspflege**. Er versuchte erstmals, den gesamten Bereich der Wohlfahrtspflege zu organisieren, und bemühte sich um eine den sozialen und wirtschaftlichen Verhältnissen angepaßte **Armenpflege**. So verlangte er von der Kirche, den **»Zehnten«** zu Wohlfahrtszwecken zu verwenden, und verpflichtete die **Grundherren**, die abhängigen Leute und das Gesinde namentlich in Zeiten der Teuerung zu unterstützen. Im Jahre 779, als die Not besonders groß war, erhob er von allen weltlichen und geistlichen Grundherren eine förmliche **Armensteuer**. Ferner wurden für **Witwen** und **Waisen** fürsorgerische Bestimmungen getroffen und in Notjahren der **Getreidepreis** subventioniert. Ausdrücklich verboten wurde dagegen die **Bettelei** *(vgl. Lütge, 1966; Wannagat, 1965, S.43; Peters, 1978, S.18).*

2. Sozialpolitische Ansätze im Mittelalter und in der frühen Neuzeit

2.1 Einflüsse der Scholastik

Ebenso wie nach dem Tode KARLS DES GROSSEN sein Reich keinen Bestand hatte, zerfielen auch die von ihm geschaffenen sozialen Einrichtungen fast völlig. Daß diese Ansätze einer im weitesten Sinne staatlichen Sozialpolitik nur begrenzten Erfolg hatten, war nicht zuletzt in der zunehmenden Schwäche der zentralen Gewalten begründet. Die **staatliche Zersplitterung** ließ im frühen Mittelalter eine geregelte Organisation der Armenpflege kaum noch zu. Aber auch in der Kirche nahm die Armenpflege zu Beginn des Mittelalters nur noch eine untergeordnete Stellung ein, und zu Zeiten des Papstes GREGOR VII. (1085–1095) war eine kirchliche Armenpflege in ihrer ursprünglichen Form praktisch nicht mehr vorhanden *(vgl. Laum, 1923, S.942).* Abgesehen von dem mehr zufälligen Almosengeben erfolgte die Unterstützung der Hilfsbedürftigen bis ins 12. Jhdt. hinein de facto überwiegend durch die **Familien**, die **Nachbarschaft** und die **Gemeinden** *(vgl. F.W. Henning, 1977, S.121 f.).* Hierzu schuf nicht zuletzt die maßgeblich von THOMAS VON AQUIN (1225–1274) begründete **scholastische Wirtschafts- und Gesellschaftslehre** eine systematische Grundlage *(vgl. Scherpner, 1962, S.23ff.; Pitz, 1979).*

Im Prinzip stellt die klassische **Scholastik** eine Verbindung von antiker heidnischer Philosophie im Sinne des ARISTOTELES mit christlichen Anschauungen dar. Die Scholastik betonte den **Primat der Gesellschaft**; der Mensch war als soziales Wesen zu seiner Entfaltung auf die Gesellschaft angewiesen, wobei Ordnungselemente dieser Gesellschaft die **Stände** waren. Die gesamte Wirtschaft – sowohl die Güterproduktion als auch die Verteilung und Verwendung der Güter – war gesellschaftlich-ständisch gebunden. Gerecht war dabei das, was der Aufrechterhaltung der bestehenden ständischen Ordnung diente. Sie bildete den unverrückbaren Fixpunkt im Wirtschafts- und Gesellschaftsleben.

In ihrer sozialpolitischen Komponente begründete die Scholastik eine das ganze Mittelalter beherrschende **Almosentheorie**. Jedermann, der mehr an Einkommen und Vermögen hatte, als zur Aufrechterhaltung des standesgemäßen Lebensunterhalts erforderlich war, sollte Almosen an diejenigen geben, die aus eigener Kraft dazu nicht in der Lage waren, zumindest den dem untersten Stand entsprechenden Lebensunterhalt für sich zu gewährleisten. In diesem Sinne wurde das Almosengeben zu einer ethischen Pflicht, die folgerichtig aus der scholastischen Wirtschafts- und Gesellschaftslehre und dem sie beherrschenden eigentümlichen Prinzip der Gerechtigkeit abgeleitet wurde.

Die durch die Scholastik begründete Almosenlehre erfuhr eine zusätzliche religiöse Absicherung durch ihre Verankerung im **Bußsakrament**. Almosengeben entsprach danach nicht bloß dem christlichen Erbarmen, sondern diente vor allem der diesseitigen Abgeltung von Sündenstrafen *(vgl. Sachße/Tennstedt, 1980, S.28f.).* Hieraus erklärt sich die über das ganze Mittelalter hinweg festzustellende positive Bewertung der Unterstützung von Armen mittels Almosen.

2. 2 Armen- und Krankenpflege durch Kirche, Klöster und Orden

Zu Beginn des Mittelalters entwickelten insbesondere Klöster und Mönchsorden mit der **Gründung von Spitälern** neue Formen der Wohlfahrtspflege. Derartige Spitäler, denen sich später vielfach Siechen- und Armenhäuser sowie Waisenanstalten anschlossen, entstanden zumeist aus den Unterkunftsstätten, die die **Klöster** einrichteten, um pilgernde und wallfahrende Gläubige zu beherbergen. Daneben machte es sich eine Reihe von **Mönchsorden** zur besonderen Aufgabe, für Arme und Kranke zu sorgen und – wie vor allem die religiösen Bettelorden – wandernden Bettlern vorübergehend Unterkunft zu gewähren *(vgl. Mollat, 1987, S.48ff.)*.

Eine besondere religiöse Begeisterung, die zu zahlreichen wohltätigen Werken und Stiftungen für Kranke und Notleidende führte, weckten schließlich die **Kreuzzüge** (1096-1270). Der religiöse Eifer regte nicht nur zu großzügigen Spenden an, sondern bildete auch den Ausgangspunkt für die Gründung verschiedener **ritterlicher** und **bürgerlicher Orden**, die sich die Aufgabe stellten, Pilger und Krieger, die auf dem Wege ins Heilige Land erkrankten oder verwundet wurden, zu versorgen. Während die ritterlichen Orden (am bedeutendsten in diesem Bereich waren der Johanniterorden und der Deutsche Orden, die 1113 bzw. 1190 in Jerusalem gegründet worden waren) später den Spitaldienst teilweise vernachlässigten, waren die bürgerlichen Orden überall in Europa maßgeblich am weiteren Ausbau des Hospitalwesens beteiligt. Im Gegensatz zum **Lazarusorden**, der sich auf die Pflege von Aussätzigen spezialisierte, widmeten sich die **Alexianer**, **Antoniter** und **Kreuzträger** allgemein der Kranken- und Armenpflege *(vgl. Mollat, 1987, S.112ff.)*.

Ebenfalls entscheidenden Anteil an der Entwicklung des späteren Krankenhauswesens hatten die **Spitalorden** und **Spitalbruderschaften**, die die Ritterorden in der sozialen Fürsorge ablösten. Im bedeutendsten Spitalorden, dem Orden des Heiligen Geistes, der ab 1204 eine große Verbreitung erreichte, waren neben Brüdern erstmals auch Schwestern tätig. Die Mittel für die Gründung und Unterhaltung von Hospitälern sowie die Pflege und Versorgung der Kranken, Wöchnerinnen und Waisen stammten überwiegend aus Schenkungen, Belehnungen (Überlassung zur Nutznießung) und Sammlungen *(vgl. Peters, 1978, S.20; Fischer, 1982, S.31f.)*.

Wachsende wirtschaftliche und politische **Probleme**, der Wandel der religiös-sittlichen Anschauungen, vor allem aber die im Zuge der aufkommenden Reformationsbestrebungen einsetzenden innerkirchlichen Auseinandersetzungen, ließen die **kirchlichen Fürsorgeaktivitäten** (caritas) ab der Mitte des 15. Jhdts. spürbar abnehmen.

2. 3 Armenpflege der mittelalterlichen Städte

Die sich ab der Jahrtausendwende überall in Deutschland herausbildenden **Städte** begannen ab dem 13. und 14. Jhdt. mit der Entfaltung eigener **Wohlfahrtsaktivitäten**. Neben der Gründung eigener **Hospitäler** übernahmen sie vielfach die Verwaltung ehemals kirchlicher Einrichtungen, die durch Mißwirtschaft in materielle Abhängigkeit der Städte geraten waren. Zudem wurden mildtätige **Stiftungen**, auch wenn sie weiterhin aus religiösen Gründen erfolgten, nun vermehrt in die Obhut weltlicher Behörden gegeben, da dort eine bessere Verwaltung vorausgesetzt wurde. Während zunächst die **Spitäler** meist alle Bedürftigen versorgten, kam es später häufig zu einer Spezialisierung auf bestimmte Aufgaben. Andere Spitäler wiederum wurden gezielt als Waisenhäuser und Altenheime oder zur Versorgung von Schwangeren, Invaliden und Leprakranken gestiftet. Zwar verfügten einzelne Städte über angestellte Stadtärzte, zu deren Pflichten auch die Versorgung der Kranken in den Spitälern gehörte, insgesamt blieb jedoch die medizinische Versorgung höchst unzureichend *(vgl. Fischer, 1982, S.32)*.

Die Städte übernahmen von den Kirchen nicht nur sukzessive die Leitung der Hospitäler und die Verwaltung und Verteilung der wohltätigen Stiftungen und der Almosen, sondern begannen auch allmählich, das **Armenwesen** durch **Verordnungen** zu reglementieren. Mit der »**Kommunalisierung**« der Armenfürsorge setzte zugleich deren lokale Beschränkung ein, indem sich die Städte zunehmend gegenüber dem Umland abschotteten, die Fürsorgepflicht auf die »eigenen« Armen beschränkten und Bemühungen unternahmen, um fremde Bettler fernzuhalten. Frühe städtische **Bettelordnungen** (z.B. Nürnberg 1370, Eßlingen 1384) machten nicht nur die Erlaubnis zum Betteln vom Tragen eines **Bettelzeichens** und vom Vorliegen einer Bedürftigkeit abhängig; sie enthielten zugleich starke Beschränkungen für fremde Bettler *(vgl. Sachße/Tennstedt, 1980, S.30f.)*.

Während die frühen Bettelordnungen im wesentlichen an den alten Unterstützungsformen, mithin an der ziel- und planlosen Almosenverteilung festhielten, brachten die zu Beginn des 16. Jhdts. erlassenen **Armenordnungen** (z. B. Nürnberg und Augsburg 1522, Breslau und Straßburg 1523, Regensburg und Magdeburg 1524) eine Reihe grundlegender **Neuerungen**. Erstmals wurden konkrete Kriterien für die Gewährung von Unterstützungen aufgestellt, die Finanzierung der öffentlichen Armenfürsorge vereinheitlicht und für die Bedürftigkeitsprüfungen und die Überwachung der Armen besondere Behörden geschaffen. Einige Städte verfügten darüber hinaus generelle **Bettelverbote** und verpflichteten arbeitsfähige Arme zum Arbeiten.

Die verschiedenen administrativen Maßnahmen der Städte waren zunehmend weniger von einer religiös motivierten Mildtätigkeit, sondern vielmehr von rationalen sozial- und ordnungspolitischen Erwägungen geprägt. Dies drückte sich besonders in den zur Wiederherstellung der öffentlichen Ordnung ergangenen **Reichspolizeiordnungen** aus. In Tit. 34 der **Ordnung und Reformatio guter Polizey** vom 18. November 1530 [Reichst. Absch., S.267] wurde dann auch angeordnet, daß die »Obrigkeit Vorsehung thue, daß eine jede Stadt und Kommune ihre Armen selbst ernähren und erhalten solle«. Entsprechende Bestimmungen enthielten auch die Reichspolizeiordnungen von 1548 und 1577 [Reichst.Absch., S.498, 871].

Hintergrund der in jener Zeit einsetzenden Bemühungen um eine **soziale Disziplinierung der Armen** war vermutlich weniger die von den Zeitgenossen beklagte Zunahme der Bettelei und des Gaunertums zum Ende des 15. Jhdts., als vielmehr eine sich **verändernde gesellschaftliche Wertung** des Bettels und der Armut. Dies zeigte sich insbesondere darin, daß nunmehr schärfer zwischen Arbeitsunfähigen und Arbeitsunwilligen unterschieden und durch Einführung eines **Arbeitszwanges** angestrebt wurde, Bettler an regelmäßige Arbeit zu gewöhnen, sie vom Trinken und Spielen abzuhalten und ihnen die bürgerlichen Tugenden des Fleißes, der Ordnung und der Sparsamkeit anzuerziehen *(vgl. Fischer, 1982, S.35)*.

In Anbetracht des im 16. Jhdt. zu verzeichnenden raschen Bevölkerungswachstums, der Verarmung weitester Bevölkerungskreise sowie der in der Bevölkerung noch tief verwurzelten Auffassung von der Werkheilung des Almosens gelang es den Städten jedoch nicht, die vorhandenen **Reformansätze** zu einer **geordneten Wohlfahrtspflege** auszubauen. Finanzielle Probleme der Städte, eine stagnierende Produktivität der Wirtschaft und Konflikte innerhalb der herrschenden Schichten führten sogar dazu, daß verschiedene positive Elemente – Arbeitsbeschaffungs- und Fürsorgeerziehungsmaßnahmen – schon bald wieder beseitigt wurden und viele Städte erneut das Betteln zumindest in begrenztem Umfange wieder zulassen mußten. Der völlige **Zusammenbruch der Wohlfahrtspflege** erfolgte für die meisten Städte allerdings ohnehin im Laufe des 30jährigen Krieges (1618–1648).

2. 4 Soziale Selbsthilfe durch Handwerk und Gesellenbruderschaften

In der Blütezeit der mittelalterlichen Städte erfuhr aber nicht nur die kommunale Armenpflege einen ersten Höhepunkt, auch die private **genossenschaftliche Selbsthilfe** erlebte in dieser Periode einen nachhaltigen Aufschwung. Eine besondere Rolle spielten dabei die **Zünfte** bzw. **Innungen**, in denen sich die vom Lande stammenden und in den Städten tätigen Handwerker schon früh zusammengeschlossen hatten, „um sich gegen Übergriffe der Patrizier zu schützen und ungestört ihr Handwerk ausüben zu können" *(A. Richter, 1979, S.31)*. Aus den ursprünglich privaten Vereinigungen waren im Laufe der Zeit, insbesondere im Zusammenhang mit der Herausbildung des ständischen Systems, öffentlich-rechtliche Selbstverwaltungskörperschaften mit hoheitlichen Funktionen und eigener Gerichtsbarkeit geworden, die schließlich nahezu die gesamte mittelalterliche Gewerbetätigkeit kontrollierten.

Die Macht der Zünfte basierte nicht zuletzt auf dem **Zunftzwang**, der die Ausübung des Gewerbes nur zünftigen Meistern gestattete, sowie den **Zwangs- und Bannrechten**, die die Bürger zwangen, bei bestimmten Meistern zu kaufen. Die verschiedenen Zunftverfassungen regelten darüber hinaus die Rohstoffbeschaffung sowie die Frage des Absatzes durch Begrenzung des Produktionsumfanges und stellten für die produzierten Waren bestimmte Qualitätsanforderungen auf. Daneben enthielten sie vielfach Bestimmungen über die Beschäftigung von Gesellen und Lehrlingen, deren Entlohnung und die Voraussetzungen für die Erlangung der Meisterwürde *(vgl. Nelken, 1906, S.3ff.; Popp, 1928, S. 15ff.; F.W. Henning, 1977, S.86ff.; Wannagat, 1965, S.44)*.

Die Zünfte kümmerten sich jedoch nicht nur um wirtschaftliche und berufsständische Belange; zugleich waren sie **religiöse Bruderschaften**, die die Mitglieder um ihrer Seelenheil willen zu wohltätigen Werken verpflichteten. Hierzu gehörte neben der Beteiligung an mildtätigen Stiftungen die Mitwirkung an der ehrenvollen Beisetzung eines Mitbruders, die Unterstützung Armer und die Fürsorge für die Hinterbliebenen eines Mitbruders *(vgl. A. Richter, 1979, S.33ff.)*.

Dem besonderen Abhängigkeits- und Treueverhältnis zwischen Meistern und Lehrlingen, anfänglich auch den Gesellen, und der Integration der Abhängigen in den Haushalt des Meisters entsprach die **besondere Fürsorge**, die dem Meister gegenüber seinen Schutzgenossen oblag. Die Beschäftigten erhielten freie Kost, Unterkunft, teilweise auch Kleidung und wurden bei Krankheit meistens im Hause des Meisters versorgt. Vereinzelt verpflichteten die Zunftordnungen die Meister sogar zur Lohnfortzahlung für im Dienste verunglückte oder erkrankte Gesellen.

Daneben trafen die Zünfte auf genossenschaftlicher Basis **Vorsorge** gegen die Wechselfälle des Lebens. Hierfür entstanden die sog. **Zunftbüchsen**, in welche die Meister zu bestimmten Terminen gewisse Beiträge einzahlen mußten.

Als Gegenleistung gewährten die Zunftbüchsen den Meistern bei Krankheit, Gebrechlichkeit, Armut, im Alter oder bei sonstigen Schicksalsschlägen Hilfen, die von Darlehen, der Stellung von Aushilfen, der Unterbingung in einem Spital bis zur lebenslangen Versorgung durch die Zunft reichten. Beim Tode eines Meisters wurde der Witwe vor allem dadurch geholfen, daß sie mit Hilfe eines Gesellen das Handwerk fortführen durfte. Die Unterstützung der Waisen bestand überwiegend darin,

daß sich die Zunft um ihre Ausbildung und Erziehung kümmerte. Erste Zunfturkunden, die derartige Vorsorgebestimmungen enthielten, waren z. B. jene der Bender in Straßburg (1355), der Wollenweber in Konstanz (1386) und der Bartscherer in Hamburg (1452) *(vgl. Peters, 1978, S. 24 f.)*.

Die genossenschaftliche Hilfe der Zünfte erstreckte sich – zumindest in der Anfangszeit – auch auf Gesellen und Lehrlinge. Ihnen half die Zunft, wenn sie krank wurden, sich bei der Arbeit verletzten, sich auf der Wanderschaft befanden oder ohne Arbeit waren. Teilweise wurden den Gesellen bei Krankheit aus den Zunftbüchsen auch Darlehen gewährt *(vgl. A. Richter, 1979, S. 33 f.)*. Dafür wurden die Gesellen gelegentlich zur Entrichtung von Beiträgen in die Zunftbüchsen herangezogen. Als Gesellen und Meister jedoch begannen, sich zunehmend als zwei verschiedene soziale Schichten zu begreifen und sich die Differenzen zwischen ihnen verschärften, bildeten die Gesellen ihre eigenen Verbände *(vgl. auch Fröhlich, 1976)*.

Die **Gesellenbruderschaften** zeigten ein ähnliches **brüderliches Wirken** wie die Zünfte und organisierten wie diese eine **genossenschaftliche Selbsthilfe**. Die zu diesem Zweck gebildeten Unterstützungskassen, von denen sich kein Geselle ausschließen durfte, finanzierten ihre Aufwendungen ebenfalls durch regelmäßige Beiträge ihrer Mitglieder. Mit besonderem Nachdruck nahmen sich die Bruderschaften des Schenkwesens, der Unterstützung Wandernder und ihrer Vermittlung in Arbeit an *(vgl. A. Richter, 1979, S. 39)*; außerdem wurden kranke Gesellen unterstützt, indem die Bruderschaften in den Spitälern eine bestimmte Anzahl von Betten kauften; einige Bruderschaften verfügten zudem über besondere Begräbniskassen. Zu den ersten bekannten Gesellenbruderschaften, die eine gegenseitige Unterstützung durchführten, gehörten jene der Weberknechte in Basel (1340), der Schmiedeknechte in Duderstadt (1337), der Weberknechte in Speyer (1389) und Ulm (1404) sowie der Bäckerknechte in Schlettstädt (1494) *(vgl. Budischin/Kreuter, 1975, S. 90; Peters, 1978, S. 25 f.; A. Richter, 1979, S. 39)*.

2. 5 Erste Ansätze zur Regelung der Arbeitsbedingungen und erste Arbeitnehmerkoalitionen

Als Ausdruck staatlicher Sozialpolitik im Mittelalter sind jedoch nicht nur die städtischen Wohlfahrtsaktivitäten anzusehen, sondern auch die ersten Bemühungen der staatlichen Gewalten, durch **Taxordnungen** für Lebensmittel und **Lohnregulierungen** auf die Gestaltung der Lebens- und Arbeitsbedingungen Einfluß zu nehmen.

So vereinbarten die Städte Westfalens und die westfälische Ritterschaft 1423 eine Gesinde- und Tagelohnordnung, um durch allgemeine Lohntaxen die Abwanderung in die Städte einzudämmen. Ebenfalls um die Arbeitskräfte auf dem Lande zu halten, wurden auf Drängen des Klerus und des Adels 1425 in Württemberg die Löhne obrigkeitsstaatlich festgesetzt. Lohnregelungen durch den Staat bezogen sich vor allem auf das in die Städte einströmende unständige Gesinde (Sonntags- und Wochenknechte), das nicht dem Haushalt angehörte und daher stärker an der Höhe des Geldlohnes interessiert war. Um die gegenseitige Abwerbung und Lohnsteigerungen zu verhindern, fand der Maximallohn im 14. und 15. Jhdt. eine weite Verbreitung.

Als das **unständige Gesinde** namentlich durch die Bauernkriege zahlenmäßig stark zunahm und sein Umherziehen als Bedrohung der öffentlichen Ordnung erschien, bestimmte die Reichspolizeiordnung von 1530 [Reichst.Absch., S.267], daß Landstreicher zu Gesindedienst und Handwerksarbeit gezwungen werden konnten. Außerdem wurde das Entlaufen des Gesindes mit Gefängnis bzw. Prügelstrafe bedroht und der Dienstaustritt nur mit einem Abschiedsbrief gestattet. Zugleich wurden Maximallöhne festgesetzt und angeordnet, daß täglich nur zwei warme Speisen verabreicht werden durften *(vgl. Bauer, 1923, S.403)*.

Andere frühe **arbeitsschutzrechtliche Vorschriften** – wie die **Sonntagsruhe** – erfolgten vor allem aus religiösen Gründen. Der Herzog HEINRICH VON SACHSEN verbot 1522 zwar den »Blauen Montag«, zugleich aber auch das Arbeiten an Feiertagen. Im übrigen kam es vereinzelt bereits in dieser Zeit zum Verbot der Entlohnung geleisteter Arbeit mit Waren, so in Nürnberg, wo der Rat 1540 ein **Truckverbot** erließ.

Einfluß auf die Gestaltung der Arbeitsbedingungen und die Entlohnung nahmen ab der Mitte des 14. Jhdts. in wachsendem Umfang die **Gesellenbruderschaften**, die sich über die religiös-karitativen Zielsetzungen hinaus immer mehr zu **Kampfverbänden** gegen die Zünfte der Meister entwickelten.

Mit Hilfe eines straffen **Organisationszwanges**, den sie hauptsächlich durch die Ächtung von Außenseitern und die von ihnen beanspruchte **beschränkte Gerichtsbarkeit** und Strafgewalt über ihre Mitglieder erreichten, gelang es ihnen vielfach, die wirtschaftlichen Interessen der Gesellen erfolgreich zu vertreten, wobei sie zunehmend zum Mittel der **Arbeitseinstellung** und des Streiks griffen oder zum **Boykott** (»Schelten« bzw. »Verruf«) aufriefen. Bei den Auseinandersetzungen ging es vornehmlich um die Höhe des Lohnes, Fragen der Lehrlingsausbildung, das Feiern am Montag (**»Blauer Montag«**), die Arbeitszeit, die Verpflegung der Gesellen sowie die Strafen bei Vertragsbruch. Gegen Ende des 15. Jhdts. hatten zahlreiche Gesellenverbände nach harten Auseinandersetzungen ihre Anerkennung durch Zünfte und Magistrate erreicht, die ihnen bisweilen in sog. **Gesellenordnungen** (»Artikel«) verbrieft wurde. Ihre Arbeitsbedingungen regelten sie nun verstärkt in **tarifvertragsähnlichen Kollektivvereinbarungen** mit den Zünften. Erste derartige Abkommen erzielten z. B. die Wollenweber von Speyer am 31. 10. 1351, die Straßburger Weber 1363 und die Thorner Goldschmiede 1437.

Die zunehmende Macht der Gesellenverbände, die durch im Laufe der Zeit aufgebaute überregionale Verbindungen noch erhöht wurde, und die sich häufenden Klagen über **»Mißbräuche«** durch die Gesellen veranlaßten die Staatsgewalt jedoch bald zu Gegenmaßnahmen. Der sich mit dem Niedergang der Städte und dem Aufkommen der Landeshoheit vollziehende Übergang zum Polizeistaat führte gegen Ende des Mittelalters zu einer **koalitionsfeindlichen Gesetzgebung**, die sich zwar formell auch gegen die Zünfte richtete, aber vor allem auf eine Zerschlagung der Gesellenverbände abzielte. Nachdem landesrechtliche Koalitionsverbote und Strafvorschriften gegen den Streik (z. B. in der bayerischen Landordnung von 1501 [BaiLandtHd., Bd.13, S.261] und 1518) erfolglos geblieben waren, sollte durch die 1530 beschlossene Ordnung und Reformatio guter Polizey (Reichspolizeiordnung) [Reichst.Absch., S.267] ein reichsweites Vorgehen gegen die Gesellen- und Handwerksmißbräuche erreicht werden. In Tit. 39 wurde vorgeschrieben, den Forderungen der Gesellen entschieden entgegenzutreten und die Arbeitsvermittlung durch die Gesellen sowie die von diesen ausgeübte Gerichtsbarkeit zu unterbinden. Der praktische Erfolg war zunächst gering, da die einzelnen Länder und Städte die Vorschriften unterschiedlich streng handhabten, so daß die Gesellen in jene Städte ziehen konnten, die für sie am günstigsten waren. Obgleich die **Reichspolizeiordnungen** von 1548 und 1577 [Reichst.Absch., S.498, 871] sowie die **Reichsabschiede** von 1551, 1559, 1570 und 1594 [Reichst.Absch., S.525, 564, 712, 930] wiederholt Maßnahmen gegen die Gesellen- und Handwerksmißbräuche vorschrieben und auf die Anwendung der entsprechenden Bestimmungen drängten, war vor dem 30jährigen Krieg eine einheitliche und letztlich wirksame Vorgehensweise der Reichsstände nicht zu erreichen *(vgl. Wisell, 1923, S.735f.; Popp, 1928, S.22ff.; Hueck/Nipperdey, 1960, S.158)*.

2. 6 Anfänge des Knappschaftswesens und des Bergarbeiterrechts

Die besonderen Verhältnisse im Bergbau – die persönliche Unabhängigkeit, Gleichberechtigung und wirtschaftliche Sicherheit sowie ein ausgeprägtes Gefühl der Verbundenheit der Bergleute untereinander *(vgl. A. Richter, 1979, S.24)* einerseits und die kräftezehrende und gefährliche Arbeit andererseits – führten dazu, daß sich im Bergbau frühzeitig Formen **genossenschaftlicher Hilfe** herausbildeten. Bereits in der Zeit, als die Bergleute noch selbständige Unternehmer (**Eigenlehner**) waren, die aufgrund einer Ermächtigung des Regalherren selbst die Mineralien gewannen, schlossen sie sich zu Produktionsgenossenschaften (»**Gewerken**«) zusammen und bildeten stark religiös betonte **Bruderschaften**.

Die starke Verbundenheit der Bergleute und ihre ausgeprägte Bereitschaft, sich bei Schicksalsschlägen gegenseitig zu helfen, blieben erhalten, als sich im 13. und 14. Jhdt. der Wandel vom Eigenlehnerbergbau zur kapitalistischen Unternehmensform vollzog und aus den selbständigen Bergleuten abhängige **Lohnarbeiter** wurden. Da erfahrene Bergleute gesuchte sowie nur schwer anzuwerbende Arbeitskräfte waren und die Landesherren an den gewonnenen Mineralien ein erhebliches Interesse hatten, wurden den Bergleuten im Laufe der Zeit zahlreiche **Privilegien** (z. B. Waffenehre, Befreiung vom Militärdienst und von bestimmten Steuern und Zöllen, eigene Gerichtsbarkeit) eingeräumt *(vgl. May, 1958, S.452; Thielmann, 1960, S.13)*. Darüber hinaus zeichnete sich der besondere Stand des Berg- und Hüttenmannes durch eigene Tracht und Fahnen, eigene Gewohnheiten und Bräuche sowie eine stark ausgeprägte kameradschaftliche Geselligkeit aus.

In den seit dem 12. Jhdt. entstandenen **Bruderschaften** der Bergleute dominierte zunächst der religiöse Charakter, so daß Spenden der Brüder ursprünglich hauptsächlich für kirchliche (gottesdienstliche) Zwecke bestimmt waren; zugleich gab es jedoch Ansätze der **Fürsorge** für arme, schwache oder kranke Bergleute. Da die nach guten Werken ausgerichtete Fürsorge der Bergleute als Gewohnheitsrecht entstanden war, enthielten die frühen Bergordnungen auch keine Bestimmungen darüber. Irrtümlich ist daher die vielfach vertretene Ansicht, die berühmte **Kuttenberger Bergordnung** von 1300 habe als erste Bergordnung Bestimmungen über die Knappschaftskasse enthalten. Tatsächlich erwähnte sie nur eine eigene Gerichtsbarkeit für Bergleute und deren besondere Rechte und Freiheiten *(vgl. Thielmann, 1960, S.15; A. Richter, 1979, S.21)*.

Eine **Kodifizierung** der Fürsorgebestimmungen erfolgte erst Anfang des 16. Jhdts., als zum einen die Landesherren begannen, umfassende **Bergordnungen** zu erlassen, und zum anderen unter dem Einfluß der **Reformation** aus den religiösen Bruderschaften die stärker weltlich orientierten und straffer organisierten **Knappschaften** entstanden. Zugleich nahm die gegenseitige Unterstützung, die bis dahin vorwiegend von Fall zu Fall erfolgte, verstärkt den Charakter versicherungsähnlicher Vorsorge an, indem regelmäßige Beiträge erhoben, ständige, durch die Knappschaftsältesten verwaltete Kassen eingerichtet und die Unterstützungsleistungen normiert wurden.

Büchsenkassen mit vornehmlich sozialer Zweckbestimmung gab es vermutlich seit dem Ende des 15. Jhdts. Aufgabe der 1503 in Annaberg errichteten Knappschaftslade, in welche die Büchsenpfennige der Knappen kamen, war die Bereitstellung ärztlicher Hilfe, die Auszahlung von Kranken- und Invalidengeldern, die Gewährung von Darlehen und die Übernahme der Begräbniskosten *(vgl. Zirkel, 1887, S.359)*. Auch die Knappen im schlesischen Reichenstein zahlten seit 1509 zwei Heller vom Gulden Lohn in eine gemeinschaftliche Kasse zum Unterhalt für die »armen, verlebten, schwachen, verdorbenen und beschädigten Bergleute«. Ähnliche Büchsenkassen existierten seit 1468 in Rattenberg, 1528 in Oppeln, Ratibor und Jägersdorf sowie 1532 in Villach.

Die wohl erste **Bergordnung**, die nähere Bestimmungen über die Büchsenkasse, die Beiträge und die Leistungen enthielt und einen indirekten Beitrittszwang begründete, dürfte die durch den Rat von Goslar erlassene Rammelsberger Ordnung von 1539 [Corp.jur. met., S.1058] gewesen sein *(vgl. May, 1958, S.426)*. Danach flossen in die von den Vorstehern der Knappschaft verwaltete Büchse neben regelmäßigen Beiträgen auch Strafgelder. Die Mittel waren dazu bestimmt, erkrankte und verunglückte Bergleute ärztlich zu versorgen, in Not geratenen Bergleuten mit Darlehen auszuhelfen und Bedürftige zu unterstützen. Bestimmungen über die Entrichtung von Büchsenpfennigen finden sich auch in der Schlaggenwalder Zinnbergwerks-Ordnung von 1540 (Art. 20), der Oberpfälzischen Bergordnung von 1548 [Slg.BaiBR, S.245], der Churtrierischen Bergordnung von 1564 [churtrierGVSlg., Th.I, S.383] (Art. XI, 12), der Hennebergischen Bergordnung von 1566 [Slg.PreußBO, S.219] sowie der Oberschlesischen Bergordnung von 1577 [Corp.jur. met., S.1298] (Art. 58). Einige Bergordnungen bestimmten dabei, daß der Lohn erst nach Entrichtung des Büchsenpfennigs ausgezahlt werden durfte, andere kannten bereits den zwangsweisen Einzug der Beiträge. Während zunächst die Verwendung der Gelder in Selbstverwaltung der Knappschaften erfolgte und allenfalls ein Einspruchsrecht der Bergbehörde bestand (Joachimsthaler Bergordnung von 1548, Art. 90, II [Slg.ÖsterrBG, I. Abth.,I.Bd., S.195]), durften nach der Joachimsthaler Bergordnung von 1600 Ausgaben nur mit Wissen des Bergmeisters getätigt werden.

In Ergänzung der genossenschaftlichen Selbsthilfe beteiligten sich im Laufe des 16. Jhdts. auch die **Unternehmer** an der Hilfe für Bergleute und begannen, in verschiedener Form und in unterschiedlichem Umfang die Kosten der Armen-, Kranken- und Verunglücktenunterstützung mitzutragen.

Die aus dem Gewohnheitsrecht hervorgegangene Verpflichtung der Gewerken, für bei **Betriebsunfällen** zu Schaden gekommene Knappen zu sorgen, fand Eingang in die Bergordnungen. So bestimmten die Annaberger Bergordnung von 1509 [UrkB.Freiberg, II.Bd., S.503], die Joachimsthaler Bergordnung von 1518 (Art. 105) sowie die Hennebergische Bergordnung von 1566 [Slg.PreußBO, S.219] (Art. 83) fast gleichlautend, daß den bei der Arbeit verunglückten Bergleuten in Ausbeutezechen für die Dauer von acht Wochen (bei Zubußzechen von vier Wochen) der Lohn und das Arztgeld gezahlt werden sollten. Mit zum Teil abweichenden Fristen trafen nahezu alle Bergordnungen der damaligen Zeit entsprechende Vorkehrungen *(vgl. Thielmann, 1960, S.22f.)*. Im Falle länger andauernder Krankheiten sollte in der Regel die Knappschaftskasse eintreten.

Daneben beteiligten sich die Gewerken an der sozialen Vorsorge indirekt, indem sie – ursprünglich freiwillig – zur Aufbringung der Mittel der Büchsenkassen beitrugen. Dies geschah entweder durch die Verleihung von Freikuxen an die Knappschaft oder durch Überlassung eines Teils der Produkte (z. B. Haldenerze). Die Churtrierische Bergordnung von 1564 [Slg.PreußBO, S.93] hielt die Gewerken ferner dazu an, den Armen – insbesondere den armen Bergleuten – einen Kübel Erz von jedem Hundert als »das reiche Almosen« zu geben *(vgl. Müller-Erzbach, 1917, S.434)*. Gelegentlich beteiligten sich sogar die Landesherren an der Finanzierung der Büchsenkassen, um sich qualifizierte Bergleute zu erhalten.

In Anbetracht dessen, daß der Bergbau bereits sehr früh dazu überging, Lohnarbeiter zu beschäftigen, finden sich in den Bergordnungen auch die frühesten Bestimmungen über die **Arbeitsverhältnisse und Arbeitsbeziehungen**. Während sich die ältesten Bergordnungen überwiegend mit der **Lehnschaft** befaßten, enthielten die **Konstitutionen** Wenzels II. aus den Jahren 1300 und 1305 für die Lohnarbeiter immerhin schon einige Bestimmungen sozialer Natur (const. jur. met. I, 7 §§ 15–17). Sie wiesen die Bergmeister an, darauf zu achten, daß den »armen Arbeitern« ein auskömmlicher Lohn gewährt und ihnen dieser in barem Gelde gezahlt werde. Ferner sollten die Hutleute sicherstellen, daß kein Arbeiter zwei Schichten hintereinander arbeitete und trägen Arbeitern der Lohn gekürzt werde *(vgl. Müller-Erzbach, 1917, S.377)*.

Die **Lohnarbeiter** des Bergbaus unterschieden sich in Knappen, in im engeren Sinne technisch ausgebildeten Hilfsknechten sowie in Knechte und Jungen. Allgemein war es in dieser Zeit üblich, im Bergbau Kinder zu beschäftigen. Lediglich einzelne Bergordnungen des 16. Jhdts. wandten sich gegen die Beschäftigung von Kindern als Hauer (die böhmischen Stände verboten 1494 den Hauern die Kinderausbeutung). Dagegen wurden Frauen in der Bergarbeit nicht unter Tage beschäftigt, dafür aber über Tage beim Aufbereiten des Erzes *(vgl. Müller-Erzbach, 1917, S.377)*.

Ursprünglich erfolgte die **Entlohnung der Arbeiter** (Herrenarbeiter) wohl überwiegend im Zeit-(Schicht-)lohn (siehe Lothringische Bergordnung von 1250, const. jur. met. von 1300, I, 12 § 6), wobei seit dem 15. Jhdt. die Bergbehörde die Höhe des Zeitlohnes direkt festsetzte (so die Goslarsche Bergordnung von 1476 [Corp.jur.met., S.1030] oder die Joachimsthaler Bergordnung von 1548 [Slg.ÖsterrBG, I.Abth.,I.Bd., S.195], Art. 41). Insbesondere für die Hauer gab es daneben den Gedingelohn, durch den die Arbeiter zu größerem Fleiß angehalten werden sollten. Hierbei wurden die Arbeiter nach der Menge des ausgeräumten Gesteins bezahlt, womit der Beschaffenheit des Gedinges wesentliche Bedeutung zukam.

Während die Meißnische Bergordnung von 1326 [UrkB.Freiberg, II.Bd., Nr.873, S.6] vorschrieb, das Gedinge möglichst in Gegenwart des Bergmeisters oder des Bergrichters festzulegen, konnte nach der Schneeberger Bergordnung der Steiger als Vertreter der Gewerken das Gedinge vereinbaren. Lediglich bei Nichteinigung sollten der Bergmeister bzw. zwei Geschworene schlichten. Die Annaberger Bergordnung von 1509 [UrkB.Freiberg, II.Bd., S.503], die ein in vielen Einzelheiten festgelegtes, für das übrige Deutschland richtungweisendes Arbeiterrecht enthielt, bestimmte in Art. 32, den Beginn der Gedingearbeit und den Umfang der geleisteten Arbeit von Geschworenen durch Stufenschlagen feststellen zu lassen. Diese sollten auch die Möglichkeit haben, bei einer unvorhergesehenen Änderung des Gedinges den Lohn abändern zu können. Nur beim Gedinge auf »Gewinn und Verlust« blieb der vereinbarte Lohn unabänderlich. Auch die Joachimsthaler Bergordnung von 1548 [Slg.ÖsterrBR, I.Abth.,I.Bd., S.195] verlangte die Festsetzung des Gedinges durch Geschworene (Art. 35), wobei zudem Gedingearbeit nur mit Genehmigung des Bergmeisters zugelassen war (Art. 34). Zwar brachte die Gedingearbeit im allgemeinen eine Arbeitsbeschleunigung, führte aber andererseits vielfach zu einem unsorgfältigen Hereingewinnen des Erzes. Daher schränkten einige Bergordnungen die Gedingearbeit ein.

Wie schon die Kuttenberger Bergordnung bestimmte, so bekämpften auch die Bergordnungen des 15./16. Jhdts. das Trucksystem (z. B. die Schwazer Bergorder von 1449 [Art. 34], die Niederösterreichische Bergordnung vom Januar 1517 [Corp.jur.met., S.34] [Art. 134], die Schneeberger Bergordnung von 1500 [Sächs.BR, S.82] [§ 24] sowie die Joachimsthaler Bergordnung [Slg.ÖsterrBG, I. Abth.,I.Bd., S.145] [Art. 40, Zusatz-Art. 13 von 1525]).

Die Dauer der Schicht wurde in der Regel seitens der Bergbehörde bestimmt. So schrieb bereits die Münsterthaler Bergordnung von 1372 die Achtstundenschicht vor. Obgleich es auch zehn- und zwölfstündige Schichten gab, war die achtstündige Schicht bei weitem vorherrschend (Beschluß des Goslarer Rates von 1479, Vorderösterreichische Bergordnung vom 22. Mai 1517 [Slg.Österr BG, III.Abth.,I.Bd., S.542], Annaberger Bergordnung von 1509 [UrkB.Freiberg, II.Bd., S.503] [§ 83]). Der Goslarer Rat setzte 1514 (Art. 15) eine siebenstündige Schicht fest, von der sogar nur 6 Stunden zu arbeiten waren *(vgl. Müller-Erzbach, 1917, S.378 f.)*.

Außerdem wurde zu jener Zeit damit begonnen, in die Bergordnungen erste Unfallverhütungsvorschriften aufzunehmen (Ratenberger Bergordnung von 1463 [Slg.BaiBR, S.51] [§ 47], Salzburger Bergordnung von 1477 [Slg.BaiBr., S.107] [§ 35]). Nach der Niederösterreichischen Bergordnung von 1517 [ZfB, Bd.39 S.345] (Art. 84) sollte der Hutmann darauf achten, daß nicht durch mangelhaftes Auszimmern der Grube Gefahr für Leib und Leben der Arbeiter entstehe.

Im Laufe dieser Entwicklung verstärkten sich die Tendenzen, die Bergarbeiter einer **behördlichen Kontrolle** zu unterwerfen. Einige der Bergordnungen forderten von den Bergleuten einen **Diensteid** und beschränkten die **Freizügigkeit** durch besondere Vorschriften für die Annahme der Arbeiter und die Beendigung des Arbeitsverhältnisses. Der Zusatz-Artikel 24 der Joachimsthaler Bergordnung sah einen **Abkehrschein** vor, ohne den eine neue Stelle nicht zu bekommen war. Während die Münsterthaler Bergordnung von 1372 [ZfGeschOberrh., Bd.61., S.447] dem Arbeiter das Recht gab, bei den monatlichen Lohnzahlungen die sofortige Entlassung zu fordern, bestimmte die Kuttenberger Reformation von 1579 [Slg.ÖsterrBG, I.Abth.,III.Bd., S.518] eine für beide Teile geltende achttägige **Kündigungsfrist**. Die Joachimsthaler Bergordnung gestattete dem Arbeiter sogar, durch gebührliche Abkehr (Kündigung) das Arbeitsverhältnis auch vor Beendigung des Gedinges zu lösen. Dagegen hatte nach der Goslarer Bergordnung von 1476 [Corp.jur. met., S.1030] das normale Gesinde in der Regel einen auf ein halbes Jahr befristeten Arbeitsvertrag. Gleichzeitig stellten die meisten Bergordnungen kontraktbrüchiges Verhalten unter **Strafe** und untersagten anderen Zechen, derartige Arbeiter einzustellen. Ebenso war das **Koalitionsrecht** der Bergarbeiter bereits im Mittelalter zumeist eingeschränkt; gegen unerlaubte Versammlungen und Vereinigungen wurde regelmäßig hart vorgegangen *(vgl. Müller-Erzbach, 1917, S.381)*.

3. Sozialpolitische Ansätze im Zeitalter des Absolutismus und der Aufklärung

3. 1 Gesellschaftliche Rahmenbedingungen

In der nachthomistischen Wirtschafts- und Gesellschaftslehre bahnte sich eine allmähliche Loslösung der wirtschaftlichen und gesellschaftlichen Anschauungen und Ansichten von den moralisch-ethischen Grundlagen der **Scholastik** an. Abgesehen davon, daß die **Stellung der Kirche** insgesamt geschwächt und antastbar wurde, verringerte sich vor allem der Einfluß des **Katholizismus**. Damit verlor der **Universalismus** des Mittelalters mit dem Vordringen von Renaissance und Humanismus an Bedeutung, so daß grundlegende Veränderungen der politischen, gesellschaftlichen und wirtschaftlichen Verhältnisse möglich wurden.

Der **30jährige Krieg** (1618–1648) brachte zudem eine tiefgreifende Zäsur für die Entwicklung Deutschlands mit sich. Der **Westfälische Friede** verstärkte den deutschen **Partikularismus** und die **territoriale Zersplitterung**, indem er den Territorialherren die Gebietshoheit zuerkannte und sie so politisch von Kaiser und Reich unabhängig machte. Während das Reich als Zentralgewalt geschwächt wurde, beschleunigte sich innerhalb der Territorien die „Herausbildung einer gegenüber den sozialen Beziehungen der Individuen verselbständigten öffentlichen Gewalt" *(Sachße/Tennstedt, 1980, S.85)*. **Ständische Verfassungen** hielten sich nur noch in wenigen Staaten; in den übrigen gelang es den Fürsten, ihren Herrschaftsanspruch gegenüber den Ständen durchzusetzen und sich zu **absolutistischen Herrschern** mit dem Anspruch auf umfassende Gesellschaftsregulierung zu machen. Damit einher gingen der Aufbau eines auf Beamte gestützten **Verwaltungsapparates** und die **Säkularisierung** des Staates.

In **wirtschaftlicher Hinsicht** brachte der 30jährige Krieg – neben verheerenden Zerstörungen und Verwüstungen sowie einer allgemeinen Verarmung der Bevölkerung – einen auf die massiven Bevölkerungsverluste zurückgehenden Arbeitskräftemangel sowie ein Zurückbleiben der technischen Entwicklung im Vergleich zu anderen europäischen Staaten. Um die neuen und erweiterten Erwartungen der staatlichen Herrschaftsansprüche materiell abzusichern und die kriegsbedingt darniederliegende Wirtschaftstätigkeit rasch anzukurbeln, wurde auch in weiten Teilen Deutschlands der **Merkantilismus** zur dominierenden Wirtschaftsform des absolutistischen Staates. Zur Erreichung des Hauptziels merkantilistischer Politik, nämlich durch Exportüberschüsse die inländische Geldmenge zu vergrößern, mußte die inländische Produktion enorm gesteigert werden. Da dem Staat in der Landwirtschaft enge Grenzen gesetzt waren, konzentrierten sich die wirtschaftspolitischen Eingriffe vor allem auf die gewerbliche Produktion mit dem Ziel, durch Steigerung der Produktivität und Einführung industrieller Produktionsmethoden die Wirtschaftskraft insgesamt zu heben. Fast zwangsläufig mußte dies allerdings zum **Konflikt mit dem Zunftwesen** führen, das der merkantilen Gewerbepolitik dann auch zunehmend als eines ihrer zentralen Hemmnisse erschien. Zur Förderung der Wirtschaftsentwicklung unterwarf der Staat aber nicht nur die Zünfte staatlicher Regulierung, sondern wurde verstärkt selbst aktiv, indem er zielbewußt die Entfaltung unternehmerischer Aktivitäten anregte und die industrielle Produktion in **Manufakturen** förderte, „sei es durch staatliche Regie solcher Betriebe, durch die Verleihung von Monopolrechten oder auch die Zuweisung von Zwangsarbeitern" *(Schlangen, 1973, S.98)*.

3. 2 Sozialpolitische Auswirkungen der merkantilen Gewerbepolitik

Nachdem es bereits seit dem Ausgang des Mittelalters im **Handwerk** wiederholt zu **Krisen** gekommen war und die Zünfte zur Sicherung der wirtschaftlichen Basis ihrer Mitglieder darauf mit einem zunehmend rigideren **Protektionismus** reagiert hatten, bemühten sich die langsam erstarkenden landesherrlichen Gewalten mit Nachdruck, die Macht der Zünfte zu brechen und sie zu einem Organ der landesherrlichen Regierung umzugestalten. Vor allem die churbrandenburgische Regierung bekämpfte entschieden die **Zunftmißbräuche** und beantragte 1669 beim Reichstag erfolglos die völlige Aufhebung der Zünfte. Zwar kam am 3. März 1672 ein Reichsgutachten [Slg.Reichs-Schl., S.554] zustande, welches Maßnahmen zur Abstellung der schreiendsten Mißbräuche der Handwerker empfahl, da es jedoch nicht die kaiserliche Approbation erhielt, blieb es rechtsunwirksam. Ebenso versagten auch die meisten Verordnungen, die in den einzelnen Landesteilen gegen die Zunftmißbräuche erlassen wurden. Obwohl es einigen Staaten gelang, die Zünfte zu staatlichen Zwangsanstalten zu degradieren, blieb der Protektionismus als der eigentlich hemmende Faktor der wirtschaftlichen Entwicklung weitgehend erhalten *(vgl. Nelken, 1906, S.6f.; Popp, 1928, S.24f.)*.

Nach dem Scheitern der landesgesetzlichen Bemühungen war es abermals der brandenburgisch-preußische Staat, der auf reichsgesetzliche Schritte drängte und nach langen Verhandlungen die Verabschiedung des Reichsgesetzes vom 16. August 1731 (**Reichszunftordnung**) [Hb.d.teut.RG, Bd.X, 1791, S.1991] erreichte, das die Grundlage zur völligen Neuorganisation des Handwerks- und Gewerbewesens bilden sollte. In § 1 beseitigte dieses Gesetz die Autonomie der Zünfte und machte jegliche Betätigung der Handwerker von der Genehmigung der zuständigen Obrigkeit abhängig. Des weiteren verbot es den Zünften die eigene Gerichtsbarkeit sowie die eigenmächtige Verhängung von Strafen und bekräftigte, daß die Kinder aller Leute zur Erlernung eines Handwerks zugelassen werden mußten, untersagte die Absprachen der Handwerker untereinander und bestimmte, daß unnütze Meisterstücke nicht mehr angefertigt werden sollten. Ferner wurde der Obrigkeit das Recht eingeräumt, auch gegen den Willen der Zünfte sog. Freimeister zu bestätigen; Preisvereinbarungen wurden verboten und Vorschriften als unzulässig erklärt, wonach nur ein unverheirateter Geselle Meister werden oder nur dann zum Handwerk angenommen werden konnte, wenn er ins Handwerk einheiratete. Das Gesetz drohte sogar, falls es weiterhin zu Mißbräuchen komme, die Zünfte gänzlich zu verbieten *(vgl. Popp, 1928, S.25ff.)*.

Dieser außergewöhnlich harte Eingriff in die Zunftherrlichkeit traf naturgemäß auf den erbittertsten **Widerstand der Zünfte**. Da den Landesgewalten die Ausführung des Gesetzes oblag, wurde den genannten Grundsätzen in den Einzelstaaten gar nicht oder nur unvollkommen Geltung verschafft, zumal sich viele Landesregierungen vor den Reaktionen der Handwerker fürchteten. Lediglich in **Preußen**, wo das Gesetz durch ein Patent vom 6. August 1732 als Landesgesetz [Corp.Const.PrBrand., V.Th.II.Abt.X.Cap., No.81, Sp.766, 787] publiziert und kurz darauf eine Kommission eingesetzt wurde, um die bestehenden Innungsstatute im Sinne des Gesetzes umzuarbeiten, wurden die Bestimmungen mit aller Strenge durchgeführt. Die im wesentlichen im Jahre 1740 abgeschlossene **Gewerbereform** schuf für Preußen ein neues Gewerberecht, das „in einer vollständigen Unterordnung des Innungswesens unter die Staatsgewalt gipfelte" *(Nelken, 1906, S.9)*.

Der **Verfall der Zünfte** und ihre **staatliche Reglementierung** hatten zur Folge, daß die Zünfte mit der Zeit jedes genossenschaftliche Denken und jeden Gemeinsinn verloren, wodurch mancherorts die früher übliche gegenseitige Vorsorge der Handwerker und die Fürsorge für erkrankte Gesellen vollkommen verschwanden *(vgl. A. Richter, 1979, S. 39f.)*. Immer häufiger mußten daher Behörden und Regierungen eingreifen, um zu verhindern, daß erkrankte Handwerksgesellen, »bloß um ihrer Kur und Verpflegung ledig zu sein«, von ihren Meistern ohne Rücksicht auf ihren Gesundheitszustand fortgejagt wurden. Die hannoversche Regierung erließ 1729 ein **Edikt**, das bestimmte, daß erkrankte Gesellen von den Meistern nicht mehr fortgeschickt werden durften, sondern notfalls aus der Armenkasse zu versorgen waren. Die am 10. Juni 1733 für die Provinz Ostpreußen ergangene **Handwerksordnung** (eine entsprechende erging für Westpreußen am 24. Januar 1774 [Nov.Corp.Const.PrBrand., No.5, Sp.19]) überließ diese Vorsorge handwerklichen Armenkassen, die gleichzeitig für sonstige Arme zu sorgen hatten. Die Mißstände scheinen jedoch angehalten zu haben, denn eine preußische Verordnung vom 7. Januar 1783 [Nov.Corp.Const.PrBrand., No.2, Sp.1968] verpflichtete die Meister abermals, kranke Gesellen in Pflege zu halten und nicht auf die Straße zu schicken. Die Kosten sollten in solchen Fällen entweder von der Gesellenkasse, der Handwerkskasse, der Armenkasse oder der Stadtkasse getragen werden.

In ihrer sozialen Existenz besonders gefährdet waren jedoch die **Manufakturarbeiter**, da sie außerhalb jeder ständischen Ordnung lebten und daher weder auf die spezifischen Fürsorgeeinrichtungen des Handwerks noch auf die auf dem Lande vorhandene patriarchalische Fürsorge zurückgreifen konnten. Die staatlichen »Fabrikreglements« setzten zwar Maximallöhne fest, regelten detailliert die Arbeitsbedingungen und hielten die Arbeiter zu Fleiß, Ordnung und Zuverlässigkeit an, sahen aber praktisch keine Vorsorge für die Wechselfälle des Lebens vor. Immerhin entstanden auf der Basis der **Selbsthilfe** und der Mitwirkung der Arbeiter vor allem in den größeren Manufakturen betriebliche Sterbe-, Witwen- und Waisenkassen.

Eine umfassende Regelung des Handwerkswesens, der Rechte und Pflichten der Lehrlinge und Gesellen sowie der sozialen Fürsorge brachte das preußische **Allgemeine Landrecht von 1794** (Publications-Patent vom 5. 2. 1794 [Nov.Corp.Const.PrBrand., No.8, Sp.1873]).

Hinsichtlich der Zünfte baute es auf den durch die Reformgesetzgebung von 1731–1740 und durch die sich anschließende Verwaltungspraxis aufgestellten Grundsätzen auf (ALR, II 8, §§ 179 ff.). Obwohl an dem Bestand der Zünfte nicht gerüttelt wurde, war die Grundtendenz des Landrechts eher zunftunfreundlich. Sowohl die Neubildung von Zünften wie die Umwandlung einer bisher ungeschlossenen in eine geschlossene Zunft bedurften der Genehmigung des Landesherren. Trotz grundsätzlicher Anerkennung des Zunftzwanges behielt die Regierung zudem das Recht, Freimeister bestätigen zu können. Gleichzeitig wurden die Zünfte unter eine weitreichende Aufsicht des Magistrats gestellt und ihre Handlungsmöglichkeiten beschränkt. Ferner bestimmte das Landrecht, daß Zunftgenossen ohne Nachteile hinsichtlich ihrer Zunftrechte als Arbeiter in Fabriken arbeiten konnten.

Ebenfalls im Landrecht geregelt waren die Fürsorgepflichten der Meister und der Zünfte, die Wanderschaft und die Arbeitsvermittlung. Danach waren die Höhe des Lohnes und das Kostgeld von der Zunft unter Direktion der Obrigkeit zu bestimmen, wobei den Meistern untersagt war, höhere Löhne zu bezahlen (ALR, II 8, §§ 350, 351). Vermögenslosen kranken Gesellen, einschließlich neu zugewanderten, standen Kur und Verpflegung zu. Die Kosten hatte die Gesellenlade bzw. die Gewerkkasse, falls diese dazu nicht in der Lage waren, die Kommune zu tragen. Dabei hatte der Magistrat die Pflicht, dafür Sorge zu tragen, »daß ein krank gewordener unvermögender Geselle nicht hülflos gelassen oder vor erfolgter Wiederherstellung fortgeschafft wurde« (ALR, II 8, §§ 353–55). Die Gewerkältesten hatten zudem die Aufgabe, sich darum zu bemühen, rechtmäßig wandernden Gesellen Arbeit zu verschaffen und sie für mindestens drei Tage zu versorgen. Dagegen meinte das Gesetz, die Verpflegung eines kranken Lehrlings den Meistern auf deren Kosten nicht zumuten zu können.

Hinsichtlich der Unterstützung von Zunftgenossen schrieb das Landrecht insbesondere vor, daß ein langwierig erkrankter Meister verlangen konnte, daß ihm der Geselle eines anderen Zunftgenossen beigegeben wurde. Desgleichen wurde der Meisterswitwe das Recht zugestanden, den Betrieb mit Hilfe eines Gesellen weiterzuführen, wobei ihr der geschickteste Geselle zu überlassen war. Außerdem waren die Zünfte und deren Älteste schuldig und befugt, für die Bevormundung und Erziehung der von ihren Zunftgenossen zurückgelassenen unmündigen und minderjährigen Kinder zu sorgen (ALR, II 8, § 220).

3. 3 Bekämpfung der Gesellenkoalitionen

Der absolutistische Staat versuchte nicht nur, die Auswüchse des Zunftwesens zu bekämpfen; mit noch größerer Entschiedenheit ging er gegen **Vereinigungen der Gesellen** vor, die nach dem Ende des 30jährigen Krieges erneut erstarkten und allenthalben bemüht waren, die Arbeits- und Lebensverhältnisse der Gesellen durch gemeinsame Aktionen zu verbessern. Allerdings dauerte es auch in dieser Frage einige Jahrzehnte, bis sich die Länder auf gemeinsame Maßnahmen verständigen konnten. Ein erster derartiger Versuch war das **Reichsgutachten von 1672** [Slg.Reichs-Schl., S.554], das ein **Koalitionsverbot** für Meister und Gesellen aufstellte, Strafen für Streiks und Kontraktbruch vorsah und gegen verschiedene »Mißbräuche« (z. B. Blauer Montag, Gesellengerichte, Auftreiben) vorging, das aber, wie schon erwähnt, vom Kaiser nicht die erforderliche Approbation erhielt. Die unabhängig davon ergangenen landesrechtlichen Koalitions- und Streikverbote blieben weithin ohne durchschlagenden Erfolg, da sich die Gesellen durch Wandern möglichen Konsequenzen entziehen konnten.

Ein **Aufstand der Schuhknechte** in Augsburg im Jahre 1726, der reichsweite Aufmerksamkeit erregte, gab schließlich den äußeren Anlaß, energischer gegen die Gesellenkoalitionen vorzugehen. Entscheidende reichsgesetzliche Maßnahmen enthielt die **Reichszunftordnung** von 1731 [Hb.d.teut.RG, Bd.X, 1791, S.1991], die zwar auch von den Zünften und Handwerkern handelte, sich aber ebenfalls gegen die Gesellen richtete. Sie erklärte die bisherigen Gesellenverbände sämtlich für aufgehoben und deren Artikel (Satzungen) für ungültig, zog die ausgestellten und bestätigten Gesellenbriefe ein und verbot der Obrigkeit, fortan Versammlungen der Gesellen zu gestatten. Gemeinsame Arbeitsniederlegungen, unerlaubte Verbindungen, Aufstände und Zusammenrottungen wurden mit Gefängnis oder Festungsstrafe belegt und in besonderen Fällen sogar mit der Todesstrafe bedroht. Nach dem Gesetz machte sich zudem jeder strafbar, der Gesellen, die gegen irgendwelche Bestimmungen verstoßen hatten, beschäftigte, beherbergte oder nicht unverzüglich anzeigte. Gleichzeitig wurde die sog. »**Kundschaft**«, ein zünftiges Führungszeugnis, eingeführt, das jeder zuwandernde Geselle vorzeigen mußte und das so zu einem wirksamen **polizeilichen Kontroll- und Zuchtmittel** wurde.

Abbildung 1: Edikt gegen den »Blauen Montag« vom 24. März 1783 (Faksimile-Auszug)

Edict, wegen Abstellung einiger Mißbräuche besonders des sogenannten Blauen Montages bey den Handwerkern.

De Dato Berlin, den 24. Martii 1783.

Cüstrin, gedruckt bey Carl Gottlob Trowitzsch, Königl. Hofbuchdrucker.

Wir Friderich, von Gottes Gnaden, König von Preussen; Marggraf zu Brandenburg; des Heiligen Römischen Reichs Erz-Cämmerer und Chur-Fürst; Souverainer und Oberster Herzog von Schlesien; Souverainer Prinz von Oranien, Neufchatel, und Vallengin, wie auch der Grafschaft Glaz; in Geldern, zu Magdeburg, Cleve, Jülich, Berge, Stettin, Pommern, der Cassuben und Wenden, zu Meckelnburg und Crossen Herzog; Burggraf zu Nürnberg; Fürst zu Halberstadt, Minden, Camin, Wenden, Schwerin, Ratzeburg, Ostfriesland und Meurs; Graf zu Hohenzollern, Ruppin, der Mark, Ravensberg, Hohenstein, Tecklenburg, Schwerin, Lingen, Bühren und Leerdam; Herr zu Ravenstein, der Lande Rostock, Stargard, Lauenburg, Butow, Arlay und Breda rc. rc. rc.

Thun kund und fügen allen und jeden Unsern Regierungen, Krieges- und Domainen Cammern, Steuerräthen, Policey-Directoriis und Magisträthen in denen Städten, insonderheit aber allen Handwerks-Innungen und Zünften, und überhaupt allen und jeden Unserer getreuen Vasallen und Unterthanen in Gnaden zu wissen. Demnach Wir mit des Kaysers Majestät und Unseren Reichsmitständen, auf dem fortdauernden allgemeinen Reichstage zu Regensburg, nach vorhergegangenen reiflichen Berathschlagungen, wegen Abstellung verschiedener bey den Handwerkszünften noch obwaltender Mißbräuche, Uns vereiniget, und Wir solche, zum Besten des Staats überhaupt und der Handwerker, abzielende Verordnungen, nicht nur in Unsern

Die **Durchführung** dieser Reichszunftordnung begann zwar ebenfalls sehr zögerlich, erfolgte später aber – zumindest was die Vorschriften bzgl. der Gesellen betraf – umso entschiedener. So verboten die badischen General-Zunftartikel vom 25. Oktober 1760 [Slg. Bad.-Durl.VO, S.486] Meistern und Gesellen, ohne ausdrückliche Erlaubnis des Oberamts Versammlungen abzuhalten. Außerdem wurden Arbeitsniederlegungen und Aufstände mit Zuchthaus oder sogar der Todesstrafe bedroht. Obwohl die Bedeutung der Gesellenverbände erheblich abnahm, gelang es der Obrigkeit jedoch nicht, sie völlig zu liquidieren. Der Kaiser sah sich im August 1764 sogar veranlaßt, die Kreisausschreibämter anzuweisen, den Reichsabschied von 1731 nochmals zu publizieren. Ergänzend erging 1771 ein Gesetz gegen den »Blauen Montag«, wobei der Regierung angesichts des Widerstandes der Gesellen jedoch das Zugeständnis abgenötigt wurde, daß die mit der Abschaffung des »Blauen Montags« verbundene Arbeitszeitverlängerung durch eine billige Vermehrung des Lohnes kompensiert werden sollte. Die Gesellen nahmen die Beschränkung ihrer Rechte ungeachtet aller Strafandrohungen nicht kampflos hin. Um den »Unfug« des »Blauen Montag« auf das »sicherste abzustellen«, sah sich Preußen am 24. März 1783 zu einem neuerlichen Edikt [Nov.Corp.Const.PrBrand., No.14, Sp.2058] veranlaßt, das bei

Zuwiderhandlungen Zuchthausstrafen bis zu vier Wochen androhte *(vgl. auch Lison, 1984)*.

Die koalitionsfeindliche Einstellung jener Zeit prägte auch die entsprechenden Bestimmungen des **Allgemeinen Landrechts**. Es untersagte den Gesellen, eigenmächtig Versammlungen abzuhalten. Wo ihnen die Polizeigesetze derartige Versammlungen gestatteten, bedurften diese der Kenntnisnahme des Gewerkältesten. Lediglich zur Verpflegung kranker und verunglückter Gesellen durften sie mit ihren eigenen Beiträgen eine Kasse einrichten und für die Rechnungsführung einen Altgesellen wählen (ALR, II 8, §§ 396–400).

3. 4 Fürsorge im Gesindewesen und in der Schiffahrt

Besondere Abhängigkeitsverhältnisse im Gesindewesen und in der Schiffahrt, im Bereich der Landwirtschaft auch mit der persönlichen Unfreiheit verbunden, hatten zur Folge, daß es in diesen Bereichen **keine eigene Vorsorge** der Beschäftigten gab, sondern die **Fürsorge** weitgehend den Grundherren, den Herrschaften oder den Prinzipalen bzw. den Schiffseignern oblag. Diese wurde vielfach aufgrund von Gewohnheitsrechten gewährt, war teilweise aber auch schon gesetzlich vorgeschrieben.

Während einige **Hof- bzw. Gesindeordnungen** den Herrschaften im Falle der Erkrankung konkrete Pflichten auferlegten, begnügten sich andere (z. B. die Österreichische Gesindeordnung von 1779 oder die Altbayerische Gesindeordnung von 1781) damit, den Herrschaften bei Erkrankung des Gesindes »wahre Menschen- und Christenliebe« ans Herz zu legen *(vgl. A. Richter, 1979, S. 41)*. Auch hier brachte das **Allgemeine Landrecht** detaillierte Regelungen (ALR, II 5, §§ 82 ff.). Abgesehen davon, daß dem Gesinde keine Dienste zugemutet werden durften, die es ohne Verlust seiner Gesundheit nicht verrichten konnte, war die Herrschaft vor den Verwandten fürsorgepflichtig, sofern das Gesinde durch den Dienst oder in unmittelbarem Zusammenhang mit diesem erkrankt war. Erkrankte der Dienstbote dagegen während der Dienstzeit an einer gewöhnlichen Krankheit, so hatte die Herrschaft nur dann für ihn zu sorgen, wenn keine Verwandten in der Nähe wohnten oder diese ihrer Pflicht nicht nachkamen; diese Krankheit war zwar kein Grund für eine Entlassung bzw. eine vorzeitige Kündigung, wohl aber konnten die Kurkosten von dem auf diesen Zeitraum entfallenden Lohn abgezogen werden. Während die Fürsorgepflicht grundsätzlich mit dem Ende der Dienstzeit erlosch, erstreckte sich diese bis zur völligen Wiederherstellung, wenn die Beschädigung auf ein Verschulden der Herrschaft zurückzuführen war.

Auch für die Seeleute galten ähnlich dem Gesinde besondere Fürsorgevorschriften. Bereits die **Bremer Ordnung** über die Verhältnisse zwischen Schiffern und Besatzungsmitgliedern von 1575 bestimmte, daß ein erkranktes oder verunglücktes Mitglied der Schiffsbesatzung auf Kosten des Schiffeigners gesund zu pflegen war. Im Falle dauerhafter Berufsunfähigkeit bestand sogar ein Anspruch auf eine lebenslange Rente. Eine ähnliche Krankenfürsorge sah auch das Seerecht der Hansestädte von 1614 vor. Hiernach war ein auf See Erkrankter von Bord zu schaffen und durch den Schiffseigner in einer Herberge unterzubringen. Erst wenn dieses ordnungsgemäß geschehen war, durfte das Schiff wieder in See gehen *(vgl. A. Richter, 1979, S. 41 f.)*.

Zum Vorbild des weiteren deutschen Seerechts wurde wiederum das **Allgemeine Landrecht**, das in Theil II, Tit. 8, §§ 1555 ff., bestimmte, daß der Schiffer die Verpflegungs-, Heilungs- und Retourkosten bezahlen mußte, wenn die Krankheit während der Reise eintrat. Desgleichen mußte ein Reeder einen im Dienst verunglückten Seemann auf seine Kosten heilen und verpflegen lassen. Erkrankte ein Seemann außerhalb des Dienstes, hatte der Reeder jedoch lediglich die Kosten bis zur Hälfte eines zweifachen Monatssoldes zu tragen. Starb ein Seemann während der Hinreise, stand den Erben die halbe Heuer (zweifacher Monatssold) zu; starb er auf der Rückreise, erhielten sie die ganze Heuer. Allerdings konnte der Reeder davon die dem Verstorbenen gegebenen Vorschüsse und die ausgelegten Begräbniskosten in Abzug bringen. Anspruch auf die doppelte Heuer hatten die Witwe und die Kinder eines Seemannes, wenn dieser bei der Verteidigung eines Schiffes getötet wurde.

3. 5 Entwicklung des Knappschaftswesens und des Bergarbeiterrechts

In kaum einem anderen Wirtschaftsbereich wurde das Streben des absolutistischen Staates, die Wirtschaft allein der Staatsgewalt unterzuordnen, so konsequent vollzogen wie im Bergbau. Bereits im 17. Jhdt. begannen verschiedene Landesherren, im Bergbau das sog. **Direktionsprinzip** einzuführen. Dies bedeutete, daß der Landesherr nicht nur die allgemeine Oberaufsicht über den für frei erklärten Bergbau hatte, sondern auch, daß seine Bergbeamten jeden einzelnen Betrieb leiteten. Dieser direkte staatliche Eingriff in den Bergbau hatte entsprechende Auswirkungen auf die Entwicklung des Knappschaftswesens und des Bergarbeiterrechts.

In jedem Bergamtsrevier des **Erzbergbaus des sächsischen Erzgebirges** bestand aufgrund des sächsischen Bergabschieds von 1659 eine »**Bergamtskasse**« unter Aufsicht und Leitung des Bergamts. Diese gewährte im Dienst verunglückten oder durch langjährige Dienstleistung invalid gewordenen Bergarbeitern einen wöchentlichen Gnadenlohn und hinterlassenen Witwen und Waisen »Almosen«. Den verletzten Bergleuten hatten die Gewerken vier volle Wochenlöhne nebst Arztgeld zu zahlen. Finanziert wurden die sog. »Revierkassen« durch regelmäßige Beiträge der Knappen sowie die von den Grubeneigentümern für jeden Knappen zu entrichtenden »Supplementgelder«; daneben verfügten sie teilweise über Einnahmen aus Freikuxen von Ausbeutezechen. Die Aufsicht, Vertretung und Verwaltung lagen ausschließlich in den Händen der staatlichen Beamten, die sich zur Bewältigung ihrer Aufgaben der Knappschaftsältesten bedienten, die jedoch berufen und nicht gewählt wurden. Obwohl die Knappschaftskassen relativ weit entwickelt waren, enthielten die sächsischen Bergordnungen bis Mitte des 19. Jhdts. keine sie betreffenden Bestimmungen; weitgehend beruhten sie auf übereinstimmenden Gebräuchen, wobei Einzelheiten für jedes Revier in besonderen Knappschaftsordnungen geregelt waren, die untereinander namentlich in bezug auf die Beiträge und Leistungen teilweise stark voneinander abwichen *(vgl. Wahle, 1915, S. 222ff.)*.

Auch in den anderen Bergbaugebieten, insbesondere in **Preußen**, gelangten die Knappschaftskassen mit dem Vordringen des Direktionsprinzips mehr und mehr unter staatliche Verwaltung. Die Bergbehörde sorgte zwar meist für eine dauerhafte Leistungsfähigkeit der Kassen, beseitigte dafür aber auch ihre **Selbstverwaltung**. Zunächst waren die gewählten Knappschaftsvorsteher oder -ältesten dem Staat für das Verwalten der Gelder verantwortlich; diese erhielten später eine Art Beamtenstellung; seit der Mitte des 17. Jhdts. wurden sie schließlich nicht mehr gewählt, sondern von den Bergbehörden selbst ernannt (z. B. Churkölnische Bergordnung von 1669 [Slg.PreußBO, S.552], Teil II, Art. 11) *(vgl. Müller-Erzbach, 1917, S. 435)*.

Die meisten Bergordnungen des 17. und 18. Jhdts. entlasteten die Knappschaftskassen von den Kosten der **Unfallfürsorge**, indem sie die Gewerken verpflichteten, bei Unfällen und arbeitsbedingten Krankheiten für vier bzw. acht Wochen die Arztkosten zu tragen und einen Wochenlohn zu zahlen. Die Churkölnische Bergordnung von 1669 [Slg.Preuß-

BO, S.515] schrieb in Teil VII, Artt. 34–36 vor, daß der Verunglückte bei Grubenunfällen vom Bergarzt auf Kosten der Gewerken wieder geheilt und daß ihm bis dahin der halbe Wochenlohn gezahlt werde. In Mansfeld veranlaßte das Bergamt 1743, daß die Unternehmer die Löhne für erkrankte und verunglückte Arbeiter allein zahlten; dadurch sollten die Knappschaftskassen in die Lage versetzt werden, sich den durch natürlichen Verbrauch ihrer Kräfte »bergfertig« gewordenen Genossen besser annehmen und soweit wie möglich den Hinterbliebenen der Bergleute Witwen- und Waisengelder zahlen zu können.

Die **Berggesetzgebung** FRIEDRICHS DES GROSSEN aus den Jahren 1766–1772 brachte nicht nur eine bedeutende Fortentwicklung des Bergrechts in Preußen, sondern schuf auch für das **Knappschaftswesen** neue, verbesserte Grundlagen, wodurch Preußen allmählich die Führung im Bereich des Knappschaftswesens übernahm *(vgl. Brassert, 1872, S. 102)*. Die Revidierte Bergordnung für das Herzogthum Cleve, das Fürstenthum Moers und die Grafschaft Marck vom 29. April 1766 [Nov.Corp.Const.PrBrand., No.39, Sp. 317], die Revidierte Bergordnung für das souveraine Herzogthum Schlesien und die Grafschaft Glatz vom 5. Juni 1769 [Nov.Corp.Const.PrBrand., No.33, Sp.5852], die Revidierte Bergordnung für das Herzogthum Magdeburg, das Fürstenthum Halberstadt, die Grafschaften Mansfeld, Hohenstein und Rheinstein vom 17. Dezember 1772 [Nov.Corp. Const.PrBrand., No.71, Sp.621] sowie die ergänzenden Generalprivilegien und Instruktionen (vgl. Privilegien vom 16. Mai 1767 und vom 3. Dezember 1769 [Nov.Corp.Const.Pr Brand., No.33, Sp.869; No.79, Sp.6299] sowie die Instruktionen zur Errichtung und Führung von Knappschaftskassen vom 16. Mai 1767 bzw. 20. November 1769 [Nov.Corp.Const. PrBrand., No.34, Sp.875; No.79, Sp.6303]), die alle im wesentlichen gleiche Bestimmungen enthielten, regelten die Errichtung der Kassen, bestimmten für die Zechen eine Zuschußpflicht und legten die Richtlinien der Kassentätigkeit sowie gewisse Mindestleistungen fest *(vgl. May, 1958, S. 427)*.

Nach der Revidierten Cleve-Märkischen Bergordnung von 1766 hatten die Gewerken für erkrankte oder beschädigte Arbeiter in Ausbeutezechen für 8, in Zubußzechen für 4 Wochen einen Gnadenlohn neben den ärztlichen Behandlungskosten zu zahlen. Darüber hinaus sollten die Knappschaftskassen die Verpflegungskosten tragen. Beim Tode eines Bergmanns sollte die Witwe Anspruch auf den Gnadenlohn haben; die Knappschaftskasse sollte die Begräbniskosten übernehmen (Kap. 76, §§ 2, 3). Ergänzend bestimmte das Generalprivilegium vom 16. Mai 1767 in den §§ 7–10, daß die Knappen bei anhaltender Arbeitsunfähigkeit eine wöchentliche Unterstützung von 20 Stübern oder einen nach dem Ermessen des Bergamtes und dem Vermögen der Knappschaftskasse festzusetzenden Betrag erhalten sollten. Desgleichen sollte den Witwen bis zur Wiederverheiratung und den Waisen bis zur Vollendung der Ausbildung monatlich »etwas Gewisses« aus der Kasse gewährt werden. Sofern es die Finanzlage zuließ, sollte außerdem fremden arbeitsuchenden Bergleuten ein Zehrpfennig gereicht werden.

Die **Finanzierung** der staatlich verordneten Knappschaftskassen sollte – von gewissen staatlichen Abgaben abgesehen – bei Erzbergwerken durch die Ausbeute von zwei Kuxen und bei Kohlebergwerken durch Abgabe und Berechnung eines Fasses Kohle je Woche und Hauer sowie Beiträgen der Bergleute erfolgen.

Gemäß dem Generalprivilegium von 1767 hatte jeder Knappe anläßlich der Einschreibung in die Knappschaftsrolle einen einmaligen Beitrag von 10 Stübern sowie monatlich je Thaler Arbeitslohn einen Beitrag von einem Stüber zu entrichten (60 Stüber waren ein Reichsthaler, der Verdienst betrug damals etwa vier Thaler im Monat). Im übrigen waren die Knappen in allen Fällen, in denen für die Knappschaftskasse abgebaut wurde, dazu verpflichtet, ihre Arbeit umsonst zu verrichten.

Aufgrund eines Rescripts vom 17. September 1770 betr. die Regulierung der Knappschaftsrevenuen mußten die Kohlebergwerke statt der bisherigen Abgaben 1/120 der Bruttokohlengeldeinnahmen an die Knappschaftskassen zahlen, wurden aber zugleich von den Kosten der Unfallfürsorge befreit. Ab 1782 wurden die Knappen zu weiteren Leistungen herangezogen, als in Westfalen nach sächsischem bzw. schlesischem Vorbild ein sog. Freischichtengeld eingeführt wurde. Außerdem erhoben die Kassen im Laufe der Zeit eine Reihe sonstiger Gebühren (Feier- und Anfahrtschichtengelder, Trauscheingebühren) *(vgl. Thielmann, 1960, S.32)*.

Das preußische **Allgemeine Landrecht**, das einen gewissen Abschluß der Entwicklung im 18. Jhdt. bedeutete und subsidiär dort galt, wo das Knappschaftsrecht nicht durch Bergordnungen geregelt war, wies ebenfalls den Unternehmern einen erheblichen Teil der Kosten der Krankenhilfe zu. Die Bergwerksunternehmer waren danach verpflichtet, sich der im Dienst erkrankten oder beschädigten Bergleute anzunehmen und ihnen für die Dauer von vier bzw. acht Wochen den Lohn fortzuzahlen. Bei längerer Krankheit fielen die Verpflegungskosten der Knappschaftskasse zur Last, die zudem Kur- und Begräbniskosten zu tragen hatte (ALR, II 6, §§ 214–220).

Ähnliche Regelungen wie in Preußen galten auch in **Bayern**. Nach Art. 54 der Bayerischen Bergordnung vom 6. Mai 1784 [Corp.jur.met., S.342] sollten die Gewerken einem unverschuldet bei der Arbeit erkrankten oder verunglückten Bergmann für vier bzw. acht Wochen den halben Lohn einschließlich einem Erzgeld zahlen und im Todesfalle den Angehörigen die Begräbniskosten erstatten. Bei dauernder Arbeitsunfähigkeit sollte ihnen – wie den Alten, Invaliden und den Witwen – das Almosen aus der Knappschafts- oder Brüderkasse gewährt werden; Waisen sollten jedoch zur Bergarbeit angehalten werden. Zur Erfüllung dieser Aufgaben sollte der Schichtmeister von jedem ihm unterstehenden Arbeiter lohntäglich je verdientem Gulden 1 Kr. zugunsten der Brüderkasse einziehen (Art. 55) *(vgl. Thielmann, 1960, S.26)*.

Für den sozialen Ausbau der **Arbeitsverhältnisse** brachte das Direktionsprinzip gewisse neue Anstöße *(vgl. Müller-Erzbach, 1917, S.381)*, nicht zuletzt deshalb, weil die Landesherren ein Interesse daran hatten, sich einen qualifizierten bergmännischen Berufsstand heranzubilden. Neben zahlreichen anderen **Privilegien** erlangten die **vollberechtigten Mitglieder** einer Knappschaft ein Recht darauf, gegen einen Durchschnittslohn im Bergbau beschäftigt zu werden, solange auf den Gruben noch nichteingeschriebene Bergleute arbeiteten. Dafür mußten sich die eingeschriebenen Knappen aber auch eine **Beschränkung ihrer Freizügigkeit** gefallen lassen. Das Cleve-Märkische Reglement vom 6. Mai 1768 verpflichtete die Bergleute, sich in Knappschaftsregister einzuschreiben, einen Diensteid zu leisten und bergmännische Kleidung zu tragen. War ein Bergmann erst einmal durch das Bergamt »angelegt«, hatte er zwar eine gewisse **Arbeitsplatzsicherheit**, durfte aber den ihm zugewiesenen Arbeitsplatz nur mit Erlaubnis der Bergbehörde wechseln. Diese setzte zudem einen Durchschnittslohn im Sinne eines Normalschichtenlohnes fest, mit dem er sich begnügen mußte; nach der Bergordnung von 1766 dauerten Normalschichten acht Stunden, ausnahmsweise zugelassene Nebenschichten vier Stunden (Kap. 49). Im Gegensatz dazu besaßen die **nicht-eingeschriebenen Arbeiter** mindere Rechte, waren jedoch formal in der Wahl ihres Arbeitsplatzes frei. Abgesehen davon, daß die Arbeitsverhältnisse nunmehr im wesentlichen durch die Bergbehörde geregelt wurden und man eine Hierarchisierung einführte, brachten die Bergordnungen des 17. und 18. Jhdts. im Hinblick auf die Arbeiterrechte jedoch nichts grundsätzlich Neues; auch die Bestimmung des § 213, II 6 des ALR, wonach den Bergleuten der Lohn in barem Geld, nicht aber in Erzen oder Lebensmitteln, gezahlt werden mußte, findet sich bereits in älteren Bergordnungen.

3. 6 Armenwesen und Armengesetzgebung

Die geistigen Strömungen des **Humanismus**, der **Renaissance** und der **Reformation** förderten die Befreiung des Individuums aus tradierten Bindungen. Damit lockerten sich zugleich die „strengen sozialen Kontrollen der ständisch-städtischen Ordnung, für welche die scholastische Armenlehre konzipiert war" *(Frey, 1973, S.27)*. Der wachsende Mißbrauch der Armenfürsorge, zusammen mit dem durch Seuchen und Kriege herbeigeführten Massenelend, bewirkten in der Phase des Übergangs vom Mittelalter zur Neuzeit in steigendem Maße polizeilich-repressive Maßnahmen, die das Ziel verfolgten, die schädlichen Folgen des **Pauperismus** zu bekämpfen *(vgl. Stolleis, 1976, S.16)*. Im Gegensatz zum Früh- und Hochmittelalter, als Nichtstun und Betteln nicht unbedingt als Schande angesehen wurden, erhob man nun Arbeit zur Tugend und stellte Nichtarbeiten als verwerflich hin.

Vor allen Dingen unter dem Einfluß des Humanisten J. L. VIVES (1492–1540) erfuhr die scholastische Wirtschafts- und Gesellschaftslehre eine den veränderten Verhältnissen angepaßte Ergänzung. Neben einer strengen Aufsicht über Bettelverbote kam es zur Einführung einer Arbeitspflicht, zur Bereitstellung von Arbeitsmöglichkeiten in Manufakturen, zum Einstellungszwang für Handwerker, zur Einführung von Bedürftigkeitsprüfungen und zur teilweisen Unterbringung von Armen in Arbeits- und Zuchthäusern *(vgl. Frey, 1973, S.28)*.

Das **merkantilistische System** stellte die Armenfürsorge in ihrer polizeilich-repressiven Form zudem systematisch in den Dienst der damaligen Arbeitsmarkt- und Bevölkerungspolitik. Aufgrund des Arbeitskräftemangels wurde die Erhaltung der Arbeitskraft zu einer der wichtigsten Aufgaben der Wohlfahrtspflege. Dies bedeutet allerdings nicht, daß man sich um eine Beseitigung der Armut bemühte, sondern vielmehr um die Beibehaltung einer möglichst großen Zahl williger und schwer arbeitender Armer. Deutlich zum Ausdruck kommt diese Position in einem Hinweis des englischen Ökonomen B. MANDEVILLE (1670–1733), wonach eine sichere Grundlage des Reichtums einer Nation in einer großen Menge schwer arbeitender Armer bestehe *(vgl. Mandeville, 1957, S.256)*.

Eine Vorreiterrolle bei der **Anpassung der Armenpolitik** an die merkantilistischen Erfordernisse spielte **England**, wo es bereits unter HEINRICH VIII. Bettelverbote der strengsten Art gegeben hatte. Bedeutung erlangte aber vor allem das 1601 von ELISABETH I. erlassene **Armengesetz** (Act for the relief of the poor [43. Elisabeth I. c. 2]).

Danach sollten die Friedensrichter in jedem Bezirk vier wohlhabende Einwohner zu ehrenamtlichen Armenaufsehern ernennen. Diese hatten die Aufgabe, alle mittellosen nichtarbeitenden Personen zur Arbeit anzuhalten und durch Festsetzung von Armensteuern die finanziellen Voraussetzungen für die Beschäftigung der arbeitsfähigen Armen zu schaffen; die arbeitsfähigen Personen waren zu unterstützen und die Knaben bis zum 24. Lebensjahr, die Mädchen bis zum 21. Lebensjahr, in eine Lehre oder einen Dienst zu schicken. Im Vordergrund dieser Maßnahmen stand nicht die Versorgung der arbeitsunfähigen Armen, sondern die Pflicht, die Arbeitsfähigen zur Arbeit anzuhalten; um dies zu erreichen, waren die Armenpfleger ermächtigt, Arbeitsunwillige notfalls zwangsweise in Zucht- und Arbeitshäusern unterzubringen. Mit diesem Gesetz wurde erstmals ein energischer Versuch gemacht, die Armen, vor allem die heranwachsenden Jugendlichen, zur Arbeit zu bewegen; es wurde als Sache der Gesellschaft angesehen, »arbeitsscheue«, aber arbeitsfähige Menschen zur Arbeit zu erziehen *(vgl. Laum, 1923, S.947; Fischer, 1982, S.42f.)*.

Obgleich sich die Armenpolitik **Frankreichs** infolge der katholischen Traditionen zum Teil stark von der englischen unterschied, gab es auch hier eine planmäßige Bekämpfung des Bettelwesens, wobei gleichfalls deutlich zwischen arbeitsunfähigen und arbeitsfähigen Armen, zwischen wirklich bedürftigen und gewerbsmäßigen Bettlern und Landstreichern unterschieden wurde. Während die einen angemessen versorgt werden sollten, wurden die anderen gegebenenfalls mit Zwang zur Arbeit angehalten. Unverbesserliche sollten hart bestraft und unter Umständen auf die Galeeren geschickt werden. Ein Edikt von 1676 schrieb zudem vor, nach dem Vorbild des 1556 in Paris gegründeten »hôpital généraux«, in jeder französischen Stadt ein Zucht- und Arbeitshaus zu errichten *(vgl. Sachße/Tennstedt, 1980, S.113)*.

In **Deutschland** wirkten sich die Lehren von J. L. VIVES zwar ebenfalls aus, doch war – von Ausnahmen abgesehen – der merkantilistische Einfluß auf die Armenfürsorge weniger stark als in England oder Frankreich. Insbesondere in den ländlichen Räumen blieb die **tradierte patriarchalische Haltung** der Besitzenden gegenüber den Armen vielfach erhalten *(vgl. Abel, 1972)*. Die **Säkularisierung des Staates** sowie die **Souveränitätsansprüche der Fürsten** hatten jedoch auch hier zur Folge, daß der kirchliche Einfluß im Armenwesen zu Beginn des 17. Jhdts. drastisch zurückging und die Armenfürsorge zunehmend Gegenstand staatlicher Verwaltungstätigkeit wurde. Der Grundsatz, wonach die Gemeinden verpflichtet waren, für ihre Armen selbst zu sorgen, wurde dadurch aber keineswegs aufgehoben; es wurde lediglich die kommunale Autonomie in bezug auf die Gestaltung des Armenwesens partiell durch landesherrliche Anordnungen eingeschränkt *(vgl. Sachße/Tennstedt, 1980, S. 107)*.

Inhalt und organisatorische **Struktur** der Armenfürsorge veränderten sich in Deutschland gegenüber dem Spätmittelalter kaum. Der **Hauptzweck** der Fürsorge war weiterhin „die Beseitigung des Gassenbettels bei gleichzeitiger Sicherstellung der wahrhaft Bedürftigen" *(Sachße/Tennstedt, 1980, S. 107)*. Die Instrumente der Armenpolitik waren neben den **Almosenämtern** und den **Armenkassen** vor allem umfangreiche **Bettelverbote** und sonstige **Repressionsmaßnahmen**. Vermehrt wurden Vorkehrungen getroffen, um zu verhindern, daß Nichtbedürftige unterstützt wurden; so wurde damit begonnen, die Bedürftigkeit genau zu prüfen, die Unterstützungsgewährung an Arbeitsfähige weitgehend abzubauen und Unterstützungsempfänger einer verstärkten behördlichen Kontrolle zu unterwerfen.

Besonders charakteristisch für die Armenfürsorge im Zeitalter des Absolutismus war allerdings die Zunahme der disziplinierenden Elemente. Diese zeigten sich nicht nur in den zahlreichen Bettelverboten sowie den Verboten, Almosen zu geben und Bettler zu beherbergen, sondern vor allem in der immer stärker werdenden Betonung der Arbeitspflicht sowie der systematischen Stigmatisierung und gesellschaftlichen Ausgrenzung von Armen, Bettlern und Vagabunden. Zugleich wurden das verbotswidrige Betteln und das sog. Vagabundentum mit drakonischen Strafen bedroht, die von der Stadt- und Landesverweisung bis zu Gefängnis- und Körperstrafen reichten.

Nachdem der Landgraf von Hessen bereits 1616 angeordnet hatte, Bettler und Müßiggänger zur Arbeit in den Bergwerken anzuhalten und ein Edikt des Großen Kurfürsten von 1618 den Bau von Zuchthäusern, Spinnhäusern und Manufakturen verfügte (vgl. auch das Edict vom 11. Juni 1687 [Corp.Const.PrBrand., V.Th.V.Abth.I.Cap. No.25, Sp.43]), um Arbeitslose mit ihren Kindern notfalls zwangsweise zwecks Arbeitserziehung dorthin zu bringen, wurde die disziplinierende Unterbringung von Armen in Anstalten im 17. und 18. Jhdt. zu einem wesentlichen Instrument der Armenpolitik, dessen Bedeutung allein schon in dem generalpräventiven Abschreckungseffekt lag. In Preußen verpflichteten die Edikte vom 19. November 1698 [Corp.Const.PrBrand., V.Th.V.Abth. I.Cap., No.24, Sp.49] und die Armen- und Bettelordnung vom 18. März 1701 [Corp.Const.PrBrand., V.Th. V.Abth.I.Cap., No.32, Sp.55] die Städte und die Ritterschaft, den Arbeitsfähigen Beschäftigung zu verschaffen und den weniger Arbeitsfähigen Almosenunterstützung zu gewähren; sowohl diese Bettelordnungen als auch ein Edikt FRIEDRICHS DES GROSSEN vom 28. April 1748 [Corp. Const.Pr Brand., IV.Th., No.16, Sp.42], das die bisherigen Vorschriften zusammenfaßte, verfügten zugleich die Einlieferung von Vagabunden in die staatlichen Spinn- und Arbeitshäuser, wobei zunächst eine Trennung von jenen Anstalten, in denen die wirklich Armen verpflegt werden sollten, nicht vorgenommen wurde *(vgl. Breithaupt, 1915, S. 78 ff.)*.

Die Bettelordnungen des 17./18. Jhdts. brachten erstmals nähere Bestimmungen über die **Heimatzugehörigkeit der Armen**.

Ein preußisches Edikt vom 10. April 1696 [Corp.Const.PrBrand., V.Th.V.Abth.I.Cap., No.28, Sp.47] befahl der Gerichtsobrigkeit auf dem Lande und in den Städten, die Versorgung derjenigen Bettler, die in ihrem Sprengel geboren waren oder dort zuletzt gedient hatten, sicherzustellen. Nach der Armen- und Bettelordnung vom 19. September 1708 [Corp.Const.PrBrand., V.Th.V.Abth.I. Cap., No. 37, Sp.69] waren jene Gemeinden unterhaltsverpflichtet, in denen der betreffende Arme das Bürgerrecht erlangt hatte, in eine Innung aufgenommen worden oder 10 Jahre wohnhaft gewesen war. Das

Edikt von 1748 dagegen nannte nur die Geburt und einen dreijährigen Aufenthalt als heimatbegründend, nicht aber die formelle Aufnahme; ausländische Bettler hatten nach diesem Edikt das Land innerhalb von 14 Tagen zu verlassen, einheimische Bettler hatten sich innerhalb derselben Frist an ihren Heimatort, in welchem sie geboren waren oder wo sie die letzten drei Jahre gewohnt hatten, zurückzubegeben.

Nach dem Fränkischen Kreisschluß vom 24. März 1791 hatten jedes Land bzw. jeder Ort seine Armen zu versorgen, durfte kein Bettel geduldet werden und war jeder Arbeitsfähige, der kein zur Ernährung ausreichendes Vermögen besaß, zur Arbeit anzustellen. Armenrechtliche Versorgungsansprüche besaßen die Gemeindegenossen und Schutzverwandten des Ortes sowie diejenigen, die dort sechs Jahre geduldet worden waren. Personen mit kürzerem Aufenthalt sollten an den vorherigen Aufenthaltsort bzw. an den Geburtsort verwiesen werden.

Die armenrechtliche Heimatzugehörigkeit wurde nach den bayerischen Bettelmandaten vom 27. Juli 1770 bzw. 3. März 1780 (179. General-Mandat [ChurbaiInBl., Nr.19 vom 21.4.1780]) durch einen 10-jährigen (bei Dienstboten 15jährigen) Aufenthalt sowie durch Verehelichung mit obrigkeitlicher Erlaubnis erworben *(vgl. Pöll, 1916, S.10f.)*.

Für Baden bestimmte die Hofraths-Instruction vom 28. Juli 1794 in den §§ 126 und 127, daß in Ermangelung verpflichteter Verwandter »die Gemeinde, zu der der Arme als Bürger oder Hinterlaß gehöret, aus ihren Gemeinds- und Almosencassen zu Unterstützung verbunden sei«. Konnten diese nicht helfen, hatten die allgemeinen Stiftungskassen und notfalls die Staatskasse einzutreten *(vgl. Wielandt, 1889, S.11)*.

Zumindest für eine kurze Übergangszeit wurde die reine Zweckrationalität der staatlichen Fürsorge unter dem Einfluß der **Aufklärung** insoweit relativiert, als sich die Auffassung durchsetzte, daß dem Staat eine **generelle Fürsorgepflicht** für seine Bürger zukomme. In Deutschland führten die neuen Gesellschafts- und Staatsideen, die sowohl im politischen wie im sozialen Bereich eine Veränderung der bestehenden Verhältnisse für möglich hielten, zum sog. **aufgeklärten Absolutismus**, der unter Festhalten an den autoritären Herrschaftsstrukturen die Machtentfaltung des Staates mit der Entfaltung der Wohlfahrt des Landes zu verbinden suchte *(vgl. Schlangen, 1973, S.10f.)*.

Dieses neue Verständnis von der Rolle des Staates spiegelte sich in den Grundsätzen des **Allgemeinen Landrechts** von 1794 wider, nach denen die Armenpflege geregelt werden sollte (ALR, II 19, §§ 1 f.). Erstmals wurde hier explizit das Prinzip anerkannt, daß der Staat als solcher für die Wohlfahrt seiner Bürger verantwortlich sei. Nach § 1 fiel dem Staat die Pflicht zu, „für die Ernährung und Verpflegung derjenigen Bürger zu sorgen, die sich ihren Unterhalt nicht selbst verschaffen und denselben auch nicht von anderen Privatpersonen, welche nach besonderen Gesetzen dazu verpflichtet sind, erhalten können". Gleichzeitig bestimmte das Allgemeine Landrecht jedoch, daß Arbeitslosen geeignete Arbeiten zugewiesen und Arbeitsunwillige durch Zwang und Strafen unter gehöriger Aufsicht zu nützlichen Arbeiten angehalten werden sollten. Die Sorge des Staates bestand insgesamt nicht in der Armenpflege selbst, sondern darin, daß er privilegierte Korporationen mit Armenfonds sowie die Stadt- und Dorfgemeinden zu Leistungen verpflichtete.

Das Allgemeine Landrecht gab dem einzelnen Bedürftigen keinen **subjektiv-öffentlichen Rechtsanspruch** auf staatliche Unterstützung, sondern begründete lediglich eine Verpflichtung der Gemeinden gegenüber dem Staat, deren Erfüllung den Armen zugute kommen sollte (Rechtsreflex). Allerdings wurde dabei bereits die für die spätere Armenrechtsentwicklung entscheidende Differenzierung der Armen nach jenen vorgenommen, die von der Gemeinde zu unterstützen waren, und anderen, welche durch Vermittlung des Staates in öffentlichen Landarmenhäusern untergebracht werden sollten. Die Gemeinden hatten danach diejenigen Hilfsbedürftigen zu unterstützen, die von ihnen als Bürger aufgenommen worden waren oder die zu den gemeinen Lasten der Gemeinde beigetragen hatten. Zur Durchführung dieser Vorschriften wurden neben den **kommunalen**

Armenverbänden Landarmenverbände errichtet, die subsidiär eintraten, sofern die einzelnen Gemeinden nicht in der Lage waren, ihren Verpflichtungen nachzukommen. Außerdem waren letztere zuständig für die Errichtung größerer Anstalten, der Zwangsarbeits- und Korrektionshäuser, der Blindeninstitute sowie der Krankenhäuser. Die Gemeinden durften im allgemeinen arbeitsfähigen Personen die Aufnahme nicht verweigern und hatten im Falle der Verarmung alle diejenigen zu unterstützen, die durch dreijährigen Aufenthalt in der Gemeinde ein Domizil erworben hatten *(vgl. Breithaupt, 1915, S.83ff.)*.

3. 7 Entstehung des Beamtenstandes

Ein geordnetes Beamtenwesen mit besonderen Formen der Entlohnung und Versorgung der Beamten ist keine Erscheinung der Neuzeit. Ägypten und Babylon hatten bereits 3000 v.Chr. einen wahren **Beamtenstaat** mit allen Kennzeichen einer bürokratischen Verwaltung *(vgl. Hintze, 1981, S.18)*. Während in Griechenland und in der römischen Republik öffentliche Wahlämter dominierten, entwickelte sich unter den römischen Kaisern ein **Berufsbeamtentum**, das bis ins einzelne organisiert war und in den Genuß einer regelmäßigen besonderen Besoldung gelangte *(vgl. Merkel, 1888)*. Trotz verschiedener Ansätze zu einem instrumentalen Beamtentum unter KARL DEM GROSSEN und Kaiser FRIEDRICH II. kannte das Mittelalter dagegen noch keinen berufsmäßigen Beamtenstand im modernen Sinne. Dominierend war im Mittelalter stattdessen das **feudalistische Lehnswesen** *(vgl. Till, 1979, S.138)*.

Obwohl Überreste des Lehnsbeamtentums noch lange erhalten blieben, entwickelte sich ab dem 16. Jhdt. ein neuer bürgerlicher Beamtenstand, wobei sich der Beamtenberuf zunehmend zum **Lebensberuf** wandelte. Indem Status, Titel und Rang „selbst bei Eintritt in den Ruhestand mit der Zeit unentziehbar wurden, vermochte sich das Beamtentum zum selbständigen gesellschaftlichen Stand emporzuheben" *(Till, 1979, S.180; vgl. Hintze, 1981, S.28f.)*. Zur Verfestigung des Beamtenstandes als besonderer gesellschaftlicher Gruppe trug bei, daß sukzessive spezifische Anforderungen und Voraussetzungen an Vorbildung und Charakter des Bewerbers gestellt wurden. Eine gesetzliche Regelung der **Rechtsverhältnisse** des Beamten fehlte allerdings noch überwiegend. Grundsätzlich wurde das Beamtenverhältnis jedoch als **privatrechtliches Dienstverhältnis** aufgefaßt, fühlte sich der Beamte vornehmlich als Königs- oder Fürstendiener, noch nicht als Staatsdiener.

Die soziale Lage der deutschen Beamten war je nach Zeit, Staat und Beamtenklasse äußerst unterschiedlich. Insgesamt unterlagen die **Einkommensverhältnisse** der Beamten im 16. und 17. Jhdt. erheblichen Schwankungen, wobei von einer standesgemäßen Alimentation überwiegend nicht gesprochen werden konnte. Eine einheitliche Besoldung gab es noch nicht; vielmehr existierten unterschiedlichste **Besoldungsformen** nebeneinander. Entlohnt wurden die Beamten zumeist durch **Naturalien**, durch Überlassung bestimmter »Gebühren«, »Gefälle« und »Sporteln«, höhere Beamte auch durch »Belehnungen«. Erst allmählich entwickelte sich die Geldbesoldung zum Hauptbestandteil des Gehalts.

Noch unzureichender geregelt war die Versorgung aus dem Dienst ausgeschiedener Beamter. Grundsätzlich konnten Beamte ohne Gewährung einer Versorgung entlassen werden. Allerdings entwickelten sich in den meisten Staaten schon im 16. Jhdt. Ansätze einer Altersversorgung. Eine verbreitete Form der Altersversorgung war dabei die sog. **Adjunktion.** Dem alten bzw. dienstunfähigen Beamten wurde hierbei ein jüngerer beigestellt, der ihm die Amtspflichten teilweise abnahm und dafür einen Teil der Amtseinkünfte/-bezüge erhielt und eine Anwartschaft auf das Amt erwarb. In einzelnen Staaten, so v. a. in Bayern, wurden den alten, dienstunfähigen Beamten auch schon **lebenslange Bezüge** (»Provisionen«) gewährt. Allerdings waren derartige Versorgungsleistungen eine reine **Gnadensache** und wurden insbesondere als Beweis der Anerkennung an verdiente Beamte bewilligt. Selbst dort, wo die Gewährung des Ruhegehalts zur Regel wurde, fehlte dem Beamten eine Rechtssicherheit in bezug auf seine Altersversorgung, abgesehen davon, daß der Umfang der Versorgung für ihn weitgehend unkalkulierbar war *(vgl. Till, 1979, S.285)*.

Die Versorgung der Witwe eines Beamten war vor diesem Hintergrund noch unzulänglicher gesichert. Zwar gab es in Bayern schon ab 1617 ein geregeltes Verfahren zur Gewährung von **Witwenunterstützungen**. Sog. Provisionen an Beamtenwitwen konnten von der Hofkammer bewilligt werden; die Gewährung von Pensionen an Hinterbliebene war allerdings nicht die Regel. Überwiegend wurden die Hinterbliebenen – von regionalen Ausnahmen abgesehen – „durch gnadenweise Zuwendungen oder auch durch staatlich erzwungene Leistungen des Amtsnachfolgers vor der Verelendung geschützt" *(Jacob, 1971, S.14)*. Teilweise erfolgte die Versorgung der Witwen auch durch dauerndes oder befristetes Überlassen von Amtserträgen (so z. B. im Fürstentum Bayreuth ab 1687). Daneben gab es der Adjunktion ähnelnde Regelungen, bei denen sich die Witwe die Amtseinkünfte mit dem Amtsnachfolger teilte (»Gnadenpflege«). Bisweilen war die Verleihung einer sog. Gnadenpflege allerdings an die Bedingung geknüpft, den Amtsnachfolger zu heiraten *(vgl. Till, 1979, S.318)*.

Abbildung 2: Titelblätter preußisch-brandenburgischer Gesetzessammlungen des 18. Jhdts.

NOVUM CORPUS
CONSTITUTIONUM PRUSSICO
BRANDENBURGENSIUM
PRAECIPUE
MARCHICARUM,
Oder
Neue Sammlung
Königl. Preußl. und Churfürstl. Brandenburgischer,
sonderlich in der
Chur- und Marck-
Brandenburg,
Wie auch
andern Provintzien,
publicirten und ergangenen
Ordnungen,
EDICTen, MANDATen, RESCRIPTen
&c. &c.
Vom Anfang des Jahrs 1751. und folgenden Zeiten,
Mit Königlicher Allergnädigsten Bewilligung,
und
Dero Academie der Wissenschaften,
darüber ertheilten
PRIVILEGIO,
Nebst einer
Einleitung
in die mannigfaltigen Gesetze eines Staats,
und besonders in die
Königl. Preußl. und Chur-Brandenburgische Geistliche und Weltliche,
Justitz-Militair-Cameral-Policey- und übrige Landes-Gesetze.

CORPUS
CONSTITUTIONUM
MARCHICARUM,
Oder
Königl. Preußis. und Churfürstl. Brandenburgische
in der
Chur-
und
Marck Brandenburg,
auch incorporirten Landen
publicirte und ergangene
Ordnungen,
EDICTA, MANDATA, RESCRIPTA ꝛc.
Von Zeiten
Friedrichs I. Churfürstens zu Brandenburg, ꝛc.
biß ietzo unter der Regierung
Friderich Wilhelms
Königs in Preussen ꝛc.
ad annum 1736. inclusivè
Mit allergn. Bewilligung colligiret und ans Licht gegeben
von
Christian Otto Mylius.
Mit Königl. Preußischen PRIVILEGIO.
BERLIN und HALLE,
Zu finden im Buchladen des Waysenhauses.

Kapitel 2

Sozialpolitik im Industrialisierungsprozeß (1800–1871)

1. Gesellschaftliche Rahmenbedingungen der Sozialpolitik

1. 1 Umbruch zur Industrialisierung

Deutlich später als in anderen westeuropäischen Ländern begann in Deutschland erst Ende des 18. Jhdts. der eigentliche Umbruch zur Industrialisierung *(vgl. F.W. Henning, 1976, S.35)* und leitete auch hier eine der größten Diskontinuitäten der Wirtschaftsgeschichte ein *(vgl. Hartwell, 1972, S.36)*. Ohne im einzelnen auf die verschiedenen Erklärungsansätze der **industriellen Revolution** eingehen zu können, soll doch erwähnt werden, daß zahlreiche Wissenschaftler bedeutende **Inventionen** und **Innovationen**, die zu entscheidenden technologischen und organisatorischen Veränderungen in Landwirtschaft und Gewerbe führten, als wesentliche Faktoren der Ingangsetzung des Industrialisierungsprozesses ansehen; hierbei wird vor allem auf neue und verbesserte Maschinen, neue Energiequellen, eine breiter diversifizierte Produktion sowie größere Produktionseinheiten mit stärkerer Arbeitsteilung hingewiesen. In enger Verbindung damit wird die wachstumsfördernde Wirkung der **Kapitalakkumulation** gesehen, wobei zunehmende Ersparnisse aus Handel und Landwirtschaft bei niedrigen Zinssätzen zu vermehrten Investitionen führten, die zusätzlich durch einen bedeutenden Selbstfinanzierungsgrad aufgrund steigender Gewinne unterstützt wurden. Gleichzeitig erhöhten verbesserte finanzielle Organisationen die **Elastizität der Geldversorgung** und stärkten die Mobilität der Spargelder. Hinzu kamen eine günstige **Faktorausstattung** in bezug auf Rohstoffe, aber auch im Bereich des Faktors Arbeit, sowie ein umfangreiches Reservoir an **Unternehmerpersönlichkeiten**. Durch wachsenden Außenhandel und steigenden Eigenkonsum der Bevölkerung kam es darüber hinaus zu einer enormen **Marktausdehnung**, für die nicht zuletzt der sukzessive Abbau von Handelsschranken im Zuge der nationalen Einigungsbestrebungen sowie der Ausbau der Verkehrssysteme bedeutsam waren *(vgl. Hartwell, 1972, S.38ff.; Borchardt, 1972; Braun u.a., 1973)*.

Wenngleich sich auch die in der Literatur anzutreffenden Erklärungsansätze der industriellen Revolution durch unterschiedliche Betonung der wachstumsfördernden Faktoren unterscheiden, so besteht doch weitgehende Einigkeit über den Stellenwert des **Liberalismus** als »geistiger Klammer« der durchgreifenden Veränderungen der Produktionsverhältnisse. In seinen Wurzeln bis in die Renaissance, den Humanismus und die Reformation zurückreichend, entwickelte sich der Liberalismus – nicht zuletzt unter dem Einfluß der **Aufklärung** und der ökonomischen Lehren von ADAM SMITH (1723–1790) und DAVID RICARDO (1772–1823) – im 18. Jhdt. zur entscheidenden Staats-, Wirtschafts- und Gesellschaftslehre. Später als in den anderen Ländern – hierin kann einer der Gründe für das verspätete Eintreten Deutschlands in die Industrialisierungsphase gesehen werden – wurde das liberale Gedankengut in Deutschland aufgenommen und entwickelte sich zur revolutionären Ideologie des industriellen Bürgertums.

Mit seinem Vordringen sprengte der **Liberalismus** die engen Begrenzungen von Wirtschaft und Gesellschaft und leitete die für das Industriezeitalter notwendige und typische **Umstrukturierung** der alten Ordnung ein *(vgl. Schnabel, 1964/65)*. Dabei blieb es nicht bei den liberalen Grundforderungen der **Beschränkung der Staatsgewalt** durch Gewaltenteilung und der **Garantie von Grundrechten** zur Sicherung einer staatsfreien Sphäre mit den entsprechenden Forderungen für die Teilnahme an der Bildung des Staatswillens und der Ausübung der Staatsgewalt. In der Übertragung dieser Überlegungen auf den Bereich der Wirtschaft forderte der Liberalismus gegenüber der Wirtschaftspolitik des absoluten Staates die freie wirtschaftliche Betätigung und die Beschränkung des Staates auf eine weitgehende **Überwachungsfunktion** im Hinblick auf die Einhaltung der Spielregeln des freien Wirtschaftsverkehrs. Damit wurde der klassische **Wirtschaftsliberalismus** und mehr noch der sog. **Manchester-Liberalismus** zur prägenden Kraft für das Entstehen der Sozialen Frage und der zunächst nur zögerlichen Lösungsversuche *(vgl. auch Pohl, 1978; Pöls, 1973; Schraepler, 1957)*.

Neben dem Beginn der industriellen Revolution kennzeichnete der »Aufbau einer auf dem Freiheitsgedanken begründeten neuen Gesellschaftsordnung« die durch den Liberalismus geprägte Epoche. Zu den wichtigsten, durch ihn bewirkten Veränderungen der tradierten Wirtschafts- und Gesellschaftsordnung gehören zweifellos die **Agrarreform** mit der sog. **Bauernbefreiung** und die Einführung der **Gewerbefreiheit**.

1. 2 Feudalismus und Bauernbefreiung

Im Bereich der Agrarwirtschaft, wo die im Laufe von Jahrhunderten entstandene gesellschaftliche Ordnung des **Feudalismus** besonders ausgeprägt war, ließen die Ideen der **Aufklärung**, die sich ausbreitende **physiokratische Lehre** von der fundamentalen Bedeutung der Landwirtschaft (QUESNAY, 1694–1774) sowie der technische Fortschritt die umfassende **Abhängigkeit** der großen Masse der bäuerlichen Bevölkerung seit Mitte des 18. Jhdts. zunehmend als unhaltbar erscheinen. Das Ziel der sog. **Bauernbefreiung** war es daher, die abhängigen Bauern wirtschaftlich, persönlich und politisch-staatsrechtlich zu befreien.

Die **Abhängigkeit der Bauern** bestand zum einen aufgrund rechtlicher Bindungen, zum anderen durch wirtschaftliche Verflechtungen und Verpflichtungen. Zu den **personenrechtlichen Bindungen** gehörten die ältere **Leibeigenschaft** und die neuere **Erbuntertänigkeit**, die für die Bauern persönliche Unfreiheit, Einschränkung der Freizügigkeit, Genehmigungspflicht der Heirat sowie Beschränkung der Bildungsmöglichkeiten mit sich brachten. Daneben gab es **grundherrliche Abhängigkeitsverhältnisse**, die die Verfügungsgewalt der Bauern über den Boden beschränkten (fehlende Testierfreiheit); im Rahmen des Obereigentums des Grundherren stand den Bauern nur ein Nutzungsrecht auf Zeit oder auf Lebenszeit zu, das teilweise auch vererbt werden konnte. Weitere Abhängigkeiten resultierten aus den **hoheitlichen Rechten** der Grund- und Leibherren, wie der **Polizeigewalt** und der **Patrimonialgerichtsbarkeit**. Schließlich waren die meisten Bauern zu verschiedensten wirtschaftlichen Leistungen verpflichtet; hierzu gehörten insbesondere die **Hand-** und **Spanndienste**, der **Gesindezwangsdienst** sowie die Erbringung von **Naturalleistungen** an den Grund- und Leibherrn.

Entsprechend den zwischen den einzelnen Gebieten voneinander abweichenden ländlichen Verfassungen erfolgte die »Bauernbefreiung« in den verschiedenen deutschen Staaten sowohl hinsichtlich des zeitlichen Ablaufs wie der jeweiligen Maßnahmen recht unterschiedlich. Meist jedoch begannen die aufgeklärten absoluten Fürsten mit der »Befreiung« ihrer eigenen Bauern, der sog. **Domänenbauern**. Nachdem unter FRIEDRICH WILHELM I. durch Kabinettsordre vom 16. Februar 1777 der unerbliche Laßbesitz der Domänenbauern in erblichen Besitz verwandelt worden war (vgl. auch die Declaration über die Vererbung der Bauernhöfe vom 25. März 1790 [Nov.Corp.Const.Pr Brand., No.19, Sp.2907]), erfolgte zwischen 1799 und 1805 für diese Bauern die **Ablösung der Frondienste**. Für die Privatbauern in Preußen wurde die »Befreiung« durch die **Stein-Hardenbergsche Gesetzgebung** eingeleitet. In einem ersten Schritt wurde durch das Edikt vom 9. Oktober 1807 [PrGS. 1806–1810, S.170] die **Erbuntertänigkeit** aufgehoben, bei den Bauern mit besserem Besitzrecht sofort, bei denen mit schlechterem (unerblichem) mit dem Martinitag 1810, wobei die **Frondienste** und die lassitischen Besitzrechte zunächst bestehen blieben. Die »Regulierung der gutsherrlichen Verhältnisse«, d. h. die Umwandlung des Besitzes in freies Eigentum und die Ablösung der Frondienste, sollte durch das sog. **Regulierungsedikt** vom 14. September 1811 [PrGS. S.281] erfolgen, das jedoch durch den ausbrechenden Krieg nur unzureichend zur Anwendung gelangte. Für die Bauern sollten die Hand- und Spanndienste sowie die Geld- und Naturalabgaben, für die Grundherren die Unterstützungspflicht, die Steuervertretung und die Baulast wegfallen. Gleichzeitig sollten die Bauern das Bauerngut zu vollem Eigentum bekommen, wobei die Gutsherren durch Land zu entschädigen waren; erbliche Bauern erhielten ⅔ des von ihnen bestellten Landes, unerbliche und Pächter die Hälfte zu vollem Eigentum. Allerdings gelang es den Grundherren, die Deklaration vom 29. Mai 1816 [PrGS. S.154] durchzusetzen, die zahlreiche Bauern von der Regulierung ausschloß und den **Bauernschutz** weitgehend aufhob. Die **Ablösungsverordnung** vom 7. Juni 1821 [PrGS S.77] ermöglichte schließlich die Befreiung der Bauern von den noch vorhandenen Reallasten, indem sie diese in feste jährliche Geldrenten umwandelte, die durch einmalige Zahlung des 25fachen Betrages an den Berechtigten abgelöst werden konnten. Unverändert fortbestehen blieb jedoch die **Patrimonialgewalt** des Gutsherrn.

Die **Bauernbefreiung** schuf zwar entscheidende Voraussetzungen für die Ausdehnung der landwirtschaftlichen Produktion (individuelle Nutzung wurde ergiebiger; veränderte Produktionsmethoden erhöhten die Produktivität), führte aber auch dazu, daß viele nunmehr persönlich freie Bauern sozial und wirtschaftlich verelendeten. Die **Landabtretungen** zusammen mit den hohen **Ablösungsforderungen** brachten viele der Bauern, vor allem während der **Agrarkrise** der 20er Jahre des 19. Jhdts., in enorme wirtschaftliche Schwierigkeiten, zumal besondere **Kreditinstitutionen** zur Erleichterung der Regulierung und Ablösung zunächst fehlten. Da der frühere Bauernschutz (Schutz vor Aufkauf durch Grundherren, Remissionen) weggefallen war, konnten die Gutsbesitzer viele der verschuldeten und in Bedrängnis geratenen Bauernhöfe durch privatrechtlichen Vertrag erwerben und so ihren Besitz ausdehnen.

Tatsächlich war es den Großgrundbesitzern gelungen, die ursprünglichen Absichten der »Bauernbefreiung« zu wesentlichen Teilen in ihr **Gegenteil** zu verkehren. Vielfach wurden aus den formell selbständigen Bauern, soweit sie ihre Existenz verloren, abhängige Landarbeiter. Ein wesentlicher Teil von ihnen wanderte in die Städte ab und bildete dort für die aufstrebende Industrie ein **Reservoir ungelernter Arbeitskräfte**. Dies galt verstärkt für jenen Teil der Landbevölkerung, der erst gar nicht in den Besitz eines bäuerlichen Betriebes kam, aber nunmehr nach weitgehender Überwindung der feudalistischen Abhängigkeitsverhältnisse mobil wurde (mithelfende Familienangehörige). Im Ergebnis schuf „die Bauernbefreiung zumindest in den östlichen Teilen der Monarchie nur wenige freie Bauern, aber viele ‚freie' Arbeiter" *(U.P. Ritter, 1961, S.40)*. Somit war das umfangreiche Angebot an Arbeitskräften für die gewerbliche Lohnarbeit nicht zuletzt durch das in dieser Phase weitgehende Scheitern der Agrarreformen bedingt *(vgl. Heyde, 1966, S. 26)*.

Einen gewissen formellen Abschluß erfuhr die Bauernbefreiung erst Mitte des 19. Jhdts. im Anschluß an die 1848er Ereignisse, als in den meisten deutschen Ländern die **Patrimonialgerichtsbarkeit** abgeschafft wurde (in Preußen durch die Verordnung vom 2. Januar 1849 [PrGS S.1] und das Gesetz vom 26. April 1851 [PrGS S.181]). Gleichzeitig wurden, wenn auch verspätet, die früheren Ablösungsregelungen zugunsten der Bauern korrigiert. Zwei Gesetze vom 2. März 1850 [PrGS S.77, 112] beseitigten zum einen das Prinzip der **Landentschädigung**, bezogen vorher ausgeschlossene Höfe in die Regulierung ein, hoben entschädigungslos das Obereigentum der Guts- und Grundherren auf, machten Regulierungsrenten ablösbar und schufen vor allem die sog. **Rentenbanken**, staatliche Bankinstitute, die den selbständigen Bauern helfen sollten, ihren Ablösungsverpflichtungen nachkommen zu können.

Auch in den übrigen deutschen Staaten wurde meist mit der Aufhebung der **Leibeigenschaft** begonnen (z. B. in Baden am 23. Juli 1783, in Schleswig-Holstein durch Verordnung vom 19. Dezember 1804 und in Bayern durch Edict vom 31. August 1808 [BayReg Bl. S.1933]), während sich die Ablösung der **Frondienste** und der **Reallasten** aufgrund des Widerstandes von Adel und Großgrundbesitzern fast überall noch Jahrzehnte hinzog.

1. 3 Einführung der Gewerbefreiheit

Obgleich die aufgezeigten feudalistischen Abhängigkeitsstrukturen, wie sie für den Agrarbereich typisch waren, für das Gewerbe nicht existierten, gab es auch hier zahlreiche Beschränkungen, die sich mit liberalen Vorstellungen nicht vereinbaren ließen. Parallel zur Bauernbefreiung leitete die **Stein-Hardenbergsche Reformgesetzgebung in Preußen** daher Schritte ein, um jene Schranken zu beseitigen, die einer freiheitlichen Entwicklung des Gewerbes entgegenstanden. Als erstes wurden in dem **Edikt über den erleichterten Besitz und freien Gebrauch des Grundeigentums vom 9. Oktober 1807** [PrGS 1806–1810, S.170] die alten ständischen Schranken beseitigt, die bis dahin das Wirtschaftsleben eingeengt hatten. Nach § 2 dieses Edikts hatte jeder Bauer und Edelmann nunmehr ausdrücklich die Befugnis, ein bürgerliches Gewerbe zu betreiben. Die programmatischen Grundlagen für die Anerkennung der Gewerbefreiheit kamen jedoch am deutlichsten zum Ausdruck in der **Geschäftsinstruktion für die Regierungen vom 26. Dezember 1808** [PrGS. 1806–1810, S.481]. Dort hieß es in § 50: „Es ist dem Staat und seinen einzelnen Gliedern am zuträglichsten, die Gewerbe jedesmal ihrem natürlichen Gange zu überlassen, d. h.: keines derselben durch besondere Unterstützungen zu begünstigen und zu heben, aber auch keine in ihrem Entstehen, ihrem Betriebe und Ausbreiten zu beschränken, insofern das Rechtsprinzip dabei nicht verletzt wird oder sie nicht gegen Religion, gute Sitten und Staatsverfassung verstoßen." Dies bedeutete, daß jeder in jedem Umfang jeden Produktionszweig mit jeder Produktionstechnik eröffnen und betreiben konnte und der Staat sich so wenig wie möglich in das Gewerbewesen einmischen sollte.

Die gesetzliche Neuordnung des Gewerberechts im Sinne dieser Grundsätze erfolgte vor allem durch das **Edikt über die Einführung einer allgemeinen Gewerbesteuer vom**

2. November 1810 [PrGS. S.79] und durch das **Gesetz über die polizeilichen Verhältnisse der Gewerbe vom 7. September 1811** [PrGS. S.263].

Nach dem Edikt von 1810 besaß jedermann das Recht zum Betrieb eines Gewerbes, sofern er einen Gewerbeschein löste und seine Gewerbesteuer entrichtete. Die Erteilung eines Gewerbescheines durfte in der Regel nicht versagt werden; lediglich für wenige, einzeln aufgeführte Gewerbe, bei deren ungeschickter oder fahrlässiger Verrichtung gemeine Gefahren entstehen oder die nur von unbescholtenen Bürgern ausgeübt werden konnten, mußten einige weitere Voraussetzungen erfüllt sein (z. B. Ärzte, Apotheker, Gastwirte, Juweliere etc.). Gleichzeitig wurden alle Unterschiede zwischen Stadt und Land aufgehoben und alle Bevorzugungen, alle örtlichen und persönlichen Privilegien sowie alle ausschließenden Gewerbeberechtigungen beseitigt. Indem sämtliche Rechte der Zünfte in bezug auf die Zulassung zum Gewerbebetrieb entfielen, war ihre frühere Macht endgültig gebrochen.

Das ergänzend ergangene Gesetz von 1811 traf nähere Bestimmungen hinsichtlich der aus polizeilichen Gründen vorbehaltenen Einschränkungen der Gewerbefreiheit, beseitigte die im Rahmen der Zunftverfassung entstandenen gewerblichen Taxen und bestimmte nochmals ausdrücklich, daß niemand der Zunft beitreten müsse und jedes Zunftmitglied jederzeit austreten könne. Die Zünfte bzw. Innungen wurden zwar nicht aufgehoben, der Zunftzwang sowie ihre gewerblichen Vorrechte jedoch abgeschafft *(vgl. Nelken, 1906, S. 13 ff.)*.

Noch einen Schritt weiter ging das **Gesetz über die Entrichtung der Gewerbesteuer vom 30. Mai 1820** [PrGS. S.147]. Für die Zulässigkeit eines stehenden Gewerbebetriebes galt als Voraussetzung nicht mehr die Entrichtung der Steuer; auch entfiel die Pflicht zur Lösung eines Gewerbescheines. Gewerbetreibende hatten vor der Aufnahme eines neuen bzw. der Aufgabe eines bisher betriebenen Gewerbes lediglich Anzeige bei der Orts-/ Kommunalbehörde zu machen. Bestimmten Sonderregelungen (Regulative vom 28. April 1824 und 4. Dezember 1836 [PrGS. 1824, S.125 und 1837, S.13/14]) unterlag allerdings weiterhin der Gewerbebetrieb im Umherziehen.

Die **liberalen gewerberechtlichen Bestimmungen** galten allerdings nicht für jene preußischen Landesteile, die nach dem Wiener Kongreß wieder bzw. neu erworben wurden. Dort galten vielmehr die früheren Vorschriften, die teilweise sogar hinter den Bestimmungen des Allgemeinen Landrechts zurückblieben. Lediglich jene Gebiete, die unter französischer Herrschaft gewesen waren, verfügten über Gewerberegelungen, die den preußischen sehr nahe kamen. Nach französischem Vorbild, wo es seit 1791 eine Gewerbefreiheit gab, war in den französischen Teilen der **Rheinprovinz**, am 5. August 1808 [WestfGeBull. S.193] im Königreich **Westfalen** und am 31. März 1809 [vgl. BergGeBull. S. 164] im Großherzogtum **Berg**, die weitgehend uneingeschränkte Gewerbefreiheit eingeführt worden. Andere deutsche Staaten, wie **Sachsen**, **Baden**, **Württemberg** oder **Bayern**, verwirklichten die Gewerbefreiheit endgültig erst Anfang der 60er Jahre des 19. Jhdts., wenngleich auch sie bereits vorher die starren Zunftbeschränkungen mehr oder weniger stark gelockert hatten.

Letzteres galt insbesondere für **Bayern**, wo man zwar zunächst grundsätzlich am Zunftzwang festhielt, jedoch insbesondere ab 1799 unter dem Minister MONTEGLAS ernsthaft damit begann, die Allmacht der Zünfte zu brechen. Die eingeleiteten Reformen zielten vor allem darauf ab, die Selbständigkeit der Zünfte und ihre Polizeigewalt zu beschneiden, die Handwerksmißbräuche abzustellen und die Zwangs- und Bannrechte sowie die unpersönlichen Gewerbegerechtigkeiten aufzuheben. Um die Selbstherrlichkeit der Zünfte und der Gemeinden wirksam zu unterbinden, versuchte man durch Schaffung eines **landesherrlichen Konzessionssystems**, eine staatliche Kontrolle über das Gewerbewesen zu erlangen.

Begonnen wurden die Reformen damit, daß in den Jahren 1799–1804 sukzessive die Zwangs- und Bannrechte beseitigt und dadurch eine örtliche freie Gewerbeausübung ermöglicht wurde. Diesen

Maßnahmen folgten durch den churfürstlichen Erlaß vom 1. Dezember 1804 [ChurbaiRegBl. 1805, S.43] Einschränkungen bezüglich der unpersönlichen Gewerbegerechtigkeiten, der realen und radizierten Gewerbe. Handwerkerbefugnisse durften fortan nurmehr auf persönlicher Geschicklichkeit beruhen, nicht mehr jedoch die Form von realen Gerechtigkeiten oder veräußerlichem Eigentum annehmen. Schließlich wurde sukzessive das Konzessionssystem eingeführt, wodurch nur die Regierung für die Verleihung von Gewerbebefugnissen zuständig wurde. Das Gesetz vom 5. Januar 1807 [BayRegBl. S.55] verbot die patrimonialgerichtlichen Konzessionsbefugnisse und bestimmte, daß nur die Kgl. Landesdirektion Gewerbeverleihungen aussprechen konnte. Zuvor war bereits eine Reihe von Erwerbsarten gänzlich freigegeben worden. Daneben begann die Regierung, die Aufsicht über die Gewerbe auszudehnen und den Handel einer strengen obrigkeitlichen Kontrolle zu unterwerfen. Ergänzend ergingen zahlreiche Verordnungen, die gegen Mißstände in der inneren Zunftverfassung einschritten und die Rechtsverhältnisse des gewerblichen Hilfspersonals neu regelten *(vgl. Popp, 1928, S.46ff.)*.

Die MONTEGLASschen **Gewerbereformen** bedeuteten zwar gegenüber den Verhältnissen Ende des 18. Jhdts. einen Fortschritt, waren aber nicht frei von schwerwiegenden Mängeln, zumal man die Verleihung von Konzessionen sehr großzügig handhabte und dadurch in verschiedenen Bereichen eine starke Überbesetzung der Gewerbe bewirkte. In Bayern, ebenso wie in Preußen, hielten die **Kontroversen** um die Gewerbepolitik auch in den folgenden Jahren an. Die Zeit der völligen Gewerbefreiheit, als noch nicht einmal ein Gewerbeschein erforderlich war, hielt indessen nicht lange an, da den zweifellos positiven Wachstumsimpulsen, die von der Liberalisierung des Gewerberechts ausgingen, auch gewisse negative Wirkungen gegenüberstanden. Nicht zuletzt zum Schutz eines leistungsfähigen Handwerks sah die **Gewerbegesetzgebung** daher ab der Mitte des 19. Jhdts. ihre Hauptaufgabe verstärkt darin, positiv gestaltend und fördernd in das Gewerbewesen einzugreifen *(vgl. Albrecht, 1933 a, S.135)*.

1. 4 Sozio-ökonomische Entwicklungen

1. 4. 1 Übergangsphase zur Industrialisierung

Die Beseitigung hemmender ständisch-feudaler Beschränkungen begünstigte zwar den durch den Liberalismus geprägten gesellschaftlichen Umbruch, beschleunigt wurde er aber in ganz entscheidendem Maße durch die in jene Zeit fallenden großen **technischen Entdeckungen** und **Erfindungen** (z. B. Dampfmaschine 1763/64, mechanischer Webstuhl 1785, Luppenquetsche 1805, Stahlherstellung im Puddelverfahren 1819, Zylinderdruckmaschine 1812). Die durch derartige Neuerungen ermöglichten neuen Produktionsformen und -verfahren führten schon bald dazu, daß an die Stelle der früheren Handwerksbetriebe zunehmend die **Fabrik** als neuer Typus der Produktionsstätte trat *(vgl. F. W. Henning, 1976, S.114ff.)*.

Erste **industrielle Standorte** mit einer Anhäufung von Fabriken entwickelten sich in Schlesien im Bereich des Bergbaus, der Eisen- und Textilindustrie, darüber hinaus in Sachsen in der Textilindustrie sowie im bergisch-märkischen Raum in der Kleineisen- und Textilindustrie. Im Niederrheingebiet dominierte die Textilindustrie, im Saarland der Bergbau und die Eisenindustrie. Gerade die Chance einer Verbundwirtschaft von Kohle und Eisen ließ neben Oberschlesien einen neuen Brennpunkt der Industrialisierung im Ruhrgebiet entstehen. Dieses wurde sogar zum Kernraum der weiteren industriellen Entfaltung in Deutschland, wobei die Entwicklung nicht zuletzt durch den starken Ausbau des **Verkehrssystems** im Hinblick auf Schiene, Land- und Wasserstraße getragen wurde.

Die Inventionen und Innovationen im Bereich neuer **Arbeits-** und **Kraftmaschinen** sowie neuer **Verfahren** der Verkokung von Kohle und Verhüttung von Erzen ließen Kohle und Eisen zu den bedeutendsten Grundstoffen des industriellen Wachstums werden. Die dadurch ausgelösten Wachstumseffekte und Kapitalakkumulationen, die schnell auch auf andere Gewerbezweige übergriffen, führten zu beträchtlichen Veränderungen in der Produktionsstruktur des gewerblichen Sektors.

Tabelle 1: Bevölkerung und Beschäftigung 1800–1867

Jahr	Ortsanwesende Bevölkerung[1]	Gesamtbeschäftigung	darunter			Beschäftigung in Preußen[2]		
			Landwirtschaft	Handwerk/Industrie	Tertiärer Sektor	Handwerker	Fabrikarbeiter	Bergarbeiter
	in Tausend		Anteile in %			in Tausend		
1800	–	10.535,0	61,8	21,3	16,9	404,3[3]	–	–
1825	21.477,0	12.600,0	59,0	22,0	19,0	502,3	–	–
1835	23.635,0	–	–	–	–	572,3	–	35,0
1846	29.461,4	14.618,0	56,7	23,3	20,0	842,2	272,0	42,0
1849	29.800,1	14.813,0	56,0	23,6	20,4	942,3	367,0	54,0
1852	30.492,8	15.028,0	55,2	25,0	19,8	1.000,6	387,0	68,0
1855	32.721,3	15.198,0	54,0	25,4	20,6	1.002,4	418,0	100,0
1858	33.542,3	15.492,0	53,2	26,6	20,2	1.054,2	388,0	120,0
1861	34.670,3	15.967,0	51,7	27,3	21,0	1.092,9	469,0	117,0
1867	37.512,0	16.171,0	51,5	27,1	21,4	–	–	–

(-) vergleichbare Angaben sind nicht verfügbar; im übrigen mittlere Jahreswerte; 1) Bevölkerung des Zollgebietes; 2) über 14 Jahren; 3) 1816.
Quellen: Statistisches Jahrbuch für das Deutsche Reich, 1.Jg., 1880, S.5; W. Fischer/J. Krengel/J. Wietog: Sozialgeschichtliches Arbeitsbuch I. Materialien zur Statistik des Deutschen Bundes 1815-1870, München 1982, S.34, 52 und 57; H. Mottek (Hrsg.): Studien zur Geschichte der industriellen Revolution in Deutschland, Berlin 1960, S.212.

Die **industrielle Produktionsweise** übertraf nicht nur in quantitativer Hinsicht, sondern vielfach auch in qualitativer Hinsicht die überkommenen handwerklichen und gewerblichen Fertigungen und ließ innerhalb weniger Jahrzehnte das Phänomen einer Übersetzungskrise in den tradierten Bereichen entstehen. Unter diesem Aspekt ist zu verstehen, daß die Gewerbefreiheit zwar weitgehend von den nicht handwerklich organisierten Gewerben (Manufaktur, Fabrik, Verlag, Bergbau) befürwortet wurde, es aber unter den Handwerkern eine weit verbreitete Gegenbewegung gab.

Die Übersetzungskrise in den tradierten Gewerbezweigen führte in weiten Bereichen zu einem Rückgang sowie zu einer **Verelendung traditioneller Handwerkszweige**, die sich gegenüber der industriellen Konkurrenz nicht behaupten konnten. Diese Handwerker waren gezwungen, sich in der Industrie neue Arbeits- und Verdienstmöglichkeiten zu suchen; so rekrutierte sich aus ihnen vor allen Dingen der industrielle Facharbeiterstamm. Diese Entwicklung betraf nicht nur die ehemals selbständigen Handwerksmeister, sondern auch viele Gesellen, die angesichts der veränderten Gewerbe- und Produktionsstrukturen im Handwerk keine Zukunftschancen mehr sahen.

Die wirtschaftlichen und gesellschaftlichen **Wandlungen**, die in der Übergangsphase zur Industrialisierung einsetzten, lösten in Stadt und Land einen großen Teil der Bevölkerung aus ihren tradierten **Ordnungen**, wobei gleichzeitig die **soziale Sicherung** verloren ging, die bis dahin aus der weitgehenden Einheit von Arbeits- und Lebensformen resultierte. Das auf diese Weise wachsende **Arbeitskräfteangebot** für die Industrie wurde durch das für diese Übergangsphase der Industrialisierung typische rasche **Bevölkerungswachstum** noch verstärkt. Angesichts der zunächst noch geringen Aufnahmefähigkeit der im Ausbau befindlichen industriellen Zentren setzten schon bald eine **Massenverelendung (Pauperismus)** und damit verbunden ein ständig zunehmender Druck auf die industriellen Arbeitsentgelte ein. Es entstand jene für die erste Industrialisierungsperiode ebenso bedeutsame wie charakteristische **industrielle Reservearmee** *(vgl. Jantke, 1955, S. 40ff.)*.

Tabelle 2: Wirtschaftliche Kennziffern 1817–1870[1]

Jahr	Nettosozialprodukt zu Marktpreisen[2]	Jährliches Arbeitseinkommen[3]	Länge d. Eisenbahnnetzes[4]	Steinkohlenförderung[5,6]	Eisenerzförderung[5]	Roheisenproduktion[5]	Produktion von Baumwollspinnereien[5]
1817	–	284	–	1.129,0	–	–	1.963,0
1825	7.300	284	–	1.462,0	–	50,2[7]	2.499,0
1835	–	296	6	1.934,0	309,1	155,5	3.738,0
1840	–	303	549	2.821,0	452,6	190,7	9.858,0
1845	–	307	2.130	4.032,0	449,3	194,0	13.093,0
1850	10.534	313	6.044	5.501,4	850,7	214,6	13.146,0
1855	10.316	348	–	9.612,1	1.389,4	419,3	24.918,0
1860	13.604	396	11.633	12.879,9	1.468,1	530,3	53.473,0
1865	14.858	414	–	21.770,6	3.013,4	988,2	37.128,0
1870	16.706	487	19.575	26.482,8	3.839,2	1.390,5	65.518,0

1) Gebiet des späteren Deutschen Reiches ohne Elsaß-Lothringen; 2) in Mio. Mark zu Preisen von 1913; 3) in Mark je Erwerbstätigem; 4) in km, unterschiedl. Stichtage; 5) in 1000 t; 6) 1817-1845 nur Preußen; 7) nur Preußen.
Quellen: W.G. Hoffmann: Das Wachstum der deutschen Wirtschaft seit der Mitte des 19. Jahrhunderts, Berlin-New York-Heidelberg 1965, S.827; R. Gömmel: Realeinkommen in Deutschland. Ein internationaler Vergleich (1814-1914), Nürnberg 1979, S.27 ff.; Statistisches Jahrbuch für das Deutsche Reich, 3.Jg., 1882, S.27 ff.; F. Voigt: Verkehr, Bd.II, Berlin 1965, S.529; W. Fischer/J. Krengel/J. Wietog: Sozialgeschichtliches Arbeitsbuch I. Materialien zur Statistik des Deutschen Bundes 1815-1870, München 1982, S.63 ff., 80, 101 und 155.

Die **soziale Lage** der Menschen mit Lohnarbeit war zu Beginn des 19. Jhdts. durch **niedrige Einkommen** und vergleichsweise **hohe Agrarpreise** geprägt. Die Löhne gewährleisteten in dieser Situation kaum die Sicherung des **Existenzminimums**, ganz abgesehen davon, daß von den in die Ballungszentren strömenden verfügbaren Arbeitskräften anfänglich nur ein Teil tatsächlich auch Arbeit erhielt. Um in dieser Situation ein bestimmtes Mindesteinkommen zu realisieren, wurden verstärkt **Frauen** und **Kinder** von den Familien in die Fabriken geschickt, was die verhängnisvolle Konsequenz hatte, daß die industrielle Reservearmee und damit der Druck auf die Löhne noch weiter zunahmen. In der Folge wurden immer mehr relativ teure männliche Arbeitskräfte durch die billigeren Frauen und Kinder ersetzt. Zwar wurden im Laufe der Zeit in steigendem Umfang industrielle Arbeitsplätze geschaffen, aber das durch starkes **Bevölkerungswachstum**, anhaltende **Landflucht** und fortgesetzte **Freisetzung** von Arbeitskräften aus den tradierten Gewerben genährte Arbeitskräfteüberangebot sorgte dafür, daß die **Armutssituation** der Arbeiterbevölkerung im wesentlichen fortdauerte *(vgl. v.Schönberg, 1891, S.631ff.; Sombart, 1904, S.5ff.; Herkner, 1922, S.77ff.)*.

Eine direkte Folge der extrem niedrigen Einkommen der lohnabhängigen Industriearbeiterschaft waren besonders schlechte **Wohnverhältnisse**. Die Wohnungen waren regelmäßig zu klein und die Häuser zu dicht gebaut; zudem fehlte es oft an Geld für die Heizung. Verschärft wurden die katastrophalen Lebensbedingungen durch eine mangelhafte Ausstattung mit witterungsbeständiger **Kleidung** und unzureichende Möglichkeiten, eine solche Kleidung zu erwerben *(vgl. van der Borght, 1904, S.386ff.; Herkner, 1922, S. 19ff.; Kuczynski, 1961, Bd.1, S.9ff.; Ritter/Kocka, 1974)*.

Die in den Lebensverhältnissen der Bevölkerung zum Ausdruck kommende Armutssituation war darüber hinaus mit sehr schlechten **Arbeitsbedingungen** verbunden, gab es doch bis in die 30er Jahre des 19. Jhdts. praktisch keinerlei **Arbeiterschutz**. Dem Arbeitgeber waren die Gestaltung des Arbeitsplatzes, die Festsetzung der Arbeitszeit und ebenso die Schaffung von Möglichkeiten zur Verpflegung während der Arbeitszeit völlig freigestellt. Infolge der vorhandenen industriellen Reservearmee bestand außerdem eine ständige Ersatzmöglichkeit für ausgefallene Arbeitskräfte; eine Verbesserung der Arbeitsbedingungen unter dem Aspekt der Erhaltung der Arbeitskraft für die Produktion lag weitgehend außerhalb der damaligen ökonomischen Rationalität.

Die physischen und psychischen Belastungen der Arbeiter als Folge unzureichender Arbeitsbedingungen wurden noch dadurch verstärkt, daß die **Regenerationszeiten** der Arbeitskräfte in Anbetracht **überlanger Arbeitszeiten** (zeitweilig 90 Stunden in der Woche) und sehr **zeitaufwendiger Anmarschwege** (noch unzureichend ausgebautes Verkehrssystem) erheblich verkürzt waren *(vgl. Herkner, 1922, S.51; Meinert, 1958)*.

Die bedrückende Arbeits- und Lebenssituation vieler Menschen führte schließlich dazu, daß in der Zeit von 1815 bis 1835 mehr als 400.000 Personen aus Deutschland auswanderten. Die **Auswanderungsströme** waren besonders stark in den sog. **Hungerperioden**, in denen die Agrarpreise drastisch anstiegen. Dennoch kam es zu keiner Arbeitskräfteverknappung, da die gewaltige **Binnenwanderung** in die Städte und die Freisetzung von Arbeitskräften in der Landwirtschaft und im Handwerk die Auswanderung mehr als ausglichen. In Verbindung mit dem natürlichen Bevölkerungswachstum sorgten die Binnenwanderungen für ein beständig anwachsendes **Industrieproletariat** in den wirtschaftlichen Ballungsgebieten *(vgl. F.W. Henning, 1976, S.106ff.; Fischer u.a., 1982, S. 34ff.)*.

1.4.2 Hauptindustrialisierungsphase

Die eigentliche **Industrialisierung** begann – von Vorläufern mit großen regionalen Unterschieden abgesehen – in Deutschland in den 30er/40er Jahren des 19. Jhdts. Die erste Phase, die auch vielfach als Durchbruchs- oder Aufstiegsphase bezeichnet wird, dauerte etwa bis 1873, als mit der **Gründerkrise** ein erster tiefgreifender Konjunktureinbruch erfolgte. Es ist an dieser Stelle nicht möglich, detailliert auf die ökonomischen und sozialen Veränderungen dieser Entwicklungsphase einzugehen; einige Hinweise auf wichtige Fakten und charakteristische Tendenzen sollen aber eine Vorstellung davon ermöglichen, welchen **fundamentalen Wachstums- und Strukturwandlungsprozeß** die Industrialisierung darstellte.

Während die deutsche Wirtschaft 1815 noch vorindustriell und im Vergleich vor allem zu England rückständig war, hatte sie am Ende dieser Periode beträchtlich aufgeholt. Waren nach den napoleonischen Kriegen noch mehr als drei Viertel der preußischen Bevölkerung in der Landwirtschaft beschäftigt, so waren es 1849 im Deutschen Bund nur noch 56%; dieser Anteil sank bis 1867 auf 51,5% und 1871 auf 49,3%. Dabei war die absolute Zahl der bäuerlichen Bevölkerung keineswegs rückläufig, denn die auf dem Gebiet des späteren Deutschen Reiches lebende Gesamtbevölkerung (ohne Elsaß-Lothringen) stieg von 24,83 Mio. im Jahre 1816 auf 40,82 Mio. im Jahre 1870 *(vgl. StJbDR, 1880, S.5)*. Bei einem Anstieg der Gesamtbeschäftigung von 10,54 Mio. im Jahre 1800 auf 16,17 Mio. im Jahre 1867 wuchs der Anteil der im Handwerk und in der Industrie Beschäftigten von 21,3 auf 27,1% *(vgl. auch Tabellen 1 und 6)*.

Der Wandel vom Agrar- zum Industriestaat leitete die Verstädterung ein. Ihren Höhepunkt erlebte diese Entwicklung jedoch erst im Kaiserreich. So lebten 1871 noch immer 82,5 % der Bevölkerung in Gemeinden bis zu 10.000 Einwohnern gegenüber 92,3% im

Jahre 1830. In demselben Zeitraum erhöhte sich der Anteil der in Großstädten lebenden Bevölkerung von 1,8 auf 4,8 % *(vgl. Fischer u. a., 1982, S.37; Tabelle 5).*

Insgesamt gehörte das außerordentliche **Bevölkerungswachstum** zweifellos zu den wesentlichen Triebkräften des sozio-ökonomischen Wandels. Bis zur Mitte des 19. Jhdts. stieg jedoch die Bevölkerung schneller als die zur Verfügung stehende Nahrungsdecke, gab es mehr Menschen als Arbeitsplätze. Die Folge war, daß vor allem bis in die 40er Jahre hinein Unterbeschäftigung, Arbeitslosigkeit und Not beständig zunahmen (Pauperisierung).

Kern der Industrialisierung waren unbestreitbar die **technischen Neuerungen**, die sowohl die Einführung neuer Produktionstechniken als auch neue Organisationsformen der Produktion ermöglichten und zu einer Verdreifachung der Arbeitsproduktivität führten. Der technisch-organisatorische Fortschritt basierte einerseits auf der Erschließung **neuer Energiequellen** (Einsatz von Kraftmaschinen, besonders der Dampfmaschine), andererseits auf der Entwicklung **neuer chemisch-technischer Verfahren**. Deutlich zeigt dies der Anstieg der in Preußen eingesetzten **Dampfmaschinen**: ihre Zahl stieg von 423 im Jahre 1837 auf 8.685 im Jahre 1861 *(vgl. Kocka, 1984, S.16).* Weitere Indizien sind die starke Zunahme der **Steinkohlen-/Eisenerzförderung** und **Roheisenerzeugung** *(vgl. Tabelle 2).* Die Stahlerzeugung stieg allein zwischen 1850 und 1870 von 196.900 Tonnen auf 1,045 Mio. Tonnen *(vgl. Fischer u. a., 1982, S.70f.).*

Innerhalb des sekundären Sektors vollzog sich eine Reihe struktureller Wandlungen, wobei sich spätestens seit der Mitte des Jahrhunderts die Fabrik als zentralisierter Großbetrieb auf maschineller Grundlage auf Kosten von Manufaktur und Verlag und neben dem langsamer wachsenden, sich umstrukturierenden, aber insgesamt keineswegs schrumpfenden Handwerk durchsetzte. Aufgrund des wachsenden Kapitalbedarfs wurde dabei die Aktiengesellschaft immer deutlicher zur typischen Unternehmensform der deutschen Industrie. Während im Zeitraum 1801–1825 lediglich 16 Gesellschaften mit einem Kapital von zusammen 34 Mio. Mark gegründet wurden, waren es 1851–1870 insgesamt 336 Gesellschaften mit einem Kapital von 2,582 Mrd. Mark. Beachtenswert ist der schnell steigende Kapitaleinsatz auch insofern, als er die Investitionen von deutlich unter auf erheblich über 10 % des Sozialprodukts steigen ließ *(vgl. Kocka, 1984, S.16).* Das reale Nettosozialprodukt erhöhte sich von rd. 7,3 Mrd. Mark im Jahre 1825 auf 16,7 Mrd. Mark im Jahre 1870. Es wuchs sogar schneller als die ebenfalls rasch zunehmende Bevölkerung, so daß das Sozialprodukt pro Kopf 1870 mit ungefähr 409 Mark um 20 % höher war als 1825 *(vgl. auch Tabellen 1 und 2).*

Mit den wirtschaftlichen Veränderungen im Zuge der Industrialisierung war eine sprunghafte Aufwärtsentwicklung des **Verkehrssektors** verbunden, wobei dem Ausbau des Eisenbahnnetzes eine besondere Bedeutung zukam, da die Eisenbahn durch ihren Stahlbedarf und die Verbesserung der Transportwege als doppelter Motor der Industrialisierung wirkte. Ihr Streckennetz stieg von 6 km im Jahre 1835 über 6.044 km im Jahre 1850 auf 19.575 km im Jahre 1870 *(vgl. Tabelle 2).* Nicht weniger wichtig war aber auch der Ausbau der künstlichen Wasserwege, deren Länge zwischen 1816 und 1870 von 2.412 auf 3.817 km erweitert wurde *(vgl. Fischer u.a., 1982, S.80; Bechtel, 1956).*

1. 5 Politische Entwicklungen

Die sich an den Zusammenbruch der napoleonischen Herrschaft anschließende **Neuordnung Europas**, die ganz im Zeichen einer umfassenden **Restauration** und einem Wiedererstarken der alten Kräfte (Adel, Kirche) stand, brachte für Deutschland nicht den von vielen erhofften freien und einheitlichen **Nationalstaat**. An die Stelle des alten Reiches trat der 1815 gegründete **Deutsche Bund**. Einziges Organ dieses losen Zusammenschlusses von anfangs 34 souveränen Fürsten und vier freien Städten war die Bundesversammlung (auch Bundestag genannt) in Frankfurt.

Der Zweck des Bundes, der ansonsten nur wenige Gemeinschaftsaufgaben vorsah und noch nicht einmal ein gemeinsames Zollgebiet festlegte, sollte vor allem die Erhaltung der **inneren und äußeren Sicherheit** Deutschlands, die **Unabhängigkeit** und Unverletzlichkeit der einzelnen deutschen Staaten sein. Tatsächlich vorherrschend waren jedoch die beiden Großmächte Österreich und Preußen.

Obgleich die Bundesakte vom 8. Juni 1815 [PrGS. 1818, Anh. S.143], das Verfassungsdokument des Deutschen Bundes, in Art. 13 für die einzelnen Bundesstaaten die Einführung landesständischer Verfassungen vorsah, wurden bis 1820 lediglich in Nassau (Patent betr. Errichtung der Landstände vom 1./2. September 1814 [NassauVBl. S.67]), Sachsen-Weimar (Grundgesetz über die landständische Verfassung vom 5. Mai 1816 [Prot.dt.BundVersammlg., Bd.I, 1817, S.130]), Bayern (Verfassungs-Urkunde vom 26. Mai 1818 [BayGBl. S.101]), Baden (Verfassungs-Urkunde vom 29. August 1818 [BadStRegBl. S.101]), Württemberg (Verfassungs-Urkunde vom 25. September 1819 [Württ StRegBl. S.633]) und Hessen-Darmstadt (Verfassung vom 17. Dezember 1819 [HessRegBl. S.535]) solche erlassen. Spätestens seit 1819 wurden die Verfassungsbewegungen in den deutschen Kleinstaaten durch den Deutschen Bund sogar bekämpft und zurückgedrängt, zumal Preußen und Österreich weiterhin eine autokratische, verfassungsfeindliche Haltung beibehielten.

In den folgenden Jahrzehnten sah der Deutsche Bund seine Hauptaufgabe in der **Unterdrückung** aller nationalen demokratischen und liberalen Bestrebungen, wie sie sich z. B. im **Wartburgfest** am 18. Oktober 1817 manifestierten. Den Anlaß, derartige Bestrebungen unerbittlich zu verfolgen, bot die Ermordung des russischen Diplomaten KOTZEBUE durch den Burschenschaftler KARL LUDWIG SAND 1819 in Mannheim. Die daraufhin gefaßten **Karlsbader Beschlüsse**, die am 20. September 1820 [Prot.dt.BundVersammlg., 35.Sitz. § 220, S.656] vom Bundestag nachträglich bestätigt wurden und mit denen in Deutschland die sog. **Demagogenverfolgung** begann, gaben den Fürsten die Handhabe, Presse und Publizistik einer scharfen Zensur zu unterwerfen, »fortschrittliche« Professoren zu entlassen, die Universitäten zu überwachen und die für Freiheit und Einigkeit eintretenden studentischen Verbindungen zu verbieten. Die Folge war, daß das politische Leben weitgehend zum Erliegen kam und viele Intellektuelle emigrieren mußten, um der drohenden Verfolgung zu entgehen.

Ungeachtet des massiven Einsatzes polizeistaatlicher Mittel lebten die nationalen und liberal-demokratischen Ideen in Teilen der Bevölkerung fort. Dies zeigte sich deutlich, als es im Anschluß an die französische **Juli-Revolution des Jahres 1830** auch in Deutschland neben lokalen Volksunruhen und Erhebungen zu umfassenden Bewegungen kam, die in Sachsen (Verfassungs-Urkunde vom 4. September 1831 [SächsGSlg. S.241]), Hannover (Grundgesetz vom 26. September 1833 [HannGVOSlg. S.286]), Braunschweig (Landschaftsordnung vom 12. November 1832 [BraunGVOSlg. S.191]) und Hessen-Kassel (Verfassungs-Urkunde vom 5. Januar 1831 [kurhessGVOSlg. S.1]) den Erlaß von Verfassungen erzwangen. Einen Höhepunkt erreichte diese revolutionäre Bewegung durch das **Hambacher Fest** Ende Mai 1832, als sich fast 30.000 Menschen zur bis dahin größten Massenkundgebung zusammenfanden. Abermals gelang es jedoch METTERNICH in den Beschlüssen der Wiener Ministerkonferenz vom Juni 1834, die Bundesstaaten zu gemeinsamen Unterdrückungsmaßnahmen zu verpflichten.

Die restaurativen und reaktionären Tendenzen, die das Handeln des Deutschen Bundes bestimmten, ließen sich allerdings mit der Zeit immer weniger mit jenen dynamischen Kräften vereinbaren, die die industrielle Revolution freisetzte. Vor allem in Preußen wurden zur Steigerung der wirtschaftlichen Leistungsfähigkeit zumindest im Bereich der Wirtschaft verstärkt liberale Grundsätze verfolgt. Gegen den Widerstand Österreichs entstand dann auch unter preußischer Führung 1834 der Deutsche Zollverein, der von vielen als ein Schritt in Richtung auf die nationalstaatliche Einheit angesehen wurde. Die

Abbildung 3: Politische Grenzen in Deutschland Mitte des 19. Jhdts.

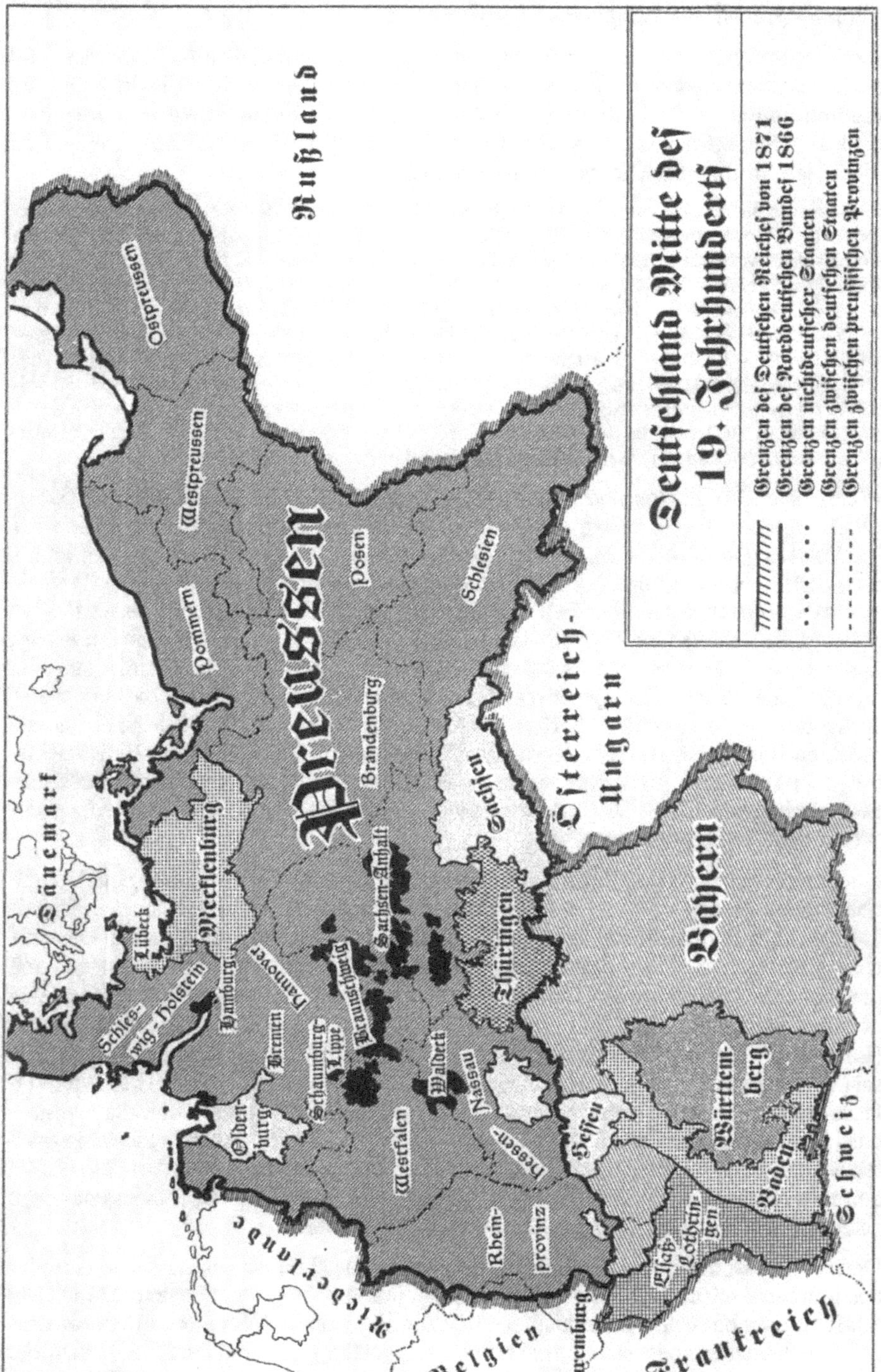

sich in der Folgezeit erneut verstärkenden Hoffnungen auf eine liberalere Ära mit einer entsprechenden Verfassungspolitik, die sich in Preußen vor allem mit dem Regierungsantritt WILHELMS IV. im Jahre 1840 verbanden, erfüllten sich dagegen nicht; vielmehr ließ er 1844 den **spontanen Aufstand hungernder schlesischer Weber** durch das preußische Militär blutig niederschlagen.

Bewegung in die verkrusteten politischen Verhältnisse der deutschen Staaten brachte erst wieder **die französische Februar-Revolution von 1848**, die in Deutschland zur sog. **Märzrevolution** führte. Fast überall kam es zu Volkserhebungen, die den beunruhigten Fürsten zahlreiche Konzessionen abrangen. In Berlin zwangen die Straßenkämpfe den preußischen König, eine Nationalversammlung einzuberufen. Gleichzeitig trat in Frankfurt das sog. **Vorparlament** zusammen, um die Einberufung einer verfassungsgebenden deutschen Nationalversammlung vorzubereiten. In der schließlich am 18. Mai 1848 eröffneten **Nationalversammlung**, deren Abgeordnete mehrheitlich dem Bürgertum entstammten, kam es jedoch schon bald zu kaum überbrückbaren Meinungsverschiedenheiten, zumal die liberale Mitte, die eine konstitutionelle Monarchie mit beschränktem Wahlrecht anstrebte, die nach ihrer Meinung von der demokratischen Linken drohende Anarchie mehr fürchtete als ein Wiedererstarken der alten Mächte. Zwar verabschiedete die Nationalversammlung am 28. März 1849 [FrankfRGBl. S.57] noch eine »Verfassung des Deutschen Reiches«; nachdem aber der preußische König im April 1849 die ihm angetragene Kaiserkrone ablehnte, war das Ende der angestrebten verfassungsrechtlichen Neuordnung praktisch besiegelt.

Als es daraufhin – vor allem in Baden, Sachsen und in der Pfalz – zu radikalen **Volkserhebungen** kam, die die Durchsetzung demokratischer Verfassungen »von unten« zum Ziel hatten, wurden diese von den Fürsten – unterstützt durch preußische Truppen – niedergeschlagen. Als letztes Bollwerk der deutschen Revolution ergab sich nach der Belagerung durch preußische Truppen am 23. Juli 1849 die Festung Rastatt. Viele der Aufständischen wurden von den Soldaten erschossen oder später hingerichtet. Etwa ein Fünftel der badischen Bevölkerung wanderte im Anschluß an diese Ereignisse aus, darunter die meisten nach Amerika. Trotz ihres grundsätzlichen Scheiterns und obgleich die meisten Errungenschaften wieder rückgängig gemacht wurden, war die Revolution von 1848/49 nicht vergeblich; der damals sichtbar gewordene liberale und republikanische Geist blieb lebendig und bewirkte die Entstehung demokratischer Parteien. Zunächst jedoch wurde am 1. September 1850 der Deutsche Bund restauriert; die Innenpolitik vor allem der beiden größten Länder (Österreich und Preußen) wurde abermals durch Rechtsverletzungen, Spitzelwesen und Unterdrückung bestimmt.

Der große wirtschaftliche Aufschwung der 50er Jahre, der Deutschland endgültig zum **Industrieland** machte, begründete zugleich die wirtschaftliche Vormachtstellung Preußens in Deutschland. Das politische System Preußens war dessenungeachtet vor allem gekennzeichnet durch die 1850 aufoktroyierte reaktionäre Verfassung (Verfassungs-Urkunde vom 31. Januar 1850 [PrGS. S.17]), deren Hauptmerkmal das **Drei-Klassen-Wahlrecht** bildete.

Bei diesem ungleichen Wahlrecht war es wesentlich vom Landbesitz, vom Vermögen und vom gesellschaftlichen Rang abhängig, ob jemand bei der Wahl drei Stimmen oder nur eine Stimme hatte. So wählten 1849 z. B. 4,7 % der Wähler das erste Drittel der Wahlmänner, dagegen 82,6 % das letzte Drittel der Wahlmänner. Zwar begann Ende der 50er Jahre durch die Berufung liberaler Minister eine »Neue Ära«, diese war aber nicht von langer Dauer.

Die wachsende ökonomische Kraft stärkte allerdings das politische Selbstbewußtsein des liberalen Bürgertums in einer Weise, daß daraus 1861 als erste moderne politische Partei die **»Deutsche Fortschrittspartei«** entstand. Als die Fortschrittspartei, die sofort im preußischen Abgeordnetenhaus stärkste Partei geworden war, der Regierung die Mittel für eine reaktionäre Heeresreform verweigerte, kam es zum **Verfassungskonflikt**, der im September 1862 OTTO VON BISMARCK in die Position des preußischen Ministerpräsidenten brachte, da dieser bereit war, ohne die verfassungsmäßig erforderliche Genehmigung des Haushalts durch das Parlament zu regieren.

Seine innenpolitisch prekäre Lage konnte BISMARCK nicht zuletzt dadurch festigen, daß er sich zielstrebig der **Außenpolitik** widmete und dort auf eine Beseitigung des **Dualismus** Preußen-Österreich im Deutschen Bund hinarbeitete. Nachdem er zunächst gemeinsam mit Österreich 1864 die **Dänen** zur Abtretung Schleswig-Holsteins zwang, benutzte er diese Gebiete schon bald, um es zum offenen Konflikt mit Österreich kommen zu lassen. Als es daraufhin im Juni 1866 zum **Krieg mit Österreich** kam, der mit dessen Niederlage endete, konnte er den Deutschen Bund auflösen und an dessen Stelle unter Führung Preußens (dieses hatte gleichzeitig Hannover, Kurhessen, Nassau und Frankfurt annektiert) den **Norddeutschen Bund** errichten, der alle deutschen Staaten nördlich der Mainlinie umfaßte und dessen erster Bundeskanzler BISMARCK wurde.

Derartige außenpolitische Erfolge beeindruckten selbst das liberale Bürgertum, so daß im preußischen Abgeordnetenhaus die sog. **Indemnitätsvorlage** angenommen wurde, durch die der Verfassungsbruch Bismarcks praktisch nachträglich legitimiert wurde. Zwar wurde 1867 noch ein verfassungsgebender norddeutscher Reichstag nach allgemeinem, direktem und geheimem Wahlrecht gewählt, das Ziel war aber nun, die **deutsche Einheit** im kleindeutschen Sinne zu vollenden.

2. Erste sozialpolitische Regelungen im Arbeitsbereich

Die Wirtschafts- und Gesellschaftspolitik des Staates war bis weit über die Mitte des 19. Jhdts. hinaus fast ausschließlich der **liberalen Ideologie** verhaftet. Dies hatte zur Folge, daß sich der Staat im Hinblick auf wirtschafts- und sozialpolitische Eingriffe weitgehend abstinent verhielt, obgleich die entstandenen **sozialen Problemlagen** immer drängender danach verlangten. Selbst jene bereits in der Anfangsphase der Industrialisierung erhobenen Forderungen, durch Arbeiterschutzmaßnahmen wenigstens die auffälligsten Gesundheitsschäden einzugrenzen, blieben angesichts der ausgeprägten Abneigung des Staates, durch ordnungspolitische Eingriffe die **Unternehmerfreiheit** einzuengen, zunächst erfolglos. Erst unter dem Eindruck der verstärkten **Kinder-** und **Frauenarbeit** und der immer deutlicher werdenden negativen sozialen Auswirkungen des Fabriksystems entschloß sich der liberale Staat wenigstens dort zu Maßnahmen, „wo die Zustände sogar der unternehmerischen Ethik widersprachen und gesundheitliche Dauerschäden erzeugten, die schließlich den Musterungskommissionen der Armeen auffielen" *(Stolleis, 1976, S.18)*. Dieses grundsätzliche Umdenken war somit weniger durch sozialpolitische Motive getragen, sondern wesentlich durch Gründe der Staatsraison, insbesondere durch militärpolitische Erwägungen geprägt. Damit aber reduzierte sich zumindest anfänglich die **Arbeiterschutzfrage** auf den Teilaspekt des Schutzes von Kindern und Jugendlichen in Fabriken *(vgl. auch Brakelmann, 1971)*.

2.1 Anfänge des Schutzes von Kindern und Jugendlichen

2.1.1 Beginn der Schutzdiskussion

Während das bei der Industrialisierung führende England schon 1802 das **Morals and Health Act** verabschiedet hatte, das die Arbeit von Kindern unter 9 Jahren in Baumwollfabriken verbot, beschäftigte man sich innerhalb der preußischen Staatsregierung

Anfang der 20er Jahre erstmals ernsthaft mit dem Problem der **Fabrikarbeiterkinder**. Als der preußische Unterrichtsminister v. ALTENSTEIN damals eher zufällig von der „unverantwortlichen Mißhandlung unmündiger Kinder" erfahren hatte, leitete er durch die Cirkularverfügung vom 26. Juni 1824 eine Enquête ein, die Aufschluß über den Umfang der Kinderarbeit und ihre Folgen geben sollte. Die von ihm daraufhin für notwendig erachtete gesetzliche Beschränkung der Kinderarbeit konnte er aber wegen des Widerstandes des Innenministers v. SCHUCKMANN nicht durchsetzen *(vgl. Anton, 1891, S.3ff.)*.

Um wenigstens den gröbsten Mißbräuchen zu begegnen und Eltern und gewissenlosen Fabrikanten zumindest einige Schranken entgegenzusetzen, verpflichtete v. ALTENSTEIN die Provinzialregierungen durch die Cirkularverfügung vom 27. April 1827, auf eine strengere Einhaltung der im Allgemeinen Landrecht (II 12, §§ 43, 44, 46) vorgesehenen und durch Kabinettsordre vom 14. Mai 1825 [PrGS. S.149] auf alle Landesteile ausgedehnten **Bestimmungen über den Schulbesuch** zu achten. Abgesehen von den ohnehin sehr umfangreichen Befreiungsmöglichkeiten wurde jedoch den Schulpflichtvorschriften in der Praxis nur unzureichend Nachdruck verliehen, zumal viele Eltern existentiell auf die Zuverdienste ihrer Kinder angewiesen waren. Ebenfalls keine akzeptable Lösung stellten die zu jener Zeit verschiedenenorts errichteten **Fabrikschulen** dar, da sie die physischen und psychischen Belastungen der Kinder nur noch erhöhten; ihre Einführung ging letztlich zu Lasten der Kinder, weil sie „durch einen verkürzten Unterricht mit meist übermüdeten Kindern die Aufnahme von Bildungsinhalten erschwerte und diese Kinder außerdem der sozialintegrativen Wirkung der Elementar- und Staatsschulen entzog" *(H. Henning, 1977, S.89; vgl. auch Schulze, 1954, S.105ff., 1958, S.299ff.)*.

Eine unerwartete Unterstützung erhielten die Bemühungen v. ALTENSTEINS jedoch schon wenig später, als der Generalleutnant v. HORN 1828 in einem Landwehrgeschäftsbericht an König FRIEDRICH WILHELM III. über die mangelnde **Tauglichkeit von Rekruten** der Fabrikgegenden infolge früher körperlicher Überlastung und Nachtarbeit klagte. Der König reagierte darauf mit einer Kabinettsordre, in welcher er die zuständigen Minister zur Stellungnahme und zur Erwägung von Gegenmaßnahmen aufforderte. Obgleich nach Einholung neuer Berichte sich 1832 endlich auch das Innenministerium zu gesetzlichen Schritten bereit erklärte, geriet die Angelegenheit wiederum in Vergessenheit *(vgl. Anton, 1891, S.38f.)*.

Seitens der Staatsregierung kam es zu einer Beschäftigung mit dem Problem der Fabrikarbeiterkinder erst wieder, als der Rheinische Provinziallandtag am 20. Juli 1837 (angeregt durch den Oberpräsidenten v. BODELSCHWINGH und den Barmer Fabrikanten SCHUCHARD) eine Adresse an den König beschloß, in der er um ein Schutzgesetz für die in Fabriken arbeitenden Kinder bat. Im Zuge der daraufhin erneut in Gang gekommenen Beratungen entschloß sich das Staatsministerium dann aber doch, statt einer provinziellen Regelung ein Gesetz für die gesamte Monarchie auszuarbeiten.

2.1.2 Preußisches Regulativ von 1839

Nach fast zwei Jahrzehnten erfolgloser sozialpolitischer Diskussion wurde am 9. März 1839 endlich das **Regulativ über die Beschäftigung jugendlicher Arbeiter in Fabriken** [PrGS. S.156] erlassen. Ungeachtet all ihrer Mängel war diese Regelung insofern von besonderer Bedeutung, als sie den **Beginn der Arbeiterschutzgesetzgebung** in Deutschland markierte und mit ihr der Staat erstmals direkt in die Regelung der Arbeitsverhältnisse in den Fabriken eingriff *(vgl. auch Kuczynski/Hoppe, 1958)*.

Abbildung 4: Faksimile-Auszug des preußischen Regulativs vom 9. März 1839

Regulativ

über

die Beschäftigung jugendlicher Arbeiter in Fabriken.

D. d. den 9. März 1839.

---

§. 1. Vor zurückgelegtem neunten Lebensjahre darf niemand in einer Fabrik oder bei Berg-, Hütten- und Pochwerken zu einer regelmäßigen Beschäftigung angenommen werden.

§. 2. Wer noch nicht einen dreijährigen regelmäßigen Schulunterricht genossen hat, oder durch ein Zeugniß des Schulvorstandes nachweiset, daß er seine Muttersprache geläufig lesen kann und einen Anfang im Schreiben gemacht hat, darf vor zurückgelegtem sechszehnten Jahre zu einer solchen Beschäftigung in den genannten Anstalten nicht angenommen werden.

Eine Ausnahme hiervon ist nur da gestattet, wo die Fabrikherren durch Errichtung und Unterhaltung von Fabrikschulen den Unterricht der jungen Arbeiter sichern. Die Beurtheilung, ob eine solche Schule genüge, gebührt den Regierungen, welche in diesem Falle auch das Verhältniß zwischen Lern- und Arbeitszeit zu bestimmen haben.

§. 3. Junge Leute, welche das sechszehnte Lebensjahr noch nicht zurückgelegt haben, dürfen in diesen Anstalten nicht über zehn Stunden täglich beschäftigt werden.

Die Orts-Polizei-Behörde ist befugt, eine vorübergehende Verlängerung dieser Arbeitszeit zu gestatten, wenn durch Naturereignisse oder Unglücksfälle der regelmäßige Geschäftsbetrieb in den genannten Anstalten unterbrochen und ein vermehrtes Arbeitsbedürfniß dadurch herbeigeführt worden ist.

Die Verlängerung darf täglich nur eine Stunde betragen und darf höchstens für die Dauer von vier Wochen gestattet werden.

§. 4. Zwischen den im vorigen Paragraphen bestimmten Arbeitsstunden ist den genannten Arbeitern Vor- und Nachmittags eine Muße von einer Viertelstunde und Mittags eine ganze Freistunde und zwar jedesmal auch Bewegung in freier Luft zu gewähren.

§. 5. Die Beschäftigung solcher jungen Leute vor 5 Uhr Morgens und nach 9 Uhr Abends, so wie an den Sonn- und Feiertagen ist gänzlich untersagt.

§. 9. Durch vorstehende Verordnung werden die gesetzlichen Bestimmungen über die Verpflichtung zum Schulbesuch nicht geändert. Jedoch werden die Regierungen da, wo die Verhältnisse die Beschäftigung schulpflichtiger Kinder in den Fabriken nöthig machen, solche Einrichtungen treffen, daß die Wahl der Unterrichtsstunden den Betrieb derselben so wenig als möglich störe.

§. 10. Den Ministern der Medizinal-Angelegenheiten, der Polizei und der Finanzen bleibt es vorbehalten, diejenigen besondern sanitäts-, bau- und sittenpolizeilichen Anordnungen zu erlassen, welche sie zur Erhaltung der Gesundheit und Moralität der Fabrikarbeiter für erforderlich halten. Die hierbei anzudrohenden Strafen dürfen 50 Thaler Geld- oder eine diesem Betrag entsprechende Gefängnißstrafe nicht übersteigen.

Berlin, den 9. März 1839.

Königliches Staats-Ministerium.

Friedrich Wilhelm, Kronprinz.

Frh. v. Altenstein. v. Kamptz. Mühler. v. Rochow. v. Nagler.
Graf v. Alvensleben. Frh. v. Werther. v. Rauch.

Die **wichtigsten Bestimmungen** des Regulativs, das sich an das englische Factory Act von 1833 [3.u.4.William IV cap.103] anlehnte, waren das generelle Verbot der regelmäßigen Beschäftigung von Kindern unter 9 Jahren in Fabriken, Berg-, Hütten- und Pochwerken, die Zulassung zur Beschäftigung vor dem vollendeten 16. Lebensjahr nur nach Nachweis eines regelmäßigen dreijährigen Schulunterrichts, eine Arbeitszeitbeschränkung von 10 Stunden für Jugendliche bis zu 16 Jahren bei einem gleichzeitigen Verbot der Sonn- und Feiertagsarbeit sowie der Nachtarbeit zwischen 21 und 5 Uhr. Ferner schrieb es zwischen der Arbeitszeit insgesamt 1 ½ Stunden Pausen vor, verlangte die Führung von Arbeitsverzeichnissen der Kinder und führte Höchstbußen von 5 Thl. für jede gesetzwidrig verwendete Person ein. Besondere **Vollzugsorgane** sah das Regulativ nicht vor, dafür jedoch zahlreiche Ausnahmeregelungen zugunsten der Unternehmer. So konnte den Schulpflichtbestimmungen durch Errichtung einer Fabrikschule genüge getan und bei vermehrtem Arbeitsbedürfnis für vier Wochen eine Arbeitszeitverlängerung um 1 Stunde täglich gestattet werden.

Das **Regulativ** von 1839 enthielt zumindest *de iure* an sich klare Bestimmungen, um die gravierendsten Mißstände in den Fabriken zu beseitigen. Tatsächlich waren sie jedoch **weitgehend wirkungslos**, da die Kontrollmöglichkeiten unzureichend waren, die Strafen bei Zuwiderhandlungen angesichts ihrer geringen Höhe nicht abschreckend wirkten und die Eltern aufgrund der bestehenden Massenverelendung die staatlichen Maßnahmen zum Kinder- und Jugendlichenschutz kaum unterstützten. Die Ausnahmeregelungen zugunsten der Unternehmer taten schließlich ein übriges, um das Regulativ faktisch bedeutungslos zu machen. Obgleich sich das Fehlen eines Vollzugsorgans zur Durchführung der Schutzvorschriften als einer der schwerwiegendsten Mängel erwies, konnte sich der Unterrichtsminister in seiner Verfügung vom 5. Januar 1845 nur dazu entschließen, die Einsetzung besonderer »Lokalkommissionen« anzuregen, was nur in ganz wenigen Fällen geschah. Ähnlich erfolglos blieb der Versuch, die Kontrolle der Regulativvorschriften durch die ab 1849 ins Leben gerufenen Gewerberäte zu verstärken *(vgl. auch Ludwig, 1965, S.63ff.)*.

2.1.3 Weiterentwicklung des Jugendlichenschutzes in Preußen

Nachdem sich herausstellte, daß die **Vorschriften des Regulativs** nicht ausreichten, um dem Problem der Beschäftigung von Kindern in Fabriken wirksam zu begegnen, ergriff der preußische Handelsminister v. DER HEYDT zu Beginn der 50er Jahre die Initiative, um verbesserte Bestimmungen einschließlich einer effektiveren Überwachung ihrer Einhaltung zu erreichen. Dabei wurde deutlich, daß der Staat nicht mehr allein den Wehr- und Erziehungsanspruch für die Jugendlichen zur Grundlage seiner gesetzgeberischen Argumentation machte; deutlich wurde vielmehr ein Vordringen der christlich-konservativen Staatsauffassung gegenüber dem krassen Wirtschaftsliberalismus. Ihren Ausdruck fand die neue sozialpolitische Verantwortung des Staates in dem **Abänderungsgesetz (Gesetz über Fabrikinspektoren) vom 16. Mai 1853** [PrGS. S.225].

Die Novellierung des Regulativs brachte bis Juli 1855 eine sukzessive Heraufsetzung des Mindestalters für die Aufnahme von Fabrikarbeit von 9 auf 12 Jahre, die Begrenzung der Arbeitszeit für Kinder zwischen 12 und 14 Jahren auf sechs Stunden täglich sowie die Verpflichtung, einen täglich dreistündigen Schulbesuch nachzuweisen. Neben dieser wesentlichen **Verschärfung des materiellen Schutzes** war vor allen Dingen bedeutsam, daß das Gesetz die Möglichkeit schuf, zur Überwachung eine **fakultative Fabrikinspektion** dort einzusetzen, wo sich ein Bedürfnis ergab. Ein solches wurde allerdings nur für die Regierungsbezirke Düsseldorf, Arnsberg und Aachen als gegeben anerkannt. Gemäß ihrer Dienstanweisung beschränkte sich die Tätigkeit der Fabrikinspektoren zwar auf den Schutz der jugendlichen Arbeiter, indem die Regierung sie aber zugleich verpflichtete, auf die gesundheitlichen und unfalltechnischen Verhältnisse der Betriebe zu achten, „gab sie erstmalig ihren Willen zu erkennen, erforderlichenfalls im Interesse des Gefahren- und Betriebsschutzes von Staats wegen einzugreifen" *(Syrup, 1925, S.483)*.

In welchem Ausmaß das Gesetz von 1853 das **Problem der Kinderarbeit** in Fabriken **entschärfte**, läßt sich nur schwer feststellen, da den Berichten der Behörden nur in den seltensten Fällen ausreichende Objektivität zugestanden werden kann und sich in dieser Periode technologische Veränderungen vollzogen, die die Vorteile der Kinderarbeit verminderten. Vieles spricht dafür, daß die Ausführung des Gesetzes trotz Fabrikinspektion in den folgenden Jahren einiges zu wünschen übrig ließ *(vgl. Anton, 1891, S.99ff.)*, auch wenn die Statistiken für die Zeit von 1846 bis 1858 in Preußen einen **Rückgang** der in Fabriken beschäftigten Kinder im Alter von 8 bis 14 Jahren von 31.064 auf 12.592 aufweisen *(vgl. Gladen, 1974a, S.40)*.

2.1.4 Kinderschutz in den übrigen deutschen Ländern

Dem preußischen Beispiel folgte zunächst **Bayern**, das durch **Verordnung vom 15. Januar 1840 betr. die Verwendung der werktagsschulpflichtigen Jugend in Fabriken** [BayRegBl. S.97] die Kinderarbeit beschränkte. Danach war die regelmäßige Beschäftigung von Kindern in Fabriken, Berg-, Hütten- und Schlagwerken untersagt, durften Kinder über 9 Jahren nur aufgrund von Zeugnissen über genügende körperliche Entwicklung und Schulbildung zur Arbeit angenommen und Kinder unter 12 Jahren nicht über 10 Stunden täglich und nicht bei Nacht beschäftigt werden. Eine Verschärfung erfuhren diese Vorschriften durch die **Verordnung betr. die sanitär- und sittenpolizeiliche Fürsorge für jugendliche Arbeiter in Fabriken vom 16. Juli 1854** [BayRegBl. S.561]. Diese setzte das Schutzalter auf das vollendete 10. Lebensjahr fest, verlangte den Nachweis einer entsprechenden Elementarschulbildung und eines entsprechenden Religionsunterrichts, schrieb einen täglich dreistündigen Schulunterricht vor und begrenzte die Maximalarbeitszeit für solche Jugendliche auf täglich 9 Stunden.

Ebenfalls relativ früh erließ das **Großherzogtum Baden** einige Kinderschutzvorschriften. Nach der **MinVfg. betr. den Schulunterricht der in Fabriken beschäftigten Kinder vom 4. März 1840** [BadStRegBl.S.41] durften Kinder frühestens nach vollendetem 11. Lebensjahr vom normalen Schulunterricht dispensiert werden und dies auch nur, wenn sie in einer Fabrikschule täglich einen zweistündigen Unterricht erteilt bekamen. Dabei durften Arbeits- und Unterrichtsstunden zusammen 12 Stunden täglich nicht überschreiten und die Kinder nachts sowie an Sonn- und Feiertagen nicht beschäftigt werden. Das **Gewerbegesetz vom 20. September 1862** [BadStRegBl. S.409] hielt diese Bestimmungen aufrecht und bestimmte, daß Hilfspersonal nicht in einer Weise beschäftigt werden dürfe, durch welche es von der Benutzung der vorgeschriebenen Unterrichtsanstalten abgehalten oder zur regelmäßigen Versäumung seiner Religionspflichten veranlaßt oder in seiner körperlichen, geistigen und sittlichen Entwicklung gefährdet würde *(vgl. Bauer, 1923, S.436)*.

Während **Bremen** durch eine Verordnung vom 4. April 1842 [BremenVOSlg. S.10, 25] zumindest die Kinderarbeit in Zigarrenfabriken einschränkte, begannen andere Länder erst Anfang der 60er Jahre mit einem nennenswerten Schutz der in Fabriken arbeitenden Kinder. In **Sachsen** verbot das **Gewerbegesetz vom 15. Oktober 1861** [SächsGVOBl. S.187] die Beschäftigung von Kindern unter 10 Jahren (ab 1865 unter 12 Jahren) in Fabriken (d. h. Unternehmen mit mehr als 20 Arbeitern), beschränkte die Arbeitszeit für Jugendliche unter 14 Jahren auf 10 Stunden einschließlich der Pausen und untersagte die Nacht- und Sonntagsarbeit. Sehr vage Vorschriften zum Schutz der Kinder und Jugendlichen unter 18 Jahren bei Verzicht auf Strafandrohung enthielt auch die **Württembergische Gewerbeordnung vom 12. Februar 1862** [WürttRegBl.S.67]. Die Beschäftigung der genannten Kinder und Jugendlichen durfte nur erfolgen, wenn dadurch die Erfüllung der gesetzlichen Schulpflicht sowie der geordnete Gottesdienstbesuch nicht verhindert wurden und eine Gefährdung ihrer Gesundheit, ihrer körperlichen Entwicklung sowie ihrer religiösen und sittlichen Erziehung nicht bestand. Einige Bestimmungen über die Beschäftigung von Kindern in Fabriken gab es ferner in **Hessen-Darmstadt** und **Sachsen-Coburg** sowie in den Gewerbeordnungen von Sachsen-Weimar vom 30. April 1862 [S.-Weimar-EisenRegBl. S.63], Sachsen-Meiningen vom 16. Juni 1862 [MeinVOSlg. S.67] und Braunschweig vom 3. August 1864 [BraunGVOSlg. S.145].

2.2 Ansätze zu einem allgemeinen Arbeiterschutz

2.2.1 Entwicklung in Preußen

Anders als bei Kindern und Jugendlichen sah der Staat zunächst keine besondere Notwendigkeit, auch die **erwachsenen gewerblichen Arbeiter** durch gesetzliche Maßnahmen gegen die mißbräuchliche und gesundheitsschädigende Ausnutzung ihrer Arbeitskraft zu schützen. Nach § 134 der preußischen **Allgemeinen Gewerbeordnung vom 17. Januar 1845** [PrGS. S.41] war die Festsetzung der Verhältnisse zwischen den selbständigen Gewerbetreibenden und ihren Gesellen, Gehilfen und Lehrlingen Gegenstand **freier Übereinkunft**. Im Hinblick auf den **Schutz der Arbeiter** enthielt sie dagegen nur die recht unverbindliche Bestimmung, daß die Ortspolizeibehörde darauf zu achten habe, daß bei Beschäftigung und Behandlung der Lehrlinge und Gehilfen gebührende Rücksicht auf Gesundheit und Sittlichkeit genommen und denjenigen, die des Schul- und Religionsunterrichts bedurften, Zeit hierfür gelassen werde (§ 136). Im übrigen traf sie einige nähere Regelungen zum Schutz der Lehrlinge und bestimmte, falls nichts anderes vereinbart wurde, eine für beide Parteien geltende 14tägige **Kündigungsfrist** (§ 139) *(vgl. auch Köllmann, 1966, S.28ff.)*.

Einen geringfügigen Fortschritt brachte die **Verordnung betr. die Errichtung von Gewerberäten usw. vom 9. Februar 1849** [PrGS. S.93], indem sie in Art. 49 erstmals bestimmte, daß zu Arbeiten an Sonn- und Feiertagen, vorbehaltlich anderweitiger Vereinbarungen in Dringlichkeitsfällen, niemand verpflichtet werden könne. Zugleich war vorgesehen, daß die tägliche Arbeitszeit von den Gewerberäten für die einzelnen Handwerks- und Fabrikzweige nach Anhörung der Beteiligten festgesetzt werden konnte. Außerdem räumte sie den Vertretern der Gesellen ein gewisses Anhörungsrecht in bezug auf sie betreffende Innungsangelegenheiten sowie hinsichtlich der Festsetzung der in Ortsstatuten aufzunehmenden Anordnungen über die Verhältnisse der Gesellen und Gehilfen ein (§ 46).

Einen gewissen Schutz der Arbeiter ermöglichten schließlich auch das **Gesetz vom 1. Juli 1861** [PrGS. S.749], welches für die Errichtung bestimmter gewerblicher Anlagen eine polizeiliche Genehmigung vorschrieb, sowie die im **Gesetz über die Polizeiverwaltung vom 11. März 1850** [PrGS. S.265] enthaltene Befugnis der Verwaltungsorgane, durch Polizeiverordnungen für Leben und Gesundheit Fürsorge zu treffen. Dies geschah z. B. durch einen Ministerialerlaß vom 29. Oktober 1857, der für die Arbeit in Phosphorzündwarenfabriken die Einhaltung gewisser Schutzbestimmungen zur Auflage machte.

2.2.2 Entwicklung in anderen deutschen Ländern

In den übrigen deutschen Einzelstaaten wurden entsprechend dem unterschiedlichen industriellen Entwicklungsstand voneinander abweichende, in einigen der Kleinstaaten in dieser Periode noch überhaupt keine **Arbeiterschutzvorschriften** erlassen. Erste Ansätze eines Betriebsgefahrenschutzes gab es in **Bayern**, wenngleich auch die Gewerbeordnung vom **11.** September 1825 [BayGBl. S.127], durch die das Konzessionssystem eingeführt worden war, ebenso wie die **Gewerbeordnung vom 30. Januar 1868** [BayGBl. S.309] die Verhältnisse der Gesellen und gewerblichen Arbeiter zu ihren Arbeitgebern der freien vertraglichen Regelung bzw. dem Zivilrecht überließen *(vgl. Bauer, 1923, S. 435)*. Nachdem der Schutz der Arbeiter gegen Gesundheitsschädigungen anfänglich lediglich punktuell durch die von der Polizei angeordneten Konzessionsbedingungen geregelt worden war, brachte die **MinVfg. vom 11. Oktober 1849** [BayRegBl. S.549] bereits allgemeine Vorschriften zum Schutz der in Zündholzfabriken beschäftigten Arbeiter gegen die Phosphornekrose (entsprechende Regelungen traf auch die **hessische Verordnung vom 9. August 1852** [HessRegBl.S.353]). Noch einen Schritt weiter ging die gestützt auf Art. 128 des PStGB von 1861 erlassene **MinVfg. vom 8. April 1863** betr. die Verhütung von Gefahren beim Arbeitsbetriebe in Fabriken und Gewerben [BayRegBl. S.577]. Danach galten für Fabriken, die Arsenik, giftige Farben oder andere chemische Produkte herstellten oder verarbeiteten, spezielle Auflagen. So war insbesondere Sorge zu tragen für die Entfernung der gesundheitsschädlichen Abfälle und Gase durch sorgfältige Reinigung und Entlüftung der Arbeitsräume.

In anderen deutschen Ländern, die ebenfalls am Prinzip der **Arbeitsvertragsfreiheit** festhielten, erfolgten vereinzelte staatliche Eingriffe zugunsten der abhängig Beschäftigten im wesentlichen erst Anfang der 60er Jahre des 19. Jhdts.

Das **sächsische Gewerbegesetz vom 15. Oktober 1861** [SächsGVOBl. S.187], das für Fabriken mit mehr als 20 Arbeitern galt, schrieb den Erlaß von Fabrikordnungen vor und verpflichtete die Unternehmer, die zur Sicherung der Arbeiter gegen Gefahren für Leben und Gesundheit erforderlichen Maßnahmen zu ergreifen. Vorgesehen waren außerdem einige Vorschriften in bezug auf die Entlassung aus Arbeit ohne Kündigung, die Zulässigkeit von Lohnabzügen und über das Lohnverhältnis. **Arbeitsordnungen** verlangten auch die zwischen 1861 und 1863 erlassenen Gewerbeordnungen von Sachsen-Weimar-Eisenach [S.-Weimar-EisenRegBl. S.63], Sachsen-Coburg-Gotha sowie Sachsen-Meiningen [MeinVOSlg. S.67].

Den Erlaß von Werkstättenordnungen forderte desgleichen die **württembergische Gewerbeordnung vom 12. Februar 1862** [WürttRegBl. S.67], deren Artt. 17–39 sich mit den Verhältnissen der Lehrlinge und Gehilfen befaßten und die in den Artt. 44, 45 die Verhältnisse der Fabrikarbeiter regelte. Fabriken waren Unternehmungen mit mehr als 20 Arbeitern, die mit Hilfe elementarer Betriebskräfte arbeiteten. Die hierfür obligatorischen Arbeitsordnungen waren dem Ortsvorsteher und dem Oberamt zur Kenntnisnahme vorzulegen und sollten Aussagen enthalten über Löhne, Arbeitszeit, Arbeitsdauer, Vertragsstrafen, Kautionen und Kündigungsfristen *(vgl. Feig, 1923, S.841)*. Im übrigen waren Vorkehrungen gegen Beschädigungen der Arbeiter zu treffen, die sich aus der Errichtung und dem Betrieb von Fabrikanlagen sowie der Verwendung gesundheitsschädlicher Stoffe ergaben.

Das **badische Gewerbegesetz vom 20. September 1862** [BadStRegBl. S.409] schließlich verpflichtete in den Artt. 16 und 23 Fabrikunternehmer, die regelmäßig mehr als 20 Arbeiter beschäftigten, die Betriebsstätten auf eigene Kosten mit allen zur Schonung der Arbeiter gegen Gefahren für Leben und Gesundheit erforderlichen Vorrichtungen zu versehen und Dienstordnungen zu erlassen, die jedem Arbeiter bei seiner Anstellung bekanntzumachen und in den Arbeitsräumen anzuschlagen waren. Nach der Vollzugsverordnung vom 24. September 1862 [BadStRegBl. S.417] war die Dienstordnung von den Verwaltungsbehörden zu prüfen, mußte vollständig sein und durfte nicht gegen Gesetze verstoßen.

2. 3 Einführung des Truckverbots

Neben den Schäden, die sich für die Arbeiter aus überlangen Arbeitszeiten und gesundheitsschädlichen Arbeitsbedingungen ergaben, entwickelte sich die **Ausbeutung der Arbeiter bei der Lohnzahlung** zu einem der übelsten Mißstände der Frühindustrialisierungsphase. Dieser bestand darin, daß der Lohn vielfach in Waren gezahlt wurde oder daß der Arbeiter Vorschüsse in Waren erhielt, die ihm bei der Lohnzahlung in bar abgezogen wurden. Dieses aus England stammende **Trucksystem** bedeutete insofern eine zusätzliche Ausbeutung, als die der Verrechnung zugrundegelegten Preise der Waren zumeist überhöht oder die Waren für die Bestreitung des Lebensunterhalts unbrauchbar waren, der Arbeiter mithin gezwungen war, sie zu verkaufen, was wiederum regelmäßig nur unter ihrem Marktpreis möglich war. Daneben gab es Regelungen, die die Arbeiter – wollten sie nicht Gefahr laufen, ihren Arbeitsplatz zu verlieren – zwangen, bestimmte Teile des Lohnes in unternehmenseigenen Schankwirtschaften und Kaufläden auszugeben *(vgl. Anton, 1891, S. 135ff.)*.

Auch wenn das Trucksystem nicht generell verbreitet war, nahm es in einzelnen Bezirken so schlimme **Auswüchse** an, daß die Verwaltungsbehörden nicht mehr umhinkamen, sich dieses Problems anzunehmen. Erste Vorstöße des Oberpräsidenten der Rheinprovinz vom 15. März 1831 sowie die Eingabe des Fabrikanten KNECHT vom 5. August 1833, die auf ein **gesetzliches Verbot** der Entlohnung in Waren abzielten, führten zwar dazu, daß die Staatsregierung die Frage beriet, gesetzliche Eingriffe aber mit der Begründung ablehnte, daß diese mit der **Gewerbefreiheit** unvereinbar und letztlich überflüssig seien. Trotz massenhafter Beschwerden und wiederholter Bemühungen sowohl der rheinischen wie der westfälischen Stände kam es erst Mitte der 40er Jahre zu einem **Meinungsumschwung** innerhalb der preußischen Staatsregierung, nachdem sich anläßlich einer Enquête (mit Ausnahme der Kölner) sämtliche Handelskammern der Rheinprovinz für ein Truckverbot ausgesprochen hatten. Dennoch vergingen nochmals Jahre, bevor am 24. Oktober 1848 der preußischen Nationalversammlung ein Entwurf einer Verordnung zur Abstellung von Mißbräuchen beim Ablöhnen der Fabrikarbeiter vorlag, die diesen jedoch nicht zu Ende beriet *(vgl. Anton, 1891, S. 146ff.)*.

Nach jahrzehntelangen Bemühungen brachte endlich die **Notgewerbeordnung vom 9. Februar 1849** [PrGS. S.93] das Verbot der Entlohnung durch Waren, einschließlich der Kreditierung von Waren (§ 50). Diesen Vorschriften zuwiderlaufende Verträge wurden für nichtig erklärt und den Arbeitern ein Rechtsanspruch auf Bezahlung ihrer Forderungen in barem Gelde eingeräumt (§§ 53, 54). Übertretungen wurden mit Geldbußen bis zu 50 Thalern, in bestimmten Fällen mit Gefängnisstrafen bedroht.

Dem preußischen Vorbild folgte zunächst das Königreich **Sachsen**, das durch die Verordnung vom 22. Oktober 1849 betr. den Betrieb des Kramhandels durch Holzhändler usw. [SächsGVOBl. S.285] sowie die Verordnung vom 18. Dezember 1855 betr. das Auslohnen der Arbeiter bei den fabrikmäßig oder als Hausindustrie betriebenen Gewerbezweigen [SächsGVOBl. S.663] das **Trucksystem** sukzessive **einschränkte** und durch das Gewerbegesetz von 1861 [SächsGVOBl. S.187] allgemein **verbot**. Ein ausdrückliches Truckverbot enthielt ferner die **württembergische Gewerbeordnung** von 1862 [WürttRegBl. S.67] *(vgl. Bauer, 1923, S. 435f.)*.

2. 4 Ordnung des Gewerbewesens

2. 4. 1 Entwicklung in Preußen

Die bislang dargestellten Maßnahmen bedeuteten allenfalls punktuelle Eingriffe, um die übelsten Mißstände in den Fabriken abzuschwächen, brachten jedoch keine Veränderung der grundsätzlich liberal ausgerichteten und unternehmerfreundlichen Wirtschafts- und Gesellschaftspolitik. Dieser Grundorientierung der staatlichen Politik entsprach dann auch weitgehend die preußische **Allgemeine Gewerbeordnung vom 17. Januar 1845** [PrGS. S.41] trotz der verschiedenen in ihr enthaltenen Kompromisse, durch die der wachsenden Unzufriedenheit unter den Handwerksmeistern begegnet werden sollte. Kernstück dieser Gewerbeordnung waren erneut die Prinzipien der **Gewerbefreiheit,** deren Geltung nunmehr auf das gesamte Staatsgebiet ausgedehnt wurde; noch bestehende Konzessionsbefugnisse, Zwangs- und Bannrechte sowie örtliche Beschränkungen einzelner Gewerbe wurden aufgehoben. Für die Ausübung bestimmter Gewerbe wurden allerdings gewisse sachliche oder persönliche **Voraussetzungen** verlangt; während für eine Reihe von Gewerben ein besonderer Befähigungsnachweis vorgeschrieben wurde, durften verschiedene andere Gewerbebetriebe nur bei Nachweis der notwendigen persönlichen Zuverlässigkeit eröffnet werden.

Den alten Formen des Handwerks kam die AllgGewO von 1845 insofern entgegen, als sie den Gewerbetreibenden ausdrücklich das Recht einräumte, sich in **Innungen** zusammenzuschließen. Allerdings wurden die Innungen, die bei Bestätigung ihrer Statuten die Rechte einer Korporation erlangten, unter eine starke **staatliche Oberaufsicht** gestellt. Desgleichen wurden ein **Innungszwang** sowie jegliche Ausübung eines Zwanges auf die einzelnen Gewerbetreibenden abgelehnt. **Zweck der Innungen** sollte – neben der Förderung der gemeinsamen gewerblichen Interessen – vor allem die Beaufsichtigung des Lehrlingswesens, die Verwaltung der Innungsunterstützungskassen sowie die Fürsorge für Witwen und Waisen der Innungsgenossen sein. Jeder selbständige Gewerbetreibende hatte im übrigen die Befugnis, **Lehrlinge** auszubilden, sofern nicht in seiner Person besondere Ausschließungsgründe gegeben waren; für bestimmte Gewerbe war allerdings ein Befähigungsnachweis erforderlich, der entweder bei Gelegenheit des Eintritts in eine Innung oder durch eine besondere Prüfung erbracht werden konnte.

Die **Unzufriedenheit** des traditionellen Handwerks war damit aber längst nicht beseitigt. Die sich verschärfende **Konkurrenz** innerhalb des Handwerks sowie der beginnende Wettbewerb mit der sich ausdehnenden Industrie führten zu einer zunehmenden Verschlechterung der wirtschaftlichen Lage des Handwerks und in der Folge zu einer wachsenden Abneigung der Handwerkerschaft gegenüber der Gewerbefreiheit. Einen Höhepunkt erreichte die sich formierende **Handwerkerbewegung** mit der Abhaltung des ersten Deutschen Handwerker- und Gewerbekongresses. Eine der Hauptforderungen dieses sog. **Handwerkerparlaments,** das vom 15. Juli bis 18. August 1848 in Frankfurt tagte, bildete die Beseitigung der Gewerbefreiheit.

Obgleich ein von den Handwerkern ausgearbeiteter **Entwurf einer Gewerbeordnung** vom Paulskirchenparlament nicht mehr abschließend beraten wurde, hatten die Forderungen der Handwerker Auswirkungen auf die Gewerbegesetzgebung der Länder, insbesondere in **Preußen,** wo die **Gewerbeordnungsnovelle vom 9. Februar 1849** [PrGS. S.93] den Wünschen der Handwerkerschaft weitgehend entgegen kam und durch vielfältige Beschränkungen den Grundsatz der Gewerbefreiheit aushöhlte. Der Staat versuchte auf diese Weise, die Position vor allem jener Gruppe von selbständigen Handwerksmeistern zu stärken, „die als Stabilisierungsfaktor zur Festigung eines korporativ organisierten Patrimonialstaates mit monarchischer Spitze wirken sollte" *(Gladen, 1974a, S.25; vgl. H. Henning, 1977, S.88).*

Abbildung 5: Faksimile-Auszug der preußischen Gewerbeordnung vom 17. Januar 1845

— 41 —

Gesetz-Sammlung

für die

Königlichen Preußischen Staaten.

Nr. 5.

(Nr. 2541.) Allgemeine Gewerbeordnung. Vom 17. Januar 1845.

Wir Friedrich Wilhelm, von Gottes Gnaden, König von Preußen ꝛc. ꝛc.

haben die in den verschiedenen Landestheilen bestehenden Vorschriften über den Gewerbebetrieb einer Revision unterworfen, und verordnen auf den Antrag Unseres Staatsministeriums, nach Anhörung Unserer getreuen Stände und nach vernommenem Gutachten Unseres Staatsraths, für den ganzen Umfang der Monarchie, was folgt:

Titel I.

Aufhebung bestehender Beschränkungen des Gewerbebetriebes.

§. 1.

Das in einzelnen Landestheilen mit Gewerbeberechtigungen noch verbundene Recht, Anderen den Betrieb eines Gewerbes zu untersagen oder sie darin zu beschränken (ausschließliche Gewerbeberechtigung) wird hierdurch aufgehoben, ohne Unterschied, ob die Berechtigung an einem Grundstücke haftet oder nicht.

Für mehr als 70 (darunter die wichtigsten) Gewerbezweige wurde die Eröffnung eines selbständigen Gewerbebetriebes nur noch gestattet, wenn der betreffende Handwerker entweder aufgrund eines **Befähigungsnachweises** in eine Innung aufgenommen war oder seine Befähigung vor einer Prüfungskommission seines Handwerks nachgewiesen hatte. Voraussetzung für den Erwerb der Meisterschaft waren fortan wieder die obligatorische dreijährige Lehrzeit sowie die Anfertigung eines Meisterstücks. Einen zusätzlichen Schutz des Handwerks stellte ferner die Bestimmung dar, wonach Gesellen und Gehilfen praktisch nur die Arbeit bei Meistern ihres Gewerbes erlaubt war.

Für die Wahrnehmung der allgemeinen Interessen des Handwerks und der Fabrikbetriebe gab die Novelle die Möglichkeit der Errichtung von Gewerberäten. Ihre Mitglieder sollten zu gleichen Teilen aus dem Handwerkerstande, dem Fabrikstande und dem Handelsstande des jeweiligen Bezirks gewählt werden, wobei Arbeitgeber und Arbeitnehmer in der Form vertreten sein sollten, daß erstere jeweils über einen Sitz mehr als die Arbeiter verfügten. Die Gewerberäte sollten die Innungsvorschriften und die Behandlung der Beschäftigten überwachen, die Arbeitsgebiete der einzelnen Handwerke abgrenzen, Arbeitszeitfragen regeln und den Behörden auf deren Verlangen Auskunft erteilen und für diese Gutachten erstellen. Eine praktische Bedeutung haben die Gewerberäte, die ohnehin nur in wenigen Bezirken errichtet wurden, indessen niemals erreicht. Entsprechend waren 1853 von den 92 konstituierten Gewerberäten 76 bereits wieder eingegangen *(vgl. Syrup/Neuloh, 1957, S.66)*.

Die dem liberalistischen Geist dieser Epoche zuwiderlaufenden Bestimmungen der Novelle von 1849 konnten sich allerdings auf Dauer nicht halten. Bereits das **Gesetz vom 22. Juni 1861** [PrGS. S.441] brachte erhebliche Einschränkungen des polizeilichen Konzessionssystems und eine Erweiterung der Gewerbefreiheit. Ergänzend hierzu regelte das **Gesetz betr. die Errichtung gewerblicher Anlagen vom 1. Juli 1861** [PrGS. S.749] das Verfahren über die polizeiliche Genehmigung konzessionspflichtiger Anlagen zweckmäßiger als die AllgGewO von 1845 *(vgl. Nelken, 1906, S.20)*.

2.4.2 Entwicklung in anderen deutschen Ländern

Andere **deutsche Länder**, die während der französischen Besatzung zur Gewerbefreiheit übergegangen waren, kehrten nach 1815 überwiegend zur **alten Zunftverfassung** zurück (z.B. Kurhessen mit der Zunft-Ordnung vom 5. März 1816 [kurhessGVOSlg. S.9], Hildesheim und Osnabrück 1817, Oldenburg durch die VO über die Handwerks-Verfassung vom 28. Januar 1830 [OldenbGSlg., Bd.6, S.459]) *(vgl. Syrup/Neuloh, 1957, S.69)*. In den **übrigen außerpreußischen Gebieten** Deutschlands wurde die **Gewerbefreiheit** zumeist erst Anfang der 60er Jahre des 19. Jhdts. eingeführt.

Für das Königreich **Sachsen** erfolgte dies durch das **Gewerbegesetz vom 15. Oktober 1861** [SächsGVOBl. S.187]. Danach waren Innungen nur noch Vereinigungen selbständiger Gewerbetreibender zur Förderung der gemeinsamen Angelegenheiten. Ihnen oblag insbesondere die Regelung der Verhältnisse zwischen den Gewerbetreibenden und ihren Lehrlingen und Gehilfen, die Beilegung der zwischen den Genossen untereinander oder zwischen diesen und ihren Beschäftigten entstehenden Streitigkeiten, die Gründung, Förderung und Verwaltung von Fachschulen sowie die Gründung von Unterstützungskassen. Zwar gab es keinen Zwang zum Beitritt zu einer Innung, und Innungsstatute durften nichts enthalten, was die beliebige Ausübung eines Gewerbes beschränkte, die Bezeichnung »Meister« konnten jedoch nur Innungsmitglieder beanspruchen (§§ 87 ff.) *(vgl. Krug, 1869)*.

In **Württemberg** wurde die **Gewerbefreiheit durch die Gewerbeordnung vom 12. Februar 1862** [WürttRegBl.S.67], in **Baden** durch das **Gewerbegesetz vom 20. September 1862** [BadStRegBl. S.409] eingeführt, das zugleich die wirtschaftliche Freizügigkeit gesetzlich sicherte und den Gewerbebetrieb vom Bürgerrecht unabhängig machte.

In **Bayern** wurde das zu Beginn des 19. Jhdts. in Ansätzen eingeführte **Konzessionssystem** durch das Gesetz über die Grundbestimmungen des Gewerbewesens vom 11. September 1825 [BayGBl. S.127] weiter ausgebaut.

Zur selbständigen Ausübung jedes Gewerbes ohne Unterschied – ausgenommen die sog. freien Gewerbe und Erwerbsarten – wurde eine besondere Konzession gefordert, die durch staatliche Behörden erteilt wurde. Entscheidend für die Konzessionserteilung sollte im wesentlichen nur die persönliche Fähigkeit sein; auf den »Nahrungsstand« des Bewerbers sollte zwar geachtet werden, die »Übersetzung« war aber nur in wenigen Gewerben ein absoluter Hinderungsgrund. Die Ausführungsinstruktion bestimmte zudem, daß in Zweifelsfällen immer »in dem der Gewerbefreiheit günstigsten Sinne« entschieden werden sollte.

Gegen die relativ freiheitlichen Bestimmungen des Gesetzes von 1825 formierte sich schon bald eine massive Gegenbewegung, die zwar nicht eine völlige Aufhebung des Gesetzes erreichte, wohl aber einschränkende Ausführungsbestimmungen. So schrieb eine Entschließung des Innenministeriums vom 23. Juni 1834 [BayRegBl. S.873] insbesondere vor, daß jeder Konzessionserteilung ohne Ausnahme »die gewissenhafte Erwägung des Nahrungsstandes des Bewerbers sowohl als der vorhandenen Meister vorangehen« müsse. Weitere restriktive Einschränkungen brachten die Vollzugsvorschriften für das Gewerbewesen vom 17. Dezember 1853 [BayRegBl. S.1863], durch die fast die alten zünftlerischen Zustände wiederhergestellt wurden, mit dem Unterschied, daß an die Stelle der Zünfte staatliche Behörden getreten waren.

Erst mit der Vollzugsinstruktion für das Gewerbewesen vom 21. April 1862 [BayRegBl. S.713] näherte sich Bayern wieder den Grundsätzen der Gewerbefreiheit. Vorbedingung zur Erlangung einer Konzession blieb die persönliche Fähigkeit des Bewerbers, die durch eine vor einer Kommission bestandene Prüfung nachgewiesen werden mußte, wobei die Zulassung zur Prüfung nun nicht mehr vom Nachweis einer Lehr- oder Gesellenzeit abhängig war. Ferner wurden das Kriterium des »erforderlichen Nahrungsstandes« großzügig ausgelegt, der Betrieb mehrerer Gewerbe erleichtert, die aus der Konzession hervorgehenden Befugnisse erweitert und die Beschränkungen in bezug auf das Produktionsverfahren beseitigt.

Endgültig eingeführt wurde die **Gewerbefreiheit** schließlich mit dem **Gesetz betr. das Gewerbewesen vom 30. Januar 1868** [BayGBl. S.309]. Gemäß § 1 waren alle Staatsangehörigen ohne Unterschied des Geschlechts und des Glaubensbekenntnisses im ganzen Königreich zum Betriebe von Gewerben berechtigt. Lediglich einige bestimmte Gewerbe bedurften im Interesse der öffentlichen Sicherheit und Wohlfahrt auch weiterhin der polizeilichen Konzession bzw. ihre Ausübung einer amtlichen Bestellung. Die bisherigen Gewerbevereine – Innungen – wurden aufgehoben; allerdings durften vorbehaltlich der Bestimmungen des Vereinsgesetzes zur Förderung gemeinsamer gewerblicher Interessen freie Vereine gebildet werden (Artt. 25–27) *(vgl. Popp, 1928, S.120ff.)*.

2. 5 Anfänge der Arbeitsgerichtsbarkeit

Nachdem die im Mittelalter entstandene und (zeitweilig) obrigkeitlich sanktionierte **Zunftgerichtsbarkeit** durch die Reichszunftordnung von 1731 weitgehend eingeschränkt worden war, verlor sie in der Folgezeit durch den Niedergang der Zünfte auch faktisch an Bedeutung. Die Wurzeln der neueren gewerblichen Sondergerichtsbarkeit liegen daher weniger in der privaten Gerichtsbarkeit der Berufsstände, sondern vielmehr bei den im napoleonischen Frankreich – zunächst 1806 in Lyon – entstandenen **Fabrikgerichten** (Loi du 18 mars 1806 portant établissement d'un Conseils de Prud' hommes à Lyon [4.ᵉ Bull., N.° 1423, S.352]).

Derartige Gerichte waren auch für die von Frankreich besetzten linksrheinischen Gebiete vorgesehen (vgl. Décret impérial du 11 juin 1809 contenant Réglement sur les Conseils de Prud'hommes und Décret impérial du 3 août 1810 concernant la Juridiction de Conseils de Prud'hommes [4.ᵉ Bull., N.° 4450, S.307; N.° 5843, S.310], tatsächlich errichtet wurden sie aber nur in den Städten Aachen-Burtscheid durch Dekret vom 1. Januar 1808, in Krefeld durch Dekret vom 19. Januar 1811 [4.ᵉ Bull., N.° 6481, S.93] und in Köln durch Dekret vom 26. April 1811 [4.ᵉ Bull., N.° 6730, S.463]. Obgleich ein Dekret für das Großherzogtum Berg vom 17. Dezember 1811 [BergGeBull. S.816] auch für dieses Gebiet die Errichtung von Fabrikgerichten vorsah, kamen sie dort unter der französischen Herrschaft jedoch nicht mehr zustande.

Preußen, dem diese Landesteile 1815 zuerkannt wurden, übernahm nicht nur die bestehenden Einrichtungen in unveränderter Form, sondern legte auch Wert darauf, diese als bewährt anerkannten Gerichte in weitem Umfange zur Einführung zu bringen.

Allerdings wurden erst 1840 weitere Fabrikgerichte in Barmen, Elberfeld (Kabinets-Ordre vom 31. 10. 1840), Lennep (Kabinets-Ordre vom 13. 11. 1840) und Remscheid (Kabinets-Ordre vom 18. 11. 1840) ins Leben gerufen, denen 1844 jenes in Düsseldorf (Kabinets-Ordre vom 15. 11. 1844) und 1857 das in Mühlheim (Kabinets-Ordre vom 21. 12. 1857) folgten.

Unterdessen war durch Königliche Verordnung vom 7. August 1846 [PrGS. S.403] bestimmt worden, daß die in der Rheinprovinz bestehenden Fabrikgerichte die Bezeichnung »**Königliche Gewerbegerichte**« führen sollten. Aufgabe dieser Gerichte war es, im Wege der Güte (bzw. bei Uneinigkeit der Parteien durch ein Definitiv-Erkenntnis) Streitigkeiten, die sich zwischen Fabrikanten und Arbeitern bzw. Werkstattaufsehern und Gesellen und Lehrlingen ergaben, zu erledigen. Seit 1846 waren sie darüber hinaus für Streitigkeiten der Hausgewerbetreibenden zuständig *(vgl. Denkschrift, 1915, S.40f., 79f.)*. Die Beisitzer dieser Gerichte setzten sich aus fünf Vertretern der Arbeitgeber und vier Vertretern der Arbeitnehmer zusammen.

In den übrigen preußischen Landesteilen gab es lediglich in Berlin seit dem 4. April 1815 ein besonderes Fabrikgericht als Deputation des Stadtgerichts, dessen Kompetenz alle aus dem Fabrikverhältnis resultierenden Streitsachen umfaßte. In Anbetracht des industriellen Aufschwungs sah ein Reglement für 9 Fabrikgerichts-Deputationen vom 26. November 1829 entsprechende Gerichte auch für verschiedene westfälische Städte vor, doch blieb der Erfolg hinter den Erwartungen zurück. Ein weiterer Versuch, die bewährten rheinischen Gewerbegerichte auf die gesamte Monarchie auszudehnen, wurde durch die Verordnung vom 9. Februar 1849 [PrGS. S.110] unternommen, in deren Folge für eine Reihe von Städten die Errichtung von Gewerbegerichten angeordnet wurde *(vgl. Denkschrift, 1915, S.79ff.)*. Auch diesmal war der Erfolg äußerst unbefriedigend, was daran gelegen haben könnte, daß das Verfahren nur lückenhaft geregelt, zu schwerfällig und teilweise auch zu kostspielig war.

In **Sachsen**, wo das Gesetz über die Errichtung von Gewerbegerichten vom 15. Oktober 1861 [SächsGVOBl. S.221] ebenfalls die Bildung derartiger Gerichte ermöglichte, wurde gar nur ein einziges Gewerbegericht geschaffen *(vgl. Kaskel, 1925, S.202)*.

Abbildung 6: Faksimile-Auszug des Decrets die Fabrikgerichte betr. vom 17. Dezember 1811

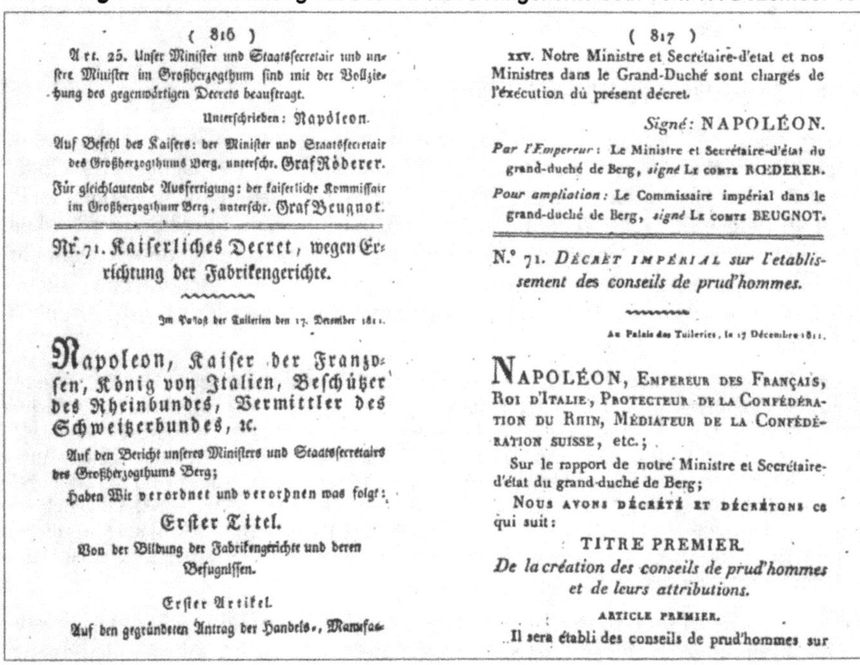

(816)

Art. 25. Unser Minister und Staatssecretair und unsere Minister im Großherzogthum sind mit der Vollziehung des gegenwärtigen Decrets beauftragt.

Unterschrieben: Napoleon.

Auf Befehl des Kaisers: der Minister und Staatssecretair des Großherzogthums Berg, unterschr. Graf Röderer.

Für gleichlautende Ausfertigung: der kaiserliche Kommissair im Großherzogthum Berg, unterschr. Graf Beugnot.

Nr. 71. Kaiserliches Decret, wegen Errichtung der Fabrikengerichte.

Im Palast der Tuilerien den 17. December 1811.

Napoleon, Kaiser der Franzosen, König von Italien, Beschützer des Rheinbundes, Vermittler des Schweitzerbundes, 2c.

Auf den Bericht unseres Ministers und Staatssecretairs des Großherzogthums Berg;

Haben Wir verordnet und verordnen was folgt:

Erster Titel.

Von der Bildung der Fabrikengerichte und deren Befugnissen.

Erster Artikel.

Auf den gegründeten Antrag der Handels-, Manufac-

(817)

XXV. Notre Ministre et Secrétaire-d'etat et nos Ministres dans le Grand-Duché sont chargés de l'éxécution du présent décret.

Signé: NAPOLÉON.

Par l'Empereur: Le Ministre et Secrétaire-d'état du grand-duché de Berg, *signé* LE COMTE RŒDERER.

Pour ampliation: Le Commissaire impérial dans le grand-duché de Berg, *signé* LE COMTE BEUGNOT.

N.° 71. *DÉCRET IMPÉRIAL sur l'etablissement des conseils de prud'hommes.*

Au Palais des Tuileries, le 17 Décembre 1811.

NAPOLÉON, EMPEREUR DES FRANÇAIS, ROI D'ITALIE, PROTECTEUR DE LA CONFÉDÉRATION DU RHIN, MÉDIATEUR DE LA CONFÉDÉRATION SUISSE, etc.;

Sur le rapport de notre Ministre et Secrétaire-d'état du grand-duché de Berg;

NOUS AVONS DÉCRÉTÉ ET DÉCRÉTONS ce qui suit:

TITRE PREMIER.

De la création des conseils de prud'hommes et de leurs attributions.

ARTICLE PREMIER.

Il sera établi des conseils de prud'hommes sur

Davon unabhängig entwickelte sich im 19. Jhdt. als gemeindliche, meist **städtische Gerichtsbarkeit** eine besondere Form der **Arbeitsgerichtsbarkeit**. Dies war möglich, da Streitigkeiten zwischen Arbeitgebern und Arbeitnehmern aus dem Arbeitsverhältnis damals als Bagatellsachen galten und das Zivilprozeßrecht der meisten deutschen Staaten die Bagatellgerichtsbarkeit den Gemeinden überließ. So bestimmte die **Gewerbeordnung vom 17. Januar 1845** [PrGS. S.41], daß (soweit besondere Behörden dafür nicht bestanden) die Entscheidung in Streitigkeiten zwischen selbständigen Gewerbetreibenden und ihren Beschäftigten in Fragen des Arbeitsverhältnisses durch den Innungsvorstand unter dem Vorsitz eines Mitglieds der Kommunalbehörde erfolgen soll-te, wenn der Gewerbetreibende Innungsmitglied war, in anderen Fällen durch die Ortspolizeibehörde (§ 137) *(vgl. Joachim, 1926, S.401f.; Hueck/Nipperdey, 1960, S.810).*

2. 6 Gewerbeordnung für den Norddeutschen Bund von 1869

Am Ende der entscheidend durch die liberale Wirtschaftsauffassung geprägten ersten Industrialisierungsphase führte die 1866 erfolgte Schaffung des **Norddeutschen Bundes** endlich zu einer Angleichung des Gewerberechts der einzelnen Länder. Eine einheitliche Gesetzgebung auf diesem Gebiet erwies sich schon deshalb als wünschenswert, da unterdessen den Bürgern der Bundesstaaten durch Gesetz vom 1. November 1867 [NorddtBGBl. S.55] die **Freizügigkeit** gewährt worden war. Als es bei der Ausarbeitung einer neuen Gewerbeordnung zwischen Regierung und Reichstag jedoch zu Meinungsverschiedenheiten kam, beschloß letzterer die Annahme eines **Notgewerbegesetzes** über den stehenden Gewerbebetrieb, das unter dem 8. Juli 1868 [NorddtBGBl. S.406] erlassen wurde. Der Hauptzweck dieses provisorischen, lediglich aus sechs Paragraphen bestehenden Gesetzes bestand im wesentlichen darin, für das gesamte Gebiet des Norddeutschen Bundes eine **einheitliche Gewerbefreiheit** einzuführen *(vgl. Nelken, 1906, S.22).*

Eine umfassende Regelung erfolgte allerdings schon im darauffolgenden Jahr durch die **Gewerbeordnung für den Norddeutschen Bund** vom 21. Juni 1869 [NorddtBGBl. S.245].

Nach der Reichsgründung erlangte sie ab dem 1. 1. 1871 auch in Hessen [vgl. HessRegBl. S.741], durch Reichsgesetz vom 10. November 1871 [RGBl. S.392] ab dem 1. 1. 1872 in Baden [BadGVBl. S. 247, 423] und Württemberg [WürttRegBl. S.211], durch Reichsgesetz vom 12. Juni 1872 [RGBl. S. 170] ab dem 1. 1. 1873 in Bayern [BayGBl. 1871/82, S.50] und durch Reichsgesetz vom 27. Februar 1888 [RGBl. S.57] ab dem 1. 1. 1889 in Elsaß-Lothringen [GBl.Elsaß-Lothr. S.101] Gesetzeskraft.

Die in 10 Titel unterteilte Gewerbeordnung vom 21. Juni 1869 war durch eine abermalige Hinwendung zum Grundsatz einer nahezu unbeschränkten **Gewerbefreiheit** gekennzeichnet. Für den stehenden Gewerbebetrieb war lediglich eine allgemeine Anzeigepflicht vorgesehen, während von den früheren Einschränkungen im wesentlichen nur die gesundheitspolizeilichen Auflagen in Kraft blieben. Mit geringfügigen Ausnahmen nicht mehr gefordert wurde insbesondere der **Befähigungsnachweis**; soweit man ihn beließ, war er in die Hände staatlicher Organe gelegt. Zugleich wurden die Rechte und Aufgaben der **Innungen** weiter beschnitten und ihre Zuständigkeit für das handwerkliche Lehrlings- und Prüfungswesen aufgehoben.

Keine wesentlichen Fortschritte brachte die Gewerbeordnung in bezug auf die im VII. Titel behandelten Verhältnisse der Gesellen, Lehrlinge und Fabrikarbeiter. So bestimmte § 105 lediglich, daß die Festsetzung der Verhältnisse zwischen den selbständigen Gewerbetreibenden und den gewerblichen Arbeitern Gegenstand **freier Übereinkunft** sein sollte und daß zu **Arbeiten an Sonn- und Feiertagen**, vorbehaltlich der anderweitigen Vereinbarung in Dringlichkeitsfällen, niemand verpflichtet werden konnte (§ 105 Abs. 2). Im übrigen hatten die zuständigen Behörden darauf zu achten, daß bei Beschäftigung der Lehrlinge gebührende Rücksicht auf Gesundheit und Sittlichkeit genommen und denjenigen Lehrlingen, welche des Schul- und Religionsunterrichts noch bedurften, Zeit dazu gelassen wurde. Außerdem konnten Gesellen und Lehrlinge, die das 18. Lebensjahr noch nicht vollendet hatten, durch Ortsstatut zum Besuch einer Fortbildungsschule verpflichtet werden (§ 106).

Neu war dagegen der Inhalt des § 107, der zum Ausgangspunkt des gesamten **Betriebs- und Gefahrenschutzes** wurde; er bestimmte folgendes: „Jeder Gewerbetreibende ist verbunden, auf seine Kosten alle diejenigen Einrichtungen herzustellen und zu unterhalten, welche mit Rücksicht auf die besondere Beschaffenheit des Gewerbebetriebes und der Betriebsstätten zu tunlichster Sicherung der Arbeiter gegen Gefahr für Leben und Gesundheit notwendig sind". Nicht durchsetzen ließ sich allerdings die von Konservativen und Sozialdemokraten beantragte obligatorische Einsetzung besonderer **Fabrikinspektoren**. Es blieb bei der Regelung, wonach die Bestellung besonderer Aufsichtsbeamter in das Ermessen der Landesregierungen gestellt war.

In bezug auf die **Regelung von Arbeitsstreitigkeiten** beschränkte sich die Gewerbeordnung in § 108 darauf, den Gemeinden das Recht einzuräumen, für die Beilegung von Streitigkeiten zwischen selbständigen Gewerbetreibenden und ihren Arbeitern **paritätische Schiedsgerichte** einzurichten. Aufgrund des Fehlens näherer Ausführungsbestimmungen, vor allem über die Zusammensetzung, die prozessualen Befugnisse, das Verfahren sowie die Rechtswirksamkeit der Entscheidungen, wurde von dieser Möglichkeit allerdings nur wenig Gebrauch gemacht. Bis zum Jahre 1890 hatten nur rund 70 Städte derartige Schiedsgerichte gebildet *(vgl. Kaskel, 1925, S. 204; Joachim, 1926, S. 402).*

Nahezu wörtlich in die Gewerbeordnung aufgenommen wurden die preußischen Bestimmungen über die **Beschäftigung jugendlicher Arbeiter in Fabriken** (§§ 128–133) sowie die gegen das **Trucksystem** gerichteten Vorschriften (§§ 134–139). Der Vollständigkeit halber sei hier auch erwähnt, daß durch die Gewerbeordnung von 1869 endlich der Grundsatz der **Koalitionsfreiheit** – wenn auch mit zahlreichen Beschränkungen – eingeführt wurde (§§ 152 f.).

3. Sozialpolitische Regelungen für die Wechselfälle des Lebens

In Anlehnung an die Einrichtungen der Handwerker und der Gesellen erfolgten seit den 20er Jahren des 19. Jhdts. in größerer Zahl Gründungen von Fabrik- und Sterbekassen. Ihre Errichtung ging vorrangig auf private Initiative zurück, da auch auf dem Gebiet der sozialen Vorsorge – entsprechend dem vorherrschenden liberalen Staatsverständnis – gesetzliche Regelungen weitgehend unterblieben.

3.1 Kranken- und Unterstützungskassen in Preußen

Erste gesetzliche Maßnahmen auf diesem Gebiet erfolgten in Preußen durch die **Allgemeine Gewerbeordnung vom 17. Januar 1845** [PrGS. S.41], die neben anderem auch „der Notlage der Arbeiter bei Wechselfällen des Lebens" *(Peters, 1978, S. 33)* gedachte. Sie gestattete die Beibehaltung und Neubildung **gewerblicher Unterstützungskassen** auch für Fabrikarbeiter (§§ 144, 145). Das Gesetz selbst sah aber noch keine Bestimmungen in bezug auf die Organisationsform, die Leistungen und die Aufbringung der Mittel vor. Im Prinzip war auch der Beitritt freiwillig, doch konnten durch statutarische Anordnung der Gemeinden alle am Ort beschäftigten Gesellen und Gehilfen zum Beitritt verpflichtet werden (§§ 168 ff.).

Eine Ausweitung der **Krankheitsvorsorge** brachte die **Gewerbeordnung vom 9. Februar 1849** [PrGS. S.93]. Durch Ortsstatut konnte nunmehr allen selbständigen Gewerbetreibenden die Verpflichtung auferlegt werden, den Kranken-, Sterbe- und Hilfskassen oder den Witwen- und Waisenunterstützungskassen beizutreten. Ferner konnten

Gewerbetreibende verpflichtet werden, Einrichtungen zur Unterbringung oder Unterstützung arbeitsuchender, erkrankter oder aus anderen Gründen hilfsbedürftiger **Gesellen** und Gehilfen mit Beiträgen zu unterstützen, deren Höhe bis zur Hälfte der Gesellenbeiträge reichen durfte. Außerdem konnten sie angehalten werden, die Beiträge der Gesellen, vorbehaltlich der Anrechnung auf die nächste Lohnzahlung, vorzuschießen (§§ 56, 57). Nach § 58 konnten die für Gewerbetreibende und Gesellen geltenden Bestimmungen auch auf **Fabrikunternehmer** und **Fabrikarbeiter** mit der Maßgabe angewandt werden, daß ersteren eine entsprechende Teilnahme an der Kassenverwaltung gewährt wurde. Schließlich gestattete das Gesetz, sämtliche Beiträge und Vorschüsse durch Beitreibung im Verwaltungswege einzuziehen (§ 56).

Im Vollzug dieser Verordnung entstand zwar eine Reihe sog. **Zwangshilfskassen**, insgesamt jedoch machten die Gemeinden nur wenig von ihrer Befugnis Gebrauch, **Ortsstatute** erlassen zu können. Dagegen nahm die Gründung von freiwilligen **Fabrikkrankenkassen** einen spürbaren Aufschwung. Daneben entstanden zahlreiche **»freie Hilfskassen«** als Gesellenkassen, Kassen für Gewerbetreibende oder gemischte Kassen für Handwerker und Fabrikarbeiter.

Tabelle 3: Gewerbliche Unterstützungskassen in Preußen 1860–1880

Jahr	Kassen	Mitglieder	je Kasse	Jahresbeitragseinnahmen			Kassenvermögen in Mark
				insgesamt in Mark	Anteil der Arbeitgeber in %	je Mitglied in Mark	
1860	2.998	328.511	109,6	–	–	–	–
1864	3.308	457.635	138,3	3.495.279	21,22	7,64	3.982.197
1865	3.458	518.496	149,9	4.000.356	20,99	7,72	4.303.481
1866	3.503	493.714	140,9	4.022.217	21,25	8,15	4.391.055
1867	3.585	546.179	152,4	4.307.907	22,06	7,89	4.743.729
1868	4.698	688.012	146,4	5.051.073	20,94	7,34	5.871.357
1870	4.655	632.212	135,8	5.722.332	21,86	9,05	6.950.940
1872	4.690	724.888	154,6	7.289.266	22,88	10,06	8.461.404
1874	4.877	795.283	163,1	8.948.448	23,74	11,25	12.196.311
1876	5.239	869.204	165,9	–	–	–	–
1880	4.901	839.602	171,3	–	–	–	–

Quellen: W. Fischer/J. Krengel/J. Wietog: Sozialgeschichtliches Arbeitsbuch I. Materialien zur Statistik des Deutschen Bundes 1815-1870, München 1982, S.208; H. Peters: Die Geschichte der sozialen Versicherung, 3.Aufl., St. Augustin 1978, S.46 (Stichtage der Bestandszahlen gem. jeweiligem Berichtswesen).

Da die Gemeinden nur wenig Neigung zeigten, durch Ortsstatute einen **Beitrittszwang** zu konstituieren, ermächtigte das **Gesetz betr. die gewerblichen Unterstützungskassen vom 3. April 1854** [PrGS S.138] die Bezirksregierungen, im Bedürfnisfalle den **Kassenzwang** einzuführen. Zudem konnten durch Ortsstatut die Bildung neuer Kassen angeordnet und der Beitrittszwang auf Lehrlinge, die Lohn erhielten, ausgedehnt werden. Das Gesetz begründete damit zwar keinen Versicherungszwang, schuf aber für bestimmte Arbeitergruppen einen Kassenzwang *(vgl. Wannagat, 1965, S.49)*. Trotz der verbesserten legislatorischen Möglichkeiten verzeichnete das gewerbliche **Hilfskassenwesen** aber in der Folgezeit nur eine geringfügige Weiterentwicklung.

Außerhalb des Handwerks und der Industrie waren die abhängig Beschäftigten nur ansatzweise – zumeist im Rahmen der **patriarchalischen Fürsorge** – gegen die Folgen von Krankheit geschützt. Für sie galten teilweise die Bestimmungen des **Landrechts** oder aber die preußische **Gesindeordnung** vom 8. November 1810 [PrGS. S.101], die in den

§§ 86 ff. die Herrschaft verpflichtete, bei Krankheit für Kur und Verpflegung ihrer Dienstboten zu sorgen. Zur Sicherstellung dieser Versorgung bildeten die Herrschaften bzw. teilweise die Gemeinden Vereine, die gegen Entrichtung von Beiträgen die Krankenbehandlung der Dienstboten übernahmen. Für kommunale Regelungen richtungweisend wurde dabei das **Magdeburger Regulativ vom 22. Dezember 1847**; nach diesem erlangten Dienstherren gegen Bezahlung von 20 Silbergroschen für ein Jahr die Berechtigung zur unentgeltlichen Kur und Verpflegung eines erkrankten Dienstboten im städtischen Krankenhaus *(vgl. Peters, 1978, S.38f.)*.

3.2 Entwicklungen in anderen deutschen Ländern

In den übrigen deutschen Ländern ging man auf dem Gebiet der Krankheitsvorsorge zum Teil ähnliche, verschiedentlich aber auch andere Wege als in Preußen. Ähnliche Zwangskassen wie in Preußen gab es insbesondere in **Hannover** (Gewerbeordnung vom 1. August 1847 [HannGVOSlg. S.215] und Gesetz vom 15.Juni 1848 [HannGVOSlg. S.156]). »Pflegekassen«, jedoch ohne Zuschußpflicht der Arbeitgeber, existierten in **Hessen** (Zunftordnung vom 5. März 1816 [kurhessGVOSlg. S.9]), in **Schleswig-Holstein** sowie in **Oldenburg** (Gewerbegesetz vom 11. Juli 1861, Art. 42 [OldenbGBl. Nr.136, S.723]). **Braunschweig** (Gewerbegesetz vom 3. August 1864, § 98 ff. [BraunGVOSlg. S.145]), die **thüringischen Staaten** und **Sachsen** kannten zwar das System des Kassenzwangs, aber ohne Zwangskassen bzw. nur mit subsidiären lokalen Sammelkassen für diejenigen Arbeiter, die dem Kassenzwang durch Beitritt zu einer freien Kasse nicht genügten.

In **Sachsen** waren nach dem Verbot der Gesellenkassen durch das Mandat vom 12. Dezember 1810 an deren Stelle zwar die sog. Verpflegungskassen getreten und daneben Fabrikkrankenkassen errichtet worden, eine umfassende Regelung brachten aber erst das **Gewerbegesetz vom 15. Oktober 1861** [SächsGVOBl. S.187] sowie vor allem die **Novelle vom 23. Juni 1868** [SächsGVOBl. S.335] (§ 16). Nach den §§ 97–99 waren alle Gesellen, Gehilfen und Fabrikarbeiter verpflichtet, zu einer Kasse Beiträge zu zahlen, deren Zweck die Unterstützung in Krankheitsfällen und die Bestreitung der Beerdigungskosten war. Dieser Verpflichtung wurde durch Beitritt zu einer Kasse genügt, die den allgemeinen Voraussetzungen der Sicherheit nach Einrichtung und Mitgliederzahl entsprach. Existierten keine geeigneten Kassen, konnte die Obrigkeit zur Bildung von Kassen schreiten, denen alle nicht versicherten Gehilfen, Fabrikarbeiter und Dienstboten beizutreten hatten. Die Beitragsbemessung sollte nach dem Kostendeckungsverfahren erfolgen; für die Kassen sollte der Grundsatz der Selbstverwaltung gelten. Für die Dienstboten galt im übrigen die **sächsische Gesindeordnung vom 10. Januar 1835** [SächsGVO Bl. S.17], die sich allerdings als unzureichend erwiesen hatte, so daß die größeren Städte Mitte des Jahrhunderts zur sog. »Dienstboten«-Krankenkasse übergingen *(vgl. Peters, 1978, S.41)*.

In den beiden **Mecklenburg** waren die Gesellen und Lehrlinge aufgrund der Verordnungen vom 28. September und 2. Oktober 1869 [MeckAnz. S.219, 231] verpflichtet, entweder einer der früher obligatorischen Kassen ihres »Handwerksamtes« oder einer freien Kasse beizutreten. Auch in **Hamburg** bestand gemäß § 29 des **Gewerbegesetzes vom 7. November 1864** [HambVOSlg. S.161] für alle Arbeiter eine Beitrittspflicht zu einer Krankenkasse, wobei der Gewerbetreibende dafür verantwortlich war, daß seine Beschäftigten dieser Verpflichtung nachkamen und regelmäßig ihre Beiträge entrichteten. Andernfalls mußte er sämtliche Pflege-, Unterhalts- und Beerdigungskosten vergüten *(vgl. Honigmann/Manes, 1909, S.800)*. In den **Staaten**, in denen keine dem Hilfskassensystem vergleichbare Gesetzgebung existierte, gab es vielfach andere praktisch wirksame Vorsorgeeinrichtungen bzw. sorgte die Verwaltungspraxis bei einem vorhandenen Bedürfnis für die Errichtung von Kassen; über keinerlei gesetzliche Regelungen verfügten z.B. **Bremen und Hessen-Nassau** *(vgl. Sauerborn, 1933, S.238)*.

Eine völlig andere Entwicklung nahmen die **süddeutschen Staaten**, wo die sog. **Krankenpflegeversicherung** entstand. Hier lag der Ausgangspunkt nicht in der Gründung von Versicherungskassen, sondern in der den Gemeinden obliegenden Pflicht, gewisse Leistungen für erkrankte Personen zu übernehmen. Entsprechend war die Krankenversorgung vielfach ein Zweig der öffentlichen Armenfürsorge, wobei den Gemeinden zunehmend das Recht eingeräumt wurde, Beiträge zu erheben.

Erste Regelungen der Krankenversorgung enthielten in **Bayern** die **Verordnung über das Armenwesen vom 17. November 1816** [BayRegBl. S.779], das **Gesetz über die Heimat vom 11. September 1825** [BayGBl. S.103] sowie vor allem das **Gesetz über die Unterstützung und Verpflegung hilfsbedürftiger und erkrankter Personen vom 25. Juli 1850** [BayGBl. S.341]. Danach hatten die Gemeinden in allen Fällen augenblicklichen Bedürfnisses, insbesondere bei Erkrankung und Arbeitsunfähigkeit, auch den nicht heimatberechtigten Personen Hilfe zu gewähren, wobei sie für die für Dienstboten, Lehrlinge, Gehilfen und Fabrikarbeiter geleistete Unterstützung von der Heimatgemeinde keinen Rückersatz fordern konnten (§§ 2,3). Allerdings war die Gemeinde berechtigt, von den genannten Personen, unter Haftung ihrer Dienstherren, einen angemessenen Unterstützungs- bzw. Krankenversicherungsbeitrag von maximal 3 Kreuzern wöchentlich zu erheben (§ 4).

Ähnliche Regelungen sah auch das bayerische **Gesetz über die öffentliche Armen- und Krankenpflege vom 29. April 1869** [BayGBl. 1868/69, S.1093] vor, das jedoch den Kreis der beitragspflichtigen Personen um jene heimatberechtigten Arbeitnehmer erweiterte, die weder einen eigenen Hausstand hatten noch bei ihren Eltern wohnten. Die Beiträge sollten der Gemeindekrankenkasse bzw. einer besonderen Krankenhauskasse zufließen. Die Betroffenen erwarben damit einen Rechtsanspruch auf Gewährung der erforderlichen Krankenpflege, ärztliche Hilfe und Heilmittel, sofern die Krankheit nicht länger als 90 Tage dauerte. Die so gewährte Krankenhilfe galt nicht als Armenunterstützung, sondern als gesetzliche Gegenleistung (Art. 20). Die Unternehmer größerer Fabriken konnten darüber hinaus durch die Gemeinden verpflichtet werden, ihren Arbeitern die nötige Krankenpflege selbst zu gewähren, wobei sie dann befugt waren, Krankenunterstützungskassen zu gründen und für diese von ihren Arbeitern Beiträge zu erheben (Art. 21).

In **Baden**, wo das IV. Constitutionsedikt vom 4. Juni 1808 [BadRegBl. S.145] die Innungskrankenkassen hatte fortbestehen lassen, brachte die **Verordnung** betr. die Behandlung armer Dienstboten, Handwerker und anderer armer Reisender im Falle ihrer Erkrankung außerhalb ihres Heimatortes vom **16. Februar 1838** [BadStRegBl. S.86] eine erste ansatzweise Regelung der öffentlichen Krankenpflege. Danach waren jene Gemeinden, in denen ein ortsfremder Arbeiter erkrankte, im Falle der Erkrankung verpflichtet, für die Verpflegung des Kranken solange zu sorgen, bis dieser ohne Nachteil für seine Gesundheit in seine Heimat transportiert werden konnte; war er dagegen transportfähig, so hatte ihn die Aufenthaltsgemeinde dennoch mindestens vier Wochen zu verpflegen (in beiden Fällen ohne Rückerstattungsanspruch) *(vgl. Wielandt, 1889, S.15)*. Das **Gewerbegesetz vom 20. September 1862** [BadStRegBl. S.409] gestattete schließlich die Bildung neuer Gesellenkassen und bot den Arbeitern generell die Möglichkeit zur freiwilligen Krankenversicherung. Außerdem verpflichtete es die Arbeitgeber in Art. 23 zu einer gewissen Fürsorge. Das **Armengesetz vom 5. Mai 1870** [BadGVBl. S.387] endlich räumte der Gemeinde das Recht ein, eine Art Zwangsversicherung einzuführen und außerhalb des Familienverbandes lebende Arbeitnehmer zu verpflichten, Beiträge zu leisten. Dafür erhielten sie den Anspruch, im Falle ihrer Erkrankung in einer zu ihrer Verpflegung bestimmten Anstalt acht Wochen lang unentgeltlich verpflegt zu werden *(vgl. Wielandt, 1889, S. 24f.)*.

Eine ähnliche Regelung für die in den Gemeinden arbeitenden, nicht im Familienverband lebenden Gesellen, Lehrlinge und Fabrikarbeiter bildete sich auch in **Württemberg** heraus, wo die **Gewerbeordnungen vom 5. August 1836** [WürttRegBl. S.385] und **12. Februar 1862** [WürttRegBl. S.67] Vorschriften über die öffentliche Krankenfürsorge enthielten. Hier konnten bzw. mußten die Gemeinden oder Fabrikbesitzer Krankenkassen errichten und Gewerbegehilfen eine Krankenhaus-Pflegeversicherung abschließen. Die daraufhin mit staatlicher Förderung entstandenen Versicherungsvereine zahlten bei Arbeitsunfähigkeit im allgemeinen ab dem 4. Tage ein Pflegegeld bei einer auf 3 Monate begrenzten Leistungsdauer *(vgl. Peters, 1978, S. 42)*.

3. 3 Länderübergreifende Regelungen

Angesichts der Vielfalt der Regelungen zur sozialen Vorsorge wurde im Zuge der nationalen Einigung zumindest eine **Angleichung der Systeme** unerläßlich. Bei der Ausarbeitung der zunächst norddeutschen, später deutschen Gewerbeordnung stieß jedoch die preußische Absicht, seine Hilfskassengesetzgebung auf ganz Deutschland auszudehnen, auf lebhaften Widerspruch. Der daraufhin zustande gekommene Kompromiß bestimmte daher in § 141 der **Gewerbeordnung vom 21. Juni 1869** [NorddtBGBl. S.245] lediglich, daß die bestehenden Anordnungen der Landesgesetze über die Kranken-, Hilfs- und Sterbekassen für Gesellen, Gehilfen und Fabrikarbeiter in Kraft bleiben sollten; zugleich sollte jedoch die Beitragspflicht für jene Arbeiter entfallen, die nachwiesen, einer freien Hilfskasse anzugehören. Außerdem wurde die durch Ortsstatut angeordnete Beitrittspflicht der selbständigen Gewerbetreibenden zu den Innungskassen aufgehoben *(vgl. Peters, 1978, S. 45)*.

Besondere länderübergreifende Vorschriften gab es schließlich für die **Handlungsgehilfen** und die **Seeleute**. Das **Allgemeine Deutsche Handelsgesetzbuch** (AHGB) von **1861** [vgl. PrGS. 1861 S.449] statuierte in Art. 60 die Verpflichtung des Prinzipals gegenüber dem Handlungsgehilfen (die allerdings durch Vertrag beschränkt oder aufgehoben werden konnte), das Gehalt und den Unterhalt bis zu sechs Wochen fortzugewähren, sofern er durch unverschuldetes Unglück bzw. Krankheit an der Verrichtung seiner Dienste gehindert war. Desgleichen verpflichtete das AHGB in den Artt. 548 ff. den Reeder zu bestimmten Fürsorgeleistungen gegenüber erkrankten Seeleuten (Fortzahlung der Heuer, Übernahme der Verpflegungs- und Behandlungskosten im Krankheitsfalle sowie der Beerdigungskosten im Todesfalle).

3. 4 Erste Ansätze auf dem Gebiet des Unfallschutzes

Noch fragmentarischer als bei der Krankheitsvorsorge blieben bis zur Reichsgründung die gesetzlichen Regelungen auf dem Gebiet des **Unfallschutzes**. Wiederum war es Preußen, das einen – wenn auch bescheidenen – Anfang machte, indem es durch das **Gesetz über die Eisenbahn-Unternehmungen vom 3. November 1838** [PrGS. S.505] die Eisenbahngesellschaften in § 25 zur Haftung für alle Schäden an beförderten Personen und Gütern verpflichtete, sofern der Schaden nicht durch eigenes Verschulden oder ein unabwendbares Ereignis eingetreten war (Entlastungsbeweis); die Natur des Unternehmens galt nicht als derartiges unabwendbares Ereignis. Auch mußte vom Geschädigten kein

Verschulden der Gesellschaft oder eines ihrer Bediensteten nachgewiesen werden *(vgl. Umlauf, 1980, S.29).*

Ein **Zusatzgesetz vom 3. Mai 1869** [PrGS. S.665] bestimmte darüber hinaus, daß die in § 25 verankerte gesetzliche **Haftpflicht** nicht durch Verträge oder Reglements im voraus beschränkt oder ausgeschlossen werden durfte. Dem preußischen Vorbild folgte eine Reihe **anderer deutscher Staaten** (Holstein, Mecklenburg, Sachsen) in ihrer Eisenbahngesetzgebung. Auch in **Bayern** war durch Verordnungen bestimmt, daß die Eisenbahnunternehmungen die Kosten für Unterbringung und Verpflegung verunglückter oder erkrankter Personen zu tragen hatten.

3.5 Betriebliche Vorsorgeeinrichtungen

Neben den Gemeinden, die zur Entlastung ihrer Armenetats Krankenversicherungseinrichtungen schufen, und den Arbeitnehmern, die zumeist freiwillig Hilfskassen errichteten, gab es eine Reihe verantwortungsbewußter und eher fortschrittlicher **Unternehmer**, die für die bei ihnen beschäftigten Arbeiter Vorsorge- sowie andere Wohlfahrtseinrichtungen schufen. Die Beweggründe, derartige soziale Einrichtungen zu initiieren, waren – neben der patriarchalischen Verantwortung – jedoch auch in nicht unwesentlichem Maße rationale ökonomische Überlegungen. Das Ziel der **betrieblichen Sozialpolitik** war nämlich nicht zuletzt, die Arbeiterschaft an den einzelnen Betrieb zu binden und sich so im Hinblick auf die rasch fortschreitende technisch-ökonomische Entwicklung dauerhaft eine qualifizierte Stammbelegschaft zu sichern. Entsprechend wurden die meisten Sozialleistungen erst nach einer längeren **Betriebszugehörigkeit** gewährt; außerdem gingen erworbene Ansprüche verloren, wenn der Arbeiter den Betrieb wechselte. Im übrigen waren es in der Mehrzahl größere Betriebe, die über soziale Sicherungseinrichtungen verfügten *(vgl. Wannagat, 1965, S.67; Gladen, 1974a, S.33).*

Nachdem erste betriebliche Einrichtungen bereits im **18. Jhdt.** errichtet worden waren (z.B. 1717 die Hilfskasse des Blaufarbenwerks Pfannenstiel, 1777 die Kranken-, Unfall- und Sterbekasse der Textilfabrik Schneider und 1788 die Hilfskasse der Firma Andreae), erlebte die betriebliche Sozialpolitik vor allem ab den 30er Jahren des 19. Jhdts. eine **stärkere Ausbreitung** *(vgl. F.W. Henning, 1978a, S.198).* Richtungweisend wurden vor allen Dingen die sozialen Sicherungs- und Wohlfahrtseinrichtungen der **Firma Krupp**. Bereits 1836, als das Unternehmen kaum 50 Beschäftigte zählte, gründete ALFRED KRUPP eine **Betriebskrankenkasse**. Während die Arbeiter dieser Krankenkasse zunächst freiwillig beitreten konnten, verpflichtete KRUPP sie ab 1855 zum Beitritt, wobei er sich gleichzeitig bereit erklärte, 50% der Mitgliedsbeiträge zu übernehmen. 1858 wurde zudem eine **Pensions- und Hinterbliebenenkasse** eingerichtet, die Arbeitern mit einer mindestens 20jährigen Betriebszugehörigkeit eine Pension gewährte. Darüber hinaus initiierte er Anfang der 60er Jahre ein Programm zum **Bau von Werkswohnungen**, in dessen Rahmen zwischen 1863 und 1874 insgesamt 3.277 Werkswohnungen für rd. 16.700 Menschen gebaut wurden. Ferner gründete er 1868 eine durch das Unternehmen subventionierte **Konsumanstalt**, die den Krupparbeitern eine Verbilligung der Lebenshaltung ermöglichen sollte *(vgl. Vossiek, 1937; Gladen, 1974a, S.34f.).*

Während bei Unternehmern wie KRUPP und STUMM-HALBERG, der ebenfalls umfangreiche betriebliche Wohlfahrtseinrichtungen schuf, der unternehmerische **Herr-im-Hause-Standpunkt** dominierend blieb und sich ihre patriarchalische Fürsorge mit einer kategorischen Ablehnung und Bekämpfung emanzipatorischer Bestrebungen der Arbeiter verband, lagen den sozialpolitischen Aktivitäten von ERNST ABBE, der 1869 die **Carl-Zeiss-Stiftung** ins Leben rief, bereits zukunftweisende Vorstellungen zugrunde, die sich von den alten gesellschaftlichen Leitbildern wesentlich unterschieden *(vgl. Lampert, 1980 a, S.84f.)*. Im Jahre 1876 gab es schließlich in 4.850 Betrieben mit zusammen 609.659 Beschäftigten irgendeine Art sozialer Einrichtung *(vgl. F.W. Henning, 1978 a, S.198)*.

4. Sozialpolitische Regelungen im Bergbau

4.1 Berg- und knappschaftsrechtliche Ausgangslage

Vor dem Hintergrund der technischen Revolution und der verstärkten Industrialisierung wirkten die lokale Zersplitterung des Bergrechts, die weitgehende Bevormundung des Bergbaus durch staatliche Behörden, die Belastung des Bergbaus mit enormen Abgaben sowie die Beschränkung der Absatzgebiete durch zahlreiche Binnenzölle schon bald äußerst hemmend für die weitere Entwicklung des Bergbaus. Der in den 20er Jahren des 19. Jhdts. einsetzende Kampf um die **Reform der Berggesetzgebung** hatte dann auch vor allem das Ziel, einerseits das Direktionsprinzip zu beseitigen und andererseits die auf dem Bergbau liegende Steuerlast zu reduzieren. Entsprechende Forderungen waren 1828 von den rheinischen und schlesischen Provinzialständen aufgestellt worden, nachdem eine 1826 angeordnete Gesetzesrevision lediglich eine **Vereinheitlichung des Bergrechts** anstrebte. Nachdem erste Entwürfe aus den Jahren 1833 bis 1835 sich an das französische Bergrecht anlehnten und das Direktionsprinzip verwarfen, kehrte ein Entwurf aus dem Jahre 1841 erneut vollständig zu den Grundsätzen des **Allgemeinen Landrechts** zurück, indem er den Bergbehörden nicht nur die Aufsicht, sondern weiterhin die unmittelbare Leitung des Privatbergbaus belassen wollte. Der weitere, im Dezember 1848 veröffentlichte **Entwurf für ein neues Bergrecht** endlich versuchte, deutsches und französisches Bergrecht unter Beseitigung des Direktionsprinzips zu verschmelzen *(vgl. Klostermann, 1871, S.86f.; Willecke, 1977, S.82f.)*.

Hinsichtlich der **Bergarbeiterverhältnisse** sowie in bezug auf das **Knappschaftswesen** ergaben sich – in Anbetracht der sich hinauszögernden Bergrechtsreform – in der ersten Hälfte des 19. Jhdts. **kaum grundlegende Änderungen**. Vorherrschend war weiterhin das Bestreben der Bergbehörden, das **Direktionsprinzip** möglichst umfassend durchzusetzen. Für die Bergleute bedeutete dies, daß ihre Annahme für den gesamten Bezirk durch das Bergamt erfolgte, das die jeweils benötigte Zahl von Arbeitskräften auf die einzelnen Gruben verteilte. Im Rahmen dieser Entwicklung erlangten die Aufgliederung der Bergarbeiterschaft in unterschiedliche Klassen und die Eintragung in die **Knappschaftsrolle** eine immer größere Bedeutung. In der Regel wurde der Bergmann erst dann vollberechtigtes, in die Knappschaftsrolle »eingeschriebenes« Mitglied, wenn er zuvor eine Zeitlang als Bergmann 2. Klasse gearbeitet hatte, ausreichend qualifiziert, gesund und mindestens 21 Jahre alt war. Neben den Bergleuten 1. und 2. Klasse (letztere waren vielfach in einer Revierliste eingetragen und bildeten den Nachwuchs) gab es als 3. Klasse die sog. **Tagelöhner**, die nur bei Arbeitskräftemangel beschäftigt wurden *(vgl. Klostermann, 1871, S.34f.; Thielmann, 1960, S.35ff.)*. Der für die damaligen Verhältnisse vergleichsweise günstigen **sozialen Absicherung** der Bergleute 1. und 2. Klasse stand allerdings gegenüber, daß sie „durch die Bindung der Versicherungsleistungen an Arbeitsplatz und Arbeitsleistung und durch den obrigkeitlich gesteuerten Arbeitsmarkt ... in ihrer Freizügigkeit erheblich eingeschränkt und der umfänglichen Disziplinargewalt des Bergamts unterworfen" *(H. Henning, 1977, S.86)* waren. Erwähnenswert ist schließlich, daß den

Bergleuten in den französisch besetzten Gebieten ihre **Privilegien** weitgehend verloren gingen. Aber auch in Bayern und in Preußen war die Militärfreiheit der Bergleute bereits durch die Gesetze vom 29. März 1812 bzw. 3. September 1814 [PrGS. S.79] aufgehoben worden.

Die **Knappschaftsvereine** entwickelten sich unterdessen immer mehr zu behördlich verwalteten Unterstützungskassen, bei denen der ehemals vorherrschende Gedanke der solidarischen Selbsthilfe kaum mehr eine Rolle spielte. Gleichzeitig wurde es allgemein üblich, daß ein eingeschriebener Bergmann Mitglied der Kasse werden mußte. Außerdem wurde in zunehmend stärkerem Maße die **Leistungsgewährung** nach der **Klassenzugehörigkeit** differenziert. Nach der für die Bezirke des märkischen und Essen-Werdenschen Bergamtes geltenden **Knappschaftsordnung vom 14. Dezember 1824** wurden bei Krankheit oder Beschädigung freie Kur und Arznei durch den von der Kasse angestellten Bergarzt oder Bergchirurgen sowie bis zur Dauer von acht Wochen ein Krankenschichtlohn in Höhe des monatlichen Freischichtengeldes – danach die Häfte davon – gewährt. Im Falle der vom Bergarzt festgestellten Bergfertigkeit zahlte die Kasse eine nach dem Bergmannsstand differenzierte Invalidenpension (Gnadenlohn). Des weiteren waren Witwengelder (⅔ der Invalidengelder), Waisengelder (bis zum Eintritt des 15. Lebensjahres), Beerdigungsgelder sowie außerordentliche Unterstützungen (z. B. Schulgeld, Kleiderzuschüsse, Milchgeld) vorgesehen. Davon unberührt blieben die Verpflichtungen, die das Landrecht bzw. die Bergordnungen den Unternehmern gegenüber erkrankten und verunglückten Bergleuten auferlegten *(vgl. Thielmann, 1960, S. 38ff.)*.

Finanziert wurden die Knappschaftskassen auch in dieser Zeit vor allem durch Zuschüsse der **Bergwerksunternehmen** und Beiträge der Mitglieder. Der Beitrag ersterer bestand in Freikuxengeldern, in dem Verein überlassenen Nutzungen oder aber aus Abgaben, die sich nach den erzielten Erlösen der Gewerken richteten. Die **Knappschaftsmitglieder** hatten im allgemeinen ein Büchsengeld (1/60 des Monatslohnes) sowie ein Freischichtengeld (monatlicher Betrag eines Schichtlohnes) zu entrichten. Daneben fielen Gebühren bei der Einschreibung in die Knappschaftsrolle, für die Ausfertigung des Pflichtscheines und des Trauscheines an. Strafgelder für Dienstvergehen flossen ebenfalls zumeist in die Knappschaftskasse. Eine ministerielle **Verordnung vom 19. April 1842** schrieb vor, statt des Büchsen- und Freischichtengeldes einen Beitrag in Höhe von 5 % des Lohnes zu erheben. Entsprechende Beiträge hatten nunmehr auch die unständigen Mitglieder zu entrichten, erhielten dafür jedoch zusätzliche Leistungsansprüche *(vgl. May, 1958, S.427f.)*. Für die Bergtagelöhner gab es vereinzelt besondere **Tagelöhnerkassen**, die jedoch meist nur freie Kur und Krankengeld gewährten. Erwähnenswert ist schließlich ein ministerielles **Reskript vom 30. Oktober 1847**, das Leistungserhöhungen genehmigte und erstmals gestattete, bei der Rentenbemessung die Dauer der Mitgliedschaft zu berücksichtigen.

Die **Verwaltung** der Knappschaftskassen oblag praktisch ausschließlich den Beamten der **Bergbehörde**, die nach ihrem Ermessen zu ihrer Unterstützung **Knappschaftsälteste** hinzuziehen konnten. Überhaupt nicht beteiligt waren hingegen die Werksbesitzer. Die Knappschaftsvereine arbeiteten in der Regel auf der Grundlage sog. Knappschaftsordnungen bzw. -reglements, die meist von den Oberbergämtern mit Genehmigung des Ministeriums erlassen wurden. Eine besondere Entwicklung nahm das Knappschaftswesen in den linksrheinischen Gebieten, da dort nach dem geltenden französischen Recht die Gründung von Knappschaftsvereinen der Initiative der Beteiligten überlassen war. Das Bergpolizei-Décret vom 3. Januar 1813 [4.e Bull. 647, N.° 8561] bestimmte in den Artt. 15, 16 lediglich, daß die Werksbesitzer im Dienste erkrankten oder verunglückten

Arbeitern vier Wochen lang den Lohn fortzuzahlen und die Kurkosten zu tragen hatten. Obgleich formal noch kein Versicherungszwang bestand, wurden 1852 in Preußen 53 Knappschaftsvereine mit zusammen 56.462 Mitgliedern gezählt, womit rd. 83% aller Bergleute versichert waren *(vgl. Klostermann, 1871, S.351)*.

4.2 Preußische Novellengesetzgebung zum Bergrecht

Nachdem auch ein weiterer Entwurf für ein **allgemeines Berggesetz** in der Sitzungsperiode der Kammern 1850/51 nicht zur verfassungsmäßigen Erledigung gekommen war, entschloß sich die Staatsregierung angesichts des dringenden Bedürfnisses gesetzlicher Reformen und des wachsenden Stellenwertes der Bergwerksindustrie, den Weg der **Novellengesetzgebung** zu gehen *(vgl. Willecke, 1977, S.84)*. Eingeleitet wurde die **Liberalisierung** der preußischen Berggesetzgebung durch das Gesetz über die Besteuerung der Bergwerke vom 12. Mai 1851 [PrGS. S.261] sowie das sog. **Miteigentümergesetz** vom selben Tage [PrGS. S.265]. Das erstere befreite den Bergbau durch die Herabsetzung des Zehnten auf den Zwanzigsten wenigstens von einem Teil des außerordentlichen Steuerdrucks. Das zweite Gesetz hob das Direktionsprinzip zwar nicht formell auf, übertrug jedoch den Bergwerksunternehmern wesentliche Befugnisse, die bis dahin den Bergbehörden vorbehalten waren *(vgl. Klostermann, 1871, S.38)*.

Tabelle 4: Knappschaftskassen in Preußen 1862–1872

Jahr	Ständige Mitglieder am Jahresanfang[1]	Zugänge	Ausgeschiedene	Invalide Gewordene	Bestand der Invaliden am Jahresanfang
1862	61.838	7.632	3.716	874	4.661
1863	64.118	7.058	4.340	822	5.000
1864	65.245	8.429	4.317	917	5.243
1865	67.597	8.942	3.418	923	5.617
1867	72.455	12.040	4.221	1.088	6.252
1868	78.978	11.699	4.382	1.205	6.968
1869	88.589	14.891	6.478	1.366	7.602
1870	102.174	11.775	13.060	1.493	8.664
1871	97.905	17.892	7.628	1.378	9.263
1872	109.690	24.006	7.024	1.489	9.638

1) ab 1867 sind ständige und unständige Mitglieder nicht mehr auseinandergehalten.
Quelle: W. Fischer/J. Krengel/J. Wietog: Sozialgeschichtliches Arbeitsbuch I. Materialien zur Geschichte des Deutschen Bundes 1815–1870, München 1982, S.209

Während beide **Gesetze** einerseits die Voraussetzungen für eine bis dahin unbekannte Entfaltung ökonomischer Initiativen schufen, leitete das zweite Gesetz andererseits den „sozialen Abstieg des Bergmanns zum ungesicherten, den Bedingungen eines liberalistischen Arbeitsmarktes ausgelieferten Lohnarbeiters" *(Gladen, 1974b, S.112)* ein und beendete die Zeit des privilegierten, standesbewußten, quasi vom Staat angestellten Bergmanns *(vgl. Hemmer, 1974, S.87)*. Diese **»Proletarisierung« im Bergbau** *(vgl. Hué, 1913, Bd.2, S.1)* hatte zugleich zur Folge, daß der tradierte soziale Status und das Sozialprestige der obrigkeitsloyalen Bergarbeiterschaft zerfielen. Zwar brachte das Miteigentümergesetz noch nicht das völlig freie Arbeitsvertragsverhältnis, gab jedoch gemäß § 16, Ziff. 4 die Annahme und Entlassung solcher Arbeiter frei, die nicht Mitglied des Knappschaftsvereins waren. Die Folge dieser Regelung war, daß die Beschäftigten in zwei

Gruppen geteilt wurden, wobei die Knappschaftsmitglieder benachteiligt waren, da sie den Arbeitsplatz nicht frei wechseln durften und sich mit dem behördlichen Normallohn begnügen mußten *(vgl. Müller-Erzbach, 1917, S.383)*.

4.3 Knappschaftsgesetz von 1854 und weitere Bergrechtsreformen

Um den Bergleuten, die aufgrund des § 307, II 16 ALR eine Art Staatsbeamtenstellung bekleidet hatten, die Sicherung der ökonomischen Existenz auch unter den Bedingungen der völligen **Arbeitsvertragsfreiheit** zu gewährleisten, wurde die **soziale Absicherung** der Bergarbeiter auf gesetzlicher Basis durch das **Gesetz betr. die Vereinigung der Berg-, Hütten-, Salinen- und Aufbereitungs-Arbeiter in Knappschaften vom 10. April 1854** [PrGS. S.139] ausgebaut. Dieses Gesetz regelte das Knappschaftswesen nicht nur einheitlich für das gesamte Staatsgebiet, sondern machte auch die Errichtung von Knappschaftsvereinen für ganz Preußen obligatorisch. Die Knappschaftsvereine, denen die Arbeitgeber und die Bergleute eines bestimmten Bezirks als Mitglieder angehörten, erlangten mit der Bestätigung ihrer Statuten die Rechte von Korporationen. Die unter Oberaufsicht des Bergamtes stehende Verwaltung erfolgte paritätisch durch Werksbesitzer und Arbeiter. Der Einfluß der Arbeiter blieb allerdings infolge der statutarisch vorgesehenen Wahlverfahren, die vielfach keine freie und unabhängige Wahl garantierten, überwiegend hinter dem der Unternehmer zurück. Daher leisteten die Bergleute anfänglich auch Widerstand gegen die neuen Knappschaftsstatuten und forderten, zur bisherigen Verwaltung durch die Bergbehörden und Knappschaftsältesten zurückzukehren.

Das **Knappschaftsgesetz von 1854** schuf insofern als erstes eine öffentlich-rechtliche **Arbeiterversicherung** *(vgl. Wannagat, 1965, S.51)*, als es für alle Bergarbeiter die **Versicherungspflicht** und einen **Beitrittszwang** einführte. Für die Unternehmer bedeutete dies eine Entlastung, da die früheren Fürsorgeverpflichtungen gegenüber erkrankten und verunglückten Bergleuten aufgehoben wurden und die Pflicht zur Abgabe von Freikuxen und sonstigen Abgaben entfiel. Stattdessen hatten die **Unternehmer** regelmäßige Beiträge zu entrichten, deren Höhe sich mindestens auf die Hälfte, höchstens bis zum vollen Betrage des Beitrags der **Arbeiter** belief. Die Werksbesitzer hatten ihre Arbeiter beim Knappschaftsvorstand anzumelden und für die Einziehung und Abführung der Arbeiterbeiträge, die entweder im Verhältnis zum verdienten Lohn oder in einem festen Betrag erhoben werden konnten, zu sorgen. Gemäß der Ausführungsinstruktion war es den Vereinen ausdrücklich gestattet, die Mitglieder in mehrere **Klassen** mit daran anknüpfenden Beitragssätzen und Leistungsansprüchen zu unterteilen *(vgl. May, 1958, S.430; Thielmann, 1960, S.47; Dapprich, 1979, S.19ff.)*.

Den **meistberechtigten Mitgliedern** (diese mußten eine gewisse Zeit Mitglied sein, durften ein bestimmtes Alter nicht überschritten und keine Gebrechen und Krankheiten haben, die vorzeitige Invalidität befürchten ließen) mußten die Vereine nach § 3 des Gesetzes **mindestens** die folgenden **Leistungen** gewähren:

1) in Krankheitsfällen eines Knappschaftsgenossen freie Kur und Arznei für seine Person,
2) einen entsprechenden Krankenlohn während der Dauer der ohne eigenes Verschulden entstandenen Krankheit,
3) eine lebenslängliche Invalidenunterstützung bei einer ohne grobes eigenes Verschulden eingetretenen Arbeitsunfähigkeit,
4) einen Beitrag zu den Begräbniskosten der Mitglieder und Invaliden,

5) eine Unterstützung der Witwen auf Lebenszeit bzw. bis zur etwaigen Wiederverheiratung und
6) eine Unterstützung zur Erziehung der Kinder verstorbener Mitglieder und der Invaliden bis zum vollendeten 14. Lebensjahr.

Für die Mitglieder der am **wenigsten begünstigten Klasse** waren mindestens die unter (1) und (2) genannten Leistungen, wenn sie bei der Arbeit verunglückten, auch die unter (4) angeführten Leistungen zu gewähren.

Ein weiterer wichtiger Schritt im Rahmen der Bergrechtsreform erfolgte durch das sog. **Freizügigkeitsgesetz vom 21. Mai 1860** [PrGS. S.201]. Die Vertragsschließung zwischen Arbeitern und Arbeitgebern wurde nunmehr endgültig allein der **freien Vereinbarung** überlassen und zugleich das faktisch bereits beseitigte **Direktionsprinzip** auch formell aufgehoben. An seine Stelle trat das »**Inspektionsprinzip**«, das die Aufgaben der Bergbehörden auf die polizeiliche Beaufsichtigung des Bergbaus reduzierte. Damit nahm das Gesetz der Bergbehörde auch jeden Einfluß auf das Festlegen der Löhne. Die Bergbehörden behielten sich lediglich das Recht vor, die von den Werksbesitzern freiwillig erlassenen **Arbeitsordnungen** zu bestätigen (§ 3). Im übrigen übertrug das Gesetz eine Reihe von Bestimmungen der **Allgemeinen Gewerbeordnung** (z. B. Truckverbot, Koalitionsverbot) auf den Bergbau. Das sog. **Kompetenzgesetz vom 10. Juni 1861** [PrGS. S.425] verfügte schließlich die Auflösung der Bergämter, erweiterte die Zuständigkeit der Oberbergämter und schied die Hüttenbetriebe und selbständigen Aufbereitungsanlagen aus der Bergaufsicht aus, womit Unternehmer und Arbeiter dieser Betriebe zugleich das Recht erhielten, auf ihren Antrag hin die Knappschaftsvereine zu verlassen.

4. 4 Allgemeines Berggesetz in Preußen von 1865

Ihren vorläufigen **Abschluß** fand die preußische **Bergrechtsreform** mit dem **Allgemeinen Berggesetz** (ABG) **vom 24. Juni 1865** [PrGS. S.705], das neben einigen kleineren materiellen Änderungen vor allem die lange angestrebte umfassende Kodifikation des Bergrechts brachte. Sozialpolitisch relevant waren insbesondere der 3. Abschnitt des III. Titels, der das Bergarbeiterrecht regelte, sowie der VII. Titel, der in den §§ 165–186 im wesentlichen die Bestimmungen des Knappschaftsgesetzes von 1854 übernahm. Hinsichtlich des Arbeiterrechts paßte sich das ABG weitgehend dem allgemeinen preußischen **Gewerberecht** an. Hierzu gehörten der Grundsatz der unbeschränkten Gewerbefreiheit, die Forderung nach einer 14tägigen Kündigungsfrist, das Truckverbot sowie der Schutz jugendlicher Arbeiter. Falls Arbeitsordnungen erlassen wurden, mußten sie gemäß § 80 ABG nurmehr zur Kenntnis der Bergbehörde gebracht werden *(vgl. Klostermann, 1871, S.340ff.)*.

Den **Knappschaftsvereinen** gewährte das ABG eine größere Selbständigkeit, indem ihnen die Statuten nicht mehr von der **Bergbehörde** aufgezwungen wurden, sondern diese nunmehr autonom, unbeschadet des Bestätigungsrechts der Bergbehörden, von den Vereinen festgesetzt werden konnten. Das Oberbergamt konnte zwar weiterhin statutenwidrige Beschlüsse der Vorstände suspendieren, übte seine Aufsichtsbefugnisse aber ohne Stimmrecht in den Vorständen aus. Ferner gab das ABG den Vereinen die gesetzliche Möglichkeit, für das Krankenunterstützungswesen besondere, von der Hauptverwaltung abgezweigte **Krankenkassen** zu errichten, womit eine rechnerische Trennung der verschiedenen Aufgabenbereiche ermöglicht wurde. Schließlich wurde den Werks- und Verwaltungsbeamten das Recht der freiwilligen Versicherung eingeräumt und das Leistungsrecht dahingehend geändert, daß bei einem Arbeitsunfall auch den am wenigsten begünstigten Mitgliedern Invalidenunterstützung zu gewähren war.

Abbildung 7: Faksimile-Auszug des Allgemeinen Berggesetzes vom 24. Juni 1865

— 705 —

Gesetz-Sammlung

für die

Königlichen Preußischen Staaten.

Nr. 30.

(Nr. 6125.) Allgemeines Berggesetz für die Preußischen Staaten. Vom 24. Juni 1865.

Wir Wilhelm, von Gottes Gnaden König von Preußen ꝛc.

verordnen, mit Zustimmung beider Häuser des Landtages für den ganzen Umfang der Monarchie, was folgt:

Erster Titel.

Allgemeine Bestimmungen.

§. 1.

Die nachstehend bezeichneten Mineralien sind von dem Verfügungsrechte des Grundeigenthümers ausgeschlossen.

Die Aufsuchung und Gewinnung derselben unterliegt den Vorschriften des gegenwärtigen Gesetzes.

Diese Mineralien sind:

Gold, Silber, Quecksilber, Eisen mit Ausnahme der Raseneisenerze, Blei, Kupfer, Zinn, Zink, Kobalt, Nickel, Arsenik, Mangan, Antimon und Schwefel, gediegen und als Erze,

4.5 Bergrechtliche Regelungen in den übrigen deutschen Ländern

Das **preußische ABG** wurde in der Folgezeit – auch in seinem das **Knappschaftswesen** regelnden VII. Titel, wenn auch mit einigen Abänderungen – von den meisten deutschen Bundesstaaten (ausgenommen z. B. Sachsen) rezipiert, nachdem es in den ab 1866 von Preußen erworbenen Landesteilen im Laufe des Jahres 1867 (Hannover, Kurhessen, Nassau, Frankfurt) bzw. 1869 (Schleswig-Holstein) durch verschiedene königliche Verordnungen ohnehin Gesetzeskraft erlangt hatte. Für das vormalige Herzogtum Nassau schrieb die Einführungsverordnung vom 22. Februar 1867 [PrGS. S.237] allerdings die Bildung eigenständiger **Krankenkassen** vor, da dort bereits aufgrund des nassauischen Gesetzes über das Knappschaftswesen vom 23. November 1861 [NassauVBl. S.369] eine allgemeine landesweite Knappschaftskasse bestand, die aber nur Invalidenpensionen gewährte *(vgl. Brassert, 1872, S.105)*.

Dem **preußischen Vorbild** folgten insbesondere Braunschweig durch das Gesetz vom 15. April 1867 [BraunGVOSlg. S.109], Sachsen-Meiningen durch Gesetz vom 17. April 1868 [MeinVOSlg. S.49] (worin aber der VII. Titel fehlte), Sachsen-Gotha durch Gesetz vom 16. August 1868 [GothaGSlg. S.974] (für das Knappschaftswesen galt hier das Gesetz betr. Bildung eines Knappschaftsvereins vom 20. Mai 1863 [GothaGSlg. Nr.734]), Waldeck durch Gesetz vom 1. Januar 1869 [WaldeckRegBl. S.3 = PrGS. S.78], Sachsen-Altenburg durch Gesetz vom 18. April 1872 [AltenbGSlg. S.29], Elsaß-Lothringen durch Gesetz vom 16. Dezember 1872 [GBl.Elsaß-Lothr. S.397], Württemberg durch Gesetz vom 7. Oktober 1874 [WürttRegBl. S.265], Hessen durch Gesetz vom 28. Januar 1876 [HessReg Bl. S.73], Baden durch Gesetz vom 22. Juni 1890 [BadGVBl. S.447] (ohne Vorschriften über das Knappschaftswesen) sowie Oldenburg für das Fürstentum Birkenfeld durch Gesetz vom 18. März 1891 [GBl.f.Birkenfeld, S.167]. Besonders eng an den VII. Titel des ABG lehnte sich **Bayern** in seinem Berggesetz vom 20. März 1869 [BayGBl.1866/69, S.673] an (§§ 167–190). Nach dem Wortlaut des Gesetzes **mußte** der Knappschaftsverein seinen Mitgliedern allerdings nur freie Kur, Arznei und Krankenlohn sowie bei Arbeitsunfällen einen Beitrag zu den Begräbniskosten und eine lebenslängliche Invalidenunterstützung gewähren, während er die übrigen Leistungen erbringen **konnte** *(vgl. Brassert, 1872, S.108ff.)*.

4.6 Bergrecht und Knappschaftswesen in Sachsen

In Anbetracht der **bergrechtlichen Sonderstellung** insbesondere des sächsischen Kohlebergbaus unterschied sich das Knappschaftsrecht im Königreich Sachsen am deutlichsten von jenem in Preußen. Von eher unbedeutenden Bestimmungen abgesehen, nahm sich die Landesgesetzgebung des Knappschaftswesens erstmals in dem **Regalbergbaugesetz vom 22. Mai 1851** [SächsGVOBl. S.199] an.

Nach § 104 waren die Knappschaftskassen zur Unterstützung bergfertiger Arbeiter und ihrer Angehörigen aufrechtzuerhalten und die Grubeneigentümer und Arbeiter verpflichtet, die durch die Knappschaftsordnungen bestimmten Beiträge zu leisten. Anerkannt wurden ferner bestehende Verpflichtungen der Grubeneigentümer, einen Teil ihrer Überschüsse auf die Knappschaftsfreikuxe abzugeben (§ 230).

Bei Erkrankung oder Verunglückung eines Bergmannes hatten nach § 102 Abs.2 die Bergwerkseigentümer einzutreten. War die Erkrankung oder Verunglückung eine unmittelbare Folge der Dienstverrichtungen, mußte der Bergwerkseigentümer die Kurkosten tragen und dem Arbeiter solange den vollen Lohn gewähren, bis er wieder arbeitsfähig war oder als dauerhaft invalid galt. Lag ein grobes Verschulden des Bergwerkseigentümers oder seiner Angestellten vor, war der Lohn sogar lebenslang fortzugewähren. In beiden Fällen hatte der Bergwerkseigentümer im Falle des Todes zudem die Begräbniskosten zu übernehmen. Die Verpflichtungen entfielen, wenn die Beschädigung durch grobe Fahrlässigkeit seitens des Arbeiters eingetreten war. Bei natürlicher Erkrankung war hingegen eine vierwöchige Lohnfortzahlung durch den Unternehmer vorgesehen.

Neu ins Leben gerufen wurden durch das Regalbergbaugesetz die sog. »Revierausschüsse«, bestehend aus drei Vertretern der Grubenbesitzer und zwei Vertretern der Bergbehörden. Ihnen oblag unter Aufsicht der Bergbehörde in Gemeinschaft mit Vertretern der Knappschaft die Verwaltung der Knappschaftskassen. Außerdem waren sie zuständig für die Regelung von Einzelheiten, wie Art und Höhe der Leistungen sowie der Beiträge für jedes Revier *(vgl. Wahle, 1915, S.224ff.)*.

Eine Weiterentwicklung brachte dann das sächsische **Allgemeine Berggesetz vom 16. Juni 1868** [SächsGVOBl. S.351], das sich nunmehr auch auf den Kohlebergbau erstreckte. Das Gesetz verlangte »**Unterstützungskassen**«, die für alle Bergwerksbesitzer und Bergarbeiter obligatorisch wurden. Für den Erzbergbau wurden als solche die bestehenden Knappschaftskassen (die v. a. Pensionen gewährten) anerkannt, während beim Kohlebergbau entsprechende Kassen wenigstens dem Zwecke von Kranken- und Begräbniskassen entsprechen sollten. Die Errichtung von »eigentlichen« Knappschaftskassen für die Invaliditäts- und Hinterbliebenenversorgung blieb für den Kohlebergbau freigestellt. Andererseits wurde von den traditionellen Knappschaftskassen eine allmähliche Übernahme der **Krankenhilfe** erwartet; bis dahin mußten die Erzbergwerksbesitzer bei Erkrankung aus natürlichen Ursachen den vollen Lohn vier Wochen, ansonsten einschließlich der Kur- und Begräbniskosten bis zur Dienstunfähigkeit, Invalidisierung oder Beerdigung zahlen. Die Vertretung und Verwaltung der Unterstützungskassen sollte unter Aufsicht der **Ortsverwaltungsbehörden** gemeinschaftlich durch Arbeitgeber und Versicherte erfolgen, wobei die Bergwerksbesitzer mindestens die Hälfte der von sämtlichen Mitgliedern entrichteten Beiträge zu zahlen hatten *(vgl. Wahle, 1915, S.226f.; Thielmann, 1960, S.55)*.

5. Rechtsstellung und Versorgung der Beamten

Von vereinzelten allgemeinen Bestimmungen in bestimmten Territorien (z. B. in Bayern) und von der Gruppe der richterlichen Beamten abgesehen, fehlte bis Anfang des 19. Jhdts. eine große, zusammenhängende **Kodifikation**, die das gesamte **Beamtenverhältnis** regelte. Bis dahin wurden Rechte und Pflichten der Beamten zumeist in Bestallungen schriftlich festgehalten, allenfalls Einzelfragen in generalisierenden Regulativen und landesherrlichen Verordnungen behandelt. Das preußische **Allgemeine Landrecht** (ALR) vom 1. Juni 1794 (vgl. Publicationspatent vom 5. Februar 1794 [Nov.Corp.Pr Brand., No.8, Sp.1873]) enthielt zwar im Theil II, 10. Titel, §§ 98–100 erstmals gesetzliche Bestimmungen über die Rechte der Staatsdiener; allerdings waren diese noch sehr lükkenhaft und unbefriedigend, „so daß von einer umfassenden Kodifikation des Beamtenrechts nicht die Rede sein konnte" *(Till, 1979, S.204)*. Umgekehrt verlangte jedoch das sich zunehmend zu einem selbständigen Berufsstand entwickelnde **Berufsbeamtentum** nach einer Regelung seiner Rechtsverhältnisse. Ganz im Vordergrund stand dabei die Forderung nach **Unkündbarkeit** und einer damit verbundenen **lebenslänglichen Versorgung** durch den Staat.

5. 1 Kodifikation des Beamtenrechts

Eine erste umfassende Regelung der **Rechtsverhältnisse der Beamten** mittels Gesetz erfolgte in **Bayern** unter Kurfürst MAX JOSEF I. und dem Staatsminister MONTEGLAS. In der **Hauptlandespragmatik über die Dienstverhältnisse der Staatsdiener im Königreich Bayern vom 1. Januar 1805** [BayRegBl. S.233] wurden erstmals Grundsätze des Berufsbeamtentums auf öffentlich-rechtlicher Grundlage geregelt, wie sie teilweise bis heute Geltung haben. Hierzu zählen insbesondere die Lebenslänglichkeit des Beamtenverhältnisses, d. h. die **Unkündbarkeit**, die Unterhaltssicherung des Beamten und seiner Familie nach dem **Alimentationsprinzip** durch **Besoldung** und **Ruhegehalt** sowie die **Hinterbliebenensicherung**. U. a. bestimmte die Hauptlandespragmatik, daß – außer im Falle eines richterlichen Spruches – der einmal verliehene Dienerstand sowie das Standesgehalt die unverletzliche Natur der Perpetuität (§ X) hatten und die Versetzung keine Verringerung des Gesamtgehalts zur Folge haben durfte (§ XIII). Zugleich ist sie als erstes deutsches **Pensionsgesetz** anzusehen, das dem Ruhestandsbeamten das Standesgehalt, d. h. den weitaus größten Teil der Aktivbesoldung, lebenslang gewährleistete.

Im Anschluß an Bayern wurden – überwiegend noch in der ersten Hälfte des 19. Jhdts. – die Rechtsverhältnisse der Beamten in den meisten deutschen Staaten durch Gesetz geregelt, so z. B. in **Baden** mit dem Staatsdieneredict vom 30. Januar 1819 [BadStRegBl. S.11], in **Hessen** mit dem Edict über die öffentlichen Dienstverhältnisse der Civil-Staatsbeamten von 1820 [HessRegBl. S.189], in **Württemberg** mit der Dienstpragmatik vom 28. Juni 1821 [WürttStRegBl. S.441], in **Kurhessen** mit dem Staatsdienergesetz vom 8. März 1831 [kurhessGVOSlg. S.69], in **Sachsen** mit dem Gesetz betr. die Verhältnisse der Civilstaatsdiener vom 7. März 1835 [SächsGVOBl. S.132] und im Fürstentum **Schwarzburg-Rudolstadt** durch das Gesetz über den Civilstaatsdienst vom 1. Mai 1850 [Schw Ruldolst.GSlg. S.369]. Von den größeren deutschen Staaten blieb lediglich **Preußen** zunächst noch ohne gesetzliche Regelung. Dort galten die unzulänglichen Bestimmungen des ALR, die durch zahlreiche Kabinettsordres, Verfügungen und Erlasse ergänzt wurden. Dies bedeutete auch, daß die preußischen Beamten weiterhin kündbar blieben. Eine Entlassung des Beamten konnte allerdings nicht mehr allein durch den Monarchen erfolgen, sondern mußte von dem versammelten »Staatsrathe« ausgesprochen werden. Damit war auch in Preußen das ursprünglich private Dienstverhältnis des Beamten zu einem **öffentlich-rechtlichen Dienstverhältnis** zum Staat geworden. Hinzu kam, daß sich das Entlassungsrecht in der Praxis nicht allzu sehr ausgewirkt hat und es auch in Preußen bereits damals die Regel war, daß „die Mehrzahl der Beamten ihr Amt bis zur völligen Dienstunfähigkeit oder bis zum Tode behielt" *(Ruland, 1983, S. 75)*.

Während der formelle Status der Beamten schon zu Beginn des 19. Jhdts. in den meisten Staaten eine gesetzliche Regelung fand, blieben die **vermögensrechtlichen Ansprüche** der Beamten zunächst noch sehr unzureichend. Gesetzlich fixierte **Besoldungsordnungen** kamen erst gegen Ende des 19. Jhdts. auf. Zuvor wurde die Besoldung überwiegend in nichtgesetzlichen Richtlinien geregelt, von denen in der Praxis im Einzelfall abgewichen werden konnte. Allerdings konnte der Beamte weder aus dem Budget noch aus Regulativen und kgl. Verordnungen klagbare Ansprüche ableiten. So war es durchaus nicht selten, daß die Besoldung so niedrig bemessen wurde, „daß sie ihren Zweck, dem Staatsdiener standesgemäßen Unterhalt zu geben, nicht erfüllte" *(Till, 1979, S.208)*. Ein permanentes Problem stellten vor diesem Hintergrund während des gesamten 19. Jhdts. auch die **Besoldungsanpassungen** dar, die in Anbetracht der zumeist ungünstigen Finanzlage der Staaten nur sehr selten und zögernd, vor allem aber planlos vorgenommen wurden und dazu führten, daß sich die **materielle Ausstattung** der Beamten im Vergleich zu anderen Berufsgruppen insbesondere in der zweiten Hälfte des 19. Jhdts. zunehmend verschlechterte. Als Folge davon kam es zu einem Abstieg der Beamten in der Skala der sozialen Hierarchie, zumal **ideelle Faktoren**, die noch zu Beginn des 19. Jhdts. in beträchtlichem Umfang die gesellschaftliche Stellung der Beamten mitbestimmten, im Zuge der fortschreitenden Industrialisierung und der dadurch ausgelösten gesellschaftlichen Wandlungsprozesse eine immer geringere Wertschätzung erfuhren *(vgl. Till, 1979, S.197ff.; Hartung, 1948, S.22)*.

5. 2 Altersversorgung der Beamten

Im Zuge der Kodifikation der Rechtsverhältnisse der Beamten und der Anerkennung des Beamtenverhältnisses als ein öffentlich-rechtliches Dienstverhältnis wurden zugleich erste Grundlagen für die lebenslange Versorgung des Beamten gelegt, auch wenn zunächst noch die Altersversorgung nicht gänzlich im Sinne der Alimentationstheorie erfolgte und rein staatliche Versorgungssysteme gegenüber Zwangsversicherungssystemen und der Versorgung über staatliche Pensionsfonds eher die Ausnahme bildeten. Immerhin wurden bereits Rechtsansprüche auf Leistungen eingeräumt sowie eine Berechenbarkeit und Vorhersehbarkeit der Leistungen geschaffen *(vgl. Till, 1979, S.296)*.

5.2.1 Versorgung der Beamten in Preußen

In **Preußen** wurde die Zahlung von Pensionen für lange Zeit durch das in der Preußischen Gesetzessammlung nicht veröffentlichte **Pensionsreglement für die Zivilstaatsdiener** (PRgl.) **vom 30. April 1825** geregelt. Darin hatte man sich für ein Pensionskassensystem entschieden, »um der Staatskasse bei der Bildung des zur Berichtigung der bereits bewilligten und künftig zu bewilligenden Pensionen erforderlichen Fonds einige Erleichterung zu gewähren« (§ 21 Abs.1). Zwar wurde den Beamten mit diesem Reglement ein gewisser Anspruch auf Pensionen eingeräumt, der Rechtsweg für die Verfolgung des Pensionsanspruches jedoch noch ausdrücklich ausgeschlossen. Zudem war der Anspruch auf einen standesgemäßen Unterhalt bei Dienstunfähigkeit und im Alter mit der Verpflichtung verbunden, eigene **Beiträge zu dem Staatspensionsfonds** zu leisten. Nach § 21 PRgl. hatten die Beamten je nach Einkommenshöhe 1,0 bis 5,0% ihres Gehalts als Zwangsbeitrag zu entrichten. Außerdem mußten neu eingestellte Beamte zusätzlich im ersten Dienstjahr ein Monatsgehalt in den Pensionsfonds einzahlen *(vgl. Ruland, 1983, S.79)*. Erst ab dem 1. Januar 1868 wurden auch in Preußen die Eigenbeiträge zur Alterssicherung abgeschafft *(vgl. Ambrosius, 1950, S.52)*.

Die Pension bemaß sich nach dem **zurückgelegten Dienst** und dem zuletzt **bezogenen Diensteinkommen,** wobei das Ruhegehalt gem. § 12 PRgl. nach 5 Klassen gewährt wurde; danach wurden bei einer Dienstzeit von 15 bis 20 Jahren 2/8, bei einer Dienstzeit von 20 bis 30 Jahren 3/8, bei einer Dienstzeit von 30 bis 40 Jahren 4/8, bei einer Dienstzeit von 40 bis 50 Jahren 5/8 und in Klasse V bei 50 und mehr Dienstjahren 6/8 (= 75 %) des Diensteinkommens gezahlt. Bei der Berechnung der Dienstzeit außer Betracht blieb die Zeit vor dem 21. Lebensjahr (§ 9); andererseits war nach § 11 die Zeit des vor dem Feind geleisteten Militärdienstes doppelt zu rechnen. Ferner konnte bei Vorliegen besonderer Voraussetzungen eine Erhöhung der Pension um 1/8 beantragt und bewilligt werden (§ 13). Schließlich kannte das PRgl. eine Art **Mindestversorgung**; hiernach betrug die Pension bei Stellen mit einfachen bzw. mechanischen Dienstleistungen mindestens 60 bis 90 Thl. und bei höheren Stellen mindestens 120 Thl. jährlich *(vgl. Ambrosius, 1950, S.77)*. In den endgültigen **Ruhestand** versetzt werden konnten nur dienstunfähig gewordene, unwiderruflich angestellte Beamte, die ihre Kraft und ihre Zeit dem öffentlichen Dienst gewidmet und ihr Diensteinkommen aus der Staatskasse bezogen hatten.

5.2.2 Versorgung der Beamten in Bayern

Im Königreich Bayern wurden die pragmatischen Beamten seit 1805 mit sog. »**Quieszenzgehältern**« pensioniert, die ausschließlich von der Staatskasse getragen wurden. Allerdings waren die Pensionsansprüche von nichtpragmatischen Beamten (z. B. Notare, Gerichtsvollzieher) von deren »Wohlverhalten« abhängig. Für das auf dem **Alimentationsprinzip** basierende bayerische Pensionssystem entscheidend war die in der Hauptlandespragmatik von 1805 [BayRegBl. S.233] sowie in dem **Edict über die Verhältnisse der Staatsdiener vom 26. Mai 1818** [BayGBl. S.333] bei der Besoldung der aktiven Beamten vorgenommene Unterscheidung zwischen dem **Standesgehalt** und dem **Dienstgehalt** (§ 5 des Edicts), wobei mit zunehmender Dienstzeit das Standesgehalt zunahm, während sich das Dienstgehalt verringerte. In § 18 des Edicts wurde den Beamten garantiert, daß der nach 3jähriger Probezeit definitiv verliehene Dienststand sowie das Standesgehalt »die unverletzliche Natur der Dauer auf Lebenszeit (haben)«.

Der Beamte konnte entweder nach 40 Dienstjahren oder nach Vollendung des 70. Lebensjahres in den Ruhestand treten. Während er im ersteren Falle lediglich das Standesgehalt erhielt, stand ihm bei der Quieszenz infolge Lebensalters das »Gesammt-Gehalt«

zu. Außerdem konnte er wegen »physischer Gebrechlichkeit« entweder auf Zeit oder auf Dauer in den Ruhestand versetzt werden. Das Standesgehalt betrug im 1. Jahrzehnt des Dienstes 7/10 des Gesamtgehaltes zzgl. 3/10 der Differenz (= 79 %), im 2. Jahrzehnt 8/10 zzgl. 2/10 der Differenz (= 84 %) und ab dem 3. Jahrzehnt 9/10 zzgl. 1/10 der Differenz, also 91 % des Gesamtgehaltes. Wurde der Beamte vorübergehend in den Ruhestand versetzt, wurde ihm das Standesgehalt weiter gewährt. Der Wartestandsbeamte mußte mit einer Wiedereinberufung zur Dienstleistung rechnen und ein seinem früheren Amte gleichwertiges Amt übernehmen (Ziff. XX bis XXII der Hauptlandespragmatik).

Einschränkend ist allerdings zu erwähnen, daß die 1805 eingeführten, vergleichsweise großzügigen Pensionsregelungen aus finanziellen Gründen in den Folgejahrzehnten mitunter beschnitten werden mußten. Zwar blieben hierbei die Grundprinzipien unangetastet, der Umfang der Leistungen wurde jedoch dadurch gekürzt, daß das Verhältnis zwischen dem Standes- und Dienstgehalt, die in unterschiedlicher Weise den Umfang des Ruhegehaltes bestimmten, verändert wurde. Zudem wurden bisweilen Regelungen eingeführt, die zu einer Herabsetzung der ruhegehaltsfähigen Aktivbezüge führten (z.B. Ausschluß der Naturalleistungen).

5.2.3 Regelungen in anderen deutschen Staaten

In den übrigen deutschen Staaten gestaltete sich die Altersversorgung zumeist in Form von Mischsystemen, die sowohl Elemente der preußischen wie der bayerischen Regelungen enthielten. In **Sachsen** wurden z. B. nach dem Gesetz vom 7. März 1835 [SächsGVOBl. S.132] die Pensionen aus der Staatskasse gewährt, während für die Witwen- und Waisenversorgung ein »Staatspensionsfonds« bestand, in welchen sämtliche Staatsdiener Beiträge zu zahlen hatten. Der Beamte selbst konnte nach 40 Dienstjahren, nach erfülltem 70. Lebensjahr oder nach »Eintritt und Erweis« der Dienstunfähigkeit mit Anspruch auf Pension seine Entlassung nehmen (§ 18 Abs.4). Die Höhe des Ruhegehaltes belief sich auf 70 % des bisherigen Diensteinkommens. Bei vorzeitiger Dienstunfähigkeit wurde die Pension zeitanteilig gekürzt (§ 19 Abs.6) *(vgl. Ruland, 1983, S.80)*. Widerruflichen Beamten war bei Entlassung ein halbes Jahresgehalt auszuzahlen (§ 4 II).

In den einzelnen Staaten waren die **Wartezeiten**, die erfüllt sein mußten, bis ein **Pensionsanspruch** entstand, sehr unterschiedlich. Während die bayerische Hauptlandespragmatik den unmittelbaren Staatsdienern sofort mit der Anstellung einen Pensionsanspruch einräumte, gaben das nassauische Pensionsreglement vom 3./6. Dezember 1811 [NassauVBl. S.39] und das badische Staatsdieneredict von 1819 [BadStRegBl. S.11] einen Pensionsanspruch nach 5 Dienstjahren, die württembergische Pragmatik nach 9 Jahren und das westfälische Pensionsreglement vom 30. Juli 1811 [WestfGeBull. S.429] erst nach 30 Dienstjahren und nach Erreichen des 55. Lebensjahres. Ähnlich vielfältige Regelungen existierten in bezug auf die **Höhe der Pension**. Zumeist dauerte es sehr lange, bis die Pension einen Anteil des Aktivgehaltes erreichte, der zur Sicherung des Unterhalts ausreichte. In manchen Staaten konnten die Beamten jedoch auch einen Pensionsanspruch in Höhe von 100 % des Aktivgehalts erreichen (z. B. nach dem nassauischen Pensionsreglement von 1811 und dem hessischen Edict von 1820 [HessRegBl. S.189]). Auf der anderen Seite gab es Staaten, in denen auch die Höchstpensionen nur unzureichende Bruchteile des Aktivgehalts ausmachten. So gab es nach dem westfälischen Pensionsreglement von 1811 nach 30 Dienstjahren und Vollendung des 55. Lebensjahres nur 25 % des Gehalts mit einer weiteren Steigerungsrate von 1/30 pro Dienstjahr *(vgl. Augar, 1925)*.

5. 3 Versorgung der Hinterbliebenen von Beamten

Mit einer gewissen zeitlichen Verzögerung nahm die **Versorgung der Hinterbliebenen** eine ähnliche Entwicklung wie die Altersversorgung der Beamten. Auch in diesem Bereich ging man ab Mitte des 18. Jhdts. dazu über, durch Versicherung der Beamtenfamilie bei eigens errichteten **Versicherungsanstalten** die Versorgung sicherzustellen und den Hinterbliebenen eine gewisse Rechtsstellung einzuräumen. Dies war umso notwendiger, als eine Zahlung von Witwen- und Waisengeld durch den Staat zu jener Zeit nicht vorgesehen war und die Gehälter der Beamten ganz überwiegend nicht ausreichten, um für die Familie eine entsprechende Vorsorge zu treffen. Noch mehr als bei den Beamten selbst zögerten die Staaten bei den Hinterbliebenen, finanziell unkalkulierbare Versorgungszusagen zu übernehmen. Die **Fürsorge des Staates** erschöpfte sich beim Tode des Beamten in der Gewährung der vollen Dienstbezüge für den Sterbemonat sowie eine kurze Übergangszeit im Sinne des sog. »**Gnadenmonats**« oder des »Gnadenquartals«.

Im weiteren wurde versucht, die Versorgung der Witwen durch in den einzelnen Staaten eingerichtete besondere **Witwenkassen** zu regeln, in die die Beamten Beiträge zu leisten hatten und denen der Staat in unterschiedlicher Höhe Zuschüsse gewährte. Im Falle des Todes des Beamten wurden aus diesen Kassen an die Witwen **Renten** gezahlt, die meistens jedoch **keine standesgemäße Alimentation** darstellten. Die Höhe der Witwenrenten berechnete sich in den einzelnen Staaten auf sehr unterschiedliche Weise. Während in einigen Staaten die Beamtenpension als Grundlage diente, wurde in anderen vom letzten Aktivgehalt ausgegangen. In Sachsen z. B. belief sich das Witwengeld auf 1/8 der Bezüge des verstorbenen Beamten.

Nachdem erste Witwen- und Waisenkassen in **Braunschweig** und **Ansbach** bereits 1743 entstanden waren und 1758 in der Markgrafschaft **Baden** für die dortigen Beamten eine Witwenkasse mit **Beitrittszwang** und Staatszuschüssen errichtet worden war *(vgl. Zimmermann, 1893; Roth, 1906)*, gründete FRIEDRICH II. in **Preußen** durch Patent vom 28. Dezember 1775 die »**Allgemeine Königliche Witwen-Versorgungs-Anstalt**« [Nov. Corp.Const.PrBrand., No.63, Sp.381] und für die Beamten der preußischen Militärverwaltung durch Reglement vom 3. März 1792 die **Offizierswitwenkasse** [Nov.Corp.Const.Pr Brand., No.16, Sp.859]

Während der Beitritt zur Witwen-Versorgungs-Anstalt ursprünglich jedermann offen stand, wurde er in der ersten Hälfte des 19. Jhdts. auf staatliche Beamte beschränkt und gleichzeitig die Kasse in eine reine Staatsanstalt umgewandelt. Beamte, deren Einkommen mindestens 750 M betrug, waren verpflichtet, der Witwen-Versorgungs-Anstalt beizutreten. Erst danach konnten sie die erforderliche Heiratserlaubnis erhalten; allerdings waren Beamte, die das 60. Lebensjahr vollendet hatten, vom Beitritt ausgeschlossen. Gemäß einer Bekanntmachung des Staatsministeriums vom 12. November 1824 [PrGS. S.216] mußten die Beamten ihre Frauen mit mindestens einem Fünftel des Besoldungsbetrages versichern *(vgl. Ambrosius, 1950, S.99)*.

Auch bei der Hinterbliebenenversorgung verlief die Entwicklung in **Bayern** etwas anders als in Preußen. Hier sahen das Pensionsregulativ vom 14. Juni 1803 [churfRegBl.f. Franken, 15.St., S.384] und die Hauptlandespragmatik vom 1. Januar 1805 [BayRegBl. S.233] zwar ebenfalls Versorgungsanstalten vor, doch galt dort bereits zu jener Zeit der Grundsatz, daß die **Aufwendungen** für die Hinterbliebenenversorgung ausschließlich der Staatskasse aufzubürden seien. Finanzielle Schwierigkeiten führten allerdings schon wenig später dazu, daß die zugesicherten Rechte partiell zurückgenommen werden mußten. Seit 1807 (VO vom 8. Juni 1807 [BayRegBl. S.1105]) wurden erneut Beiträge in Höhe von 1,0 bis 3,0% des Gehalts zugunsten des Allgemeinen Unterstützungsvereins der Königlich Bayerischen Staatsdiener erhoben, die erst 1865 wieder entfielen.

Eine ausschließlich aus Staatsmitteln finanzierte angemessene Hinterbliebenenversorgung der Beamten gab es hingegen durch Gesetz über die Pensionierung der Witwen und Waisen verstorbener Staatsdiener vom 6. April 1821 [S.Weimar-EisenGVOSlg. S.778] bereits in der ersten Hälfte des 19. Jhdts. im Großherzogtum **Sachsen-Weimar-Eisenach.** Noch vor den größeren deutschen Staaten folgten diesem Beispiel das Fürstentum **Schwarzburg-Sondershausen** mit dem Gesetz vom 13. Juli 1857 [SchwSonders.GSlg. S. 257], das Fürstentum **Schwarzburg-Rudolstadt** mit dem Gesetz betr. Bewilligung von Pensionen an Witwen und Waisen Fürstl. Diener vom 13. März 1858 [SchwRudolst.GSlg. S.17] und 1860 das Fürstentum **Reuß** *(vgl. Zimmermann, 1893).*

6. Koalitions- und Vereinsgesetzgebung

Während der **Polizeistaat** die politischen Vereine und Koalitionen als **Staatsgefährdung** bekämpfte, „sah der Liberalismus in ihnen eine unzulässige Bindung der Individuen, einen zu mißbilligenden Eingriff in die individuelle Freiheit" *(Hueck/Nipperdey, 1965, S.83).* In Preußen erweiterte das **Allgemeine Landrecht** von 1794 zwar die allgemeine **Vereinsfreiheit**, indem Gesellschaften, deren Zweck und Tätigkeit der öffentlichen Sicherheit und Ordnung nicht zuwiderlief, nunmehr auch ohne Genehmigung erlaubt waren (ALR, II 6, §§ 1 ff.), verbot jedoch weiterhin den Gesellen, die Arbeit niederzulegen oder eigenmächtigerweise Versammlungen abzuhalten. Gestattet war lediglich, unter Aufsicht der Gewerkältesten Kassen zur Unterstützung kranker und verunglückter Gesellen zu bilden (ALR, II 8, §§ 396–400).

6.1 Zeit der Koalitionsverbote und der eingeschränkten Vereinsfreiheit

Auch als sich in Preußen mit der Einführung der **Gewerbefreiheit** das Recht des freien Arbeitsvertrages durchsetzte, bestanden die **Koalitionsverbote** fort. Der Geist der Restaurationspolitik, der die meisten deutschen Regierungen nach dem Wiener Kongreß beherrschte, führte in der Zeit bis 1848 sogar zu weiteren Verschärfungen. Für eine erhebliche Beunruhigung der Regierungen scheinen vor allem die zu jener Zeit meist von wandernden Handwerksburschen gegründeten **Geheimbünde** gesorgt zu haben, da diese mit besonders harten Strafen bedroht wurden. Aber auch **andere Arbeiterkoalitionen** wurden in fast allen deutschen Staaten unterdrückt. „Verabredungen zur Erzielung besserer Arbeitsbedingungen und höherer Löhne waren verboten und Streiks als Gesellenunfug oder Aufruhr gegen die Obrigkeit unter Strafe gestellt" *(D. Schneider, 1971, S. 21).*

In **Preußen** war durch die **Verordnung vom 6. Januar 1816** [PrGS. S.5] das Edikt vom 20. Oktober 1798 [Nov.Corp.Const.PrBrand., No.80, Sp.1775] erneuert und auf das gesamte Königreich ausgedehnt worden, das alle Vereine verbot, die die Beratung politischer Angelegenheiten bezweckten oder deren Mitglieder sich zu Gehorsam bzw. zu Verschwiegenheit über Vereinsangelegenheiten verpflichteten. Während jedoch die meisten Länder die Bildung von Vereinen, die keinen politischen Charakter hatten, zumindest stillschweigend duldeten, verlangte in **Bayern** ein **Edikt vom 3. März 1832** für jegliche Vereinsgründung eine ausdrückliche Genehmigung. Politische Vereine waren überdies nach einem **Beschluß der Bundesversammlung vom 5. Juli 1832** [Prot.dt.BundVersammlg., S.851; 24.Sitz. § 231, S.942] verboten und öffentliche Versammlungen von vorheriger Genehmigung abhängig. Hiervon abweichende Bestimmungen enthielten lediglich das **badische Gesetz über Vereine und Versammlungen vom 26. Oktober 1833** [BadStRegBl. S.209] sowie das **württembergische Strafgesetzbuch vom 3. März 1839** [WürttRegBl. S.101] (Art. 149). Ausdrücklich anerkannt hatte das Vereinsrecht ferner **Sachsen-Meiningen** in § 28 seiner Verfassung vom 23. August 1829 [MeinVOSlg. S.139].

Im Hinblick auf die **Handwerksgesellen** waren vor allem die auf Betreiben Sachsens zustandegekommenen **Beschlüsse der Bundesversammlung** vom 15. Januar 1835 [Prot. dt.BundVersammlg., 3.Sitz. § 36, S.56] und vom 3. Dezember 1840 [Prot.dt.BundVersammlg., 27.Sitz. § 310, S.529] bedeutsam. Während sich der erste Beschluß vornehmlich gegen wandernde Handwerksburschen richtete, einigten sich die deutschen Regierungen im zweiten Beschluß darauf, übereinstimmende Maßnahmen hinsichtlich derjenigen Handwerksgesellen zu treffen, welche sich durch Teilnahme an unerlaubten Gesellenverbindungen, Gesellengerichten, Verrufserklärungen und dergleichen »Mißbräuchen« gegen die Landesgesetze vergingen. Handwerksgesellen, die sich derartiger Vergehen schuldig gemacht hatten, mußten neben empfindlichen Strafen mit der Abnahme der Legitimationspapiere, der Zurückschaffung in die Heimat, der Unterstellung unter polizeiliche Aufsicht sowie mit der Beschränkung der Arbeitsaufnahme in anderen Bundesländern rechnen. Ungeachtet dieser Verbote erlebte die **Gesellenbewegung** aber gerade in den Jahren vor der 1848er Revolution einen erheblichen Aufschwung, wobei es immer wieder zu gemeinsamen Arbeitsniederlegungen mit zum Teil blutigen Zusammenstößen mit der Obrigkeit kam *(vgl. Wisell, 1923, S.739f.; Kaskel, 1925, S.230)*.

Vor diesem Hintergrund war es kaum überraschend, daß auch die **preußische Gewerbeordnung vom 17. Januar 1845** [PrGS. S.41] gegen Koalitionen vorging, wobei interessant war, daß sich dieses Verbot zumindest formell auch gegen die **Arbeitgeber** richtete. Die §§ 181–184 stellten Verabredungen selbständiger Gewerbetreibender zu gemeinsamem Handeln gegenüber den Behörden bzw. den Beschäftigten ebenso wie Absprachen der Gesellen und Arbeiter zu Arbeitsniederlegungen unter strenge Strafe (bis zu einem Jahr Gefängnis), verboten **Verbindungen von Arbeitern** ohne polizeiliche Erlaubnis und erklärten den Kontraktbruch zum strafbaren Vergehen. Damit kontrastierte dieses abgestufte **Koalitionsverbot** „deutlich mit dem Ziel der übrigen sozialpolitischen Bestimmungen dieses Gesetzes und ließ so erkennen, daß die Staatsführung den gruppenkonstitutiven Effekt der Vertretung eigener Interessen noch nicht erkannt hatte und am Denkmodell der vom Staat privilegierten, demnach ständisch formierten Gesellschaft mit ihren starren Gruppengrenzen festhielt" *(H. Henning, 1977, S.91)*.

Ähnlich wie Preußen verhielten sich **andere Länder** gegenüber den **Arbeiterkoalitionen**. So bedrohte das **Polizeistrafgesetzbuch** für das Königreich **Hannover** vom 25. Mai 1847 [HannGVOSlg. S.111] Fabrikanten, Handwerker und Arbeiter mit Gefängnis bis zu vier Wochen oder mit einer Geldbuße bis zu 50 Thl., die zur Durchsetzung von Forderungen verabredeten, ihr Gewerbe bzw. ihre Arbeit einzustellen. Strafrechtlich verfolgt wurden zudem Verrufserklärungen durch Gesellen sowie die Teilnahme an verbotenen Vereinen. Entsprechende Bestimmungen enthielt im übrigen auch die **hannoversche Gewerbeordnung vom 1. August 1847** [HannGVOSlg. S.215] *(vgl. Wisell, 1923, S.741)*.

Eine allmähliche **Änderung der obrigkeitlichen Haltung** gegenüber politischen Vereinen und Arbeiterkoalitionen leiteten die Ereignisse des Jahres 1848 ein, auch wenn die sich daran anschließende konservative Reaktion nochmals zu neuerlichen gesetzlichen und polizeilichen Repressionen führte und die schwachen Organisationsansätze im Keim erstickte. Die Bestimmungen der **Frankfurter Reichsverfassung vom 28. März 1849** [FrankfRGBl. S.57], wonach die Deutschen das Recht haben sollten, sich ohne vorherige Genehmigung friedlich zu versammeln und Vereine bilden zu können, hatten unter diesen Umständen keinen Bestand. Zwar verbot die preußische **Verordnung** über den Mißbrauch des Versammlungs- und Vereinsrechts **vom 29. Juli 1849** [PrGS. S.221] Vereine und Organisationen nicht grundsätzlich, unterstellte aber politische Versammlungen unter freiem Himmel der Aufsicht der Polizei. Noch weiter ging die **Verfassungsurkunde vom 31. Januar 1850** [PrGS. S.17], die in den Artt. 29, 30 dem Staat das Recht einräumte, politische Vereine ganz zu verbieten oder aber ihnen Beschränkungen aufzuerlegen. Das **Vereinsgesetz vom 11. März 1850** [PrGS. S.277] verbot darüber hinaus Frauen, Schülern und Lehrlingen die Teilnahme an politischen Versammlungen und untersagte den Vereinen jegliche überörtliche Zusammenarbeit. Vergleichbare Maßnahmen ergriffen auch die meisten anderen Länder; durch einen **Beschluß** des reaktivierten Bundestages vom **13. Juli 1854** [Prot.dt.BundVersammlg., 11.Sitz., § 123, S.310; 19.Sitz., § 198, S.571; 21. Sitz., § 219, S.635] vereinbarten sie, innerhalb von zwei Monaten alle in ihren Ländern noch bestehenden Arbeitervereine mit sozialistischen und kommunistischen Zielsetzungen zwangsweise aufzulösen *(vgl. Gladen, 1974 a, S.41 ff.)*.

Mit der Bekämpfung der **politischen Arbeitervereine** einher ging die Ausweitung der **Koalitionsverbote** über den gewerblichen Bereich hinaus. Im Gegensatz zur **Gewerbeordnung von 1845** [PrGS. S.41] richtete sich die Gesetzgebung in ihrer ganzen Wirkung und Schärfe nunmehr fast ausschließlich gegen die Arbeiter. Dem Gesinde, den Schiffsknechten und den Landarbeitern wurde durch **Gesetz vom 24. April 1854** [PrGS. S.214] unter Androhung von Gefängnisstrafen bis zu einem Jahr verboten, durch Verabredungen zur Arbeitsniederlegung bzw. zu hartnäckigem Ungehorsam die Arbeitgeber oder die Obrigkeit zu bestimmten Handlungen oder Zugeständnissen zu nötigen. Für Berg- und Hüttenarbeiter folgte das Koalitionsverbot durch das **Gesetz vom 21. Mai 1860** [PrGS. S.201], das die §§ 181, 182 der Gewerbeordnung fast wörtlich übernahm (§§ 16, 17 und 19), die übrigens in § 244 des ABG vom 24. Juni 1865 ausdrücklich aufrecht erhalten blieben. Parallele Vorschriften kannten auch das **sächsische Regalbergbaugesetz vom 22. Mai 1851** [SächsGVOBl. S.199] (§ 9 Ziff.5) sowie das **sächsische allgemeine Berggesetz vom 16. Juni 1868** [SächsGVOBl. S.351] (§ 80 Abs.2 Ziff.8 a) *(vgl. Hueck/Nipperdey, 1960, S.83)*. In Württemberg schließlich wurde noch in der **Gewerbeordnung vom 12. Februar 1862** [WürttRegBl. S.67] die Verabredung zur Arbeitseinstellung mit Arreststrafe bis zu vier Wochen oder mit einer Geldstrafe bis zu 30 Gulden bedroht *(vgl. Wisell, 1923, S.742)*.

Die durchaus wertvollen – wenn auch unzureichenden – Ansatzpunkte für eine Verbesserung der sozialen Lage der Arbeiterschaft, die die Gesetzeswerke der 40er und 50er Jahre enthielten, hatten indessen nicht verhindern können, daß sich die **Industriearbeiter** nach wie vor in einer ausgesprochenen wirtschaftlichen **Notsituation** befanden. Daher wog es umso schwerer, daß auch die **politische Lage** der Arbeiter durch die Koalitionsverbote weiterhin äußerst ungünstig und unsicher war. „Mit dem Koalitionsverbot war allen solidarischen Bemühungen der Arbeiter, ihre soziale und wirtschaftliche Lage in organisierter Form zu verbessern, vom Gesetzgeber ein Riegel vorgeschoben worden. Wenn auch die Bildung von Arbeitnehmervereinigungen mit staatlicher Erlaubnis gestattet blieb, so hatten sie ohne Streikrecht keine Aussicht auf Erfolg in ihrem Kampf um materielle wie gesellschaftliche Besserstellung ihrer Mitglieder" *(Gladen, 1974 a, S.42)*. Getreu der hierarchisch-patriarchalischen Staatsauffassung und dem praktizierten »Herr-im-Hause-Standpunkt« hielten herrschendes Bürgertum und Fabrikunternehmer an dem absoluten Führungsanspruch und am Koalitionsverbot fest und präferierten damit weiterhin den korporativ organisierten Patrimonialstaat.

6. 2 Übergang zur Koalitionsfreiheit

Mit der fortschreitenden Industrialisierung und der damit verbundenen allgemeinen Einführung fabrikmäßiger Produktion bei zunehmender Tendenz zum Großbetrieb kam es im Laufe der Zeit zu einer bedeutenden Verschärfung des Gegensatzes zwischen Unternehmern und Arbeitern, wobei sich unter letzteren angesichts der täglich erfahrenen **Macht- und Rechtlosigkeit** ein wachsendes Gefühl der Notwendigkeit zu **solidarischem Verhalten** entwickelte. Abgesehen davon war es auf Dauer auch kaum möglich, durch eine **restriktive Gesetzgebung** allein die »Infizierung« der Arbeiterschaft mit den sich ausbreitenden **politisch-emanzipatorischen Ideen** zu verhindern und die tatsächliche **Verbandsbildung** völlig zu unterdrücken.

Tatsächlich wurden dann auch in der Praxis der Jahre von 1845 bis 1865 die Koalitionsbestimmungen seitens der untergeordneten Behörden und der regionalen Beamtenschaft überwiegend zurückhaltend interpretiert und die entsprechenden Strafbestimmungen nur in wenigen Fällen angewandt (für den genannten Zeitraum sind 26 Fälle bekannt) *(vgl. Born, 1959, S.33)*. So entstanden trotz aller Erschwernisse vor allem seit den 40er Jahren in wachsendem Umfang **Vereinigungen der Arbeiter** (anfänglich meist lokale Arbeiterbildungs- und -unterstützungsvereine). Aus ihnen gingen dann – beeinflußt durch die revolutionären Ereignisse der Jahre 1848/49 – die ersten überregionalen gewerkschaftsähnlichen Organisationen hervor. Nachdem die Buchdruckergesellen im Juni 1848 noch gemeinsam mit ihren Prinzipalen den **»Nationalen Buchdruckerverein«** gegründet hatten, bildeten die Zigarrenarbeiter im September 1848 die **»Assoziation der Zigarrenarbeiter«**. Zur selben Zeit schlossen sich mehrere Arbeitervereine zur **»Allgemeinen Deutschen Arbeiterverbrüderung«** zusammen *(vgl. Potthoff, 1978, S.21 ff.; Herkner, 1894; Kampffmeyer, 1912, S.102ff.)*.

Abbildung 8: Reaktion der Polizei auf den ersten großen Buchdruckerstreik am 28. April 1848

Bekanntmachung.

Die hier beschäftigten Buchdruckergehülfen haben seit dem gestrigen Tage allgemein die Arbeit eingestellt. Da nach den geltenden Bestimmungen alle fremde Gewerbegehülfen sobald sie drei Tage lang ohne Arbeitsgelegenheit und Beschäftigung gewesen sind, aus der hiesigen Stadt entfernt werden sollen, so wird hiernach gegen sämmtliche nicht einheimische Buchdruckergehülfen, die bis zum Dienstag den 2. Mai nicht wiederum in Arbeit getreten sind, ohne Aufschub und mit aller Strenge verfahren werden.

Berlin, den 29. April 1848.

Der Polizei-Präsident
v. Minutoli.

Auch die nach dem Scheitern der Revolution sich verstärkende **staatliche Repression** vermochte die organisatorische Formierung der Arbeiterschaft lediglich zu verzögern, jedoch nicht zu verhindern. Der ständige soziale Wandel stärkte das Selbstbewußtsein der Arbeiter, so daß es Anfang der 60er Jahre zu neuerlichen Organisationsansätzen kam. Innerhalb kurzer Zeit konstituierten sich der **»Fortbildungsverein der Buchdrucker«** (1862), der von FERDINAND LASSALLE geführte **»Allgemeine Deutsche Arbei-**

terverein« und der von AUGUST BEBEL beeinflußte **»Verband Deutscher Arbeitervereine«** (beide 1863).

Der trotz formalem **Koalitionsverbot** vonstatten gehende organisatorische Aufschwung der Arbeiterbewegung trug mit dazu bei, daß Teile des bürgerlichen Lagers ihre Einstellung zum Koalitionsverbot sukzessive revidierten. Zumindest eine Minderheit der **Liberalen** trat nunmehr – wenn auch vornehmlich aus taktischen Gründen – für die **Koalitionsfreiheit** ein, um die Arbeiter für die Monarchie zu gewinnen. Aber auch die führende Beamtenschaft konnte die faktische Entwicklung nicht mehr länger negieren.

Interessanterweise war es das inzwischen hochindustrialisierte **Sachsen**, das in den 30er Jahren zu den Hauptstreitern für Koalitionsverbote gehört hatte und das nunmehr in seinem **Gewerbegesetz vom 15. Oktober 1861** [SächsGVOBl. S.187] als erstes Land die Koalitionsfreiheit einführte, wenn auch nicht ohne Beschränkungen. Mit Strafen bedroht blieben Verrufserklärungen sowie jede Anwendung physischer oder moralischer Zwangsmittel. Ferner wurde festgelegt, daß die mittels Koalitionen erreichten Verabredungen für die Teilnehmer nicht verbindlich sein sollten. Nachdem auch **Baden** in seiner **Gewerbeordnung vom 20. September 1862** [BadStRegBl. S.409] auf Beschränkungen der Koalitionsfreiheit verzichtet hatte, folgten 1863 die **thüringischen Staaten** sowie **Sachsen-Weimar** (Gewerbeordnung vom 30. April 1862 [S.Weimar-EisenRegBl. S.63] dem Beispiel des Königreichs Sachsen.

Auch im Preußischen Landtag brachten nunmehr Abgeordnete der **Fortschrittspartei** die **Koalitionsfrage** auf die Tagesordnung. Nach mehreren ergebnislosen Anträgen stimmte das Plenum 1865 einem Antrag des Abg. SCHULZE-DELITZSCH zu, der die Aufhebung der §§ 181–184 der Gewerbeordnung verlangte. Als eine daraufhin eingesetzte **Kommission** ebenfalls die Abschaffung der Koalitionsbeschränkungen empfahl, legte die **Regierung** am 10. Februar 1866 einen **Gesetzentwurf** vor, der die Aufhebung aller einschlägigen Koalitionsverbote vorsah. Infolge des Ausbruchs des preußisch-österreichischen Krieges kam dieser jedoch nicht mehr zur Erledigung *(vgl. Wisell, 1923, S. 742; Gladen, 1974 a, S. 44 f.)*.

6. 3 Koalitionsrecht nach der Norddeutschen Gewerbeordnung

Erneut war es der Abg. SCHULZE-DELITZSCH, der nunmehr im **Norddeutschen Reichstag** auf die Aufhebung sämtlicher Koalitionsverbote und -strafbestimmungen drängte. Eine erhebliche Lockerung bzw. eine teilweise Aufhebung der **Koalitionsverbote** brachte aber erst die **Gewerbeordnung für den Norddeutschen Bund vom 21. Juni 1869** [NorddtBGBl. S.245]. Gemäß § 152 Abs.1 wurden „alle Verbote und Strafbestimmungen gegen Gewerbetreibende, gewerbliche Gehilfen, Gesellen oder Fabrikarbeiter wegen Verabredungen und Vereinigungen zum Behufe der Erlangung günstiger Lohn- und Arbeitsbedingungen, insbesondere mittels Einstellung und Entlassung der Arbeiter“ aufgehoben.

Die damit gewährte **Koalitionsfreiheit** – sie galt nicht für Landarbeiter, Haus- und Staatsangestellte sowie Seeleute – wurde durch Abs.2 des § 152 allerdings insofern eingeschränkt, als der Koalition jeglicher Rechtsanspruch versagt wurde. Dies bedeutete, daß die Koalition keine rechtlichen Zwangsmittel besaß, um Mitglieder zur Erfüllung der Koalitionspflichten anzuhalten oder zu zwingen. Noch schwerwiegender wog allerdings die in § 153 enthaltene sog. negative Koalitionsfreiheit. Danach wurde jeder mit Strafe bedroht, der einen anderen durch Gewalt, Drohung oder Ehrverletzung zum Anschluß an eine Koalition zu bestimmen oder seinen Austritt aus ihr zu verhindern suchte *(vgl. Wisell, 1923, S. 743 f.; Hueck/Nipperdey, 1960, S. 84 f.)*.

7. Gestaltung der öffentlichen Armenfürsorge

7.1 Armenfürsorge im frühliberalen Staat

Anders als in der Zeit des aufgeklärten Absolutismus, als der Staat zumindest eine Fürsorgepflicht für bedürftige Bürger prinzipiell anerkannte, lehnte der frühliberale Staat ein staatliches Eingreifen im sozialen Bereich weitgehend ab. Die liberalistische Geisteshaltung, die – in einer Fortentwicklung der calvinistischen Prädestinationslehre – Armut als selbstverschuldet ansah *(vgl. Brück, 1976, S.274)*, erblickte in der öffentlichen Armenfürsorge eine „Verletzung natürlicher Gesetze" *(Rimlinger, 1973, S.117)*.

In **England**, wo der Liberalismus frühzeitig zur beherrschenden gesellschaftlichen Kraft geworden war, entwickelte sich dann auch sehr bald eine scharfe Kritik des tradierten Fürsorgesystems. Diese beschränkte sich nicht darauf, eine Verstärkung der disziplinierenden Repression gegen Arme zu verlangen, sondern stellte das überkommene Fürsorgesystem generell in Frage *(vgl. Malthus, 1826)*. Gerade die **Malthusianische Bevölkerungslehre**, die in der tradierten Armenfürsorge eher die Ursache der Armut und nicht ein Mittel zu ihrer Überwindung sah, fand weithin Billigung „in einer Gesellschaft, die ein rasches Bevölkerungswachstum und steigende Steuern für die Armenfürsorge erlebte" *(Rimlinger, 1973, S.118)*.

Zu der bereitwilligen Aufnahme der Malthusianischen Auffassungen mag nicht zuletzt das offenkundige **Scheitern** praktisch-politischer Fürsorgebestrebungen beigetragen haben. In England war man etwa um die Mitte des 18. Jhdts. unter dem Einfluß verschiedener Teilströmungen der Aufklärung zu einer Lockerung der polizeilich-repressiven Methoden (Unterbringung in sog. work-houses) der Armenfürsorge und zu einer deutlich großzügigeren Gestaltung der Unterstützung übergegangen, dem sog. **»allowance-system«** [vgl. 36 Georg III. c.23]. Nach dem **Speenhamland Act 1795** wurde unter Berücksichtigung des Getreidepreises und der Familiengröße eine Lohnskala fixiert und jedem Arbeiter, der diesen Lohn nicht durch seine und seiner Familie Tätigkeit zu verdienen imstande war, der Fehlbetrag als Zuschuß gegeben. Das System war in verschiedener Hinsicht fehlerhaft konzipiert, denn einerseits erlaubte es einen weitgehenden Mißbrauch, und andererseits drückte es die Löhne der Arbeiter beständig herab. Die rasch steigenden Kosten (zwischen 1803 und 1818 stiegen die Armensteuern von 4,1 auf 7,89 Mio. £) ließen es dann auch sehr bald scheitern und führten zu dem **Armengesetz von 1834** [4.u.5. William IV. c.44], das die „Unterstützung auf das Armenhaus beschränkte, und zwar unter Bedingungen, die eine solche Unterstützung weniger erstrebenswert machten als die schlechteste Arbeit außerhalb des Armenhauses" *(Rimlinger, 1973, S.118)*.

Wenngleich auch die Malthusianische Bevölkerungslehre diese Reform des Armenrechts in politisch-gesellschaftlicher Hinsicht wesentlich erleichterte, so darf doch nicht verkannt werden, daß MALTHUS (1766–1834) selbst eher eine Beseitigung jeglicher Armenfürsorge forderte denn eine Verstärkung ihrer polizeilich-disziplinierenden und bevormundenden Form. Die von MALTHUS propagierte **Selbstverantwortlichkeit der Armen** für ihr Schicksal gründete sich insbesondere auf drei Argumente: zum einen führten nach seiner Auffassung die Armengesetze zu einer Bevölkerungsvermehrung über die gleichzeitige Ausweitung des Nahrungsmittelspielraums hinaus; zweitens werde der verfügbare Nahrungsmittelfonds für die arbeitende Bevölkerung durch den Verbrauch von Lebensmitteln seitens der Armen vermindert; drittens ließe die Armenfürsorge negative erzieherische Effekte im Hinblick auf die fleißige und enthaltsame Bevölkerung entstehen. Insgesamt würden die Armengesetze auf diese Weise dazu beitragen, daß sich die Auseinanderentwicklung von Bevölkerung und Nahrungsmittelfonds verstärke *(vgl. Malthus, 1826)*.

Gegenüber dieser Extremposition war die Einstellung der englischen Ökonomen DAVID RICARDO und ADAM SMITH zum Armutsphänomen deutlich anders gelagert. DAVID RICARDO wies sehr früh auf die gesellschaftlichen und ökonomischen Gefahren wachsender Armut hin. Für ADAM SMITH demgegenüber war eine dauerhafte Armut weiter Bevölkerungskreise mit seinem ökonomischen Fortschrittsglauben unvereinbar *(vgl. Frey, 1973, S.28)*. Nach seiner Auffassung würde eine freie Entfaltung des marktwirtschaftlichen Systems zu einer Beseitigung des Armutsproblems führen. Die vorhandenen Armengesetze kritisierte er vor allem deswegen, weil sie die Mobilität der Arbeitskräfte reduzierten und damit die Wirksamkeit des Marktmechanismus beeinträchtigten *(vgl. Rimlinger, 1973, S.117)*.

Die gesellschaftliche Argumentation gegen die Armenfürsorge war in **Frankreich** weitgehend der englischen ähnlich. Auch hier wurde die Malthusianische Kritik an dem tradierten Fürsorgesystem bereitwillig rezipiert. Diese Kritik wurde selbst von denjenigen Liberalen mitgetragen, die an der empirischen Relevanz der Malthusianischen Bevölkerungslehre erhebliche Zweifel hatten *(vgl. Say, 1836, S.438; Bastiat, 1870, S.530)*. Entsprechende Konsequenzen wurden in praktisch-politischer Hinsicht gezogen *(vgl. Schaller, 1950, S.49)*.

In **Amerika** wurde die veränderte Einstellung gegenüber der Armenfürsorge wesentlich durch den **Sozial-Darwinismus** geprägt. Der Malthusianismus hatte in einem Land mit dünner Besiedlung und wenig Arbeitskräften keine Verbreitungsmöglichkeit. Zwar verstärkte sich auch hier mit dem Wandel von der Agrar- zur Industriegesellschaft das Armutsproblem, aber es beschränkte sich typischerweise auf ethnische Minderheiten und neu Einwandernde. Vor diesem Hintergrund entstand die sozial-darwinistische Vorstellung einer in mangelnder Charakterstärke und fehlendem Unabhängigkeitsstreben, somit auf Leistungsschwäche beruhenden **Selbstverschuldung der Armut**. Die daraus gezogene Folgerung für die Armenfürsorge war die gleiche, wie sie dem Malthusianischen Denkschema entsprach: als eine Einmischung in das Prinzip der natürlichen Auslese begünstige die Armenfürsorge deutlich eine Ausbreitung des anstehenden Problems *(vgl. Hofstadter, 1944, S.1ff.; Fine, 1956, S.47ff.)*. Die Sozial-Darwinisten sahen in Reichtum und Armut das Ergebnis eines naturnotwendigen Prozesses, der seinerseits den Fortschritt bedinge; Armenfürsorge dagegen bedrohe den Fortschritt der Menschheit *(vgl. Spencer, 1868, S.341ff.; Sumner, 1934)*.

In **Deutschland** wurde die liberale Ideologie niemals so scharf vertreten wie in England, Frankreich oder Amerika. Ihre Umsetzung in die praktische Wirtschafts- und Gesellschaftspolitik erfolgte nur sehr zögernd. Selbst in den Städten verschwanden die jahrhundertealte Tradition von Über- und Unterordnungsverhältnissen und die damit verbundene Protektion nicht völlig. So ist es verständlich, daß in Deutschland die gesellschaftliche Polemik gegen die Armenfürsorge niemals so scharf und so abwertend war wie in anderen Ländern, wenngleich auch hier die polizeilich-repressiven und disziplinierenden Merkmale der staatlichen Fürsorgepolitik unverkennbar waren.

7.2 Weitere Entwicklungen der Armenfürsorge

Nachdem die Zeit der **Aufklärung** mit den neuen Ideen der **Humanität** zu verschiedenen fortschrittlichen Ansätzen in der Armenpflege geführt hatte, trug der sich dem Frieden von 1815 anschließende Zeitabschnitt zunächst „auch auf dem Gebiete der Armengesetzgebung und Armenpflege den Charakter der Reaktion" *(Laum, 1923, S.953)*. Erneut wurde den Gemeinden ein weitgehendes Einspruchsrecht gegen die Niederlassung Fremder zugestanden und die Eheschließung von ihrer Einwilligung abhängig gemacht.

Viele der Ende des 18. Jhdts. gegründeten halb privaten, halb öffentlichen **Armenanstalten** waren ihren Aufgaben immer weniger gewachsen und mußten angesichts ständig steigender finanzieller Fehlbeträge ihre Unterstützungen drastisch einschränken.

Die Neuordnung der Erwerbsgesellschaft nach liberalen Grundsätzen, die mit den Agrarreformen verbundene Freisetzung ländlicher Arbeitskräfte sowie die durch die Industrialisierung induzierte Arbeitskräftemobilität ließen die auf einer vorindustriellen Wirtschaft aufbauende **Armengesetzgebung** als zunehmend ungenügend erscheinen, zumal eine mobile Bevölkerung eine der wesentlichen Voraussetzungen der vom Staat gewollten Entfaltung der Produktivkräfte war. Dementsprechend war es dringend erforderlich, die Frage der Niederlassung, der Eröffnung eines Gewerbebetriebes und der Verehelichung neu zu regeln. Anknüpfend an die wirtschaftlichen Verkehrs- und Produktionsbedingungen bildeten sich Mitte des 19. Jhdts. in Deutschland zwei unterschiedliche Systeme der Armengesetzgebung heraus: zum einen das in Preußen eingeführte und von den meisten norddeutschen Staaten übernommene **System des Unterstützungswohnsitzes** und zum anderen das **System der Heimatgesetzgebung**, das seine stärkste Ausprägung in Bayern und Sachsen erfuhr.

7.2.1 Armenrecht nach dem Unterstützungswohnsitzprinzip

In konsequenter Fortführung der liberalen Reformen, die den Bürgern zunächst die Befreiung von persönlichen und ständischen Bindungen gebracht hatten, gewährte **Preußen** seinen Untertanen durch das **Gesetz über die Aufnahme neu anziehender Personen vom 31. Dezember 1842** [PrGS. 1843, S.5] die nahezu uneingeschränkte Freizügigkeit und Niederlassungsfreiheit. Danach durfte die Gemeinde einem preußischen Bürger, der in der Lage war, sich Wohnung und Existenzmittel zu verschaffen, den Aufenthalt weder verweigern noch durch lästige Bedingungen erschweren. Die Zurückweisung eines Neuhinzuziehenden war nur zulässig, wenn er bereits im Stande der Verarmung zuzog oder die Gemeinde nachweisen konnte, daß ein bedürftig Gewordener schon vor dem Zuzug verarmt gewesen war. Dabei bedurfte der Erwerb eines Wohnsitzes im wesentlichen nur der polizeilichen Anmeldung.

Mit dem **Gesetz über die Verpflichtung zur Armenpflege** vom selben Tage [PrGS. 1843, S.8] wurde die Armengesetzgebung der neuen **Freizügigkeitsregelung** angepaßt. Darin wurde zwar an dem landrechtlichen Grundsatz, wonach jede Gemeinde für ihre Armen selbst zu sorgen habe, festgehalten, die armenrechtliche Gemeindezugehörigkeit aber nicht mehr allein durch einen Aufnahmeakt der Gemeinde, sondern selbsttätig auch dadurch erworben, daß ein Wohnsitz begründet wurde oder sich ein nicht unterstützter erwachsener Einwohner drei Jahre innerhalb der Gemeinde aufhielt. Für alle übrigen Armen blieb die dem **Staat** obliegende Unterstützungsverpflichtung bestehen, ihre Erfüllung wurde aber auf die **Provinzen** als Provinziallast übertragen. Nach der armenrechtlichen Verpflichtung bildeten die **Gemeinden** den Ortsarmenverband, die Provinzen die subsidiär eintretenden Landarmenverbände. Die Zuständigkeit letzterer richtete sich danach, wo das Bedürfnis nach Fürsorge zuerst hervorgetreten war. Eine gewisse repressive Ergänzung erfuhren diese Gesetze durch das **Gesetz betr. die Bestrafung der Landstreicher, Bettler und Arbeitsscheuen vom 6. Januar 1843** [PrGS. S.19].

Die Folge dieser Gesetzgebung war, daß die aufstrebenden Städte mit wachsenden **Armenlasten** konfrontiert wurden, da sie kaum Möglichkeiten hatten, den Zuzug bedürftiger, der Armenunterstützung anheimfallender Personen zu verhindern. Nachdem bereits die **Städteordnung vom 30. Mai 1853** [PrGS. S.261] die besondere Aufnahme als Bürger, die sofort den Erwerb des Armendomizils in sich schloß, beseitigt hatte, brachte die **Novelle vom 21. Mai 1855** [PrGS. S.311] insgesamt einen besseren Schutz der Gemeinden gegen neuhinzuziehende Personen. Diese bestimmte, daß eine durch Erwerbung des Wohnsitzes begründete Verpflichtung zur Armenpflege fortan nicht mehr unmittelbar mit der Erwerbung entstand, sondern erst dann, wenn der Neuhinzuziehende diesen Wohnsitz ein Jahr lang fortgesetzt hatte. Die während dieser Zeit anfallenden Armenlasten sollte die Abzugsgemeinde tragen. Gleichzeitig wurde die Gemeinde des Dienst- oder Arbeitsortes zur Tragung der Kosten der Krankenpflege des Bediensteten auf die Dauer von drei Monaten endgültig verpflichtet.

Weitgehend übernommen wurde das preußische Armenrecht gegen den Widerstand Hessens und Sachsens, die an ihrer Heimatgesetzgebung festhalten wollten, durch den **Norddeutschen Bund** in dessen **Gesetz über den Unterstützungswohnsitz vom 6. Juni 1870** [NorddtBGBl. S.360]. Das Gesetz regelte allerdings nur das formelle Armenrecht, überließ die materielle Seite (Umfang der Unterstützung, Beschaffung der Mittel, Organisation etc.) der Regelung durch die Bundesstaaten, die entsprechende Ausführungsgesetze erließen. Die öffentliche Unterstützung hilfsbedürftiger Norddeutscher wurde nach diesem Gesetz durch Ortsarmen- sowie Landarmenverbände ausgeübt. Der Unterstützungswohnsitz in einem Ortsarmenverband wurde entweder durch Aufenthalt oder durch Verehelichung bzw. Abstammung erworben (§ 9). Im einzelnen bestimmte § 10, daß der Unterstützungswohnsitz in einem Ortsarmenverband dadurch erworben wurde, daß jemand innerhalb dieses Ortes nach dem zurückgelegten 24. Lebensjahre zwei Jahre lang ununterbrochen seinen gewöhnlichen Aufenthalt gehabt hatte.

Einen ähnlichen Weg wie die meisten norddeutschen Staaten ging auch **Baden**, das durch das **Gesetz vom 4. Oktober 1862 über Niederlassung und Aufenthalt** [BadStRegBl. S.445] die freie Wahl des vorübergehenden oder dauernden Aufenthalts an jedem Ort des Inlandes als ein natürliches Recht jedes Staatsbürgers anerkannt hatte. Die Anpassung der Armengesetzgebung an die Grundsätze der persönlichen und wirtschaftlichen Freizügigkeit erfolgte durch das **Gesetz betr. die öffentliche Armenpflege vom 5. Mai 1870** [BadGVBl. S.387], das basierend auf dem Unterstützungswohnsitzprinzip die Unterstützungspflicht von der bürgerlichen Heimat loslöste und sie jener Gemeinde auferlegte, in welcher sich der unterstützungsbedürftige Inländer aus freier Selbstbestimmung drei Jahre aufgehalten hatte *(vgl. Wielandt, 1889, S. 1ff.)*.

7. 2. 2 Armenrecht nach der Heimatgesetzgebung

Im Gegensatz hierzu lag die Pflicht der öffentlichen Fürsorge für die Armen in **Bayern** sowie einer Reihe anderer Staaten grundsätzlich bei den **Gemeinden**, in denen der Unterstützungsbedürftige Heimatrecht besaß. Nachdem das **Gemeindeedikt vom 14. September 1808** [BayRegBl. S.2405] noch alle Einwohner der Gemeinde, die in der Markung besteuerte Gründe oder Wohnhäuser besaßen oder besteuerte Gewerbe ausübten, zu Gemeindemitgliedern erklärte, legte das am **17. Mai 1818** erlassene neue **bayerische Gemeindeedikt** [BayGBl. S.49] die Aufnahme der Bürger und Schutzverwandten ebenso wie die Erteilung der Heiratslizenz wieder völlig in das Belieben der Gemeindebehörden.

Tatsächlich hingen die verschärften **Beschränkungen der Ansässigmachung** in den meisten deutschen Staaten in der ersten Hälfte des 19. Jhdts. in starkem Maße mit der Aufhebung der Erbuntertänigkeit und der damit entfallenden Verpflichtung der Grundherren zur **Unterstützung der Untertanen** in Alter und Krankheit zusammen; die sich auf diese Weise erhöhende Armenlast der Gemeinden veranlaßte diese, den Zuzug Gemeindefremder noch mehr einzuschränken. Nach der **Heimatgesetzgebung**, auf der z. B. das bayerische Armenrecht sowie die sächsische Armenordnung vom 22. Oktober 1840 [SächsGVOBl. S.257] basierten, war „die öffentliche Armenpflege ihrem Wesen nach nichts anderes als die erweiterte privatrechtliche Alimentationsverpflichtung der Familie auf sämtliche Mitglieder einer Gemeinde" *(Bartsch, 1923, S.968)*. Danach mußten Hilfsbedürftige von derjenigen Gemeinde versorgt werden, in der sie heimatberechtigt waren. Die **Heimatberechtigung** wiederum wurde in der Regel durch Geburt als Kind eines Heimatberechtigten bzw. durch Verehelichung mit einem solchen sowie durch förmliche Aufnahme durch die Gemeinde erworben. Die Aufnahme setzte im allgemeinen einen langjährigen Aufenthalt (zwischen drei und fünfzehn Jahren), teilweise bestimmte »Qualifikationen« (z. B. Anstellung als Beamter) sowie die regelmäßige Zahlung von Steuern voraus. Wesentlich war, daß ein selbständiger Erwerb des Heimatrechts nicht möglich war, dafür aber das einmal erworbene Heimatrecht überhaupt nicht oder nur durch den Erwerb eines neuen Heimatrechts verloren gehen konnte.

Das bayerische **Heimatgesetz vom 11. September 1825** [BayGBl. S.103] unterschied die erworbene, die ursprüngliche und die angewiesene Heimat. Neben der Heimat durch Abstammung (ursprüngliche Heimat) war der hauptsächlichste Titel für den Heimatererwerb die Ansässigmachung, die durch das Gesetz über Ansässigmachung und Verehelichung vom selben Tage [BayGBl. S.111] geregelt war. Die Ansässigmachung erfolgte durch Nachweis von Grundbesitz, geringem Vermögen oder einem auf sonstige Weise gesicherten Nahrungsstand, den Erwerb eines realen oder radizierten Gewerbes, die Erlangung einer persönlichen Gewerbekonzession sowie die definitive Anstellung. Allgemeine Voraussetzung waren daneben ein »guter Leumund« sowie »Unbescholtenheit«. Im Gegensatz zu früher war die Bewilligung nicht mehr Sache der Gemeinden, sondern der staatlichen Behörden. Die **Novelle vom 1. Juli 1834** [BayGBl. S.133] erhöhte allerdings erneut die Aufnahmegebühren sowie die Einspruchsrechte der Gemeinden gegen die Ansässigmachung. Ähnliche Bedingungen für den Heimaterwerb stellten das **württembergische Bürgerrechtsgesetz vom 4. Dezember 1833** [WürttRegBl. S.509] sowie das **sächsische Heimatgesetz vom 26. November 1834** [SächsGSlg. S.449] auf.

Zwar versuchte auch Bayern, der Entwicklung zu einer mobileren Gesellschaft durch das **Gesetz über Heimat, Verehelichung und Aufenthalt vom 16. April 1868** [BayGBl. 1866/69, S.357] Rechnung zu tragen, hielt jedoch an der zentralen Stellung der Heimat in der Gemeindeverfassung und im Armenrecht fest.

Erworben wurde die Heimat weiterhin vor allem durch Abstammung, durch Verehelichung sowie durch Verleihung durch die Gemeinde, wobei letztere entweder auf der Erfüllung eines gesetzlichen Anspruchs oder auf einem Vertrag beruhte. Der gesetzliche Anspruch auf den Erwerb des Heimatrechts war dann gegeben, wenn folgende Bedingungen zusammentrafen: Staatsangehörigkeit, Volljährigkeit, ununterbrochener fünfjähriger unterstützungsfreier Aufenthalt in der Gemeinde unter Veranlagung zu direkten Steuern, Erfüllung der gemeindlichen Verpflichtungen. Die Frist erhöhte sich bei allen nicht Steuern zahlenden Personen auf einen Zeitraum von 10 Jahren *(vgl. Breithaupt, 1915, S.63ff.; Pöll, 1916, S.5ff.)*.

Nach dem bayerischen **Gesetz über die öffentliche Armen- und Krankenpflege vom 29. April 1869** [BayGBl. 1866/69, S.1093] war es die Aufgabe der öffentlichen Armenpflege, hilfsbedürftige Personen zu unterstützen und der Verarmung entgegenzuwirken. Dabei beschränkte sich die **Unterstützung** auf die Gewährung des **zur Erhaltung des Lebens und der Gesundheit Unentbehrlichen**, wobei Unterstützungsempfänger verpflichtet waren, sich zu einer ihren Kräften entsprechenden **Arbeit** verwenden zu lassen (Art. 9). Gemäß Art. 10 erstreckte sich die Unterstützungspflicht der Gemeinden zunächst auf die in ihr heimatberechtigten hilfsbedürftigen Personen, soweit diese Pflicht nicht gesetzlich der Staats- oder einer anderen Kasse auferlegt war. Grundsätzlich gewährte die öffentliche Armenpflege nur bei erwiesener Hilfsbedürftigkeit und auch nur dann Unterstützung, wenn der Hilfsbedürftige weder von den zu seiner Alimentation Verpflichteten noch durch die freiwillige Armenpflege die notwendige Hilfe erlangen konnte (Art. 4).

Kapitel 3

Sozialpolitik im Deutschen Kaiserreich (1871–1918)

1. Politische und ökonomische Rahmenbedingungen

1. 1 Sozio-ökonomische Rahmenbedingungen

Im Zeichen einer überwiegend **liberalen Wirtschaftspolitik** holte Deutschland innerhalb weniger Jahrzehnte den **industriellen Entwicklungsvorsprung** der anderen westeuropäischen Länder auf; in der folgenden **Hochindustrialisierungsphase** nach dem deutsch-französischen Krieg und der Reichsgründung entwickelte sich das Deutsche Reich bis zur Jahrhundertwende zum führenden **Industriestaat** Europas *(vgl. Bog, 1971, S.95)*. Im Jahre 1900 stand das Deutsche Reich in der Rangliste der europäischen Industrienationen an erster Stelle und wurde in der Welt nur noch von den USA übertroffen *(vgl. Landes, 1969, S.135ff.; Pohl, 1984, S.16ff.)*.

Der **Ausbau der Industrie** konzentrierte sich im wesentlichen auf das rheinisch-westfälische Industriegebiet, auf Oberschlesien, das Saargebiet mit Lothringen, den Aachener Raum und Luxemburg *(vgl. Henderson, 1961, S.45ff.)*. Da sich die industrielle Arbeiterschaft dieser Regionen vor allen Dingen aus der agrarischen Bevölkerung rekrutierte, kam es in dieser Phase der gesellschaftlichen Entwicklung zu einer der größten **Bevölkerungswanderungen** der deutschen Geschichte, die zugleich einen Prozeß zunehmender **Verstädterung** einleitete *(vgl. Köllmann, 1969, S.59ff.)*. Waren 1871 nur 4,8 % der Einwohner des Reiches in Städten mit mehr als 100.000 Einwohnern ansässig, so waren es 1910 bereits 21,3 %. Auch die Mittelstädte im Umland der Industriezentren wuchsen stark, während der ländliche Raum mit Landgemeinden unter 2.000 Einwohnern eine Reduktion seines Bevölkerungsanteils von 63,9 % auf 40,0 % hinnehmen mußte *(vgl. Tabelle 5)*.

In dieser Phase der – bedingt durch die Industrialisierung – zunehmenden **Urbanisierung** der Bevölkerung verbesserte sich die **soziale Lage** der Arbeiterschaft nicht entscheidend. Zwar führte die Hochindustrialisierung zur Schaffung zahlreicher neuer Arbeitsplätze und zu einer beträchtlichen Erhöhung der Reallöhne, aber dies reichte nicht aus, um die negativen Folgen der neuen Arbeits- und Lebensformen der Menschen auszugleichen *(vgl. Achinger, 1971, S.15ff.)*.

Die **soziale Deklassierung** der Industriearbeiterschaft prägte sich insbesondere in den **Wohnverhältnissen** aus. In den Städten war die Trennung der Wohnbezirke in dicht bebaute Arbeiterviertel und aufgelockerte Villensiedlungen kennzeichnend. Obgleich ein ständig steigender Teil der Arbeitereinkommen für das Grundbedürfnis Wohnen ausgegeben werden mußte, waren die Wohnverhältnisse in den Arbeitervierteln katastrophal. Die mit den Bau- und Grundstückspreisen deutlich **steigenden Mieten** zwangen zu immer dichterer Wohnraumbelegung und führten zum Entstehen der für diese Zeit **typischen engen Hinterhofviertel**. Gleichzeitig erhöhten sich laufend die **Wohnnebenkosten** für Kanalisation, Wasser, Heizung und Licht. Die Gründung von fabrikeigenen **Wohnheimen** brachte keine Lösung der Probleme, zumal diese dem einzelnen Arbeiter lediglich eine Schlafstatt boten. Desweiteren ist zu beachten, daß auch die **Nahrungsmittel** in den Industriestädten vergleichsweise teurer waren als auf dem Lande, insbesondere weil sie in der Stadt nur über den Markt und nicht durch Eigenproduktion bereitgestellt werden konnten *(vgl. F.W. Henning, 1976, S.267f.)*.

Tabelle 5: Verteilung der Bevölkerung nach Größenklassen der Wohnorte 1871–1910

Ortsgrößenklassen	1871		1880		1890		1900		1910	
	in Mio.	in %	in Mio.	in %	in Mio.	in %	in Mio.	in %	in Mio.	in %
weniger als 2000	26,219	63,9	26,514	58,6	26,185	53,0	25,735	45,7	25,947	40,0
2000-5000	5,087	12,4	5,749	12,7	5,934	12,0	6,816	12,1	7,298	11,2
5000-20000	4,588	11,2	5,671	12,5	6,478	13,1	7,585	13,5	9,173	14,1
20000-100000	3,147	7,7	3,907	8,6	4,847	9,8	7,111	12,6	8,679	13,4
100000 u. mehr	1,969	4,8	3,393	7,5	5,984	12,1	9,120	16,2	13,829	21,3
Einwohner insgesamt	41,010	100	45,234	100	49,428	100	56,367	100	64,926	100

Quellen: Statistik des Deutschen Reiches, versch. Bände (Gebietsstand und Stichtag der jeweiligen Volkszählung).

Tabelle 6: Wohnbevölkerung und Beschäftigte 1871–1913

Jahr	Wohnbevölkerung[1]	davon lebten (%)		Beschäftigte[4]		darunter Anteile in %[5]		
		auf dem Land[2]	in Großstädten[3]	insgesamt	Industrie/ Handw.	Industrie/ Handw.	Landwirtschaft	Handel und Verkehr
1871	41.010.150	63,9	4,8	17.337	4.762	27,47	49,26	7,84
1875	42.727.360	61,0	6,2	18.643	5.153	27,64	49,51	7,86
1880	45.234.061	58,6	7,5	19.638	5.504	28,03	48,71	8,73
1885	46.855.704	56,3	9,5	20.577	6.005	29,18	47,14	9,32
1890	49.428.470	53,0	12,1	22.372	7.337	32,80	42,75	10,07
1895	52.279.901	49,8	13,9	23.405	7.524	32,15	41,82	11,07
1900	56.367.178	45,7	16,2	25.548	8.950	35,03	38,18	12,22
1905	60.641.500	42,6	19,0	27.221	9.572	35,16	36,46	13,62
1910	64.925.993	40,0	21,3	29.420	10.184	34,62	35,83	14,49
1913	66.837.000	–	–	30.968	10.857	35,06	34,56	15,01

1) Ergebnisse der Volkszählung (einschl. Elsaß-Lothringen); 1913: Bevölkerungsfortschreibung; 2) Gemeinden mit weniger als 2.000 Einwohnern; 3) Gemeinden mit mehr als 100.000 Einwohnern; 4) in 1000; 5) Verteilung der Beschäftigten nach Wirtschaftsbereichen in %..
Quellen: Statistisches Jahrbuch für das Deutsche Reich, lfde. Jge.; W.G. Hoffmann, 1965, S.205 ff.; Hohorst u.a., 1975, S.22 ff.

Die Epoche der liberalen Wirtschaftspolitik hatte im Zuge einer zunehmenden Urbanisierung und Proletarisierung weiter Bevölkerungsteile die **Soziale Frage** insgesamt eher verschärft als gemildert. Erschwerend kam hinzu, daß sich nunmehr in der Hochindustrialisierungsphase die typischen **Instabilitäten des marktwirtschaftlichen Systems** sehr viel deutlicher als vorher zeigten. Erstmals besonders deutlich zum Ausdruck kam dies in der sog. »**Gründerkrise**« des Jahres 1873.

Tabelle 7: Wirtschaftliche Kennziffern 1870–1913

Jahr	Nettosozialprodukt zu Marktpreisen (Mio. M)[1]	Jährliches Arbeitseinkommen (Mark)[2]	im Gewerbe investiertes Kapital (Mrd. M)[3]	Länge d. Eisenbahnnetzes (km)[4]	Steinkohlenförderung (1000 t)	Eisenerzförderung (1000 t)	Roheisenerzeugung (1000 t)
1870	16.706	506	9,9	19.575	26.482,8	3.839,2	1.390,5
1875	21.070	669	13,1	27.970	37.436,4	4.730,3	2.029,4
1880	20.576	565	14,3	33.645	46.973,6	7.238,7	2.729,0
1885	24.334	622	17,7	37.189	58.320,4	9.157,9	3.687,4
1890	28.513	711	23,4	41.818	70.237,8	11.406,0	4.658,5
1895	32.812	738	28,0	45.203	79.169,3	12.350,0	5.464,5
1900	37.522	843	40,8	49.878	109.290,2	18.964,3	8.520,5
1905	44.181	928	49,4	54.680	121.298,6	23.444,1	10.875,1
1910	47.064	1.063	62,6	59.031	151.073,1	28.710,0	14.973,0
1913	52.440	1.163	73,0	61.159	190.109,4	35.941,0	19.309,0

1) in Preisen von 1913; 2) nominal, je Beschäftigtem in Industrie und Handwerk; 3) mittlere Jahreswerte; 4) bis 1875 Ende des Kalenderjahres, 1880-1913 Ende des Rechnungsjahres; Staatsbahnen + Privatbahnen.
Quellen: Statistisches Jahrbuch für das Deutsche Reich, lfde. Jge.; W.G. Hoffmann: Das Wachstum der deutschen Wirtschaft seit der Mitte des 19. Jahrhunderts, Berlin-Heidelberg-New York 1965, S.242, 469 ff., 827 f.

Nach dem deutsch-französischen Krieg und der Einigung der deutschen Territorien im Zuge der Reichsgründung waren in einer Phase allgemeiner Wachstumseuphorie die **Kapazitäten der Industrie** bei häufig unsolider Fremdfinanzierung so sehr ausgedehnt worden, daß der aufgrund der tatsächlichen (hinter den Erwartungen der Unternehmer zurückgebliebenen) Absatzerlöse gegebene Spielraum für den Schuldendienst sehr bald zu eng wurde. Der Zusammenbruch der mit mangelhafter Eigenkapitalbasis gegründeten Unternehmen weitete sich zu einer **Bankenkrise** aus, die schließlich im Oktober 1873 zu einer Konzentration der wirtschaftlichen Krisenerscheinungen mit Investitions- und Produktionsrückgang sowie Preiseinbrüchen und Arbeitslosigkeit führte. Nahezu 90% der seit 1870 gegründeten **Kapitalgesellschaften** überstanden bis Ende 1874 diese Krise nicht. Erst 1876 wurde der Produktionsstand der Vorperiode wieder erreicht *(vgl. H. Rosenberg, 1967; Böhme, 1972, S.310ff.; F.W. Henning, 1976, S.203ff.; Blum, 1893)*.

Da der Ausbau der Kapazitäten nicht nur in Deutschland, sondern auch in anderen Ländern in übermäßiger Weise stattgefunden hatte, war eine Milderung der Krise durch eine Ausdehnung des Exports nicht möglich gewesen. Die **Gründerkrise** des Jahres 1873 war in diesem Sinne eine internationale Krise. Im Zuge dieser Wirtschaftsdepression sanken die Weltmarktpreise für industrielle und gewerbliche Erzeugnisse, aber auch für landwirtschaftliche Produkte. Die vor diesem Hintergrund eingeleitete **Schutzzollpolitik** brachte praktisch das Ende der liberalen Wirtschaftspolitik nach außen. Nach innen blieb der Staat noch lange Zeit unternehmerfreundlich-liberal. Er übersah nicht nur die zunehmenden Aushöhlungstendenzen einer freiheitlichen Wirtschaft durch Kartellierung und Monopolisierung, sondern legitimierte die Wirtschaftskonzentration sogar weitgehend durch das Reichsgerichtsurteil von 1897; die Vertragsfreiheit konnte damit zur Aufhebung der Wirtschaftsfreiheit führen.

Handwerk, Heimgewerbe und **Kleinhandel** konnten sich trotz der veränderten Bedingungen des Wirtschaftsprozesses einigermaßen halten; allerdings setzte ein **Gesundschrumpfungsprozeß** der klein- und mittelständischen Wirtschaftszweige ein, der nicht selten mit einem **Funktionswandel** (z. B. beim Handwerk die Umstellung von der Herstellung neuer Güter zu den Reparaturleistungen) verbunden war. Hier ergab sich zugleich auch eine Chance kleinerer Betriebe zum Aufstieg in die Gruppe der mittleren und größeren Unternehmungen *(vgl. auch Pohl, 1979, 1984, S.16ff.).*

Tabelle 8: Erwerbstätige nach der Stellung im Beruf 1882, 1895 und 1907

		5. Juni 1882		12. Juni 1895		12. Juni 1907	
Wirtschaftszweig	Status	in Mio.	in %	in Mio.	in %	in Mio.	in %
Land- und Forstwirtschaft	Selbständige	3,155	38,30	2,569	30,98	2,501	25,31
	Angestellte[1]	0,067	0,81	0,096	1,16	0,099	1,00
	Arbeiter[2]	5,015	60,89	5,628	67,86	7,283	73,69
	insgesamt	8,236	100,00	8,293	100,00	9,883	100,00
Industrie, Handwerk u. Bergbau	Selbständige	2,201	34,41	2,062	24,89	1,977	17,57
	Angestellte[1]	0,099	1,55	0,264	3,19	0,686	6,09
	Arbeiter[2]	4,096	64,04	5,956	71,92	8,593	76,34
	insgesamt	6,396	100,00	8,282	100,00	11,256	100,00
Handel und Verkehr	Selbständige	0,702	44,68	0,844	36,08	1,012	29,10
	Angestellte[1]	0,142	9,04	0,262	11,20	0,506	14,55
	Arbeiter[2]	0,727	46,28	1,233	52,72	1,960	56,35
	insgesamt	1,570	100,00	2,339	100,00	3,478	100,00
insgesamt[3]	Selbständige	6,057	37,38	5,474	28,94	5,490	22,30
	Angestellte[1]	0,307	1,90	0,622	3,29	1,291	5,24
	Arbeiter[2]	9,838	60,72	12,817	67,77	17,836	72,46
	insgesamt	16,202	100,00	18,914	100,00	24,617	100,00

1) einschließlich der Beamten; 2) einschließlich der mithelfenden Familienangehörigen; 3) ohne die häuslichen Dienste, die freien Berufe sowie den öffentlichen Dienst (vgl. S.173). Zahlen dieser Tabelle sind mit den Beschäftigtenzahlen in Tabelle 6 aufgrund unterschiedlicher Abgrenzungen nicht vergleichbar.
Quellen: Statistik des Deutschen Reiches, N.F. Bd.2, 1884, S.64 ff., N.F. Bd.102-103, 1897, N.F. Bd.202, 1909, S.3 ff.

Mit dem wachsenden Konzentrationsprozeß in der Wirtschaft veränderte sich die **soziale Schichtung** der Arbeitnehmerschaft. Zwischen Arbeiterschaft und Bürgertum entstand eine neue soziale Schicht als Folge der mit den wachsenden Unternehmensgrößen zunehmenden Leitungs- und Führungsprobleme. Diese Schicht der **Angestellten** war weitgehend bürgerlich orientiert. In der industriellen Arbeiterschaft selbst vollzogen sich als Folge der technischen Entwicklung beträchtliche **Differenzierungen** in ungelernte und gelernte Arbeitskräfte *(vgl. Born, 1966, S.271ff.; Kocka, 1969, S.93ff.; Gladen, 1974 a, S.49).*

1. 2 Politische Verhältnisse im Kaiserreich

Die **Gründung des Deutschen Kaiserreiches** entsprach einerseits langjährigen Forderungen unterschiedlichster Einigungsbewegungen, war andererseits jedoch vor allem das

Ergebnis „einer jahrzehntelangen – wesentlich durch BISMARCK geprägten – planvollen Politik, die mehrfach Risiken einzugehen und vielfache Widerstände zu überwinden hatte" *(Zöllner, 1981, S.64)*. Im Gegensatz zu den Einigungsbestrebungen im Zusammenhang mit den liberalen Bewegungen der 1848er Ereignisse war die Gründung des Deutschen Kaiserreiches im Jahre 1871 ein von den herrschenden politischen Kräften Preußens gewollter Akt. Entsprechend hatte die Reichsgründung gesellschaftspolitisch zunächst keine besonderen Auswirkungen.

Möglich geworden waren die Reichsgründung und die anschließende Proklamation WILHELMS I. zum Deutschen Kaiser durch den Krieg gegen Frankreich, der massive nationale Emotionen freisetzte und damit die letzten Voraussetzungen geschaffen hatte für den Zusammenschluß der süddeutschen Staaten – vor allem Bayerns – mit dem Norddeutschen Bund. Das neu gegründete Deutsche Reich war ein **Bundesstaat** unter der **Hegemonie Preußens**. Während das Reich die Streitkräfte sowie Zoll, Handel, Verkehr und das Postwesen kontrollierte, unterstanden den Bundesstaaten der Hauptteil der Verwaltung, die Justiz und die Kulturpolitik; außerdem wurden Bayern und Württemberg Reservatrechte im Militär-, Post- und Steuerwesen eingeräumt. Das wichtigste Reichsorgan bildete der **Bundesrat** als Vertretung der Regierungen der 25 Bundesstaaten. Ihm standen wesentliche Gesetzgebungs-, Aufsichts- und Verordnungsrechte zu (die 17 preußischen Vertreter hatten sogar ein Vetorecht). Politisch allein verantwortlich war der **Reichskanzler**, der vom Kaiser ernannt wurde und gleichzeitig preußischer Ministerpräsident, Vorsitzender des Bundesrates sowie Vorgesetzter der Staatssekretäre und der Reichsbeamten war.

Als **demokratisches Zugeständnis** anzusehen ist der durch allgemeine, gleiche und geheime Wahl gewählte **Reichstag**, der vor allem über Gesetzesvorlagen abzustimmen und den jährlichen Reichshaushalt zu bewilligen hatte. Allerdings nutzten die Reichstagsparteien ihre parlamentarischen Möglichkeiten gegenüber der **autoritären Staatsführung** BISMARCKS kaum. In den Anfangsjahren des Kaiserreiches stellte die **Nationalliberale Partei** die stärkste Fraktion im Reichstag (1871: 119 der 397 Sitze). Die 1877 erstmals mit 12 Abgeordneten im Reichstag vertretene Sozialistische Arbeiterpartei Deutschlands (seit 1891: **Sozialdemokratische Partei Deutschlands**) wurde trotz massiver Behinderung und Verfolgung jedoch von Wahl zu Wahl eine zunehmend bedeutendere politische Kraft *(vgl. auch Tormin, 1966)*.

Insgesamt wurden die **Machtverhältnisse** im Reich „im wesentlichen bestimmt durch den preußischen Adel, der vor allem die Führungspositionen in Armee und Verwaltung innehatte, und das Großbürgertum, in dessen Händen sich Industrie, Handel und Geldwesen befanden. Während der Adel im wesentlichen konservativ eingestellt war, lebten im Bürgertum starke liberal-demokratische Traditionen und Bestrebungen. Diese Bestrebungen waren jedoch hinsichtlich ihrer politischen Wirkungen verdeckt und verzögert" *(Zöllner, 1981, S.65)*. Diese beiden maßgeblichen politischen Kräfte wurden von BISMARCK zur Durchsetzung seiner politischen Ziele benutzt und gegeneinander ausgespielt. Während er in den Anfangsjahren beim sog. »**Kulturkampf**«, einem Machtkampf zwischen Staat und katholischer Kirche, auf den starken Einfluß des politischen Liberalismus setzte, wandte er sich ab 1877/78 dem Zentrum (das er bis dahin vehement bekämpft hatte) und den Konservativen zu, als die Nationalliberalen sich weigerten, die vom ihm verfolgte **Schutzzollpolitik** mitzutragen. Für die Sozialpolitik war dieser **politische Kurswechsel** von erheblicher Bedeutung: „Er wandte sich ab vom allgemeinpolitischen und wirtschaftspolitischen Liberalismus und gewann damit Aktionsfreiheit für Sozialistengesetz (Oktober 1878) und Sozialversicherungsgesetzgebung" *(Zöllner, 1981, S.75; vgl. Herkner, 1906, S.104; Vogel, 1951, S.158)*.

2. Sozialpolitische Reformdiskussion

Im Gegensatz zur industriellen Expansion, die durch Liberalismus und Reichsgründung nachhaltig begünstigt worden war, wurde die sozialpolitische Entwicklung auch nach 1871 zunächst entscheidend durch die liberale Wirtschaftsauffassung gebremst. Im Zeichen dieses Liberalismus wurde die **Lösung der Sozialen Frage** weiterhin nur punktuell versucht. Zwar wurden nunmehr einige verhältnismäßig fortschrittliche preußische Regelungen sukzessive von anderen Bundesstaaten übernommen, insgesamt blieben jedoch die den Arbeitern zur Verfügung stehenden sozialen Einrichtungen und Maßnahmen unzureichend. Nach wie vor dominierte eine **hierarchisch-patriarchalische Staatsauffassung**, die der Arbeiterschaft keinen angemessenen und gleichwertigen Platz in der Gesellschaft einräumen wollte, sondern in den Arbeitern eher Schutzbefohlene und Kostgänger des Reiches sah *(vgl. Born u. a., 1966)*.

Ungeachtet einiger partieller Verbesserungen in den Anfangsjahren des Kaiserreiches blieb die industrielle Arbeiterschaft in weitgehender Distanz zum **Bürgertum**. Mit der Einführung der Koalitionsfreiheit entwickelten sich außerhalb der bürgerlichen Assoziationsbestrebungen eigene **Arbeitervereinigungen**, deren wirtschaftliches, soziales und politisches Gewicht zunehmend deutlich wurde. In dieser Situation wurden die soziale Konsolidierung der Industriegesellschaft sowie die politische Stabilisierung des entstandenen Staatswesens zum entscheidenden gesellschaftspolitischen Problem *(vgl. Stolleis, 1979, S.387ff.; vgl. auch Herkner, 1921)*.

Die sich unter dem Druck zunehmender sozialer Gegensätze und immer unerträglicher werdender sozialer Mißstände seit Beginn der 70er Jahre intensivierende **sozialpolitische Reformdiskussion** hatte von Beginn an eine unverkennbar **staatspolitische Prägung**. Dies kommt besonders deutlich in BISMARCKS Plan zur »Heilung der gesellschaftlichen Krankheit« zum Ausdruck, mit dem er auf die Bedrohung des noch ungefestigten Staatswesens von seiten der Arbeiterschaft reagieren wollte. So schlug er bereits am 4. April 1872 „... sowohl repressive wie wohlfahrtsstaatliche Mittel vor, um die Arbeiterschaft durch Staatsmacht und Staatsfürsorge an das Reich heranzuziehen" *(H. Henning, 1977, S.93)*.

Für ein Eingreifen des Staates zur Lösung der Sozialen Frage plädierten schließlich auch die sog. **»Kathedersozialisten«**, deren wichtigstes Forum der am 6. Oktober 1872 gegründete **»Verein für Socialpolitik«** war und zu dessen bedeutendsten Exponenten GUSTAV SCHMOLLER, LUJO BRENTANO sowie ADOLPH WAGNER gehörten. Diese Gruppe, die sowohl sozialistische Vorstellungen wie extreme liberalistische Auffassungen heftig kritisierte, forderte die dringend notwendige Sozialreform vor allem mit einer sozialethischen Begründung. Als historisch-sozialtheoretisch begründete politische Instanz über den gesellschaftlichen Interessengegensätzen wurde dem Staat das Recht, aber auch die Pflicht zugewiesen, in gesellschaftlichen Krisensituationen sozialreformerisch zu intervenieren *(vgl. Boese, 1939, S.241ff.; Rothfels, 1958, S.57, 331ff.)*.

Die innenpolitische Entwicklung der 70er Jahre schien BISMARCKS „Furcht vor einer staatsbedrohenden gesellschaftlichen Umsturzgefahr" *(Gladen, 1974a, S.51)* zu rechtfertigen. Die **Sozialdemokraten**, die nach dem **Gothaer Programm von 1875** mit allen gesetzlichen Mitteln den freien Staat und die sozialistische Gesellschaft erstrebten, banden eine zunehmende Wählerschaft an sich, während diejenigen Parteien, die BISMARCKS Wirtschafts- und Gesellschaftspolitik bisher unterstützten (allen voran die Liberalen), ihm innenpolitisch weitgehenden Widerstand entgegenbrachten. Vor diesem Hintergrund boten die beiden **Attentate auf den Kaiser** im Jahre 1878 die „willkommene Gelegenheit, unter Ausnutzung des sozialdemokratischen Umsturzgespenstes die die Reichspolitik noch tragenden Parteien unter Einigungszwang zu setzen und so die repressiven Maßnahmen gegen Teile der Arbeiterschaft, das Sozialistengesetz, durchzusetzen" *(H. Henning, 1977, S. 94)*. Das **Gesetz gegen die gemeingefährlichen Bestrebungen der Sozialdemokratie vom 21. Oktober 1878** [RGBl. S. 351] verbot alle sozialdemokratischen und kommunistischen Vereine sowie Versammlungen und Presseerzeugnisse, „in denen sozialdemokratische ... Bestrebungen zu Tage treten". Weiterhin gestattet war der Sozialdemokratie allerdings die Beteiligung an den Reichstagswahlen und an einzelnen Landtagswahlen.

Während der Staat einerseits die Sozialdemokratie mit repressiven Mitteln zu unterdrücken versuchte, bemühte er sich andererseits darum, die Arbeiterschaft durch eine **umfassende Arbeiterversicherungspolitik** der Sozialdemokratie zu entfremden und sie an den monarchistischen Staat zu binden. BISMARCKS Ziel war es, die Arbeiterschaft davon zu überzeugen, daß nur „eine leistungsstarke, mit erheblicher Beteiligung des Staates zu errichtende Sozialversicherung jenes Vakuum an sozialer Gerechtigkeit ausfüllen könne" *(Gladen, 1974a, S. 57)*, das mittlerweile so offenkundig geworden war. In diesem Sinne sollte die Arbeiterversicherungspolitik **punktuelle Interventionspolitik** aus **Furcht vor dem Umsturz** werden.

Die die Repression ergänzende Wohlfahrtsstaatlichkeit als Leitlinie der Sozialpolitik kam – ganz im Sinne BISMARCKS – auch in der **Kaiserlichen Botschaft vom 17. November 1881** zum Ausdruck, die vielfach als »**Magna Charta der deutschen Sozialversicherung**« bezeichnet wird. In dieser Rede zur Eröffnung des Reichstages, in der Kaiser WILHELM I. Gesetzesinitiativen zur Arbeiterversicherung ankündigte, wurde unter anderem ausgeführt:

„Schon im Februar d. J. haben wir Unsere Überzeugung aussprechen lassen, daß die Heilung der sozialen Schäden nicht ausschließlich im Wege der Repression sozialdemokratischer Ausschreitungen, sondern gleichmäßig auf dem Weg der positiven Förderung des Wohles der Arbeiter zu suchen sein werde. Wir halten es für Unsere Kaiserliche Pflicht, dem Reichstage diese Aufgabe von Neuem ans Herzen zu legen, und würden Wir mit umso größerer Befriedigung auf alle Erfolge, mit denen Gott unsere Regierung sichtlich gesegnet hat, zurückblicken, wenn es Uns gelänge, dereinst das Bewußtsein mitzunehmen, dem Vaterlande neue und dauernde Bürgschaften seines inneren Friedens und den Hilfsbedürftigen größere Sicherheit und Ergiebigkeit des Beistandes, auf den sie Anspruch haben, zu hinterlassen. In Unseren darauf gerichteten Bestrebungen sind Wir der Zustimmung aller verbündeten Regierungen gewiß und vertrauen auf die Unterstützung des Reichstages ohne Unterschied der Parteistellungen.

In diesem Sinne wird zunächst der von den verbündeten Regierungen in der vorigen Session vorgelegte Entwurf eines Gesetzes über die Versicherung der Arbeiter gegen Betriebsunfälle mit Rücksicht auf die im Reichstage stattgehabten Verhandlungen über denselben einer Umarbeitung unterzogen, um die erneute Berathung desselben vorzubereiten. Ergänzend wird ihm eine Vorlage zur Seite treten, welche sich eine gleichmäßige Organisation des gewerblichen Krankenkassenwesens zur Aufgabe stellt. Aber auch diejenigen, welche durch Alter oder Invalidität erwerbsunfähig werden, haben der Gesamtheit gegenüber begründeten Anspruch auf ein höheres Maß staatlicher Fürsorge, als ihnen bisher hat zu Theil werden können.

Abbildung 9: Kaiserliche Botschaft vom 17. November 1881 (Faksimile-Auszug)

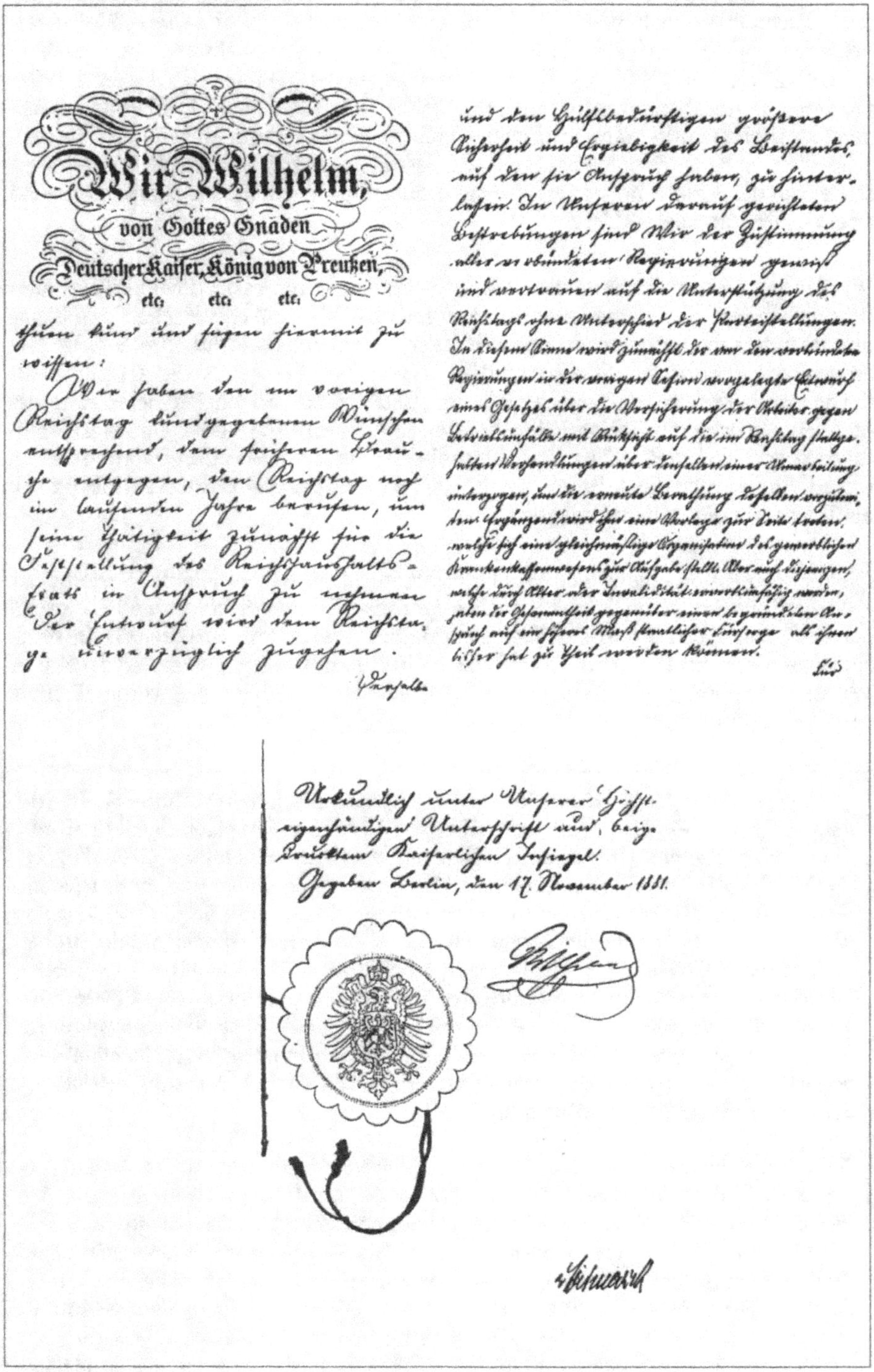

Wir Wilhelm,
von Gottes Gnaden
Deutscher Kaiser, König von Preußen,
etc. etc. etc.

thun kund und fügen hiermit zu wissen:

Wir haben den im vorigen Reichstag kundgegebenen Wünschen entsprechend, dem früheren Brauche entgegen, den Reichstag noch im laufenden Jahre berufen, um seine Thätigkeit zunächst für die Feststellung des Reichshaushalts-Etats in Anspruch zu nehmen. Der Entwurf wird dem Reichstage unverzüglich zugehen.

Indessen

und den Hülfsbedürftigen größere Sicherheit und Ergiebigkeit des Beistandes, auf den sie Anspruch haben, zu hinterlassen. In Unseren darauf gerichteten Bestrebungen sind Wir der Zustimmung aller verbündeten Regierungen gewiß und vertrauen auf die Unterstützung des Reichstags ohne Unterschied der Parteistellungen. In diesem Sinne wird zunächst der von den verbündeten Regierungen in der vorigen Session vorgelegte Entwurf eines Gesetzes über die Versicherung der Arbeiter gegen Betriebsunfälle mit Rücksicht auf die im Reichstag stattgehabten Verhandlungen über denselben einer Umarbeitung unterzogen, um die erneute Berathung desselben vorzubereiten. Ergänzend wird ihm eine Vorlage zur Seite treten, welche sich eine gleichmäßige Organisation des gewerblichen Krankenkassenwesens zur Aufgabe stellt. Aber auch diejenigen, welche durch Alter oder Invalidität erwerbsunfähig werden, haben der Gesammtheit gegenüber einen begründeten Anspruch auf ein höheres Maß staatlicher Fürsorge, als ihnen bisher hat zu Theil werden können.

Für

Urkundlich unter Unserer Höchsteigenhändigen Unterschrift und beigedrucktem Kaiserlichen Insiegel.

Gegeben Berlin, den 17. November 1881.

Wilhelm

v. Bismarck

> Für diese Fürsorge die rechten Mittel und Wege zu finden, ist eine schwierige, aber auch eine der höchsten Aufgaben jedes Gemeinwesens, welches auf den sittlichen Fundamenten des christlichen Volkslebens steht. Der engere Anschluß an die realen Kräfte dieses Volkslebens und das Zusammenfassen der letzteren in der Form kooperativer Genossenschaften unter staatlichem Schutz und staatlicher Förderung werden, wie Wir hoffen, die Lösung auch von Aufgaben möglich machen, denen die Staatsgewalt allein in gleichem Umfange nicht gewachsen sein würde. Immerhin aber wird auch auf diesem Wege das Ziel nicht ohne die Aufwendung erheblicher Mittel zu erreichen sein".
>
> (Auszug aus: Verhandlungen des Reichstages, 5. Legislaturperiode, I. Session 1881/82, Bd. 1, S.1)

Die Funktion der sozialen Versicherungsgesetze als »Zuckerbrot zur Peitsche des Sozialistengesetzes« erklärt ihre Ausrichtung als punktuellen Interventionismus ohne Einbindung in ein umfassendes gesellschaftspolitisches Programm. **Leitgedanke** dieser Sozialgesetzgebung war eindeutig das **staatliche Fürsorgedenken**. So charakterisierte BISMARCK selbst die »Maßnahmen, welche zur Verbesserung der Lage der besitzlosen Klassen ergriffen werden können«, als »eine Weiterentwicklung der Idee, welche der staatlichen Armenpflege zugrunde liegt«. Ein auf die Dauer gerichteter **sozialer Ausgleich** wurde mit diesen ersten nachhaltig wirksamen Maßnahmen gegen die Armut nicht angestrebt *(vgl. Rüstow, 1959, S.11ff.; Rosin, 1908)*.

3. Anfänge und Aufbau der Sozialversicherung

3. 1 Soziale Sicherung in den Anfangsjahren des Kaiserreiches

3. 1. 1 Gesetz über die eingeschriebenen Hilfskassen von 1876

Im Bereich der **Krankenfürsorge** dominierte bis Mitte der zweiten Hälfte des vorigen Jahrhunderts die Initiative der Betroffenen. Obgleich vor allem in Preußen die Gemeinden, seit 1854 auch die Bezirksregierungen, ermächtigt waren, durch Ortsstatut den Beitritt zu **gewerblichen Unterstützungskassen** für alle am Ort beschäftigten Gesellen, Gehilfen und Fabrikarbeiter zu erzwingen, machten nur verhältnismäßig wenige Gemeinden von dieser Befugnis Gebrauch. Von der Beitrittspflicht zu den Zwangskassen befreit waren zudem jene gewerblichen Arbeiter, die die Mitgliedschaft in einer **freien Hilfskasse** nachweisen konnten *(vgl. Umlauf, 1980, S.27f.)*. Einen zahlenmäßig umfassenden Krankenversicherungsschutz der Arbeiterschaft vermochten die bis Mitte der 70er Jahre erlassenen Regelungen nicht sicherzustellen; unbefriedigend waren zudem die Uneinheitlichkeit der Leistungen und Leistungsvoraussetzungen sowie die Existenz unterschiedlichster, mitunter kaum lebensfähiger Kassen *(vgl. Zöllner, 1981, S.81)*.

Das **Gesetz über die eingeschriebenen Hilfskassen vom 7. April 1876** [RGBl. S.125] sowie die **Novelle zur Abänderung der Gewerbeordnung vom 8. April 1876** [RGBl. S.134] sollten diese Mängel zumindest teilweise beseitigen. Durch das **Hilfskassengesetz** konnten Kassen mit freiwilliger oder zwangsweiser Mitgliedschaft bei Erfüllung bestimmter gesetzlich festgelegter Voraussetzungen mittels der Zulassung durch eine höhere Verwaltungsbehörde den Status einer »**eingeschriebenen Hilfskasse**« erlangen. Damit erwarb die Hilfskasse die Rechte einer juristischen Person mit Beschränkung der Haftung auf das Kassenvermögen. Die zu erfüllenden Bedingungen bezogen sich auf die Organisationsform der Kasse, die Aufsicht sowie Ober- bzw. Untergrenzen für Beiträge und Leistungen *(vgl. Wannagat, 1965, S.49; Zöllner, 1981, S.81)*.

Gleichzeitig regelte die Gewerbeordnungsnovelle das **Verhältnis der freien Kassen zu den Zwangskassen**. Eine Entbindung von der Beitragspflicht in einer durch **Ortsstatut errichteten Zwangskasse** war danach nurmehr durch Mitgliedschaft in einer **eingeschriebenen Hilfskasse** möglich. Ein örtlicher Beitrittszwang konnte für Gesellen, Gehilfen und Fabrikarbeiter vom vollendeten 16. Lebensjahr an angeordnet werden. Ferner konnten die Arbeitgeber verpflichtet werden, ihre Arbeiter anzumelden sowie Vorschüsse und Beiträge zu leisten. Die eingeschriebenen Hilfskassen wurden durch die Novelle zur Reichsgewerbeordnung vom 18. Juli 1881 [RGBl. S.233] den **Innungskrankenkassen** gleichgestellt, sofern sie entsprechende Leistungen wie jene gewährten *(vgl. Wannagat, 1965, S.50)*.

Die von dem Hilfskassengesetz erwartete **Ausdehnung des Krankenversicherungsschutzes** auf weite Teile der Arbeiterschaft wurde nicht erreicht. Zeitweise zeigte die Zahl der Kassen und ihrer Mitglieder sogar eine leicht abnehmende Tendenz. Im Jahre 1890 waren lediglich 810.455 Arbeiter Mitglied einer eingeschriebenen und 144.668 Arbeiter Mitglied einer landesrechtlichen Hilfskasse. Im gesamten Reich waren zu diesem Zeitpunkt nur 298 (davon 278 in Preußen) Ortsstatute erlassen worden *(vgl. Braun, 1892, Sp.199; Peters, 1973, S.46)*.

3.1.2 Reichshaftpflichtgesetz von 1871

Mit der liberalen Wirtschaftsauffassung ganz im Einklang stand auch das **Reichshaftpflichtgesetz vom 7. Juni 1871** [RGBl. S.207], das die Schadenersatzpflicht des Unternehmers gegenüber dem allgemeinen Zivilrecht erweiterte. Nach diesem Gesetz hatten die Arbeiter bei der Eisenbahn, in den Bergwerken, Steinbrüchen oder Fabriken bei unfallbedingter (lebenslanger oder zeitlich begrenzter) Erwerbsunfähigkeit dann einen **Entschädigungsanspruch** gegenüber dem Unternehmer, wenn die Schuld der Unternehmensleitung an dem jeweiligen Unfall nachgewiesen werden konnte. Eine vom Verschulden losgelöste Haftung (**Gefährdungshaftung**) sah das Gesetz lediglich für die Eisenbahnbetriebe vor. In den übrigen Fällen blieb es bei der **Verschuldenshaftung**, wobei die **Beweislast** voll auf seiten des Geschädigten lag. Allerdings wurde dem Unternehmer die Möglichkeit des **Entlastungsbeweises** genommen, d. h. er war auch dann ersatzpflichtig, wenn seine leitenden Angestellten den Unfall verursacht hatten und er diese aber sorgfältig ausgesucht hatte. **Schadenersatz** war zu leisten für Heilungs- und Beerdigungskosten, für erlittene Vermögensnachteile des Verletzten sowie für durch Tötung entzogene Unterhaltsansprüche Dritter.

Schon bald nach seinem Inkrafttreten erwies sich das Reichshaftpflichtgesetz mit seiner **rein zivilrechtlichen Schadenersatzregelung** als völlig unzureichend. Abgesehen davon, daß das Gesetz nur auf einen begrenzten Teil von Betrieben Anwendung fand (z. B. nicht auf die Land- und Forstwirtschaft), hatte die bei den Arbeitern liegende **Beweislast** erhebliche Rechtsdurchsetzungskosten zur Folge, die es dem Arbeiter oftmals unmöglich machten, seine Rechte in Anspruch zu nehmen. Vielfach wurde auch trotz klarer Rechts- und Beweislage ein **Vergleich** zwischen Schädigern und Geschädigten angestrebt, der meistens zu Lasten der Arbeiter ging. Insgesamt wurde nur bei etwa 20% der Unfälle eine Unternehmerhaftung wirksam *(vgl. Manes, 1902; Vogel, 1951, S.24ff.; Wannagat, 1965, S.56; H. Henning, 1977, S.93)*.

Im übrigen versuchten die Unternehmer, der erweiterten Haftpflicht dadurch zu begegnen, daß sie ihre Betriebe gegen haftpflichtbegründende Unfälle bei Privatversicherungen versicherten. Einige Unternehmen gründeten zu diesem Zweck eigens **Unfallversicherungsgesellschaften** auf Gegenseitigkeit *(vgl. Wannagat, 1965, S.57)*.

3. 2 Erste grundlegende Sozialversicherungsgesetze

Entsprechend der Ankündigung in der Kaiserlichen Botschaft wurden dem Reichstag Anfang der 80er Jahre Gesetzentwürfe zur Sicherung eines menschenwürdigen Daseins bei Eintritt typischer Wechselfälle des Lebens unterbreitet. Sowohl innerhalb wie außerhalb des Parlaments waren jedoch enorme Schwierigkeiten zu überwinden, um die sozialen Reformgesetze durchzusetzen. Es dauerte fast zehn Jahre, bis das letzte der grundlegenden Sozialversicherungsgesetze in Kraft treten konnte. Zudem wurden sie nicht in der Reihenfolge verabschiedet, in der sie angekündigt worden waren.

3. 2. 1 Unfallversicherungsgesetz von 1884

Die offenkundigen Mängel einer Sozialpolitik mit zivilrechtlichen Instrumenten *(vgl. Kleeis, 1928, S.84ff.)*, die das Reichshaftpflichtgesetz von 1871 kennzeichneten, rückten zunächst den Bereich der Unfallversicherung in den Mittelpunkt der sozialpolitischen Reformbestrebungen. Auch BISMARCK – inspiriert von der BAAREschen **Denkschrift** – entschied sich dafür, die ihm vorschwebende Arbeiterversicherungsgesetzgebung mit der Unfallversicherung zu beginnen, zumal man glaubte, daß hier „ohne auf allzu große Schwierigkeiten zu stoßen, einem besonders dringenden Bedürfnisse" *(Quandt, 1938, S.12)* abgeholfen werden könne. Dabei war BISMARCK gegen eine Ausweitung der Haftpflicht zu Lasten der Unternehmer, weil er diese nicht mit zusätzlichen Kosten belasten wollte; zugleich sah er in der Sicherstellung unfallgeschädigter Arbeiter durch ein staatlich organisiertes Sicherungssystem eine günstige Chance, von Beginn an den dominierenden Einfluß des Staates bei der Realisierung der Sozialversicherung deutlich zu machen.

Der am 8. März 1881 dem Reichstag zugegangene **erste Entwurf eines Gesetzes betr. die Unfallversicherung der Arbeiter** sah die **Zwangsversicherung** aller in Betrieben mit erhöhter Unfallgefahr beschäftigten Arbeiter und unteren Betriebsbeamten bei einer durch das Reich zu errichtenden **Reichsversicherungsanstalt** vor, wobei die Beitragsaufbringung nach dem Jahresverdienst des Arbeiters durch den Versicherten selbst, den Unternehmer und das Reich erfolgen sollte. Außer im Falle sich selbst vorsätzlich zugefügter Verletzungen sollte der Versicherte für alle Betriebsunfälle einen gerichtlich durchsetzbaren Rechtsanspruch auf Schadenersatz (Kosten des Heilverfahrens, Erwerbsunfähigkeitsrente) erhalten. Abgesehen von weniger bedeutenden Detailfragen gab es bei grundsätzlicher Bejahung der Versicherungspflicht im Reichstag vor allem entschiedenen **Widerstand** gegen die Errichtung einer Reichsversicherungsanstalt sowie den geplanten Reichszuschuß. Ein vom Reichstag verabschiedeter, in diesen Punkten grundlegend modifizierter Gesetzentwurf fand weder die Zustimmung des Bundesrates noch der Reichsregierung.

Unter Berücksichtigung der mit der ersten Vorlage gemachten Erfahrungen legte die Reichsregierung bereits im Mai 1882 dem Reichstag einen vor allem in bezug auf die Organisationsform der Unfallversicherung **abgeänderten Gesetzentwurf** vor. Anstelle einer Reichsversicherungsanstalt sollte nunmehr ein als Aufsichtsbehörde fungierendes **Reichsversicherungsamt** errichtet werden. **Träger** der Unfallversicherung sollten hingegen mit Selbstverwaltung ausgestattete »**Betriebsgenossenschaften**« sein, in denen sich die Unternehmer von Betrieben derselben **Gefahrenklasse** zum Zweck der Unfallversicherung auf Gegenseitigkeit zusammenschließen sollten. Die **Ersatzleistungen** sollten nach dem neuen Entwurf zu 75% von den Unternehmen und zu 25% durch das Reich getragen werden. Aus prinzipiellen Erwägungen hielt BISMARCK noch immer an einem Reichszuschuß fest, obschon dieser maßgeblich zum Scheitern des ersten Entwurfes beigetragen hatte. Die sich angesichts grundsätzlicher parteipolitischer Differenzen lange hinziehenden **Kommissionsberatungen** hatten zur Folge, daß mit Ende der Legislaturperiode auch dieser zweite Entwurf ohne Erfolg blieb.

Erst der **dritte Entwurf**, in dem der umstrittene Reichszuschuß fallengelassen worden war, fand am 6. Juli 1884 im Reichstag eine Mehrheit. Das **Unfallversicherungsgesetz vom 6. Juli 1884** [RGBl. S.69] brachte einen auf der **Zwangsmitgliedschaft** beruhenden **Versicherungsschutz** bei Unfällen für alle Arbeiter und Betriebsbeamten mit einem Jahresverdienst bis zu 2.000 Mark, die in Bergwerken, Brüchen, Fabriken, auf Werften, gefährlichen Baustellen und im Schornsteinfegergewerbe beschäftigt waren. Dem Gesetz nicht unterstellt waren Beamte in den Betriebsverwaltungen des Reiches, der Länder und der Gemeinden sowie die Arbeiter in der Land- und Forstwirtschaft.

Entschädigt wurden zunächst nur diejenigen Unfälle, die durch besondere, dem Betriebe eigentümliche Gefahren verursacht wurden, wobei an die Stelle der Verschuldenshaftung das Prinzip der **Gefährdungshaftung** trat. Nach Ablauf der Leistungsverpflichtung der Krankenversicherung gewährte die Unfallversicherung folgende Leistungen: die Kosten des **Heilverfahrens** vom Beginn der 14. Woche an nach Eintritt des Unfalles, im Todesfalle einen festen Betrag (20facher Tagessatz) als Ersatz für die Beerdigungskosten, ferner eine an den Verletzten oder dessen Hinterbliebene zu zahlende **Rente**. Die Höhe der Rente richtete sich nach dem Grad der Erwerbsminderung und betrug bei voller Erwerbsunfähigkeit zwei Drittel des Arbeitsverdienstes. Die **Hinterbliebenenrente** belief sich für die Witwe und für jedes Kind bis zum 15. Lebensjahr auf 20 %, durfte zusammen 60 % des Jahresarbeitsverdienstes des Versicherten aber nicht übersteigen. Die Einkommensleistungen waren so knapp bemessen, daß lediglich die Notwendigkeit der Inanspruchnahme der **Armenfürsorge** abgewendet wurde *(vgl. Syrup/Neuloh, 1957, S.129; Gladen, 1974 a, S.63f.; Wannagat, 1965, S.67; Vogel, 1951, S.40ff.)*.

Als **Träger der Unfallversicherung** sah das Gesetz »**Berufsgenossenschaften**« vor, denen die Unternehmer versicherungspflichtiger Betriebe kraft Gesetzes angehörten. Berufsgenossenschaften wurden innerhalb bestimmter Bezirke und für bestimmte **Industriezweige** errichtet und arbeiteten nach dem Prinzip der **Selbstverwaltung**. Gegen die Zahlung von Prämien, die im **Umlageverfahren** erhoben wurden, übernahmen diese die Entschädigungspflicht gegenüber den Arbeitnehmern. Die **Beiträge** trugen zu 100 % die Unternehmer, wobei die Beitragshöhe für einzelne Unternehmer nach Maßgabe der **Einstufung** des Betriebes in **Gefahrenklassen** festgesetzt wurde. Die Arbeiter waren daher nur insoweit »Versicherte«, als sie die aus der gesetzlichen Haftpflicht der Berufsgenossenschaften Berechtigten waren *(vgl. Umlauf, 1980, S.75)*.

Zu den Befugnissen der Berufsgenossenschaften gehörte das Recht, »**Unfallverhütungsvorschriften**« zu erlassen und deren Einhaltung durch Beauftragte überwachen zu lassen. Dabei bestand die Möglichkeit, bei Mißachtung der Unfallverhütungsvorschriften die entsprechenden Unternehmen mit **Geldstrafen** zu belegen oder sie in eine höhere Gefahrenklasse einzuordnen. Arbeitnehmern konnte bei Nichtbeachtung der erlassenen Vorschriften ein **Strafgeld** zugunsten ihrer Krankenkasse auferlegt werden *(vgl. Gladen, 1974 a, S.65)*.

Die **Verwaltung** der Berufsgenossenschaft erfolgte durch einen **Vorstand**, der von der **Genossenschaftsversammlung** der Unternehmer gewählt wurde. Die **Aufgaben** dieses Vorstandes bestanden in der Festsetzung der Entschädigungsleistungen sowie in der Einstufung der einzelnen Betriebe in Gefahrenklassen und der darauf beruhenden Festlegung der Beitragssätze. Von der Möglichkeit, Vertreter der Versicherten (Arbeiter) in die Tätigkeit der Genossenschaftsvorstände einzubeziehen, wurde im allgemeinen kein Gebrauch gemacht *(vgl. Klein/Forster, 1980, S.546f.)*.

Gegen die **Festsetzung der Entschädigungsleistungen** seitens des Genossenschaftsvorstandes bestand die Möglichkeit der Anrufung von **Schiedsgerichten**. Die Schiedsgerichte bestanden aus einem Vorsitzenden (jeweils ein Beamter) sowie aus Beisitzern, die sich je zur Hälfte aus Vertretern der Versicherten und der Arbeitgeber zusammensetzten. Entscheidungen wurden mit Stimmenmehrheit gefällt. **Berufungsinstanz** für schiedsgerichtliche Urteile war das neu geschaffene **Reichsversicherungsamt** in Berlin, das zugleich als oberste staatliche **Aufsichtsbehörde** der Berufsgenossenschaften fungierte.

Die Zahlung der festgestellten Entschädigungsleistungen an die Berechtigten erfolgte auf Anweisung des Genossenschaftsvorstandes für ein Jahr vorschußweise durch die **Reichspostverwaltung**, wobei die Berufsgenossenschaften weder eine Verzinsung zu leisten hatten noch für die der Post entstehenden Verwaltungskosten aufkommen mußten. Das **Reich** trug zudem die Kosten des Reichsversicherungsamtes und übernahm eine **»Garantie«** für den Fall der Leistungsunfähigkeit einer Berufsgenossenschaft *(vgl. Vogel, 1951, S.98; Umlauf, 1980, S.76; Pfälzer, 1896)*.

3.2.2 Krankenversicherungsgesetz von 1883

Eine weitaus zügigere parlamentarische Behandlung als das Unfallversicherungsgesetz erfuhr der am 28. April 1882 dem Reichstag vorgelegte **Entwurf eines Gesetzes betr. die Krankenversicherung der Arbeiter**. Indem die Regierung bei der Krankenversicherung auf einen Reichszuschuß verzichtete und einer dezentralen Kassenorganisation den Vorzug gab *(vgl. Huber, 1969, S.1200)*, begegnete sie von vornherein prinzipiellen Widerständen und ermöglichte damit, daß das Gesetz am 31. Mai 1883, also noch vor dem Unfallversicherungsgesetz, vom Reichstag mit 216 gegen 99 Stimmen angenommen wurde *(vgl. Umlauf, 1980, S.87; Zöllner, 1981, S.89)*.

Das Krankenkassenwesen hatte sich durch das Hilfskassengesetz von 1876 nicht wie erwartet ausgebreitet. Darum war die gesetzliche Regelung der Krankenversicherung vor allem als Ergänzung zur vorgesehenen Unfallversicherung konzipiert, die nur bei Betriebsunfällen wirksam werden sollte, deren Folgen sich über mehr als 13 Wochen erstreckten. Die Krankenversicherung sollte die Arbeiter in jenen Fällen schützen, in denen Krankheit oder Unfall zu vorübergehender Arbeitsunfähigkeit führten *(vgl. Rosin, 1893, S.29)*.

Zur Gewährleistung eines umfassenden Krankenversicherungsschutzes führte das **Gesetz betr. die Krankenversicherung der Arbeiter vom 15. Juni 1883** [RGBl. S.73] für alle in Bergwerken, Fabriken, Hüttenwerken, bei Eisenbahnen, in der Binnenschifffahrt, auf Werften, im Handwerk und in sonstigen stehenden Gewerbebetrieben beschäftigten **Arbeiter** sowie **Betriebsbeamte**, deren Tagesverdienst 6 ⅔ Mark nicht überstieg, die **Versicherungspflicht kraft Gesetzes** ein. Durch **statutarische Anordnung** einer Gemeinde konnte die Versicherungspflicht auf weitere Personengruppen ausgedehnt werden. Das Gesetz fand **keine Anwendung** auf Beamte der Betriebsverwaltung des Reiches, der Bundesstaaten und der Kommunalverbände. Auf Antrag konnten von der Versicherungspflicht ferner Personen befreit werden, die im Krankheitsfalle mindestens 13 Wochen durch den Arbeitgeber verpflegt und unterstützt wurden. Andererseits berechtigte das Gesetz eine Anzahl nicht versicherungspflichtiger Personen, der Krankenversicherung freiwillig beizutreten, sofern ihr Jahreseinkommen die Grenze von 3.000 Mark nicht überschritt (**Versicherungsberechtigung**).

In **organisatorischer** Hinsicht knüpfte das Gesetz an das bestehende Krankenkassenwesen an, indem es die vorhandenen **Betriebs-(Fabrik-), Bau-** und **Innungskrankenkassen** sowie die **Knappschaftskassen** unter gesetzlich festgelegten Voraussetzungen bestehen ließ und die Errichtung weiterer derartiger Kassen erlaubte. Die Kassenzugehörigkeit bestimmte sich aufgrund des Arbeitsplatzes, konnte also nicht frei gewählt werden (**Zuweisungsverfahren**).

Zusätzlich zu den vorhandenen Trägern sah das Gesetz die Gründung von **Ortskrankenkassen** vor. Diese waren von den Gemeinden für einen Gewerbezweig oder eine Betriebsart zu errichten, sofern die Zahl der in dieser Kasse zu versichernden Personen mindestens 100 betrug. Rechtlich hatten die Ortskrankenkassen den Status einer von der Gemeinde unabhängigen **Selbstverwaltungskörperschaft** mit einer von den höheren Verwaltungsbehörden zu genehmigenden Satzung (»**Kassenstatut**«). Ausführende Organe waren der **Vorstand** und die **Generalversammlung** (bei mehr als 500 Mitgliedern: Delegiertenversammlung), die sich entsprechend den Anteilen am Prämienaufkommen zu ⅔ aus Arbeitnehmern und zu einem Drittel aus Arbeitgebern zusammensetzten. Dem Vorstand, der gegenüber den Mitgliedern verantwortlich war, oblagen die Kassenverwaltung sowie die Vertretung der Krankenkasse nach außen. Dabei standen die Ortskrankenkassen unter der ständigen Aufsicht einer von den Landesbehörden dazu näher bestimmten Behörde *(vgl. Klein/Forster, 1980, S.541f.; Umlauf, 1980, S.72)*.

Unternehmer, die in ihren Betrieben mehr als 50 versicherungspflichtige Personen beschäftigten, waren berechtigt, eine **Betriebs-(Fabrik-)krankenkasse** zu errichten. Durch Anordnung der höheren Verwaltungsbehörde konnte ein Unternehmer auch dazu verpflichtet werden; kam er dieser Verpflichtung nicht nach, mußte er für jeden beschäftigten Versicherungspflichtigen bis zu fünf Prozent des Lohnes aus eigenen Mitteln an die Gemeinde- oder Ortskrankenkasse zahlen. Auch in der Generalversammlung der Betriebskrankenkasse verfügten die Arbeiter über ⅔ der Stimmen. Der Vorsitzende des Vorstandes war hier aber der **Arbeitgeber** oder dessen Stellvertreter. **Baukrankenkassen** mußten für die Dauer der Durchführung von Großbaumaßnahmen errichtet werden.

Aufgabe der **Innungskrankenkassen** blieb die Versicherung von Gesellen und Lehrlingen der in den einzelnen Innungen zusammengeschlossenen **Handwerkszweige**. Hier stellten Arbeitgeber und Versicherte je 50 % der Ausschußmitglieder, falls die Satzung eine Halbierung des Beitragsaufkommens vorsah. Zudem bestellte die Innung den Vorstandsvorsitzenden *(vgl. Klein/Forster, 1980, S.543f.)*.

Für versicherungspflichtige Personen, die sich keiner der übrigen organisierten Krankenkassen zuordnen ließen, wurden als **subsidiäre Institutionen** die **Gemeindekrankenversicherungen** geschaffen. Als Verwaltungszweig der Gemeinde ohne eigene Rechtspersönlichkeit waren sie vor allem Ausfluß der sozialen Fürsorgefunktion der jeweiligen Gemeinde. Obgleich ebenfalls durch Beiträge finanziert, gab es hier keine Selbstverwaltungsorgane mit Versichertenbeteiligung. Schließlich konnten die nicht auf Zwang beruhenden Hilfskassen bei Gewährung bestimmter Mindestleistungen den Status einer »**Ersatzkasse**« erwerben. In diesem Falle befreite die Mitgliedschaft in der Hilfskasse vom Kassenzwang zu den gesetzlichen Krankenkassen *(vgl. Wannagat, 1965, S.66; Klein/Forster, 1980, S.541)*.

Finanziert wurde die Krankenversicherung durch **Beiträge**, die zu zwei Dritteln von den Versicherten und zu einem Drittel vom Arbeitgeber zu tragen waren. Ihre Höhe belief sich je nach Krankenkasse auf 1,5 bis 6,0 % des Arbeitsverdienstes. Bei den Hilfskassen hatten die Versicherten die Beiträge allein zu tragen. Grundsätzlich galt für die Krankenkassen das **Kostendeckungsprinzip**, wobei bei Nichtausreichen der Kassenbestände zur Deckung fälliger Ausgaben die Gemeinde eine gesetzliche Vorschußpflicht zu erfüllen hatte *(vgl. Umlauf, 1980, S.73)*.

Ein **Anspruch auf Leistungen** aus der Krankenversicherung bestand allein durch die Tatsache der Beschäftigung in einem versicherungspflichtigen Betrieb, unabhängig von der tatsächlichen Beitragszahlung. Einen wenn auch zeitlich begrenzten Leistungsanspruch hatten darüber hinaus erwerbslose Kassenmitglieder *(vgl. Umlauf, 1980, S.73)*. Die Leistungen, auf die der Versicherte mindestens 13 Wochen Anspruch hatte, bestanden in **freier ärztlicher Behandlung, freier Arzneimittelversorgung** sowie der Zahlung von **Krankengeld** bei Arbeitsunfähigkeit ab dem 4. Tag nach Eintritt der Krankheit in Höhe von mindestens 50% des zur Beitragsbemessung herangezogenen Arbeitsentgelts. Im Bedarfsfall übernahm die Krankenkasse die Kosten einer stationären **Krankenhausbehandlung** und gewährte verheirateten Versicherten anstelle des Krankengeldes eine »**Angehörigenunterstützung**« in Höhe des halben Krankengeldes. Zu den gesetzlichen Mindestleistungen gehörten ferner ein auf das Zwanzigfache des Tageslohnes festgesetztes **Sterbegeld** sowie eine **Wöchnerinnenunterstützung** für mindestens vier Wochen nach der Niederkunft (allerdings nur für selbst versicherte Wöchnerinnen). Grundsätzlich galt das **Sachleistungsprinzip**, wobei die Kassen die freie ärztliche Versorgung dadurch sicherstellten, daß sie einzelne Ärzte unter Vertrag nahmen *(vgl. Wannagat, 1965, S.65; Zöllner, 1981, S.93f.)*.

Die Krankenkassen besaßen ferner die Möglichkeit, durch **Satzungsbeschluß** über die gesetzlich festgelegten **Mindestleistungen** hinauszugehen. Als **Zusatzleistungen** konnten sie die Krankenunterstützung bis zu einem Jahr ausdehnen, das Krankengeld auf 75% des Durchschnittslohnes erhöhen, das Sterbegeld verdoppeln und die Wöchnerinnenunterstützung bis zu sechs Wochen gewähren *(vgl. Gladen, 1974 a, S.62)*. Außerdem hatten sie das Recht, entweder zu Lasten aller Kassenmitglieder oder gegen Entrichtung eines Zusatzbeitrages, **Familienangehörige** der Versicherten in den Kreis der Leistungsberechtigten einzubeziehen *(vgl. Zöllner, 1981, S.92f.)*. Eine derartige Leistungserweiterung setzte jedoch voraus, daß nach Bildung eines Reservefonds Einnahmenüberschüsse vorlagen. Entstand bereits bei Zugrundelegung der Mindestleistungen eine Deckungslücke, mußte die Krankenkasse geschlossen werden, sofern nicht eine Erhöhung der Beiträge beschlossen wurde *(vgl. Gladen, 1974 a, S.62f.)*.

Im Gegensatz zu den anderen Sozialversicherungszweigen kannte die Krankenversicherung zunächst **keine einheitliche Regelung bei Streitverfahren**, insbesondere keine oberste Rechtsprechungsinstanz. Erste Instanzen waren im allgemeinen die staatlichen Aufsichtsbehörden, gegen deren Entscheidungen **Zivilgerichte** angerufen werden konnten. Beitragsstreitigkeiten zwischen Arbeitgebern und Versicherten fielen dagegen in die Zuständigkeit der **Gewerbegerichte** *(vgl. Wannagat, 1965, S.69f.)*.

3.2.3 Invaliditäts- und Altersversicherungsgesetz von 1889

Am längsten auf sich warten ließ die ebenfalls bereits in der Kaiserlichen Botschaft vom 17. November 1881 angekündigte gesetzliche Regelung bei Alter und Invalidität. Erst am 22. November 1888 legte die Regierung nach äußerst langwierigen Vorarbeiten dem Reichstag zusammen mit einer Denkschrift über die finanziellen Belastungen den **Entwurf eines Alters- und Invaliditätsgesetzes** vor. Anders als bei der Kranken- und Unfallversicherung handelte es sich hierbei um eine völlig neue Materie ohne jegliche legislatorische Vorbilder und zuverlässige versicherungsmathematische Unterlagen.

Hauptstreitpunkte waren darüber hinaus vor allem der Plan, eine Reichsversicherungsanstalt zu errichten, die Höhe des Staatszuschusses sowie der Personenkreis, der in den Versicherungszwang einbezogen werden sollte. Letztlich bedurfte es nochmals der ganzen Autorität BISMARCKS, damit der Reichstag am 24. Mai 1889 den in den Kommissionsberatungen stark modifizierten Gesetzentwurf mit der geringen Mehrheit von 185 zu 165 Stimmen annahm *(vgl. Syrup/Neuloh, 1957, S. 123f.; Umlauf, 1980, S. 64ff.)*. Nach der Zustimmung des Bundesrates trat das **Gesetz betr. die Invaliditäts- und Altersversicherung vom 22. Juni 1889** [RGBl. S.97] am 1. Januar 1891 als letztes der grundlegenden Sozialversicherungsgesetze in Kraft.

Kernstück auch dieses Gesetzes war die Einführung einer **Versicherungspflicht kraft Gesetzes**. In diese einbezogen waren alle als Arbeiter, Gehilfen, Gesellen, Lehrlinge oder Dienstboten beschäftigten Personen unabhängig von der Höhe ihres Einkommens sowie untere Betriebsbeamte bis zu einem Jahresverdienst von 2.000 Mark vom vollendeten 16. Lebensjahr an. Den Bundesrat ermächtigte das Gesetz, eine Ausdehnung der Versicherungspflicht auf kleinere Betriebsunternehmer und Hausgewerbetreibende zu beschließen. Nicht versicherungspflichtigen Personen wurde die Möglichkeit der **Selbstversicherung** in Lohnklasse II eingeräumt, vorausgesetzt, sie hatten das 40. Lebensjahr noch nicht vollendet und waren nicht dauernd erwerbsunfähig. Ferner gewährte das Gesetz den aus einer versicherungspflichtigen Beschäftigung ausgeschiedenen Personen das Recht der freiwilligen Weiterversicherung *(vgl. Wannagat, 1965, S. 68)*.

Gegenstand der Versicherung war der Anspruch auf Gewährung einer **Invaliden-** bzw. **Altersrente**. Nach einer **Wartezeit** von 5 Beitragsjahren erhielt – ohne Rücksicht auf das Lebensalter – derjenige Versicherte eine **Invalidenrente**, welcher dauernd erwerbsunfähig war. **Erwerbsunfähigkeit** lag vor, wenn der Versicherte außerstande war, durch eine seinen Kräften und Fähigkeiten entsprechende Lohnarbeit wenigstens die Summe eines Sechstels seines durchschnittlichen Verdienstes der letzten fünf Jahre und eines Sechstels des ortsüblichen Tageslohnes zu verdienen (sog. **Zwei-Drittel-Grenze**). Ein Anspruch auf **Altersrente** stand Versicherten mit Vollendung des **70. Lebensjahres** zu, sofern sie die vorgeschriebene **Wartezeit** von 30 Beitragsjahren erfüllten. Die Erlangung eines Anspruchs setzte neben der Wartezeit für beide Rentenarten zudem voraus, daß die **Anwartschaft** aufrechterhalten wurde, d. h. Beiträge mußten mit einer gewissen Regelmäßigkeit entrichtet worden sein (innerhalb von vier Jahren mindestens 47 Wochenbeiträge). Schließlich enthielt das Gesetz **Übergangsbestimmungen**, wonach Zeiten vor Inkrafttreten des Gesetzes ohne Beitragsleistungen auf die gesetzliche Wartezeit angerechnet werden konnten *(vgl. Wannagat, 1965, S. 69; Gladen, 1974a, S. 67; Umlauf, 1980, S. 78)*.

Die **Altersrente**, die unabhängig vom sonstigen Einkommen gewährt wurde, war gedacht als Zuschuß zum Lebensunterhalt bei altersbedingter Verminderung der Erwerbsfähigkeit und einem entsprechenden Absinken des erzielten Arbeitsentgelts; sie setzte sich zusammen aus einem **Reichszuschuß** von 50 Mark jährlich und einem nach der Höhe der Beiträge **gestaffelten Betrag**. Dagegen bestand die **Invalidenrente** aus dem **Reichszuschuß**, einem »**Grundbetrag**« von 60 Mark sowie den nach Zahl und Höhe der geleisteten Wochenbeiträge zu errechnenden **Steigerungsbeträgen**.

Die **Finanzierung** der Alters- und Invalidenrente erfolgte über **Beiträge** und **Zuschüsse des Reiches**. Die nominal für vier **Lohnklassen** festgesetzten Wochenbeiträge in Höhe von 16, 24, 32 und 40 Pfennig waren je zur Hälfte von den Versicherten und den Arbeitgebern zu tragen. Im Durchschnitt belief sich der **Beitragssatz** auf 1,7 %. Entrichtet wurden die Beiträge durch Einkleben von Beitragsmarken in **Quittungskarten**. Eine Beitragserstattung (die Hälfte der gezahlten Beiträge) war vorgesehen bei Nichtinanspruchnahme der Versicherung durch versicherte Frauen bei Verheiratung bzw. durch Witwen nach dem Tode des versicherten Ehemannes. Der **Zuschuß des Reiches** wurde aus allgemeinen Steuermitteln aufgebracht; eine weitere finanzielle Belastung trug der Staat zudem dadurch, daß die Rentenauszahlungen vorschußweise durch die staatlichen Postverwaltungen erfolgten *(vgl. Umlauf, 1980, S.78)*. In Anlehnung an die Finanzierungsmodalitäten privater Versicherungen galt für die Invaliditäts- und Altersversicherung das **Kapitaldeckungsverfahren**. Danach waren die Beiträge für einen 10jährigen Zeitraum so zu bemessen, daß durch sie die Verwaltungskosten, Rücklagen, Beitragserstattungen sowie der Kapitalwert der in dieser Periode voraussichtlich zu bewilligenden Rentenanteile gedeckt wurden. Der die Versicherungsanstalt errichtende Kommunalverband bzw. Bundesstaat hatte im übrigen eine »Ausfallhaftung« zu übernehmen *(vgl. Umlauf, 1980, S.76)*.

Träger der Invaliditäts- und Altersversicherung waren 31 territorial gegeneinander abgegrenzte **Versicherungsanstalten**, die den Status öffentlich-rechtlicher Körperschaften mit **Selbstverwaltung** besaßen. Die Organe (Vorstand, Ausschuß) setzten sich paritätisch aus Vertretern der Versicherten und der Arbeitgeber zusammen. Im Vorstand saßen zudem Beamte des errichtenden Kommunalverbandes bzw. Bundesstaates. Neben den Versicherungsanstalten gab es 10 **besondere Kasseneinrichtungen**, in denen Beschäftigte der Seeschiffahrt, der Staatsbahnen und der knappschaftlichen Betriebe versichert waren.

Zuständig für **Streitigkeiten** aus dem Leistungsrecht waren paritätisch besetzte **Schiedsgerichte**, die für den Bezirk jeder Versicherungsanstalt zu errichten waren. Als Revisionsinstanz gegen schiedsgerichtliche Entscheidungen über Rentenfeststellungsbescheide bestimmte das Gesetz das **Reichsversicherungsamt** in Berlin. Dieses übte zugleich die oberste **Rechtsaufsicht** über die einzelnen Versicherungsanstalten aus und diente als Beschwerdeinstanz bei vermögensrechtlichen Streitigkeiten zwischen den Anstalten *(vgl. Wannagat, 1965, S.70; Umlauf, 1980, S.76f.)*.

3. 3 Weiterentwicklung der Sozialversicherung bis zur Reichsversicherungsordnung

Mit den ersten Sozialversicherungsgesetzen war **rechtliches Neuland** in einem Umfang beschritten worden, der fast zwangsläufig dazu führte, daß die gesetzlichen Regelungen mit verschiedenen **Mängeln** behaftet waren *(vgl. Wannagat, 1965, S.75)*. Hinzu kam, daß die Verabschiedung dieser Gesetze letztlich überhaupt nur durch zahlreiche Zugeständnisse gegenüber den Bundesstaaten und den politischen Parteien möglich gewesen war. Dies aber hatte zur Folge, daß in die Gesetze vielfach widersprüchliche und realitätsferne Bestimmungen aufgenommen worden waren. Die bei der praktischen Durchführung der Gesetze sichtbar werdenden Unzulänglichkeiten machten schon bald Ergänzungen und Abänderungen erforderlich. Allein im Zeitraum von 1885 bis 1903 ergingen zu den drei Erstgesetzen insgesamt **11 Abänderungsgesetze**. Eine zentrale Rolle spielte dabei die **Ausdehnung des in die Versicherungspflicht einbezogenen Personenkreises** *(vgl. auch Honigmann, 1898, S.618ff.)*.

3. 3. 1 Krankenversicherung

Der Kreis der gegen Krankheit pflichtversicherten Personen, der sich nach dem Gesetz von 1883 im wesentlichen auf die gewerblichen Arbeiter beschränkte, erfuhr seine erste Erweiterung durch das **Ausdehnungsgesetz vom 28. Mai 1885** [RGBl. S.159]. Dieses dehnte den Versicherungszwang auf Beschäftigte des Transport- und Verladegewerbes sowie der Reichs- und Staatsbetriebe aus, auf letztere allerdings nur, soweit ihnen keine 13wöchige Krankenunterstützung und Lohnfortzahlung durch den Arbeitgeber zustand.

Tabelle 9: Grundzahlen zur Krankenversicherung 1885–1910

	1885	1890	1895	1900	1905	1910
Versicherte und Versicherungsträger						
Versicherte insgesamt	4.670.959	7.018.483	8.005.797	10.159.155	11.903.794	13.954.973
davon Mitglied (in %):						
Gemeindekrankenk.	12,6	15,7	16,1	14,2	12,8	12,0
Ortskrankenkasse	32,9	39,1	43,1	44,0	47,4	49,1
Betriebskrankenkasse	27,0	23,8	23,9	24,6	23,8	23,5
Baukrankenkasse	0,3	0,4	0,3	0,2	0,2	0,1
Innungskrankenkasse	0,5	1,1	1,4	1,9	2,3	2,1
Hilfskasse	18,7	13,6	9,2	8,8	7,5	6,9
Knappschaftskasse	8,1	6,2	6,0	6,3	6,0	6,3
Zahl der Kassen	18.971	20.766	21.557	22.697	22.868	23.009
Entschädigungsfälle						
Erkrankungsfälle	1.956.635	2.627.124	2.943.159	4.023.421	4.848.610	5.705.429
Krankheitstage (Mio.)	27,864	42,003	50,302	70,147	94,715	113,460
Krankheitstage pro Mitglied	5,96	5,98	6,28	6,90	7,96	8,13
Einnahmen, Beiträge und Ausgaben						
Gesamteinnahmen (in Mio. Mark)	65,408	104,838	134,704	193,130	288,123	441,371
Beitrag pro Mitgl. (M)	9,66	10,13	11,17	12,41	15,77	19,18
Gesamtausgaben (in Mio. Mark)	57,788	98,061	122,599	185,123	271,296	379,410
von den Krankheitskosten in % für						
Ärztl. Behandlung	18,9	19,6	21,4	20,9	21,8	22,9
Arznei- u. Heilmittel	15,3	17,0	17,2	16,4	14,4	14,7
Krankengelder	50,3	47,7	44,0	45,2	45,8	43,2
Wöchnerinnen	1,3	1,1	1,6	1,5	1,8	1,8
Krankenhaus	9,7	10,8	12,3	12,7	13,5	15,1
Sterbegeld	4,5	3,8	3,5	3,3	2,7	2,3
Krankheitskosten pro Mitglied (M)	11,27	12,95	14,24	16,95	21,25	25,23
Vermögen (in Mio. M)	31,782	83,710	115,538	176,594	226,106	318,573

Quelle: A. Manes: Sozialversicherung, Berlin-Leipzig 1912, S. 62 ff.

Im Gegensatz zum gewerblichen Bereich verzichtete das **Gesetz betr. die Unfall- und Krankenversicherung der in land- und forstwirtschaftlichen Betrieben beschäftigten Personen vom 5. Mai 1886** [RGBl. S.132] darauf, die Unfallversicherungspflicht mit einem gleichzeitigen allgemeinen Kassenzwang zu verbinden. Land- und Forstarbeiter waren weiterhin nur dann dem Versicherungszwang unterworfen, wenn und soweit Landesgesetz oder Ortsstatut diesen anordneten, wobei das Gesetz, anknüpfend an die in diesen Bereichen vielfach vorherrschende Naturalwirtschaft, umfangreiche Befreiungsmöglichkeiten enthielt.

Neugefaßt und in einigen Punkten abgeändert wurden die gesetzlichen Krankenversicherungsbestimmungen mit dem **Krankenversicherungsgesetz vom 10. April 1892** [RGBl. S.379, 417]. In den Kreis der versicherungspflichtigen Personen neu aufgenommen wurden jene **Handlungsgehilfen**, denen der Beschäftigungsvertrag keine Gehaltsfortzahlung nach Art. 69 HGB zusicherte. Im übrigen brachte das Gesetz eine Neuregelung des Verhältnisses zu den **Freien Hilfskassen**, die nunmehr zur Gewährung der Sachleistungen in natura verpflichtet wurden, während diese bis dahin die Sachleistungen durch Barbeträge abgelten konnten. Ferner erhielten die Krankenkassen das Recht, das **Arztsystem** satzungsmäßig festzulegen und damit Zahl und Personen der Kassenärzte zu bestimmen *(vgl. Hadrich, 1955, S.13)*. Erwähnenswert ist zudem die Bestimmung, wonach die dreitägige **Karenzzeit** zu Beginn der Krankheit durch Kassenstatut beseitigt werden konnte, wenn der Reservefonds eine bestimmte Höhe erreicht hatte *(vgl. Quarck, 1892, Sp.173)*.

Das **Abänderungsgesetz vom 30. Juni 1900** [RGBl. S.332] ermächtigte den Bundesrat, Bestimmungen über die Versicherungspflicht der **selbständigen Hausindustriellen** zu erlassen, wozu bis dahin nur die Kommunen berechtigt gewesen waren.

Die folgende **Novelle zum Krankenversicherungsgesetz vom 25. Mai 1903** [RGBl. S.233] brachte zwar eine Reihe von Verbesserungen, bedeutete jedoch nicht die seit langem von der Regierung geplante Reform der Krankenversicherung. Ihr **Hauptzweck** bestand vor allem darin, die Krankenversicherung an die zuvor geänderte Alters- und Invaliditätsversicherung zeitlich anzuschließen *(vgl. Sydow, 1903, Sp.850)*.

Hierfür wurde die Unterstützungsdauer von 13 auf 26 Wochen heraufgesetzt. Außerdem wurde die Wöchnerinnenunterstützung von vier auf sechs Wochen verlängert und die Bestimmung gestrichen, wonach Geschlechtskranken das Krankengeld verweigert werden konnte. Nach Ansammlung eines Reservefonds von drei Jahresausgaben durften Gemeindeversicherungen nunmehr ebenfalls Leistungserweiterungen beschließen, ohne daß die Beiträge vorher auf den regelmäßigen Satz von 1,5 % des ortsüblichen Tageslohnes ermäßigt werden mußten. Zugleich wurden den organisierten Krankenkassen erweiterte Maximalleistungen zugestanden. So konnten sie die Leistungsdauer auf ein Jahr ausdehnen, Schwangeren, die mindestens sechs Wochen der Kasse angehörten, eine Unterstützung bis zu sechs Wochen gewähren, für das Sterbegeld einen Mindestbetrag von 50 Mark festsetzen und bei einer Krankenhausbehandlung alleinstehenden Versicherten ein Taschengeld von bis zu einem Viertel des durchschnittlichen Tageslohnes bewilligen. Ferner erlaubte die Novelle den Gemeindekrankenversicherungen eine Erhöhung der Beiträge auf bis zu 3 % des ortsüblichen Tageslohnes und den organisierten Krankenkassen auf bis zu 4 % des Betrages, nach welchem die Unterstützungen bemessen wurden. Weiterhin verstärkte sie die Befugnisse der Aufsichtsbehörden; den beteiligten Arbeitgebern und Versicherten gab sie bei der Festsetzung des ortsüblichen Tageslohnes ein Anhörungsrecht. Ungelöst blieb dagegen die Frage der Ausdehnung der Versicherungspflicht auf die Hausindustrie, die land- und forstwirtschaftlichen Arbeiter sowie die Dienstboten. Versicherungspflichtig wurden lediglich die Handlungsgehilfen und -lehrlinge bis zu einem Jahresverdienst von 2.000 Mark. Daneben hatte die Erweiterung der Kassenleistungen eine Erschwerung der Voraussetzungen für die Befreiung von der Versicherungspflicht zur Folge.

3.3.2 Unfallversicherung

Auch in der Unfallversicherung folgten dem Erstlingsgesetz aus dem Jahre 1884 schon bald weitere Gesetze, wobei hier das **Hauptziel** zunächst vor allem die Ausdehnung der

Versicherungspflicht auf weitere Betriebsarten war und erst um die Jahrhundertwende größere Neuregelungen vorgenommen wurden.

Unmittelbar nach Verabschiedung des ersten, den gewerblichen Bereich abdeckenden Unfallversicherungsgesetzes wurden durch das **Ausdehnungsgesetz vom 28. Mai 1885** [RGBl. S.159] sämtliche Betriebe der Post-, Telegraphen-, Eisenbahn-, Marine- und Heeresverwaltungen sowie des Transport- und Verladegewerbes der Versicherungspflicht unterstellt. Für die Reichs- und Staatsbetriebe traten dabei das Reich bzw. der Staat als Träger der Unfallast an die Stelle der Berufsgenossenschaften, wobei zugleich Genossenschaftsversammlung/-vorstand durch staatliche Aufsichtsbehörden ersetzt wurden.

Tabelle 10: Grundzahlen zur Unfallversicherung 1887–1910

	1887	1890	1895	1900	1905	1910
Versicherungspflichtige Betriebe, Versicherte (in Mio.; Jahresende)						
Versich.-pfl. Betriebe	0,269	5,234	5,279	5,190	5,296	6,159
Versicherte Personen						
insgesamt:	3,822	13.620	18,389	18,893	20,243	27,554
Gewerbliche BG	3,570	4,927	5,409	6,929	8,196	9,382
Landwirtschaftl. BG	–	8,089	12,289	11,189	11,189	17,179
Aufsichtsbehörden	0,252	0,604	0,691	0,775	0,858	0,993
Verletzte aus entschädigungspflichtigen Unfällen						
Bestand (Ende Vorjahr)	177	58.213	242.841	487.235	892.901	1.017.570
Neuzugänge	10.540	43.038	75.527	107.624	141.121	132.064
darunter:						
dauernd Erw.-unfähige	1.778	2.078	1.706	1.390	1.487	1.072
Getötete	2.716	6.047	6.448	8.567	8.928	8.857
Hinterblieb. Getöteter	5.935	11.337	12.800	17.216	19.086	18.651
Erstatt. Unfallanzeigen	–	200.001	310.139	454.341	609.160	672.961
Einnahmen, Ausgaben und Vermögen (Mio. Mark)						
Gesamteinnahmen	20,656	52,528	73,764	105,453	178,966	235,829
Arbeitgeberbeiträge	19,598	38,727	64,225	91,784	157,823	199,920
Gesamtausgaben[1]	9,797	26,623	60,498	100,877	157,540	206,223
Entschädigungsleist.	5,933	20,351	50,442	87,352	136,148	164,425
Verwaltungskosten	3,864	6,272	10,056	13,525	21,392	28,877
Vermögen (Jahresende)	18,830	65,814	143,396	169,870	258,604	565,472

1) 1910 einschl. der auf die schwebende Schuld aus dem Jahre 1909 gezahlten Zins- und Tilgungsbeträge.
Quellen: Statistisches Jahrbuch für das Deutsche Reich, 10.Jg., 1889, S.202, 23.Jg., 1902, S.214, 28.Jg., 1907, S.295, 33.Jg., 1912, S.360

Als nächste große unfallgefährdete Arbeitnehmergruppe wurden alle in land- und forstwirtschaftlichen Betrieben beschäftigten Arbeiter und Betriebsbeamte durch das **Gesetz betr. die Unfall- und Krankenversicherung der in land- und forstwirtschaftlichen Betrieben beschäftigten Personen vom 5. Mai 1886** [RGBl. S.132] in die gesetzliche Unfallversicherung einbezogen. Mit Rücksicht auf die besonderen Verhältnisse auf dem Lande wichen die Regelungen in organisatorischer und beitragsmäßiger Hinsicht allerdings von der Unfallversicherung gewerblicher Betriebe ab.

Zu erwähnen ist ferner das **Gesetz betr. die Fürsorge für Beamte und Personen des Soldatenstandes infolge von Betriebsunfällen vom 15. März 1886** [RGBl. S.53]. Danach hatten Beamte des Reiches und Soldaten im Falle eines Betriebsunfalles vor Erreichung des Pensionsanspruches Anspruch auf dieselben Mindestleistungen, wie sie privaten Arbeitnehmern aus der Unfallversicherung zustanden *(vgl. Wannagat, 1965, S.68)*.

Für Seeleute und andere bei der Seeschiffahrt beschäftigte Personen wurde die Versicherungspflicht durch das sog. **Seeunfallversicherungsgesetz vom 13. Juli 1887** [RGBl. S.329] begründet. Die Verpflichtungen der Reeder zu Kranken- und Unfallfürsorgeleistungen aufgrund des HGB (Artt. 523 ff.) und der Seemannsordnung vom 27. Dezember 1872 (§§ 48 ff.) blieben von dem neuen Gesetz jedoch unberührt.

Das gleichzeitig beratene **Gesetz betr. die Unfallversicherung der bei Bauten beschäftigten Personen vom 11. Juli 1887** [RGBl. S.287] erfaßte alle bis dahin nicht gegen Unfall versicherten Bauarbeiter und stellte damit auf dem Gebiet der Bauwirtschaft einen praktisch lückenlosen Versicherungsschutz her *(vgl. Umlauf, 1980, S.63)*. Hervorzuheben ist, daß bei der neu zu errichtenden Tiefbauberufsgenossenschaft von dem in der Unfallversicherung üblichen Umlageverfahren abgegangen und das Kapitaldeckungsverfahren eingeführt wurde.

Die im Laufe der Jahre zunehmend dringlicher gewordene Novellierung führte im Jahre 1900 zwar nicht zu einer Verschmelzung der verschiedenen Unfallversicherungsbereiche, aber doch zu einer stärkeren **Abstimmung** und einer **Vereinheitlichung** gewisser Bestimmungen. Dies erfolgte im wesentlichen in dem den übrigen Änderungsgesetzen vorangestellten sog. **Haupt- und Mantelgesetz vom 30. Juni 1900** [RGBl. S.335]. Es enthielt Vorschriften über die **Errichtung neuer Berufsgenossenschaften** und berechtigte diese zur Versicherung gegen Haftpflicht wegen Fahrlässigkeit sowie zur Errichtung von Rentenzuschuß- und Pensionskassen für die Mitglieder der Berufsgenossenschaft. Einheitlich geregelt wurden ferner die Bestimmungen und die Organisation der **Schiedsgerichte** und der **Versicherungsämter**. Die Entscheidung über Streitigkeiten bzgl. der Entschädigungen wurde den (gemäß §§ 103 ff. des IVG errichteten) territorial gegliederten Schiedsgerichten übertragen, die fortan die Bezeichnung **»Schiedsgerichte für Arbeiterversicherung«** führten.

Insgesamt weniger einschneidend waren die Änderungen im **Gewerbe-Unfallversicherungsgesetz** [RGBl. S.585], im **Unfallversicherungsgesetz für Land- und Forstwirtschaft** [RGBl. S.641], im **Bau-Unfallversicherungsgesetz** [RGBl. S.698] sowie im **See-Unfallversicherungsgesetz** [RGBl. S.716] gemäß Bekanntmachung vom 5. Juli 1900. Neu war allerdings das **Gesetz betr. die Unfallfürsorge für Gefangene** [RGBl. S.536], das Gefangenen Entschädigungen für die Folgen solcher Unfälle zubilligte, die bei Tätigkeiten eintraten, bei deren Ausführung freie Arbeiter versichert gewesen wären. Ansonsten wurde die **Versicherungspflicht** nur punktuell ausgedehnt und auf die ursprünglich geplante Einbeziehung des gesamten Handwerks verzichtet. Nicht unfallversicherungspflichtig waren danach im wesentlichen nur noch Handelsbetriebe und gewerbliche Kleinbetriebe ohne motorische Kraft. Von grundlegender Bedeutung war hingegen die Bestimmung, die den Versicherungsschutz auf häusliche und andere Dienste erstreckte, zu denen versicherte Personen neben der Beschäftigung im Betrieb von ihren Arbeitgebern herangezogen wurden. Neben der Erhöhung der Versicherungspflichtgrenze von 2.000 auf 3.000 Mark setzte das Gesetz die Grenze, bis zu der der Jahresverdienst bei der Rentenberechnung voll angerechnet werden konnte, von 1.200 auf 1.500 Mark herauf und bestimmte, daß bei einer Teilerwerbsminderung von weniger als 15 % die Rente durch eine entsprechende **Kapitalzahlung** abgefunden werden konnte. Schließlich verpflichtete es die Berufsgenossenschaften, durch **technische Aufsichtsbeamte** für die Einhaltung der Unfallverhütungsvorschriften Sorge zu tragen.

Ihren vorläufigen Abschluß fanden die Reformarbeiten mit der Novellierung des **Unfallversicherungsgesetzes für Beamte und Personen des Soldatenstandes vom 18. Juni 1901** [RGBl. S.211].

3. 3. 3 Invalidenversicherung

Die größten Mängel und Schwierigkeiten bei der Durchführung zeigte das Invaliditäts- und Altersversicherungsgesetz, so daß bereits wenige Jahre nach seinem Inkrafttreten grundlegende Reformen angestrebt wurden. Zuvor wurde jedoch durch das **Abänderungsgesetz vom 8. Juni 1891** [RGBl. S.337] der § 157 des IAVG neu gefaßt. Danach verminderte sich für Versicherte, die zur Zeit des Inkrafttretens des Gesetzes das 40. Lebensjahr vollendet hatten und in den vorangegangenen drei Jahren mindestens 141 Wochen versicherungspflichtig beschäftigt gewesen waren, die Wartezeit für die Altersrente um so viele Beitragsjahre, wie ihr Lebensalter am 1. 1. 1891 das vollendete 40. Lebensjahr überschritten hatte.

Tabelle 11: Grundzahlen zur Alters- und Invalidenversicherung 1892–1915

	1892	1900	1905	1910	1915
Versicherte, Einnahmen und Beiträge					
Versicherte (JD)	11.650.400	13.015.100	13.948.200	15.659.700	16.782.300
Gesamteinnahmen (1000 M)	108.593,8	187.070,4	250.311,8	306.922,6	309.281,4
dav. Beitragseinnahmen	95.642,8	128.770,4	161.291,8	197.334,4	224.021,9
Reichszuschuß	9.041,2	30.761,8	47.350,8	52.538,2	69.544,7
Reichszuschuß in % der Gesamteinnahmen	8,33	16,44	18,92	17,12	22,49
Wochenbeitrag (Pfg.)[1]	20,86	22,55	24,06	25,86	34,76
Jahresarbeitsentgelt	700	796	910	1078	1178
Im laufenden Jahr bewilligte Renten					
insgesamt[2]	59.912	152.268	145.322	138.667	249.800
Invalidenrenten	17.784	125.739	122.869	114.755	101.161
Krankenrenten	–	6.677	11.781	12.287	17.590
Altersrenten	42.128	19.852	10.672	11.625	11.750
Bestand an Renten (Jahresende)					
insgesamt[3]	–	598.927	934.983	1.034.060	1.339.071
Invalidenrenten	–	405.337	780.762	918.760	1.029.049
Krankenrenten	–	5.118	20.141	16.965	27.708
Altersrenten	–	188.472	134.080	98.335	82.914
Durchschnittsbetrag der Renten (Mark/Jahr)					
Invalidenrente	114,91	142,04	159,45	176,93	202,20
Krankenrente	–	–	160,73	175,74	204,50
Altersrente	127,95	145,54	159,10	164.31	170,35
Witwenrente	–	–	–	–	80,35
Invalidenrente in % d. Bruttoarbeitsentgelts	16,4	17,8	17,5	16,4	17,2

1) Durchschnittsbeiträge; 2) 1915: einschl. 11.304 Waisenrenten und 107.995 Witwenrenten; 3) 1915: einschl. 31.600 Witwenrenten und 167.800 Waisenstämme.
Quellen: Statistisches Jahrbuch für das Deutsche Reich, 13.Jg., 1892, S.203, 14.Jg., 1893, S.189, 20.Jg., 1899, S.198, 30.Jg., 1909, S.346, 35.Jg., 1914, S.387, 40.Jg., 1919, S.277

Durch Bundesratsbeschluß gemäß § 2 des IAVG war die Versicherungspflicht im Dezember 1891 auf **Hausgewerbetreibende der Tabakfabrikation** [RGBl. S.395] und im März 1894 auf **Hausgewerbetreibende der Textilindustrie** [RGBl. S.324] ausgedehnt worden.

Nach mehreren erfolglosen Initiativen fand schließlich ein durch den Grafen zu POSADOWSKY vorgelegter Regierungsentwurf zur Reform der Invaliditäts- und Altersversicherung am 15. Juni 1899 im Reichstag eine Mehrheit. Das **Invalidenversicherungsgesetz** (so die neue Bezeichnung) **vom 13. Juli 1899** [RGBl. S.393] trat am 1. Januar 1900 in Kraft und blieb in den folgenden zehn Jahren unverändert.

Das Gesetz dehnte die Versicherungspflicht auf Lehrer und Erzieher sowie sonstige hauptberuflich beschäftigte Angestellte mit einem Jahresverdienst von weniger als 2.000 Mark aus, schränkte sie dagegen bei Kommunalbeamten und Schiffsführern ein. Die Möglichkeit der freiwilligen Versicherung wurde nicht nur Angestellten mit einem Jahresverdienst von 2.000 bis 3.000 Mark gewährt, sondern auch selbständigen Gewerbetreibenden und Betriebsunternehmern mit bis zu zwei Lohnarbeitern sowie nicht versicherungspflichtigen Hausgewerbetreibenden.

Eine neue Abgrenzung erfuhr der Begriff der Erwerbsunfähigkeit, indem es nicht mehr allein auf die »Kräfte und Fähigkeiten« des Versicherten ankam, sondern nunmehr auch auf die Zumutbarkeit der Verweisung auf andere Tätigkeiten. Zugleich wurde durch § 16 die Frist, nach deren Ablauf bei nicht dauernder Erwerbsunfähigkeit Invaliden-(Kranken-)rente beansprucht werden konnte, von einem Jahr auf 26 Wochen herabgesetzt. In diesem Zusammenhang wurden die Versicherungsträger ermächtigt, in dem ihnen geeignet erscheinenden Umfang Heilverfahren einzuleiten, falls infolge der Krankheit eine einen Rentenanspruch begründende Erwerbsunfähigkeit drohte. Ferner brachte das Gesetz eine Änderung des Rentenberechnungsverfahrens, die Einführung einer 5. Lohnklasse, die Beitragserstattung bei Anspruch auf eine Unfallrente, neue Wartezeitregelungen (statt 5 und 30 Jahre 200 und 1.200 Beitragswochen) sowie die fakultative Schaffung von Rentenstellen zur Vorbereitung und Begutachtung von Rentenangelegenheiten.

Durch Einführung eines begrenzten **Gemeinlastverfahrens** wurde der finanzielle Ausgleich zwischen den verschiedenen Versicherungsträgern neu geregelt. Zur Deckung der Gemeinlast (3/4 aller Altersrenten, die Grundbeträge der Invalidenrenten und die Rentensteigerungen infolge von Krankheitswochen) waren ab dem 1. 1. 1900 vier Zehntel der Beitragseinnahmen buchmäßig auszuscheiden *(vgl. v. Witzleben, 1899, Sp.1017)*.

3. 4 Erste praktische Auswirkungen der Sozialversicherungsgesetzgebung

In allen drei Versicherungszweigen wurden **Selbstverwaltungskörperschaften** gegründet, in denen die Entscheidungsbefugnisse nach Maßgabe der Verteilung der Finanzmittelaufbringung vergeben waren. Demgemäß konnte also BISMARCK eine gegenüber der Arbeiterschaft sichtbare Beteiligung des Reiches an der Sozialversicherung nicht durchsetzen. „Die Organe spiegelten den föderativen Aufbau des Reiches wider, erst hinter ihnen erschien in Gestalt des Reichsversicherungsamtes der sozialpolitische Wille des Reiches" *(H. Henning, 1977, S.95)*. Mochte das Wirken des **Reichsversicherungsamtes** auch noch so wichtig und effektvoll sein, für die Versicherten und die Sozialleistungsempfänger trat es nur in Extremfällen und am Rande in Erscheinung. „So ging bereits im Ansatz das politische Ziel Bismarcks, die Arbeiterschaft insoweit mit dem Reich zu versöhnen, als sie in ihm den Garanten ihrer materiellen Sicherheit sehen sollten, verloren. Daß außerdem für die Führer der organisierten Arbeiterschaft nicht deren materielle Sicherung, sondern deren soziale Integration bei gleicher, gesicherter Rechtsposition über das bloße Gewährenlassen ihrer Organisationen hinaus ein politisches Nahziel war, vertiefte den Mißerfolg Bismarcks noch" *(H. Henning, 1977, S.95)*. So gesehen blieben also die mit der Sozialversicherungsgesetzgebung verbundenen **politischen Ziele** weitgehend unerreicht. Die Lösung der Arbeiterfrage im Sinne einer sozialen Integration der Arbeiterschaft wurde weiter hinausgeschoben.

Ungeachtet dessen, daß das Ziel, die Sozialdemokratie durch eine sozialpolitische Gesetzgebung »positiv« zu bekämpfen *(vgl. Reuter, 1980, S. 116)*, kaum erreicht wurde, hat die Sozialversicherungsgesetzgebung unzweifelhaft dazu beigetragen, die **materielle Lage** vieler Arbeiter allmählich zu verbessern.

Allein in der Krankenversicherung stieg die Zahl der Versicherten zwischen 1885 und 1913 von 4.670.959 auf 14.555.669. Im Jahre 1913 waren damit 21,8 % der Bevölkerung gegenüber 10,0 % im Jahre 1885 gegen Krankheit versichert. Für rund die Hälfte der pflichtversicherten Arbeiter war 1900 bereits die **Familienversicherung** eingeführt *(vgl. Tabellen 6 und 9)*.

Abbildung 10: Entwicklung der Zahl der Versicherten in der Sozialversicherung 1885–1918

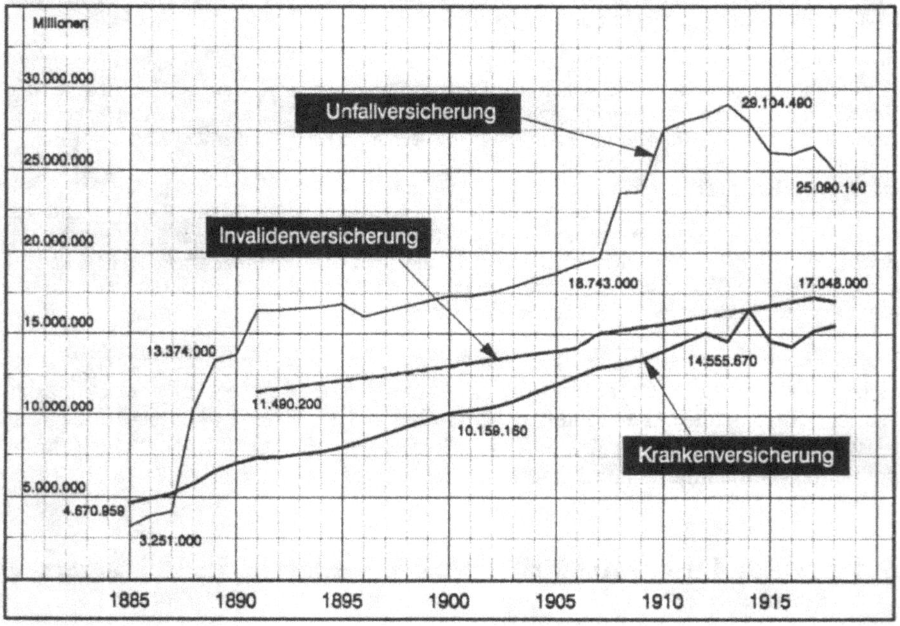

Nicht nur die Zahl der gegen **Krankheit versicherten Personen** nahm ständig zu, sondern auch die Zahl der **Krankheitsfälle** und die von den Kassen zu erbringenden Entschädigungsleistungen. Hatten die Krankenkassen 1885 erst 1.956.635 mit Erwerbsunfähigkeit verbundene Krankheitsfälle zu betreuen, waren es 1910 immerhin 5.705.429, womit auf 100 Versicherte 40,9 Krankheitsfälle kamen. Damit einher ging eine ständige Erhöhung der durchschnittlichen **Krankheitsdauer**. Im Zeitraum 1885–1910 stieg diese je Krankheitsfall von 14,2 auf 19,9 Tage. Insgesamt zahlten die Krankenkassen in den Jahren 1885–1910 rund 4,352 Mrd. Mark an Entschädigungen. Davon entfielen 1,928 Mrd. oder 44,3 % auf Krankengelder, 0,925 Mrd. oder 21,3 % auf Arztkosten und 0,668 Mrd. oder 15,3 % auf Arznei- und Heilmittel *(vgl. Manes, 1912 b, S. 66)*.

Einen positiven Einfluß hatte die Einführung der gesetzlichen Krankenversicherung zweifellos auch auf den **Ausbau der ärztlichen Versorgung**. So stieg die Zahl der Ärzte zwischen 1885 und 1909 von 15.783 auf 31.969, die Zahl der Krankenhausbetten sogar von 94.014 auf 249.217. Unter Berücksichtigung sämtlicher Krankenhaustypen wuchs das Betten-Angebot von 24,5 pro 10.000 Einwohner (1877) auf 69,0 im Jahre 1913 *(vgl. Reuter, 1980, S.140ff.; Spree, 1980, S.185; Rausch, 1984).*

Die Zahl der gegen **Unfall** Versicherten stieg – vor allem durch die ständige Einbeziehung weiterer Betriebsarten – von 3.251.336 im Jahre 1885 auf 27.964.864 im Jahre 1914. Kurz vor dem 1. Weltkrieg waren damit nahezu alle erwerbstätigen Arbeitnehmer versichert. Obgleich die Zahl der **tödlichen Unfälle** von 1887 bis 1913 von 2.716 auf 10.293 anstieg, können die präventiven Unfallverhütungsvorschriften dennoch als effizient bezeichnet werden. Bezogen auf die erstatteten **Unfallanzeigen** sank die Zahl der Unfälle mit tödlichem Ausgang zwischen 1890 und 1910 von 3,0 auf 1,3 %. Während die Zahl der **Entschädigungsfälle** sich von 1890 bis 1900 um 207 % auf 132.064 erhöhte, wuchsen die von den Berufsgenossenschaften zu zahlenden **Entschädigungsleistungen** im selben Zeitraum um rd. 708 % auf 164,4 Mio. Mark. Der Betrag, den die Unfallversicherungen für die **Unfallverhütung** aufwandten, stieg von 3.230 Mark im Jahre 1885 auf 21,131 Mio. Mark im Jahre 1910 *(vgl. StJbDR, 1915, S.74ff.; Manes, 1912 b, S.67; Tabelle 10).*

Etwas langsamer verlief die Ausdehnung der **Alters- und Invalidenversicherung**. Hier stieg die **Zahl der Versicherten** lediglich von 11.490.200 im Jahre 1891 auf 15.659.700 im Jahre 1910. Der Anteil der Versicherten an der Gesamtbevölkerung erhöhte sich von 23,1 auf 24,1 %. Während die Zahl der **Invalidenrentner** kontinuierlich zunahm, war die Zahl der **Altersrentner** langfristig rückläufig. Wurden im ersten Tätigkeitsjahr noch 132.217 Altersrenten bewilligt, so waren es 1910 nurmehr 11.625. Ende 1910 liefen lediglich 98.335 Altersrenten gegenüber noch 188.472 Ende 1900. Dagegen stieg der Bestand an Invalidenrenten im gleichen Zeitraum von 405.337 auf 918.760 *(vgl. Manes, 1912 b, S.62ff.; StJbDR, 1897, S.187; Tabelle 11).*

Tabelle 12: Einnahmen und Ausgaben der Arbeiterversicherung 1885–1910

Jahr	Einnahmen (Mio. M)				Ausgaben (Mio. M)		
	insgesamt	Beiträge		Zuschuß d.Reiches	insgesamt	darunter	
		Arbeitgeber	Versicherte			Entschädigungen	Verwaltung
1885	66,413	18,374	45,119	–	58,792	54,159	4,632
1890	147,363	67,946	71,107	–	124,685	112,702	11,982
1895	341,527	154,747	140,809	16,933	231,841	208,636	23,206
1900	485,655	212,670	190,605	30,761	389,973	355,003	34,970
1905	717,400	325,571	268,338	47,351	603,013	551,685	51,328
1910	957,191	428,430	366,347	52,538	804,579	718,642	73,015
1885-1910	11624,252	5245,960	4636,324	639,765	9086,568	8392,931	840,620
1885=100	1441,2	2331,7	811,9	310,3	1368,5	1326,9	1576,3

Quelle: A. Manes: Sozialversicherung, Berlin-Leipzig 1912, S.64 f. (wegen unterschiedlicher Abgrenzungen nicht in allen Fällen mit den Tabellen 9-11 vergleichbar).

Keine Verbesserungen gab es in bezug auf die von Beginn an äußerst mäßigen Rentenleistungen. Nach Ablauf der Mindestwartezeiten konnte ein Versicherter eine Invalidenrente zwischen 114,70 und 140,55 Mark, eine Altersrente zwischen 106,40 und 191,00 Mark erwarten. Zwar stieg die durchschnittliche Höhe der Invalidenrente von 113,49 Mark im Jahre 1891 auf 176,93 Mark im Jahre 1910, entsprach aber damit weiterhin nur 16,4 % des durchschnittlichen Bruttojahresarbeitsverdienstes *(vgl. Tabelle 11; StJbDR, 1907, S.302).*

Immerhin zahlte die Invalidenversicherung 1891–1911 insgesamt 2.272 Mio. Mark an Entschädigungsleistungen, während die Versicherten im selben Zeitraum nur Beiträge in Höhe von 1.475 Mio. Mark zahlten. In dieser Zeit erhöhte sich der Anteil des Reichszuschusses an den Gesamteinnahmen der Invalidenversicherung von 8,33 auf 16,5%. Insgesamt zahlte das Reich im Zeitraum 1891–1911 rund 693 Mio. Mark an Zuschüssen *(vgl. RArBl., 1913, S.55)*.

Von erheblicher Bedeutung waren schließlich auch die Bemühungen der Rentenversicherung zur **Verbesserung der allgemeinen Volksgesundheit**, wobei die **Bekämpfung der Tuberkulose**, eine der häufigsten Invaliditätsursachen, im Vordergrund stand. Beliefen sich die Ausgaben der Invalidenversicherung für Heilverfahren 1895 erst auf 631.789 Mark, waren es 1900 schon 5,58 Mio. Mark und 1910 mehr als 21 Mio. Mark. Die Zahl der mit Hilfe dieser Mittel behandelten Tuberkulose-Kranken stieg von 3.334 im Jahre 1897 auf 45.609 im Jahre 1910 *(vgl. Manes, 1912 b, S.68; Spree, 1980, S.188f.)*.

3. 5 Reform der Sozialversicherung

Obgleich die Gesetzgebung im Bereich der Arbeiterversicherung fortgesetzt bemüht gewesen war, den Kreis der versicherten Personen zu erweitern, die Leistungen zu erhöhen, die Verwaltungsorganisation zu vervollkommnen und die Vorbeugungsmaßregeln weiterzuentwickeln, verlief die Entwicklung in den einzelnen Versicherungszweigen nicht gleichmäßig. Auch noch zu Beginn des 20. Jhdts. waren einzelne Gruppen im Hinblick auf verschiedene Grundrisiken unterschiedlich, teilweise nur lückenhaft oder gar nicht abgesichert. Die Reformarbeiten fanden schließlich ihren vorläufigen Abschluß in der Reichsversicherungsordnung vom 19. Juli 1911, der sich am 20. Dezember 1911 das Versicherungsgesetz für Angestellte anschloß *(vgl. Manes, 1912 b, S.24; H. Henning, 1977, S.96; Hentschel, 1978, 1983; Köhler/Zacher, 1981)*.

3. 5. 1 Reichsversicherungsordnung von 1911

Grundsätzliche Bedenken gegen das sich herausbildende **Sozialversicherungssystem** wurden bereits während seiner Entstehungsphase geäußert. Verschiedenen Sozialpolitikern und Wissenschaftlern erschien es auf die Dauer unmöglich, die einzelnen sich notwendig ergänzenden Versicherungszweige verwaltungstechnisch derart zu isolieren, wie dies geschehen war. Seit der Einführung der Sozialversicherung gab es daher immer wieder Bestrebungen, die **verschiedenen Versicherungszweige** organisatorisch zu verschmelzen oder gar eine Einheitsversicherung zu schaffen.

Nachdem sich bereits 1895 eine Besprechung im Reichsamt des Innern mit Vorschlägen zur Vereinheitlichung der Sozialversicherung befaßt hatte, nahmen die Reformbestrebungen mit den am 5. März 1908 von der Regierung vorgelegten »Grundzügen« erstmals konkrete Gestalt an. Obgleich diese Grundzüge in der Öffentlichkeit sowie bei einzelnen Sozialversicherungsträgern auf zum Teil heftige Kritik stießen, erarbeitete die Regierung auf dieser Grundlage einen ersten Entwurf für eine Reichsversicherungsordnung, den sie am 2. April 1909 dem Bundesrat übergab.

Die erneut entstehende Kritik führte dazu, daß wesentliche Änderungen vorgenommen wurden und am 12. März 1910 ein neuer Gesetzentwurf an den Reichstag gelangte. Dieser Entwurf beschäftigte die Reichsversicherungskommission nochmals ein volles Jahr, bevor er am 30. Mai 1911 vom Reichstag mit großer Stimmenmehrheit angenommen wurde *(vgl. Manes, 1912 b, S.24f.)*.

Die **Reichsversicherungsordnung (RVO)**, die unter dem 19. Juli 1911 verkündet wurde [RGBl. S.509], brachte zwar nicht die von vielen gewünschte Vereinigung der Versicherungszweige, aber doch die **Kodifizierung des Sozialversicherungsrechts in einem in**

sich geschlossenen Gesetzgebungswerk *(vgl. Wannagat, 1965, S. 76f.)*. Gemäß der Begründung zu diesem Gesetz wurde der Name »Reichsversicherungsordnung« gewählt, „weil es sich um eine allseitige, umfassende Ordnung der sozialen Versicherung handelt, auch nach der Seite der Verwaltung hin".

Die Reichsversicherungsordnung enthielt insgesamt 1.805 Paragraphen, wobei sie sich im wesentlichen auf die sog. **Arbeiterversicherung** beschränkte und nur gewisse Gruppen von **Angestellten** erfaßte. Sie umfaßte **sechs Bücher**, die jeweils in sich geschlossene Gebiete behandelten:

1. Buch: Gemeinsame Vorschriften für alle Zweige der Reichsversicherung
2. Buch: Krankenversicherung
3. Buch: Unfallversicherung
4. Buch: Invaliden- und Hinterbliebenenversicherung
5. Buch: Rechtliche Beziehungen der Versicherungsträger zueinander und zu anderen Verpflichteten
6. Buch: Verfahren

Die für die Durchführung des neuen Gesetzes wesentlichen Bestimmungen traten sofort in Kraft. Dagegen wurden das 4. Buch (Invalidenversicherung) erst am 1. Januar 1912, das 3. Buch (Unfallversicherung) am 1. Januar 1913 und das 2. Buch (Krankenversicherung) erst am 1. Januar 1914 wirksam *(vgl. auch A. Günther, 1912, S. 150ff.)*.

Gemeinsame Regelungen

Neben zahlreichen Veränderungen in den einzelnen Versicherungszweigen brachte die RVO eine gewisse **Einheitlichkeit** in die **»Gemeinsamen Bestimmungen«**, in den **Behördenaufbau** und in das **Verfahrensrecht**. In bezug auf die Versicherungsträger ist die einheitliche Regelung der **Wahl** zu den ehrenamtlichen Organen hervorzuheben; sowohl die Vertreter der Unternehmer wie der Arbeitnehmer werden seitdem nach den Grundsätzen der **Verhältniswahl** gewählt, wobei den Frauen bei allen Versicherungsträgern das aktive und passive Wahlrecht zugestanden wurde. Weiterhin wurden die **Vermögensanlage und -verwendung**, ebenso die **Aufsicht** über die Versicherungsträger einheitlich geregelt. Zugleich wurden in der RVO die **Vorschriften** über Fristen und Zustellungen sowie Verbote und Strafen vereinheitlicht.

Der von vielen Sozialpolitikern geforderte gemeinsame Unterbau für alle Sozialversicherungszweige ist dagegen nur als **Kompromiß** zustande gekommen. Statt der ursprünglich geplanten **gemeinsamen und selbständigen Unterinstanzen** sah die RVO nurmehr die Errichtung von **Versicherungsämtern** als Abteilungen für die Arbeiterversicherung bei den unteren Verwaltungsbehörden vor. Über den Versicherungsämtern standen fortan an Stelle der bisherigen Schiedsgerichte für Arbeiterversicherung mit erweitertem Aufgabenkreis die **Oberversicherungsämter**; diese waren u. a. obere **Aufsichtsbehörde** und **Berufungsinstanz** für Streitigkeiten. Oberste Instanz für alle wichtigen Angelegenheiten blieb das **Reichsversicherungsamt**, dem neben den Landesversicherungsämtern eine größere Zuständigkeit als zuvor eingeräumt wurde.

Für die verschiedenen Versicherungszweige wurden der **Instanzenzug für Streitigkeiten** sowie die **Unentgeltlichkeit des Gerichtsverfahrens** vor den Verwaltungsbehörden einheitlich festgelegt. Alle Ämter waren zugleich **Aufsichts-, Beschluß- und Spruchorgane**. Die rechtlichen Befugnisse zerfielen in **Spruch- und Beschlußsachen**. Spruchverfahren hatten insbesondere dann stattzufinden, wenn es sich um Ansprüche der Versicherten handelte, sei es hinsichtlich der Begründung oder ihrer Höhe.

Abbildung 11: Faksimile-Auszug aus der Reichsversicherungsordnung vom 19. Juli 1911

— 509 —

Reichs-Gesetzblatt.

Jahrgang 1911.

№ 42.

Inhalt: Reichsversicherungsordnung. S. 509. — Einführungsgesetz zur Reichsversicherungsordnung. S. 839.

(Nr. 3921.) Reichsversicherungsordnung. Vom 19. Juli 1911.

Wir Wilhelm, von Gottes Gnaden Deutscher Kaiser, König von Preußen ꝛc.

verordnen im Namen des Reichs, nach erfolgter Zustimmung des Bundesrats und des Reichstags, was folgt:

Erstes Buch.

Gemeinsame Vorschriften.

Erster Abschnitt.

Umfang der Reichsversicherung.

§ 1.

Die Reichsversicherung umfaßt
die Krankenversicherung,
die Unfallversicherung,
die Invaliden- und Hinterbliebenenversicherung.

Neben den **Veränderungen** im Behördenaufbau, in der Rentenfestsetzung und der Rechtsprechung enthielt die RVO für die einzelnen Versicherungszweige eine Reihe nicht unwesentlicher **materieller Neuregelungen**.

Krankenversicherung

In der Krankenversicherung wurde die **Versicherungspflicht** durch die RVO auf land- und forstwirtschaftliche Arbeiter, Dienstboten, Arbeiter im Wandergewerbe, unständige Arbeiter, Hausgewerbetreibende, Apothekengehilfen und -lehrlinge, Bühnen- und Orchestermitglieder sowie Lehrer und Erzieher ausgedehnt. Lehrlinge unterlagen nunmehr grundsätzlich der Versicherungspflicht, auch wenn sie nicht gegen Entgelt beschäftigt wurden. Die Versicherungspflicht war nicht mehr wie bis dahin an die Zugehörigkeit zu bestimmten Betriebsarten, sondern an die **soziale Stellung als Arbeitnehmer** schlechthin geknüpft. Das die Versicherungspflicht abgrenzende Einkommen wurde dabei von 2.000 auf 2.500 Mark erhöht. **Freiwillig versichern** konnten sich Personen, deren regelmäßiges Jahreseinkommen 4.000 Mark nicht überstieg. Erhebliche grundsätzliche Veränderungen erfuhr die **Organisation** des Krankenkassenwesens.

Beseitigt wurden die **Gemeindekrankenversicherung** und die **Baukrankenkassen**, neu errichtet dagegen die Landkrankenkassen (v.a. für landwirtschaftliche Arbeiter, Dienstboten und Wanderarbeiter). Deutlich in den Mittelpunkt der Organisation der Krankenversicherung wurde die **Ortskrankenkasse** gerückt, für die die berufsständische Abgrenzung gegenüber der örtlichen zur Ausnahme wurde. Für Ortskrankenkassen und Betriebskrankenkassen wurde die erforderliche Mindestmitgliederzahl auf 250 bzw. 150 Personen erhöht. Entscheidend eingeengt wurde durch die RVO das Wirkungsfeld der **eingeschriebenen Hilfskassen**; durch Gesetz vom 20. Dezember 1911 wurden diese Kassen als Krankenversicherungsvereine auf Gegenseitigkeit dem Aufsichtsgesetz über die privaten Versicherungsunternehmungen vom 12. Mai 1901 unterstellt. Die Zulassung als **»Ersatzkasse«** setzte neben anderen Bedingungen voraus, daß ihr auf Dauer mindestens **1.000** Mitglieder angehörten; im übrigen war der Arbeitgeberbeitrag für Versicherungspflichtige, die sich einer Ersatzkasse anschlossen, an die regulären Pflichtkassen zu zahlen.

Obgleich es bei der alten Beitragsverteilung blieb, wurde der Einfluß der Arbeitgeber in Verwaltung und Selbstverwaltung der Krankenkassen durch eine Reihe von Ausnahmevorschriften gesteigert. So enthielt die RVO die Vorschrift, daß für die Wahl des Vorstandes, die Anstellung von bezahlten Kassenbeamten oder Satzungsänderungen übereinstimmende Beschlüsse beider Gruppen erforderlich sind.

Hinsichtlich der **Versicherungsleistungen** brachte die RVO nur unwesentliche Neuerungen. Erweitert wurden vor allem die Leistungen der **Wochenhilfe**. Außerdem wurden die **Hauspflege** neu eingeführt und die statthaften **Mehrleistungen** ausgedehnt (z. B. Geburtshilfe, Stillgeld). Auch im Rahmen der RVO konnte dagegen das Verhältnis zwischen Kassen, Ärzten und Apotheken nicht zufriedenstellend geregelt werden.

Unfallversicherung

Auch in der Unfallversicherung erweiterte die RVO den **Kreis der Versicherungspflichtigen**. Insbesondere war die Versicherungspflicht bei kaufmännischen Unternehmungen nicht mehr von der Eintragung ins Handelsregister abhängig. Außerdem wurde die Versicherungspflichtgrenze für Betriebsbeamte von 3.000 auf 5.000 M erhöht. Der **Kreis der versicherungsberechtigten Personen** wurde ebenfalls erweitert.

Im wesentlichen unverändert blieb die **Organisation der Berufsgenossenschaften**. Bedeutsam war allerdings die Bestimmung, wonach diese ein Viertel ihres Vermögens künftig in **Reichs- und Staatsanleihen** anlegen mußten. Gegen die Beteiligung der versicherten Arbeiter am **Rentenfestsetzungsverfahren** haben sich die Berufsgenossenschaften erfolgreich gewehrt. In das Verfahren zur Festsetzung von Unfallrenten wurde allerdings das **Einspruchsverfahren** eingebaut. Schließlich wurde der der Rentenberechnung zugrundezulegende **Jahresarbeitsverdienst** von 1.500 auf 1.800 Mark erhöht.

Die Berufsgenossenschaften wurden **verpflichtet** (bis dahin waren sie nur befugt gewesen), Vorschriften über die von den Mitgliedern zur **Verhütung von Unfällen** in ihren Betrieben zu treffenden Einrichtungen und Anordnungen zu erlassen. Eine wichtige Neuerung war schließlich die Bestimmung, wonach durch Beschluß des Bundesrates der Unfallversicherungsschutz auf bestimmte gewerbliche **Berufskrankheiten** ausgedehnt werden konnte.

Invalidenversicherung

Bei der Invalidenversicherung wurden durch die RVO Gehilfen und Lehrlinge in Apotheken sowie Bühnen- und Orchestermitglieder dem **Versicherungszwang** unterworfen. Andererseits wurde die Ausdehnungsmöglichkeit der Zwangsversicherung durch Bundesratsbeschluß auf jene Kleingewerbetreibenden beschränkt, die keinen oder höchstens einen Versicherungspflichtigen beschäftigten. In die Versicherungspflicht auch weiterhin nicht einbezogen waren die Hausgewerbetreibenden. Für Akademiker wurden gewisse **Befreiungsmöglichkeiten** eingeführt.

Durch die Einführung der freiwilligen Zusatzversicherung versuchte die RVO, entsprechende Wünsche des Mittelstandes (vor allem der Handwerker) zu berücksichtigen. Danach konnten Versicherungspflichtige wie Versicherungsberechtigte zur Erreichung von Zusatzrenten jederzeit in beliebig großer Zahl Zusatzmarken in Höhe von 1 Mark in die Quittungskarten einkleben. Ein Anspruch auf Zusatzrente wurde allerdings nur für den Fall der Invalidität erworben.

Weitere **Neuerungen** und **Ergänzungen** betrafen die Durchführung von Heilverfahren, das Ruhen von Renten sowie das Beitragsverfahren. Bedeutsamer war allerdings die mit der RVO eingeführte Hinterbliebenensicherung im Todesfall.

Hinterbliebenensicherung

Die Einführung einer allgemeinen **Witwen- und Waisenversicherung** war zwar selbst von der Regierung wiederholt als wünschenswert bezeichnet, finanziell jedoch als undurchführbar angesehen worden. Das **Finanzierungsproblem** sollte mittels der sog. »lex Trimborn« gelöst werden, einer besonderen Bestimmung des **Zolltarifgesetzes vom 25. Dezember 1902** [RGBl. S.303, 441]. Gemäß § 15 dieses Gesetzes mußte der den Durchschnitt der Jahre 1898–1903 übersteigende Ertrag aus bestimmten Landwirtschaftszöllen zur Erleichterung der Einführung einer Witwen- und Waisenversicherung verwendet werden. Entsprechend dieser Verpflichtung waren in die RVO Bestimmungen über die Hinterbliebenenversicherung aufgenommen worden. **Organisatorisch** wurde die Versorgung der Witwen und Waisen an die Invalidenversicherung angegliedert. Als **Leistungen** sah die Hinterbliebenenversicherung **Renten** und einmalige **Beihilfen** vor.

Eine **Witwenrente** erhielten allerdings nur jene Arbeiterwitwen, die selbst dauernd invalide waren und deren verstorbener Ehemann die für die Invalidenrente erforderliche Wartezeit erfüllt hatte. Die Witwenrente setzte sich aus einem Reichszuschuß von 50 Mark sowie 3/10 des Grundbetrages und der Steigerungssätze zusammen, auf die der verstorbene Ehemann Anspruch gehabt hätte, wenn er im Zeitpunkt seines Todes invalide geworden wäre. Witwen, die zur Zeit der Fälligkeit der Bezüge selbst die Wartezeit für die Invalidenrente erfüllten, erhielten darüber hinaus als einmalige Beihilfe ein Witwengeld (12facher Monatsbetrag der Witwenrente).

Waisenrenten wurden für Kinder unter 15 Jahren nach dem Tode des versicherten Vaters gewährt. Diese bestanden aus einem Reichszuschuß (25 Mark) sowie für die erste Waise aus 3/20 und für jede folgende Waise aus 1/10 des Grundbetrages und der Steigerungssätze, auf die der verstorbene Vater Anspruch gehabt hätte. Unter bestimmten Voraussetzungen konnten Waisen bei Erreichung des 15. Lebensjahres eine **Waisenaussteuer** (8facher Betrag der Waisenrente) erhalten.

Zusammen durften die Renten der Hinterbliebenen nicht mehr als das 1,5fache der dem Verstorbenen theoretisch zustehenden Invalidenrente betragen.

So wichtig die Witwen- und Waisenversicherung für den Fortgang der Sozialpolitik auch war, so wenig konnten die äußerst mäßigen Hinterbliebenenrenten zunächst das besondere Schicksal der Arbeiterwitwen lindern. Gelegentlich blieben die Leistungen sogar hinter denen der Armenpflege zurück *(vgl. Manes, 1912 b, S. 135)*.

Abbildung 12: Zeitgenössische Darstellung der deutschen Sozialversicherung (1913)

Quelle: Archiv der sozialen Demokratie (AdsD)

3.5.2 Versicherungsgesetz für Angestellte von 1911

Die neue soziale Schicht der Angestellten, deren Zahl sehr rasch anstieg, distanzierte sich in ihrem **Standesbewußtsein** zwar deutlich von den Arbeitern, zeigte aber dennoch ein wachsendes Interesse, in die Sozialversicherung einbezogen zu werden. Entsprechend ihrem besonderen Selbstverständnis als »**Privatbeamte**« glaubten sie, eine den Staatsbeamten vergleichbare Versorgung erreichen zu können. Nachdem es anfänglich noch unterschiedliche Auffassungen über die Organisation einer Angestelltenversicherung gegeben hatte, drängte der 1901 gegründete **Interessenverband der Angestellten** zunehmend auf die Schaffung einer **Sondereinrichtung für Angestellte**. In ihren Bestrebungen bestärkt wurden die Angestellten durch das 1906 in Österreich erlassene Angestelltenversicherungsgesetz *(vgl. auch Manes, 1912 a, S. 229 ff.)*.

Aus finanziellen, aber auch politischen Gründen kam die **Regierung** den Wünschen der Angestellten entgegen. Durch die Errichtung einer Sonderversicherung war es möglich, die Gewährung eines **Reichszuschusses** zu vermeiden. Politisch erwartete man davon u. a. eine Verstärkung der **Distanz der Angestellten zu den Arbeitern** sowie eine engere Anbindung dieser neuen sozialen Schicht an das herrschende Bürgertum. Der schließlich Anfang 1911 erschienene **Entwurf eines Angestelltenversicherungsgesetzes**, dem zwei Denkschriften des Reichsamtes des Innern aus den Jahren 1907 und 1908 vorangegangen waren, wurde nach zügigen Beratungen noch im Dezember desselben Jahres vom **Reichstag einstimmig verabschiedet** *(vgl. Manes, 1912 b, S.36ff.).*

Nach dem **Versicherungsgesetz für Angestellte vom 20. Dezember 1911** [RGBl. S.989] unterlagen Angestellte ab dem vollendeten 16. Lebensjahr der **Versicherungspflicht**, sofern sie nicht berufsunfähig waren und ihr Jahresarbeitsverdienst die Grenze von 5.000 Mark nicht überstieg. Da Angestellte mit einem Einkommen von weniger als 2.000 Mark weiterhin in der Invalidenversicherung versicherungspflichtig blieben, entstand für diesen Personenkreis eine **Doppelversicherung**. Auch in der Angestelltenversicherung bestand die Möglichkeit der **freiwilligen Weiterversicherung**. Zudem sah das Gesetz vor, daß sich gewisse Kategorien von Personen auf Antrag von der Versicherungspflicht **befreien** lassen konnten.

Die finanziellen Mittel der Angestelltenversicherung, die keine Reichszuschüsse erhielt, wurden durch **Beiträge** der **Versicherten** und der **Arbeitgeber** je zur Hälfte aufgebracht. Die für neun Gehaltsklassen festgesetzten Monatsbeiträge waren nach dem **Prämiendurchschnittsverfahren** bemessen. Die Quittierung der geleisteten Beiträge erfolgte in der Regel durch Verwendung von Marken, die in Versicherungskarten einzukleben waren.

Aufgrund der im Vergleich zur Invalidenversicherung deutlich höheren Beitragssätze verfügte die Angestelltenversicherung über einen finanziellen Spielraum, der ihr – im Vergleich zur Arbeiterversicherung – die Gewährung weitaus günstigerer **Leistungen** ermöglichte. Dies trug zusätzlich dazu bei, das Selbst- und Sonderverständnis der Angestellten zu verstärken.

Ruhegeld erhielten Angestellte, die berufsunfähig waren oder das 65. Lebensjahr vollendet hatten, sofern sie die vorgeschriebene Wartezeit (männliche Versicherte 120 Beitragsmonate, weibliche Versicherte 60 Beitragsmonate) erfüllten und die Anwartschaft aufrechterhalten wurde. Eine Berufsunfähigkeit lag vor, wenn die Arbeitsfähigkeit des Angestellten auf weniger als die Hälfte eines vergleichbaren körperlich und geistig gesunden Versicherten gesunken war. Im Gegensatz zur Arbeiterversicherung wurden die Witwenrenten ohne Einschränkungen gewährt und Waisenrenten bis zum 18. Lebensjahr gezahlt.

Nach Ablauf von 120 Beitragsmonaten betrug das Ruhegeld ein Viertel des Wertes der in dieser Zeit entrichteten Beiträge und ein Achtel des Wertes der übrigen Beiträge. Witwen- und Waisenrenten beliefen sich auf zwei Fünftel des Ruhegeldes, das der Ernährer zur Zeit seines Todes bezog oder bei Berufsunfähigkeit bezogen hätte. Eine Erstattung der Hälfte der eingezahlten Beiträge (in Kapital- oder Leibrentenform) erfolgte beim Tode weiblicher Angestellter nach einer 5jährigen Wartezeit sowie beim Ausscheiden aus einer versicherungspflichtigen Beschäftigung infolge Heirat.

Die günstige finanzielle Lage erlaubte es der Angestelltenversicherung auch, in umfangreicherer Weise als in der Arbeiterversicherung Heilverfahren einzuleiten. Dabei erhielten vom Versicherten unterstützte Angehörige während des Heilverfahrens ein Hausgeld.

Im Gegensatz zur Invalidenversicherung wurde die Angestelltenversicherung einem einzigen Träger, der neu errichteten **Reichsversicherungsanstalt für Angestellte**, übertragen. **Organe** dieser Anstalt waren das **Direktorium**, ein **Verwaltungsrat**, die **Rentenausschüsse** sowie die **Vertrauensmänner**. Die versicherten Angestellten und ihre Arbeitgeber waren in allen Gremien paritätisch vertreten. Zu den wichtigsten Funktionen der Rentenausschüsse gehörten die Feststellung, Anweisung, Entziehung und Einstellung von Ruhegeld und Renten, die Annahme von Anträgen auf Einleitung eines Heilverfahrens sowie die Auskunftserteilung. Als rechtsprechende Behörden waren **Schiedsgerichte** sowie ein **Oberschiedsgericht** vorgesehen. Die Schiedsgerichtsbeisitzer waren wiederum je zur Hälfte Vertreter der Versicherten und der Arbeitgeber.

3. 6 Entwicklung der Knappschaftsversicherung

Während mit den Sozialversicherungsgesetzen reichseinheitliche Regelungen geschaffen worden waren, blieb das Knappschaftswesen auch im neu gegründeten Deutschen Reich weiterhin **einzelstaatlich** geregelt. Von den Sozialversicherungsgesetzen gingen jedoch gewisse **vereinheitlichende Wirkungen** aus, die einen erheblichen Einfluß auf das Recht der knappschaftlichen Versicherung hatten und insbesondere im Leistungsrecht zu nicht unwesentlichen Angleichungen führten *(vgl. Halbach, 1906).*

3. 6. 1 Auswirkungen der Reichssozialversicherungsgesetzgebung

Das **Krankenversicherungsgesetz vom 15. Juni 1883** *(vgl. S. 97 ff.)* ließ die Knappschaftsvereine zwar als Träger der Krankenversicherung bestehen, verpflichtete sie jedoch, ihren Mitgliedern mindestens die gesetzlichen **Mindestleistungen** der Betriebs-(Fabrik-) krankenkassen zu gewähren und sich einer Reihe anderer Anforderungen zu unterwerfen (z. B. Abschaffung der Erhebung von Eintrittsgeldern; Beseitigung der Bevorzugung ständiger Mitglieder). Wesentliche Folge des Gesetzes war, daß die meisten Knappschaftsvereine grundlegende **Änderungen ihrer Statuten** vornehmen mußten. Damit verbunden war zugleich i. d. R. eine deutliche Erhöhung der Leistungen, aber auch der Beiträge.

Im Gegensatz hierzu war es nicht möglich, die Knappschaftsvereine in die Durchführung der **reichsgesetzlichen Unfallfürsorge** einzubeziehen (ein Grund dafür war u.a., daß sich die Organe der Knappschaftsvereine aus Arbeitgebern und Arbeitnehmern zusammensetzten). Für die Durchführung des **Unfallversicherungsgesetzes vom 6. Juli 1884** *(vgl. S. 95 ff.)* wurde in diesem Bereich eine besondere, den gesamten deutschen Bergbau umfassende **»Knappschafts-Berufsgenossenschaft«**, die in 8 Sektionen gegliedert war, errichtet.

Von der neuen Unfallversicherung zunächst unberührt blieb die Verpflichtung der Knappschaftsvereine, die von Unfällen betroffenen Mitglieder und ihre Angehörigen zu unterstützen. Ein Zusammenhang zwischen Unfallversicherung und knappschaftlicher Versicherung bestand lediglich insoweit, als auf die Renten, die die Knappschaftsvereine bei Unfällen zu zahlen hatten, jene Renten in gewissem Umfang angerechnet werden durften, die die Berufsgenossenschaft zur Auszahlung brachte.

Einschneidendere Auswirkungen hatte das **Invaliditäts- und Altersversicherungsgesetz vom 22. Juni 1889** *(vgl. S. 99 ff.)* für das knappschaftliche Versicherungswesen, da dieses Gesetz auch sämtliche im Bergbau beschäftigten Arbeiter und Betriebsbeamten (bis zu einem Jahreseinkommen von 2.000 M) der Versicherungspflicht unterwarf, ohne die knappschaftliche Versicherungspflicht aufzuheben. Für die Bergarbeiter entstand dadurch eine Art **Doppelversicherung**; entsprechend hatten sie sowohl Anspruch auf Leistungen aufgrund des Reichsgesetzes bei Eintritt der allgemeinen Erwerbsunfähigkeit wie auf Leistungen aus der Pensionskasse bei Vorliegen der spezifisch bergmännischen Berufsinvalidität, der sog. »Bergfertigkeit«.

Den Knappschaftsvereinen wurde allerdings gestattet, die Pensionszahlungen bei entsprechenden Beitragsermäßigungen für Empfänger reichsgesetzlicher Invalidenrenten zu kürzen. Die Anrechnungsvorschriften waren bei den Bergarbeitern heftig umstritten. Abgesehen davon, daß aus diesem Grund von den genannten Möglichkeiten nur zurückhaltend Gebrauch gemacht wurde, ließ § 8 Ziff. 5 des Änderungsgesetzes von 1899 eine völlige Aufrechnung der einen Rente gegen die andere nicht mehr zu. Organisatorisch räumte das IAVG den Knappschaftsvereinen die Möglichkeit ein, die reichsgesetzliche Invalidenversicherung selbst durchzuführen, sofern sie gewisse Voraussetzungen erfüllten, die die Anerkennung als »besondere Kasseneinrichtungen« gem. §§ 8–10, 173 und 174 des IVG zuließen. Eine derartige Anerkennung erlangten 1890 der Saarbrücker Knappschaftsverein, die speziell zu diesem Zweck gegründete Norddeutsche Knappschaftspensionskasse, die nahezu sämtliche Vereine Mitteldeutschlands erfaßte, die allgemeine Knappschaftspensionskasse für Sachsen sowie 1891 der aus einer Fusion hervorgegangene Allgemeine Knappschaftsverein zu Bochum. Im allgemeinen bestanden danach bei den Knappschaftsvereinen drei Kassenabteilungen: Krankenkasse, knappschaftliche Pensionskasse und reichsgesetzliche Invaliditäts- und Alterskasse. Jede dieser Kassenabteilungen erhob besondere Beiträge und gewährte dementsprechend auch besondere Leistungen, wobei die knappschaftliche Pensionsversicherung sich weitgehend zu einer Zuschußversicherung entwickelte *(vgl. May, 1958)*.

Während die **RVO vom 19. Juli 1911** *(vgl. S. 110ff.)* zwar im einzelnen bedeutungsvolle (insbes. auf dem Gebiet der Krankenversicherung durch die §§ 495–502), insgesamt aber in den verschiedenen Zweigen der Sozialversicherung keine für das Knappschaftswesen grundlegenden Änderungen brachte, griff das **Angestelltenversicherungsgesetz vom 20. Dezember 1911** *(vgl. S. 115f.)* entscheidend in den Tätigkeitsbereich der Knappschaftsvereine ein, die, sofern sie die Versicherung der Betriebsbeamten nicht völlig den auf reichsgesetzlicher Grundlage basierenden Anstalten überlassen wollten, sich entweder um eine Zulassung als **Ersatzkasse** i. S. d. §§ 372 ff. durch den Bundesrat nach § 388 AVG oder unter Beibehaltung ihrer bisherigen Beamtenversicherung um die Anerkennung als **Zuschußkasse** (i. S. d. §§ 365 ff.) bemühen mußten. Bei Anerkennung als Ersatzkasse mußten sie mindestens denen der Reichsversicherung gleichwertige Leistungen gewähren; ferner durften die Beiträge der Versicherten nicht höher sein als diejenigen der Unternehmer. Schließlich setzte die sachgemäße Durchführung der Vorschriften der §§ 387 f. die Bildung besonderer Beamtenabteilungen voraus.

3.6.2 Entwicklung des landesgesetzlichen Knappschaftsrechts

Die Änderungen der landesgesetzlichen Knappschaftsgesetze erfolgten zwar überwiegend zur Anpassung der jeweiligen Bestimmungen an reichsgesetzliche Entwicklungen, zu einem Teil beinhalteten sie aber auch eigenständige Reformen, die im Laufe der Jahre notwendig geworden waren. Noch stärker als in den Jahrzehnten zuvor orientierten sich die meisten Länder dabei an der Entwicklung in Preußen.

Preußen

Die Notwendigkeit, den VII. Titel des ABG von 1865 an die Vorschriften der Sozialversicherungsgesetze anzupassen, aber auch zahlreiche Mängel und Lücken, die sich in der Praxis im Laufe von mehr als 40 Jahren gezeigt hatten, führten 1906 endlich zu einer Novellierung des preußischen Knappschaftsrechts. Das unter entscheidender Mitwirkung des 1882 gegründeten »Allgemeinen Deutschen Knappschaftsverbandes« zustandegekommene **Gesetz betr. die Abänderung des siebenten Titels im Allgemeinen Berggesetz (24. Juni 1865) vom 19. Juni 1906** [PrGS. S. 199] brachte v. a. die Vorschriften des ABG in Einklang mit den Reichsgesetzen, legalisierte die bisher nur statutarisch durchgeführten Änderungen, enthielt aber auch eine Reihe sonstiger Reformen.

Die wichtigsten Neuerungen dieses Gesetzes bestanden in der Beseitigung der Klasse der gleichverpflichteten, aber minderberechtigten »unständigen« Mitglieder sowie in der Gewährung der vollen Freizügigkeit der Mitglieder durch die zwangsweise Einführung eines Gegenseitigkeitsverhältnisses der preußischen Knappschaftsvereine. Nach den neuen Regelungen behielten die Mitglieder bei Vereinswechsel ihre Pensionskassenansprüche. Ferner wurde grundsätzlich festgelegt, daß die Unternehmer mindestens gleich hohe Beiträge wie die Mitglieder zu leisten hatten. Des weiteren enthielt das Gesetz eine Regelung (§ 175 Abs. 2), wonach die Höhe der Beiträge so zu bemessen war, daß eine dauernde Erfüllbarkeit der Pensionskassenleistungen gewährleistet werden konnte. Darauf gestützt verlangte ein Erlaß vom 17. Januar 1907 den Übergang vom unzureichenden Umlageverfahren auf das Kapitaldeckungsverfahren. Aus der Sicht der Versicherten unbefriedigend waren Änderungen hinsichtlich des Wahlverfahrens für die Wahl der Knappschaftsältesten (Möglichkeit geheimer Wahlen war nur fakultativ). Als Fortschritt angesehen wurde dagegen die Einrichtung von Knappschaftsschiedsgerichten in Knappschaftsangelegenheiten (§ 186 Abs.1, 2). Schließlich beseitigte das Gesetz die Einrichtung der sog. »Halbinvalidität« und räumte in § 177 a den Aufsichtsbehörden das Recht ein, im Falle der Gefährdung der Leistungsfähigkeit eines Knappschaftsvereins oder einer besonderen Krankenkasse durch eine ungenügende Mitgliederzahl oder aus anderen Gründen die betreffenden Vereine aufzulösen oder ihre Vereinigung (z.B. zu einem Rückversicherungsverband) zu verfügen.

Eine weitere Sanierung des preußischen Knappschaftswesens sollte auch die am 30. Oktober 1907 gegründete **»Knappschaftliche Rückversicherungsanstalt a.G.«** bringen. Ihre Aufgabe bestand im wesentlichen darin, den ihr angeschlossenen Knappschaftsvereinen Rückversicherung für die Pensionsleistungen zu gewähren, die diese aufgrund ihrer Satzungen zu zahlen hatten *(vgl. Thielmann, 1960, S.83)*.

Eine abermalige Änderung erfuhr das preußische Knappschaftsrecht wiederum als Reaktion auf vorangegangene reichsgesetzliche Änderungen durch die Novelle vom 3. Juni 1912 [PrGS. S.97]. Dabei wurden zugleich die knappschaftlichen Bestimmungen aus dem ABG ausgegliedert und unter dem Datum vom 17. Juni 1912 als **Knappschaftsgesetz** bekanntgemacht [PrGS. S.137]. Neben der Anpassung an die RVO und das AVG brachte die Novelle auch verschiedene Neuerungen.

Entsprechend den Wünschen der Bergarbeiter wurde endlich die geheime Wahl der Knappschaftsältesten gesetzlich festgeschrieben. Des weiteren wurden v. a. die Voraussetzungen geschaffen, damit die Knappschaftsvereine auch die Versicherung der Beamten i. S. d. Angestelltenversicherungsgesetzes durchführen und die Anerkennung als Zuschuß- bzw. Ersatzkasse erlangen konnten. Ferner wurden ein der RVO nachgebildeter Instanzenzug in Sachen der Knappschaftsversicherung eingerichtet und als Folge davon besondere Knappschafts-Oberversicherungsämter gebildet. Schließlich enthielt § 48 KnG eine gesetzliche Grundlage zur Bildung eines freiwilligen Rückversicherungsverbandes.

Bayern

In Bayern verlief die Entwicklung in weitgehender Analogie zu Preußen. Das **Berggesetz vom 20. März 1869** wurde durch Gesetze vom 30. Juni 1900 [BayGVBl. S.745] und vom 13. August 1910 [BayGVBl. S.799] geändert und schließlich in neuer Fassung unter dem 9. September 1910 bekanntgemacht [BayGVBl. S.815]. In der Hauptsache wurden durch diese Änderungsgesetze die knappschaftsrechtlichen Vorschriften mit der tatsächlichen Entwicklung und den Anforderungen des KVG in Einklang gebracht. Außerdem wurde auch hier bestimmt, daß die Werksbesitzer Beiträge in gleicher Höhe zu entrichten hatten wie die beitrittspflichtigen Arbeiter. Im übrigen kennzeichnete sich die Entwicklung in Bayern vor allem durch Bestrebungen, die besonders starke **Zersplitterung** des Knappschaftswesens zu überwinden.

Diesem Zweck diente u. a. die Gründung des **Bayerischen Knappschaftsverbandes** am 1.1.1909, der die Hälfte der Knappschaftspensionen in Rückversicherung nahm und wesentlich zur finanziellen Stärkung der Vereine sowie einer Erhöhung der Pensionen beitrug. Eine Umbildung und Erweiterung des Verbandes erfolgten am 1.1.1917 durch den freiwilligen Zusammenschluß aller fiskalischen Knappschaftsvereine zu einer Finanzgemeinschaft. Schließlich wurde am 1.9.1918 der »Knappschaftsverein München« ins Leben gerufen, aus dem 1920 der später sämtliche bayerischen Knappschaftsvereine umfassende »Bayerische Landesknappschaftsverein« hervorging.

Sachsen

Das sich ebenfalls durch eine starke **Zersplitterung** und mangelnde **Freizügigkeit** auszeichnende sächsische Knappschaftswesen mußte als Folge des reichsgesetzlichen KVG grundlegend umgestaltet werden. Zuvor war bereits durch eine kleine Novelle vom

2. März 1882 [SächsGVOBl. S.73] aus der Kasse ausscheidenden Mitgliedern die Möglichkeit eröffnet worden, sich für eine Beitragsrückerstattung oder die Wahrung der Pensionsansprüche bei Fortentrichtung von Beiträgen entscheiden zu können. Die grundlegende **Neuordnung** erfolgte kurz darauf durch das **Gesetz vom 2. April 1884** [SächsGVO Bl. S.97], das am 1. 12. 1884 in Kraft trat und im Grunde als erstes wirkliches Knappschaftsgesetz Sachsens anzusehen ist *(vgl. Wahle, 1915, S.228; Müller-Erzbach, 1917, S.442; Thielmann, 1960, S.90)*. Es brachte insbesondere eine scharfe Trennung der Knappschaftskassen in **Knappschafts-Krankenkassen**, die den reichsgesetzlichen Betriebs-(Fabrik-)krankenkassen nachgebildet wurden, und in **Knappschafts-Pensionskassen**.

Die bisherigen **obligatorischen Pensionskassen** blieben von dem neuen Gesetz unberührt. Den Krankenkassen ließ das sächsische Recht im Gegensatz zum KVG nur ganz beschränkte Möglichkeiten, die vorgeschriebenen Mindestleistungen zu erhöhen bzw. zu erweitern. Außerdem wurde die Höhe des Sterbegeldes gesetzlich vorgeschrieben. Ansonsten verlagerte das Gesetz die Aufsicht von der Oberverwaltungsbehörde erneut auf das Bergamt, führte Bergschiedsgerichte für Kassen- und für Arbeitsvertragsstreitigkeiten ein, regelte die Überweisung der Beiträge beim Wechsel der Pensionskasse zur Erleichterung der Freizügigkeit und enthielt schärfere Bestimmungen über Statuten, Leistungsfähigkeit, Vertretung, Verwaltung und Überwachung der Kassen.

Aufgrund des Knappschaftsgesetzes von 1884 wurden in Sachsen 84 **Knappschafts-Krankenkassen** und 29 **Knappschafts-Pensionskassen** sowie 5 **Bergschiedsgerichte** errichtet bzw. bestätigt. Unter dem Einfluß des IAVG schlossen sich 1890 27 der 29 noch bestehenden Pensionskassen freiwillig zur »Allgemeinen Knappschafts-Pensionskasse für das Königreich Sachsen« zusammen, die damit rd. 90 % sämtlicher Bergarbeiter Sachsens vereinigte.

Im wesentlichen zur Berücksichtigung der Änderungen in den reichsgesetzlichen Sozialversicherungsgesetzen wurde durch **Ergänzungsgesetz zum Allgemeinen Berggesetz vom 12. Februar 1909** [SächsGVOBl. S.123] auch das sächsische Knappschaftsrecht novelliert. Sachlich unverändert übernommen wurde der knappschaftliche Teil (§§ 140 bis 258) in die Neufassung des Allgemeinen Berggesetzes vom 31. August 1910 [SächsGVO Bl. S.217]. Das Ergänzungsgesetz enthielt eine weitgehend identische Wiedergabe der entsprechenden Vorschriften des KVG; dadurch wurde u.a. nunmehr auch den Knappschafts-Krankenkassen das Recht eingeräumt, ihren Mitgliedern die für Betriebskrankenkassen zulässigen Mehrleistungen zu gewähren.

Die Verabschiedung der RVO und des Versicherungsgesetzes für Angestellte machten auch in Sachsen eine weitere Umgestaltung und Neuordnung des Knappschaftsrechts erforderlich. Diese erfolgten unter gleichzeitiger Ausgliederung der knappschaftsrechtlichen Vorschriften aus dem Allgemeinen Berggesetz durch das **Knappschaftsgesetz vom 17. Juni 1914** [SächsGVOBl. S.171], das, sieht man von der Übernahme reichsgesetzlicher Vorschriften ab, nur wenige materielle Fortschritte brachte *(vgl. Wahle, 1915, S.236)*.

Sonstige Staaten

Während **Württemberg, Hessen** und **Elsaß-Lothringen** bis zum Ende des Kaiserreiches nicht über den Stand des preußischen ABG von 1865 hinausgelangten (ausgenommen jene Bereiche, in denen die Reichsversicherungsgesetzgebung direkt eingriff), haben verschiedene andere Staaten ähnliche Vorschriften wie Preußen erlassen, so z.B. das Herzogtum **Braunschweig** durch die Berggesetznovellen vom 23. Oktober 1909 [BraunG

GVOSlg. S.445] und 10. Dezember 1912 [BraunGVOSlg. S.681], das Herzogtum **Anhalt** durch das Knappschaftsgesetz vom 8. April 1914 [AnhaltGSlg. S.419], das Fürstentum **Schwarzburg-Rudolstadt** durch das Berggesetz vom 20. März 1894 [Schw Rudolst. GSlg. S.19], **Sachsen-Altenburg** durch die Berggesetznovelle vom 1. September 1896 [Altenb GSlg. S.89], **Sachsen-Meiningen** durch Gesetz vom 23. Dezember 1903 [MeinVOSlg. S. 177] und das Herzogtum **Waldeck** durch die Gesetze vom 5. Januar 1911 [Waldeck RegBl. S.107] und 30. Dezember 1912 [WaldeckRegBl. 1913, S.13] *(vgl. Müller-Erzbach, 1917, S. 443)*.

Während innerhalb der einzelnen Bundesstaaten in jener Zeit zumeist die Freizügigkeit hergestellt worden war, war der Wechsel eines Bergarbeiters von einem Land in ein anderes in bezug auf die Pensionsansprüche nach wie vor mit weitreichenden Nachteilen verbunden. Dieser Mangel führte schließlich zum sog. »Darmstädter Vertrag« vom 30. Oktober 1908, dem zahlreiche preußische und nicht-preußische Knappschaftsvereine beitraten, so daß ab 1909 für etwa 96% aller deutschen Knappschaftsmitglieder die volle Gegenseitigkeit bestand *(vgl. Steinbrinck/Reuß, 1912)*.

Quantitative Entwicklungen

Die Zersplitterung des Knappschaftswesens hatte auch zur Folge, daß eine umfassende und zuverlässige Reichsknappschaftsstatistik lange Zeit fehlte. Immerhin läßt sich festhalten, daß 1890 im Deutschen Reich noch 166 Knappschaftsvereine (75 davon in Preußen) bestanden. Nachdem die Zahl der Vereine bereits 1891 auf 139 zurückgegangen war, wurden 1912 nurmehr 111 gezählt. In diesem Zeitraum stieg allerdings die Mitgliederzahl von 466.366 auf 1.008.638. Die Zahl der bei Knappschaftskassen krankenversicherten Personen stieg von 376.786 (1885) auf 638.392 (1900) und auf 916.081 im Jahre 1914. Im Jahre 1912 entfielen auf 1.000 Mitglieder durchschnittlich 95 Invalide, 80 Witwen und 62 Waisen. An Unterstützungen wurden durchschnittlich ausgezahlt an den Invaliden 307,84 M, an die Witwe 135,63 M und an die Waise 37,20 M; insgesamt erhielten 95.442 Invaliden 29,38 Mio. M, 80.362 Witwen 10,9 Mio. M und 62.272 Waisen 2,3 Mio. M. In Preußen zählten im Jahre 1916 die 56 bestehenden Vereine zusammen 993.590 Mitglieder (1912: 65 Vereine mit 904.817 Mitgliedern). Das Durchschnittsalter der krankheitsinvaliden Arbeiter betrug im Jahre 1916 50,1 Jahre, das der unfallinvaliden Arbeiter 38,1 Jahre bei einem Durchschnittsdienstalter von 24,6 bzw. 13,6 Jahren und einer Durchschnittsjahrespension von 374,05 M bzw. 238,38 M. Den Einnahmen in Höhe von 108,4 Mio. M standen 1916 Ausgaben in Höhe von 91,7 Mio. M gegenüber *(vgl. Röpke, 1923, S. 728)*.

4. Soziale Sicherung der Beamten und ihrer Hinterbliebenen

4.1 Rechtsstellung der Beamten

Nachdem in verschiedenen deutschen Ländern bereits bis zur Mitte des 19. Jhdts. eine Kodifikation der Rechtsverhältnisse der Beamten erfolgt war, ergab sich mit der Reichsgründung die Notwendigkeit, auch für die beim Reich beschäftigten Beamten die Rechte und Pflichten gesetzlich zu regeln, zumal die Reichsverfassung vom 16. April 1871, die im wesentlichen aus der des Norddeutschen Bundes hervorgegangen war, keine Absicherung der »wohlerworbenen Rechte« der Beamten enthielt. Einen Ersatz hierfür bildete das **Reichsbeamtengesetz** (RBG) **vom 31. März 1873** [RGBl. S.61], das den Beamten gesetzliche Rechte garantierte (z. B. in § 3 die Lebenslänglichkeit, in den §§ 24 ff. die Inruhestandsetzung). Obwohl das preußische Beamtenrecht nie eine umfassende Kodifikation erfahren hat *(vgl. Beyerle, 1931, S. 9)*, war das RBG doch zu einem erheblichen Teil dem preußischen Beamtenrecht nachgebildet.

Das **RBG** enthielt in den §§ 1–23 allgemeine Vorschriften über Anstellungsbedingungen, die eidliche Verpflichtung, das Diensteinkommen, das Gnadenquartal, den Urlaub und die Versetzung. In den §§ 24–71 behandelte es die einstweilige Versetzung in den Ruhestand, die Entlassung sowie die Pensionierung. Die §§ 72–155 schließlich regelten Fragen des Dienstvergehens, das Disziplinarverfahren, die vorläufige Dienstenthebung sowie die Verfolgung vermögensrechtlicher Ansprüche. In **Preußen** bestimmten sich die

Rechtsverhältnisse der Beamten nach wie vor nach den Vorschriften des Disziplinargesetzes für die nichtrichterlichen Beamten vom 21. Juli 1852 [PrGS. S.465] i. V. m. den Bestimmungen des X.Titels des II.Theils des ALR. Verschiedene andere **Staaten** folgten dem Reich mit eigenen **Beamtengesetzen**, so z. B. Württemberg mit dem Beamtengesetz vom 28. Juni 1876 [WürttRegBl. S.211], Bayern mit dem Beamtengesetz vom 16. August 1908 [BayGVBl. S.581] und Baden mit dem Beamtengesetz vom 24. Juli 1888 [BadGVBl. S.399] sowie der Novelle vom 12. August 1908 [BadGVBl. S.365].

4. 2 Entwicklung des Besoldungswesens

Das RBG räumte den Beamten zwar einen Rechtsanspruch auf Besoldung und Pension ein, schwieg sich jedoch über Höhe und Berechnungsweise des Gehalts aus *(vgl. Till, 1979, S.192)*. Der einzige Besoldungsbestandteil, der für die Reichsbeamten durch Gesetz vom 30. Juni 1873 [RGBl. S.166] geregelt wurde, war der sog. **Wohngeldzuschuß** (geändert durch Gesetz vom 7. Juli 1902 [RGBl. S.239]). Der Zweck dieses Zuschusses bestand darin, unabhängig von der Dienstleistung des Beamten „der unterschiedlichen Preisentwicklung in den einzelnen Orten, die besonders in der verschiedenen Höhe der Mieten ihren Ausdruck fand" *(Heyneck, 1950, S.841)*, Rechnung zu tragen.

Das Grundgehalt, die eigentliche Besoldung der planmäßigen Beamten, wurde durch Etat festgesetzt. Ungeachtet entsprechender Forderungen aus Kreisen der Beamten sowie der Tatsache, daß insbesondere die Gehälter unterer und mittlerer Beamter kaum ausreichten, um eine mehrköpfige Familie zu ernähren, blieb der Familienstand nach wie vor bei der Festsetzung der Bezüge der Aktiv- und Ruhestandsbeamten unberücksichtigt. Lediglich bei wenigen marginalen Leistungen, wie der Umzugskostenentschädigung, wurde durch Abzüge für ledige Beamte vom Normalbetrag eine negative Differenzierung durchgeführt.

Hinsichtlich des **Besoldungssystems** dominierte sowohl im Reich wie bei den Ländern bis zum Ende des 19. Jhdts. das sog. **Gehaltsstufensystem** mit ursprünglich zumeist drei Gehaltsstufen (Ämter der unteren, mittleren und oberen Gehaltsstufe) in den einzelnen Besoldungsklassen.

Danach wurde einem Beamten je nach seinen Dienstjahren ein Amt der unteren, mittleren bzw. der oberen Stufe gegeben. Junge Beamte mußten anfangs in der unteren Stufe beginnen; hierbei war vorgesehen, daß sie im Alter von 50 Jahren in die obere Gehaltsstufe aufgestiegen sein sollten. Allerdings war dieses Aufsteigen davon abhängig, „daß eine Vakanz vorhanden war, daß also der Vordermann, sei es durch Versetzung in ein höheres Amt oder durch Pensionierung oder durch Todesfall, dem auf den Eintritt der Vakanz wartenden Nachfolger Platz machte. Aber der Abgang vollzog sich natürlich nicht immer mit der Regelmäßigkeit, die bei der Einstellung des Nachwuchses vorausgesetzt werden mußte; und so fand das beabsichtigte Aufrücken in die höheren Gehaltsstufen in der Wirklichkeit keineswegs allgemein statt" *(Hintze, 1981, S.60)*. In Schwierigkeiten geriet dieses System spätestens, als sich das Beamtentum im 19. Jhdt. stark vermehrte und sich als Folge davon Zu- und Abgänge nicht mehr ausglichen. Vielfach stagnierten die Gehälter über lange Zeit, und die Beamten erreichten erst in sehr hohen Jahren das Höchstgehalt. Umgekehrt war es – bei entsprechender altersmäßiger Zusammensetzung des Verwaltungskörpers – aber auch möglich, daß ein Beamter schon in sehr jungen Jahren in die höchste Gehaltsstufe gelangte. Generell führte dies dazu, daß der Beamte kaum eine Möglichkeit besaß, seine Gehaltsentwicklung im voraus zu berechnen *(vgl. Heyneck, 1950, S.840)*.

4. 2. 1 Übergang zum Dienstaltersstufensystem

Die zahlreichen Unzulänglichkeiten des Gehaltsstufensystems führten zu **Unzufriedenheit** und dem Verlangen nach Beseitigung der Zufälligkeiten in der Besoldungsentwicklung. Neben der Besoldungshöhe war die Besoldungsstruktur ein wesentlicher Faktor bei der Bildung der ersten organisatorischen **Zusammenschlüsse der Beamtenschaft** *(vgl. Völter, 1932, S.12; Heyneck, 1950, S.840)*. Vor allem aus haushaltspolitischen Gründen zögerten die meisten Regierungen allerdings zunächst, von dem traditionellen Besoldungssystem abzugehen. Als erstes Land stellte Bayern durch die Verordnungen vom 12. Dezember 1868 und 23. Mai 1872 sein Besoldungssystem auf **Dienstaltersaufrückungen** um. Nachdem zunächst v. a. kleinere und mittlere Staaten diesem Beispiel gefolgt waren, führten endlich auch Preußen (1889–93) und das Reich (1893–95) sukzessive das **Dienstaltersstufensystem** ein *(vgl. Lotz, 1909, S.606ff.)*.

Das Dienstaltersstufensystem kennzeichnete sich durch Besoldungsgruppen mit aufsteigenden Gehältern. Diese sahen neben dem niedrigsten Betrag des Anfangsgrundgehalts eine gewisse Reihe von stufenweise sich erhöhenden Grundgehältern vor. Den höchsten Satz in jeder Gruppe bildete das Endgehalt. Dazwischen lagen die Gehälter nach sog. Dienstaltersstufen. Wesentlich war dabei, daß der Beamte nunmehr in bestimmten festen Zeitabschnitten in den Dienststufen aufrückte. Hatte der Beamte das Endgehalt erreicht, verblieb er auf diesem Niveau bis zur Beendigung seiner Dienstzeit, es sei denn, er rückte durch Beförderung in eine höhere Besoldungsgruppe auf.

Bei diesem Dienstaltersstufensystem waren das Anfangs- und Endgrundgehalt, die Zahl der Dienstaltersstufen, die Aufrückfrist sowie das sog. Besoldungsdienstalter von zentraler Bedeutung. Hinsichtlich dieser verschiedenen **Elemente des Besoldungssystems** galten für die Reichsbeamten sowie die Beamten der einzelnen Länder recht unterschiedliche Regelungen.

Während die bayerische Besoldungsordnung die Vorrückung ursprünglich in sechs-, ab 1872 grundsätzlich in fünfjährigen Zeiträumen vorsah, wurden planmäßigen Beamten des Reiches »bei befriedigendem Verhalten« und »ohne Zugeständnis eines Rechtsanspruchs« Dienstalterszulagen im Abstand von 3 Jahren gewährt. Ebenfalls sehr unterschiedlich war die Zahl der Dienstaltersstufen; Unterschiede gab es hier nicht nur zwischen den einzelnen Ländern, sondern auch zwischen den verschiedenen Besoldungsgruppen. So ging z. B. die 1909 erlassene Reichsbesoldungsordnung je nach Besoldungsgruppe von 5 bis 11 Stufen aus. In der Mehrzahl der Besoldungsgruppen bedeutete dies, daß das Endgehalt nach einer Dienstzeit zwischen 21 und 27 Jahren erreicht wurde. Mit der Umstellung des Gehaltssystems einher gingen Bestrebungen, die Zahl der Besoldungsgruppen bzw. -klassen, die meist zufällig und allmählich entstanden waren, zu reduzieren. Trotz einer Verringerung wies die Reichsbesoldungsordnung von 1909 allerdings immer noch 180 Gehaltsklassen, darunter 82 Gruppen mit aufsteigenden Gehältern, auf.

4.2.2 Besoldungsentwicklung

Die Einführung des Dienstaltersstufensystems bedeutete zwar eine strukturelle Verbesserung des Besoldungssystems, die **Höhe der Besoldung** sowie ihre **Anpassung** an sich verändernde wirtschaftliche Verhältnisse blieb nach wie vor ein Problem. Sowohl im Reich wie in den Ländern war die Höhe der Besoldung nicht gesetzlich festgelegt; die Gehälter der planmäßigen Beamten wurden vielmehr alljährlich durch die Haushalte festgesetzt. Abgesehen davon, daß bei der jährlichen Beschlußfassung über die Höhe der Gehälter der Beamten die jeweilige **Finanz- und Haushaltssituation** eine wesentliche Rolle spielte, bot dieses Verfahren eine sehr geringe Rechtssicherheit *(vgl. Völter, 1932, S.12)*. Im Etat festgelegt wurde lediglich die Höhe der Anfangs- und Endgehälter; weitere Einzelheiten, wie z. B. die Höhe der Aufrückungsbeträge in den einzelnen Stufen oder die Berechnung des Besoldungsdienstalters, blieben dagegen der Regelung durch **Verwaltungsverordnungen** überlassen.

Die tatsächliche Entwicklung der Besoldung führte in dieser gesamten Periode fast durchgängig zu einer erheblichen Unzufriedenheit unter den Beamten, da ungeachtet einiger Besoldungsanpassungen „die wirtschaftlichen und gesellschaftlichen Veränderungen der Beamtenbesoldung allmählich davon(-eilten)“ *(Till, 1979, S.192)*. Die verschiedenen, allerdings vielfach nur für bestimmte Besoldungsgruppen vorgenommenen Gehaltsaufbesserungen seit der Reichsgründung reichten allenfalls dazu aus, vorangegangene Verteuerungen der Lebenshaltung aufzufangen. Eine „automatische Anpassung der vermögensrechtlichen Leistungen, wie sie erst im 20. Jahrhundert im Gefolge der Tarifpolitik üblich wurde, war damals noch unbekannt“ *(Till, 1979, S.192)*. Nach einer allgemeinen, durchschnittlich 15 %igen Besoldungserhöhung im Jahre 1872 kam es in Preußen und im Reich erst 1891 wieder zu einer deutlichen Aufbesserung der Bezüge, in deren Genuß allerdings im wesentlichen nur die unteren Beamten gelangten (Erhöhung um durchschnittlich 13 %). Dagegen wurden die Bezüge der mittleren und oberen Beamten erst 1897 um durchschnittlich 10 % erhöht *(vgl. Lotz, 1909, S.598ff.)*. Anstelle genereller Besoldungsanpassungen wurde sowohl im Reich wie in den Ländern immer häufiger dazu übergegangen, die durch die Besoldungspolitik eingetretenen Mißverhältnisse behelfsmäßig dadurch auszugleichen, daß eine „Vielzahl von Zulagen, allgemeine oder spezielle für bestimmte Berufsgruppen, einmalig oder laufend" *(Till, 1979, S.192; vgl. Völter, 1932, S.12)* gewährt wurden, um den notdürftigsten Unterhalt der Beamten sicherzustellen. Von diesem Instrument wurde in einer derart inflationären Weise Gebrauch gemacht, daß 1909 schließlich allein im Reich 2.200 verschiedenartige Zulagen mit einem Gesamtvolumen von 28 Mio. M gezahlt wurden *(vgl. Völter, 1932, S.13)*.

4.2.3 Reichsbeamtenbesoldungsgesetz von 1909

Einen **Fortschritt** im Besoldungswesen und den „endgültigen Übergang von der etat und verordnungsmäßigen Festlegung der Beamtenbezüge zu den von den Parlamenten beschlossenen Besoldungsgesetzen" *(Till, 1979, S.206; vgl. Völter, 1932, S.13f.; Heyneck, 1950, S.842ff.)* brachte das erste **Reichsbeamtenbesoldungsgesetz (RBBG) vom 15. Juli 1909** [RGBl. S.573], das rückwirkend mit dem 1. April 1908 in Kraft getreten war.

Hauptanlaß für die mit diesem Gesetz durchgeführte Besoldungsreform war wiederum die fortschreitende Teuerung, die zu einer drastischen Verschlechterung der wirtschaftlichen Lage der Beamten führte und eine allgemeine Erhöhung der Beamtengehälter unumgänglich machte. Während die Lebenshaltungskosten zwischen 1897 und 1908 um etwa 20 % und die Arbeiterlöhne um rd. 30 % gestiegen waren, hatten die Beamtenbezüge in dieser Zeit keine nennenswerte Veränderung erfahren. Nachdem massiven Gehaltsforderungen zunächst abermals mit der Gewährung einer einmaligen Zulage für die Jahre 1907 und 1908 (100–150 M für untere und mittlere Beamte) begegnet worden war, entschloß man sich 1908 endlich, eine größere Besoldungsreform durchzuführen.

Das schließlich erlassene Reichsbeamtenbesoldungsgesetz brachte eine unmittelbare Erhöhung der Gehälter (im Durchschnitt jährlich 200 M für untere, 200–500 M für obere und 600–1.000 M für höhere Beamte) sowie der Sätze für den Wohngeldzuschuß. Noch entscheidender war allerdings, daß mit diesem Gesetz erstmals nicht nur die Grundgehälter in ihren Anfangs- und Endbeträgen, sondern auch die Aufrückungsstufen und Fristen zusammen mit dem Wohngeldzuschuß gesetzlich geregelt wurden. Ohne von den bis dahin entwickelten Grundsätzen wesentlich abzugehen, wurden in das Gesetz außerdem die wichtigsten Vorschriften über das Besoldungsdienstalter, über die Anrechnung der Diätardienstzeit, über die Aufrückung in den Dienstaltersstufen sowie über die Anrechnung der Militärdienstzeit aufgenommen. Bestehen blieb hingegen die Regelung, wonach die Bezüge der nichtplanmäßigen Beamten durch Verordnung des Reichskanzlers festgesetzt wurden (§ 13 RBBG).

Das Reichsbeamtenbesoldungsgesetz von 1909 erfuhr zwar in den Jahren bis zum Ersten Weltkrieg noch zahlreiche **Änderungen**, in seiner Grundstruktur wurde das Besoldungssystem dadurch jedoch nicht verändert.

4.3 Regelungen zur Versorgung der Beamten

4.3.1 Versorgungsregelungen der Reichsbeamten

Das RBG regelte nicht nur das Dienstverhältnis und die Gehaltsansprüche der aktiven Beamten, sondern brachte auch eine grundlegende Neuordnung des **beamtenrechtliche Altersversorgungssystems**. Auch bei den Bestimmungen über die Pensionierung stützte sich das RBG weitgehend auf die kurz vorher im Preußischen **Zivilruhestandsgesetz vom 27. März 1872** [PrGS. S.268] getroffenen Regelungen, wodurch sich einmal mehr der starke Einfluß Preußens im neu geschaffenen Deutschen Reich zeigte *(vgl. Ruland, 1983, S.81)*. Wesentlich an beiden Gesetzen war, daß den Beamten ein Rechtsanspruch auf eine lebenslange Versorgung aus der Staatskasse eingeräumt wurde, und zwar ohne daß die Beamten mit eigenen Beiträgen herangezogen wurden *(vgl. Till, 1979, S.290f.; Hintze, 1981, S.43)*.

Einen Anspruch auf lebenslängliche Pension hatten gem. § 34 RBG unmittelbare Staatsbeamte, wenn sie eine Dienstzeit von wenigstens 10 Jahren zurückgelegt hatten. Mittelbaren und widerruflichen Beamten stand lediglich eine Pension nach dem Ermessen des Dienstherrn und bei Bedürftigkeit zu (§ 39). Die Höhe des Ruhegehalts betrug nach vollendetem 10. Dienstjahr 20/80 und stieg von da ab mit jedem weiteren Dienstjahr um 1/80 bis zu einem Betrag von höchstens 60/80 des von dem Beamten zuletzt bezogenen gesamten Diensteinkommens. Der Höchstbetrag wurde nach 50 Dienstjahren erreicht, wobei gem. § 48 Dienstzeiten vor dem 18. Lebensjahr bei der Berechnung der ruhegehaltsfähigen Dienstzeit außer Betracht blieben. Als Dienstzeit anzurechnen waren jedoch Zeiten des Wartestandes, Militärdienstzeiten sowie bestimmte Zeiten einer praktischen, für den späteren Dienst erforderlichen Beschäftigung außerhalb des Reichs- und Staatsdienstes. In den endgültigen Ruhestand versetzt werden konnten ursprünglich nur die unwiderruflich angestellten Beamten bei Dienstunfähigkeit. Daneben gab es die Möglichkeit, Reichsbeamte in den sog. Wartestand zu versetzen. Das während dieser Zeit gewährte Wartegeld entsprach bei Gehältern bis zu 150 RThl. dem bisherigen Diensteinkommen; Bezieher darüberliegender Gehälter erhielten 3/4 des Aktivgehalts, mindestens 150 und höchstens 300 RThl. (§§ 24 ff.).

Erneut dem preußischen Beispiel folgend, wurden durch **Abänderungsgesetz vom 21. April 1886** [RGBl. S.80] auch für die Reichsbeamten die Pensionsbestimmungen in wesentlichen Punkten geändert. Gemäß den neu ins RBG eingefügten §§ 34 a und 60 a konnten Beamte, die das 65. Lebensjahr vollendet hatten, auch ohne Vorliegen der **Dienstunfähigkeit** ihre Versetzung in den Ruhestand beantragen bzw. gegen ihren Willen in diesen versetzt werden. Verbunden mit dieser Neuregelung war eine Änderung des **Berechnungsmodus des Ruhegehalts**. Die Pension betrug fortan 15/60 nach 10 Dienstjahren und stieg je weiterem Dienstjahr um 1/60 bis zum Höchstbetrag von 45/60 nach einer Dienstzeit von 40 Jahren. Allerdings wurde zugleich der frühestmögliche Beginn der ruhegehaltsfähigen Dienstzeit vom 18. auf das 21. Lebensjahr hinausgeschoben (§ 48 Abs.1).

Eine weitere Änderung erfuhr das RBG durch eine **Novelle vom 17. Mai 1907** [RGBl. S. 201]. In diesem Zusammenhang wurde das RBG unter dem 18. Mai 1907 in einer Neufassung bekanntgemacht [RGBl. S.245]. Den Kern der Änderungen bildeten abermals die **Stufung des Steigerungssatzes** sowie der Beginn der **ruhegehaltsfähigen Dienstzeit**.

Nunmehr belief sich das Ruhegehalt nach 10 Dienstjahren auf 20/60 des zuletzt bezogenen Diensteinkommens und stieg um je 1/60 bis zum vollendeten 30 Dienstjahr; anschließend brachte jedes weitere Dienstjahr nur noch einen Anstieg um 1/120. Zur Erreichung des Höchstsatzes von 75 % waren zwar weiterhin 40 Dienstjahre erforderlich, erreichbar war dieser jedoch bereits mit 58 Jahren, da der Beginn der ruhegehaltsfähigen Dienstzeit wieder auf den Beginn des 18. Lebensjahres zurückverlegt wurde. Günstiger gestellt wurden durch diese Regelung v. a. jedoch Beamte, die bereits in jüngeren Jahren infolge Dienstunfähigkeit in den Ruhestand gehen mußten. Kriegsteilnehmer konnten die Höchstpension sogar noch früher erreichen, da Kriegsdienstzeiten i. a. doppelt angerechnet wurden.

4. 3. 2 Ruhegehaltsregelungen in den Ländern

Analog zu den Besoldungsordnungen waren auch die Pensionsregelungen in den einzelnen Ländern teilweise sehr unterschiedlich ausgestaltet. In nahezu völliger Übereinstimmung mit den für die Reichsbeamten geltenden Pensionsbestimmungen entwickelten sich die Vorschriften in **Preußen**, dessen Zivilruhestandsgesetz vom 27. März 1872, wie schon erwähnt, als Vorbild für die entsprechenden Regelungen des RBG gedient hatte. Im Gegensatz zum Reich führte Preußen allerdings schon durch **Gesetz vom 31. März 1882** [PrGS. S.133] die Möglichkeit ein, Beamte nach Vollendung des 65. Lebensjahres ohne besonderes Verfahren und gegen ihren Willen in den Ruhestand zu versetzen, und gewährte diesen das Recht, ab diesem Alter unabhängig von der Dienstfähigkeit die Pensionierung zu verlangen. Wie später im Reich, war die Neuregelung mit einer Umgestaltung der Steigerungssätze verbunden *(vgl. Lotz, 1909, S.607f.)*. Fast gleichzeitig – und inhaltlich nahezu identisch mit dem Reich – änderte Preußen die Pensionsvorschriften durch **Gesetz vom 27. Mai 1907** [PrGS. S.95].

Bayern dagegen folgte zunächst nicht der Entwicklung im Reich und beließ es bis in die 90er Jahre im wesentlichen bei den schon in der Hauptlandespragmatik entwickelten Grundsätzen. Eine nennenswerte Neuerung erfolgte hier erst durch die Kgl. Verordnung vom 26. Juni 1894 [BayGVBl. S.321], mit der den wegen Dienstunfähigkeit aus dem Dienst ausgeschiedenen nichtpragmatischen Beamten und Bediensteten »im Falle des Wohlverhaltens« erstmals ein Pensionsanspruch eingeräumt wurde. Grundlegend reformiert wurden die Pensionsvorschriften durch das **Beamtengesetz vom 15. August 1908** [BayGVBl. S.581].

Anstelle früherer Unterscheidungen differenzierte dieses Gesetz zwischen »etatmäßigen« und »nicht-etatmäßigen« Beamten. Das Dienstverhältnis letzterer war grundsätzlich widerruflich; im Gegensatz zu den etatmäßigen Beamten, die einen Pensionsanspruch besaßen, konnte ihnen lediglich unter bestimmten Voraussetzungen (z. B. Dienstunfähigkeit) ein Ruhegehalt bewilligt werden. Im übrigen zeigten die Vorschriften in bezug auf die Pensionierung eine deutliche Annäherung an die reichsgesetzlichen Regelungen. Auch in Bayern bestand nunmehr die Möglichkeit, den Beamten mit Vollendung des 65. Lebensjahres auf eigenen Wunsch hin oder von Amts wegen in den Ruhestand zu versetzen (Artt. 47 f.). Das Ruhegehalt betrug für die ersten 10 Dienstjahre 35 %, stieg in den folgenden 10 Jahren um 2 % jährlich und von da an jährlich um ein Prozent des zuletzt bezogenen Gehalts (Art. 39 Abs.2). Die Höchstgrenze war mit 75 % erreicht (Art.52). Ruhegehaltsfähig war die gesamte Dienstzeit, die Ernennung zum etatmäßigen Beamten war jedoch erst mit Vollendung des 21. Lebensjahres möglich *(vgl. Ruland, 1983, S.82f.)*.

Wiederum anders verlief die Entwicklung in **Sachsen**, wo die seit 1835 geltenden Pensionsvorschriften durch **Gesetz vom 3. Juni 1876** [SächsGVOBl. S.239] weiterentwickelt und dabei die erst später im Reich und in Preußen eingeführten Regelungen vorweggenommen wurden (insb. die Möglichkeit der Inruhestandsetzung nach Vollendung des 65. Lebensjahres durch die Anstellungsbehörde bzw. auf Wunsch des Beamten). Auffallend war hier zudem die Eigentümlichkeit der Ruhegehaltsberechnung: Nach erfülltem 10., doch vor erfülltem 15. Dienstjahr gab es 30 %., für die nächsten beiden Jahre 2 % mehr; in den nächsten 8 Jahren stieg der Prozentsatz um jeweils 2 % auf 48 %; danach 7 Jahre lang jeweils um 3 %, so daß nach dem 32. Dienstjahr 71 % erreicht waren, danach 2 Jahre um 2 % und die letzten 4 Jahre dann wiederum nur noch um ein Prozent. Schließlich war nach dem 40. Dienstjahr der Höchstsatz von 80 % des zuletzt bezogenen Gehalts erreicht (§ 38 Abs.2) *(vgl. Ruland, 1983, S.84)*.

4. 4 Entwicklung der Hinterbliebenenversorgung

Im Gegensatz zu den Neuregelungen für die Aktiv- und Ruhestandsbeamten erfolgte in den ersten Jahren des Kaiserreiches die Versorgung der Hinterbliebenen verstorbener Beamter noch ganz überwiegend mittels **Hinterbliebenenversicherungskassen**, in die die Beamten eigene Beiträge einzuzahlen hatten. Auch das RBG von 1873 sah als einzige Leistung an Hinterbliebene in § 7 lediglich den Anspruch auf das sog. »Gnadenquartal« vor. Obgleich die völlig unzureichende Versorgung der Beamtenwitwen durchaus anerkannt und seit 1872 nahezu jährlich im Reichstag eine gesetzliche Regelung dieser Frage gefordert wurde *(vgl. Jacob, 1971, S.61)*, dauerte es noch gut 10 Jahre, bis mit dem **Beamtenhinterbliebenengesetz (BHG) vom 20. April 1881** [RGBl. S.85] eine einheitliche und umfassende Regelung der Versorgung von Witwen und Waisen verstorbener Beamter erfolgte. Preußen folgte dem Reich mit dem kurze Zeit später verabschiedeten **Gesetz betr. die Fürsorge für die Witwen und Waisen der unmittelbaren Staatsbeamten vom 20. Mai 1882** [PrGS. S.298].

Mit diesem Gesetz entschied man sich zwar gegen das Witwenkassensystem und für **staatliche Witwenpensionen** sowie eine Koppelung von Beamten- und Witwenversorgung, eine echte Reform der Versorgung brachte es aber zunächst noch nicht *(vgl. Jacob, 1971, S.67ff.)*. Sowohl das BHG wie das preußische Hinterbliebenenfürsorgegesetz (HFG) lasteten den Beamten eine Teilfinanzierung der Witwenpensionen an, indem die Beamten bei **Beitrittszwang** 3 % ihres Gehalts als **Beitrag** zu entrichten hatten (§ 3). Beitragspflichtig waren gem. § 1 Beamte (einschl. Unverheiratete), deren Hinterbliebene Anspruch auf Versorgung hatten. Einbezogen waren allerdings auch Beamtinnen, obwohl eine Witwerpension im Gesetz nicht vorgesehen war. **Finanziert** wurden die Ausgaben der Hinterbliebenenversorgung durch diese Beiträge und darüber hinaus zu etwa ⅔ durch **Staatszuschüsse**. Erst durch das **Reichsgesetz vom 5. März 1888** [RGBl. S.65] sowie das preußische Gesetz vom 28. März 1888 [PrGS. S.48] entfiel mit Wirkung vom 1. 4. 1888 an die **Beitragspflicht** *(vgl. Ambrosius, 1950, S.100)*. In Württemberg waren Beiträge zur Witwenkasse sogar bis 1907 zu zahlen *(vgl. Lotz, 1909, S.620)*.

Die mit dem BHG geschaffene Hinterbliebenenversorgung gewährte keine angemessene Unterhaltssicherung, sondern garantierte der Witwe lediglich eine ihre »Subsistenz« sichernde Mindesteinnahme. Entsprechend wurde davon ausgegangen, daß sich Witwen niedriger und mittlerer Beamter ihren Unterhalt primär durch eigene Erwerbstätigkeit sichern. Tatsächlich hatte das **Witwengeld** infolge seiner geringen Höhe (1/3 der Pension, § 9) allenfalls **Zuschußcharakter** *(vgl. Jacob, 1971, S.68)*. Im übrigen gab es für das Witwengeld eine Untergrenze, die sich auf 160 M belief, sowie eine Obergrenze, die bei jährlich 1.600 M lag. Halbwaisen erhielten ein **Waisengeld** in Höhe von 1/5, Vollwaisen in Höhe von 1/3 des Witwengeldes. Nicht zuletzt um den Kreis der **anspruchsberechtigten Hinterbliebenen** möglichst klein zu halten, war die Gewährung der Leistungen an verschiedene einschränkende Bedingungen geknüpft.

Anspruchsberechtigt für Witwengeld war nur jene Witwe, deren Mann bei seinem Tode pensionsberechtigt war (§ 7 i.V. m. § 1 I). Nicht witwengeldberechtigt waren z. B. Witwen von Widerrufsbeamten, von Beamten, die bei ihrem Tode die Wartezeit noch nicht erfüllt hatten oder aus disziplinarischen Gründen aus dem Dienst entlassen worden waren. Kein Witwengeld erhielten ferner Witwen, die einen Beamten erst nach dessen Pensionierung geheiratet hatten (§ 13 II). Eine Versagung des Witwengeldes war weiterhin bei sog. »Versorgungsehen« (Eheschluß innerhalb von 3 Monaten vor dem Tod des Beamten) möglich (§ 13 I). Schließlich wurde das Witwengeld erheblich gekürzt, wenn zwischen dem Beamten und seiner Ehefrau ein Altersunterschied von mehr als 15 Jahren bestanden hatte (§ 12). Bei Wiederverheiratung ging der Witwengeldanspruch verloren (§ 18 Ziff.1). Ebenfalls keinen Anspruch konnte die geschiedene Ehefrau geltend machen, selbst wenn sie bei Lebzeiten des Beamten unterhaltsberechtigt war.

Nachdem 1888 die Beitragspflicht weggefallen war und sich auch bei der Hinterbliebenenversorgung der Alimentationsgedanke durchgesetzt hatte, konzentrierten sich die weiteren Bemühungen der Beamten und ihrer Verbände in der Folgezeit vor allem darauf, über eine Erhöhung des Witwengeldes einer **angemessenen Unterhaltssicherung** näher zu kommen. Aufgrund der Abhängigkeit des Witwengeldes von der Pension und dem dieser zugrundeliegenden Gehalt führten die zahlreichen nach Erlaß des BHG von 1881 vorgenommenen Gehaltsaufbesserungen zwar indirekt auch zu einer Erhöhung der jeweiligen Witwengelder, eine strukturelle Verbesserung erfolgte durch sie jedoch nicht. Etwas grundlegendere Auswirkungen hatte da schon die Novelle des RBG vom 21. April 1886 *(vgl. S.125)* und die darin vorgenommene Neuregelung des für das Ruhegehalt maßgeblichen Steigerungssatzes. Statt wie bisher nach 50 Dienstjahren wurde nunmehr der Höchststand der Pension und damit des Witwengeldes bereits nach 40 Jahren erreicht. Allerdings konnte auch dies nicht verhindern, daß sich die soziale Lage der Beamtenwitwen zunehmend verschlechterte und sich immer deutlicher die **Unzulänglichkeit der Witwenversorgung** offenbarte.

Zu einer **direkten Anhebung** der Witwengeldbezüge sowie zu kleineren Neuregelungen kam es erst kurz vor Ende des Jhdts. Das **Ergänzungsgesetz vom 17. Mai 1897** [RGBl. S.455] brachte neue Mindest- und Höchstgrenzen (216 bzw. 3.000 M jährlich) und erhöhte das Witwengeld generell auf 40% der Pension. Außerdem wurde für den Fall der Kürzung des Witwengeldes bei wesentlich jüngeren Ehefrauen eine Berücksichtigung der Ehedauer eingeführt (nach 5 Ehejahren wurde für jedes weitere Jahr 1/20 zum Witwengeld hinzugezählt).

Eine grundlegende Veränderung der als unzureichend angesehenen Verhältnisse trat indessen weder durch das Ergänzungsgesetz von 1897 noch durch das neue **Beamtenhinterbliebenengesetz vom 17. Mai 1907** [RGBl. S.208] ein. Letzteres Gesetz war u.a. notwendig geworden, um gewisse formelle Mängel des bestehenden Gesetzes zu eliminieren; zugleich sollten Witwen- und Waisengeld erhöht und eine Gleichstellung der Zivilwitwen mit den teilweise bessergestellten Offizierswitwen hergestellt werden.

Entgegen manchen Hoffnungen änderte sich an der bestehenden Rechtslage materiell jedoch nur sehr wenig. Neben der Erhöhung der Mindest- und Höchstgrenzen (300 bzw. 3.000 M, in bestimmten Fällen 5.000 M jährlich) brachte das Gesetz eine Besserstellung der erheblich jüngeren Witwen (statt um 1/20 erhöhte sich das gekürzte Witwengeld nunmehr um 1/10 pro Jahr nach mindestens 5-jähriger Ehebestandsdauer). Ferner bestimmte das Gesetz eindeutig, daß Anspruch auf Witwengeld die Witwe eines Beamten hatte, der bei seinem Tode pensionsberechtigt war (bis dahin richtete sich der Anspruch noch nach der Beitragspflichtigkeit des Beamten, ungeachtet dessen, daß diese bereits 1888 entfallen war).

5. Sozialpolitische Regelungen im Arbeitsbereich

5. 1 Entwicklung des Arbeiterschutzes und der Gewerbeordnung

Im Bereich des **Arbeiterschutzes** und des **Gewerberechts** brachte die Reichsgründung insofern einen Fortschritt, als die **Gewerbeordnung für den Norddeutschen Bund vom 21. Juni 1869** *(vgl. S.55f.)* kraft Reichsverfassung nach und nach auch in den übrigen Bundesstaaten eingeführt werden mußte, in denen die staatliche Sozialpolitik meist weniger entwickelt war, teilweise überhaupt nicht bestand *(vgl. Syrup/Neuloh, 1957, S. 72f.)*. Abgesehen davon, daß damit endlich **reichseinheitliche Vorschriften** existierten, war der durch die Gewerbeordnung geschaffene Zustand aus unterschiedlichen Motiven für verschiedene Kreise unbefriedigend. Während die Unternehmer die zaghaften Schutzbestimmungen bereits als beengend empfanden, forderten andere einen deutlich weitergehenden Schutz der Arbeiter, namentlich der in den Fabriken beschäftigten Frauen und Jugendlichen gegen sonntägliche Arbeit und übermäßige Beschäftigung. Nach wie vor jedoch dominierte der **Liberalismus** die Wirtschaftspolitik, so daß seitens der Regierung zunächst keine Initiativen zugunsten von Verbesserungen des Arbeiterschutzes zu erwarten waren *(vgl. auch Volkmann, 1968)*.

5.1.1 Maßnahmen in den ersten Jahren des Kaiserreiches

Die **ablehnende Haltung des Staates** gegenüber gesetzlichen Maßnahmen zur **Regelung der Arbeitsbedingungen** stieß jedoch bald schon nicht mehr allein auf den Widerstand der **Arbeiterorganisationen**, sondern sah sich in zunehmendem Maße auch mit der Kritik aus bürgerlichen Kreisen konfrontiert. Insbesondere seit den 60er Jahren hatte der Arbeiterschutzgedanke durch eine sozialpolitisch-ethische Nationalökonomie und die Kräfte, die sich 1872 im »**Verein für Socialpolitik**« zusammengefunden hatten, eine lebhafte Förderung erfahren. Auf Anregung des Vereins für Socialpolitik forderte der Reichstag in einem Beschluß vom 30. April 1873 den Reichskanzler zu einer **Enquête** darüber auf, ob ein Ausbau des Arbeiterschutzes angemessen und notwendig sei. Die Ergebnisse dieser 1874/75 durchgeführten Enquête, aber auch das fortgesetzte Drängen des Reichstages führten schließlich zur Vorlage eines Gesetzentwurfes zur Abänderung des für den Arbeiterschutz maßgebenden Titels VII der Gewerbeordnung.

Das **Gesetz betr. die Abänderung der Gewerbeordnung vom 17. Juli 1878** [RGBl. S. 199], dem erhebliche Kontroversen zwischen Reichstag und Reichsregierung vorausgegangen waren, brachte letztlich nur geringfügige Fortschritte. So sehr sich BISMARCK für die Sozialversicherungsgesetzgebung stark machte, so entschieden wandte er sich gegen jegliche Ausweitung des betrieblichen Schutzes der Arbeiter. Die Reformen des Gesetzes galten daher v. a. den **jugendlichen Arbeitern**. Neben einer strengeren Ordnung des **Lehrverhältnisses** und einer Verallgemeinerung des **Truckverbots** führte es für alle Arbeiter unter 21 Jahren **obligatorische Arbeitsbücher** ein (§§ 107–114). Ferner brachte das Gesetz die obligatorische **Fabrikinspektion** und gewährte den hierfür vorgesehenen Beamten das Recht zur jederzeitigen Revision der Fabriken (§ 139 b). Hinsichtlich des **Frauenarbeitsschutzes** enthielt es aber nur die Bestimmung, wonach Wöchnerinnen während drei Wochen nach der Niederkunft nicht beschäftigt werden durften (§ 135 Abs.5).

Außerdem wurde der Bundesrat in § 139 a ermächtigt, »die Verwendung von jugendlichen Arbeitern sowie von Arbeiterinnen für gewisse Fabrikationszweige, welche mit besonderen Gefahren für Gesundheit und Sittlichkeit verbunden sind«, gänzlich zu untersagen oder von besonderen Bedingungen abhängig zu machen. Insbesondere sollte die Nachtarbeit von Arbeiterinnen untersagt werden können. Ebenso war der Bundesrat gemäß § 120 Abs.3 berechtigt, für alle Fabrikbetriebe reichseinheitliche Gefahrenschutzvorschriften zu erlassen. Schließlich wurde die Fabrikgesetzgebung mit diesem Gesetz auf alle mit Dampfkraft arbeitenden Betriebe, auf Hüttenwerke, Bauhöfe und Werften ausgedehnt.

Die **sozialreformerischen Kräfte** hielten diese Verbesserungen längst nicht für ausreichend, zumal in bezug auf die **Sonntagsruhe** und den **Frauenarbeitsschutz**. Obgleich fortan von Session zu Session im Reichstag regelmäßig Anträge auf Erweiterung des Arbeiterschutzes eingebracht wurden, scheiterten alle Bemühungen am **hartnäckigen Widerstand der Reichsregierung**. Selbst zwei in der 7. Legislaturperiode (1887/88) vom Reichstag angenommene Gesetzentwürfe, von denen der eine eine Verstärkung des Frauen- und Kinderarbeitsschutzes und der andere eine erhebliche Beschränkung der Sonntagsarbeit vorsahen, blieben wegen der fehlenden Zustimmung des Bundesrates ohne Erfolg. Die Regierung, allen voran BISMARCK, „fürchtete, durch weiteren Ausbau des Arbeitnehmerschutzes die Wettbewerbsfähigkeit der jungen deutschen Industrie zu beeinträchtigen, und lehnte deshalb alle Anträge auf Erweiterung des Arbeitnehmerschutzes unter Hinweis auf die großen Fortschritte auf dem Gebiet der Sozialversicherung ab" *(Hueck/Nipperdey, 1960, S. 741)*.

Die Gewerbeordnung erfuhr aber nicht nur hinsichtlich des Arbeiterschutzes eine – wenn auch sehr begrenzte – Fortentwicklung, auch die Bestimmungen über die **Konzessionie-**

rung von Gewerben, das **Innungswesen** sowie das handwerkliche **Lehrlingswesen** wurden schon bald nach der Reichsgründung mehrfach abgeändert und ergänzt. Maßgebend für diese Änderungen war ein Umschwung in den wirtschaftlichen Anschauungen, der sich in einer Abkehr vom uneingeschränkten Liberalismus hin zu einem **gemäßigten Protektionismus** ausdrückte. Dies zeigte sich nicht zuletzt in Bestrebungen, einerseits im öffentlichen Interesse die Freiheit des Gewerbebetriebes in höherem Maße zu beschränken und andererseits das Handwerk im Wettbewerb mit den Großbetrieben stärker zu schützen *(vgl. Nelken, 1906, S.25).*

Einschränkungen der Gewerbefreiheit brachte zunächst ein Gesetz vom 2. März 1874 [RGBl. S.19], durch welches das Verzeichnis der einer besonderen Genehmigung bedürfenden Anlagen erweitert wurde.

In der Folgezeit wurde dieses Verzeichnis durch Bundesratsbeschlüsse dem jeweiligen Stand der industriellen Entwicklung angepaßt. Darüber hinaus wurde durch Gesetz vom 23. Juli 1879 [RGBl. S. 267] der Gewerbebetrieb der Unternehmer von Privatkranken- und Privatirrenanstalten sowie die Gast- und Schankwirtschaftsbetriebe strengeren Bestimmungen hinsichtlich der Konzessionierung unterworfen, indem nun der Nachweis eines Bedürfnisses verlangt werden konnte. Ebenfalls erheblich verschärft wurden die Zulassungsbedingungen zum Gewerbebetrieb als Schauspielunternehmer (Gesetz vom 15. Juli 1880 [RGBl. S.179]) sowie die Bestimmungen über den Gewerbebetrieb im Umherziehen und das Hausieren am Wohnort (Gesetz vom 1. Juli 1883 [RGBl. S.159]).

In bezug auf die **Verhältnisse der Handwerker** und ihrer **Organisationen** wurde die Abkehr von den ursprünglichen Prinzipien der Gewerbeordnung eingeleitet durch ein Gesetz vom 18. Juli 1881 [RGBl. S.233], durch welches aus den privatrechtlichen **Innungen** Organe der **gewerblichen Selbstverwaltung** wurden, die nun wieder unter Aufsicht staatlicher Behörden obrigkeitliche Funktionen wahrnahmen (z. B. Aufsicht über das Lehrlingswesen).

Die Novelle von 1881 ließ erneut die Errichtung von Innungsausschüssen und -verbänden zu. Ergänzend gewährte das Gesetz vom 8. Dezember 1884 [RGBl. S.255] den höheren Verwaltungsbehörden das Recht, Anordnungen zu erlassen, durch welche die Befugnis zum Halten von Lehrlingen auf Innungsmitglieder beschränkt werden konnte. Ein weiteres Gesetz vom 23. April 1886 [RGBl. S.125] regelte zudem die erleichterte Verteilung von Korporationsrechten an die Innungen, während eine Novelle vom 6. Juli 1887 [RGBl. S.281] den Innungen das Recht einräumte, kraft Verfügung höherer Verwaltungsbehörden auch von Nichtmitgliedern für Innungszwecke (Herbergswesen, Fachschulen, Schiedsgerichte) Beiträge zu erheben.

5. 1. 2 Arbeiterschutzkonferenz und Arbeiterschutzgesetz von 1890/1891

Nachdem in den 80er Jahren der Arbeiterschutz deutlich hinter die Entwicklung der Sozialversicherung zurückgetreten war, konnte das allgemeine Verlangen nach einer **Fortentwicklung der Arbeiterschutzgesetzgebung** Ende der 80er Jahre kaum länger verweigert werden, zumal die Arbeiterversicherungsgesetzgebung einen vorläufigen Abschluß gefunden hatte. Hinzu kam, daß der junge **Kaiser** WILHELM II. im Gegensatz zu BISMARCK die Abneigung der radikalen Arbeiterschaft gegenüber dem Staat durch Entgegenkommen auch im Bereich der Arbeitsbedingungen zu überwinden trachtete. Bereits in seiner **Botschaft vom 22. November 1888** an den Reichstag hatte Kaiser WILHELM II. die besondere Relevanz der Arbeiterschutzfrage hervorgehoben und am 24. Januar 1890 – allerdings unter Berücksichtigung der wirtschaftlichen Interessen der Unternehmer – eine weitergehende Regelung der Sonntags-, Nacht-, Kinder- und Frauenarbeit, die Errichtung von Arbeiterausschüssen, Fabrikinspektionen und Schlichtungsstellen, den Aufbau von Sparkassen, die Einrichtung von Schulen und Kindergärten sowie die Durchführung einer **internationalen Arbeiterschutzkonferenz** angeregt. Schließlich erschienen am 4. Februar 1890 die beiden berühmten kaiserlichen Erlasse, von denen der eine die Abhaltung einer internationalen Arbeiterschutzkonferenz ankündigte und der andere den preußischen Handelsminister anwies, über eine Verbesserung des Arbeiterschutzes zu beraten. Endgültig gesichert wurde der **sozialpolitische Kurswechsel** durch den **Rücktritt** BISMARCKS am 20. März 1890 und die Aufhebung des **Sozialistengesetzes** am 1. Oktober 1890 *(vgl. Born, 1957, S. 7ff.; Born u. a., 1966, S. 87f.; Born, 1972, S. 191ff.; v. Zwiedieneck-Südenhorst, 1912)*.

Arbeiterschutzkonferenz von 1890

Der Rücktritt BISMARCKS fiel zeitlich zusammen mit der **Ersten Internationalen Arbeiterschutzkonferenz**, die vom 15. bis 20. März 1890 in Berlin unter dem Vorsitz des preußischen Handelsministers v. BERLEPSCH tagte. Bei grundsätzlich unterschiedlicher Auffassung der Repräsentanten der einzelnen Industrienationen bezüglich des Arbeiterschutzes wurde in zahlreichen Fragen doch eine Einigung erzielt. So sollte die **Altersgrenze für Kinderarbeit** in den gewerblichen Betrieben 12 Jahre betragen; Voraussetzung jeder gewerblichen Arbeit in Betrieben sollte die Ableistung der Schulpflicht sein. Die **Maximalarbeitszeit** für Kinder bis zu 14 Jahren sollte 6 Stunden nicht übersteigen; zugleich sollten gefährliche Arbeiten sowie Untertagearbeiten verboten werden; für Jugendliche bis zu 16 Jahren sollte die maximale Arbeitszeit nicht mehr als 10 Stunden betragen, wobei Nacht- und Sonntagsarbeit zu untersagen seien *(vgl. Born, 1957, S. 84ff.; Erdmann, 1957, S. 11f.; Gladen, 1974a, S. 81)*.

Für die deutschen Delegierten waren die Ergebnisse der Arbeiterschutzkonferenz allerdings – gemessen an ihren weitergehenden Vorstellungen – eher enttäuschend. Ohne Rücksichtnahme auf mögliche internationale Wettbewerbsverzerrungen wurden vor allem auf Drängen des preußischen Handelsministers v. BERLEPSCH zu Beginn der 90er Jahre verschiedene Regelungen getroffen, mit denen das Deutsche Reich international eine gewisse Führung im Bereich der Arbeiterschutzpolitik übernahm *(vgl. Syrup/Neuloh, 1957, S. 86ff.; v. Landmann, 1909, S. 593ff.)*.

»Arbeiterschutzgesetz« von 1891

Ein erstes Ergebnis des kaiserlichen Erlasses war ein dem Reichstag am 6. Mai 1890 vorgelegter Gesetzentwurf, welcher für sämtliche Arbeiter die Sicherung der Sonntagsruhe, eine Regelung der Beschäftigung erwachsener Arbeiterinnen und einen größeren Schutz für die Beschäftigung jugendlicher Arbeiter sowie für Leben, Gesundheit und Sittlichkeit aller Arbeiter vorsah. Nach längeren Beratungen und verschiedenen Änderungen nahm der Reichstag den Gesetzentwurf an; die einzelnen Bestimmungen der **Novelle zur Gewerbeordnung vom 1. Juni 1891** [RGBl. S. 261], die eine vollständige Umgestaltung des VII. Titels bedeuteten, traten allerdings zum Teil erst mit einiger zeitlicher Verzögerung in Kraft.

Eine der wichtigsten Neuerungen dieses sog. »Arbeiterschutzgesetzes« war die Regelung der **Sonn- und Feiertagsruhe**. Gemäß § 105 b galt für Arbeiter in Fabriken und zahlreichen anderen Betrieben eine 24stündige Sonn- und Feiertagsruhe, wobei allerdings eine Vielzahl von Ausnahmen zugelassen wurde. Gleichzeitig wurde die Beschäftigung von Gehilfen, Lehrlingen und Arbeitern im Handelsgewerbe an Sonn- und Feiertagen auf maximal 5 Stunden begrenzt. Ganz erheblich verschärft wurden zudem die Schutzbestimmungen zugunsten **jugendlicher Arbeiter und Arbeiterinnen**.

Kinder unter 13 Jahren durften grundsätzlich nicht mehr in Fabriken beschäftigt werden, ältere Kinder nur, sofern sie nicht mehr volksschulpflichtig waren. Für Kinder unter 14 Jahren war die Höchstarbeitszeit auf sechs Stunden, für Jugendliche zwischen 14 und 16 Jahren auf 10 Stunden täglich beschränkt (§ 135). Für Jugendliche ebenso wie für Arbeiterinnen wurde außerdem ein Nachtarbeitsverbot eingeführt. Ferner wurde für Frauen eine Höchstarbeitszeit von täglich 11 Stunden festgesetzt (an Tagen vor Sonn- und Festtagen von 10 Std.). Schließlich durften Wöchnerinnen künftig in den ersten vier Wochen nach der Niederkunft überhaupt nicht mehr, in den folgenden 2 Wochen nurmehr beschäftigt werden, wenn der Arzt es erlaubte (§ 137).

Ebenfalls ausgeweitet wurde der **Betriebsgefahrenschutz**, indem die Gewerbeunternehmer verpflichtet wurden, Arbeitsräume, Betriebseinrichtungen und Maschinen so einzurichten und zu unterhalten sowie den Betrieb so zu regeln, daß die Arbeiter gegen Gefahren für Leben und Gesundheit soweit geschützt waren, wie es die Natur des Betriebes gestattete.

Besondere Anforderungen wurden diesbezüglich an Unternehmer gestellt, die Arbeiter unter 18 Jahren beschäftigten. Zugleich wurde die Fabrikaufsicht zur Gewerbeaufsicht erweitert und allgemein obligatorisch gemacht. Gewerbeaufsichtsbeamte und Polizeibehörden wurden ermächtigt, den Unternehmen im Wege der Einzelverfügung bestimmte Maßnahmen aufzuerlegen. Daneben erhielt der Bundesrat die Befugnis, für bestimmte Anlagen generelle Vorschriften über die Durchführung der Rahmenbestimmungen zu erlassen. Auch wurde der Bundesrat ermächtigt, zum Schutze der Gesundheit in einzelnen Gewerben die Arbeitszeit für erwachsene männliche Arbeiter zu beschränken (§ 120 c Abs.3).

Des weiteren enthielt die Novelle die Anordnung, derzufolge jede Fabrik, die mehr als 20 Arbeiter beschäftigte, eine Arbeitsordnung zu erlassen hatte. Dabei sollte fakultativ zu errichtenden Arbeiterausschüssen die Gelegenheit zur Anhörung gegeben werden. Danach war die Arbeitsordnung unter Mitteilung der von den Arbeitern geäußerten Bedenken den Gewerbeaufsichtsbeamten vorzulegen. Die Arbeitsordnungen mußten Bestimmungen über die regelmäßigen Arbeitszeiten, Pausen, Zeit und Art der Lohnzahlung, Kündigungsfristen sowie über Art und Höhe eventueller Strafen enthalten (§§ 134 a ff.).

Im übrigen brachte die Novelle neue Vorschriften über die **Arbeitsbücher** der minderjährigen Arbeiter, die Weiterbildung der gegen das Trucksystem gerichteten Vorschriften, die Regelung der Verhältnisse der Betriebsbeamten, Werkmeister und Techniker sowie in § 154 Abs.4 die wichtige Vorschrift, wonach die Fabrikgesetzgebung auch auf Werkstätten mit Motorbetrieb Anwendung finden sollte.

5. 1. 3 Weitere Entwicklung der Arbeiterschutzgesetzgebung

Obgleich das »Arbeiterschutzgesetz« von 1891 zweifellos einen **Höhepunkt** in der sozialpolitischen Gesetzgebung während des Kaiserreiches bildete, beseitigte dieses Gesetz längst nicht alle **Mißstände** in den Betrieben und Werkstätten. Hinzu kam, daß nur ein Teil der Arbeiter in den Genuß der darin geschaffenen **Schutzvorschriften** gelangte. Nach wie vor völlig unzureichend waren die Verhältnisse der Landarbeiter, der Hausgehilfen, der Heimarbeiter sowie der Arbeiter in Kleinbetrieben. Dringend erforderlich wurden zudem Regelungen für die schnell wachsende Zahl von Arbeitern und Angestellten im **kaufmännischen Bereich**. Aber auch in den der GewO unterliegenden Bereichen verlangte die sich rasch fortentwickelnde sozialpolitische Diskussion schon bald nach weitergehenden und wirksameren Schutzrechten. Trotz teilweise massiver Widerstände kam es bis zum Beginn des 1. Weltkrieges tatsächlich zu einer Reihe von Weiterentwicklungen. Dabei galten die Verbesserungen in dieser Phase hauptsächlich den **Lehrlingen**, dem Personal im **Handelsgewerbe**, den **Betriebsbeamten** und den arbeitenden **Kindern**. Hervorzuheben sind in diesem Zusammenhang v. a. die sog. »Handwerkernovelle« vom 26. Juli 1897 [RGBl. S.663], die Novelle zur GewO vom 26. Juli 1900 [RGBl. S.871], das neue Handelsgesetzbuch vom 10. Mai 1897 [RGBl. S.219] sowie das Kinderschutzgesetz vom 30. März 1903 [RGBl. S.113].

Eine weitere Etappe der Arbeiterschutzpolitik begann mit dem durch den Staatssekretär BETHMANN-HOLLWEG am 2. Dezember 1907 dem Reichstag vorgelegten **sozialpoliti-**

schen Programm, in welchem die Reichsregierung betonte, daß man auf dem Gebiete der Sozialpolitik keinen Stillstand hinnehmen wolle. Einen wesentlichen Anstoß dazu gab nicht zuletzt die **Berner Konvention** vom 26. September 1906, in welcher weitreichende Arbeiterschutzvorschriften gefordert worden waren (z. B. Verbot der Nachtarbeit für Frauen). Gesetzlichen Niederschlag fanden diese sozialpolitischen Reformabsichten insbesondere in der hart umkämpften Novelle zur GewO vom 28. Dezember 1908 [RGBl. S.667] sowie im sog. Hausarbeitsgesetz vom 20. Dezember 1911 [RGBl. S. 976]. Vor allem der **Betriebsgefahrenschutz** sowie der Frauen- und Jugendlichenschutz erfuhren darüber hinaus seit dem Ende des letzten Jhdts. durch zahlreiche **Verordnungen des Bundesrates**, die dieser gestützt auf die §§ 120 e Abs. 1, 120 f und 139 a GewO erlassen hatte, eine stetige Erweiterung *(vgl. Bauer, 1923, S. 447 f., 456).*

Handwerk und Lehrlingsschutz

Nachdem die Gewerbeordnungsnovelle vom 17. Juli 1878 [RGBl. S.199] erstmals daran gegangen war, die nahezu völlige Freiheit des **Lehrlingswesens** einzuschränken, indem sie den Lehrmeister verpflichtete, den Lehrling in den vorkommenden Arbeiten des Gewerbes in der durch den Zweck der Ausbildung gebotenen Reihenfolge und Ausdehnung zu unterweisen, die schriftliche Form des Lehrvertrags begünstigte, eine Probezeit und einen Anspruch auf Ausstellung eines Zeugnisses bei Beendigung des Lehrverhältnisses einführte sowie die gegenseitigen Rechte und Pflichten genauer bestimmte, hatten die Novellen von 1881 und 1884 v. a. den Innungen erhebliche **Aufsichtsfunktionen** über das Lehrlingswesen zugewiesen. Zu den übertragenen Aufgaben gehörten u. a. die Sorge für Schul- und soziale Einrichtungen sowie die Regelung von Streitigkeiten zwischen dem der Innung angehörenden Lehrherrn und seinen Lehrlingen (fakultativ).

Trotz partieller Fortschritte reichten diese Regelungen jedoch bei weitem nicht aus, um die auf dem Gebiet des Lehrlingswesens bestehenden **Mißstände** zu beseitigen; weder kam eine wirksame **Kontrolle** des Lehrlingswesens zustande, noch gab es eine Möglichkeit, ungeeigneten und unwürdigen Lehrherrn das Recht zu entziehen, Lehrlinge zu halten und anzuleiten. Insbesondere fehlten geeignete Mittel, um der sog. **»Lehrlingszüchterei«**, bei der die Lehrlinge primär als billige Arbeitskräfte mißbraucht wurden, entgegenzuwirken. Die Tätigkeit der Innungen erwies sich als weitgehend unbefriedigend, was u. a. auf fehlende Mittel und mangelnde rechtliche Kompetenzen zurückgeführt wurde *(vgl. Schindler, 1925, S. 299 ff.).*

Während die Novelle von 1891 in bezug auf das Lehrlingswesen nur unwesentliche Änderungen vorgenommen hatte, brachte das auch als **»Handwerkernovelle«** bezeichnete **Gesetz vom 26. Juli 1897** [RGBl. S.663] für das Handwerk und das Lehrlingswesen grundlegende Neuerungen. Einerseits schuf es mit der Einführung der **Handwerkskammern** die organisatorischen Voraussetzungen für eine sachgemäße Ausgestaltung des beruflichen Ausbildungswesens; andererseits beseitigte es die vielfachen **Rechtsunsicherheiten** in bezug auf das Lehrverhältnis durch Schaffung konkreter **rechtlicher Vorschriften**.

Ausgangspunkt der Handwerkernovelle waren in den 80er Jahren aufgekommene Bestrebungen, die in den vorangegangenen Jahrzehnten durchgeführten Liberalisierungen wenigstens teilweise wieder rückgängig zu machen. Gefordert wurde insbesondere, die Ausübung des Handwerks von der Erbringung eines Befähigungsnachweises abhängig zu machen und den Innungen weitergehende Rechte und Kompetenzen einzuräumen. Eine Ausdehnung der Innungsprivilegien stieß allerdings von Beginn an auf entschiedene Ablehnung der Länder. So kam erst nach langjährigen Auseinandersetzungen eine Kompromißlösung in der Frage der Organisation des Handwerks zustande.

Das Ergebnis bestand darin, daß die Errichtung von Innungsausschüssen und -verbänden zwar gefördert werden sollte, diesen aber keine Zwangsbefugnisse gegenüber nicht der Innung angehörenden Gewerbetreibenden eingeräumt wurden. Stattdessen schuf das Gesetz als Zwangsorganisationen des Handwerks die Handwerkskammern, die für größere Verwaltungsbezirke zu errichten und deren Mitglieder von den im Bezirk ansässigen Handwerkern über die Innungen und Handwerksvereinigungen zu wählen waren. Die Handwerkskammern sollten zu den die Gesamtinteressen des Handwerks oder die Interessen einzelner seiner Zweige berührenden Angelegenheiten gehört werden. Gleichzeitig waren sie befugt, Veranstaltungen zur Förderung der gewerblichen, technischen und sittlichen Ausbildung der Meister, Gesellen und Lehrlinge zu organisieren sowie Fachschulen zu errichten und zu unterstützen. Ferner war vorgesehen, daß die Handwerkskammern gesetzliche Regelungen durch den Erlaß von Detailvorschriften ergänzen, die Durchführung von Bestimmungen und Vorschriften regeln, ihre Einhaltung und Anwendung überwachen sowie Maßnahmen zur Förderung des Handwerks ergreifen sollten. Zusammen mit den Innungen sollten sie insbesondere das Lehrlingswesen ordnen und seine Entwicklung fördern.

Für das Lehrlingswesen selbst brachte die Novelle von 1887 neben der **berufsständischen Regelung** vor allem eine Abkehr von der bis dahin geltenden Freiheit der **Lehrlingshaltung**. Innungen und Handwerkskammern erhielten das Recht, Vorschriften über die zulässige Zahl der Lehrlinge zu erlassen (§ 130 GewO), die Handwerkskammern zudem die Befugnis, die Dauer der Lehrzeit festzusetzen (§ 130 a), die gem. GewO i. d. R. 3 Jahre dauern sollte und 4 Jahre nicht überschreiten durfte. Entscheidend war auch die Bestimmung, wonach in Handwerksbetrieben Lehrlinge nurmehr von Personen angeleitet werden durften, die das 24. Lebensjahr vollendet hatten, die Gesellenprüfung des jeweiligen Gewerbes besaßen oder vergleichbare Qualifikationen nachweisen konnten. Nicht zuletzt zu diesem Zweck brachte die Novelle auch eine umfassende Regelung des Gesellen- und Meisterprüfungswesens.

Neben den spezifischen Vorschriften für die Ausbildung im Handwerk wurden allgemeine Bestimmungen zur Regelung der Lehrlingsverhältnisse in die Gewerbeordnung eingefügt. U. a. verlangte das Gesetz die Schriftlichkeit des Lehrvertrages, umschrieb genauer die Pflichten des Lehrherrn und nannte Voraussetzungen, unter denen Lehrherrn die Befugnis zum Halten und Anleiten von Lehrlingen entzogen werden konnte. Allerdings blieb der Lehrling auch weiterhin der sog. väterlichen Zucht des Lehrherrn unterworfen (§ 127 a GewO). Neu geschaffen wurde dagegen die Vorschrift des § 128 GewO, die der Bekämpfung der sog. »Lehrlingszüchterei« dienen sollte. Danach konnte die unterste Verwaltungsbehörde Maßnahmen treffen, damit die Zahl der Lehrlinge in einem angemessenen Verhältnis zur Art und Größe des Betriebes stand (Anordnung der Entlassung von Lehrlingen, Untersagung weiterer Einstellungen).

Nachdem die stärkere **Regulierung** des Lehrlingswesens zunächst bei Teilen der Handwerkerschaft eher auf Skepsis gestoßen war, hat sich – ungeachtet verschiedener anfänglich noch fortbestehender Mängel – auf dieser rechtlichen und organisatorischen Basis langfristig eine auch im internationalen Vergleich auf hohem fachlichen Niveau stehende **berufliche Ausbildung** herausgebildet. Für die Qualität der Ausbildung förderlich war dabei zweifellos der durch die Gewerbeordnungsnovelle vom 30. Mai 1908 [RGBl. S.356] eingeführte »**kleine Befähigungsnachweis**«; danach durfte im Bereich des Handwerks nurmehr Lehrlinge ausbilden, wer das 24. Lebensjahr vollendet und die Meisterprüfung abgelegt hatte, die ihrerseits die Ablegung einer Gesellenprüfung sowie den Nachweis einer mindestens 3jährigen Gesellentätigkeit im betreffenden Gewerbe erforderte.

Gewerbeordnungsnovelle von 1900

Den Kern der Novelle zur GewO vom 30. Juni 1900 [RGBl. S.321] bildete die Einfügung des Titels VI in die Gewerbeordnung (§ 139 c–m), in welchem besondere Schutzvorschriften für das Personal in **offenen Verkaufsstellen** getroffen wurden.

Erstmals wurde überhaupt ein Nachtarbeitsverbot für erwachsene männliche Arbeiter erlassen, in dem festgelegt wurde, daß den in offenen Verkaufsstellen tätigen Gesellen, Lehrlingen und Arbeitern nach Beendigung der täglichen Arbeitszeit eine ununterbrochene Ruhezeit von mindestens 10 Stunden, in Gemeinden mit mehr als 20.000 Einwohnern eine solche von 11 Stunden gewährt werden mußte (§ 139c GewO). Zudem mußten offene Verkaufsstellen gem. § 139c GewO (mit gewissen Ausnahmen) von 9 Uhr abends bis 5 Uhr morgens für den geschäftlichen Verkehr geschlossen werden. Ferner wurde auch für offene Verkaufsstellen mit mehr als 20 Beschäftigten der Erlaß einer Arbeitsordnung obligatorisch und den Geschäftsinhabern die Pflicht auferlegt, Gehilfen und Lehrlinge unter 18 Jahren zum Besuch von Fortbildungs- und Fachschulen anzuhalten und den Schulbesuch zu überwachen (§ 139i Abs.2 GewO).

Daneben brachte die Novelle eine bessere Regelung in bezug auf die Kündigung des Vertragsverhältnisses von Betriebsbeamten. Während bei Fehlen einer Vereinbarung das Dienstverhältnis von beiden Seiten bei 6 Wochen vorher erklärter Aufkündigung zum Ende des Quartals gelöst werden konnte (§ 133a), bestimmte der neu eingefügte § 133aa, daß bei Vereinbarung einer kürzeren oder längeren Kündigungsfrist diese für beide gleich lang sein müsse und nicht weniger als einen Monat betragen dürfe. Um den in manchen Gewerbebereichen herrschenden Unklarheiten über die Arbeitsbedingungen entgegenzuwirken, wurde dem Bundesrat durch § 114a die Ermächtigung erteilt, für bestimmte Gewerbe die Führung von Lohnbüchern oder Arbeitszetteln vorzuschreiben, in welche der Arbeitgeber u. a. Art und Umfang der übertragenen Arbeit (bei Akkordarbeit die Stückzahl) sowie die Lohnsätze einzutragen hatte. Bestand für das Gewerbe keine Anordnung gem. § 114a, mußte für minderjährige Arbeiter auf Kosten des Arbeitgebers ein Lohnzahlungsbuch geführt werden.

Gesetzliche Regelung der Kinderarbeit

Ungeachtet dessen, daß der Kinderarbeitsschutz in gewissem Sinne den Beginn der Arbeiterschutzgesetzgebung überhaupt darstellte (Preußisches Regulativ 1839) und in die Gewerbeordnung sukzessive schärfere Beschränkungen zum Schutze der Kinder Eingang gefunden hatten, bildete die **Beschäftigung von Kindern** auch noch Ende des 19. Jhdts. eines der drängendsten **sozialpolitischen Probleme** *(vgl. Agahd-Nixdorf, 1902, Sp.297ff.)*.

Nachdem die GewO-Novelle von 1878 *(vgl. S.129)* jede (auch eine vorübergehende) Beschäftigung von Kindern unter 12 Jahren in Fabriken verboten hatte, untersagte die Novelle zur GewO vom 1. Juli 1883 [RGBl. S.159] die Mitführung von Kindern unter 14 Jahren zu gewerblichen Zwecken beim Gewerbebetrieb im Umherziehen. Weitere Beschränkungen für die Beschäftigung von Kindern in Fabriken waren durch das Arbeiterschutzgesetz von 1891 *(vgl. S.131f.)* gefolgt (Verbot der Fabrikarbeit für volksschulpflichtige Kinder unter 13 Jahren, Einführung von Höchstarbeitszeiten für 13-16jährige Kinder, Verbot der Nachtarbeit etc.). Die Novelle zur GewO vom 6. August 1896 [RGBl. S.685] erweiterte das Beschäftigungsverbot für Kinder unter 14 Jahren auf ambulante Gewerbebetriebe. Daneben waren die für Fabriken geltenden Vorschriften in bezug auf die Beschäftigung von Kindern durch Verordnungen vom 31. Mai 1897 [RGBl. S.459] und 17. Februar 1904 [RGBl. S.62] auf Werkstätten der Kleider- und Wäschekonfektion, durch Verordnung vom 9. Juli 1900 [RGBl. S.565] auf Motorwerkstätten und schließlich durch Verordnung vom 21. Februar 1907 [RGBl. S.65] auf Werkstätten der Tabakindustrie erstreckt worden.

Die erwähnten Regelungen beseitigten zwar im Laufe der Zeit eine Reihe der übelsten Mißstände, ein Bedarf nach Erweiterung des Kinderarbeitsschutzes blieb nichtsdestoweniger bestehen. Auf Drängen v. a. der Lehrerschaft sowie verschiedener Gruppen von Sozialpolitikern wurde schließlich das **Gesetz betr. Kinderarbeit in gewerblichen Betrieben vom 30. März 1903** [RGBl. S.113] verabschiedet, das über die GewO hinausgehend nicht nur die Kinderarbeit in Fabriken, sondern erstmals auch die Kinderarbeit in der Hausindustrie und in Familienbetrieben regelte.

In § 4 verbot das Gesetz die Beschäftigung fremder Kinder bei Bauten aller Art, in von der GewO nicht geschützten Ziegeleien, Brüchen und Gruben, in gewissen namentlich genannten Werkstätten, welche durch Staub, Vergiftungs-, Infektions- und Unfallgefahren besondere Beeinträchtigungen der Gesundheit mit sich bringen können, beim Steineklopfen, im Schornsteinfegergewerbe, in Fuhrbetrieben, beim Mahlen und Mischen von Farben und beim Arbeiten in Kellereien. Gemäß § 12 galt dieses Verbot auch für die Beschäftigung eigener Kinder. In den übrigen Werkstätten durften fremde Kinder unter 12 Jahren, eigene Kinder unter 10 Jahren nicht beschäftigt werden. Untersagt wurde zudem die Beschäftigung zwischen 8 Uhr abends und 8 Uhr morgens, vor dem Vormittagsunterricht sowie an Sonn- und Feiertagen. Ferner mußte eine 2stündige Mittagspause gewährt werden. Weitgehend eingeschränkt bzw. gänzlich verboten wurde im übrigen die Heranziehung von Kindern zu Lichtspielaufnahmen, die Beschäftigung von Kindern bei theatralischen Vorstellungen und öffentlichen Schaustellungen, in Gast- und Schankwirtschaften sowie die Beauftragung von Kindern mit Botengängen (zugelassen waren max. 2 Std.). Im allgemeinen läßt sich feststellen, daß für die Beschäftigung fremder Kinder strengere Vorschriften als für die eigener Kinder galten. So hatte der Arbeitgeber die Beschäftigung fremder Kinder vor Beginn der Ortspolizeibehörde schriftlich anzuzeigen (§ 10) und sich eine Arbeitskarte aushändigen zu lassen. Zuwiderhandlungen gegen die Vorschriften des Gesetzes konnten mit Geldstrafen, im Wiederholungsfalle auch mit Haftstrafen geahndet werden. Der Bundesrat und die örtlichen Polizeibehörden wurden einerseits ermächtigt, in bestimmten Fällen weitergehende Beschränkungen zu erlassen, waren andererseits jedoch zugleich zuständig für die Genehmigung von Ausnahmen.

Obgleich das Kinderarbeitsschutzgesetz zweifellos einen erheblichen **Fortschritt** bedeutete, ging es den Befürwortern eines umfassenden Kinderschutzes dennoch nicht weit genug. Kritisiert wurden insbesondere die weniger strengen Vorschriften in bezug auf eigene Kinder sowie vor allem die **Ausklammerung nichtgewerblicher Wirtschaftsbereiche**, insbesondere der Land- und Hauswirtschaft, wo Untersuchungen zufolge sogar die schlimmsten Mißstände herrschten.

Gewerbeordnungsnovelle von 1908

Eine weitere wesentliche Etappe beim Ausbau des Arbeiterschutzes markierte die **Novelle zur GewO vom 28. Dezember 1908** [RGBl. S.667]. Mit ihr wurden zum einen – den Empfehlungen der Berner Konvention folgend – der **Schutz der Arbeiterinnen** ausgebaut und zum anderen die ursprünglich nur für Fabrikarbeiter geltenden Schutzbestimmungen der GewO erheblich erweitert, indem der vage Begriff der »Fabrik« durch die Formulierung »Betriebe, in denen mindestens 10 Arbeiter beschäftigt werden« ersetzt wurde (eine Maßnahme, durch die v. a. die größeren Handwerksbetriebe erfaßt wurden).

Im einzelnen untersagte der neu gefaßte § 137 GewO die Beschäftigung von Arbeiterinnen in der Zeit von 8 Uhr abends bis 6 Uhr morgens sowie an Samstagen (einschl. Vorabenden von Feiertagen) nach 5 Uhr nachmittags; zugleich wurden für Arbeiterinnen ab 1. 1. 1910 der 10-Stunden-Tag (am Samstag und an Vorfeiertagen der 8-Stunden-Tag) eingeführt und eine mindestens 11stündige Ruhezeit vorgeschrieben; Arbeiterinnen, die einen Haushalt zu besorgen hatten, mußte auf Antrag die Mittagspause von 1 auf 1 ½ Stunden verlängert werden. Schließlich erließ die Novelle ein Beschäftigungsverbot für Wöchnerinnen von insgesamt 8 Wochen mit der Maßgabe, daß eine Wiederaufnahme der Arbeit frühestens 6 Wochen nach der Niederkunft erfolgen durfte.

Parallel zu den Arbeiterinnen erweiterte die Novelle den Jugendlichenschutz; danach galt auch für Jugendliche unter 16 Jahren ab 1910 der 10-Stunden-Tag (§ 137 Abs.2); ferner wurde durch § 137 a die Umgehung der für Arbeiterinnen und jugendliche Arbeiter geltenden Arbeitszeitvorschriften durch das Nachhausegeben von Arbeit nach Ablauf der Höchstarbeitszeit unterbunden. Abgeändert und ergänzt wurden zudem die Bestimmungen über Lohnbücher und Arbeitszettel und die Aushängung von Verzeichnissen über beschäftigte jugendliche Arbeiter. Außerdem verpflichtete § 138 GewO den Arbeitgeber, die bei ihm beschäftigten Arbeiterinnen und jugendlichen Arbeiter der Ortspolizeibehörde zu melden.

Nochmals geringfügig erweitert wurden die Schutzvorschriften der GewO durch die **Novelle vom 27. Dezember 1911** [RGBl. 1912, S.139]. Neben einer Regelung der Aushändigung von Lohnbüchern beinhaltete sie v. a. eine Ermächtigung des Bundesrates, in besonders gesundheitsschädlichen Betrieben eine kürzere als die sonst geltende Maximalarbeitszeit (sog. hygienischer Höchstarbeitstag) anzuordnen.

Tabelle 13: Bewilligungen von Über- und Sonntagsarbeit 1907–1913

Jahr	Wochentagsüberarbeit von Arbeiterinnen			Sonnabendsarbeit von Arbeiterinnen			Sonn- und Feiertagsarbeit nach § 105 f GewO		
	Betr.	Pers.	Stunden	Betr.	Pers.	Stunden	Betr.	Pers.	Stunden
1907	1.870	143.683	1.846.206	278	17.821	–	2.303	128.897	1.325.977
1908	1.391	87.198	1.279.132	223	10.015	–	2.070	86.897	928.127
1909	1.864	139.353	1.962.815	248	15.509	–	2.584	112.436	1.184.587
1910	5.860	451.554	6.251.882	347	6.052	–	2.915	135.234	1.449.881
1911	5.879	482.692	6.026.812	–	5.526	239.500	2.408	156.972	1.987.501
1912	5.865	514.697	6.509.192	237	4.889	215.411	3.410	209.354	2.527.924
1913	5.151	439.877	5.573.819	210	4.196	167.390	3.252	153.813	1.761.240

(-) geeignete Angaben nicht verfügbar; Betr. = Betriebe; Pers. = Personen.
Quellen: RArBl., IV.Jg., 1906, S.526 ff., VII.Jg., 1909, S.761 ff., VIII.Jg., 1910, S.911 ff., IX.Jg., 1911, S.914 ff., XI.Jg., 1913, S.926 ff., XII.Jg., 1914, S.990 f.

Regelungen zum Schutz der Heimarbeiter

Eine unübersehbare Lücke in der Arbeiterschutzgesetzgebung bildete bis kurz vor dem Ersten Weltkrieg der **Bereich der Heimarbeiter**, in welchem eine durchaus beachtliche Zahl von Menschen beschäftigt war. Ein ganz erheblicher Teil der Heimarbeiter litt unter Not und Elend und war in besonders starkem Maße der Willkür und Ausbeutung der industriellen Auftraggeber weitgehend schutzlos ausgeliefert. Bedingt durch die **materielle Not** waren sie vielfach gezwungen, auch noch so **schlechte Arbeitsbedingungen** zu akzeptieren. In den Wohnungen isoliert und ohne organisierte Interessenvertretung waren sie in besonderer Weise auf den Schutz durch den Staat angewiesen. Dieser zögerte jedoch angesichts der handfesten Interessen der Unternehmer lange Zeit, in diesen Bereich regulierend einzugreifen.

Vergleichsweise spät und dazu noch völlig unzureichend wurden mit dem **Hausarbeitsgesetz vom 20. Dezember 1911** [RGBl. S.976] erste überwiegend rein polizeiliche Fürsorgebestimmungen zugunsten der Heimarbeiterschaft getroffen. Letztlich beschränkte sich dieses während der Reichstagsberatungen stark umkämpfte Gesetz auf Ermächtigungen, den **Betriebs- und Gesundheitsschutz** zu fördern. Hinsichtlich des Kernproblems des Heimarbeiterschutzes, der **Entgeltregelung**, enthielt es dagegen nur Vorschriften über den Aushang von Lohnverzeichnissen und die Führung von Lohnbüchern. Nur fakultativ vorgesehen war die Errichtung von »**Fachausschüssen für Hausarbeit**«, die den Abschluß von Lohnabkommen/Tarifverträgen fördern sollten, aber keine Rechte für Lohnfestsetzungen hatten *(vgl. Wilbrandt, 1912, S.81 ff.)*.

Regelung der Verhältnisse in Einzelbereichen

Unabhängig von der Gewerbeordnung erfuhren in jener Zeit auch die Beschäftigten außerhalb des gewerblichen Bereichs eine Verbesserung ihrer **Rechtsverhältnisse** sowie einen gewissen **Arbeitsschutz** kraft gesetzlicher Bestimmungen. Zu nennen ist hier in erster Linie das im Jahre 1900 in Kraft getretene neue **HGB vom 10. Mai 1897** (neugefaßt durch Gesetz vom 10. Juni 1914 [RGBl. S.209]), das in gewisser Analogie zur GewO die Rechtsverhältnisse der **Handlungsgehilfen** regelte. Von besonderer Bedeutung war für diesen Personenkreis die sog. »**Konkurrenzklausel**«, eine vertragliche Regelung, durch die Angestellte für die Zeit nach der Beendigung ihres Dienstverhältnisses in ihrer gewerblichen Tätigkeit beschränkt wurden. Zwar erreichten die Angestellten nicht die völlige Beseitigung der Konkurrenzklausel, immerhin aber durch § 74 HGB i. d. F. von 1914 deren erhebliche Einschränkung.

Tabelle 14: Verstöße gegen Arbeiterschutzbestimmungen 1904–1913

Jahr	Verstöße gegen Schutzbestimmungen betreffend						Vergehen gegen Arbeiterschutzbestimmungen	
	jugendliche Arbeiter			Arbeiterinnen				
	Betriebe	in %[1]	Bestrafungen	Betriebe	in %[1]	Bestrafungen	Bestrafte Handlungen[3]	Verurteilte Personen[3]
1904[2]	7.405	12,5	1.403	2.893	4,9	576	–	–
1905[2]	8.015	12,5	1.291	4.044	6,3	657	–	–
1907	15.755	10,6	1.837	7.391	5,0	867	21.384	21.291
1908	15.099	9,6	1.597	7.296	4,6	835	21.692	21.134
1909	13.701	10,2	1.497	6.897	3,7	862	22.200	21.743
1910	17.854	11,6	1.200	13.609	8,8	925	24.614	24.291
1911	16.601	10,2	1.782	10.718	6,6	1.007	27.170	26.979
1912	15.365	9,0	1.841	9.422	5,5	1.094	–	–
1913	15.842	8,7	2.085	8.620	4,7	1.257	–	–

(-) geeignete Angaben nicht verfügbar; 1) in % der revidierten Betriebe; 2) nur Preußen; 3) wird erst seit 1906 gesondert erhoben.
Quellen: RArBl., IV.Jg., 1906, S.526 ff., VII.Jg., 1909, S.761 ff., VIII.Jg., 1910, S.911 ff., IX.Jg., 1911, S.914 ff., XI.Jg., 1913, S.926 ff., XII.Jg., 1914, S.990 f.

Ebenfalls eine mit wesentlichen Schutzvorschriften ausgestattete Regelung ihrer Rechtsverhältnisse erhielten die Beschäftigten der Seeschiffahrt mit der **Seemannsordnung vom 2. Juni 1902** [RGBl. S.175]. Sie regelte u. a. den Heuervertrag (Übergabe eines Heuerscheins), kürzte in den Tropen den 10stündigen Höchstarbeitstag auf 8 Stunden, schränkte die Sonntagsarbeit auf das unumgänglich Notwendige ein, verlangte eine genaue Lohnberechnung, verbot die Auszahlung in Gastwirtschaften, räumte Ansprüche auf Krankenpflege ein und konkretisierte die Entlassung.

Für die **Bergarbeiter** wurde der Arbeiterschutz zusätzlich zur GewO durch die landesrechtlichen Berggesetze fortentwickelt. In Preußen geschah dies durch die Novellen zum ABG vom 24. Juni 1892 [PrGS. S.131], vom 14. Juli 1905 [PrGS. S.307] sowie 28. Juli 1909 [PrGS. S.677].

Die Novelle von 1892 gab den Arbeitern das Recht zur Bildung von Arbeiterausschüssen, schränkte die Möglichkeiten der Unternehmer zur Verhängung von Konventionalstrafen ein und verstärkte die Bergaufsicht der staatlichen Bergrevierbeamten (in besonderen Gefahrensituationen durften sie bergpolizeiliche Maßnahmen ergreifen). Außerdem wurde den Bergbehörden die Befugnis erteilt, an heißen Orten eine entsprechend erniedrigte Höchstarbeitszeit einzuführen. Durch die Novelle von 1905 wurde diese auf 6 Std. festgesetzt, wenn die Hitze 28° C überstieg. Zugleich wurden die Arbeitszeit einschl. der Seilfahrt beim Steinkohlenbergbau und das Über- und Nebenschichtenwesen geregelt sowie das »Wagennullen« abgeschafft. Schließlich sah das Gesetz die obligatorische Einführung von Arbeiterausschüssen (§§ 80 f, fa) und die Bildung eines Gesundheitsbeirats (§ 197 Abs.3) vor *(vgl. Francke, 1905 a, Sp.608 ff., 1905 b, Sp.906 ff.)*. Die letzte Novelle räumte den Arbeitern die Befugnis zur Wahl von Sicherheitsmännern ein und regelte deren Tätigkeit. Ähnliche Bestimmungen ergingen in Sachsen durch Gesetz vom 6. Juni 1910 [SächsGVOBl. S.117], in Elsaß-Lothringen durch Gesetz vom 8. Dezember 1909 [GBl.Elsaß-Lothr. S.138], in Bayern durch Gesetz vom 13. August 1910 [BayGVBl. S.799] und in Sachsen-Weimar-Eisennach durch Gesetz vom 16. November 1915 [S.Weimar-EisenRegBl. S.273].

Sozialpolitisch interessant ist schließlich das **Gesetz über den Absatz von Kalisalzen vom 25. Mai 1910** [RGBl. S.775], da es den in Kalibergwerken beschäftigten Bergarbeitern einen weitgehenden Schutz gegen **Lohnkürzungen** (Mindestlohngarantie) einräumte und Maßnahmen gegen eine Verlängerung der Arbeitszeit über das Maß von 1909 hinaus vorsah. Zugleich verbot es Beschränkungen des Koalitionsrechts im Kartellvertrag und bestimmte, daß Arbeiter und Beamte, die durch Fusionen arbeitslos werden, 26

Wochen lang für den Einnahmeausfall zu entschädigen seien (§ 19). Ebenfalls von einiger Bedeutung war ein Gesetz vom 10. Mai 1903 [RGBl. S.217], das die Herstellung von **Weißphosphorzündhölzern**, die ursprünglich unter gewissen Beschränkungen gestattet war, infolge der damit verbundenen beträchtlichen Gesundheitsrisiken gänzlich verbot.

Auswirkungen der Arbeiterschutzgesetzgebung

Die nachhaltigsten Auswirkungen hatte die Arbeiterschutzgesetzgebung auf den Schutz für Leben und Gesundheit der Arbeiter am Arbeitsplatz. „Indem der Staat den Schutz der individuellen Arbeitskraft unter öffentlich-rechtliche Sanktionen stellte und sie so wie das materielle Privateigentum behandelte, konnte er auf dem Verwaltungswege die schrankenlose Verwendung" *(H. Henning, 1984, S.286)* der Arbeitskraft wenigstens teilweise eingrenzen. Nach schwierigen Anfängen wurde die Kontrolle der einschlägigen Bestimmungen durch den Ausbau der **Gewerbeaufsichtsbehörden** laufend verbessert.

Die wachsende Bedeutung der Gewerbeaufsicht drückte sich nicht zuletzt in der Zunahme des Personals aus; während 1879 lediglich 60, 1891 erst 121 Beamte gezählt wurden, waren es 1911 immerhin 515. Nicht nur der Personalbestand, auch der Umfang der Revisionen schwankte allerdings von Land zu Land beträchtlich; während der Anteil der revidierten Betriebe an der Gesamtzahl der revisionspflichtigen Betriebe in Württemberg im Durchschnitt der Jahre 1907/11 bei rd. 93 % lag und in Sachsen 70 % erreichte, kam man in Preußen, Bayern und Baden lediglich auf etwa 50 % *(vgl. Kaufhold, 1984, S.247 ff.)*. Im Jahre 1913 wurden von den Gewerbeaufsichtsbeamten insgesamt 313.244 Revisionen durchgeführt und dabei 214.451 Anlagen revidiert. Dabei wurden z. B. 15.842 Zuwiderhandlungen gegen Jugendlichenschutzvorschriften festgestellt, d. h. in 8,7 % der revidierten Anlagen (1907: 10,6 %). Als Folge davon wurden 2.085 Bestrafungen ausgesprochen *(vgl. Tabelle 14)*.

Sehr deutliche Fortschritte wurden in der Verringerung der **arbeitsplatzbedingten Gesundheitsschädigungen** erzielt. So sanken z. B. die in preußischen Krankenhäusern behandelten Fälle von Bleivergiftung von 1.601 Fällen im Jahre 1899 auf 900 im Jahre 1908 (Rückgang um 36 %). Während 1903 noch 32.500 Bergleute des Ruhrgebietes an Ankylostomiasis litten, wurden 1912 nurmehr 243 Fälle festgestellt *(vgl. Giese, 1930, S. 274f.)*.

5. 2 Ausbau der Arbeitsgerichtsbarkeit

In Anbetracht der fortschreitenden Industrialisierung, der Zunahme der Zahl der Arbeitnehmer sowie der weiteren Ausbildung arbeitsrechtlicher Sondervorschriften erwies sich § 108 der GewO von 1869, der die Entscheidung von Streitigkeiten zwischen Gewerbetreibenden und ihren Arbeitern mangels besonderer Behörden grundsätzlich den Gemeindebehörden überwies, als zunehmend unzureichend. Dennoch blieben verschiedene in den Jahren 1873, 1874 und 1878 im Reichstag unternommene Versuche einer gesetzlichen Regelung zur Schaffung spezieller Gewerbegerichte zunächst ohne Erfolg *(vgl. Denkschrift, 1915, S.80; Strieda, 1909, S.886f.)*. Zwar waren durch die Novelle zur GewO vom 18. Juli 1881 in bestimmten Fällen die Handwerker-Innungen zur Beilegung von Streitigkeiten herangezogen worden, doch weder diese noch die Gemeindebehörden waren sonderlich aktiv und wohl auch überfordert, so daß ein immer größeres Bedürfnis v. a. für Fabrikarbeiter nach einer besonders ausgestalteten Arbeitsgerichtsbarkeit entstand.

5. 2. 1 Gewerbegerichtsgesetz von 1890

Nachdem die erneuten Bemühungen des Reichstages aus dem Jahre 1886 vor allem wegen der Forderung nach obligatorischer Einführung von Gewerbegerichten gescheitert waren, wurde 1889 nurmehr eine fakultative Regelung angeregt. Das **Gewerbegerichts-**

gesetz vom 29. Juli 1890 [RGBl. S.141] schließlich, das nicht zuletzt unter dem Eindruck des großen Bergarbeiterstreiks von 1889 zustande gekommen war, schuf „eine außerhalb der Organisation der ordentlichen Gerichte stehende Sondergerichtsbarkeit für die Entscheidung gewerblicher Streitigkeiten" *(Syrup/Neuloh, 1957, S.151)* zwischen Unternehmen und Arbeitnehmern. Nach § 1 des Gesetzes konnten durch Ortsstatut für den Bezirk einer Gemeinde **Gewerbegerichte** errichtet werden, die u. a. zuständig waren für Streitigkeiten über den Antritt, die Fortsetzung oder die Auflösung des Arbeitsverhältnisses (§ 3 Ziff. 1–3) sowie über Leistungen und Entschädigungsansprüche aus dem Arbeitsverhältnis. Die Gewerbegerichte bestanden aus einem Vorsitzenden, dessen Stellvertreter sowie gewählten Beisitzern, die je zur Hälfte die Arbeitgeber und die Arbeitnehmer repräsentierten. Die Gewerbegerichte konnten von beiden Parteien als **Einigungsamt** angerufen werden; desgleichen waren sie verpflichtet, auf Ansuchen öffentlicher Behörden als Gutachter in Gewerbefragen tätig zu sein. Die **gleichberechtigte Beteiligung von Arbeitgebern und Arbeitnehmern** sollte einerseits das Vertrauen der Beteiligten in diese Gerichtsbarkeit stärken und andererseits die Lösung von Streitfragen in stärkerer Beziehung zu den Gegebenheiten des Arbeitslebens ermöglichen. Ziel war schließlich auch, die **Verfahren in Arbeitsstreitigkeiten** zu beschleunigen und zu vereinfachen *(vgl. Syrup/Neuloh, 1957, S.151ff.; Gladen, 1974a, S.82)*.

5.2.2 Einführung obligatorischer Gewerbegerichte

Noch einen Schritt weiter ging das **Gesetz betr. Abänderung des Gewerbegerichtsgesetzes vom 30. Juni 1901** [RGBl. S.249], das eine Bestimmung enthielt, nach der für Städte und Gemeinden mit mehr als 20.000 Einwohnern die **Errichtung von Gewerbegerichten obligatorisch** wurde. Gleichzeitig wurde die **sachliche Zuständigkeit** der Gewerbegerichte genauer bestimmt. Neu eingeführt wurde der **Verhandlungszwang** vor dem Einigungsamt. Dies bedeutete, daß der Vorsitzende unter Androhung von Geldstrafen die Beteiligten zu Verhandlungen vorladen konnte. Zur Verstärkung des neutralen Elements konnte der Vorsitzende an der Streitfrage unbeteiligte Personen als **Vermittler** hinzuziehen. Dem Gewerbegericht wurde zudem das Recht eingeräumt, auch ohne Ansuchen der Behörden **Gutachten** und **Anträge** (Petitionen) über gewerbliche Fragen an die Kommunen, die Bundesstaaten oder das Reich zu richten (§ 70). Als nicht zulässig erklärte das neue Gesetz Vereinbarungen zwischen Unternehmern und Arbeitern, etwaige Streitigkeiten nicht vor das Gewerbegericht zu bringen.

Tabelle 15: Tätigkeit der Gewerbegerichte 1896–1913

Jahr	Gerichte	anhängige Streitsachen	es wurden erledigt durch					Berufungen
			Vergleich	Verzicht	Anerkenntnis	Versäumnisurteil	andere Endurteile	
1896	285	68.798	30.798	16.485	775	5.207	14.291	272
1900	316	84.164	36.365	22.927	1.042	6.318	15.379	267
1905	406	110.604	48.066	2.775	1.818	11.252	17.756	480
1910	492	118.015	49.477	3.303	1.616	12.052	18.540	845
1913	529	121.193	47.649	3.175	1.698	12.645	19.204	660

Quellen: Statistisches Jahrbuch für das Deutsche Reich, 23.Jg., 1902, S.180, 28.Jg., 1907, S.252, 33.Jg., 1912, S. 320, 36.Jg., 1915, S.332.

Die **innungseigenen Spruchstellen** blieben neben den Gewerbegerichten fortbestehen; ihre Bedeutung war allerdings sehr gering. Im Jahre 1904 gab es 432 Stellen mit 1.124 Verfahren *(vgl. Strieda, 1909, S.886f.)*.

5.2.3 Schaffung der Kaufmannsgerichte

Entgegen einem während der Beratungen des Gewerbegerichtsgesetzes im Reichstag eingebrachten Antrag, das kaufmännische Hilfspersonal in die Zuständigkeit der GewG einzubeziehen, schloß § 81 GewGG die Gehilfen und Lehrlinge in Handelsgeschäften ausdrücklich aus seiner Zuständigkeit aus. Die wachsende Zahl **kaufmännischer Angestellter** verlangte indessen immer nachdrücklicher nach Schaffung einer entsprechenden Sondergerichtsbarkeit zur Regelung von Streitigkeiten aus dem kaufmännischen Dienst- und Arbeitsverhältnis zwischen ihnen und ihren Prinzipalen. Dem Wunsch der Angestellten kam der Gesetzgeber schließlich mit dem **Kaufmannsgerichtsgesetz vom 6. Juli 1904** [RGBl. S.266] nach.

Die Vorschriften dieses Gesetzes glichen in weiten Bereichen entsprechenden Bestimmungen des GewGG. Auch hier konnte bei vorhandenem Bedürfnis für jede Gemeinde ein Kaufmannsgericht (KfmG) errichtet werden; bei Gemeinden mit mehr als 20.000 Einwohnern war seine Errichtung gleichfalls obligatorisch. Analog zu den GewG wurde den KfmG eine dreifache Aufgabe zugewiesen, wenngleich auch sie in erster Linie Sondergerichte zur Entscheidung von Streitigkeiten aus dem Dienst- und Arbeitsverhältnis zwischen Kaufleuten und ihren Handlungsgehilfen bzw. -lehrlingen bildeten. Keine Anwendung fand das Gesetz auf Handlungsgehilfen mit einem Jahreseinkommen von mehr als 30.000 M sowie auf Gehilfen und Lehrlinge in Apotheken. Die örtliche Zuständigkeit sowie ihre Zusammensetzung waren analog den GewG geregelt. Eine Vorschrift besagte allerdings, daß dort, wo ein GewG bestand, dessen Vorsitzender und sein Stellvertreter zugleich für das KfmG zuständig sein sollten. Abweichend von den GewG war die Berufung gegen Urteile der KfmG nur zulässig, wenn der Streitwert den Betrag von 1.000 M überstieg. Im übrigen hatten die KfmG die Aufgabe, als Einigungsamt zu wirken sowie auf Verlangen von Staatsbehörden und Gebietskörperschaften gutachterliche Stellungnahmen abzugeben.

Insgesamt wird das Wirken der KfmG, die sich nach Inkrafttreten des Gesetzes schnell entwickelten, überwiegend positiv beurteilt. Bereits 1905 nahmen 227 Gerichte ihre Tätigkeit auf; 1907 belief sich ihre Zahl auf 256. Die Zahl anhängiger Verfahren erhöhte sich in diesem Zeitraum von 14.285 auf 20.469 *(vgl. Strieda, 1909, S.890)*. Wie bei den GewG spielte auch hier der Vergleich eine wesentliche Rolle. Zu den wichtigsten Streitgegenständen gehörten Kündigungen, Vergehen gegen die sog. Konkurrenzklausel, Arbeitsverhinderungen wegen Krankheit, Provisionen sowie Zeugnisinhalte *(vgl. Kaufhold, 1984, S.243)*.

5.3 Regelung der Arbeitsbeziehungen

5.3.1 Rahmenbedingungen einer Politik der Interessenvertretung

Im Vergleich zur Arbeiterversicherung und zum Arbeiterschutz fielen die Fortschritte in bezug auf die **Interessenvertretung** der Arbeiter und die **Mitwirkungsrechte** am Betriebsgeschehen eher bescheiden aus. Der Norddeutsche Bund hatte zwar in seiner Gewerbeordnung von 1869 [NorddtBGBl. S.245] gewerblichen Arbeitern das **Koalitionsrecht** eingeräumt, die Ausübung dieses Rechts jedoch mit weitgehenden **Beschränkungen** versehen. Erheblich eingeschränkt blieb vor allem die Möglichkeit zur Führung von **Arbeitskämpfen**. Nach dem **Vereinsgesetz** durften zudem Vereine (als solche galten die Gewerkschaften), die politische Angelegenheiten in Versammlungen erörtern wollten, keine Frauen, Schüler oder Lehrlinge als Mitglieder aufnehmen oder an ihren Versammlungen teilnehmen lassen.

Immerhin brachten die Gesetzgebungswerke der Jahre 1890 bis 1892 erstmals ansatzweise die **Verknüpfung von Arbeiterschutz und Mitbestimmung** der Arbeiter. „In vorsichtiger Form gab der Staat zu verstehen, daß die Unternehmergewalt die Grenzen der durch den Staat vertretenen Interessen eben aller Gruppen zu achten hatte, ein Gedanke, der den Harmonievorstellungen des wirtschaftlichen Liberalismus fremd gewesen war" *(H. Henning, 1977, S. 98).* Auch in der Folgezeit bildeten diese Überlegungen ein beherrschendes Thema der staatlichen Sozialpolitik *(vgl. Kessler, 1907, S. 51ff.; Koch, 1907, S. 18ff.; Teuteberg, 1961).*

Mit Hilfe der gesetzlichen Regelungen, die in den Jahren 1890 bis 1892 geschaffen worden waren, versuchten insbesondere die **Gewerkschaften**, sich gegen die wachsende Macht der Syndikate, Kartelle und Konzerne zur Wehr zu setzen, um – ausgehend von der überbetrieblichen Ebene – die Sozialordnung innerhalb der Betriebe stärker prägen zu können. Während jedoch die Arbeiterversicherungsgesetzgebung noch weitgehend von den **Unternehmern** getragen worden war, nicht zuletzt weil sie deren ökonomische Bedeutung erkannt hatten, stießen die Arbeiterschutzpolitik sowie Maßnahmen zur Stärkung der Mitwirkungsrechte der Arbeiter auf deren entschiedenen Widerstand. Das **Parlament** setzte mit den Sozialdemokraten, dem Zentrum und den Nationalliberalen allerdings auf einen weiteren Ausbau der staatlichen Arbeiterschutzpolitik.

Dagegen wandte sich **Kaiser** WILHELM II. schon bald enttäuscht von der Sozialpolitik ab, da er erkannte, daß die bisherigen Lösungen nicht ausreichten, um die **Sozialdemokratie** von ihrer **Klassenkampfpolitik** abzubringen und sie dem monarchistischen Staat zu verpflichten. Gleichzeitig gelang es großindustriellen Kreisen, einen zunehmend bremsenden Einfluß auf die weitere Entwicklung der staatlichen Sozialpolitik auszuüben. Außerdem wurden erneut Versuche unternommen, die Sozialdemokratie mit repressiven Mitteln zu bekämpfen. Sowohl die sog. »**Umsturzvorlage**« von 1884/85 wie die »**Zuchthausvorlage**« von 1898/99 wurden jedoch vom Reichstag nach langen Beratungen abgelehnt.

5.3.2 Koalitionsgesetzgebung im Kaiserreich

Mit der Reichsgründung wurde zwar die in § 152 der GewO von 1869 gewährte **Koalitionsfreiheit** auf das gesamte Reich übertragen, ebenso jedoch die darin enthaltenen **Beschränkungen**. Weiterhin galt die Koalitionsfreiheit insbesondere nicht für Seeleute, Staatsangestellte, Hausgehilfen und Landarbeiter. Fortbestand hatte ferner § 153 GewO, der auch den nur mittelbaren **Koalitionszwang** verbot und unter Strafe stellte. Gleichzeitig wurde den Koalitionen jeglicher rechtlicher Schutz, wie z. B. die Klagemöglichkeit, versagt. § 152 Abs.2 der GewO verwehrte den Koalitionen jedes Recht, disziplinarisch gegen ihre Mitglieder vorzugehen. Das Koalitionsrecht in Form der §§ 152, 153 GewO blieb unverändert bis zum Ersten Weltkrieg bestehen.

Während eine Erweiterung der Koalitionsfreiheit nicht ernsthaft zur Debatte stand, jedenfalls nicht für diejenigen, die die politische Macht ausübten, gab es in dieser Periode eine Vielzahl von Versuchen, das **Koalitionsrecht zu verschlechtern**.

Nachdem die Regierung bereits 1873/74 erfolglos versucht hatte, schärfere Bestimmungen gegen den Kontraktbruch der Arbeiter einzuführen und den § 153 GewO zu erweitern, unterblieben zwar zunächst weitere gesetzgeberische Initiativen, dies aber wohl v. a. deshalb, weil man hoffte, den Koalitionen mittels des zwischenzeitlich erlassenen Sozialistengesetzes entgegenwirken zu können. Außerdem wurde versucht, gegen die Koalitionen auf dem Verwaltungswege vorzugehen, so z. B. durch den sog. Puttkammerschen Streikerlaß vom 11. August 1886, der die Verwaltungsbehörden aufforderte, energischer gegen die Gewerkschaften sowie die Arbeiterführer vorzugehen. In der Folgezeit führte diese Anordnung dann auch tatsächlich zu zahlreichen Verhaftungen und Versammlungsverboten bis hin zur Unterdrückung ganzer Zentralverbände sowie wiederholten Anklagen gegen deren Vorstandsmitglieder *(vgl. Schuster, 1973, S. 18).* Im Jahre 1891 bemühte sich die Regierung dann abermals um eine Verschärfung des § 153 GewO. Dieser Versuch scheiterte allerdings ebenso wie die 1899 eingebrachte sog. »Zuchthausvorlage« (Entwurf eines Gesetzes zum Schutze der gewerblichen Arbeitsverhältnisse), die – wäre sie Gesetz geworden – nahezu jede Ausübung des Koalitionsrechts durch die Arbeiter unterbunden hätte. Auch danach gingen die Bestrebungen weiter, die Tätigkeit der Arbeitnehmerorganisationen zu behindern. Noch am 6. Februar 1914 hatte sich der Reichstag mit einem Antrag zu befassen, der den Reichskanzler ersuchte, dem »immer schärfer ausgeübten Terrorismus gegenüber arbeitswilligen Arbeitern entschieden entgegenzutreten, insbesondere aber das Streikpostenstehen« zu verbieten *(vgl. Wisell, 1923, S. 747)*.

Die Einschätzung, daß die damalige Koalitionsgesetzgebung v. a. gegen die im Entstehen begriffenen Arbeitnehmerorganisationen gerichtet war, läßt sich auch nicht mit dem Hinweis entkräften, daß die vorhandenen Koalitionsvorschriften formell in gleicher Weise für die Unternehmer galten. Tatsächlich wirkten sich die Vorschriften sehr ungleich für Arbeiter und Unternehmer aus, nicht nur, weil die Rechtsprechung letztere vielfach anders behandelte, sondern vor allem, weil § 153 GewO die Mittel der Koalitionswerbung erheblich einschränkte, zugleich jedoch dieselben Mittel zur Koalitionsverhinderung zuließ. Hinzu kommt, daß das Koalitionsrecht für die Arbeiter materiell eine weitaus größere Bedeutung hatte als für die Unternehmer.

Tabelle 16: Entwicklung der Mitgliederzahlen der Arbeiterorganisationen 1872–1918

Jahr	Freie Gewerkschaften	Christl. Gewerkschaften	Hirsch-Duncker-sche Gewerkver.	Gewerkschaften insgesamt	Organisierte in % der Beschäftigten	Angestelltenverbände	
						58er Verein	Leipziger Verband
1872	19.695	–	18.803	–	–	–	–
1878	56.275	–	16.525	–	–	–	–
1885	85.687	–	51.000	–	–	16.964	4.986
1891	277.659	–	65.588	343.247	3,40	34.706	26.000
1895	259.175	5.500	66.759	331.434	3,14	49.359	43.311
1898	493.742	34.270	82.755	610.767	5,14	56.149	49.406
1900	680.427	76.744	91.661	848.353	6,71	60.960	55.966
1903	887.698	91.440	110.215	1.089.353	8,31	69.082	62.483
1905	1.344.803	191.690	116.143	1.652.636	11,85	72.939	67.277
1907	1.865.506	284.649	108.889	2.259.044	15,27	79.278	80.134
1910	2.017.298	316.115	122.571	2.455.984	16,09	102.633	92.301
1913	2.525.042	341.735	106.618	2.973.395	18,17	127.030	102.124
1918	2.866.012	538.559	113.792	3.518.363	–	–	–

Quellen: Correspondenzblatt der Generalkommission der Gewerkschaften Deutschlands, 11. Jg., 1901, S. 454, 24. Jg., 1914, Anhang S. 282-284; o.V.: Werden und Wirken des Verbandes Deutscher Handlungsgehilfen zu Leipzig von 1881-1906, Leipzig 1906; W. Stiller: Der Verein für Handlungsgehilfen-Commis von 1858, Kaufmännischer Verein in Hamburg, Jena 1910; Statistisches Jahrbuch für das Deutsche Reich, lfde. Jge.

Interessant ist bei alledem, daß der Streik als solcher i.a. nicht verboten war, sondern nur die Verabredung dazu. Gestützt auf § 253 StGB wurde die **Androhung eines Streiks** von den Gerichten vielfach als Erpressung angesehen. Dagegen stand der **Anwendung des Streiks** seit Aufhebung der Koalitionsverbote keine strafgesetzliche Bestimmung entgegen. Tatsächlich nahmen die Streikbewegungen trotz aller damit für die Arbeiter verbundenen Schwierigkeiten beträchtlich zu. Während im Zeitraum 1864–73 lediglich 211 Streiks gezählt wurden, weist die Statistik der Gewerkschaften für den Zeitabschnitt 1890 bis Ende 1913 insgesamt 33.344 Arbeitskämpfe aus, an denen 3.688.640 Arbeitnehmer beteiligt waren; 17.472 (53,9 %) dieser Auseinandersetzungen galten als erfolgreich, 6.923 (21,3 %) als teilweise erfolgreich und 7.351 (22,7 %) als erfolglos *(vgl. D. Schneider, 1971, S. 63; Wachenheim, 1967; Reulecke, 1974; Tabelle 17)*.

Weder die Einschränkungen der Koalitionsfreiheit noch sonstige Behinderungen und Verfolgungsmaßnahmen konnten allerdings verhindern, daß sich die **Gewerkschaften** während des Kaiserreichs zu machtvollen **Interessenvertretungen** der Arbeiter entwikkelten. Die staatlichen Maßnahmen erreichten allenfalls eine **Verzögerung** der gewerkschaftlichen Entwicklung *(vgl. auch Deppe u. a., 1977; Grebing, 1966).*

Bereits 1877 zählte die Gewerkschaftsbewegung 26 Zentralverbände und 5 Lokalvereine mit etwa 49.000 Mitgliedern. Trotz der Behinderung durch das Sozialistengesetz, das entgegen offiziellen Versicherungen auch die Gewerkschaften traf, stieg die Zahl der Organisationen und Mitglieder seit Mitte der 80er Jahre stetig an. Im Jahre 1891 schließlich, als nach Aufhebung des Sozialistengesetzes sich die Freien Gewerkschaften zu einem Dachverband zusammenschlossen, wurden 277.659 Mitglieder gezählt. Neben den Freien Gewerkschaften gab es seit den 60er Jahren die Hirsch-Dunckerschen Gewerkvereine; zusätzlich entstanden seit Beginn der 90er Jahre christliche Gewerkschaftsverbände, die sich 1901 zum »Gesamtverband der christlichen Gewerkschaften« zusammenschlossen. Unabhängig davon gründeten die Angestellten und Beamten eigene Interessenvertretungsverbände. 1913 zählten die 47 Zentralverbände der Freien Gewerkschaften zusammen 2.525.042 Mitglieder, nachdem 1904 mit 1.052.108 erstmals die Millionengrenze überschritten worden war. Im Jahr 1913 vereinigten die christlichen Gewerkschaften 341.735, die Hirsch-Dunckerschen Gewerkvereine 106.618 Mitglieder *(vgl. Tabelle 16; vgl. Tenfelde/Volkmann, 1981).*

Tabelle 17: Streiks und Aussperrungen gewerblicher Arbeiter 1899–1918

Jahr	Zahl der Streiks	Betroffene Betriebe	Gleichzeitig Streikende[1]	Verlorene Arbeitstage	mit Erfolg[2]	ohne Erfolg[2]	Aussperrungen	Verlorene Arbeitstage
1899	1.288	7.121	99.338	3.625.881	25,7	40,2	23	115.438
1900	1.433	7.740	122.803	3.188.654	19,2	45,6	35	532.340
1901	1.056	4.561	55.262	2.311.573	18,9	54,1	35	115.379
1902	1.060	3.437	53.912	1.326.833	21,5	54,4	46	624.914
1903	1.374	7.000	85.603	2.815.491	21,8	45,9	70	1.343.028
1904	1.870	10.321	113.480	3.622.998	24,0	39,2	120	1.662.127
1905	2.403	14.481	408.145	14.536.233	21,9	37,6	254	4.448.320
1906	3.328	16.246	272.218	8.176.337	18,4	36,5	298	3.391.281
1907	2.266	13.092	192.430	6.204.558	16,5	42,3	246	2.812.298
1908	1.347	4.774	68.392	2.258.944	15,3	52,3	177	1.406.663
1909	1.537	4.811	96.925	2.812.876	18,4	47,8	115	1.338.890
1910	2.113	8.276	155.680	4.582.036	19,8	37,2	1.115	13.266.404
1911	2.566	10.620	217.809	7.731.334	19,4	34,4	232	3.735.393
1912	2.510	7.255	406.314	7.711.764	16,5	43,6	324	3.012.018
1913	2.127	9.007	254.206	8.819.351	16,7	41,0	337	2.942.403
1914	1.115	5.213	58.682	1.714.790	17,0	44,8	108	1.129.105
1915	137	178	11.639	41.838	17,5	55,5	4	3.673
1916	240	437	124.188	245.404	11,3	34,6	–	–
1917	561	3.392	650.658	1.859.893	7,1	31,2	1	2.409
1918	531	1.094	379.116	1.451.526	13,0	33,3	1	1.308

1) ohne die gezwungen Feiernden; 2) in %; Wertung vom Standpunkt der Arbeitnehmer (ohne teilweise erfolgreiche bzw. teilweise erfolglose Streiks).
Quelle: M. Conrad: Streiks und Aussperrungen im Jahre 1920, in: RArBl., 2.Jg. (N.F.), 1922, Nr.9, S.291 f.

Mit gewisser zeitlicher Verzögerung und ursprünglich als »Antistreikvereine«, später aber auch zur Wahrung aller Arbeitgeberinteressen, entstanden als Gegengewicht zu den Gewerkschaften **Vereinigungen der Arbeitgeber**. Nachdem zunächst mehrere kleinere Spitzenorganisationen geschaffen worden waren, wurde 1913 als Zentralverband die »Vereinigung deutscher Arbeitgeberverbände« gebildet *(vgl. Kaskel, 1925).*

Abbildung 13: Anschlag während des Bergarbeiterstreiks von 1889

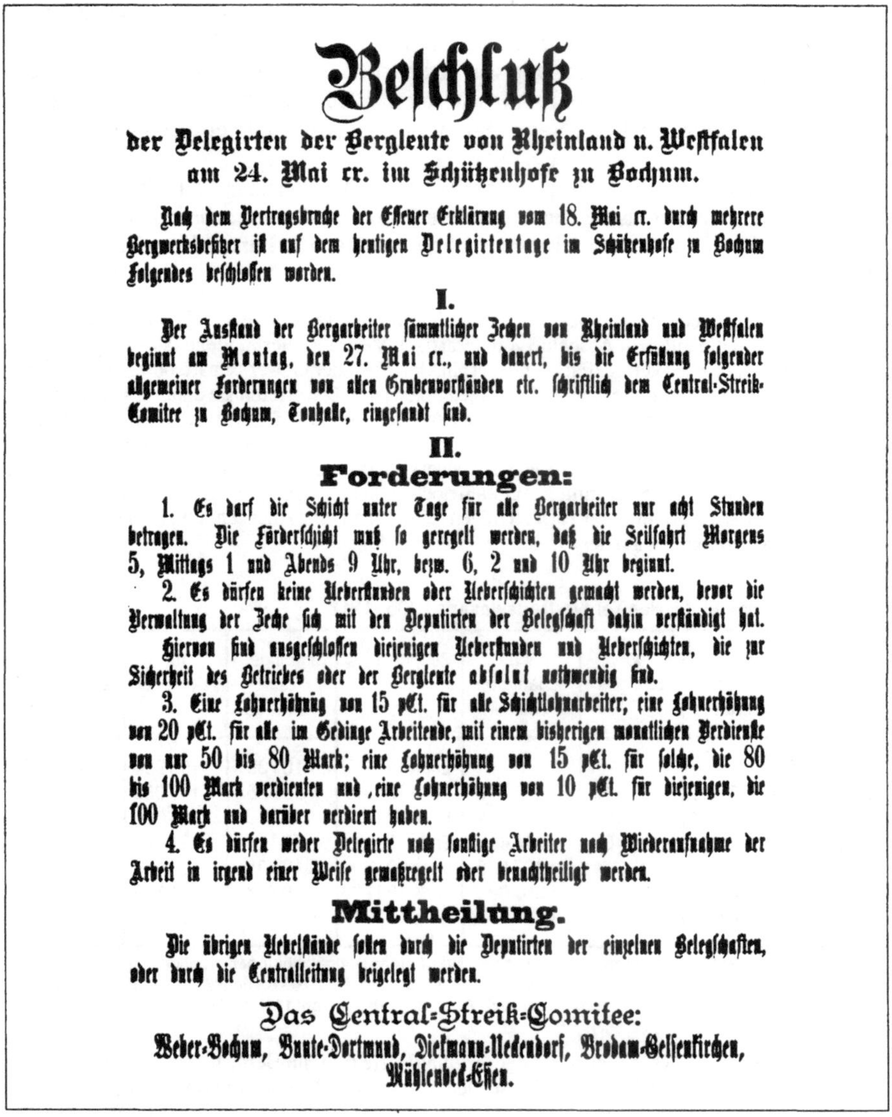

Beschluß

der Delegirten der Bergleute von Rheinland u. Westfalen am 24. Mai cr. im Schützenhofe zu Bochum.

Nach dem Vertragsbruche der Essener Erklärung vom 18. Mai cr. durch mehrere Bergwerksbesitzer ist auf dem heutigen Delegirtentage im Schützenhofe zu Bochum Folgendes beschlossen worden.

I.

Der Ausstand der Bergarbeiter sämmtlicher Zechen von Rheinland und Westfalen beginnt am Montag, den 27. Mai cr., und dauert, bis die Erfüllung folgender allgemeiner Forderungen von allen Grubenvorständen etc. schriftlich dem Central-Streik-Comitee zu Bochum, Tonhalle, eingesandt sind.

II.

Forderungen:

1. Es darf die Schicht unter Tage für alle Bergarbeiter nur acht Stunden betragen. Die Förderschicht muß so geregelt werden, daß die Seilfahrt Morgens 5, Mittags 1 und Abends 9 Uhr, bezw. 6, 2 und 10 Uhr beginnt.

2. Es dürfen keine Ueberstunden oder Ueberschichten gemacht werden, bevor die Verwaltung der Zeche sich mit den Deputirten der Belegschaft dahin verständigt hat.

Hiervon sind ausgeschlossen diejenigen Ueberstunden und Ueberschichten, die zur Sicherheit des Betriebes oder der Bergleute absolut nothwendig sind.

3. Eine Lohnerhöhung von 15 pCt. für alle Schichtlohnarbeiter; eine Lohnerhöhung von 20 pCt. für alle im Gedinge Arbeitende, mit einem bisherigen monatlichen Verdienste von nur 50 bis 80 Mark; eine Lohnerhöhung von 15 pCt. für solche, die 80 bis 100 Mark verdienten und ,eine Lohnerhöhung von 10 pCt. für diejenigen, die 100 Mark und darüber verdient haben.

4. Es dürfen weder Delegirte noch sonstige Arbeiter nach Wiederaufnahme der Arbeit in irgend einer Weise gemaßregelt oder benachtheiligt werden.

Mittheilung.

Die übrigen Uebelstände sollen durch die Deputirten der einzelnen Belegschaften, oder durch die Centralleitung beigelegt werden.

Das Central-Streik-Comitee:
Weber-Bochum, Bunte-Dortmund, Diekmann-Uedendorf, Brodam-Gelsenkirchen, Mühlenbeck-Essen.

Einen gewissen Fortschritt für die Tätigkeit der Arbeitervereinigungen brachte erst das **Reichsvereinsgesetz vom 19. April 1908** [RGBl. S.151]. Mit diesem Gesetz erhielten Frauen und Jugendliche über 18 Jahren das Recht, an Versammlungen teilzunehmen und die Mitgliedschaft zu erwerben. Zugleich hob es das Koalitionsverbot für Landarbeiter auf und bot einen verbesserten Rechtsschutz gegen die ständige Gefahr einer polizeilichen Auflösung von Vereinen und Versammlungen.

5.3.3 Anfänge des Tarifvertragswesens

In enger Verbindung zum Entstehen moderner Arbeitnehmerorganisationen steht die Frage des Abschlusses von **Tarifverträgen**, die seit Ende des vorigen Jhdts. zunehmend an Bedeutung gewann. Sieht man von einigen Vorläufern im Bereich des Handwerks in den 60er Jahren ab, kam es 1873 mit der vom Verband der Buchdrucker abgeschlossenen **Buchdrucker-»Tarifgemeinschaft«** zum ersten bedeutsamen Tarifvertrag in Deutschland. Diese erste kollektive Regelung von Arbeitsbedingungen enthielt neben Bestimmungen über den Minimallohn, die Arbeitszeit, die Kündigungsfristen und die Vergütung von Überstunden auch eine Vereinbarung über einen einjährigen Streikverzicht.

Die Entwicklung im Buchdruckergewerbe fand zunächst allerdings kaum Nachahmung. Sowohl die **Arbeitgeber** als auch insbesondere die **Freien Gewerkschaften** lehnten lange Zeit die tarifliche Bindung ab (eine Ausnahme bildeten die Hirsch-Dunckerschen Gewerkvereine, die bereits 1869 für Tarifverträge eintraten).

Während die Arbeitgeber in Tarifverträgen eine Einschränkung der individuellen Arbeitsvertragsfreiheit sahen und die mit dem Abschluß von derartigen Verträgen verbundene faktische Anerkennung der Gewerkschaften vermeiden wollten, erblickten Teile der Gewerkschaftsbewegung in Tarifverträgen eine Schwächung des Klassenkampfgedankens und bewerteten sie daher als »Harmonieduselei« oder gar als »Verrat am Klassenkampf« *(vgl. Schuster, 1973, S.37)*. Erst um die Jahrhundertwende änderte sich innerhalb der Arbeiterbewegung allmählich die Einstellung zum Tarifvertrag. Nachdem sich die christlich-nationalen Gewerkschaften auf ihrem ersten Kongreß 1899 in Mainz zur Tarifvertragsidee bekannten, empfahl noch im selben Jahr auch der Kongreß der Freien Gewerkschaften den Abschluß von Tarifverträgen (eine allgemeine Anerkennung fand der Tarifvertragsgedanke allerdings erst auf dem 9. Kongreß 1914 in München).

Tabelle 18: Entwicklung des Tarifvertragswesens 1905–1918

Zeitpunkt[1]	gültige Tarifverträge	für Betriebe	mit beschäftigten Personen	Zeitpunkt	gültige Tarifverträge	für Betriebe	mit beschäftigten Personen
Ende 1905	1.577	–	–	Ende 1912	10.739	159.930	1.574.295
Ende 1906	3.569	97.410	817.445	Ende 1913	10.885	143.088	1.398.597
Ende 1907	5.324	111.050	974.564	Ende 1914	10.840	143.650	1.395.723
Ende 1908	5.671	120.401	1.026.435	Ende 1915	10.171	121.097	943.442
Ende 1909	6.578	137.214	1.107.578	Ende 1916	9.435	104.179	740.074
Ende 1910	8.293	173.727	1.361.086	Ende 1917	8.854	91.313	905.670
Ende 1911	10.520	183.232	1.552.827	Ende 1918	7.819	107.503	1.127.690

1) In den Jahren 1905-1911 sind aufgrund des Erhebungsverfahrens Doppelzählungen möglich.
Quellen: Statistisches Jahrbuch für das Deutsche Reich, 36.Jg.,1915, S.84; W. Woytinsky: Die neue Tarifstatistik in Deutschland, in: Internationale Rundschau der Arbeit, 9.Jg., Bd.1, Heft 4, April 1931, S.358 f.

Noch länger weigerten sich Arbeitgeber der Großindustrie (v. a. im Bereich der Schwerindustrie), mit den Gewerkschaften Tarifverträge abzuschließen, ohne allerdings auf die Dauer die Ausbreitung des Tarifvertragswesens verhindern zu können (z. B. konnten die Metallarbeiter erst 1906 einen Tarifvertrag abschließen). Der seit 1896 ständig technisch und inhaltlich vervollkommnete Buchdruckertarif sowie ein entsprechender, 1899 geschlossener Bauarbeitertarif sorgten schon bald für einen Durchbruch *(vgl. Breidenstein, 1922; Blach, 1926)*. Bei den Gewerkschaften überwog dabei zunehmend die Erkenntnis, daß es angesichts des unkoordinierten Bemühens um bessere Löhne und Arbeitsbedingungen, der Zunahme »wilder Streiks« sowie der damit verbundenen steigenden und nur schwerlich voraussehbaren finanziellen Belastungen für die Organisationen letztlich günstiger ist, die Lohnbedingungen durch den Abschluß von Tarifverträgen zumindest für bestimmte Zeiträume festzulegen *(vgl. Schuster, 1973, S.37)*. Auf der anderen Seite setzte sich vor dem Hintergrund schnell mächtiger werdender Gewerkschaften schließlich auch in der Unternehmerschaft in wachsendem Maße die Erkenntnis durch, daß der Abschluß von Tarifverträgen ein geeignetes Mittel sein kann, dem immer härter werdenden „sozialen Machtkampfe zu begegnen und die unausweichlich gewordenen Auseinandersetzungen auf die Ebene des wirtschaftlichen Ausgleichs zu verschieben“ *(Albrecht, 1933 b, S.581)*.

Für den Tarifvertragsgedanken sprach daneben vor allem die **faktische Entwicklung**. Einer Erhebung des Statistischen Reichsamtes zufolge gab es 1905 bereits 1.577 Tarifverträge. Ein Jahr später waren 817.445 Arbeiter in 97.410 Betrieben mittels 3.569 Verträgen tariflich gebunden. Ende 1913 schließlich wurden 10.885 Tarifverträge gezählt, von denen 143.088 Betriebe mit 1.398.597 Beschäftigten erfaßt wurden *(vgl. Syrup/ Neuloh, 1957, S.160; vgl. auch Woytinsky, 1931, S.358f., sowie Tabelle 18)*.

Obgleich sich das Tarifvertragswesen noch vor dem Ersten Weltkrieg zügig ausbreitete und die tarifliche Regelung in steigendem Maße auch Gewerbe erfaßte, für welche sie anfänglich nicht in Frage gekommen war, erfuhr das **Tarifvertragsrecht** während des Kaiserreichs **keine gesetzliche Regelung**. Zwar wurde die Frage des Tarifvertrags in den Jahren 1905–1911 im Reichstag mehrfach erörtert, zu einem Gesetzentwurf kam es aber nicht. Das **Reichsgericht** erklärte noch 1904 Tarifverträge für Koalitionen i. S. d. Gewerbeordnung, von denen die Teilnehmer jederzeit zurücktreten könnten, und deklarierte sie als Verabredungen, aus denen weder Klage noch Einrede stattfinden könne. Im Gegensatz hierzu anerkannte das Reichsgericht allerdings in seiner Entscheidung vom 10. Januar 1910 [RGZ, 73, 92] definitiv die **Klagbarkeit der Tarifverträge** *(vgl. Reindl, 1922, S. 216ff.)*. Während die Freien Gewerkschaften einer gesetzlichen Regelung eher skeptisch gegenüberstanden, forderte der 29. Deutsche Juristentag 1908 eine gesetzliche Regelung, die die unmittelbare Rechtswirksamkeit des Tarifvertrages auf die Arbeitsverträge festlegen sollte *(vgl. Sinzheimer, 1916)*. Immerhin ist interessant, daß das Kaligesetz von 1910 und das Heimarbeitergesetz von 1911 auf den »Tarifvertrag« Bezug nahmen, ohne daß dieser gesetzlich geregelt war *(vgl. Hueck/Nipperdey, 1960, S.159)*.

5. 3. 4 Anfänge des Schlichtungswesens

Obgleich sich Ansätze zu obrigkeitsstaatlicher **Schlichtung** in Arbeitsstreitigkeiten bereits im späteren Stadtrecht des Mittelalters finden, ergab sich die Notwendigkeit der Schlichtung im heutigen Verständnis erst mit der Gewährung der Koalitionsfreiheit, der Entstehung von Gewerkschaften und der Zulassung von Arbeitskämpfen *(vgl. Hueck/ Nipperdey, 1960, S.541)*. Bereits vor 1890 sahen einzelne Tarifverträge in Verbindung mit der Festlegung einer Friedenspflicht **Schlichtungsinstanzen** vor, die bei der Auslegung, aber auch bei der Erneuerung von Tarifverträgen tätig werden sollten. In größerem Umfange erlangten sie vorerst allerdings nur im Buchdruckergewerbe Bedeutung.

Erstmals wurde eine Art staatlicher Schlichtung mit dem Gewerbegerichtsgesetz vom 29. Juli 1890 [RGBl. S.141] geschaffen, das die nunmehr zu errichtenden Gewerbegerichte in den §§ 62 ff. mit der Durchführung von **Einigungsverfahren** beauftragte.

Das Gewerbegericht konnte danach bei Streitigkeiten zwischen gewerblichen Arbeitgebern und Arbeitern über die Bedingungen der Fortsetzung oder Wiederaufnahme des Arbeitsverhältnisses als Einigungsamt angerufen werden. Voraussetzung für das Tätigwerden war allerdings, daß die Gewerbegerichte von beiden Parteien angerufen wurden und Vertreter beider Parteien beim Termin erschienen. Andernfalls blieb dem Einigungsamt lediglich die Möglichkeit, auf eine Anrufung hinzuwirken. Aufgabe des Einigungsamtes war es, auf das Zustandekommen einer Vereinbarung hinzuarbeiten bzw. bei Nichteinigung einen Schiedsspruch abzugeben, zu welchem die Parteien eine Erklärung abgeben sollten. Sowohl der Schiedsspruch wie die Erklärungen der Parteien waren zu veröffentlichen.

Die sog. **Einigung** war auch eine besondere Aufgabe der später errichteten Kaufmannsgerichte (§ 17 KfmGG), der Berggewerbegerichte (§ 82 GewGG) sowie der Seemannsämter. Aufgrund der Novelle von 1901 konnten auch von den Innungen besondere Innungseinigungsämter errichtet werden, deren Zusammensetzung und Tätigkeit durch ein Statut gem. den Bestimmungen der §§ 63 f. GewGG zu regeln waren. Die gesetzlich geregelte Schlichtung in Form der »Einigung« war allerdings nach allgemeiner Einschätzung unzulänglich. Versuche der Reichsregierung, das Einigungswesen im Rahmen eines Arbeitskammergesetzes zu regeln, scheiterten jedoch; erst während des Ersten Weltkrieges kam es im Schlichtungswesen zu deutlichen Fortschritten.

5.3.5 Ansätze einer überbetrieblichen und betrieblichen Mitwirkung der Arbeiter

Zur Diskussion um die Einrichtung von Arbeiterkammern

Der aus Frankreich stammende Gedanke der Errichtung von **Arbeiterkammern** tauchte in Deutschland erstmals in der von EUGEN DÜHRING 1866 vefaßten »Sozialen Denkschrift« auf. »Arbeitergenossenschaften« bzw. »Soziale Genossenschaften« sollten an der Durchführung des Arbeiterrechts und der zugunsten der Arbeiter getroffenen sozialen Einrichtungen mitwirken und bei ausbrechenden Arbeitsstreitigkeiten vermittelnd tätig werden. Nach Vorstellungen GUSTAV SCHÖNBERGS aus dem Jahre 1871 sollte sog. »Arbeitsämtern« unter Mitwirkung der Unternehmer und Arbeiter die Durchführung der Arbeitsstatistik, die Förderung der sozialen Selbsthilfe und die Vermittlung bei Interessenkonflikten übertragen werden.

Den wissenschaftlichen Überlegungen folgten schon bald parlamentarische Initiativen zur Errichtung von Arbeiterkammern, so z. B. 1877 durch die Sozialdemokraten, 1893 durch das Zentrum. Im Anschluß an den **Kaiserlichen Erlaß** vom 4. Februar 1890, in welchem die Errichtung von **Arbeiterinteressenvertretungen** versprochen worden war, setzten sich seit 1899 auch die Nationalliberalen für die Errichtung von Arbeiterkammern ein. Erst am 2. Dezember 1907 allerdings legte BETHMANN-HOLLWEG für die Reichsregierung einen Gesetzentwurf über die Errichtung von **Arbeiterkammern** vor.

Die Arbeiterkammern, die paritätisch mit Vertretern der Arbeitnehmer und der Arbeitgeber besetzt werden sollten, waren als Organe gedacht, um den wirtschaftlichen Frieden zu pflegen. Hier sollten Arbeitgeber und Arbeitnehmer die sie interessierenden Fragen fortlaufend diskutieren und zu einvernehmlichen Lösungen gelangen. Obschon dem Reichstag zwischen 1908 und 1910 drei Gesetzentwürfe vorlagen, und letzterer die Wünsche einer eigens eingesetzten Reichstagskommission berücksichtigt hatte, scheiterte die Einführung von Arbeiterkammern an nicht zu überbrückenden Meinungsverschiedenheiten zwischen Regierung und Parlament, insbesondere in der Frage der Wählbarkeit von Gewerkschaftsvertretern, die die Regierung entschieden ablehnte *(vgl. Albrecht, 1931, S.162f.)*.

Ansätze einer betrieblichen Mitwirkung der Arbeiter

Noch stärkere Widerstände als beim Arbeiterschutz gab es gegen Bestrebungen, den Arbeitern **Mitwirkungsmöglichkeiten** innerhalb des Betriebs einzuräumen. Entsprechend unbedeutend blieben zunächst die Ansätze einer gesetzlichen Regelung. Zwar erhielt die betriebliche Vertretung der Arbeiter durch das Arbeiterschutzgesetz vom 1. Juni 1891 *(vgl. S.131f.)* erstmals eine gesetzliche Grundlage, allerdings stellte § 134 h GewO die Errichtung von **Arbeiterausschüssen** in das Ermessen des Arbeitgebers. Erst wenn Arbeiterausschüsse freiwillig errichtet wurden, griffen die Bestimmungen der GewO. Danach waren die Mitglieder in der Mehrzahl aus der Mitte aller volljährigen Arbeiter des Betriebes zu wählen. Ein konkretes Mitwirkungsrecht besaßen sie beim Erlaß von Arbeitsordnungen; ihre Zustimmung war zudem erforderlich zur Aufnahme von Bestimmungen in die Arbeitsordnung über das Verhalten der Arbeiter bei der Benutzung der Betriebswohlfahrtseinrichtungen und über das Verhalten minderjähriger Arbeiter außerhalb des Betriebes. Eine nennenswerte Bedeutung haben diese fakultativen Arbeiterausschüsse nicht erlangt.

Betriebliche Mitwirkungsmöglichkeiten im Bereich des Bergbaus

Im Vergleich hierzu wurden den Arbeitern des Bergbaus bereits erheblich größere Rechte gewährt. Nachdem die **preußische Novelle zum ABG vom 24. Juni 1892** [PrGS. S.131] den Arbeitern das Recht eingeräumt hatte, am Erlaß von **Arbeitsordnungen** mitzuwirken und Arbeiterausschüsse bilden zu dürfen, machte **Bayern** bereits im Jahre 1900 [BayGVBl. S.766] die **Bildung ständiger Arbeiterausschüsse** in Bergwerken mit mehr als 20 Beschäftigten zur Pflicht *(vgl. Claßen, 1962, S.176)*. Mit den Bergrechtsnovellen von 1905 und 1909 folgte Preußen auf diesem Wege. In Bergwerken mit mehr als 100 Beschäftigten mußten danach **obligatorisch ständige Arbeiterausschüsse** eingerichtet werden. Die **Befugnisse** dieser Ausschüsse wurden dahingehend erweitert, daß sie Anträge, Wünsche und Beschwerden der Belegschaft zur Kenntnis der Bergwerksbesitzer zu bringen und sich darüber gutachtlich zu äußern hatten. Zu ihren Aufgaben gehörten auch die Sorge für gutes Einvernehmen innerhalb der Belegschaft und mit dem Arbeitgeber sowie die Mitwirkung bei der Verwaltung betrieblicher Unterstützungskassen. Die **aktive Wahl** zu den Arbeiterausschüssen war an Volljährigkeit und einjährigen Aufenthalt auf dem Bergwerk, die **passive** an das 30. Lebensjahr und dreijährigen Aufenthalt gebunden. Je 400 Beschäftigte war ein Vertreter zu wählen. Eng damit verbunden war die Einführung von Sicherheitsmännern. Diese waren verpflichtet, zweimal monatlich ihre Abteilung zu befahren, außerdem aber auch, wenn der Arbeiterausschuß es für notwendig hielt *(vgl. Adelmann, 1962; Kirchhoff, 1958; Imbusch, 1908)*.

6. Anfänge der Arbeitsvermittlung und der Arbeitslosenunterstützung

6. 1 Entwicklung der Arbeitslosigkeit und des Arbeitsmarktes

Das Risiko der **Arbeitslosigkeit** sowie insbesondere die durch sie verursachten **existentiellen Problemlagen** haben im Zeitalter der **Industrialisierung** deutlich zugenommen. Zwar war Arbeitslosigkeit seinerzeit keine völlig neue Erscheinung, der im Zuge der Industrialisierung sich vollziehende **Wandel der Sozialbeziehungen** verlieh ihr jedoch eine neue Qualität. Die partielle, teilweise auch völlige Auflösung der traditionellen Familienverhältnisse, die nachfragedeterminierte Mobilität der Arbeitskräfte und die damit verbundene Entwurzelung aus heimatlichen Verhältnissen sowie die Urbanisierung des Lebens mit verminderten Möglichkeiten der Subsistenzwirtschaft machten den unverschuldeten – oftmals überraschend eintretenden – Verlust des Arbeitsplatzes bzw. das Fehlen von Erwerbsmöglichkeiten für den Arbeiter und seine Familie zu einem gravierenden Existenzproblem, zumal der Arbeitsplatzverlust gerade in den Städten nicht selten zugleich den Verlust der Wohnung mit sich brachte. Dabei wurde zunehmend deutlicher, daß dem Problem der Arbeitslosigkeit mit den herkömmlichen Mitteln der **Selbsthilfe** nicht mehr wirksam begegnet werden konnte. Im Rahmen der Gesamtarbeitslosigkeit erlangte in der zweiten Hälfte des 19. Jhdts. v. a. die **saisonale Arbeitslosigkeit** besonderes Gewicht und gab „Anlaß zu Schutzmaßnahmen in gesellschaftlicher Größenordnung" *(Weddigen, 1957, S.11; vgl. Brentano, 1879; Kaiserlich Statistisches Amt, 1906; Troeltsch, 1907; Kumpmann, 1923)*.

Obgleich das Problem der Arbeitslosigkeit in der deutschen Wirtschafts- und Sozialtheorie durchaus Beachtung fand und Möglichkeiten eines wirksamen Schutzes erörtert wurden, „trat es doch nur in wenigen Rezessionsjahren für die politische Öffentlichkeit drängend hervor" *(H. Henning, 1984, S.286)*. Glaubt man den fragmentarischen statistischen Aufzeichnungen, lag die Arbeitslosenquote der Industriearbeiter im Durchschnitt der letzten 25 Jahre vor dem Ersten Weltkrieg unter 2,5 %. Diese Zahl spiegelt allerdings nur recht unvollkommen die tatsächlichen Verhältnisse wider; zum einen gab es beträchtliche saisonale Schwankungen, zum anderen war die Arbeitslosigkeit – trotz der großen Winterarbeitslosigkeit in der Landwirtschaft – im allgemeinen ein städtisches und besonders ein typisch »großstädtisches Phänomen« *(vgl. Kumpmann, 1923, S.798)*. Bei den ersten reichsweiten Erhebungen wurden am 14. Juni 1895 in Deutschland 179.004 (1,11 % der Arbeitnehmerschaft), am 2. Dezember 1895, also zu Beginn des Winters, 553.640 (3,4 %) gesunde Arbeitslose gezählt. Knapp 63 % dieser Arbeitslosen im Winter gehörten Berufen des Baugewerbes und der Landwirtschaft an.

Die Arbeitslosigkeit unterlag aber nicht nur starken saisonalen Schwankungen; auch die Organisation des Arbeitsmarktes entsprach immer weniger den Veränderungen in den Produktions- und Beschäftigungsverhältnissen. „Mit der zunehmenden Arbeitsteilung war seine (die des Arbeitsmarktes, Anmerk.d.Verf.) Segmentierung stärker geworden, die räumliche Ballung der Industrie löste große Wanderungsbewegungen aus, und die Zahl der abhängig Beschäftigten nahm erheblich zu" *(Kaufhold, 1984, S.241)*. Folgen dieser Entwicklungen waren nicht nur eine erhöhte friktionelle Arbeitslosigkeit, sondern auch erhebliche strukturelle und regionale Disparitäten hinsichtlich Angebot und Nachfrage auf dem Arbeitsmarkt.

Trotz wachsender Anerkennung der Notwendigkeit einer besseren **Organisation des Arbeitsmarktes** und **sozialer Schutzmaßnahmen** gegen die Folgen der Arbeitslosigkeit kam es bis zum Beginn des 1. Weltkrieges weder zu einer gesetzlich geregelten **Arbeitsvermittlung** noch zu einer umfassenden **staatlichen Arbeitslosenfürsorge**. Zwar hatte sich der Reichstag schon 1902 mit dem Problem der Arbeitslosigkeit befaßt, war aber nicht über das Diskussionsstadium hinaus gelangt. Umstritten war einerseits die Frage, inwieweit der Staat für Fragen des Arbeitsmarktes und der Arbeitslosigkeit überhaupt zuständig sei; andererseits gab es Kontroversen darüber, ob es überhaupt möglich sei, das Risiko der Arbeitslosigkeit versicherungsmäßig abzudecken. Ungeachtet des Fehlens umfassender Lösungen kam es nichtsdestoweniger in beiden Bereichen zu vielfältigen **praktischen Initiativen**, insbesondere durch die Kommunen, aber auch durch Arbeitgeber und Gewerkschaften.

6. 2 Organisation der Arbeitsvermittlung

Die durch die Industrialisierung induzierten erhöhten Anforderungen an die **Flexibilität des Arbeitsmarktes** ließen schon bald deutlich werden, daß die „alten Formen der Arbeitsvermittlung, wie die ländlichen Gesindemärkte, die handwerkliche Umschau oder das Inserat, ...den neuen Ansprüchen nicht mehr (genügten)" *(Kaufhold, 1984, S.241)*, um den erwünschten **Marktausgleich** und die notwendige **Transparenz** auf dem Arbeitsmarkt zu gewährleisten. Entsprechend setzte sich spätestens seit der Schaffung des Deutschen Reiches zunehmend deutlicher die Erkenntnis durch, daß der wachsende Arbeitskräftebedarf der expandierenden Wirtschaft sowie die veränderte Arbeitsmarktsituation eine leistungsfähige **Arbeitsvermittlung** erfordern.

Der Bedarf an Arbeitsvermittlungsleistungen zeigte sich nicht zuletzt darin, daß die Aufgabe, Arbeitsstellen bzw. -kräfte zu vermitteln, schon früh von Erwerbsunternehmen als gewinnbringendes Betätigungsfeld entdeckt wurde. Das private Stellenvermittlungsgewerbe erlangte zeitweise durchaus Bedeutung, geriet allerdings auch schnell in Mißkredit, da das Gewerbe systembedingt an einer häufigen Inanspruchnahme, weniger an einer erfolgreichen, dauerhaften Vermittlung von Arbeit interessiert war. Die sich häufenden Klagen über Mißstände führten schließlich dazu, daß die erst 1869 freigegebene gewerbsmäßige Stellenvermittlung erneut rechtlichen Beschränkungen unterworfen wurde. Die Novelle zur GewO vom 30. Juni 1900 [RGBl. S.321] führte eine Konzessionspflicht ein, wobei die Konzession bei Unzuverlässigkeit abzulehnen war.

Ungeachtet der offensichtlichen und grundsätzlich auch anerkannten Notwendigkeit einer funktionsfähigen Organisation des Arbeitsmarktes blieb die Arbeitsvermittlung bis 1914 äußerst unvollkommen. „Zwar entstand ein alles in allem breit ausgebautes, differenziertes Arbeitsnachweiswesen, doch war es zu zersplittert und heterogen, um nachhaltig leistungsfähig sein zu können" *(Kaufhold, 1984, S.241).* Hinzu kam, daß das Reich und die Länder die Arbeitsvermittlung, „um deren Beherrschung sich die Sozialparteien heftig stritten" *(H. Henning, 1984, S.287),* nicht als ihre Aufgabe betrachteten. Schließlich waren es die am meisten davon Betroffenen (Kommunen, Gewerkschaften, Innungen, Arbeitgeber), die in **Eigeninitiative** Einrichtungen zur **Vermittlung von Arbeitskräften** ins Leben riefen.

Tabelle 19: Tätigkeit der Arbeitsnachweise 1909–1912

Jahr	Anzahl der Nachweise	Vermittelte Stellen insgesamt	darunter Stellen vermittelt durch Arbeitsnachweise der				
			Gemeinden	Arbeitgeber	Gewerkschaften (Arbeiter)	Landwirtschaftskammern	Innungen
1909	1.439	1.915.779	906.159	304.256	195.501	86.900	115.247
1910	1.571	2.555.460	1.118.032	607.579	233.308	97.800	129.045
1911	1.917	3.424.799	1.337.669	1.058.758	322.056	105.353	166.127
1912	1.982	3.594.502	1.298.977	1.203.613	353.309	98.369	162.579

Quelle: RArBl., XI.Jg., 1913, Nr.6/Juni.

Von gewissen Vorläufern abgesehen, die sich v. a. vom polizeilichen bzw. armenpflegerischen Standpunkt aus der Arbeitsvermittlung annahmen, wurden die ersten öffentlichen Arbeitsnachweise ab den 90er Jahren zunächst in Süddeutschland und im Rheinland errichtet (1894 z. B. in Stuttgart, Frankfurt). Unterstützt wurden die Bestrebungen der Gemeinden durch Erlasse der Staatsregierungen, die (wie z. B. Preußen durch Erlaß vom 31. Juli 1894) insbesondere den Gemeinden mit über 10.000 Einwohnern die Errichtung von gemeinnützigen öffentlichen Arbeitsnachweisen empfahlen. Tatsächlich nahm ihre Zahl rasch zu, so daß Ende 1912 bereits 383 kommunale Arbeitsnachweise gezählt wurden. Ein Großteil von ihnen war in 17 Verbänden zusammengeschlossen, wodurch auch eine überregionale Vermittlung möglich war. Von den 1912 durch nichtgewerbsmäßige Arbeitsnachweise insgesamt vermittelten Stellen entfielen allein 36,1 % auf die kommunalen Arbeitsnachweise (1.298.977 Stellen). Die Vorzüge der kommunalen Arbeitsnachweise waren in erster Linie die Unentgeltlichkeit der Benutzung sowie die Unparteilichkeit gegenüber den Interessen der Arbeitgeber und der Gewerkschaften.

Eine quantitativ gleichfalls große Bedeutung hatten daneben die Arbeitsnachweise der Arbeitgeber, deren älteste Form die Innungsnachweise darstellten. Gemäß § 81 a GewO hatten die Innungen seit 1881 die Pflicht, für den Arbeitsnachweis Sorge zu tragen. Die Innungsnachweise konnten allerdings nie eine nennenswerte Bedeutung erlangen. Teilweise arbeitsmarktbeherrschend waren dagegen die Organisationen der industriellen Arbeitgeber, die ursprünglich primär als Kampforganisationen entstanden waren, um sozialdemokratisch orientierte, gewerkschaftlich organisierte Arbeiter aus den Großbetrieben fernzuhalten. Ihre Vermittlungstätigkeit war eindeutig interessengebunden; entsprechend betrachteten die Arbeiter sie in erster Linie als »Maßregelungs-Büros«. Besonders stark war ihr Einfluß im Baugewerbe, im Bergbau, in der Metallindustrie sowie im Schiffsbau.

Als Gegengewicht hierzu sind die **Arbeitsnachweise der Gewerkschaften** anzusehen, die es lange Zeit als strategisch wichtiges Moment ansahen, den Arbeitsmarkt zu beherrschen und von daher die Vermittlung von Arbeitskräften zu ihren Aufgaben zählten. Hinsichtlich des Vermittlungsumfangs blieben ihre Einrichtungen allerdings deutlich hinter denen der Arbeitgeber zurück. Um das Feld nicht gänzlich den Arbeitgebern zu überlassen, bemühten sich die Gewerkschaften später verstärkt um eine Kooperation mit öffentlichen Arbeitsnachweisen.

Die Erkenntnis, daß Arbeitsvermittlung sinnvoll nur durch Einbeziehung überregionaler Angebote erfolgen kann, förderte Bestrebungen zugunsten einer Zusammenarbeit zwischen den Arbeitsnachweisen. Nachdem sich die kommunalen Arbeitsnachweise schon frühzeitig zu Landesverbänden zusammengeschlossen hatten, erfolgte 1898 die Gründung des »Verbandes deutscher Arbeitsnachweise«, der schließlich vom Reich finanzielle Zuschüsse erhielt.

Während sich die **nichtgewerbsmäßige Arbeitsvermittlung** durchaus positiv entwikkelte, wurde die gewerbsmäßige Stellenvermittlung infolge der anhaltenden Klagen sukzessive eingeschränkt. Das sog. **Stellenvermittlergesetz vom 2. Juni 1910** [RGBl. S.860] ließ die gewerbsmäßige Stellenvermittlung nur noch bei Vorliegen eines öffentlichen Bedürfnisses zu. Verboten wurden zudem die Verbindung der Stellenvermittlung mit einer Gastwirtschaft bzw. einer Wohn- und Schlafstellenvermittlung, die Verpflichtung zum Wareneinkauf bei Benutzung der Stellenvermittlung sowie die Verpflichtung zur künftigen Inanspruchnahme. Ferner durften die Stellenvermittler künftig nurmehr behördlich genehmigte Gebühren beim tatsächlichen Zustandekommen eines Arbeitsvertrages erheben.

6. 3 Maßnahmen zur sozialen Sicherung bei Arbeitslosigkeit

Gewisse Parallelen zur Politik der Arbeitsvermittlung zeigten die vor dem Ersten Weltkrieg ergriffenen Maßnahmen zur sozialen Sicherung bei Arbeitslosigkeit. Mangels entsprechender Regelungen auf landes- oder gar reichsgesetzlicher Ebene dominierte auch hier neben den Initiativen der Städte und Gemeinden vor allem die Selbsthilfe der Arbeitnehmerorganisationen. Mit recht unterschiedlichen – durchgängig jedoch wenig überzeugenden – Ergebnissen sind dabei verschiedenste Systeme ausprobiert worden *(vgl. Kumpmann, 1913; H. Henning, 1974, S.217ff.; Adamy, 1987, S.374ff.).*

6.3.1 Arbeitslosenfürsorge durch Selbsthilfe

In der zweiten Hälfte des 19. Jhdts. begannen einige Gewerkschaften – ausgehend von Unterstützungen bei Streiks – damit, **Unterstützungskassen** für ihre Mitglieder einzurichten, um auf dem Wege der **Selbsthilfe** arbeitslose Mitglieder abzusichern. Die erste **satzungsmäßige Arbeitslosenunterstützung** wurde 1879 durch den »Verband der deutschen Buchdrucker« eingeführt. Bei längerer Mitgliedschaft erhielten arbeitslose Verbandsmitglieder zeitlich begrenzte Geldleistungen, wobei die Mittel in der Regel von den allgemeinen Verbandskassen aufgebracht wurden. Hierbei ist nicht zu verkennen, daß mit derartigen Unterstützungseinrichtungen auch der Zweck verfolgt wurde, die **Werbekraft der Gewerkschaften** zu erhöhen.

So anerkennenswert die Versuche der Selbsthilfe dennoch waren, so wenig konnten sie infolge ihrer finanziellen Unzulänglichkeiten, der zu geringen Höhe und Dauer der Unterstützung, der engen Beschränkung des erfaßten Personenkreises und des überwiegenden Ausschlusses der Saisonarbeitslosen wirklich befriedigen *(vgl. Herkner, 1906; Landsberg, 1912, S.325ff.; Weddigen, 1957, S.14ff.).*

Voraussetzung für den Bezug von Arbeitslosenunterstützung war i.d.R. eine bestimmte Dauer der Mitgliedschaft (zumeist 1 Jahr) und eine bestimmte Wartezeit (durchschnittlich 15 Tage). Die Höhe der Unterstützung schwankte bei den einzelnen Freien Gewerkschaften je nach der Dauer der Mitgliedschaft und der Beitragsklasse zwischen 0,40 und 3,00 M täglich. Die Dauer der Leistungsgewährung reichte von maximal 12 bis 240 Tagen (Durchschnitt: 30 bis 60 Tage). Entsprechend bewegte sich die jährliche Gesamtunterstützung zwischen 12 und rd. 200 M. Die Aufwendungen der Freien Gewerkschaften für Arbeitslosenunterstützungen stiegen von 44.103 M im Jahre 1891 auf 11,3 Mio. M im Jahre 1913 und 23,7 Mio. M im Jahre 1914. Bis Ende Dezember 1914 beliefen sich die gesamten Ausgaben für die gewerkschaftliche Arbeitslosenunterstützung auf rd. 66 Mio. M. Während

1891 erst 10 von 58 Zentralverbänden eine derartige Unterstützung eingeführt hatten, verfügten bei Kriegsausbruch lediglich 7 Verbände (von 47) über keine Arbeitslosenversicherung. Die christlichen Gewerkschaften sowie die Hirsch-Dunckerschen Gewerkvereine, die ebenfalls Arbeitslosen- und Reiseunterstützung gewährten, wandten dafür 1911 rd. 220.600 bzw. 185.271 M auf *(vgl. Landsberg, 1912, S.325; Wermel/Urban, 1949 I, S.68ff.; Kumpmann, 1923, S.814)*.

6.3.2 Zuschuß-System (»Genter System«)

Ein ähnlich starkes Interesse an der Unterstützung arbeitsloser Arbeiter durch besondere Einrichtungen besaßen die Gemeinden, denen im Zweifelsfalle die Fürsorge dieser Personen im Rahmen der Armenpflege ohnehin anheimfiel. Eine Verbindung zwischen beiden Bestrebungen herzustellen, war der Grundgedanke des sog. **Zuschuß-Systems** (auch **»Genter System«** genannt; in Gent war es 1900 durch L. VALEZ erstmals eingeführt worden). Das System bestand darin, die gewerkschaftliche Selbstversicherung der Arbeiter durch Zuschüsse aus öffentlichen Mitteln zu fördern und ggf. um Regelungen für Nichtorganisierte zu ergänzen, wobei die Mittelgewährung i. d. R. an bestimmte Voraussetzungen sowie die Erfüllung gewisser Ordnungs- und Kontrollvorschriften geknüpft wurde.

In Deutschland war dieses System 1907 in Straßburg erstmals eingeführt worden. Im allgemeinen waren die von den Gemeinden gewährten Zuschüsse begrenzt (z. B. Straßburg 5.000 M; Schöneberg 15.000 M; Stuttgart 10.000 M jährlich). Bei den Nichtorganisierten wurde die Leistungsgewährung i. a. an freiwillige Sparleistungen der Versicherten gebunden. Obwohl zahlreiche Städte und Gemeinden sich für dieses System entschieden (bis 1914 insgesamt 14 Stadtgemeinden), waren die Ergebnisse wenig befriedigend; auch die von einigen Gemeinden für Nichtorganisierte eingeführten Spareinrichtungen hatten keine nennenswerten Erfolge. Insgesamt war das Zuschuß-System allenfalls eine Notlösung *(vgl. Weddigen, 1957, S.16; F. W. Henning, 1976, S.271)*.

6.3.3 Kommunale Arbeitslosenkassen und sonstige Lösungsansätze

Nachdem weder die rein gewerkschaftliche Selbsthilfe noch das Zuschuß-System die Probleme der sozialen Sicherung von Arbeitslosen in befriedigender Weise zu lösen vermochten, suchten einige Gemeinden insbesondere im Hinblick auf die saisonale Arbeitslosigkeit nach anderen Auswegen. Hierzu zählten die Bemühungen verschiedener Gemeinden, ihren Armenetat durch Arbeitsnachweise, Arbeitsbeschaffungsmaßnahmen und Notstandsarbeiten zu entlasten. Diskutiert wurde auch die Einführung einer obligatorischen Versicherung auf kommunaler Ebene. Da hierfür die rechtliche Grundlage fehlte, gingen vereinzelt Städte dazu über, **fakultative kommunale Arbeitslosenkassen** zu errichten. Am bekanntesten davon geworden ist die 1896 gegründete »Stadtcölnische Versicherungscasse gegen Arbeitslosigkeit im Winter«.

Die Kölner Versicherungskasse war an sich eine Privatanstalt, deren finanzielle Mittel aus Beiträgen der Versicherten, privaten Spenden und öffentlichen Zuwendungen stammten. Unterstützung gewährte sie nur für unverschuldete Arbeitslosigkeit in den Wintermonaten (15. Dezember bis 15. März), und zwar längstens für die Dauer von 8 Wochen. Diese Konstruktion führte schließlich dazu, daß sich nur solche Personen bei ihr versicherten, die wußten, daß sie arbeitslos werden. Von daher wurde aus der Kasse letztlich ein reiner Unterstützungsverein, der sich nur mit erheblichen kommunalen Zuschüssen am Leben erhalten konnte. Vor diesem Hintergrund kam es 1911 zu einer Reorganisation der Kasse und der Umbenennung in »Versicherungskasse gegen Arbeits- und Stellosigkeit in Köln«. Unter Wegfall der Beschränkung auf saisonale Arbeitslosigkeit wurde sie für die Gewerkschaften mit Arbeitslosenunterstützung zu einer Rückversicherung (1912 waren 12 Verbände mit 11.105 Mitgliedern angeschlossen), für Nichtorganisierte zu einer Versicherungskasse ausgebildet (1912 allerdings nur 112 Mitglieder). Die Stadt zahlte nunmehr je Versichertem einen Zuschuß von höchstens 5,20 M bis zu einer jährlichen Höchstsumme von 100.000 M. Obgleich die Kasse in der neuen Form eine etwas günstigere Entwicklung nahm, blieben die strukturellen Mängel weiterhin bestehen *(vgl. Jastrow/Badtke, 1918, S.116ff.)*.

Gleichfalls nur marginale Bedeutung erreichten entsprechende Bemühungen der **Arbeitgeber**. Ganz vereinzelt gewährten sie Arbeitern nach längerer Betriebszugehörigkeit für eine gewisse Übergangszeit bei schuldloser Entlassung bestimmte Barentschädigungen (z. B. die Carl-Zeiss-Stiftung in Jena).

Diese Versuche einer Arbeitslosenhilfe lösten eine erhebliche **Diskussion** aus, die sich auf die Frage konzentrierte, ob Staat und Reich oder aber die Gemeinden eine Arbeitslosenversicherung aufzubauen hätten. Gegen eine staatliche Arbeitslosenversicherung wurden vielfältige **Bedenken** geäußert. Von vielen Sozialpolitikern wurde die **Einführung eines allgemeinen Sparzwanges** befürwortet. Andere Sozialpolitiker, die eine öffentliche Arbeitslosenversicherung prinzipiell bejahten, wollten diese organisatorisch an die **Berufsgenossenschaften** der Unfallversicherung anlehnen. Sie sahen in der Arbeitslosigkeit ein typisch branchenmäßiges Problem mit entsprechenden Risikoklassen. Das **Reich** selbst erklärte sich noch 1913 für nicht zuständig und verwies die Frage der Arbeitslosenunterstützung – von wenigen punktuellen Eingriffen im Bereich einzelner Branchen abgesehen – an die **Gemeinden**.

7. Gestaltung der öffentlichen Armenfürsorge

Während im Bereich der Kranken- und Unfallfürsorge schon zu Beginn des Deutschen Kaiserreiches zumindest einige Regelungsansätze existierten, war die **Fürsorge** im Falle der **Invalidität** und des **Alters** zu jener Zeit – von der Knappschaftsversicherung abgesehen – praktisch ohne jegliche gesetzliche Regelung. Altersschwache oder invalide Arbeiter waren daher vielfach auf die öffentliche **Armenpflege** angewiesen.

7.1 Weiterentwicklung des Unterstützungswohnsitzgesetzes

Die öffentliche Armenpflege des Staates war im wesentlichen durch das **Gesetz des Norddeutschen Bundes über den Unterstützungswohnsitz vom 6. Juni 1870** [Norddt BGBl. S.360], dessen Geltung 1871 auf das Reich ausgedehnt wurde, geregelt. Nach den dazu ergangenen landesrechtlichen Ausführungsgesetzen umfaßte die **subsidiär eintretende Fürsorgepflicht** im allgemeinen nur die **Aufrechterhaltung des Existenzminimums**. Hilfsbedürftigen waren neben einem Obdach der unentbehrliche Lebensunterhalt, die Pflege in Krankheitsfällen sowie im Falle des Todes ein Armenbegräbnis zu gewähren. Den Bedürftigen stand jedoch **kein subjektiv-öffentliches Recht** auf die Unterstützung zu. Tatsächlich handelte es sich bei den Leistungen der Armenpflege um öffentliche »**Almosen**«, die primär aus Gründen der öffentlichen Ordnung gewährt wurden. Eine Inanspruchnahme der Armenunterstützung hatte im übrigen den zeitweiligen **Verlust des Wahlrechts** und des Rechts auf Bekleidung öffentlicher Ämter zur Folge *(vgl. Wannagat, 1965, S. 58; Umlauf, 1980, S. 26; Zöllner, 1981, S. 76)*. Vor diesem Hintergrund sollte die **Novelle betr. den Unterstützungswohnsitz vom 12. März 1894** [RGBl. S.259] die Regelung der Armenpflege an die durch die industrielle Entwicklung veränderten Lebensgewohnheiten anpassen *(vgl. auch Weber, 1907)*.

Die wichtigsten Gesetzesänderungen bestanden darin, daß die Altersgrenze für die Fähigkeit zum selbständigen Erwerb und Verlust des Unterstützungswohnsitzes auf das vollendete 18. Lebensjahr (bis dahin 24. Lebensjahr) herabgesetzt und die Verpflichtung des Ortsarmenverbandes des Dienstortes, erkrankten Gesellen, Gewerbegehilfen und Lehrlingen bis zu sechs Wochen Kur und Verpflegung zu gewähren, auf 13 Wochen verlängert wurde. Durch die bis dahin geltende Regelung waren vor allem die ländlichen Heimatgemeinden – in Anbetracht des massenhaften Abströmens der jugendlichen Bevölkerung in die Industriestädte – vielfach in unbilliger Weise zu langandauernden Armenunterstützungen herangezogen worden.

Auch weiterhin wurde allerdings von der grundsätzlichen Überlegung ausgegangen, daß die **Verantwortung** für einen bedürftig Gewordenen auf der Seite der Gemeinde liege, die zuvor Nutznießer der Arbeitskraft des nunmehr Bedürftigen gewesen war. Ohne das Wesen der Armenpflege zu verändern und ohne ihr insbesondere den für die Betroffenen deklassierenden und diskriminierenden Charakter zu nehmen, wurde die Zuständigkeit der Träger der Armenpflege durch das **Abänderungsgesetz über den Unterstützungswohnsitz vom 30. Mai 1908** [RGBl. S.377] erneut geändert.

Diese Novelle setzte die Altersgrenze für den Erwerb eines neuen Unterstützungswohnsitzes vom vollendeten 18. auf das vollendete 16. Lebensjahr herab und verkürzte die Frist, deren Ablauf den Verlust des bisherigen Unterstützungswohnsitzes bedingte, von zwei Jahre auf ein Jahr. Ferner hatte die Unterstützung von Arbeitern und deren Angehörigen für 26 Wochen nach der Erkrankung nunmehr im allgemeinen durch die Arbeitsgemeinde zu erfolgen *(vgl. Frankenberg, 1905)*.

Abbildung 14: Zeitgenössische Veröffentlichung zum Armenrecht

Das

Unterstützungswohnsitzgesetz

vom 6. Juni 1871/30. Mai 1908

und das

Bayerische Armengesetz

vom 21. August 1914

mit den Vollzugsvorschriften.

Erläutert

von

Wolfgang Pöll,

Rat des K. Verwaltungsgerichtshofes in München,
nunmehr K. Regierungsdirektor in Regensburg.

1916

München, Berlin und Leipzig

J. Schweitzer Verlag (Arthur Sellier).

Schon allein wegen ihres zahlenmäßigen Umfanges kam der Armenpflege im Deutschen Kaiserreich eine erhebliche Bedeutung zu. Gemäß der amtlichen Armenstatistik erhielten im Jahre 1885 rd. 1,6 Mio. Personen oder 3,4 % der Bevölkerung öffentliche Armenunterstützung. Der Unterstützungsaufwand betrug 78 Mio. M, auf den Kopf der Bevölkerung umgerechnet 1,62 M, der Unterstützungsbetrag pro Fürsorgeempfänger 55 M im Jahr. *(vgl. Syrup/Neuloh, 1957, S.206)*. In Berlin, wo 1884 die Zahl der Unterstützten auf 100 Einwohner 1,98 betragen hatte, erhöhte sich diese Kennziffer auf 2,64 im Jahre 1909. Im selben Zeitraum stieg der Aufwand der öffentlichen Armenpflege pro Kopf von 2,32 auf 4,75 M *(vgl. RArBl., 1910, S.455ff.)*.

7. 2 Armenrechtliche Sonderstellung Bayerns

Das noch vom Norddeutschen Bund erlassene UWG war zwar nach der Reichsgründung ein Reichsgesetz geworden, galt jedoch nicht in Bayern. Das Königreich Bayern behielt als einziges Land im Bereich des **Heimat- und Niederlassungsrechts** sowie des Verehelichungswesens eigene Gesetzgebungskompetenzen (Art.4 Ziff.1 RV). Im Gegensatz zum übrigen Reich basierte die **Armenpflege** daher auch weiterhin auf dem sog. Heimatprinzip. Rechtsgrundlage blieben das Heimatgesetz vom 16. April 1868 [Bay GBl. 1866/69 S.357] in der Neufassung vom 30. Juli 1899 [BayGVBl. S.470] sowie das Armengesetz vom 29. April 1869 [BayGBl. 1866/69 S.1093] mit seinen Novellen vom 3. Februar 1888 [BayGVBl. S.81], 17. Juni 1896 [BayGVBl. S.297], 30. Juli 1899 [BayGVBl. S.469] und der Deklaration vom 10. Mai 1902 [BayGVBl. S.185] *(vgl. Pöll, 1916, S.19ff.)*

Nicht zuletzt die stark zunehmende Mobilität offenbarte immer deutlicher die Unzulänglichkeiten der reichsuneinheitlichen Armengesetzgebung, zumal diese auf sehr konträren Grundprinzipien basierte. Schließlich verpflichtete das Reichsgesetz vom 30. Juni 1913 [RGBl. S.495] Bayern zur Übernahme des Unterstützungswohnsitzgesetzes. Nach Erlaß des bayerischen Armengesetzes vom 21. August 1914 [BayGVBl. S.551] galten ab 1. Januar 1916 auch in Bayern die reichsgesetzlichen Bestimmungen des Armenrechts.

8. Erste Ansätze einer sozialen Steuerpolitik

Im Rahmen der Gestaltung der Steuertarife (z.B. Steuerbefreiung für untere Einkommensschichten) haben bereits in früheren Zeiten **sozialpolitische Aspekte** Eingang in die **Steuergesetzgebung** gefunden. Auch fehlte es zu keiner Zeit an Versuchen, über steuerliche Maßnahmen Junggesellen zur Eheschließung zu zwingen, kinderreiche Familien zu begünstigen oder eine **Bevölkerungspolitik** zum Zwecke einer stärkeren Besiedlung des Landes zu betreiben *(vgl. Buck, 1917, S.180)*. Aber erst mit der Entstehung moderner Staatswesen löste sich die **soziale Steuerpolitik** von fragmentarischen Ansätzen und erhielt nach und nach eine wichtige komplementäre Funktion zu staatlich organisierten oder zumindest beeinflußten **Transfersystemen**. Vor allem im Zuge der Mitte der 90er Jahre in den meisten deutschen Ländern einsetzenden **Steuerreformen** und der mit ihnen verbundenen Einführung der Vermögens- und Einkommensbesteuerung wurden der Leistungsfähigkeit, dem Familienstand sowie der Belastung durch Kinder eine erhöhte und systematischere Beachtung geschenkt. In Anbetracht des hohen Stellenwerts **bevölkerungspolitischer Gesichtspunkte** überrascht es kaum, daß die sozialpolitisch motivierten steuerlichen Maßnahmen zunächst vor allem dem **Familienlastenausgleich** dienten und die Berücksichtigung des Alters der Steuerpflichtigen anfangs von untergeordneter Bedeutung war. Beachtenswert ist auch, daß einzelne steuerpolitische Instrumente, wie z. B. die Ehegattenbesteuerung, zunächst eher belastend als sozial entlastend wirkten.

8. 1 Steuern auf Einkommen

8. 1. 1 Steuerfreies Existenzminimum und Ehegattenbesteuerung

Entgegen den Forderungen der damaligen Finanzwissenschaft *(vgl. Szombathy, 1915, S.154)*, wonach auch die Einkommensteuer eine allgemeine, von jedermann zu tragende Steuer sein und jeder mit einem wenn auch noch so kleinen Betrag im Wege der direkten Besteuerung zu den öffentlichen Lasten beitragen solle, sahen praktisch sämtliche Landessteuergesetze jener Zeit eine **Befreiung** kleiner Einkommen von direkten Staatssteuern vor. Die Höhe dieses sog. »**steuerfreien Existenzminimums**« war von Land zu Land recht unterschiedlich; während es z.B. in Preußen, Baden und Bremen 900 M, in Bayern 600 M, in Hessen und Württemberg 500 M betrug, waren im Königreich Sachsen nur Einkommen bis 400 M, in einigen Kleinstaaten sogar nur Einkommen bis 100 bzw. 200 M steuerfrei *(vgl. Buck, 1917, S.188f.)*.

Trotz der enormen Bedeutung des steuerfreien Existenzminimums spielte in der steuerpolitischen Diskussion vor allem die Frage der **Haushaltsbesteuerung** oder der **Einzelbesteuerung** eine zentrale Rolle. Die Behandlung dieser Frage in der jüngeren Geschichte der Steuergesetzgebung spiegelt zum einen den Wandel steuerpolitischer Grundsätze wider, ist zum anderen aber auch Ausdruck der sich ändernden Lebensverhältnisse.

Nach dem Verständnis des ALR (Theil II, 14.Tit. § 2) galt die Besteuerung als Gegenleistung für den Schutz des Staates. Dennoch basierte die Steuergestaltung nicht allein auf Äquivalenzaspekten, sondern orientierte sich auch an Leistungsfähigkeitsüberlegungen. Ausgehend von den zu jener Zeit dominierenden agrarischen Verhältnissen und patriarchalischen Familienstrukturen, unter denen junge mitarbeitende Kinder sowie sonstige Angehörige für den Haushaltsvorstand ein Kapital darstellten, betrachtete das preußische Klassensteuergesetz vom 30. Mai 1820 [PrGS. S.147] die gesamte Familie als Einheit und sah dementsprechend eine Erhebung der Steuer »in der Regel nach Haushaltungen« vor. Im Gegensatz zu späteren Sichtweisen wurde eine große Kinderzahl als ein Zeichen besonderer steuerlicher Leistungsfähigkeit angesehen. Dies ging so weit, daß Alleinstehende ohne Haushaltszugehörigkeit sogar nur die Hälfte des Grundsteuersatzes ihrer Abteilung zu entrichten hatten.

Der sich in der Folgezeit vollziehende Übergang von der patriarchalisch ausgerichteten bäuerlichen Großfamilie hin zum städtischen Arbeiterhaushalt, in dem die Kinder vielfach schon in relativ jungen Jahren das Elternhaus verließen bzw. – wenn sie aus Nützlichkeit mit den Eltern zusammenwohnten – dann doch gleichberechtigte Familienmitglieder waren, die selbst über die Verwendung ihres Einkommens bestimmten, ließ in Verbindung mit der Ablösung des Grundsatzes der Besteuerung nach Leistung und Gegenleistung (Äquivalenztheorie) durch den der Besteuerung nach der Leistungsfähigkeit (Opfertheorie) gegen Ende des letzten Jhdts. die Forderung entstehen, die Besteuerung nach Haushaltungen ganz aufzugeben und zur Einzelbesteuerung überzugehen.

Die anfänglichen finanztheoretischen Vorstellungen hinsichtlich eines Abgangs von der **Haushaltsbesteuerung** haben sich in der Gesetzgebung der Bundesstaaten im wesentlichen nicht durchgesetzt; vielmehr wurden bisherige Grundsätze beibehalten, wenngleich aus der umfassenden Haushaltsbesteuerung faktisch zunehmend eine reine **Ehegattenbesteuerung** wurde, da im Laufe der Zeit verschiedene Gruppen von Haushaltsangehörigen aus der gemeinsamen Besteuerung herausgenommen wurden und einzelne Einkünfte eine Sonderbehandlung erfuhren.

Eindeutig bestimmte § 10 des **preußischen EStG vom 24. Juni 1891** [PrGS. S.175] ebenso wie spätere Novellen vom 19. Juni 1906 [PrGS. S.241] und vom 26. Mai 1909 [PrGS. S.349], daß dem Einkommen des Steuerpflichtigen das Einkommen seiner Ehefrau hinzugerechnet wird. Eine entsprechende Bestimmung enthielten nicht nur das **bayerische EStG vom 10. August 1910** [BayGVBl. S.493] sowie das **badische EStG vom 1. Juni 1910** [BadGVBl. S.226], sondern auch die Gesetze der übrigen Länder.

Eine große Anzahl von Gesetzen machte allerdings in bezug auf die Anrechnung des Einkommens der Frau insofern eine Ausnahme, als das aus Arbeitstätigkeit stammende Einkommen, sofern es gewisse Grenzen nicht überstieg (i. d. R. 400–600 M), nicht oder nur teilweise angerechnet wurde (teilweise war eine Begünstigung jedoch an die Voraussetzung geknüpft, daß das Einkommen des Mannes unterhalb bestimmter Höchstgrenzen lag; z. B. 1.800 M gem. Art.18 bay. EStG 1910 [Bay GVBl. S.493]). Die beschränkte Anrechnung des Arbeitseinkommens der Frau, die insbesondere unteren Einkommensschichten zugute kam, wurde u. a. damit gerechtfertigt, daß dem Haushalt durch diese Erwerbstätigkeit besondere Kosten erwachsen.

Im Gegensatz hierzu weitgehend unklar geregelt war in den meisten Einkommensteuergesetzen die steuerliche Behandlung der Einkünfte der Kinder. Hier wurde überwiegend auf das 1900 in Kraft getretene BGB zurückgegriffen und die Einkommen der Kinder dem Inhaber der elterlichen Gewalt (Haushaltsvorstand) steuerlich nur dann angerechnet, soweit ihm die Nutznießung i. S. d. BGB zustand. In den anderen Fällen wurde eine selbständige Veranlagung durchgeführt. Gleiches galt für selbständige Arbeitseinkünfte der Kinder, die gemäß § 1651 Abs.1 BGB als freies Vermögen und Einkommen der Kinder galten.

Lediglich die einkommensteuerrechtlichen Regelungen des Königreichs **Sachsen** (EStG vom 24. Juli 1900 [SächsGVOBl. S.562] i. d. F. vom 1. Juli 1902 [SächsGVOBl. S.257]) stellten einen gewissen Sonderfall dar, da hier der Grundsatz der Haushaltsbesteuerung explizit durchbrochen wurde und die einzelnen Personen, die selbständiges Einkommen bezogen, auch getrennt veranlagt wurden *(vgl. Gerlach, 1909)*.

8. 1. 2 Steuerliche Behandlung von Kindern

Gleichfalls als Folge mehrerer Entwicklungen änderte sich gegen Ende des 19. Jhdts. die **steuerliche Berücksichtigung von Kindern**. Während in den Jahrzehnten zuvor in einer hohen Kinderzahl eher eine Erhöhung der Leistungsfähigkeit gesehen wurde, sah man nun – u. a. bedingt durch die Einschränkung der Kinderarbeit sowie geänderte Ausbildungsvorstellungen – im Kinderreichtum zwar einen Vorteil für die Allgemeinheit (**Bevölkerungspolitik**), für die Familien selbst jedoch zunehmend eine Belastung (erhöhte Ausgaben für Erziehung, Kleidung, Schulgeld etc.).

Entsprechend nachhaltig wurde in jener Zeit die Forderung nach einer wirklich ausreichenden Berücksichtigung der Kinderzahl bei der Bemessung der Steuern auf Einkommen erhoben. In den Steuergesetzen der meisten Länder fand diese Forderung durch die Aufnahme des sog. »**Kinderprivilegs**« ihren Niederschlag. Danach gewährten einige der Gesetze beim Vorhandensein von Kindern eine Ermäßigung in der Weise, daß vom steuerbaren Einkommen ein bestimmter Absolutbetrag (Existenzminimum des Kindes) abgezogen werden konnte. In anderen Ländern waren für jedes Kind von einer bestimmten Mindestkinderzahl an sowie innerhalb gewisser Einkommensgrenzen Steuerermäßigungen vorgesehen, die sich nach Steuerstufen des Tarifs bemaßen. Wieder andere kombinierten diese beiden Verfahren. Eine besonders wechselvolle Entwicklung erfuhr dabei das Kinderprivileg (§ 19 EStG) in der preußischen Einkommensteuergesetzgebung.

Nachdem das EStG vom 24. Juni 1891 [PrGS. S.175] lediglich für Einkommen bis zu 3.000 M das Kinderprivileg einräumte, indem es einen Abzug von 50 M je Kind (einschl. anderer zum Haus halt gehörender unterhaltsberechtigter Personen) erlaubte, brachte die Novelle vom 19. Juni 1906 [PrGS. S.241] eine Ausdehnung der Ermäßigung auf höhere Einkommen sowie eine Verbindung der Ermäßigung der Steuer nach Stufen mit dem Abzug bestimmter Beträge vom Einkommen. Während bei Einkommen bis 3.000 M für jedes unterhaltsberechtigte Familienmitglied der Betrag von 50 M vom steuerpflichtigen Einkommen mit der Maßgabe abgezogen wurde, daß in jedem Fall eine Ermäßigung um eine Stufe bei 3 oder 4 und um zwei Stufen bei 5 oder mehr Familienmitgliedern eintreten sollte, erfolgte die Ermäßigung bei Einkommen von 3.000–6.500 M allein nach Stufen. Außer Betracht blieben bei der Ermäßigung Familienangehörige über 14 Jahren, die eigene Einkünfte in einer gewissen Höhe bezogen. Die Novelle vom 26. Mai 1909 [PrGS. S.349] schließlich beseitigte auch für untere Einkommen den Abzug vom steuerbaren Einkommen. Steuerlich begünstigt durch Unterhaltsgewährung für Kinder oder sonstige Angehörige aufgrund gesetzlicher Verpflichtung wurden Bezieher von Einkommen bis zu 9.500 M, wobei bei Einkommen bis 6.500 M eine höhere Ermäßigung gewährt wurde (bei unteren Einkommen begann die Ermäßigung bereits bei zwei, bei höheren Einkommen erst ab drei berücksichtigungsfähigen Angehörigen).

Ungeachtet gewisser Abweichungen im Detail sahen die Einkommensteuergesetze der meisten anderen Länder vergleichbare Regelungen vor. Unterschiede gab es im wesentlichen bei den **Einkommenshöchstgrenzen**, bis zu welchen das sog. Kinderprivileg gewährt wurde, in der **Höhe der Ermäßigung** sowie hinsichtlich der Abgrenzung der in diesem Zusammenhang **berücksichtigungsfähigen Angehörigen**.

Im Königreich Sachsen, wo das Kinderprivileg durch eine Novelle vom 1. Juli 1902 [SächsGVOBl. S.257] eingeführt worden war (§ 12 Ziff.3), wurde bei Einkommen bis 3.100 M für jedes 6–14 Jahre alte nicht selbst steuerpflichtige Familienmitglied ein Abzug von 50 M gewährt (bei 3 und mehr Kindern Ermäßigung um mindestens eine Klasse). Württemberg (Art.20 EStG vom 8. August 1903 [WürttReg.Bl. S.261]) räumte bei Einkommen bis 2.000 M und 1–2 Kindern unter 15 Jahren eine Ermäßigung um eine Stufe, bei mehr Kindern um 2 Stufen ein; bei Einkommen bis 3.200 M und mindestens 3 Kindern gab es eine Ermäßigung um 1 Stufe. In Sachsen-Weimar (EStG vom 2. Juni 1887 [S.-Weimar-EisenRegBl. S.96] i. d. F. vom 11. März 1908) bestand das Kinderprivileg (§ 21) in nach der Zahl der Kinder bemessenen Abzügen von 100–200 M vom Einkommen bis zu 2.000 M (Berücksichtigung von Kindern unter 15 Jahren). Nahezu völlig mit Preußen übereinstimmende Regelungen sahen die EStG der beiden Mecklenburg vom 6. Mai 1913 [MeckAnz. S.391] vor. Ebenfalls nach preußischem Vorbild waren die nach dem bayerischen EStG 1910 gewährten Kinderermäßigungen (Art.19 Ziff.I) gestaltet. Zwar beschränkte sich die Ermäßigung für Abkömmlinge, denen der Steuerpflichtige Unterhalt gewährte, auf Einkommen bis 5.000 M, die Höhe der Ermäßigung war jedoch deutlich höher als in anderen Ländern. So gab es bei Einkommen bis 3.000 M schon ab dem 1. Kind eine Ermäßigung um 1 Stufe, bei 7 und mehr Kindern galt die maximale Ermäßigung von 6 Tarifstufen (bei Einkommen über 3.000 M begann die Ermäßigung ab 3 Kindern; höchstens 3 Stufen). Bemerkenswert war, daß bis zur Volljährigkeit oder wirtschaftlichen Selbständigkeit auch Kinder über 15 Jahren berücksichtigt werden konnten, solange sie sich noch in der Ausbildung zu einem Beruf befanden oder ihrer aktiven Militärdienstpflicht genügten.

Einen von den meisten anderen Ländern abweichenden Weg beschritt die Hansestadt **Hamburg** (EStG vom 2. Februar 1903 mit Nov. vom 18. Januar 1904 [HambGSlg. S.I 21, I 102]). In Abhängigkeit von der Haushaltsgröße wurden dort prozentuale Ermäßigungen von der Steuer gewährt, wobei zum Haushalt sämtliche Personen zählten, denen der Haushaltsvorstand Unterhalt gewährte, unabhängig davon, ob dies aufgrund gesetzlicher Verpflichtung (§§ 1601–1615 BGB; eine Voraussetzung, die die restlichen Länder i. a. verlangten) oder auf freiwilliger Basis geschah. Im einzelnen war vorgesehen, daß sich die Steuer einer vierköpfigen Familie bei einem Einkommen von nicht mehr als 2.500 M um 25 %, die einer sechsköpfigen Familie um 75 % verminderte (bei Einkommen bis höchstens 6.000 M betrug die Ermäßigung 25 bzw. 50 %) *(vgl. Buck, 1917, S.195f.)*.

8.1.3 Außergewöhnliche Belastungen

Als Vorläufer des heutigen Rechtsinstituts der »außergewöhnlichen Belastungen« enthielten nahezu sämtliche Einkommensteuergesetze eine dem § 20 des preußischen EStG nachgebildete Vorschrift, wonach besondere, die Leistungsfähigkeit des Steuerpflichtigen beeinträchtigende wirtschaftliche Umstände, insbesondere außergewöhnliche Belastungen durch den Unterhalt der Kinder, durch die Gewährung einer Ermäßigung des tariflichen Steuersatzes berücksichtigt werden konnten. Ihren Ursprung hatte diese Regelung in § 7 Abs.1 des preußischen EStG vom 1. Mai 1851 [PrGS. S.193]; danach waren die Steuerpflichtigen »unter Berücksichtigung ihrer gesamten Verhältnisse und der durch diese bedingten besonderen Leistungsfähigkeit einzuschätzen«.

Der Unterschied in der Gesetzgebung der einzelnen Länder lag im wesentlichen nur in der **Einkommensgrenze**, bis zu der die Vergünstigung gewährt wurde. Als die Steuerfähigkeit wesentlich **vermindernde wirtschaftliche Verhältnisse** kamen dagegen fast überall nur außergewöhnliche Belastungen durch pflichtgemäßen Unterhalt von Kindern und sonstigen mittellosen Angehörigen, durch andauernde Krankheit und besondere Unglücksfälle in Betracht.

Berücksichtigung fanden die besonderen Verhältnisse i.a. durch eine Ermäßigung der Steuer um 2 bis 4 Stufen (Preußen, Bayern), um höchstens drei Stufen (Sachsen, Württemberg) oder aber nur um 2 Stufen (Baden). Während die für die Anwendbarkeit des § 20 maßgeblichen Einkommensgrenzen in Preußen von 9.000 M (EStG 1891) auf 12.500 M (EStG 1909) erhöht worden waren, lagen die Höchstgrenzen in den übrigen Ländern (teilweise deutlich) darunter: in Mecklenburg bei 9.500 M (EStG 1913 [MeckAnz. S.391]), in Braunschweig bei 9.300 M (EStG vom 16.4.1896 i. d. F. vom 21.6. 1910 [BraunGVOSlg. S.113, 247]), in Hessen (EStG vom 12.8.1899 [HessRegBl. S.471]) und Bayern (Art.20 EStG 1910) bei 6.000 M, in Sachsen bei 5.800 M (EStG i.d.F. vom 15.6.1908 [SächsGVOBl. S.245]), in Württemberg bei 5.000 M (EStG 1903 [WürttRegBl. S.261]) und in Baden nur bei 3.000 M (EStG 1910 [BadGVBl. S.226]).

Beachtenswert ist auch, daß bereits damals einzelne Einkommensteuergesetze private Vorsorgeleistungen, z. B. in Form einer Lebensversicherung, steuerlich begünstigten. Nach dem preußischen EStG 1891 konnten **Lebensversicherungsprämien**, die für die Versicherung des Steuerpflichtigen oder eines nicht selbständig zu veranlagenden Haushaltsangehörigen gezahlt wurden, bis zu einem Betrag von 600 M jährlich vom Gesamteinkommen in Abzug gebracht werden. In entsprechender Gesamthöhe abzugsfähig waren auch gesetzlich oder vertragsmäßig entrichtete Beiträge zur Kranken-, Unfall-, Alters- und Invalidenversicherung sowie zu Witwen-, Waisen- und Pensionskassen. Den Abzug von privaten Lebensversicherungsprämien bis zu einem Betrag von 400 M gestattete auch das hessische EStG vom 12. August 1899 [HessRegBl. S.471].

8. 1. 4 Quantitative Bedeutung sozialer Steuerermäßigungen

Soweit die sehr lückenhaften statistischen Unterlagen eine Bewertung ermöglichen, läßt sich feststellen, daß die unteren sozialen Schichten durchaus entlastet wurden. Als problematisch galt dagegen die steuerliche Belastung kinderreicher Familien der unteren Mittelklasse. In Preußen z. B. hatte die Gewährung eines steuerfreien Existenzminimums in Höhe von 900 M zur Folge, daß 1902 rd. 64,5 % (1908 ca. 52 %) der Bevölkerung (Steuerpflichtige und deren Angehörige) keine Einkommensteuer zu zahlen brauchten. Die Auswirkungen der sozialen Steuerkomponenten waren in den einzelnen Ländern indessen höchst unterschiedlich.

Nach Daten des Statistischen Landesamtes konnten im Jahre 1913 in Sachsen von den 2.106.876 mit einem Einkommen von bis zu 3.100 M eingeschätzten Steuerpflichtigen nur 370.209 das Kinderprivileg in Anspruch nehmen. In dieser Zahl enthalten sind 190.696 Personen, die infolge eines Einkommens von unter 400 M ohnehin steuerbefreit waren. Zu einer Steuerermäßigung kam es lediglich bei 195.332 Personen (bei den übrigen hatte der Abzug keinen Einfluß auf die Steuerklasse); für 184.169 Personen ermäßigte sich die Steuer um eine Klasse von 67 auf 56 M. Insgesamt belief sich der Steuerausfall infolge der Kinderfreibeträge nur auf 769.550 M bei einem Gesamtsteuerertrag von über 50 Mio. M. In den Genuß einer Steuerermäßigung aufgrund außergewöhnlicher Belastungen kamen sogar nur 12.994 der oben genannten 2,1 Mio. Steuerpflichtigen. Mit 54.758 M war der hierdurch veranlaßte Steuerausfall entsprechend gering *(vgl. Kgl. Statist. Landesamt, 60. Jg., 1. Hälfte/ 1914, S.41)*.

Von erheblich größerer Bedeutung waren die Auswirkungen in Preußen; bei insgesamt 5,88 Mio. physischer Zensiten hatten von den Einkommensbeziehern bis 3.000 M aufgrund von § 19 EStG (Kinderermäßigung) 324.000 überhaupt keine, 1,502 Mio. eine ermäßigte Steuer zu zahlen. Mit Einkommen zwischen 3.000 und 6.500 M erhielten 76.000 eine derartige Ermäßigung. Der Steuerausfall aufgrund von § 19 belief sich immerhin auf 10,7 Mio. M (rd. 4,4 % des Veranlagungssolls der physi-

solls der physischen Zensiten). Bei 226.000 Steuerpflichtigen führte im selben Jahr die Anwendung des § 20 (außergewöhnliche Belastungen) zu einer Befreiung bzw. Ermäßigung der Steuer. Hier betrug der Steuerausfall 1,59 Mio. M *(Gerlach, 1909, S.711)*.

8. 2 Steuern auf Vermögen

In der zu jener Zeit einsetzenden **Vermögensbesteuerung** waren für kinderreiche Familien deutlich geringere Vergünstigungen als bei der Einkommensteuer vorgesehen. Gründe hierfür waren vermutlich zum einen, daß die Belastung der Vermögen damals noch sehr gering war, zum anderen, daß die Berücksichtigung von sozialen Komponenten in bezug auf Vermögensbesitzer als überflüssig erschien. Ein den Einkommensteuergesetzen vergleichbares **Kinderprivileg** fehlte nahezu ausnahmslos in den Vermögensteuergesetzen *(vgl. Baltes, 1915, S.677ff.)*. In den meisten Gesetzen fand sich lediglich eine dem § 19 des **preußischen Ergänzungssteuergesetzes vom 14. Juli 1893** [PrGS. S. 134] vergleichbare Bestimmung, nach der es möglich war, in gewissen besonderen Fällen (z. B. große Kinderzahl) bei geringem Vermögen (in Preußen bis zu einem Vermögen von 52.800 M) auf Antrag oder von Amts wegen eine bestimmte Ermäßigung der Steuer zu gewähren, die zwischen zwei Stufen (Braunschweig) und sechs Stufen (Hessen) schwankte. Die Anwendung dieser Vorschrift war allerdings durchweg an äußerst restriktive Voraussetzungen geknüpft; insbesondere wurde verlangt, daß dem Steuerpflichtigen bereits eine Ermäßigung der ESt wegen außergewöhnlicher Belastungen eingeräumt worden war.

Darüber hinaus kannte eine Reihe von Gesetzen Vorschriften zur Entlastung von Personen in besonders bedrängter Lage. Nach § 17 Abs.3 des preußischen ErgStG (entsprechende Vorschriften fanden sich auch in den Gesetzen der meisten übrigen Länder, z. B. im sächsischen ErgStG vom 2. Juli 1902 [SächsGVOBl. S.259]) wurden weibliche Personen, die minderjährige Waisen zu unterhalten hatten, und Erwerbsunfähige bei einem Vermögen von weniger als 20.000 M und einem Einkommen von nicht mehr als 1.200 M nicht zur Vermögensteuer herangezogen. Ferner bestimmte § 19 Abs.1 ErgStG, daß Personen, deren Vermögen 32.000 M nicht überstieg, mit höchstens 3 M zur VSt heranzuziehen waren, sofern sie nicht einkommensteuerpflichtig waren (bei Veranlagung zu den ersten 4 Stufen der ESt ermäßigte sich der Betrag der ErgSt um 2 M).

Auch das erste Reichssteuergesetz, das Wehrbeitragsgesetz vom 3. Juli 1913 [RGBl. S.505], mit nach Vermögen und Einkommen gestaffelten Abgaben berücksichtigte in § 33 die Kinderzahl. Danach wurde dem Steuerpflichtigen, dessen Vermögen den Betrag von 100.000 M nicht überstieg, der Wehrbeitrag um 5 % für das 3. und jedes folgende Kind, für das gesetzlicher Unterhalt gewährt wurde, ermäßigt. Bis zu einer Vermögensgrenze von 200.000 M wurde der Wehrbeitrag für den 3. und jeden weiteren Sohn, der seine gesetzliche Militärdienstzeit abgeleistet hatte, reduziert.

Insgesamt ist festzuhalten, daß die Ermäßigungen im Bereich der Vermögensteuer keine nennenswerte Bedeutung hatten, einerseits wegen der restriktiven Anspruchsvoraussetzungen, andererseits infolge ihrer Geringfügigkeit *(vgl. Buck, 1917, S.205)*.

9. Anfänge der Kriegsopferversorgung und des Entschädigungsrechts

Die Entschädigung von Kriegs- und Wehrdienstopfern sowie von kriegsbedingten Sach- und Vermögensschäden weist zwar eine jahrhundertealte Tradition auf, eine umfassende Bedeutung erlangte sie aber erst, als nach Einführung der **allgemeinen Wehrpflicht** die Kriege zu Auseinandersetzungen der Völker wurden und die Zahl der betroffenen Personen außerordentlich zunahm *(vgl. Reutti, 1920; Schewe u. a., 1977, S.301; Schulin, 1988, S.1046)*. Während im Mittelalter kaum ein Bedürfnis für ein eigenständiges System einer staatlichen Versorgung kriegsversehrter Personen bestand, änderte sich dies nachhaltig im 16. Jhdt. durch den Übergang zu Söldnerheeren, deren Mitglieder meist aus den besitzlosen Bevölkerungsschichten stammten. Die in der Folgezeit ergriffenen Versorgungsmaßnahmen waren allerdings noch äußerst fragmentarisch und v.a. unzureichend. Berühmt geworden ist z. B. aus der Zeit des 30jährigen Krieges in Preußen der sog. »Gnadenthaler«. Daneben wurde häufig versucht, die Kriegsinvaliden durch die Unterbringung im zivilen Staats- und Verwaltungsdienst zu versorgen *(vgl. Reutti, 1920; Schulin, 1988, S.1046).*

Mit der Einführung der allgemeinen Wehrpflicht in Preußen im Jahre 1814 und der Schaffung eines Volksheeres setzte sich zunehmend „der **Aufopferungsgedanke** für militärbedingte Schäden durch, der sich in verschiedenen Regelungen der Invaliden- und Hinterbliebenenversorgung niederschlug" *(Schulin, 1988, S.1046).* Zu ersten wirklich umfassenden gesetzlichen Regelungen kam es dabei insbesondere im Anschluß an den deutsch-französischen Krieg 1870/71 und die gleichzeitig erfolgte Reichsgründung.

9. 1 Versorgung der Militärpersonen und ihrer Hinterbliebenen

9. 1. 1 Versorgung nach dem Reichsmilitär-Pensionsgesetz von 1871

Der Krieg von 1870/71, in welchem auf deutscher Seite rd. 49.000 Soldaten den Tod fanden und mehr als 100.000 verwundet wurden, veranlaßte das neu gegründete Deutsche Reich, das Militärpensionswesen und die Versorgung der Kriegsinvaliden und -hinterbliebenen neu zu regeln. Das zu diesem Zweck erlassene sog. **Reichsmilitär-Pensionsgesetz vom 27. Juni 1871** [RGBl. S.275] sah als Entschädigung primär Geldleistungen vor und unterschied noch deutlich zwischen Offizieren sowie Unteroffizieren und einfachen Soldaten. Zudem behandelte das Gesetz in einem Zuge den Ausgleich von kriegs- und friedenszeitlichen Schäden von Militärpersonen.

Den Offizieren räumte das Gesetz nach einer mindestens 10jährigen Dienstzeit bei Militärdienstunfähigkeit Anspruch auf eine lebenslängliche Pension ein. Beruhte die Dienstunfähigkeit auf einer Dienstbeschädigung, bestand ein Pensionsanspruch auch vor Erfüllung dieser Wartezeit. Die Höhe der Pension bemaß sich nach der Dienstzeit sowie dem pensionsfähigen Diensteinkommen, wobei ähnliche Berechnungsverfahren und Steigerungssätze wie für die Zivilbeamten galten (§§ 6-10). Bei Eintritt eines pensionierten Offiziers in den Reichs-, Staats- oder Kommunaldienst kamen weitreichende Ruhensvorschriften hinsichtlich des Bezuges der Militärpension zur Anwendung.

Den Militärpersonen der Unterklassen wurde eine Invalidenpension gewährt, wenn sie durch Dienstbeschädigung oder nach einer Dienstzeit von mindestens 8 Jahren invalide wurden. Erst nach einer Dienstzeit von 18 Jahren entstand ein Versorgungsanspruch ohne Nachweis der Invalidität (§ 58 Abs.1 f.). Als Formen der Versorgung sah das Gesetz die Pension einschl. der Pensionszulagen, den Zivilversorgungsschein, die Aufnahme in ein Invalideninstitut sowie die Verwendung im Garnisonsdienst vor. Bei der Pension wurden für jede der vier Rangstufen 5 Klassen unterschieden. Die Einstufung in eine bestimmte Klasse hing bei Nichtinvalidität von der Dienstzeit, bei Ganzinvaliden von der Dienstzeit oder vom Grad der Erwerbsunfähigkeit bzw. der Pflegebedürftigkeit ab. In der 1. Klasse belief sich die Jahrespension auf 120 bis 144 Rthlr., in der 5. Klasse auf 24 bis 60 Rthlr. (§ 65). Bei Verstümmelung, Erblindung oder einer besonders schweren, unheilbaren Beschädigung infolge des Dienstes wurde zusätzlich eine Verstümmelungszulage in Höhe von 72 Rthlr. jährlich je Verstümmelung bewilligt. Unteroffiziere erhielten darüber hinaus für jedes Dienstjahr nach dem 18. Dienstjahr bei Ganzinvalidität eine Dienstzulage von 6 Rthlr. jährlich. Schließlich konnten die als versorgungsberechtigt anerkannten Invaliden bei guter Führung einen sog. »Civilversorgungsschein« erhalten, der zur vorzugsweisen Anstellung bei den Reichs- und Staatsbehörden berechtigte (Ganzinvalide erhielten diesen Schein zusätzlich, Halbinvalide alternativ zur Pension). Im übrigen galten für die Geltendmachung von Versorgungsansprüchen bestimmte Ausschlußfristen.

Neben diesen allgemeinen Versorgungsregelungen für Militärpersonen enthielt das Gesetz von 1871 besondere zusätzliche Leistungen für **Kriegsinvalide** und deren Hinterbliebene. Keinen Anspruch auf Altersversorgung sah das Gesetz für Hinterbliebene von Soldaten vor, die nicht an einer Kriegsbeschädigung gestorben waren. Ihnen standen lediglich die Bezüge für den **Sterbemonat** zu.

Sowohl Offiziere als auch Angehörige der Unterklassen, welche nachweislich durch den Krieg invalide geworden waren, hatten Anspruch auf eine erhöhte Pension (§ 12 bzw. 71). Je nach der Höhe der Grundpension stieg für kriegsinvalide Offiziere die Pension um 100 bis 250 Rthlr. jährlich; bei Unteroffizieren und Soldaten betrug die Kriegszulage einheitlich 24 Rthlr. jährlich.

Für die Hinterbliebenen von Soldaten und Offizieren, die im Krieg getötet wurden oder später an einer Kriegsverwundung bzw. einer kriegsbedingten Erkrankung starben, sah das Gesetz die Gewährung besonderer Beihilfen vor (§§ 41 ff., 94 ff.). Danach stand Offizierswitwen eine Beihilfe von jährlich 300 bis 500 Rthlr., Witwen von Soldaten der Unterklassen eine Beihilfe von 60 bis 108 Rthlr. jährlich zu; Halbwaisen erhielten bis zum vollendeten 15. Lebensjahr eine Erziehungsbeihilfe von 42, Vollwaisen von 60 Rthlr. (Offizierswaisen: 50 bzw. 75 Rthlr. bis zur Vollendung des 17. Lebensjahres). Eine Beihilfe von je 42 Rthlr. (im Falle von Offizieren: je 50 Rthlr.) konnten auch die Eltern bzw. Großeltern erhalten, sofern der Verstorbene der einzige Ernährer gewesen war und Hilfsbedürftigkeit bestand.

9.1.2 Fortentwicklung des Militärversorgungswesens

Das Reichsmilitär-Pensionsgesetz von 1871 wurde in der Folgezeit zwar mehrfach novelliert, grundlegende strukturelle Änderungen erfolgten dabei bis zum Beginn des 20. Jhdts. nicht. Größere Änderungen gab es nur in bezug auf die Offizierspensionen und die Versorgung der Offizierswitwen, die sich in Anlehnung an entsprechende Versorgungsregelungen der Zivilbeamten entwickelten (Gesetz betr. die Fürsorge für Witwen und Waisen der Angehörigen des Reichsheeres vom 17. Juni 1887 [RGBl. S.237]). Die versorgungsrechtliche **Sonderbehandlung der Offiziere** beruhte u.a. darauf, daß lange Zeit nur diese als eigentliche Berufssoldaten angesehen wurden und man davon ausging, daß für die einfachen Soldaten und die Unteroffiziere der Militärdienst lediglich einen vorübergehenden Lebensabschnitt darstellte.

Diese Ungleichbehandlung i.V.m. zahlreichen in dem Gesetz von 1871 enthaltenen sozialen Härten und die Veränderung der Lebens- und Beschäftigungsverhältnisse sowie die fehlende Anpassung der Leistungen an die gestiegenen Lebenshaltungskosten führten um die Jahrhundertwende zu nachhaltigen Forderungen nach einer **Reform des Militärversorgungswesens.** Nachdem eine ursprünglich vorgesehene Gesamtrevision sich verzögerte, wurde die Neuregelung der Versorgung der Kriegsinvaliden und -hinterbliebenen, deren soziale Lage allgemein als ganz besonders prekär angesehen wurde, vorweggenommen und dafür das **Gesetz betr. die Versorgung der Kriegsinvaliden und der Kriegshinterbliebenen vom 31. Mai 1901** [RGBl. S.193] erlassen.

Im Mittelpunkt des Gesetzes stand die nominale Erhöhung der für Kriegsinvalide und deren Hinterbliebene vorgesehenen Leistungen. Für kriegsinvalide Offiziere wurde die Kriegszulage auf 100 M (60 M für höhere Dienstgrade), für Unteroffiziere und Gemeine bei Ganzinvalidität auf 15 M (Halbinvalidität: 10 M) monatlich festgesetzt. Die Verstümmelungszulage erhöhte sich je Verstümmelung auf 90 M (Offiziere) bzw. 27 M (Unteroffiziere und Gemeine) monatlich je Verstümmelung. Außerdem wurden für kriegsinvalide Soldaten die Pensionen in den Klassen 1 bis 4 deutlich angehoben (in der 1. Klasse auf 720 bis 1.200 M jährlich). Sowohl für Offiziere wie Angehörige der Unterklassen neu eingeführt wurde die sog. »Alterszulage« (§§ 5, 10); diese wurde ab dem 55. Lebensjahr gewährt, wenn das Gesamteinkommen eines Kriegsinvaliden unterhalb eines bestimmten Betrages blieb (z.B. 600 M bei ganzinvaliden Soldaten; 3.000 M bei Offizieren), und entsprach der Differenz zwischen dem tatsächlichen und dem angestrebten Gesamteinkommen. Bei dauernder völliger Erwerbsunfähigkeit konnte diese Zulage auch vor dem 55. Lebensjahr gezahlt werden.

Auch bei den Kriegshinterbliebenen brachte das Gesetz v.a. eine Aufbesserung der verschiedenen Beihilfen. Die Witwenbeihilfe z.B. betrug nunmehr zwischen 400 und 600 M (für Witwen von Unteroffizieren und Gemeinen) bzw. 1.200 und 2.000 M (für Offzierswitwen) jährlich. Die Erziehungsbeihilfe schwankte für Halbwaisen zwischen 150 und 200 M, für Vollwaisen zwischen 225 und 300 M, die Elternbeihilfe zwischen 250 und 400 M jährlich. Neu war hier der § 17, der bestimmte, daß Witwen von Kriegsinvaliden auch dann eine Witwenbeihilfe erhalten konnten, wenn der Tod des Ehegatten nicht eine Folge der Kriegsbeschädigung war, sofern ihr Einkommen gewisse Höchstgrenzen nicht erreichte.

Nach den Ansätzen für den Etat des Jahres 1901 gab es zu jener Zeit insgesamt 48.365 kriegsinvalide Versorgungsberechtigte der Unterklassen, darunter 8.476 aus den Kriegen vor 1870. Die Zahl der kriegsinvaliden Offziere belief sich auf 2.760 (349 aus Kriegen vor 1870). Versorgungsberechtigt waren ferner 8.547 Kriegshinterbliebene, darunter 5.351 Witwen von einfachen Soldaten [Verhandl. Dt.Reichst., 10.LP, III. Session 1900/1901, Nr.246, S.1843 ff.].

Nachdem das Gesetz von 1901 lediglich für einen Teil der Militärinvaliden und deren Angehörige im Sinne eines Vorschaltgesetzes eine Verbesserung ihrer Lage gebracht hatte, erfolgte mit dem **Mannschafts-Versorgungsgesetz vom 31. Mai 1906** [RGBl. S.593], dem **Offiziers-Pensionsgesetz vom 31. Mai 1906** [RGBl. S.565] sowie dem **Militär-Hinterbliebenengesetz vom 17. Mai 1907** [RGBl. S.214] die eigentliche Reform des Versorgungswesens. Obwohl die Verhältnisse von Offizieren und Mannschaftsdienstgraden weiterhin getrennt geregelt wurden, bemühte man sich um eine gewisse Vereinheitlichung. Verbessert werden sollte v. a. die Situation der friedensinvaliden Soldaten, deren Pensionen seit 1871 nicht mehr erhöht worden waren. Beseitigt wurde auch die als problematisch angesehene primäre Abstellung des Pensionsanspruchs auf die »militärische Dienstunfähigkeit« sowie die nur sehr grobe Differenzierung beim Grad der Erwerbsminderung.

Diese Mängel in Betracht ziehend, bestimmte das Mannschafts-Versorgungsgesetz von 1906, daß ein Anspruch auf Militärrente bei Entlassung aus dem aktiven Dienst nur dann bestand, wenn durch Dienstbeschädigung die Erwerbsfähigkeit um mindestens 10 % gemindert war. Ohne Nachweis verminderter Erwerbsfähigkeit hatten nurmehr Kapitulanten (Soldaten, die sich über ihre gesetzliche Dienstzeit hinaus zum aktiven Dienst verpflichteten) nach mindestens 18jähriger Dienstzeit einen Anspruch auf Rente. Aufgehoben wurde zugleich die bisherige Unterscheidung zwischen »äußerer« und »innerer« Dienstbeschädigung. Nach § 4 war ferner bei der Beurteilung des Grades der Erwerbsminderung der vor der Militärdienstzeit ausgeübte Beruf zu berücksichtigen. Je nach Dienstgrad belief sich die Vollrente (Rente bei völliger Erwerbsunfähigkeit) auf 540 bis 900 M jährlich; bei teilweiser Erwerbsminderung wurde eine prozentual entsprechend reduzierte Teilrente gezahlt. Nach 18jähriger Dienstzeit erhielten Kapitulanten eine Rente in Höhe von 50/100 der Vollrente zzgl. 3/100 je weiterem Dienstjahr. Beibehalten wurden die Verstümmelungszulage (324 M jährlich je Verstümmelung) sowie die Kriegszulage (180 M jährlich).

Weniger grundlegend waren die Änderungen des Offiziers-Pensionsgesetzes. Wesentlich war hier v. a. die Änderung des Verfahrens zur Berechnung der Pensionshöhe; die Pension betrug nunmehr bei 10jähriger Dienstzeit 20/60 und stieg danach mit jedem weiteren Dienstjahr um 1/60 bis auf 45/60 des zuletzt bezogenen Diensteinkommens. Blieb das jährliche Gesamteinkommen eines pensionierten Offiziers unter einem bestimmten Betrag (z. B. weniger als 1.200 M bei einem Leutnant), so konnte die Militärverwaltungsbehörde im Falle besonderer Bedürftigkeit eine Pensionsbeihilfe bis zur Erreichung des genannten Betrages gewähren.

Das Militär-Hinterbliebenengesetz von 1907 regelte die Versorgung der Witwen und Waisen von Offizieren in weitgehender Analogie zu den entsprechenden beamtenrechtlichen Bestimmungen. Für Witwen und Waisen von Personen der Unterklassen entstand ein Leistungsanspruch, wenn der Verstorbene während seiner aktiven Dienstzeit oder nach 10jähriger Dienstzeit gestorben war. Entsprechendes galt, wenn er zum Zeitpunkt des Todes eine Rente bezog bzw. infolge einer Dienstbeschädigung vor Ablauf von sechs Jahren nach der Entlassung aus dem Dienst verstarb. Nach § 13 belief sich das Witwengeld einheitlich auf 300 M und stieg bei mehr als 15jähriger Dienstzeit des Verstorbenen je Jahr bis zum vollendeten 40. Dienstjahr um 6/100. Das Waisengeld belief sich für eine Halbwaise auf 1/5, für eine Vollwaise auf 1/3 des Witwengeldes. Neben den allgemeinen Hinterbliebenenversorgungsregelungen enthielt das Gesetz besondere Regelungen für Kriegshinterbliebene, wobei beim Kriegswitwengeld und Kriegswaisengeld unterschiedliche Beträge gewährt wurden, je nachdem, ob die allgemeine Versorgung zustand oder nicht.

9. 1. 3 Beihilfen für Kriegsteilnehmer

Die mit zunehmendem Alter wachsende Hilfsbedürftigkeit von Militärpersonen veranlaßte die Regierung, durch Gesetz vom 22. Mai 1895 [RGBl. S.237] besondere **Beihilfen für ehemalige Kriegsteilnehmer** einzuführen. Derartige Beihilfen, auf die kein Rechtsanspruch bestand, konnten Kriegsteilnehmern gewährt werden, die wegen Nichterfüllung bestimmter Anspruchsvoraussetzungen keine Rente nach den Militärpensionsgesetzen erhielten oder denen die Anerkennung als Kriegsinvalide versagt wurde sowie Personen, die sich wegen dauernder völliger Erwerbsunfähigkeit in hilfsbedürftiger Lage befanden. Die Höhe der Beihilfe belief sich zunächst auf 120 M jährlich und wurde durch Gesetz vom 19. Mai 1913 [RGBl. S.297] auf 150 M jährlich erhöht. Die Gewährung der Beihilfen richtete sich nach vom Bundesrat erlassenen Ausführungsbestimmungen. Von den geschätzten 368.000 Anfang 1913 noch lebenden Kriegsteilnehmern erhielten am 1.3.1913 immerhin 245.070 oder rd. 67 % eine derartige Beihilfe [Verhandl.Dt.Reichst., 13.LP, I. Session 1912/13, Nr.967, S.3].

9. 2 Entschädigung kriegsbedingter Sach- und Vermögensschäden

Der Krieg 1870/71 brachte nicht nur eine Neuregelung der Versorgung von kriegsinvaliden Militärpersonen; erstmals wurde auch der **Zivilbevölkerung** der materielle Schaden ersetzt, der durch den Krieg entstanden war. So bestimmte Art.1 des Gesetzes vom 14. Juni 1871 [RGBl. S.253], daß den während des Krieges 1870/71 aus Frankreich ausgewiesenen Deutschen eine Beihilfe gewährt werden sollte. Neben den hierfür in Frankreich bereits während des Krieges erhobenen besonderen Kontributionen in Höhe von 7 Mio. Rthlr. sah das Gesetz die Bereitstellung von weiteren 2 Mio. Rthlr. aus der von Frankreich zu zahlenden Kriegsentschädigung vor. Die Verteilung dieser Beihilfen wurde den einzelnen Ländern übertragen. In einem weiteren Gesetz vom 14. Juni 1871 [RGBl. S.247] wurden Regelungen für den **Ersatz von Kriegsschäden und Kriegsleistungen** getroffen. Danach wurden Schäden an Mobilien und Immobilien, welche im Laufe des Krieges durch militärische Aktionen verursacht wurden, in ihrem vollen Wert aus den Mitteln der von Frankreich zu zahlenden Kriegsentschädigung ersetzt.

10. Sozialpolitik während des Ersten Weltkrieges

Bis zum Beginn des Ersten Weltkrieges war die **Integration der Arbeiterklasse** in die vorhandene Staats- und Gesellschaftsordnung weitgehend gescheitert. Es war daher durchaus ungewiß, wie sich die Arbeiterschaft im Falle eines **Krieges** verhalten würde. Die vorhandenen patriotischen und nationalistischen Bindungen wurden nicht sehr stark eingeschätzt, zumal die **Zweite Internationale** noch im Jahre 1912 auf ihrem **Baseler Kongreß** die Arbeiterbewegung aufgefordert hatte, mit allen verfügbaren Mitteln gegen den drohenden Krieg zu wirken. Entsprechend kam es noch im Juli 1914 zu umfangreichen **Demonstrationen** gegen den befürchteten Krieg *(vgl. Braunthal, 1961/63, S.349 ff.; Haupt, 1964, S.233 ff.; Abendroth, 1965, S.63 ff.; Haupt, 1967, S.67 ff.; G. Hardach, 1973, S.187 f.)*.

Bei Ausbruch des Krieges brach die **Opposition** der Arbeiterbewegung jedoch weitgehend zusammen. Die **Arbeiterparteien** übernahmen die offizielle Parole vom **Verteidigungskrieg** und verhielten sich entsprechend (z. B. sofortige Bewilligung von Finanzmitteln für den Krieg). In ähnlicher Weise verhielten sich die **Gewerkschaftsorganisationen**. Ohne sich von der marxistisch-revolutionären Ideologie zunächst zu trennen, stellten sie sich mit dem beginnenden Krieg hinter Staat und Regierung. Nicht zuletzt um ihre Legalität zu wahren, verzichteten sie anfangs auf jeglichen Einsatz der ihnen zur Verfügung stehenden Machtmittel in Form politischer Streiks *(vgl. Umbreit, 1928; W. Richter, 1959)*.

In dieser Situation fand auch die politische und gesellschaftliche **Polarisierung** von Arbeitgebern und Arbeitnehmern ein vorläufiges Ende. An ihre Stelle trat der sog. **»Burgfrieden«** *(vgl. Jantke, 1971, S. 76)*. Dieser Burgfrieden bedeutete zunächst eine passive Hinnahme der **Kriegswirtschaftsmaßnahmen**, leitete jedoch sehr bald eine aktive Mitarbeit an der Kriegswirtschaftspolitik ein. Diese bestand vor allen Dingen in der gewerkschaftlich organisierten **Anwerbung** von Frauen, Jugendlichen und ausländischen Arbeitskräften für die Rüstungsindustrie, in der Mitwirkung an der kriegsbedingt neueingeführten **Arbeitsvermittlung** zwecks Beseitigung der zu Beginn des Krieges aufgetretenen starken Arbeitslosigkeit und **Lenkung der Arbeitskräfte** entsprechend den Zielen der Kriegswirtschaftspolitik, in der gewerkschaftlichen **Unterstützung der vorhandenen Arbeitslosen** und in der **Mitwirkung** an der staatlichen **Kriegsernährungspolitik**. Diese in ihrem Kern durchaus noch als sozialpolitisch einzustufenden Maßnahmen führten zu einer deutlichen Entlastung und Unterstützung der Staatsorgane; so ist z. B. nahezu unbestritten, daß die gewerkschaftlichen Aktivitäten nicht zuletzt den Staat in die Lage versetzten, eine allgemeine Lösung der **Arbeitslosenunterstützung** durch eine staatlich organisierte Versicherung hinauszuzögern *(vgl. G. Hardach, 1973, S. 191)*.

10. 1 Arbeitsbedingungen, Arbeitsmarkt und Arbeitsbeziehungen

10. 1. 1 Entwicklung des Arbeiterschutzes

Für den Arbeiterschutz bedeutete der Kriegsausbruch zunächst einen **Rückschlag**. Da viele Arbeitsplätze mit Frauen und Jugendlichen besetzt werden mußten, ermächtigte das **Gesetz betr. Ausnahmen von Beschäftigungsbeschränkungen gewerblicher Arbeiter vom 4. August 1914** [RGBl. S.333] den Reichskanzler, für bestimmte Arten von Betrieben und bestimmte Bezirke die bestehenden **Arbeiterschutzbestimmungen** in gewissem Umfang außer Kraft zu setzen. Andererseits wurden – wenn auch nicht aus sozialpolitischen Gründen, sondern vor allem aus kriegswirtschaftlichen Erwägungen – verschiedene Regelungen erlassen, die letztlich eine **Erweiterung** des Arbeiterschutzes bedeuteten.

So erging am 5. Januar 1915 aus Gründen der Mehlrationierung ein Nachtbackverbot [RGBl. S.8]; diesem folgten am 12. August 1915 [RGBl. S.495] die Beschränkung der Arbeitszeit im Spinnstoffgewerbe (5-Tage-Woche mit höchstens 10stündigem Arbeitstag) und am 11. Dezember 1916 [RGBl. S.1355] die Einführung des Sieben-Uhr-Ladenschlusses zur Einsparung von Brennstoffen und Beleuchtungsmitteln *(vgl. Syrup/Neuloh, 1957, S. 196)*. Auf dem Gebiet des Lohnschutzes ist die Erhöhung und Umgestaltung der Lohnpfändungsgrenze durch Verordnungen vom 17. Mai 1915 und 13. Dezember 1917 [RGBl. S.285, 1102] zu erwähnen. Ferner wurden partiell Maßnahmen zum Schutz der durch Betriebszusammenlegungen beschäftigungslos gewordenen Arbeiter getroffen (z. B. Brauereibetriebe, Tabakindustrie). Schließlich wurden durch Verordnung vom 3. Oktober 1917 [RGBl. S.893] einige der Lohnschutzbestimmungen des Hausarbeitsgesetzes von 1911 endlich in Kraft gesetzt.

10. 1. 2 Ausbau des Arbeitsnachweiswesens

Auf dem Arbeitsmarkt bewirkte der Kriegsbeginn zunächst einen enormen Anstieg der Arbeitslosigkeit. Während die Fachverbände der Gewerkschaften im Juli 1914 lediglich

2,8 % arbeitslose Mitglieder zählten, erhöhte sich diese Quote im August auf 22,4 %, bevor sie im September wieder auf 15,7 % und im Oktober auf 10,8 % sank. Gerade die durch den Krieg ausgelösten Erschütterungen des Arbeitsmarktes machten das Fehlen einer festgefügten **Arbeitsnachweisorganisation** besonders nachhaltig bemerkbar.

Die von der Reichsregierung zur Lösung dieses Problems unternommenen Schritte waren allerdings eher zögerlich. Zwar wurde am 9. August 1914 unter Leitung des Reichsamts des Innern eine »Reichszentrale der Arbeitsnachweise« geschaffen, die die Tätigkeit der zahlreichen Arbeitsnachweise koordinieren sollte; einen Antrag der Gewerkschaften auf Errichtung einer straffen amtlichen Organisation des Arbeitsmarktes und Schaffung von Arbeitsämtern, Landesarbeitsämtern sowie einem Reichsarbeitsamt lehnte die Reichsregierung jedoch am 19. März 1915 ab. Stattdessen ermächtigte sie durch Verordnung vom 14. Juni 1916 [RGBl. S.519] lediglich die Länder, Gemeinden und Gemeindeverbände zu verpflichten, öffentliche Arbeitsnachweise zu errichten und auszubauen. Hierauf gestützt ordnete z. B. Bayern durch Verordnung vom 14. September 1916 die Bildung von öffentlichen Arbeitsnachweisen in Gemeinden mit mehr als 10.000 Einwohnern an. Obwohl derartige Landesinitiativen zu einem Ausbau des öffentlichen Arbeitsnachweiswesens führten, blieb die Koordination mit anderen nichtgewerbsmäßigen Arbeitsvermittlungseinrichtungen weiterhin unzureichend. Erst die Richtlinien des Kriegsamts für die Heranziehung der Arbeitsnachweise zur Arbeitsvermittlung für den vaterländischen Hilfsdienst vom 30. Januar 1917 [RGBl. S.85] sahen die Errichtung von Hilfsmeldestellen und Zentralauskunftsstellen vor, in denen die gesamte militärische und zivile Arbeitsvermittlung koordiniert werden sollte.

10.1.3 Hilfsdienstgesetz von 1916

Nachdem zu Beginn des Krieges noch eine hohe Arbeitslosigkeit geherrscht hatte, führte die beständige Ausweitung der Kriegstätigkeit ab Mitte 1915 zu einer zunehmenden **Verknappung der Arbeitskräfte**. Dies ermöglichte es den Arbeitern, auch ohne Kampfmaßnahmen **Lohnerhöhungen** durchzusetzen, zumal die Unternehmer diese zumeist problemlos auf ihre Auftraggeber (Rüstungsaufträge) abwälzen konnten. Die Arbeitskräfteknappheit hatte jedoch zur Folge, daß schon bald Überlegungen zur Beschränkung der Freizügigkeit angestellt wurden. In der Berliner Metallindustrie wurde der Arbeitsplatzwechsel mit gewerkschaftlicher Zustimmung ab Februar 1915 von der Erlangung eines sog. **Abkehrscheines** des Arbeitgebers abhängig gemacht. Allgemein aufgehoben wurde die Freizügigkeit aber erst durch das **Gesetz über den vaterländischen Hilfsdienst vom 5. Dezember 1916** [RGBl. S.1333], durch das alle mobilen Kräfte für die Kriegsführung eingespannt werden sollten. Das Gesetz führte für alle männlichen Deutschen zwischen dem 17. und dem 60. Lebensjahr eine **Arbeitspflicht** ein und hob den freien Arbeitsplatzwechsel auf. Sieht man von den sozialpolitischen Elementen ab, die bleibende Bedeutung erlangten, zeigte das Hilfsdienstgesetz nicht den erhofften Erfolg *(vgl. Fenske, 1984, S.889ff.)*.

10.1.4 Erweiterung des Koalitionsrechts und der Mitbestimmung

Mit dem Hilfsdienstgesetz von 1916 wurde eine Erweiterung des Koalitionsrechts und der Mitbestimmung vorgenommen. Unter anderem bestimmte § 11 des Gesetzes, daß in allen für den vaterländischen Hilfsdienst tätigen Betrieben mit mindestens 50 Beschäftigten **obligatorische Arbeiter- und Angestelltenausschüsse** einzurichten waren, die die Rechte der Hilfsdienstverpflichteten sichern und mit den Arbeitgebern bei Streitfällen über die Arbeitsbedingungen verhandeln sollten.

Kam eine Einigung nicht zustande, konnte eine paritätisch aus Arbeitnehmer- und Arbeitgebervertretern zusammengesetzte Schiedsstelle angerufen werden. Diese Ausschüsse wurden durch die Anweisung des Kriegsamtes über das »Verfahren bei den aufgrund des HDG gebildeten Ausschüssen« vom 20. 1. 1917 als Schlichtungsausschüsse bezeichnet und für den Bezirk jeder Ersatzkommission gebildet. Erfaßt wurden von ihnen sämtliche Arbeitnehmer in Hilfsdienstbetrieben (auch Angestell-

·te und Landarbeiter). Ausdrücklich bekräftigte das Gesetz, daß den Hilfsdienstpflichtigen die Ausübung der ihnen zustehenden Vereins- und Versammlungsrechte nicht beschränkt werden durften *(vgl. Erdmann, 1957, S.17; Claßen, 1962, S.217ff.).*

Die **Gewerkschaften**, die durch Gesetz vom 26. Juni 1916 [RGBl. S.635] von der Unterstellung unter das Vereinsgesetz befreit worden waren, wurden in § 10 des Hilfsdienstgesetzes offiziell als Vertreter der Arbeiterschaft anerkannt; sie erhielten das **Vorschlagsrecht** für die im Rahmen der obligatorischen Arbeiter- und Angestelltenausschüsse und der Schiedsstellen vorgesehenen **Beisitzer**. Auf heftiges Verlangen der Gewerkschaften wurde ferner durch Gesetz vom 19. April 1917 [RGBl. S.361] der sog. **Sprachenparagraph** beseitigt, der die Organisierung ausländischer Arbeiter behindert hatte. Schließlich beseitigte das Gesetz betr. Aufhebung des § 153 der Gewerbeordnung vom 22. Mai 1918 [RGBl. S.423] jene seit langem umstrittene **Strafbestimmung**, welche die mit Drohung oder Beleidigung verbundene Aufforderung, an Koalitionen oder Streiks teilzunehmen, mit Gefängnis bedroht hatte *(vgl. Syrup/Neuloh, 1957, S.195).*

10. 2 Verbesserung der sozialen Lage der Beamten

Obwohl gerade den Beamten bei der Aufrechterhaltung der Kriegswirtschaft eine entscheidende Bedeutung zukam, wurde nur wenig unternommen, um ihre soziale Lage angemessen zu gestalten. Grundsätzlich wurde davon ausgegangen, daß sie die Ausübung ihres Dienstes als **patriotische Pflichterfüllung** betrachteten und dies, obgleich die Kaufkraft der Einkommen mittlerer und unterer Beamter bis 1917 auf 50 bzw. 55 % des Ausgangswertes bei Kriegsbeginn sank. Vor diesem Hintergrund stellten die ab 1915 sukzessive gewährten **Kriegsbeihilfen** und Kriegsteuerungszulagen nur eine geringfügige Hilfe dar *(vgl. Fenske, 1984, S.897f.).*

In einem ersten Schritt waren am 10. Oktober 1915 sog. Kriegsbeihilfen an verheiratete Beamte mit Kindern unter 15 Jahren und einem Diensteinkommen (ohne Wohngeldzuschuß) bis zu 2.100 M (6 M monatlich bei 1 und 2 Kindern, je 3 M für jedes weitere Kind) gewährt worden. In der Folgezeit wurden die Einkommensgrenzen erhöht und Beamte ohne Kinder einbezogen. Ab 1. April 1917 wurden die Beihilfen nach dem Einkommen und dem Familienstand gestaffelt (10 bis 54 M bei 3 Kindern in der untersten Gruppe). Zu den Kriegsbeihilfen traten ab 1. Juli 1917 noch sog. »Kriegsteuerungszulagen«, die ebenfalls nach dem Einkommen und dem Familienstand gestaffelt wurden *(vgl. Heyneck, 1950, S.849).*

10. 3 Änderungen und Ergänzungen im Sozialversicherungsrecht

Die deutsche Sozialversicherung, die mit dem Inkrafttreten des letzten Teils der RVO einen beachtlichen Entwicklungsstand erreicht hatte, war v. a. in bezug auf ihre **Leistungsstruktur** eindeutig auf die **Friedenssituation** bezogen. Daher war es unumgänglich, sie dem Kriegszustand und den veränderten Verhältnissen anzupassen. Gestützt auf das **Ermächtigungsgesetz vom 4. August 1914** [RGBl. S.327] erging in der Folgezeit eine Vielzahl von Einzelbestimmungen, die jedoch überwiegend nicht grundsätzlicher Natur waren *(vgl. Syrup/Neuloh, 1957, S.140f.; Zöllner, 1981, S.112).*

Von besonderer Bedeutung waren Regelungen über die Anrechnung von Kriegs-, Sanitäts- und sonstigen Dienstzeiten in der **Krankenversicherung** durch das **Gesetz betr. die Erhaltung von Anwartschaften vom 14. August 1914** [RGBl. S.334] sowie die Verordnungen vom 24. Februar [RGBl. S.171] und 1. März 1917 [RGBl. S.202]. Diese bestimmten, daß zugunsten der Kriegsteilnehmer und Hilfsdienstpflichtigen der Fristablauf der Wartezeit während des Dienstes sowie während einer diesem nach der Entlassung folgenden Erwerbslosigkeit ruhte. Ferner wurde durch drei **Bundesratsverordnungen vom 3. Dezember 1914** [RGBl. S.492], **28. Januar und 23. April 1915** [RGBl. S.49, 257] eine sog. »Wochenhilfe während der Kriegszeit« festgelegt; danach wurden Müttern – sofern der Vater des Kindes Kriegsteilnehmer war und zu den minderbemittelten Schichten gehörte – sowie selbstversicherten weiblichen Personen ein einmaliger Beitrag zu den Entbindungskosten, eine Beihilfe zu den Hebammendiensten, des weiteren ein Wochengeld von einer Mark täglich für acht Wochen und ein Stillgeld von 50 Pfg. täglich bis zum Ablauf der zwölften Woche nach der Niederkunft gewährt.

Durch **Verordnung vom 14. Juni 1916** [RGBl. S.516] wurde darüber hinaus der räumliche Geltungsbereich der **Krankenversicherung** auf die Tätigkeit versicherter Personen im **Ausland** ausgedehnt, soweit der Auslandsaufenthalt für Kriegszwecke erfolgte. Eine weitere **Verordnung vom 24. Februar 1917** [RGBl. S.171] erweiterte den Sozialversicherungsschutz insgesamt auf die im Ausland für den **Hilfsdienst** tätigen Personen *(vgl. Syrup/Neuloh, 1957, S.141)*. Schließlich wurde am 15. August 1917 das **Gesetz über Fürsorge für Kriegsgefangene** [RGBl. S.725] erlassen, das jedoch keine Anwendung auf ausländische Zivilbeschäftigte fand. Diese Einschränkung wurde durch verschiedene Verordnungen der Jahre 1916/17 weitgehend durchbrochen.

In bezug auf die **Invalidenversicherung** wurde die Militärdienstzeit durch eine **Bekanntmachung vom 23. Dezember 1915** [RGBl. S.845] für anrechnungsfähig erklärt. Gleichzeitig ergingen Vorschriften über die Erhaltung von Anwartschaften und die Nachentrichtung von Beiträgen. In der Invalidenversicherung wurden zudem einige **Reformbestrebungen** verwirklicht, die noch auf die Friedenszeit zurückgingen; so wurden durch **Gesetz vom 12. Juni 1916** [RGBl. S.525] die **Altersgrenze** vom 70. auf das 65. Lebensjahr herabgesetzt und die **Kinderzuschüsse** für Invalidenrentner erhöht. Zugleich wurden jedoch die Wochenbeiträge erstmals um 2 Pfg. erhöht und der Anteil der zur Dekkung der Gemeinlast buchmäßig auszuscheidenden Beitragseinnahmen auf 60 % festgesetzt. Entsprechende, den kriegsbedingten Umständen Rechnung tragende Bestimmungen wurden auch für den Bereich der **Knappschaftsversicherung** erlassen.

10. 4 Organisation der Kriegswohlfahrtspflege

Die ohnehin nur sehr unzureichend entwickelte öffentliche Wohlfahrtspflege wurde durch die Kriegsereignisse vor eine Vielzahl zusätzlicher, kaum zu bewältigender Probleme gestellt. Als eine erste **Sofortmaßnahme** stellte das Reich zur Unterstützung kriegsbedingt erwerbslos und unterstützungsbedürftig gewordener Personen Ende 1914 den Gemeinden Mittel in Höhe von 20 Mio. Mark zur Verfügung *(vgl. Syrup/Neuloh, 1957, S.211ff.)*. Zugleich wurden in den Bestimmungen des Bundesrates vom 17. Dezember 1914 einheitliche Bedingungen für die Arbeitslosenunterstützung festgelegt, so die Beschränkung auf Arbeitsfähige und Arbeitswillige, die Regelung der Bedürftigkeitsfrage und die Anrechnung sonstiger (z. B. gewerkschaftlicher) Unterstützungen.

Kriegsbedingt war neben der **Armenpflege** nunmehr eine **Kriegswohlfahrtspflege** erforderlich, die sich um die Familien der Kriegsteilnehmer, die Kriegsinvaliden und deren Hinterbliebene kümmerte. In Anbetracht dessen, daß während des Weltkrieges insgesamt rd. 13,25 Mio. Männer zu den Waffen einberufen wurden, bildete die **Unterstützung der Familien der Soldaten** von Beginn an ein zentrales Problem. Gemäß einem völlig unzureichenden Gesetz vom 28. Februar 1888 [RGBl. S.59] hatten die Familien bei Vorliegen bestimmter Voraussetzungen Anspruch auf eine Unterstützung.

Nach diesem Gesetz mußte eine Versorgung auf Gesuch hin gezahlt werden, wenn der Kriegsteilnehmer der Ernährer der Familie war und Bedürftigkeit vorlag. Vorgesehen war für die Ehefrau eine

Unterstützung von 6 M monatlich im Sommer (9 M im Winter) sowie 4 M für jedes Kind. Durch Gesetz vom 4. August 1914 [RGBl. S.332] wurden die Unterstützungssätze für die Ehefrau auf 9 bzw. 12 M, für die Kinder auf 6 M erhöht. Der Begriff der Bedürftigkeit wurde erst durch Bundesratsverordnung vom 21. Januar 1916 [RGBl. S.55] definiert. Danach lag Bedürftigkeit vor, wenn das letzte Familieneinkommen weniger als 1.000 M betrug. Ungeachtet dieser Verbesserung blieb die Versorgung der Familien von Kriegsteilnehmern während des gesamten Krieges ein erhebliches Problem, zumal im Laufe der Zeit immer mehr Familien anspruchsberechtigt wurden und die objektiven Versorgungsprobleme ständig zunahmen. Trotz des Bestrebens, die Kriegswohlfahrtspflege nicht als Armenpflege erscheinen zu lassen, gelang es nicht, soziale Umschichtungen zu verhindern.

Zu einem kaum weniger gravierenden Problem entwickelte sich die Versorgung der Kriegsopfer, da auch hier die gesetzlichen Regelungen in keiner Weise für eine derart große Zahl von Opfern konzipiert waren. Bis zum Beginn des Ersten Weltkrieges erfolgte die **Kriegsopferversorgung** aufgrund sogenannter **Militärversorgungsgesetze**, die vor allen Dingen zu Geldleistungen führten. Mit dem Beginn der Kriegsereignisse ergab sich die Aufgabe, den zurückkehrenden Kriegsbeschädigten neben den Geldleistungen eine solche Hilfe zukommen zu lassen, die ihnen die **Rückkehr ins Erwerbsleben** und damit eine relative wirtschaftliche Unabhängigkeit ermöglichte. Dieses Problem wurde jedoch nur punktuell gelöst. Seitens der Regierung wurde darauf verwiesen, daß man eine umfassende Neuregelung erst nach dem Kriege in Angriff nehmen wolle. Von daher blieb es überwiegend den Gemeinden sowie privaten Initiativen überlassen, in diesem Bereich fürsorgerisch tätig zu werden.

Ein erster Schritt in Richtung auf eine Vereinheitlichung und Zentralisierung der Kriegsopferfürsorge erfolgte im September 1915 mit dem Zusammenschluß der bestehenden Hauptfürsorgeorganisationen zum »Reichsausschuß für Kriegsbeschädigtenfürsorge«. Dieser erließ Richtlinien, an denen sich seine Mitglieder freiwillig orientierten. Im gleichen Jahr sammelte die Freie Wohlfahrtseinrichtung »Nationalstiftung für die Hinterbliebenen der im Kriege Gefallenen« Mittel für die Hinterbliebenenfürsorge als Ergänzung zur staatlichen Versorgung. Kreis- und Ortsausschüsse waren in Provinzial- und Landesausschüssen zusammengefaßt; dem Präsidium der Nationalstiftung war ein Beirat zugeordnet.

Im Jahre 1917 erließ der Reichsausschuß für Kriegsbeschädigtenfürsorge Leitlinien bezüglich der Unterbringung von Schwerkriegsbeschädigten auf Arbeitsplätzen. Die Einbindung der **Schwerbeschädigten** in das Erwerbsleben sollte jedoch zunächst ohne gesetzlichen Zwang versucht werden. Da diese Versuche nicht den erhofften Erfolg zeigten, beschloß der Reichstag im Jahre 1917, daß Unternehmer mit mindestens 50 Arbeitern und Angestellten auf je 50 Arbeiter und Angestellte einen Schwerkriegsbeschädigten zu beschäftigen hatten *(vgl. Syrup/Neuloh, 1957, S.210f.)*.

Kapitel 4

Sozialpolitik in der Weimarer Republik (1919–1932)

1. Politische und ökonomische Rahmenbedingungen

1. 1 Politischer Hintergrund

Das **Ende des Ersten Weltkrieges** brachte mit dem **Zusammenbruch der Monarchie** in einer **Phase revolutionärer Unruhen** zwar die Sozialdemokratie im November 1918 in die Regierungsverantwortung, doch entbrannte vom ersten Tage an ein erbitterter Kampf zwischen den rivalisierenden sozialistischen Fraktionen über den zu beschreitenden Weg der Neuordnung. Während die **Mehrheitssozialdemokratie** auf eine **parlamentarisch-republikanische Staatsform** mit starken sozialen und wirtschaftsdemokratischen Verfassungselementen hinarbeitete, kämpften verschiedenste **linksradikale Gruppierungen** für ein **Rätesystem** nach sowjetischem Vorbild, d. h. für eine Diktatur des Proletariats anstelle des Kompromisses der Klassen in der parlamentarischen Demokratie.

Als schließlich im Januar 1919 die von der Mehrheitssozialdemokratie und dem bürgerlichen Lager geforderte **Wahl zur Nationalversammlung** stattfand, mündeten die überall aufflackernden Unruhen und Straßenkämpfe in den **offenen Bürgerkrieg**. Bei der Niederwerfung dieser Aufstände suchte die sozialdemokratische Regierung zunehmend die Zusammenarbeit mit der alten Bürokratie und der ehemals kaiserlichen Militärführung sowie den gemäßigten bürgerlichen Parteien. Die **»Koalition von Weimar«**, bestehend aus Mehrheitssozialdemokraten, Zentrum und Demokratischer Partei, bestimmte dann auch weitgehend Inhalt und Form der Verfassung.

Die **Verfassung von Weimar** bestätigte als Staatsform die **parlamentarisch-demokratische Republik** und verankerte neben zahlreichen **Freiheitsrechten**, wenn auch mit starkem Kompromißcharakter und in teilweise abgeschwächter Form, eine Reihe zentraler **sozialpolitischer Forderungen** der Arbeiterbewegung. So unzweifelhaft diese Verfassung einen bedeutenden historischen Fortschritt darstellte, so unübersehbar waren aber auch zahlreiche **Mängel**. Vor allem die Unausgewogenheit zwischen parlamentarischen, autoritären und plebiszitären Elementen sowie die außerordentliche Machtfülle des Reichspräsidenten bei gleichzeitiger Schwächung der Länder sollten sich im weiteren Verlauf der Geschichte verhängnisvoll auswirken.

Als weiteres gewichtiges Problem erwies sich darüber hinaus die von Beginn an bestehende enorme **Kluft** zwischen dem **Verfassungsanspruch** und der **Verfassungsrealität**.

Fortschrittlichen Verfassungspostulaten stand eine im Vergleich zum Kaiserreich nur wenig veränderte **Wirtschafts- und Gesellschaftsordnung** gegenüber. Hinzu kam, daß die der neuen Demokratie reserviert gegenüberstehenden alten politischen und wirtschaftlichen **Eliten** ihre Machtpositionen in Bürokratie, Militär und Wirtschaft im wesentlichen hatten behalten können. Ablehnung und Zurückhaltung gegenüber dem demokratischen System fanden sich aber nicht nur in national-konservativen Kreisen, sondern auch in weiten Kreisen der **Bevölkerung**, der es nach dem abrupten Übergang in starkem Maße an demokratischen Erfahrungen und Traditionen mangelte.

Die daraus erwachsenden **Belastungen** wurden noch verstärkt durch die für das **Parteiensystem** der Weimarer Republik kennzeichnende **starke Zersplitterung** der Parteien und deren ideologische und interessenbezogene Verhärtung, die die **Bündnis- und Kompromißfähigkeit** auf ein Mindestmaß reduzierte. Die Folge waren regierungspolitische **Instabilität** und eine **permanente Krise des Parlamentarismus**. In knapp 14 Jahren lösten nicht weniger als 14 Kabinette einander ab; allein sechsmal waren die Wähler aufgerufen, einen neuen Reichstag zu wählen. Die Parteien der »Weimarer Koalition«, die rückhaltlos zur Verfassung standen, verloren dabei schon im Laufe der 20er Jahre zusehends ihre ehemals beträchtliche Stimmenmehrheit.

Die Schwächen und Unzulänglichkeiten des Parteiensystems – in Verbindung mit den andauernden wirtschaftlichen und sozialen Schwierigkeiten, den Belastungen aus der Kriegsniederlage, den ungeheuren Reparationsforderungen, der tiefgreifenden Wirtschaftskrise sowie der geringen Ausbildung demokratischer Verhaltensweisen – trugen mit dazu bei, daß die ständigen **Angriffe antidemokratischer und antirepublikanischer Parteien** und »Bewegungen« zunehmend erfolgreich waren. Nachdem 1930 bis 1932 nurmehr Präsidialkabinette ohne parlamentarisches Vertrauen zustande kamen und diese bereits eine schwerwiegende Belastungsprobe des Parlamentarismus darstellten, folgte mit dem **Ermächtigungsgesetz vom 24. März 1933** [RGBl.I S.141] und der Errichtung der Diktatur das endgültige Ende der Weimarer Demokratie.

1. 2 Grundzüge der wirtschaftlichen Entwicklung

Ebenso ungünstig wie die politischen Begleitumstände waren die **wirtschaftlichen Voraussetzungen** in der Weimarer Republik. Noch bevor an eine gezielte Neuordnung zu denken war, mußten unmittelbar drängende soziale und wirtschaftliche Probleme überwunden werden. Der ohnehin schwierige Übergang von der **Kriegsproduktion** auf eine **Friedenswirtschaft** wurde erschwert durch Versorgungslücken aufgrund der »Hungerblockade« der Alliierten, der außerordentlichen Überschuldung des Staates sowie der in den Waffenstillstandsbedingungen auferlegten unverzüglichen Auflösung der Streitkräfte. Die Folgen waren eine galoppierend fortschreitende **Inflation** und eine enorm ansteigende **Arbeitslosigkeit**. Gleichzeitig lähmten die von den Alliierten auferlegten wirtschaftlichen Sanktionen, die extrem hohen Reparationsforderungen sowie der beständige **Währungsverfall** in erheblichem Maße die wirtschaftliche Initiative. Eine Extremsituation erreichte die ungünstige wirtschaftliche Nachkriegsentwicklung im Jahre 1923, als zum einen die »inflationäre Scheinkonjunktur« abflaute und zum anderen der von der Regierung als Antwort auf die **Ruhrbesetzung** unterstützte »passive Widerstand« die **Reichsfinanzen** endgültig zerrüttete. Die nunmehr geradezu phantastische Formen annehmende Inflation und der damit verbundene totale Währungsverfall brachten die deutsche Wirtschaft in der zweiten Hälfte des Jahres 1923 an den Rand des völligen **Zusammenbruchs** *(vgl. auch Fischer, 1968; Petzina, 1977)*.

Eine relative **Stabilisierung der Wirtschaft** erlebte die Weimarer Republik lediglich in den Jahren 1924 bis 1928, als es im Anschluß an die im Oktober 1923 eingeleitete **Konsolidierung der Währung** und die vorläufige Regelung der **Reparationsfrage im Dawes-Plan** zu einem wenige Jahre anhaltenden Aufschwung kam. Vor allem die nun gewährten kurzfristigen **Auslandskredite** ermöglichten der Industrie umfangreiche Modernisierungs- und Rationalisierungsinvestitionen. Das einsetzende **Wirtschaftswachstum** ließ die Arbeitslosigkeit gegenüber den Nachkriegsjahren zurückgehen und die realen Arbeitseinkommen allmählich ansteigen. Obgleich der **Lebensstandard** der Bevölkerung in dieser Zeit lediglich in etwa wieder das Vorkriegsniveau erreichte und dies auf äußerst labiler Grundlage geschah, wird diese Periode dennoch vielfach als die **»Goldenen Zwanziger«** bezeichnet.

Die 1929 einsetzende **Weltwirtschaftskrise** beendete abrupt diese kurze Phase der Prosperität. Der Abzug der kurzfristig überlassenen **ausländischen Mittel** ließ die deutsche Wirtschaft aufgrund des Kapitalmangels schnell schrumpfen. Die gleichzeitig drastisch zurückgehende **Inlandsnachfrage** sowie die staatliche **Finanzpolitik** trugen dazu bei, daß die internationale Krise in Deutschland besonders dramatische Formen annahm. Statt eine antizyklische Konjunkturpolitik zur Belebung der Wirtschaft einzuleiten, entschied sich die Regierung **Brüning** bei rückläufigen Steuereinnahmen und wachsenden Haushaltsdefiziten für eine **Deflationspolitik**. Die damit verbundenen staatlichen Sparmaßnahmen und die Lohn- und Preissenkungen führten jedoch nicht zu einer Wiederbelebung der Wirtschaft, sondern bewirkten vielmehr, daß die Produktion weiter zurückging, die Reallöhne deutlich sanken und die **Arbeitslosigkeit** katastrophale Ausmaße annahm.

Die konjunkturellen Krisenerscheinungen wurden in den Jahren der Weimarer Republik von einer Reihe sozialer und sektoraler Wandlungsprozesse begleitet, deren Anfänge bereits in die Zeit vor dem Ersten Weltkrieg zurückreichen. Im Zeitraum von 1907 bis 1933 stieg der Anteil der Erwerbspersonen an der Bevölkerung (bezogen auf den jeweiligen Gebietsstand) von 45,5 auf 49,5 %, wobei die Frauenerwerbsquote relativ stärker zunahm als die Männererwerbsquote. Die Frauenerwerbsquote erhöhte sich von 30,4 auf 34,2 %, während die Männererwerbsquote von 61,1 auf 65,7 % anstieg. Dabei hat auch der Trend zur Verschiebung des relativen Gewichts der Wirtschaftssektoren weiter angehalten. Während der Anteil der Erwerbspersonen in der Land- und Forstwirtschaft zwischen 1907 und 1933 von 40,1 auf 32,9 % zurückging und der entsprechende Anteil für den Wirtschaftsbereich Industrie und Gewerbe sich lediglich leicht von 45,7 auf 46,0 % erhöhte, verzeichneten Handel und Verkehr eine Zunahme von 14,1 auf 21,0 %. Gleichzeitig mit dem Wachstum des tertiären Sektors nahm die Zahl der Angestellten und Beamten deutlich zu; ihr Anteil an den Erwerbstätigen stieg von 5,2 (1907) auf 13,4 % (1933). Allerdings berücksichtigen diese Angaben lediglich die Gesamtbeschäftigtenzahl in den drei Wirtschaftsbereichen von 24,62 Mio. 1907 bzw. 28,36 Mio. 1933; außer acht gelassen sind die häuslichen Dienste, die freien Berufe sowie der öffentliche Dienst *(vgl. Petzina u.a., 1978, S. 54ff.)*.

Ebenfalls bedeutsam waren die fortschreitende Konzentrationstendenz in der Wirtschaft sowie das starke Anwachsen der unpersönlichen Betriebsform der Kapitalgesellschaft. Während 1895 die Aktiengesellschaften nur 8,0 % der Arbeitnehmer beschäftigten, waren es 1925 immerhin 22,2 %. In Kartellen und Konzernen waren 1926 bereits 98,3 % des Kalibergbaus, 97,3 % des Bergbaus, 96,3 % der Farbenindustrie, 86,9 % der elektrotechnischen Industrie, 80,9 % der Schiffahrt und 73,9 % der Banken zusammengeschlossen. Damit einher ging vor allem eine Vermehrung des Anteils der in Großbetrieben mit mehr als 1.000 Beschäftigten tätigen Personen (1907–1925 von 4,9 auf 6,8 %) *(vgl. M. Schneider, 1984, S. 356f.)*.

Für die Gesamtwirtschaft war schließlich auch die anhaltende Landflucht bei gleichzeitig weiterer Verstädterung (1933 lebten 30,2 % der Bevölkerung in Großstädten gegenüber 21,3 % im Jahre 1910) nicht unerheblich.

In der Weimarer Republik wurden zudem zwei weitere Entwicklungen sozial- und wirtschaftspolitisch bedeutsam: zum einen die Verschiebung der **Altersstruktur** nach oben und zum anderen die **fortschreitende Rationalisierung**. Während zwischen 1910 und

1933 der Anteil der unter 15jährigen Personen von 33,9 auf 24,2 % sank, stieg jener der über 65jährigen von 4,9 auf 7,1 %. Rationalisierungen gab es zwar bereits in der wilhelminischen Zeit, neu war jedoch, daß hiervon zunehmend auch Angestellte betroffen waren und daß derartige Maßnahmen nun zumeist mit einem Abbau von Arbeitsplätzen verbunden waren. Einem Anstieg der Kraftmaschinenleistung um 159,6 % zwischen 1907 und 1933 in Industrie und Handel stand eine Abnahme der Beschäftigtenzahl um 16,7 % gegenüber *(vgl. Preller, 1978, S. 102ff.)*.

Insgesamt gesehen wurde die wirtschaftliche Entwicklung in der Zeit der Weimarer Republik überschattet von der **Nachkriegskrise** und der **Inflation** sowie den späteren krisenhaften **konjunkturellen Zuspitzungen**. Angesichts eines mit Ausnahme von sehr kurzen Zeitspannen durchweg hohen Niveaus der Arbeitslosigkeit und der ständigen „Furcht vor einer negativen Entwicklung der labilen Verhältnisse" *(F. W. Henning, 1978 b, S. 90)* sowie der Tatsache, daß lediglich in zwei Jahren das Vorkriegsniveau der wirtschaftlichen Aktivität leicht übertroffen wurde, befand sich die Weimarer Republik ungeachtet der sog. »Goldenen Zwanziger« weitgehend in einer wirtschaftlichen Dauerkrise.

1. 3 Sozialpolitische Reformbestrebungen

Angesichts der unabweisbaren Notwendigkeit, unmittelbar nach Kriegsende die dringendsten Nöte der Bevölkerung zu beseitigen, standen die verschiedenen wirtschaftlichen und gesellschaftlichen Kräfte unter einem weitgehenden **Einigungszwang**. Vor allem die Mehrheitssozialdemokratie und die Gewerkschaften nutzten die neu errungenen **Machtpositionen** kaum, um gesellschaftsverändernde Programme durchzusetzen. Sie verzichteten darauf zugunsten einer weitgehenden Fortsetzung der tradierten Wirtschafts- und Gesellschaftspolitik. In diesem Sinne folgte auch die Sozialpolitik nicht unerheblich den bisherigen Entwicklungslinien.

Programmatisch vorgezeichnet wurde die **Nachkriegssozialpolitik** durch die **Reichsverfassung**. Danach sollten vor allem die Ordnung des Wirtschaftslebens den Grundsätzen der Gerechtigkeit mit dem Ziele der Gewährleistung eines menschenwürdigen Daseins entsprechen, die Arbeitskraft unter dem besonderen Schutz des Reiches stehen, die Koalitionsfreiheit gewährleistet werden und die Arbeiter gleichberechtigt in Gemeinschaft mit den Unternehmern an der Regelung der Lohn- und Arbeitsbedingungen mitwirken. Ferner sollte ein umfassendes, demokratisch strukturiertes Versicherungssystem zur „Erhaltung der Gesundheit und der Arbeitsfähigkeit, zum Schutz der Mutterschaft und zur Vorsorge gegen die wirtschaftlichen Folgen von Alter, Schwäche und Wechselfällen des Lebens" aufgebaut und für den Unterhalt jedes Staatsbürgers gesorgt werden, für den keine angemessene Arbeitsgelegenheit geschaffen oder nachgewiesen werden konnte.

Von ganz wenigen neuen Elementen abgesehen war die **Sozialpolitik der Weimarer Zeit** somit „im Grunde nur die Verwirklichung der sozialreformerischen Gedankengänge, die zunächst die bürgerlichen Sozialpolitiker der wilhelminischen Epoche entwickelt und die sich dann die Gewerkschaften und die Mehrheitssozialdemokratie zu eigen gemacht hatten" *(Preller, 1978, S. 497)*. Nichtsdestoweniger wurde auch und gerade in der Weimarer Republik sozialpolitisch Bedeutendes geleistet. Die Sozialpolitik erhielt in dieser Zeit Impulse, die bis in die Gegenwart nachwirken. Dies gilt sowohl für die Politik der sozialen Sicherung im weitesten Sinne als auch für die weitere Entwicklung der Arbeitsbeziehungen und der Arbeitsbedingungen.

Auf dem Gebiete der **sozialen Sicherung** waren im Kaiserreich zwar mit der Einrichtung von Kranken-, Unfall- sowie Invaliditäts- und Altersversicherungen und ihrer sukzessi-

Tabelle 20: Ausgaben für die Sozialpolitik 1913/14–1932/33 in Mio. Reichsmark

	1913/14	1925/26	1926/27	1927/28	1928/29	1929/30	1930/31	1931/32	1932/33
A. Volkseinkommen	45.693,0	60.651,8	64.693,2	71.908,8	75.554,3	74.614,8	69.959,0	62.265,0	57.645,0
B. Öffentliche Ausgaben									
B.1 einschl. Sozialversicherung	8.294,6	17.075,3	20.521,0	22.833,9	25.541,8	26.207,6	26.042,3	21.693,0	18.317,8
B.2 ohne Sozialversicherung	7.252,6	14.465,5	17.200,8	18.800,9	20.801,3	20.871,6	20.405,9	16.977,3	14.534,9
C. Gesamtausgaben des Reiches	2.378,4	5.321,4	6.562,0	7.155,0	8.475,8	8.043,2	8.162,6	6.528,4	5.735,1
Sozialausgaben									
1. Wohlfahrtsausgaben	1.087,1	2.453,7	3.639,0	3.130,8	3.586,0	3.962,6	4.460,9	4.545,4	4.180,5
dar.: Wirtschaftliche Fürsorge	359,8	952,4	1.262,3	1.228,3	1.340,7	1.425,5	1.825,6	2.133,8	2.458,0
Sozialversicherung	58,5	261,3	287,1	349,2	419,3	580,4	473,2	486,1	484,0
Gesundheitswesen/Jugendhilfe	666,1	758,8	817,3	829,0	917,0	956,8	847,5	654,6	491,7
Arbeitslosenfürsorge	2,7	481,2	1.272,3	542,0	703,0	782,9	1.104,2	1.072,1	409,3
2. Wohnungswesen	33,9	1.070,8	1.449,5	1.627,4	1.542,4	1.598,7	1.287,3	638,3	337,4
3. Kriegsopferversorgung	62,5	1.427,2	1.486,0	1.616,4	1.818,0	1.745,8	1.701,6	1.429,9	1.242,0
D. Öffentliche Sozialausgaben (1+2+3)	1.183,5	4.951,7	6.574,5	6.374,6	6.946,4	7.307,1	7.449,8	6.613,6	5.759,9
E. Sozialausgaben des Reiches	126,2	1.906,4	2.502,9	2.497,4	2.921,5	3.079,2	3.365,8	3.117,0	2.812,5
4. Ausgaben der Sozialversicherung	1.042,0	2.355,2	2.757,0	3.228,9	3.641,8	3.862,7	3.815,3	3.413,7	2.766,7
dar.: Krankenversicherung	569,2	1.381,7	1.506,3	1.789,6	2.062,5	2.131,6	1.897,3	1.553,3	1.204,1
Unfallversicherung	226,8	248,3	325,5	347,3	381,9	405,3	419,2	399,8	317,6
Invalidenversicherung	184,5	504,0	640,3	731,9	834,2	955,9	1.066,2	1.048,3	869,4
Angestelltenversicherung	14,7	69,9	95,3	140,5	149,4	186,0	234,4	265,3	263,7
Knappschaftl. Pensionsvers.	46,8	151,3	189,6	219,6	213,8	183,9	198,2	147,0	111,9
5. Arbeitslosenversicherung	–	254,6	563,2	804,1	1.098,7	1.473,3	1.821,1	1.302,0	1.016,2
F. Sozialausgaben total (1+2+3+4+5)	2.225,5	7.561,5	9.894,7	10.407,6	11.686,9	12.643,1	13.086,2	11.329,3	9.542,8
Sozialausgaben (F)									
in % des Volkseinkommens (A)	4,87	12,47	15,29	14,47	15,47	16,94	18,71	18,20	16,55
in % der öffentl. Ausgaben (B.1)	26,83	44,28	48,22	45,58	45,76	48,24	50,25	52,23	52,10
Öffentliche Sozialausgaben (D)									
in % der öffentlichen Ausgaben (B.2)	16,32	34,23	38,22	33,91	33,39	35,01	36,51	38,96	39,63
Sozialausgaben des Reiches (E)									
in % der Gesamtausgaben d. Reiches (C)	5,31	35,83	38,14	34,90	34,47	38,28	41,23	47,75	49,04

Quellen: Eigene Berechnungen auf der Basis von Angaben des Statistischen Jahrbuches für das Deutsche Reich, lfde. Jge., sowie der Amtlichen Nachrichten für Reichsversicherung, lfde. Jge.; Jahresergebnisse sind teilweise auf Haushaltsjahre umgerechnet. Aufgrund besonderer Abgrenzungen und der Umrechnung sind Abweichungen zu Angaben in anderen Tabellen möglich. Einzelne Zahlen stellen Näherungswerte dar.

ven Weiterentwicklung wichtige Fortschritte erzielt worden. So sehr dies auch die weitere Entwicklung prägte, die gravierenden Schwachstellen und Lücken, die das Kaiserreich im Sozialleistungssystem hinterlassen hatte, dürfen nicht übersehen werden. „Noch gab es keine Arbeitslosenversicherung und keine öffentliche Fürsorge. Eine Hinterbliebenenversicherung gab es seit 1911 zwar dem Rechte nach. Ihre Reichweite und ihre Leistungen waren aber so gering, daß es sie der Sache nach eigentlich ebenfalls nicht gab. Die Kranken-, die Unfall- und die Rentenversicherung schlossen umfangreiche Erwerbsgruppen aus. Anspruch auf Leistungen der Krankenkassen hatten nur die Versicherten, nicht auch deren Familienangehörige. Die Renten waren, als Zuschuß zum Lebensunterhalt, nicht existenzerhaltend bemessen. Und ähnliches mehr." *(Hentschel, 1987, S. 198).* Daß sich die Weimarer Republik diesem offensichtlich vorhandenen **sozialpolitischen Handlungsbedarf** stellte, ist umso bemerkenswerter, als sie sich eigentlich – angesichts der vorherrschenden wirtschaftlichen und politischen Rahmenbedingungen – einen weiteren Ausbau des Sozialleistungssystems gar nicht leisten konnte.

Verdienen bereits die Leistungen der Weimarer Republik auf dem Gebiete der Sozialen Sicherung, die trotz der permanenten politischen und wirtschaftlichen Krisenerscheinungen realisiert wurden, eine besondere Beachtung, so gilt dies erst recht für die Weiterentwicklung der **Arbeitsbeziehungen** und der **Arbeitsbedingungen.** Das Kaiserreich hatte zwar die Arbeiterschutzpolitik wirkungsvoll in Gang gebracht, hatte sich jedoch weitergehenden arbeitsrechtlichen Reformen überwiegend verweigert. Das der Arbeiterschaft zwar grundsätzlich zugestandene Koalitions- und Streikrecht wurde mit administrativen und juristischen Mitteln so sehr ausgehöhlt, daß die Arbeitnehmer faktisch daran gehindert waren, mit seiner Hilfe bessere Arbeitsbedingungen und höhere Arbeitsentgelte zu erreichen. „Die Arbeitgeber hatten noch nicht die Pflicht, mit den Gewerkschaften in Tarifverhandlungen einzutreten. Schlossen sie gleichwohl Tarifverträge, so entstanden ihnen daraus keine Rechtsverbindlichkeiten. Sie konnten in den individuellen Arbeitsverträgen ungeahndet von den Bestimmungen des kollektiven Tarifvertrages abweichen. Dem Anspruch auf rechtlich gesicherte Arbeiter-Mitbestimmung in privaten Unternehmen war erst Mitte des Ersten Weltkrieges ein wenig nachgegeben worden. Die Regelung wurde ausdrücklich auf die Kriegszeit beschränkt und stand danach zur Disposition. Kurz, die tragfähigen Grundlagen des kollektiven Arbeitsrechts waren am Beginn der Weimarer Republik erst noch zu legen" *(Hentschel, 1987, S.198).* Von daher gehörten der Ausbau der Betriebs- und Arbeitsverfassung, des Tarifvertrags- und Schlichtungswesens sowie der Arbeitsgerichtsbarkeit nicht nur zu den grundlegenden Reformanliegen der Weimarer Republik, sondern stellen aus heutiger Sicht auch wesentliche und bleibende **sozialpolitische Errungenschaften** jener Zeit dar.

2. Gestaltung der Arbeitsbeziehungen und Arbeitsbedingungen

Eines der entscheidenden Elemente der Nachkriegssozialpolitik war zweifellos die weitere **Entwicklung des kollektiven Arbeitsrechts.** Entsprechend dem Wandel in der Auffassung über die Stellung des Arbeitnehmers in der Gesellschafts- und Wirtschaftsordnung war der Arbeitnehmer nicht mehr nur Objekt, sondern Subjekt in Fragen der Wirtschaftsgestaltung. Für die neue Sozialpolitik bedeutete dies, daß die Arbeitnehmerschaft in ihren betrieblichen und gewerkschaftlichen Vertretungen als Mitgestalterin und Mitträgerin sozialpolitischer Entscheidungen und Handlungen zu betrachten war.

Für die **Gewerkschaften** brachte der Übergang zum kollektiven Arbeitsrecht die Anerkennung zahlreicher zentraler Forderungen, wie sie unter anderem in dem Ende 1917 aufgestellten **sozialpolitischen Programm** enthalten waren. Ein erster Schritt in diese Richtung war die Vereinbarung der **Zentralarbeitsgemeinschaft** vom 15. November 1918, die neben der Koalitionsfreiheit bei gleichzeitiger Anerkennung der Gewerkschaften durch die Arbeitgeber auch Tarifverträge, paritätische Arbeitsnachweise, Schlichtungs- und Arbeiterausschüsse sowie den Achtstundentag vorsah.

Ausdrücklich anerkannt wurde die **kollektivrechtliche Basis des Arbeitsrechts** durch die **Weimarer Reichsverfassung** (WRV) **vom 11. August 1919** [RGBl. S.1383], in der nicht nur die Arbeitskraft unter den besonderen Schutz des Reiches gestellt (Art. 157) und die kollektive Mitwirkung der Arbeitnehmer wie der Arbeitgeber sanktioniert wurden, sondern auch die Schaffung eines einheitlichen Arbeitsrechts gefordert wurde (Art. 165). Um diesen Verfassungsauftrag zu erfüllen, berief der Reichsarbeitsminister im April 1919 einen **Arbeitsrechtsausschuß** und beauftragte diesen mit den Vorarbeiten zu einem umfassenden »**Arbeitsgesetzbuch**«.

Schon bald zeigte sich allerdings, daß sich das ursprüngliche Vorhaben, das gesamte Arbeitsrecht in einem einzigen Gesetzeswerk neu zu regeln, praktisch nicht realisieren ließ. Die Gründe dafür waren, daß es sich beim Arbeitsrecht um eine äußerst komplexe, in Teilbereichen völlig neue Materie handelte und daß auf fast allen Gebieten die Forderungen und Meinungen der Hauptbeteiligten, der Arbeitgeber und der Gewerkschaften, in meist heftigem Gegensatz zueinander standen. Zwar wurde das Ziel eines Arbeitsgesetzbuches nicht grundsätzlich aufgegeben, der Aufbau aber schrittweise angestrebt, indem jeder der wichtigeren Abschnitte Gegenstand eines besonderen Gesetzes werden sollte.

Trotz jahrelanger Bemühungen gelang es in der Weimarer Zeit nicht mehr, die **Einzelgesetze** in einem Arbeitsgesetzbuch systematisch und vereinheitlicht zusammenzufassen, da eine endgültige gesetzliche Regelung wesentlicher Teilbereiche (Arbeitsvertragsgesetz, Arbeitsschutzgesetz und Gesamtvertragsgesetz) nicht erreicht werden konnte. Ungeachtet dessen hat die (wenn auch vielfach fragmentarisch gebliebene) **Gesetzgebung** im Bereich der Arbeitsbeziehungen und Arbeitsbedingungen die Sozialpolitik der Weimarer Zeit deutlich geprägt *(vgl. Feig, 1928, S.205ff.)*.

2. 1 Ausbau der Betriebs- und Arbeitsverfassung

2. 1. 1 Betriebsrätegesetz von 1920

Nachdem die Arbeitnehmerschaft bereits unter dem Druck des Krieges die obligatorische Errichtung von Arbeiter- und Angestelltenausschüssen in Betrieben mit mindestens 50 Beschäftigten erreicht hatte, ging es nach dem Kriegsende darum, eine umfassende **Demokratisierung der Betriebsverfassung** durchzusetzen. Auf den Bestimmungen des im November 1918 außer Kraft gesetzten Hilfsdienstgesetzes aufbauend, sah die **Vereinbarung der Arbeitnehmer- und Arbeitgeberverbände vom 15. November 1918** für jeden Betrieb mit 50 Arbeitnehmern Arbeiterausschüsse zur Überwachung der Tarifverträge sowie paritätische Schlichtungsausschüsse und Einigungsämter vor. Dieser Vereinbarung folgte die **Verordnung vom 23. Dezember 1918** [RGBl. S.1456], die Arbeiterausschüsse schon für Betriebe mit mindestens 20 Arbeitern oder Angestellten vorschrieb und den Errichtungszwang sowie die Befugnisse der Ausschüsse gegenüber dem Hilfsdienstgesetz erweiterte *(vgl. Syrup/Neuloh, 1957, S.237)*. In der Praxis erlangten die **Arbeiterausschüsse** allerdings kaum Bedeutung, da die nach dem Umsturz gebildeten Arbeiter- und Soldatenräte ihre Positionen nicht aufgaben und zudem schon bald die Entwicklung stärker auf die **Betriebsräte** abzielte *(vgl. Preller, 1978, S.231f.)*. Bereits am 5. März 1919 hatte die Reichsregierung erklärt, daß Arbeiterräte als wirtschaftliche Interessenvertretung anerkannt und in den Betrieben Betriebsarbeiter- und -angestelltenräte gewählt werden sollten *(vgl. auch Oertzen, 1976)*.

Maßgebend für die weitere Ausgestaltung der **Betriebsverfassung** wurde Art. 165 der **Weimarer Verfassung**, der die Arbeiter und Angestellten für berufen erklärte, „gleichberechtigt mit den Unternehmern an der Regelung der Lohn- und Arbeitsbedingungen sowie an der gesamten wirtschaftlichen Entwicklung der produktiven Kräfte mitzuwirken" [RGBl. 1919, S.1383]. Das als Ausführungsgesetz zu diesem Verfassungsartikel vorgelegte **Betriebsrätegesetz** stieß sowohl bei den Kommunisten und Gewerkschaften als auch bei den Arbeitgebern auf heftigste **Widerstände**. Erst nach äußerst kontroversen parlamentarischen Debatten, die begleitet waren von blutigen Demonstrationen, wurde das Gesetz am 18. Januar 1920 mit 265 gegen 63 Stimmen vom Reichstag angenommen *(vgl. Kieschke/Syrup, 1922)*.

Nach dem **Betriebsrätegesetz vom 4. Februar 1920** [RGBl. S.147] waren in Betrieben mit mehr als 19 Beschäftigten ein **Betriebsrat** und in Betrieben mit mindestens 5 Beschäftigten ein **Betriebsobmann** zu wählen. Für die Wahl galt das Verhältniswahlrecht bei getrennter Abstimmung von Angestellten und Arbeitern. Wahlberechtigt waren mindestens 18 Jahre alte Betriebsangehörige, wählbar die mindestens 24 Jahre alten deutschen Wahlberechtigten mit einer wenigstens sechsmonatigen Betriebszugehörigkeit. In Unternehmen mit mehreren Betrieben konnte unter bestimmten Voraussetzungen daneben ein »**Gesamtbetriebsrat**« gebildet werden.

Allgemein bestanden die Aufgaben des Betriebsrates zum einen in der Wahrnehmung der gemeinsamen wirtschaftlichen Interessen der Arbeitnehmer gegenüber dem Arbeitgeber, zum anderen in der Unterstützung des Arbeitgebers in der Erfüllung des Betriebszweckes. Während in sozialen und personellen Angelegenheiten konkrete Mitwirkungsrechte eingeräumt wurden, waren die Befugnisse in wirtschaftlichen Fragen auf kontrollierende und beratende Rechte beschränkt. Zudem bestimmte § 68 für die Durchführung der gestellten Aufgaben, daß der Betriebsrat dahin zu wirken habe, daß von beiden Seiten Forderungen und Maßnahmen unterlassen werden, die das Gemeininteresse schädigen.

Im einzelnen gehörten zu den Aufgaben des Betriebsrates die Kontrolle der Einhaltung tariflich vereinbarter Arbeitsentgelte und Arbeitsbedingungen, die Aushandlung von Betriebsvereinbarungen, soweit tarifvertragliche Regelungen nicht bestanden, die Bekämpfung der Unfall- und Gesundheitsgefahren sowie die Mitarbeit bei der Verwaltung der Betriebswohlfahrtseinrichtungen. Ferner standen ihm bei Entlassungen und Einstellungen Einspruchs- und Beratungsrechte zu. Schließlich sollte der Betriebsrat in beratender Funktion die Tätigkeit der Betriebsleitung unterstützen und fördernd an der Einführung neuer Arbeitsmethoden mitarbeiten *(vgl. Lampert, 1980a, S.322)*.

Eine gewisse Erweiterung erfuhren die wirtschaftspolitischen Befugnisse des Betriebsrates durch **zwei besondere Ausführungsgesetze**.

So gewährte das Betriebsbilanzgesetz vom 5. Februar 1921 [RGBl. S.159] den Betriebsräten in Betrieben mit 300 Arbeitern oder 50 Angestellten ein Recht auf Einsicht und jährliche Vorlage der Betriebsbilanz und der Gewinn- und Verlustrechnung. Damit verbunden war die Verpflichtung der Betriebsleitung, die Bilanz zu erläutern und Auskünfte und Hinweise auf wesentliche Veränderungen im Geschäftsjahr zu geben *(vgl. Preller, 1978, S.264)*. Desweiteren schuf das sog. Aufsichtsratsgesetz vom 15. Februar 1922 [RGBl. S.209] die Möglichkeit, bis zu zwei Betriebsratsmitglieder in den Aufsichtsrat des Unternehmens zu entsenden. Die betreffenden Betriebsräte waren den übrigen Aufsichtsräten völlig gleichgestellt, konnten also an allen Beschlüssen mitwirken und alle Zweige der Betriebsverwaltung mit überwachen *(vgl. Flatow, 1922, S.349f.)*.

In den Folgejahren hat das Betriebsrätegesetz lediglich eine nennenswerte Abänderung erfahren. Mit der **Novelle vom 28. Februar 1928** [RGBl.I S.46] wurde eine gesetzliche Handhabe geschaffen, den Arbeitgeber anzuhalten, seiner Verpflichtung zur Bestellung eines Wahlvorstandes nachzukommen. Die Gewerkschaften erhielten das Recht, beim

Arbeitsgerichtsvorsitzenden die Bestellung eines Wahlvorstandes zu beantragen. Ferner wurden die Tätigkeit als Wahlvorstand und die Bewerbung um ein Mandat unter einen generellen Schutz gestellt *(vgl. Kalckbrenner, 1928, S.95ff.)*.

Auch wenn das Betriebsrätegesetz bei weitem nicht alle der hochgesteckten Erwartungen erfüllen konnte, führte es doch zu einer Verzahnung der Grundprinzipien des kollektiven Arbeitsrechts mit denjenigen einer demokratischen Betriebsverfassung. Die Gewerkschaften, die dem Betriebsrätegesetz anfänglich eher ablehnend gegenübergestanden hatten, bemühten sich schon bald, über die Aufstellung von Wahllisten und die Schulung von Betriebsräten ihren Einfluß in den neuen betrieblichen Vertretungsorganen zu sichern. Enge Beziehungen zwischen Betriebsräten und Gewerkschaften ergaben sich im übrigen nicht allein dadurch, daß die Tarifverträge die Wirkungsmöglichkeiten in den Betrieben ganz erheblich prägten; eine unmittelbare Verbindung war sogar durch das Gesetz selbst gegeben, indem dem Betriebsrat das Recht eingeräumt wurde, Beauftragte der im Betrieb vertretenen Gewerkschaften zu den Sitzungen mit beratender Stimme hinzuzuziehen *(vgl. Syrup/Neuloh, 1957, S.247f.; Preller, 1978, S.264f.)*.

Die ebenfalls in Art.165 WRV programmatisch angekündigte Schaffung eines **Systems von Wirtschaftsräten** erfuhr im Gegensatz zum Betriebsrätegedanken keine gesetzliche Konkretisierung. Der durch Verordnung vom 4. Mai 1920 [RGBl. S.858] ins Leben gerufene **»Vorläufige Reichswirtschaftsrat«**, in dem die Gewerkschaften ein Drittel der Mitglieder stellten, blieb bis zu seinem Ende im Jahre 1933 ein Provisorium und erreichte v. a. auf wirtschaftspolitischem Gebiet nie die ihm zugedachte Bedeutung.

2.1.2 Berufsvereinsrecht und Koalitionsfreiheit

Für die während der Kaiserzeit oftmals erbittert bekämpften **Berufsvereine der Arbeitnehmer** brachte die Kriegs- und Nachkriegszeit endlich die langersehnte **gesetzliche Anerkennung**. Um die Arbeiterorganisationen zur Mitwirkung an den Aufgaben der Kriegswirtschaft zu gewinnen, waren bereits im Laufe des Krieges verschiedene Neuregelungen erfolgt. Nachdem durch das Gesetz vom 26. Juni 1916 [RGBl. S.635] die Unterstellung der Gewerkschaften unter das Recht der politischen Vereine beseitigt und durch das Hilfsdienstgesetz den Berufsvereinen das Präsentationsrecht für die Mitglieder der Arbeiterausschüsse übertragen worden war, wurden am 22. Mai 1918 [RGBl. S.423] auch die strafrechtlichen Ausnahmebestimmungen des § 153 GewO aufgehoben *(vgl. auch Schiefer, 1947)*.

Die letzten noch verbliebenen **Koalitionsbeschränkungen** fielen unmittelbar nach Kriegsende; am 12. November 1918 [RGBl. S.1303] verkündete der Rat der Volksbeauftragten die Aufhebung sämtlicher Beschränkungen des Vereins- und Versammlungsrechts sowie die Außerkraftsetzung der Gesindeordnungen und Ausnahmegesetze für die Landarbeiter. Gleichzeitig erlangten die Gewerkschaften durch die Gründung der **Zentralarbeitsgemeinschaft** die faktische Anerkennung als Vertreter der Arbeitnehmerschaft durch die Arbeitgeber.

Seine positive Anerkennung fand der **Grundsatz der Koalitionsfreiheit** schließlich in Art. 159 der **Reichsverfassung** vom 11. August 1919, der besagte: »Die Vereinigungsfreiheit zur Wahrung und Förderung der Arbeits- und Wirtschaftsbedingungen ist für jedermann und für alle Berufe gewährleistet. Alle Abreden und Maßnahmen, welche diese Freiheit einschränken oder zu behindern suchen, sind rechtswidrig.« In Art. 165 Abs. 1 Satz 2 wurden außerdem die Organisationen der Arbeitnehmer und der Arbeitgeber und ihre Vereinbarungen ausdrücklich anerkannt. Die verfassungsmäßige Legitimierung führte in der Folgezeit dazu, daß mehrere Gesetze den **Verbänden** eine Reihe öffentlichrechtlicher Aufgaben übertrugen *(vgl. Kaskel, 1925, S.260)*.

Die offizielle Anerkennung sowie der damit verbundene gestiegene Einfluß auf die Gesetzgebung und die öffentliche Verwaltung hatten zunächst ein starkes Anschwellen der Mitgliederbestände der

Arbeitnehmerorganisationen zur Folge. Im Jahre 1922, als ein Höchststand erreicht wurde, zählten die Freien Gewerkschaften, die Christlichen Gewerkschaften und die Gewerkvereine zusammen 9.172.651 Mitglieder. Nachdem diese Zahl infolge der ungünstigen Verhältnisse in der Inflationskrise bis Ende 1924 auf 4.735.243 zurückgegangen war, waren die folgenden Jahre durch eine kontinuierliche Zunahme der Mitgliederzahlen gekennzeichnet. Anfang 1932 zählten die drei Gewerkschaften zusammen wieder 6.427.098 Mitglieder *(vgl. ADGB-Jahrbücher, 1922 ff.)*.

Abbildung 15: Aufruf zu einem der zahlreichen Streiks zu Beginn der Weimarer Republik

Generalstreik

Demokratie in den Betrieben
durch direkt und gemeinsam gewählte
Betriebsräte der Angestellten und Arbeiter!

Das ist die Forderung der Bergarbeiter, der Vertreter der chemischen Großbetriebe, der Metallindustrie, der Ueberlandkraftwerke, der Eisenbahner und Transportarbeiter.

Angestellte, Arbeiter und Arbeiterinnen! Wir fordern unser Mitbestimmungsrecht durch die Betriebsräte als Vorbedingung für den Sozialismus.

Die Anerkennung der A.- und S.-Räte muß gesichert werden!

Die Arbeit ruht bis zur Anerkennung dieser Forderungen durch Regierung und Unternehmer!

Es bleiben in Betrieb Wasserwerk, Bäckereien und Schlachthof. Lebensmitteldepots werden bewacht!

Jede Gewalttätigkeit hat zu unterbleiben!

— Ruhe und Ordnung sind gesichert! —

Der Aktions-Ausschuß.

2. 2 Tarifvertragswesen

Als wesentlicher Teil des neuen kollektiven Arbeitsrechts erfuhr das **Tarifvertragsrecht** unmittelbar nach Ende des Krieges eine erste gesetzliche Regelung. Anknüpfend an entsprechende Vereinbarungen der Sozialpartner, brachte die **Verordnung vom 23. Dezember 1918** [RGBl. S.1456] die **gesetzliche Anerkennung** von Tarifverträgen, deren **Unabdingbarkeit** sowie die Möglichkeit der behördlichen **Allgemeinverbindlichkeitserklärung**. Desweiteren definierte sie den **Begriff** und den **Geltungsbereich** von Tarifverträgen, ließ jedoch die wichtige Frage der **Haftung** ungeklärt. Obgleich diese Verordnung von Anfang an als vorläufige Regelung verstanden worden war, kam ein 1921 vorgelegter **Entwurf** eines Tarifvertragsgesetzes über das Stadium der Beratungen nicht hinaus. Nach geringfügigen Änderungen und Ergänzungen durch die **Verordnung vom 31. Mai 1920** [RGBl. S.1128] sowie die **Gesetze vom 23. Januar 1923** [RGBl.I S.67] und **28. Februar 1928** [RGBl.I S.46] wurde die Verordnung von 1918 in einer lediglich juristisch verbesserten Fassung als **Tarifvertragsverordnung vom 1. März 1928** [RGBl.I S.47] neu bekanntgegeben. Die besonders drängenden Fragen der Haftung aus den Tarifverträgen sowie der Tariffähigkeit von Vereinigungen blieben dagegen weiterhin der Klärung durch die Rechtsprechung überlassen *(vgl. Preller, 1978, S.345)*.

Nach der Tarifvertragsverordnung war der **Tarifvertrag** ein schriftlicher Vertrag zwischen den Tarifvertragsparteien zur Regelung der Bedingungen für den Abschluß von Arbeitsverträgen. Der Tarifvertrag gliederte sich in einen **normativen** und einen **schuldrechtlichen** Teil. Letzterer war durch die Verordnung nicht geregelt und enthielt Bestimmungen über die von den Parteien übernommenen Pflichten (z. B. die sog. Friedenspflicht). Für die Tarifverträge wichtig war der Grundsatz der **Unabdingbarkeit**, der bedeutete, daß Einzelverträge unwirksam waren, die von der tariflichen Regelung abwichen (es sei denn, Abweichungen waren ausdrücklich zugelassen). Schließlich konnte der Reichsarbeitsminister auf Antrag der Vertragsparteien jene Tarifverträge für **allgemeinverbindlich** erklären, die für die Gestaltung der Arbeitsbedingungen des Berufskreises überwiegende Bedeutung erlangt hatten. Grundsätzlich sollte der Tarifvertrag das Ergebnis der **freien Vereinbarung** der verhandelnden Parteien sein; kam eine freiwillige Einigung nicht zustande, konnte unter bestimmten Voraussetzungen durch behördliche Verbindlichkeitserklärung ein »**Zwangs-Tarifvertrag**« herbeigeführt werden *(vgl. Sitzler, 1923, S.223ff.)*.

Die gesetzliche Anerkennung hat zweifellos die Bedeutung und Verbreitung der Tarifverträge gefördert. Während Ende 1913 die 10.885 laufenden Tarifverträge erst 1.398.597 Beschäftigte umfaßten, galten die 11.009 Tarifverträge, die Ende 1919 in Kraft waren, bereits für 5.986.475 Beschäftigte. Ende 1922 schließlich bestanden 10.768 Tarifverträge für 890.237 Betriebe und 14.261.106 Beschäftigte, darunter 1.464 Tarifverträge für 1.930.754 Angestellte. Gegenstand der Tarifverträge war neben dem Lohn vor allem die Regelung der Arbeitszeit, der Kündigungsfrist und des Urlaubs. Von den Ende 1922 geltenden Tarifverträgen waren 1.738 oder 16,4 % für allgemeinverbindlich erklärt. Nach einem gewissen Rückgang am Ende der Inflationszeit stieg die Zahl der Tarifverträge in den folgenden Jahren erneut an; Anfang 1931 wurden 9.115 Tarifverträge gezählt, die insgesamt 11.950.240 Arbeitnehmer erfaßten; 2.041 oder 22,6 % davon waren allgemeinverbindlich *(vgl. auch Tabelle 21)*.

Unter dem Eindruck der **Weltwirtschaftskrise** wurde Ende der 20er Jahre vor allem von **Unternehmerseite** immer nachdrücklicher eine »Auflockerung der Tarife« sowie eine »Beseitigung der Starrheit der Tarifverträge« gefordert. Am 1. Oktober 1931 gaben alle **Gewerkschaften** der Einheitsfront eine Erklärung ab, in der sie die **Sicherung des Tarifrechts** verlangten. Auch die Reichsregierung war an sich nicht geneigt, die Grundlagen des kollektiven Arbeitsrechts zu verändern, wenngleich sie auch eine Anpassung der Löhne und Gehälter an die veränderte Wirtschaftslage vornehmen wollte *(vgl. Syrup/Neuloh, 1957, S.261)*. Sowohl das Tarifvertragsrecht als auch das Schlichtungsrecht sollten »elastischer gehandhabt werden«. Die Regelung der Arbeitsentgelte und der Arbeitsbedingungen sollte verstärkt den **Marktparteien** überlassen werden *(vgl. Preller, 1978, S.413f.)*.

Tabelle 21: In Kraft befindliche Tarifverträge 1913, 1918–1929

Zeitpunkt	Tarifverträge	darunter allgemeinverbindlich	für Betriebe	mit beschäftigten Personen		dar. Tarifverträge für Angestellte	
				insgesamt	darunter weiblich	Verträge	Beschäftigte
Ende 1913	10.885	–	143.088	1.398.597	–	–	–
Ende 1918	7.819	–	107.503	1.127.690	–	–	–
Ende 1919	11.009	437	272.251	5.986.475	–	703	70.750
Ende 1920	11.624	1.600	434.504	9.561.323	1.665.115	1.272	931.357
Ende 1921	11.488	1.818	697.476	12.884.874	2.729.788	1.481	1.811.300
Ende 1922	10.768	1.738	890.237	14.261.106	3.161.268	1.464	1.930.754
Anfang 1924	8.890	1.573	812.671	13.135.348	3.039.205	–	–
Anfang 1925	7.099	1.297	785.945	11.904.159	2.959.489	1.434	1.833.895
Anfang 1926	7.533	1.330	788.755	11.140.521	2.878.882	1.607	1.681.787
Anfang 1927	7.490	1.361	807.300	10.970.120	2.726.628	1.641	1.654.336
Anfang 1928	8.178	1.563	912.006	12.267.440	3.006.796	1.677	1.642.192
Anfang 1929	8.925	1.829	997.977	12.276.060	2.920.586	1.765	1.702.789

Quellen: RArBl., 4.Jg. (N.F.), 1924, Nr.10, S.II 238 f.; Statistisches Jahrbuch für das Deutsche Reich, 45.Jg., 1926, S. 315, 46.Jg., 1927, S.348, 47.Jg., 1928, S.398, 48.Jg., 1929, S.292, 49.Jg., 1930, S.334. Aufgrund erheblicher Änderungen der amtl. Tarifstatistik im Jahre 1930 enthält die Tabelle keine Angaben für die Jahre 1930-1932.

Mit der **Notverordnung vom 8. Dezember 1931** [RGBl.I S.699] sowie der Verordnung des Reichspräsidenten zur Belebung der Wirtschaft vom 4. September 1932 [RGBl.I S.425] und der Verordnung zur Vermehrung und Erhaltung der Arbeitsgelegenheit vom 5. September 1932 [RGBl.I S.433] wurden die **Arbeitgeber** ermächtigt, die **Tariflöhne** um 20 bzw. 50 % zu unterschreiten, wenn dadurch eine zusätzliche Einstellung von Arbeitskräften erfolgte oder aber eine Gefährdung des Betriebes abgewendet wurde. Bald danach wurde auch in das **Streikrecht** eingegriffen, indem die Gewerkschaften davor gewarnt wurden, die Arbeitgeber durch Kampfmaßnahmen an **Lohnkürzungen** bei Neueinstellungen zu hindern; solche Kampfmaßnahmen sollten als Verletzung der **Friedenspflicht** des Tarifvertrages gelten *(vgl. Syrup/Neuloh, 1957, S.263).*

Am 14. Dezember 1932 [RGBl.I S.545] wurden diese Einschränkungen der Tarifverträge und ihrer Verbindlichkeit aufgehoben. Inzwischen waren bereits mehrfach Löhne und Gehälter im öffentlichen Dienst gesenkt worden. In der Industrie gingen die tariflichen Lohnsätze in den Jahren 1929 bis 1932 um 21 %, die tatsächlichen Stundenverdienste um 27 % und die Wochenverdienste um 32 % zurück *(vgl. Syrup/Neuloh, 1957, S.273).*

2. 3 Regelung der Arbeitsstreitigkeiten

2. 3. 1 Arbeitskampfrecht

Die Weimarer Reichsverfassung garantierte in Art. 159 lediglich die Koalitionsfreiheit, dagegen nicht die **Kampffreiheit**. Aber auch wenn die Kampffreiheit nicht verfassungsmäßig gewährleistet war, so war doch die Anwendung z. B. von **Streiks** als Mittel in Arbeitskämpfen grundsätzlich in vollem Umfange rechtlich zulässig; denn nach der herrschenden Rechtsauffassung war die Kampffreiheit Bestandteil der »natürlichen Handlungsfreiheit«, die zu ihrer Entstehung keines besonderen Rechtssatzes bedurfte. Im Gegensatz zur Koalitionsfreiheit konnte sie allerdings durch einfaches Gesetz eingeschränkt werden.

In den ersten Jahren der Weimarer Republik nahmen die Arbeitskämpfe einen außergewöhnlichen Umfang an, wobei sich wirtschaftliche und politische Zielsetzungen vielfach überlagerten. Einen Höhepunkt erreichte die Streikbewegung im Jahre 1920, als die amtliche Statistik 4.392 wirtschaftliche Arbeitskämpfe und 4.408 politische Streiks mit 54,2 Mio. verlorenen Arbeitstagen auswies. Während die Zahl der politischen Streiks in den beiden folgenden Jahren spürbar abnahm, kam es bei den rein wirtschaftlichen Arbeitskämpfen erst nach der Währungsstabilisierung zu einer allmählichen Beruhigung *(vgl. Tabelle 22)*.

Tabelle 22: Arbeitskämpfe im Deutschen Reich 1918–1932

Jahr	Arbeitskämpfe[1]		Betriebe	Höchstzahl gleichzeitig betroffener Personen		Verlorene Arbeitstage	Politische Streiks	
	insgesamt	dar. Streiks		insgesamt[2]	Streikende[3]		Anzahl	Verlorene Arbeitstage
1918	532	531	1.095	391.573	379.116	1.452.834	241	3.766.456
1919	4.068	4.030	38.933	2.321.129	2.143.632	35.132.412	902	12.934.768
1920	4.392	4.183	48.288	1.561.735	1.498.357	17.702.800	4.408	36.504.142
1921	4.788	4.426	57.758	1.540.351	1.477.037	26.316.390	435	3.751.504
1922	5.021	4.764	52.783	1.969.263	1.828.941	28.894.434	160	346.306
1923[4]	2.162	1.988	28.105	1.769.386	1.703.206	14.138.821	47	1.032.952
1924	2.012	1.614	29.218	1.634.317	681.832	36.023.143	–	–
1925	1.766	1.541	25.214	758.071	510.172	16.855.856	–	–
1926	383	339	2.949	99.227	60.369	1.271.884	–	–
1927	871	759	10.480	493.680	232.704	5.936.006	–	–
1928	763	691	8.082	723.415	328.529	19.481.258	–	–
1929	441	431	8.606	223.878	150.745	4.372.907	–	–
1930	366	345	3.507	213.931	208.444	3.816.971	–	–
1931	504	473	5.035	172.723	136.563	1.921.973	–	–
1932	642	629	2.616	127.587	126.246	1.112.056	–	–

1) Streiks und Aussperrungen (ohne politische Streiks); 2) einschl. der gezwungen Feiernden; 3) ohne die gezwungen Feiernden; 4) unvollständig infolge der Ruhrbesetzung.
Quellen: RArBl., 4.Jg. (N.F.), 1924, Nr.15, S.II 364 f., 13.Jg. (N.F.), 1933, Nr.16, S.II 222 f.

Der Staat und seine Behörden (z. B. Sozialbehörden, Polizei) hatten während der Arbeitskämpfe grundsätzlich Neutralität zu wahren. Gemäß Verordnung vom 17. Dezember 1922 [RArBl., S.699] mußte von jedem Streik bzw. jeder Aussperrung dem zuständigen öffentlichen Arbeitsnachweis Anzeige erstattet werden. Lag eine vorschriftsmäßige Anzeige vor, waren die Arbeitsnachweise bei ihrer Vermittlungstätigkeit verpflichtet, auf die Tatsache des Arbeitskampfes hinzuweisen. Desgleichen durfte bei überwiegend durch Streik oder Aussperrung verursachter Erwerbslosigkeit keine Unterstützung gewährt werden. Die Gewährung staatlicher Erwerbslosenunterstützung war frühestens vier Wochen nach Beendigung des Arbeitskampfes zulässig. In der Praxis unterlag das Streikrecht vor allem einer einschränkenden Interpretation durch die Arbeitsgerichte, die sich gegen Ende der Weimarer Republik zunehmend verschärfte. Als rechtliche Handhabe dienten v. a. die Generalklauseln des BGB (§ 826), wonach zum Schadenersatz verpflichtet ist, wer vorsätzlich einen anderen in einer gegen die guten Sitten verstoßenden Weise schädigt.

Die in den ersten Nachkriegsjahren in Regierungskreisen vorhandene Absicht, die **Streikhäufigkeit gesetzlich einzudämmen,** z. B. im Rahmen der Schlichtungsverordnung, waren allerdings nicht durchzusetzen. Eine aufgrund des Art. 48 WRV ergangene Notverordnung vom 10. November 1920 [RGBl. S.1865] beschränkte lediglich **Arbeitskämpfe in versorgungswichtigen Betrieben.** Danach waren Arbeitskämpfe in Gas-, Wasser- und Elektrizitätsbetrieben frühestens drei Tage nach Fällung eines Schiedsspruches zulässig. Grundsätzlich verneint wurde darüber hinaus in Urteilen des Reichsgerichts und des Reichsdisziplinarhofes ein **Streikrecht der Beamten.** Der langsame

Rückgang der Zahl der Streiks, insbesondere aber die von den Gewerkschaften verabschiedeten **Streikrichtlinien**, ließen eine gesetzliche Regelung des Streikrechts in der Folgezeit zumindest nicht mehr als vordringliche Aufgabe erscheinen.

2. 3. 2 Schlichtungswesen

Die durch das **Hilfsdienstgesetz** eingeführte **Schlichtung** als verbindlicher Ausgleich von Gegensätzen und Hilfeleistung zum Abschluß von Gesamtvereinbarungen wurde nach dem Kriege zunächst durch den Aufruf des Rates der Volksbeauftragten beibehalten, dann jedoch im Rahmen der **Verordnung vom 23. Dezember 1918** [RGBl. S.1456] neu geregelt. Die **Schlichtungsausschüsse** behielten im wesentlichen ihre bisherige Organisationsform, waren nun aber für Streitigkeiten aller Berufsstände zuständig. Außerdem wurden ein Einlassungszwang eingeführt und das Reichsarbeitsministerium als zusätzliche Schlichtungsinstanz bestellt. Die heftig umstrittene, vom Reichsgericht aber anerkannte Befugnis, bei Nichteinigung der Parteien die von den Schlichtungsausschüssen gefällten Schiedssprüche für verbindlich zu erklären, wurde den **Demobilmachungskommissaren** allerdings erst durch die Demobilmachungsverordnungen vom 4. und 24. Januar 1919 [RGBl. S.8, 99] sowie 12. Februar 1920 [RGBl. S.218] über Einstellung und Entlassung von Arbeitern und Angestellten eingeräumt. Ebenso wie das Betriebsrätegesetz übertrugen diese Verordnungen den Schlichtungsausschüssen zudem die Gerichtsbarkeit in zahlreichen Einzelstreitsachen *(vgl. Kaskel, 1925, S.265; Syrup/Neuloh, 1957, S.295f.; Preller, 1978, S.231)*.

Auch beim Schlichtungswesen sollte es sich – wie schon beim Tarifvertragsrecht – um eine **vorläufige Regelung** handeln. Im März 1920 veröffentlichte das Reichsarbeitsministerium daher den **Entwurf einer Schlichtungsverordnung**, der jedoch äußerst umstritten war. Er sah nicht nur einen stark behördlichen Aufbau des Schlichtungswesens vor, sondern griff auch in das Arbeitskampfrecht ein, indem er den Ausbruch von Arbeitskämpfen bei Vermeidung von Strafe von vorheriger Anrufung des Schlichtungsausschusses abhängig machen wollte *(vgl. Kaskel, 1925, S.265)*.

Nachdem sich die parlamentarische Erledigung des Entwurfes zunächst wegen grundsätzlicher Meinungsverschiedenheiten und später infolge der Inflationskrise immer wieder verzögert hatte, erließ die Reichsregierung, gestützt auf das Ermächtigungsgesetz vom 13. Oktober 1923 [RGBl. I S.943], die **Verordnung über das Schlichtungswesen vom 30. Oktober 1923** [RGBl. I S.1043], zu der zwei Ausführungsverordnungen ergingen.

Im Gegensatz zu den vorangegangenen Entwürfen war der Leitgedanke der neuen Schlichtungsverordnung nicht mehr die vorrangige Vermeidung von Arbeitskämpfen, sondern die »Hilfeleistung zum Abschluß von Gesamtvereinbarungen«. Ferner vermied sie die vormals geplante Bürokratisierung, verzichtete auf die zwangsweise Beeinflussung von Arbeitskämpfen und gab der freien Einigung der Tarifpartner den unbedingten Vorrang vor der amtlichen Schlichtung *(vgl. Preller, 1978, S.260)*.

Die neue Verordnung, die das Schlichtungswesen vereinfachen und verbilligen sollte, reduzierte die Zahl der Schlichtungsstellen bzw. deren Mitglieder, hob die sonstigen Einigungsämter auf und beschränkte die Zuständigkeit der Schlichtungsorgane wieder allein auf Gesamtstreitigkeiten. Allerdings hatten die staatlichen Schlichtungsbehörden auch weiterhin nur subsidiäre Zuständigkeit gegenüber den tariflichen Schlichtungsstellen. Als staatliche Behörden waren die Schlichtungsausschüsse, die Schlichter und der Reichsarbeitsminister vorgesehen. Insgesamt wurden 119 (zuvor 256) Schlichtungsausschüsse gebildet, an deren Spitze ein unparteiischer, von den Landesbehörden bestellter Vorsitzender stand. Für die Schlichtung besonders wichtiger Streitigkeiten bestellte der Reichsarbeitsminister für 20 größere Wirtschaftsbezirke »ständige Schlichter« sowie für Einzelfälle besondere Schlichter.

Für die Fällung eines Schlichtungsspruches wurden Kammern gebildet, die aus einem neutralen Vorsitzenden sowie den parteiischen Beisitzern der Arbeitgeber und der Arbeitnehmer bestanden. Das Verfahren spielte sich grundsätzlich in zwei Stufen ab, dem Vorverfahren (Güteverfahren), in dem der Vorsitzende bzw. der Schlichter eine gütliche Einigung herbeizuführen suchte, und dem Hauptverfahren, das vor der Kammer anberaumt wurde, sofern die gütliche Einigung nicht zustande kam. Schließlich gab es das Verfahren auf Verbindlichkeitserklärung, das auf Antrag der Parteien oder von Amts wegen eingeleitet werden konnte, falls ein Schiedsspruch nicht durch beide Parteien angenommen wurde. Voraussetzung der amtlichen Verbindlichkeitserklärung eines Schiedsspruches war, daß die getroffene Regelung bei gerechter Abwägung der Interessen beider Teile der Billigkeit entsprach und ihre Durchführung aus wirtschaftlichen und sozialen Gründen erforderlich war *(vgl. Kaskel, 1925, S.260ff.; RArBl., 1925, Nr.32-33, S.525ff.).*

Vor allem der sog. **»staatliche Zwangsschiedsspruch«** hat in der gesamten Zeit der Weimarer Republik **heftige Diskussionen** ausgelöst. Obgleich die Verbindlichkeitserklärung nur in einer relativ **geringen Prozentzahl** der Streitfälle zur Anwendung gelangte, war doch entscheidend, daß die für die gesamte Wirtschaft **wichtigen Arbeitskonflikte** fast regelmäßig durch staatlichen Zwangsschiedsspruch beendet wurden. Auf diese Weise gewährte die Verbindlichkeitserklärung dem Staat einen weitreichenden Einfluß auf die Gestaltung der Löhne und Arbeitsbedingungen *(vgl. Preller, 1978, S.402ff.).*

Die Schwierigkeiten, überhaupt zu einem Schlichtungsspruch zu gelangen, nahmen in dem Maße zu, in dem sich die Wirtschaftskrise verschärfte. Als Anfang 1931 die Schlichtungsbemühungen beim ausgedehnten Tarifkonflikt im Ruhrbergbau – trotz vielfältiger Versuche – scheiterten, erließ der Reichspräsident gestützt auf Art. 48 WRV die **Verordnung über die Beilegung von Schlichtungsstreitigkeiten öffentlichen Interesses vom 9. Januar 1931** [RGBl.I S.1], die es erlaubte, in Fällen dringenden Staatsinteresses eine »verstärkte Schlichtung« durchzuführen. Danach konnte der Reichsarbeitsminister den für ein neues Verfahren bestellten Schlichter anweisen, zur Bildung einer Schlichtungskammer zwei unparteiische Beisitzer zu berufen. Entzogen sich die Beisitzer der Parteien der Mitwirkung am Spruch, konnten die unparteiischen Mitglieder der Kammer auch ohne diese einen Schiedsspruch fällen *(vgl. Joachim, 1931, S.22ff.).*

Tabelle 23: Tätigkeit der Schlichtungsbehörden 1924–1932

Jahr	Schlichtungsverfahren bis zum Schiedsspruch					Verfahren auf Verbindlichkeitserklärung			
	Anzahl der Verfahren[1]	Erledigung durch				Anzahl der Verfahren[2]	Erledigung durch		
		Vorverfahren	Einigung	Schiedsspruch insgesamt	Schiedsspruch davon abgelehnt in %		Einigung	Ablehnung	Ausspruch
1924	18.575	5.537	1.660	10.562	–[3]	3.559	1.365	1.070	839
1925	13.418	2.998	1.285	8.081	57,28	3.206	1.372	1.127	707
1926	5.043	1.353	537	2.611	60,51	1.138	480	341	315
1927	8.436	1.919	1.969	4.665	58,37	1.905	936	429	540
1928	8.037	1.888	851	4.440	61,42	1.814	901	479	434
1929	7.109	2.007	645	3.703	67,58	1.481	814	393	274
1930	4.017	1.203	365	2.104	65,63	820	385	236	205
1931	6.898	1.536	655	3.897	58,78	1.830	826	310	525
1932	4.791	1.192	526	2.495	59,00	1.093	519	310	140

1) Schlichtungsausschüsse und Schlichter; 2) Schlichter und Reichsarbeitsminister; 3) getrennte Angaben liegen nicht vor.

Quellen: RArBl., 10.Jg. (N.F.),1930, Nr.26, S.II 571, 11.Jg. (N.F.), 1931, Nr.19, S.II 368 ff., 12.Jg. (N.F.), 1932, Nr.31, S.II 465 ff., 13.Jg. (N.F.), 1933, Nr.27, S.II 397 f.

Diese Maßnahme sowie weitere Eingriffe in das bestehende Schlichtungswesen – wie die Verordnung vom 5. September 1932, die die Schlichter ermächtigte, besonders notleidenden Betrieben eine Unterschreitung der Tariflöhne bis zu 20% zu gestatten *(vgl. Goldschmidt, 1932, S.424)* – hatten den Grundsatz der freien Einigung bereits stark beeinträchtigt und durch eine **Politik der staatlichen Lohnführung** abgelöst, bevor die Schlichtungsverordnung durch das Gesetz über »Treuhänder der Arbeit« vom 19. Mai 1933 endgültig liquidiert wurde.

2.3.3 Arbeitsgerichtsbarkeit

Während das Schlichtungswesen unmittelbar nach Kriegsende zumindest eine vorläufige Neuregelung erfuhr, blieben arbeitsvertragliche **Einzelstreitigkeiten** zunächst weiter den **Gewerbe- und Kaufmannsgerichten** übertragen, obgleich diese eine Reihe von Mängeln aufwiesen. Besonders unbefriedigend waren vor allem die Zersplitterung der Arbeitsgerichtsbarkeit in eine Vielzahl meist kommunaler Gerichte, das Fehlen einer übergeordneten Instanz sowie der Ausschluß verschiedener Berufsgruppen (z. B. Landarbeiter, Arbeiter des öffentlichen Dienstes, Hausgehilfen) von der Sondergerichtsbarkeit in Arbeitsstreitigkeiten *(vgl. Joachim, 1926, S.407f.)*.

Tabelle 24: Tätigkeit der Gewerbe- und Kaufmannsgerichte 1920–1926

Jahr	Zahl der Gerichte	anhängige Streitigkeiten	erledigt durch Vergleich	erledigt durch Zurücknahme	erledigt durch Endurteil[1]
Gewerbegerichte					
1920	512	84.325	30.696	15.766	15.860
1921	536	97.319	31.668	18.321	20.894
1922	529	110.095	39.121	20.990	21.916
1923	556	131.970	43.260	27.494	27.200
1924	577	124.242	37.729	24.305	26.528
1925	585	146.305	49.184	27.500	23.736
1926	584	147.425	48.427	27.209	26.259
Kaufmannsgerichte					
1920	289	17.300	6.972	3.243	3.136
1921	297	23.185	8.637	4.451	3.874
1922	292	23.787	9.840	4.811	3.700
1923	300	28.682	11.256	6.152	4.221
1924	327	40.657	14.514	6.266	6.588
1925	338	48.446	16.040	7.425	6.845
1926	341	45.759	15.479	6.809	6.809

1) ohne Versäumnisurteile.
Quellen: Statistisches Jahrbuch für das Deutsche Reich, 43.Jg., 1923, S.333, 44.Jg., 1924/25, S.382 f., 45.Jg., 1926, S. 441 f., 46.Jg., 1927, S.492.

In Anerkennung dieser Mißstände hatte die Reichsverfassung in Art. 157 die Schaffung eines einheitlichen Arbeitsrechts gefordert und damit implizit den Auftrag gegeben, zugleich eine einheitliche und umfassende Arbeitsgerichtsbarkeit zu errichten. Die schon 1919 aufgenommenen Arbeiten an einem Arbeitsgerichtsgesetz wurden vor allem von dem Meinungsstreit um die Frage beherrscht, ob die zukünftigen Arbeitsgerichte den ordentlichen Gerichten ein- oder angegliedert werden oder aber als Sondergerichte bestehen bleiben sollten. Ebenfalls strittig war die Zulassung von Rechtsanwälten vor den Arbeitsgerichten. Nachdem im Laufe der Jahre mehrere Entwürfe diskutiert worden waren, versuchte ein Regierungsentwurf vom Juli 1923, in einem Kompromiß die unterschiedlichen

Standpunkte zu vereinigen. Im Oktober wurde auch dieser Entwurf zurückgezogen und die Verabschiedung eines Arbeitsgerichtsgesetzes auf die Zeit nach der Inflation vertagt *(vgl. Soziale Praxis, 1923, Sp.637f.; Preller, 1978, S.262f.)*.

Mangels Neuregelung der Arbeitsgerichtsbarkeit waren die **Gewerbe- und Kaufmannsgerichte** in der Zwischenzeit weiterhin tätig. Zahlreiche Verordnungen und Novellen, vor allem jene vom 29. Oktober 1920 [RGBl. S.1843] und vom 14. Januar 1922 [RGBl.I S. 155], brachten die Verhältniswahl der Beisitzer, die Zulassung von Verbandsvertretern vor den Gerichten, die Herabsetzung des Wahlalters sowie das aktive und passive Wahlrecht für Frauen. Neben den Gewerbe- und Kaufmannsgerichten wurde vor allem in den ersten Nachkriegsjahren eine Reihe von **Sondergerichten** gebildet, denen die Gerichtsbarkeit in Streitsachen aus dem neuen Arbeitsrecht übertragen wurde (z.B. Schwerbeschädigten-Ausschüsse) *(vgl. Kaskel, 1925, S.250)*.

Erst ein neuer, im Herbst 1925 eingebrachter Gesetzentwurf, der sich stark an den Kompromiß von 1923 anlehnte, führte zum **Arbeitsgerichtsgesetz vom 23. Dezember 1926** [RGBl.I S.507]. Die Arbeitsgerichtsbarkeit erhielt einen dreigliedrigen Aufbau mit den selbständigen **Arbeitsgerichten** als erster Instanz sowie den als besondere Kammern der ordentlichen Gerichte errichteten **Landesarbeitsgerichten** und dem **Reichsarbeitsgericht** als zweiter und dritter Instanz. Allen gemeinsam war die **paritätische Besetzung** mit Beisitzern der Arbeitgeber und Arbeitnehmer (berufen auf **Vorschlag der Verbände**). Die Arbeits- und Landesarbeitsgerichte setzten sich aus einem richterlichen Vorsitzenden und zwei Beisitzern (Arbeitsrichtern), das Reichsarbeitsgericht aus drei juristischen Mitgliedern und zwei Beisitzern zusammen. In die **sachliche Zuständigkeit** der Arbeitsgerichte fielen alle bürgerlichen Rechtsstreitigkeiten aus dem Arbeits- und Lehrverhältnis, aus Tarifverträgen, ferner Streitfälle unter Arbeitnehmern, zwischen den Sozialpartnern und Streitigkeiten aufgrund des Betriebsrätegesetzes.

Tabelle 25: Tätigkeit der Arbeitsgerichte 1928–1932

Jahr	Arbeitsgerichte							Landesarbeitsgerichte		
	Anzahl	Rechtsstreitigkeiten[2]	Urteilsverfahren erledigt durch				Beschlußverfahren[1]	Anzahl	Berufungen	Beschwerdeverfahren[1]
			Vergleich	Zurücknahme	Versäumnisurteil	Endurteil				
1928	527	379.689	137.280	73.205	42.544	62.301	2.935	80	13.497	324
1929	527	427.604	145.693	82.203	43.935	69.181	3.247	80	16.738	360
1930	462	438.449	143.871	89.913	44.161	75.122	3.968	64	20.042	441
1931	452	441.243	134.399	93.353	42.704	75.190	6.056	60	20.633	610
1932	452	371.592	114.878	81.493	33.656	64.081	4.075	60	17.220	461

1) in Fällen aufgrund des Betriebsrätegesetzes; das Reichsarbeitsgericht hatte sich 1928 mit 762, 1929 mit 959, 1930 mit 953 und 1931 mit 982 Revisionen zu beschäftigen; 2) ordentliche Verfahren.

Quellen: Statistisches Jahrbuch für das Deutsche Reich, 49.Jg., 1930, S.538 f., 51.Jg., 1932, S.538 f., 52.Jg., 1933, S.553 f.

Das **Verfahren** vor den Arbeitsgerichten war einfach, zügig und billig, wobei Rechtsanwälte als Prozeßbevollmächtigte nicht zugelassen waren. Außer in Streitfällen von grundsätzlicher Bedeutung war die **Berufung** an die Landesarbeitsgerichte sowie die **Revision** beim Reichsarbeitsgericht nur bei Streitwerten von mehr als 300 bzw. 4.000 RM (ab 1929: 500 bzw. 6.000 RM) zulässig. Die Arbeitsgerichte entschieden entweder im **Beschlußverfahren** oder im **Urteilsverfahren**, wobei möglichst eine Einigung (»Güteverhandlung«) anzustreben war. Das Reichsarbeitsgericht hatte darüber hinaus die Aufgabe, die **Rechtseinheit** zu wahren, einheitliche Verfahrensgrundsätze zu entwickeln sowie eine einheitliche Anwendung und Fortentwicklung des Arbeitsrechts zu gewährleisten *(vgl. Syrup/Neuloh, 1957, S.300).*

Der organisatorische Aufbau der Arbeitsgerichtsbarkeit war im wesentlichen am 1. Juli 1927 abgeschlossen. 1928 gab es 527 Arbeitsgerichte, 80 Landesarbeitsgerichte und ein Reichsarbeitsgericht. Im Jahre 1928 wurden im Urteilsverfahren bei den Arbeitsgerichten 379.689 Streitigkeiten anhängig; 55,4 % wurden gütlich erledigt, 16,4 % durch Endurteile aufgrund streitiger Verhandlung. Von den 62.301 streitigen Endurteilen führten 13.497 zu einer Berufung, darunter 762 letztlich zu einer Revision beim Reichsarbeitsgericht, hauptsächlich infolge der grundsätzlichen Bedeutung des Streits *(vgl. Joachim, 1930, S.195ff.; Tabelle 25).*

2. 4 Weiterentwicklung des Arbeitsschutzes

Die unbefriedigende Regelung der Arbeitszeitfrage, die die sozialpolitische Diskussion der Nachkriegszeit in starkem Maße beherrschte, gab Mitte der 20er Jahre Anlaß dazu, das gesamte Arbeitsschutzrecht einer **Neuregelung** zu unterziehen. Eine einheitliche Kodifizierung und teilweise Neugestaltung des Arbeitsschutzes war seit langem ein dringendes Bedürfnis gewesen, zumal sich das Arbeitsschutzrecht durch vielfache Abänderungen und stückweise Ergänzungen im Laufe einer jahrzehntelangen wechselvollen Entwicklung zu einer außerordentlich unübersichtlichen und uneinheitlich geregelten Materie entwickelt hatte. Gleichzeitig sollte damit ein weiterer Teil des geplanten Arbeitsgesetzbuches verfaßt werden.

Unter **Arbeitsschutz** verstand man „die Gesamtheit der Rechtssätze, die im öffentlichen Interesse dem Arbeitgeber Pflichten gegenüber dem Arbeitnehmer auferlegen, deren Erfüllung durch öffentlich-rechtliche Mittel – Arbeitsaufsicht, Zwang und Strafen – gesichert wird“ *(Feig, 1927, S.6).* Als übergeordnete Gebiete umfaßte der Arbeitsschutz den **Betriebs- und Gefahrenschutz**, den **Arbeitszeitschutz** sowie den **Vertragsschutz**. Der nach langwierigen Vorverhandlungen mit den Sozialpartnern Anfang Dezember 1926 gleichzeitig dem Vorläufigen Reichswirtschaftsrat und dem Reichsrat vorgelegte Entwurf eines Arbeitsschutzgesetzes sah eine systematische und übersichtliche **Zusammenfassung sämtlicher Arbeitsschutzbestimmungen** vor; nicht einbezogen waren lediglich der Arbeitsvertragsschutz, der Heimarbeiterschutz sowie das Sonderrecht für einzelne Berufsgruppen. Der in sieben Abschnitte gegliederte Gesetzentwurf enthielt – neben Abgrenzungen des Geltungsbereiches und des Begriffs des Arbeitnehmers – Vorschriften über den Schutz gegen Betriebsgefahren, den Arbeitszeitschutz, den erhöhten Schutz für weibliche und jugendliche Arbeitnehmer, das Nachtbackverbot, die Sonntagsruhe, den Ladenschluß sowie die Arbeitsaufsicht.

Noch während die Beratungen des Gesetzentwurfes liefen, wurden **Teilbereiche** wie die Arbeitszeit und der Mutterschutz in gesonderten Gesetzen vorab geregelt. Nachdem der erste Entwurf wegen der Auflösung des Reichstages von diesem nicht mehr behandelt werden konnte, ging dem Reichstag im Januar 1929 ein neugefaßter Entwurf zu. Die aufkommende **Wirtschaftskrise** und die sich daraus ergebenden andersartigen politischen Prioritäten ließen das Interesse am Arbeitsschutz allerdings schnell abnehmen. Die erneute vorzeitige Auflösung des Reichstages im Jahre 1930 bedeutete schließlich das endgültige **Scheitern** des Arbeitsschutzgesetzentwurfes *(vgl. Neitzel, 1929, S.19ff.; Preller, 1978, S.352ff.).*

2. 4. 1 Regelung der Arbeitszeit

Eines der wichtigsten sozialpolitischen Ergebnisse der November-Revolution war zweifellos die Einführung des **Achtstundentages**, da seine Verwirklichung spätestens seit den 80er Jahren des vorigen Jahrhunderts zu den Kernforderungen der Arbeiterbewegung gehört hatte. Nachdem die Volksbeauftragten bereits in ihrem ersten Aufruf vom 12. November 1918 [RGBl. S.1303] die Erfüllung dieser Forderung verkündet hatten, war der Achtstundentag kurz darauf auch zum Bestandteil der Vereinbarung der Zentralarbeitsgemeinschaft geworden. Die **Arbeitszeitverordnungen** für gewerbliche Arbeiter vom 23. November 1918 [RGBl. S.1334, 1436] und für Angestellte vom 18. März 1919 [RGBl. S. 315] brachten zunächst für die Zeit der Demobilmachung die gesetzliche Verankerung des achtstündigen Maximalarbeitstages *(vgl. Leymann, 1923, S.122ff.)*.

Angesichts der außerordentlichen Anforderungen, die schon bald durch die Reparationsforderungen an die deutsche Wirtschaft gestellt wurden, erwiesen sich die beiden Verordnungen als in der Praxis kaum durchführbar. Ökonomischen »Sachzwängen« folgend, mußten die Demobilmachungskommissare zunehmend häufiger von den ihnen verliehenen Vollmachten Gebrauch machen und Ausnahmeregelungen zulassen. Während die Gewerkschaften die Errungenschaft des Achtstundentages vehement verteidigten, drängten die Unternehmer immer stärker auf eine Ausdehnung der Arbeitszeit durch Mehrarbeit. Unter diesen Umständen zogen sich die Arbeiten an einer endgültigen gesetzlichen Regelung der Arbeitszeitfrage außerordentlich in die Länge. In den sich während der Inflationskrise zunehmend verschärfenden Auseinandersetzungen zwischen Arbeitgebern und Gewerkschaften spielte die Arbeitszeitfrage immer mehr eine Schlüsselrolle, wobei sich die politischen Kräfteverhältnisse zugunsten der Arbeitgeber entwickelten *(vgl. Preller, 1978, S.269ff.)*.

Nachdem am 17. November 1923 die Geltungsdauer der Demobilmachungsverordnungen über die Arbeitszeit abgelaufen und die Regelungen der GewO wieder in Kraft getreten waren, nutzte die Regierung das Ermächtigungsgesetz und erließ als »vorläufigen Kompromiß« die **Verordnung über die Arbeitszeit vom 21. Dezember 1923** [RGBl.I S.1249].

Bei grundsätzlichem Festhalten am Achtstundentag wurden jedoch sehr viel weitergehende Ausnahmen gestattet als zuvor. Neben Ausnahmen für besondere Notwendigkeiten (Notfälle, Bewachung, Reinigung und Instandhaltung der Betriebsanlagen) wurden an 30 Tagen Mehrarbeit auf Anordnung des Arbeitgebers, vor allem aber eine durch Tarifvertrag vereinbarte Mehrarbeit sowie jene aufgrund behördlicher Genehmigung zugelassen. Um einer unerträglichen Ausdehnung der Arbeitszeit vorzubeugen, war lediglich vorgeschrieben, daß in der Regel die tägliche Arbeitszeit – auch bei Anwendung der Ausnahmen – 10 Stunden (reine Arbeitszeit) nicht überschreiten durfte *(vgl. Klehmet, 1924, S.633ff.)*.

Für Arbeiter, die unter besonderen Gefahren für Leben und Gesundheit arbeiteten, konnte der Reichsarbeitsminister gemäß § 7 die allgemein zulässigen Möglichkeiten der Überschreitung der achtstündigen Arbeitszeit allerdings wesentlich einschränken. Entsprechende Verordnungen ergingen z. B. für die Arbeitszeit in Kokereien und Hochofenwerken (VO vom 20. Januar 1925 [RGBl.I S.5]) sowie in Gaswerken, Metall- und Glashütten (VO vom 9. Februar 1927 [RGBl.I S.59, 60]).

Die Arbeitszeitverordnung von 1923 führte im Anschluß an die Währungsstabilisierung zunächst zu einer erheblichen Verlängerung der durchschnittlichen Arbeitszeit. Einer gewerkschaftlichen Erhebung zufolge hatten im Mai 1924 fast 55 % der erfaßten Arbeitnehmer eine wöchentliche Arbeitszeit von mehr als 48 Stunden, darunter 13 % eine von mehr als 54 Stunden *(vgl. Soziale Praxis, 1924, Sp. 585)*.

Da die Arbeitszeitverordnung die Arbeitszeitfrage weitgehend der **tarifvertraglichen Regelung** übertragen hatte, begannen die Gewerkschaften, je mehr sich die Wirtschaftslage stabilisierte, auf einen allmählichen **Abbau der Mehrarbeit** hinzuarbeiten. Tatsächlich kam es ab Ende 1924 zu einer sukzessiven Verkürzung der Arbeitszeit. Die Durchführung des § 7 AZV brachte zudem im Laufe der Jahre in zentralen Industriezweigen den Übergang vom 12stündigen Zweischichten- auf das 8stündige Dreischichtensystem *(vgl. Neitzel, 1927, S.75)*.

Aspekte des Arbeitsschutzes, vor allem aber die sich seit Ende 1926 abzeichnende ungünstige Entwicklung des Arbeitsmarktes, veranlaßten die Regierung, gewerkschaftlichem Drängen entgegenzukommen und durch das **Abänderungsgesetz vom 14. April 1927** (»Arbeitszeitnotgesetz«) [RGBl. I S. 109] Maßnahmen zu treffen, um den entbehrlichen und mißbräuchlichen Überschreitungen der regelmäßigen Arbeitszeit entgegenzuwirken. Das Gesetz beseitigte einige Ausnahmeregelungen sowie die Straflosigkeit ungesetzlicher Mehrarbeit und führte insbesondere den gesetzlichen Anspruch auf angemessene Zuschläge (regelmäßig 25 %) für geleistete Überstunden ein *(vgl. Klehmet, 1927, S. 172ff.)*. Die Verteuerung der Überstunden sowie die durch die Hochkonjunktur wieder gestärkte Verhandlungsposition der Gewerkschaften bewirkten in der Folgezeit eine annäherungsweise Rückkehr zum Achtstundentag.

Angesichts der wachsenden Arbeitslosigkeit wurde ab 1930 zunehmend die Frage nach einer **generellen Arbeitszeitverkürzung** als Mittel zur Vermehrung der Arbeitsgelegenheiten diskutiert. Vor allem die Gewerkschaften und die Sozialdemokratische Partei forderten mit Nachdruck die gesetzliche Einführung der 40-Stunden-Woche. Aufgrund von Empfehlungen einer Sachverständigenkommission ermächtigte die **Notverordnung vom 5. Juni 1931** [RGBl. I S. 279] die Reichsregierung aber lediglich dazu, für einzelne Gewerbe oder Gruppen von Arbeitern die Arbeitszeit auf 40 Stunden herabzusetzen und die Erlaubnis zu Überstunden von der Zustimmung der Gewerbeaufsicht abhängig zu machen. Im übrigen wurde den Arbeitgebern und Gewerkschaften nahegelegt, sich über eine Reduzierung der Arbeitszeit im Wege von freien Vereinbarungen zu verständigen. Die Ergebnisse dieser Bemühungen waren allerdings ohne große Bedeutung, zumal sich die Frage des **Lohnausgleichs** als ein wesentliches Hindernis erwies. Indirekte Arbeitszeitverkürzungen brachten schließlich die **Notverordnung vom 6. Oktober 1931** [RGBl. I S. 537], die die Einführung des Systems der wechselweisen Beschäftigung (**»Krümper-System«**) vorsah, sowie die Notverordnung vom 4. September 1932 [RGBl. I S. 425]; eine allgemeine **Einführung der 40-Stunden-Woche** kam aber nicht zustande *(vgl. Internationale Rundschau der Arbeit, 7. Heft / Juli 1934, S. 601ff.)*.

2.4.2 Betriebsgefahrenschutz

Auch in der Weimarer Republik bildete die **Reichsgewerbeordnung** (in der Hauptsache §§ 120 a–f) die wichtigste Grundlage des Betriebsgefahrenschutzes. Die **allgemeinen Schutzbestimmungen** verpflichteten den Arbeitgeber, den Betrieb so einzurichten und die Beschäftigung so zu regeln, daß die Arbeitnehmer gegen Gefahren für Leben, Gesundheit und Sittlichkeit soweit wie möglich geschützt waren. Über die allgemeinen Schutzbestimmungen hinaus war der Arbeitgeber verpflichtet, **Sondermaßnahmen** zum Schutz jugendlicher Arbeiter unter 18 Jahren zu treffen. Im übrigen konnte die Beschäftigung von jugendlichen Arbeitern und Frauen in besonders stark gefährdeten Betrieben gänzlich untersagt oder von besonderen Auflagen abhängig gemacht werden.

Die Durchführung des Betriebsgefahrenschutzes erfolgte durch allgemeine Verordnungen für bestimmte Arten von Betrieben oder Anlagen oder Verfügungen im Einzelfall, die vom Reichsarbeitsminister oder den zuständigen Behörden aufgrund der allgemeinen Grundsätze über den Gesundheits- und Gefahrenschutz erlassen werden konnten. Von dieser Ermächtigung haben die Behörden vielfachen Gebrauch gemacht und zahlreiche Sondervorschriften erlassen, so zum Schutz der Arbeiter gegen bestimmte gewerbliche Gifte (z. B. Benzol, Blei, Schwefelkohlenstoff usw.), gegen Staubbeschädigung, gegen Schädigung durch Einwirkung starker Hitze, durch Einwirkung von Druckluft (bei Preßluftarbeitern), gegen Ansteckung durch Milzbrandbazillen (in der Roßhaarindustrie) usw. Als weitere Schutzmaßnahmen sah eine Reihe von Vorschriften regelmäßige ärztliche Untersuchungen für Arbeiter in bestimmten gesundheitsgefährdenden oder besonders gefährlichen Betrieben vor *(vgl. Martineck, 1926, S. 248)*. Hervorzuheben sind ferner die Verordnungen über den Betrieb der Anlagen der Großeisenindustrie vom 23. Januar 1920 [RGBl. S. 75], den Betrieb von Anlagen zur

Herstellung von Bleifarben und anderen Bleiverbindungen vom 27. Januar 1920 [RGBl. S.109] und von Zinkhütten und Zinkerzröstereien vom 21. Februar 1923 [RGBl.I S.161] *(vgl. auch Syrup, 1928a).*

Dem besonderen **Schutz der jugendlichen Arbeiter und der Frauen** wurde durch Verbot oder durch Abkürzung ihrer Beschäftigung in bestimmten Betrieben zusätzlich Rechnung getragen. Wiederholt verlängert und erweitert wurden insbesondere drei aus den Jahren 1912/13 stammende **Verordnungen** über die Beschäftigung männlicher jugendlicher Arbeiter im Steinkohlenbergbau, in Walz- und Hammerwerken sowie von Jugendlichen und Frauen in Glashütten und Glasschleifereien.

Eine wichtige Ergänzung erhielten die Arbeitsschutzbestimmungen der Gewerbeordnung durch die gesetzlichen **Unfallverhütungsvorschriften** der RVO (§§ 848 ff.), die durch die Novelle zum Unfallversicherungsgesetz vom 14. Juli 1925 [RGBl.I S.97] einen weiteren Ausbau erfuhren. Die Verpflichtungen zu Unfallverhütungsmaßnahmen wurden auf die Erste Hilfe bei Unfällen ausgedehnt, das Aufsichtsrecht des Reichsversicherungsamts erweitert und die Strafvorschriften bei Zuwiderhandlungen der Unternehmer gegen die Unfallverhütungsvorschriften wesentlich verschärft. Außerdem wurde der Reichsarbeitsminister ermächtigt, das Zusammenwirken der Genossenschaften und der Gewerbeaufsichtsbehörden auf dem Gebiete des Betriebsgefahrenschutzes zu regeln. Das Interesse der Berufsgenossenschaften an einem Ausbau des Gesundheitsschutzes wurde weiterhin dadurch gestärkt, daß der Versicherungsschutz 1925 auf eine Reihe von **Berufskrankheiten** ausgedehnt wurde *(vgl. Syrup, 1925, S.483f.).*

2.4.3 Schutz jugendlicher und weiblicher Arbeitnehmer

Neben den speziellen Schutzvorschriften für jugendliche und weibliche Arbeitnehmer in besonders gefährdeten Betrieben galten für diesen Personenkreis zahlreiche **allgemeine Schutzbestimmungen**. Im einzelnen handelte es sich hierbei um das Verbot der Nachtarbeit, die Sicherstellung einer ununterbrochenen Ruhezeit von mindestens 11 Stunden, die Gewährung von Mindestruhepausen, die Einschränkung der Höchstgrenze für Arbeitszeitverlängerungen, die Nichtbeschäftigung von Frauen an den Nachmittagen vor Sonn- und Feiertagen sowie das Verbot der Beschäftigung während der für die Berufsschule vorgesehenen Unterrichtszeit. Die beabsichtigte grundsätzliche **Erhöhung des Schutzalters** der jugendlichen Arbeitnehmer von 16 auf 18 Jahre wurde infolge des Scheiterns des Arbeitsschutzgesetzentwurfes jedoch nicht verwirklicht.

Kinderschutz

Der Schutz der noch nicht oder noch schulpflichtigen Kinder, die in gewerblichen Betrieben beschäftigt wurden, regelte das **Kinderschutzgesetz vom 30. März 1903** [RGBl. S.113]. Es enthielt vor allem Bestimmungen über das Zulassungsalter und die Arbeitszeit und verbot die Beschäftigung von Kindern in bestimmten Betriebszweigen. Ein **Abänderungsgesetz vom 31. Juli 1925** [RGBl.I S.162] brachte insbesondere eine Beschränkung der Beschäftigung von Kindern bei öffentlichen und nichtöffentlichen Lichtspielaufnahmen. Die vor allem von Kinderschutzverbänden und Sozialpolitikern mehrfach geforderte Ausweitung der Schutzbestimmungen auf die Kinderarbeit in der **Landwirtschaft** konnte allerdings nicht erreicht werden *(vgl. Preller, 1978, S.357, 478f.).*

Mutterschutz

Der Mutterschutz, der gemäß § 137 Abs.5 GewO lange Zeit nur für gewerbliche Arbeiterinnen in Betrieben mit in der Regel mindestens 10 Beschäftigten vorgesehen war, erfuhr mit dem **Gesetz über die Beschäftigung von Frauen vor und nach der Niederkunft vom**

16. Juli 1927 [RGBl.I S.184] nicht nur eine wesentliche Erweiterung seines Geltungsbereiches (alle krankenversicherungspflichtigen Arbeitnehmerinnen mit Ausnahme der Land- und Hauswirtschaft), sondern auch einschneidende Verbesserungen. Das Gesetz brachte für Schwangere die Berechtigung zur Arbeitsverweigerung 6 Wochen vor der Niederkunft ohne Lösung des Arbeitsverhältnisses. Nach der Niederkunft bestanden ein Beschäftigungsverbot von 6 Wochen sowie für stillende Mütter ein Anspruch auf Gewährung der erforderlichen Stillzeiten (bis zu 1 Std. täglich). Während der Schutzfristen ausgesprochene Kündigungen waren rechtsunwirksam. Außerdem konnten Frauen während der Schwangerschaft und der Nährzeit nicht gezwungen werden, mehr als 8 Stunden täglich zu arbeiten.

Einen wichtigen Bestandteil des Mutterschutzes bildete die während des Krieges eingeführte und später ausgebaute **Mutterschafts-(Wöchnerinnen-)versicherung** im Rahmen der Krankenversicherung. Nach dem Gesetz vom 9. Juli 1926 wurde erwerbstätigen Frauen für vier Wochen vor und sechs Wochen nach der Niederkunft ein **Wochengeld** in Höhe des Krankengeldes gezahlt. Außerdem wurden Arzneien und kleinere Heilmittel sowie eine Hebammenhilfe bereitgestellt. Letztere **Leistungen** wurden auch Familienangehörigen von Versicherten im Rahmen der **Familien-Mutterschaftshilfe** gewährt. Für nichtversicherte oder nicht der Familienhilfe unterliegende Frauen trat bei Bedürftigkeit die Mutterschaftshilfe aufgrund der Fürsorgepflicht ein *(vgl. Goldschmidt, 1927, S.1101ff.)*. Die Überwachung der Schutzvorschriften oblag gemäß **Gesetz vom 29. Oktober 1927** [RGBl.I S.325] der Gewerbeaufsicht.

2.4.4 Nachtbackverbot, Sonntagsruhe und Ladenschluß

Eine Reihe von sozialpolitischen Regelungen, die während des Krieges hauptsächlich aus kriegswirtschaftlichen Gründen eingeführt worden waren, wurde in die Friedenszeit übernommen. Hierzu gehörten das durch die Verordnung über die Arbeitszeit in den Bäckereien und Konditoreien vom 23. November 1918 [RGBl. S.1329] festgelegte **Verbot der Sonntagsarbeit** sowie das **Nachtbackverbot** in der Zeit von 9 Uhr abends bis 5 Uhr morgens. Durch Gesetz vom 16. Juli 1927 [RGBl.I S.183] leicht abgeändert, galt diese Regelung während der gesamten Zeit der Weimarer Republik. Lediglich durch die Verordnung vom 5. Juni 1931 [RGBl.I S.279] wurde der Reichsarbeitsminister ermächtigt, für großstädtische Bäckereien, die in mindestens drei Schichten Arbeiter beschäftigten, das Nachtbackverbot einzuschränken oder sogar aufzuheben.

Das zunächst nur für gewerbliche Arbeiter geltende **Verbot der Sonntagsarbeit** (§§ 105 b ff. GewO) wurde durch Verordnung vom 18. März 1919 [RGBl. S.315] auf Angestellte ausgedehnt. Gleichzeitig wurde die bereits während des Krieges praktizierte **Ladenschlußzeit** von 7 Uhr abends bis 7 Uhr morgens gesetzlich festgelegt. Daneben wurde durch Verordnung vom 5. Februar 1919 [RGBl. S.176] die Sonntagsruhe im Handelsgewerbe und in den Apotheken geregelt. Das auf Drängen der Angestelltenverbände zustandegekommene Gesetz vom 13. Dezember 1929 [RGBl.I S.219] schließlich bestimmte, daß (mit wenigen Ausnahmen) am 24. Dezember alle Geschäfte um 14 Uhr schließen mußten.

2.4.5 Urlaub und Kündigungsschutz

Ohne umfassende gesetzliche Regelung blieben dagegen auch in der Weimarer Republik der Urlaubsanspruch und der Kündigungsschutz der Arbeitnehmer. Zwar hatte sich der Gedanke eines **bezahlten Urlaubs** auch für Arbeiter nach 1918 allgemein durchgesetzt, für die Urlaubsregelung maßgebend blieb aber die freie Bestimmung in den **Tarifverträ-**

gen. Im allgemeinen betrug die Urlaubsdauer nach einjähriger Betriebszugehörigkeit drei Tage, nach langjähriger Beschäftigung zwischen 12 und 14 Tagen. Von den am 1.1.1925 geltenden Tarifverträgen enthielten 84,6% Urlaubsbestimmungen, die 94,6% der erfaßten Arbeiter zugute kamen.

Das für Arbeiter anzuwendende Kündigungsrecht nach der GewO forderte im wesentlichen nur die Vermeidung unbilliger Härten, stellte Kündigungen und Entlassungen ansonsten jedoch weitgehend in das freie Ermessen des Unternehmers. Nach 1918 sind die diesbezüglichen Rechte des Unternehmers durch verschiedene Vorschriften in Einzelgesetzen (Demobilmachungsverordnungen, Betriebsrätegesetz, Schwerbehindertengesetz usw.) zumindest etwas eingeschränkt worden. So verpflichteten verschiedene Demobilmachungsverordnungen von Anfang 1919 die Unternehmer nicht nur zur Wiedereinstellung von ehemals im Betrieb beschäftigten Kriegsteilnehmern, sondern machten zudem reguläre Entlassungen von vorherigen Maßnahmen zur Arbeitsstreckung abhängig.

Eine weitere Verbesserung des **Kündigungsschutzes** brachte das **Betriebsrätegesetz**, das den Betriebsräten ein Mitwirkungsrecht bei Entlassungen einräumte. Ein Einspruchsrecht bestand namentlich bei Kündigungen wegen der Zugehörigkeit zu einer politischen Vereinigung, bei Kündigungen ohne Angabe von Gründen oder wenn die Kündigung eine unbillige Härte darstellte. Die Rechtmäßigkeit einer Kündigung konnte der Betriebsrat gegebenenfalls durch ein **Arbeitsgericht** klären lassen. Einen besonderen Kündigungsschutz sah das BRG zudem für Mitglieder der Betriebsvertretungen vor.

Besondere Einschränkungen durch die Einhaltung einer Kündigungsfrist und das Mitbestimmungsrecht des Betriebsrates ergaben sich aufgrund der sog. **Stillegungsverordnung vom 8. November 1920** [RGBl. S.1901] bei Massenentlassungen infolge wirtschaftlich bedingter Produktionseinschränkungen. Danach war der Unternehmer verpflichtet, vier Wochen lang die volle Belegschaft bei verkürzter Arbeitszeit weiterzubeschäftigen, bevor er Kündigungen aussprechen konnte. Diese Regelung blieb zwar bis 1934 in Kraft, hatte jedoch durch eine **Verordnung vom 15. Oktober 1923** [RGBl.I S.983] eine abgeschwächte Form erhalten.

Im Gegensatz zu den Arbeitern erreichten die Angestellten einen weitgehenden gesetzlichen Kündigungsschutz. Das **Gesetz über die Fristen für die Kündigung von Angestellten vom 9. Juli 1926** [RGBl.I S.399] setzte Mindestkündigungsfristen des Arbeitgebers gegenüber Angestellten von drei Monaten nach einer Beschäftigungsdauer von 5 Jahren, von vier Monaten nach 8 Jahren, von fünf Monaten nach 10 Jahren und von sechs Monaten nach 12 Jahren fest (und zwar jeweils zum Schluß eines Kalenderquartals). Das Gesetz fand keine Anwendung auf Betriebe mit weniger als zwei Beschäftigten; desgleichen wurden Berufsjahre vor dem 25. Lebensjahr bei der zugrundezulegenden Beschäftigungszeit nicht berücksichtigt.

2.4.6 Schutz der Schwerbeschädigten

In Anbetracht der Schwierigkeiten, die große Zahl der Kriegsbeschädigten nach dem Kriegsende in den normalen Arbeitsprozeß einzugliedern, wurden für diesen Personenkreis besondere gesetzliche Schutzvorschriften erlassen. Das **Gesetz über die Beschäftigung Schwerbeschädigter vom 6. April 1920** [RGBl. S.458], das im Rahmen der Demobilmachung ergangene Vorschriften zusammenfaßte und ergänzte, verpflichtete alle Arbeitgeber mit mehr als 20 Beschäftigten, zwei Prozent der Arbeitsplätze mit Schwerbeschädigten (Kriegs- und Unfallbeschädigte mit einer Erwerbsminderung von mindestens

50%) zu besetzen. Die Durchführung und Überwachung des Gesetzes wurde staatlichen Hauptfürsorgestellen übertragen, die bei Nichterfüllung der Vorschriften durch die Arbeitgeber auch die zwangsweise Einstellung eines Schwerbeschädigten anordnen konnten. Desgleichen war im allgemeinen ihre Zustimmung bei Kündigung eines Schwerbeschädigten erforderlich, da für den Arbeitgeber neben der Einstellungspflicht zugleich eine Pflicht zur Dauerbeschäftigung bestand. Die grundsätzlichen Bestimmungen blieben bei den mehrfachen **Novellierungen des Schwerbeschädigtengesetzes** (zuletzt am 16. Juli 1927 [RGBl.I S.187,320]) im Kern erhalten. Die Ausführung des Gesetzes ging allerdings Ende 1927 von den Hauptfürsorgestellen auf die Reichsanstalt für Arbeitsvermittlung und Arbeitslosenversicherung über *(vgl. Syrup/Neuloh, 1957, S.397ff.).*

Tabelle 26: Zahl der Schwerbeschädigten 1927–1932

Stichtag	Bei den Hauptfürsorgestellen registrierte Schwerbeschädigte				nicht für die Arbeitsvermittlung in Betracht kommend[2]	am Stichtag waren arbeitslos	Arbeitslose in % vermittlungsfähiger Schwerbeschädigter
	insgesamt[1]	davon waren					
		Schwerkriegsbeschädigte	Schwerunfallbeschädigte	Friedensblinde			
31.12.1927	365.305	280.441	23.620	3.097	94.321	21.090	7,78
31.12.1928	384.858	327.262	28.713	3.334	104.780	20.940	7,48
31. 3.1930	403.670	337.947	35.251	3.541	109.922	24.229	8,25
31. 3.1931	419.962	350.679	38.936	3.556	126.044	33.826	11,51
31. 3.1932	410.044	342.986	40.678	3.216	124.024	44.216	15,46

1) einschl. der Gleichgestellten; 2) selbständige Gewerbetreibende + völlig Arbeitsunfähige.
Quelle: Statistisches Jahrbuch für das Deutsche Reich, 51.Jg., 1932, S.420.

2.4.7 Sonderregelungen für einzelne Berufsgruppen

Landarbeiter

Nachdem der Rat der Volksbeauftragten am 12. November 1918 die **Gesindeordnungen** und »die Ausnahmebestimmungen für die Landarbeiter« aufgehoben hatte, trat an ihre Stelle die »**Vorläufige Landarbeitsverordnung**« vom 24. Januar 1919 [RGBl. S.111]. Danach galten für den ländlichen Arbeitsvertrag grundsätzlich die Bestimmungen des BGB über den Dienstvertrag. Desweiteren wurde die tägliche Höchstarbeitszeit für 4 Monate auf durchschnittlich 8, für weitere 4 Monate auf 10 und anschließend für 4 Monate auf 11 Stunden festgesetzt. Darüber hinaus geleistete Arbeit mußte mit einem Überstundenlohn vergütet werden; der doppelte Ortslohn mußte auch für die in dringlichen Fällen zugelassene Sonn- und Feiertagsarbeit gezahlt werden. Eine weitergehende Regelung des Landarbeiterverhältnisses erfolgte bis 1932 nicht.

Krankenpflegepersonal

Mit Rücksicht auf die besonderen Verhältnisse des Krankenhausdienstes erfuhr die Arbeitszeit in Krankenpflegeanstalten eine eigene Regelung. Nach der **Verordnung über die Arbeitszeit in Krankenpflegeanstalten vom 13. Februar 1924** [RGBl.I S.66], der langwierige Vorarbeiten vorangegangen waren, durfte in Krankenpflegeanstalten das Pflegepersonal in der Woche – einschließlich der Sonn- und Feiertage – bis zu 60 Stunden, die Pausen nicht eingerechnet, beschäftigt werden; allerdings sollte die tägliche Arbeitszeit in der Regel 10 Stunden nicht überschreiten und durch angemessene Pausen unterbrochen sein *(vgl. Lüders, 1924, S.102ff.)*.

Hausgehilfen

Seit dem Fortfall der Gesindeordnungen fehlte es – soweit nicht landesrechtliche Vorschriften erlasssen worden waren (z. B. in Bayern und Mecklenburg) – an einer gesetzlichen Grundlage, die den Besonderheiten des Arbeitsverhältnisses in der Hauswirtschaft Rechnung trug, zumal die nunmehr allein maßgebenden allgemeinen **Vorschriften des BGB** für die Hausgehilfen ungünstig waren. Nachdem in den ersten Nachkriegsjahren unternommene Bemühungen der Reichsregierung, die Gesetzeslücke zu schließen und zugleich Forderungen der Gewerkschaften zu entsprechen, wiederholt gescheitert waren, unternahm die Regierung Mitte 1929 abermals einen erfolglosen Versuch, die Rechtsverhältnisse der Hausgehilfen zu regeln und bestimmte Schutzbestimmungen einzuführen.

Bergarbeiter

Der Bergarbeiterschutz war durch die Bestimmungen der **Gewerbeordnung** und anderer neuerer **Arbeiterschutzgesetze** sowie darüber hinaus durch landesrechtliche **Berggesetze** geregelt, die sich allerdings meist an das preußische ABG anlehnten.

Besondere bergrechtliche Vorschriften waren z. B. das Verbot des Wagennullens (§ 80 k Abs.3 ABG), die Vorschriften über das Arbeitszeugnis (§§ 84, 85 b ABG), das Arbeitsbuch (§§ 85b ff. ABG) sowie die Arbeitszeit in Steinkohlenbergwerken (§§ 93 a ff. ABG). Reichseinheitlich geregelt war die Arbeitszeit im Untertagebergbau durch Gesetz vom 17. Juli 1922 [RGBl. S.628]. Danach galt die gesetzliche 7-Stunden-Schicht, wobei jedoch allgemeinverbindliche Tarifverträge Mehrarbeit vorsehen konnten. Die allgemeine Arbeitszeitverordnung vom 21. Dezember 1923 bestimmte für den Bergbau unter Tage, daß für Betriebspunkte mit einer Temperatur von über 28° C eine Verkürzung der Arbeitszeit durch Tarifvertrag zu vereinbaren oder – bei Nichtzustandekommen einer derartigen Vereinbarung – durch die zuständige Bergbehörde nach Anhörung der Verbände – unbeschadet weitergehender bergpolizeilicher Bestimmungen – anzuordnen war. Ein im Frühjahr 1929 dem Reichstag vorgelegtes Bergarbeitszeitgesetz, das zu schweren Kontroversen zwischen Gewerkschaften und Arbeitgebern führte, blieb vor dem Hintergrund der aufkommenden Wirtschaftskrise unerledigt.

Heimarbeiter

Des besonderen staatlichen Schutzes bedurften auch die Heimarbeiter, deren Zahl durch Kriegsbeschädigte und Kriegerwitwen zu Beginn der 20er Jahre stark angestiegen war. In einem ersten Schritt wurden durch **Verordnung vom 13. Januar 1919** [RGBl. S.85] endlich die bereits im **Hausarbeitsgesetz von 1911** *(vgl. S.137)* vorgesehenen **Fachausschüsse** (insgesamt 29) ins Leben gerufen, deren Aufgabe die allgemeine wirtschaftliche Förderung und Beratung der Heimarbeiter – v. a. die Förderung des Abschlusses von Lohnabkommen oder Tarifverträgen, aber ohne das Recht der selbständigen Festsetzung der Löhne – sein sollte. Gerade die fehlende Befugnis, Löhne rechtsverbindlich festzusetzen, ließ den Gesetzgeber eine Neugestaltung des Heimarbeiterschutzes anstreben. Ein 1920 vom Arbeitsrechtsausschuß vorgelegter **Gesetzentwurf** sah neben einer völligen Umgestaltung des Heimarbeiterschutzes u.a. die Schaffung staatlicher Lohnämter vor. Als sich die Beratungen dieses Entwurfes allzusehr verzögerten, entschloß sich das Reichsarbeitsministerium, die besonders dringliche Frage des Entgeltschutzes vorab gesondert zu regeln *(vgl. Syrup/Neuloh, 1957, S.364)*.

Das **Gesetz zur Abänderung des Hausarbeitsgesetzes** (»Heimarbeiterlohngesetz«) **vom 27. Juni 1923** [RGBl.I S.467] erweiterte dementsprechend vor allem die Befugnisse der Fachausschüsse und regelte deren Zusammensetzung.

Danach waren die Fachausschüsse auf Beschluß des Reichsarbeitsministers bzw. der obersten Landesbehörde aus der gleichen Zahl von Vertretern der Arbeitgeber und der Hausarbeiter sowie drei unabhängigen Mitgliedern für bestimmte Gewerbezweige oder -gebiete zu bilden. Ihre Aufgabe bestand weiterhin insbesondere in der Förderung der Herbeiführung von Lohnabkommen oder Tarifverträgen; anders als früher hatten die Fachausschüsse nunmehr das Recht (falls angemessene Entgelte nicht vereinbart werden konnten), Tarifverträge als allgemeinverbindlich zu genehmigen oder aber Mindestentgelte für Hausarbeiter festzusetzen. Zur Durchsetzung der Entlohnungsvorschriften gab ihnen das Gesetz die Möglichkeit, Bußgeldverfahren einzuleiten.

Trotz mancher Unzulänglichkeiten haben die im Laufe der Jahre in immer größerer Zahl gebildeten Fachausschüsse doch dazu beigetragen, daß der Tarifgedanke zunehmend Eingang in die Hausarbeit fand und sich zumindest in einigen Gewerbezweigen die Entlohnung der Heimarbeiter allmählich verbesserte. Zu der ursprünglich geplanten umfassenden Neuregelung des Hausarbeitsrechts kam es infolge der Weltwirtschaftskrise jedoch nicht mehr. In einer Zeit, in der immer mehr Personen bereit waren, zu jeglichen Arbeitsbedingungen zu arbeiten, hatten die inzwischen 57 Fachausschüsse sogar beträchtliche Schwierigkeiten, die Einhaltung der Minimallohnsätze sicherzustellen.

3. Arbeitsmarktpolitik und Arbeitslosenversicherung

3. 1 Einführung der Erwerbslosenfürsorge

Die unmittelbar nach Kriegsende im Zuge der Demobilmachung auftretende **Massenarbeitslosigkeit** zwang die politisch Verantwortlichen, nunmehr endlich die Fürsorge im Falle der Erwerbslosigkeit reichsgesetzlich zu regeln. Die als Demobilmachungsmaßnahme erlassene **Verordnung über die Erwerbslosenfürsorge vom 13.November 1918** [RGBl. S.1305] trug diesem Bedürfnis Rechnung und verpflichtete die Gemeinden, für arbeitswillige und arbeitsfähige Personen, die über 18 Jahre alt waren und sich infolge kriegsbedingter Erwerbslosigkeit in bedürftiger Lage befanden, eine Fürsorge einzurichten, die nicht den Rechtscharakter der Armenpflege haben durfte. Die **Unterstützungsleistungen**, deren Höhe sich nach der Bedürftigkeit richtete, waren von besonderen gemeindlichen Fürsorgeausschüssen zu bewilligen. Die Unterstützung wurde in der Regel für maximal 26 Wochen gewährt und setzte eine Wartezeit von einer Woche voraus. Die **Finanzierung** der Erwerbslosenfürsorge erfolgte zu 3/6 durch das Reich, zu 2/6 durch die Länder und zu 1/6 durch die Gemeinden *(vgl. Syrup/Neuloh, 1957, S.327ff.; Weddigen, 1957, S.26f.; Peters, 1978, S.101).*

Neben der Erwerbslosenunterstützung sah die Verordnung eine **Kurzarbeiterunterstützung** vor. Außerdem wurden bereits frühzeitig Maßnahmen ergriffen, um die Erwerbslosenfürsorge durch eine Arbeitsbeschaffungspolitik zu ergänzen. Zu diesem Zweck wurde durch Verordnung vom 27. Oktober 1919 [RGBl. S.1827] die sog. **produktive Erwerbslosenfürsorge** in Form der **Notstandsarbeiten** eingeführt.

Als Notstandsarbeiten galten zusätzliche, volkswirtschaftlich sinnvolle Arbeiten öffentlicher Körperschaften, die überwiegend zur Beschäftigung von Arbeitslosen vorgenommen wurden und ohne besondere Förderung nicht durchgeführt worden wären. Empfänger von Erwerbslosenunterstützung waren verpflichtet, derartige Notstandsarbeiten auszuführen, wenn sie nicht Gefahr laufen wollten, den Unterstützungsanspruch zu verlieren. An die Stelle der Unterstützung trat für die Zeit der Notstandsarbeit ein normales, meist tariflich geregeltes Arbeitsverhältnis. Zur Beschaffung derartiger Arbeitsgelegenheiten war der Reichsarbeitsminister ermächtigt, Darlehen oder Zuschüsse zu bewilligen. Bis zum 20. Februar 1922 waren 14.053 Maßnahmen der produktiven Erwerbslosenfürsorge anerkannt worden, durch die für 491.000 Erwerbslose insgesamt 54 Mio. Tagewerke bereitgestellt wurden *(vgl. Beilage zum RArBl., Nr.8/1922, S.26f.).*

Die zunächst lediglich für ein Jahr vorgesehene Erwerbslosenfürsorge wurde, da sich die Einführung einer Arbeitslosenversicherung immer wieder verzögerte, schließlich bis

1927 beibehalten. In dieser Zeit wurden die Bestimmungen gleich mehrfach geändert, wobei sich zunehmend versicherungstechnische Gedanken durchsetzten *(vgl. Wannagat, 1965, S.84)*. Während sich die meisten Änderungsverordnungen auf die Höhe der Unterstützungen und die Bezugsvoraussetzungen bezogen, brachten die **Verordnungen vom 13. und 15. Oktober 1923** [RGBl.I S.946, 984] sowie die **Neufassung vom 13. Februar 1924** [RGBl.I S.121] eine Reihe grundlegender Veränderungen.

Tabelle 27: Entwicklung der Arbeitslosigkeit 1919–1932

Jahr	Verfügbare Arbeitsuchende[1]	Gemeldete Arbeitslose[7]	Hauptunterstützungsempfänger in der		Zuschlagsempfänger[8]	Wohlfahrtserwerbslose	Notstandsarbeiter[3]	Kurzarbeiter
			AlU[2,9]	KriF[10]				
1919	–	–	693.343	–	–	–	–	–
1920	–	–	366.407	–	1.339.100	–	–	–
1921	–	346.000	310.319	–	349.110	–	–	–
1922	241.810	214.235	76.678	–	103.136	–	–	–
1923	765.590	726.912	392.121	–	410.970	–	–	[6] 1.029.753
1924	977.810	927.000	727.988	–	858.132	–	–	[6] 388.504
1925	771.417	682.000	384.527	–	507.727	–	50.234	–
1926	2.278.319	2.025.000	1.672.153	–	1.771.483	[5] 66.934	128.974	–
1927	1.612.521	1.312.000	857.384	176.525	1.168.154	–	117.590	5.421
1928	1.545.649	1.433.063	890.051	139.643	1.065.882	[5] 178.523	62.221	12.588
1929	2.001.248	1.898.604	1.275.184	175.953	1.409.131	[5] 255.403	53.388	32.647
1930	3.194.753	3.075.580	1.769.441	388.608	1.956.981	[4] 576.906	32.525	105.474
1931	4.672.991	4.519.704	1.713.219	1.044.780	2.729.774	1.086.142	29.655	191.846
1932	5.710.405	5.602.711	1.086.599	1.449.002	2.833.422	2.047.532	45.026	260.167

1) bis 1924: Durchschnitt der Stichtagsergebnisse, ab 1925: Durchschnitt der am Monatsende verfügbaren Arbeitsuchenden; 2) bis 1926 berechnet aufgrund der Bestandszahlen vom 1. eines Monats, ab 1927 aufgrund der jeweiligen Stichtagsergebnisse; 3) berechnet nach den Bestandszahlen in der Monatsmitte; 4) Durchschnitt der Monate August-Dezember 1930; 5) Durchschnitt des Rechnungsjahres gemäß Fürsorgeverbände; 6) Durchschnitt der Stichtagsergebnisse April-Dezember 1923 und Januar-März 1924; 7) 1921, 1924-1927: Schätzungen; 8) Durchschnitt der monatlichen Stichtagsergebnisse; 9) AlU = Arbeitslosenunterstützung; 10) KriF = Krisenfürsorge.
Quellen: RArBl. (nichtamtl. Teil), lfde. Nrn., lfde. Jge.; Statistisches Jahrbuch für das Deutsche Reich, lfde. Jge. (1919 ff.).

Nach diesen Neuregelungen wurden die Fürsorgeausschüsse endgültig beseitigt und ihre Aufgaben den Arbeitsnachweisen übertragen. Als Gegenleistung für die Unterstützung konnten Erwerbslose nach der Verordnung vom 15. Oktober 1923 zur Ableistung von Pflichtarbeit herangezogen werden. Derartige Arbeiten mußten gemeinnützigen Charakter tragen und dem »körperlichen Zustand« entsprechen. Daß diese Regelung in der Praxis umfangreich angewandt wurde, zeigt die Stichtagszählung vom 15. Februar 1924; danach waren im unbesetzten Gebiet von 985.902 Unterstützten 271.515 oder 27,5 % Pflichtarbeiter *(vgl. Ehlert, 1924, Sp.393 ff.)*.

Eine andere wesentliche Änderung betraf die Finanzierung; um die Belastungen für das Reich zu mindern, das sehr häufig für Länder und Gemeinden hatte einspringen müssen, wurden Arbeitgeber und Arbeitnehmer mit Beiträgen belastet. Nach der Verordnung vom 15. Oktober 1923 sollten die Beiträge, die je zur Hälfte von Arbeitgebern und Arbeitnehmern aufzubringen waren, als Prozentsatz der Krankenversicherungsbeiträge festgesetzt werden. Gemäß der Neufassung wurden die Beiträge jedoch als Prozentsatz des Grundlohnes (maximal 3 %) berechnet. Aus dem Beitragsaufkommen waren nicht nur der Fürsorgeaufwand, sondern auch ⅔ der Kosten der Arbeitsnachweise zu decken. Die Gemeinden trugen ein Neuntel der Kosten der unterstützenden Erwerbslosenfürsorge und ein Drittel der Kosten der Arbeitsnachweise. Aus den Mitteln der unterstützenden Erwerbslosenfürsorge waren zudem zu einem gewissen Teil die Kosten der öffentlichen Notstandsarbeiten sowie der Kredite und Zuschüsse zu decken, die gemäß Bestimmung vom 18. Januar 1924 [RGBl.I S.

35] Betrieben gewährt werden konnten, die die Arbeit wieder aufnahmen und dabei eine gewisse Zahl Erwerbsloser einstellten *(vgl. Weigert, 1924, S.121 ff.)*.

Nach der Fassung vom 13. Februar 1924 [RGBl.I S.121] wurde die Erwerbslosenfürsorge nurmehr Erwerbslosen gewährt, die während der letzten 12 Monate mindestens 13 Wochen eine krankenversicherungspflichtige Beschäftigung ausgeübt hatten. Der damit entstandene Ausschluß großer Teile der Angestellten von den Leistungen der Erwerbslosenfürsorge wurde erst durch das Gesetz vom 17. Januar 1926 [RGBl.I S.89] gemildert, das Angestellte bis zu einem Jahresgehalt von 6.000 RM in die Erwerbslosenfürsorge einbezog. Schließlich wurde zwischen April 1924 und Februar 1926 von der neu geschaffenen Möglichkeit Gebrauch gemacht, die Gewährung von Kurzarbeiterunterstützung zu suspendieren.

Obschon in Anbetracht der **steigenden Arbeitslosigkeit** die Höchstbezugsdauer der Erwerbslosenfürsorge für die meisten Berufszweige im März 1926 auf 39 Wochen und im Juni 1926 auf 52 Wochen verlängert worden war, wurde es dennoch erforderlich, für die steigende Zahl der **»Ausgesteuerten«** (Erwerbslose nach Erschöpfung der Bezugsdauer), die meist der gemeindlichen Wohlfahrtspflege »zur Last« fielen, eine besondere Unterstützungsform zu schaffen. Das Gesetz vom 19. November 1926 [RGBl.I S.489] schuf zu diesem Zweck die **Krisenfürsorge**. Diese stand bedürftigen Erwerbslosen zu, deren Anspruch auf Erwerbslosenunterstützung erschöpft war oder die bestimmte Anwartschaftsvoraussetzungen nicht erfüllten. Die **Aufwendungen** der zeitlich nicht befristeten Krisenfürsorge, die zunächst als vorübergehende Maßnahme gedacht war, trugen zu 3/4 das **Reich** und zu 1/4 die **Gemeinden**.

3. 2 Ausbau der öffentlichen Arbeitsvermittlung

Die mit dem Kriegsende entstandene ungünstige Arbeitsmarktlage zwang nicht nur zur Einführung der Erwerbslosenfürsorge, sondern beschleunigte auch den bereits während des Krieges in Angriff genommenen **Ausbau der öffentlichen Arbeitsvermittlung**. Nachdem das Demobilmachungsamt schon am 9. November 1918 für den Ausbau der öffentlichen Arbeitsnachweise Finanzmittel des Reiches in Aussicht gestellt hatte, folgte zur Koordination der Arbeitsvermittlung am 15. Januar 1920 die Errichtung des **»Reichsamts für Arbeitsvermittlung«**, zunächst beim Reichsarbeitsministerium, durch Verordnung vom 5. Mai 1920 [RGBl. S.876] als selbständige Behörde. Zuvor waren bereits die gewerblichen Arbeitgeber durch Verordnung vom 17. Februar 1919 [RGBl. S.201] verpflichtet worden, ihren **Bedarf an Arbeitskräften** anzumelden.

Erwähnenswert ist ferner die Demobilmachungsanordnung vom 9. Dezember 1918 [RGBl. S.1421], die die Landesbehörden ermächtigte, die Gemeinden zur Schaffung von Einrichtungen für eine gemeinnützige **Berufsberatung und Lehrstellenvermittlung** in Verbindung mit den öffentlichen Arbeitsnachweisen zu verpflichten. Preußen machte hiervon mit der Verordnung vom 18. März 1919 Gebrauch.

Eine umfassende reichsgesetzliche Regelung der Arbeitsvermittlung mit dem Ziel, das weit entwickelte Netz der öffentlichen Arbeitsnachweise zu einem lückenlosen System auszubauen und den überörtlichen Ausgleich zu vervollkommnen, erfolgte jedoch erst durch das **Arbeitsnachweisgesetz vom 22. Juli 1922** [RGBl.I S.657]. Das Gesetz brachte eine völlige **Neuorganisation des Arbeitsvermittlungswesens** auf der Grundlage der Unparteilichkeit, Unentgeltlichkeit, der Vermittlung nach der Eignung und der Neutralität bei allen Streitigkeiten der Arbeitsvertragsparteien.

Neben dem Reichsamt für Arbeitsvermittlung wurden als organisatorischer Unterbau 22 Landesämter für Arbeitsvermittlung und 869 Arbeitsnachweisämter errichtet. Letztere waren von den Gemeinden ins Leben zu rufen, wurden jedoch paritätisch verwaltet (Ausschuß aus der gleichen Zahl von Vertretern der Arbeitgeber und der Arbeitnehmer unter Vorsitz eines Magistratsmitgliedes). Das Gesetz verbot zwar die gewerbsmäßige Stellenvermittlung, schuf aber kein Vermittlungsmonopol, da Angestelltennachweise und karitative Nachweise weiterbestehen durften. Auch wurde auf den Benutzungszwang verzichtet und die Meldepflicht eingeschränkt. Dagegen konnten die Arbeitsämter nunmehr durch das Reichsamt oder die obersten Landesbehörden zur Durchführung der Berufsberatung und der Lehrstellenvermittlung verpflichtet werden. Dies geschah u. a. in Preußen (am 15.5.1923), in Württemberg (am 28.1.1924) sowie in Thüringen durch die VO über Berufsberatung und Lehrstellenvermittlung vom 25. Juni 1924 [ThürGSlg. S.299].

3. 3 Gesetz über Arbeitsvermittlung und Arbeitslosenversicherung von 1927

Die als Notmaßnahme eingeführte Erwerbslosenfürsorge war kaum geeignet, die dem Staat in Art. 163 der **Reichsverfassung** auferlegte Pflicht zu erfüllen, bei fehlenden Arbeitsgelegenheiten für den notwendigen Unterhalt zu sorgen. Seit dem Kriegsende war daher eine umfangreiche Debatte über die Einführung einer staatlichen **Arbeitslosenversicherung** im Gange. Während dabei kaum mehr umstritten war, daß eine derartige Versicherung allgemeingültigen Charakter haben sollte, fiel die Entscheidung zugunsten des **Versicherungsprinzips** – anstelle des bis dahin geltenden **Fürsorgeprinzips** – erst im Laufe der Zeit. Gleichfalls strittig war die Frage, ob und in welchem Umfang zwischen den ungleich mit Arbeitslosigkeit belasteten Berufen ein **Risikoausgleich** durchgeführt werden sollte. Ursprüngliche Erwägungen, die Arbeitslosenversicherung **organisatorisch** an die Krankenversicherung zu binden, waren dagegen schon frühzeitig aufgegeben und die Überlegungen stattdessen darauf konzentriert worden, eine enge Verbindung zur Arbeitsvermittlung herzustellen. Im Hinblick auf die **Finanzierung** war unklar, ob neben den unmittelbar am Arbeitsleben Beteiligten, d. h. den Arbeitgebern und den Arbeitnehmern, auch der Staat zur Mittelaufbringung herangezogen werden sollte *(vgl. Syrup, 1927, S.801ff., 1928b, S.203f., 1929, S.15ff.)*.

Nachdem ein vorläufiger **Entwurf** aus dem Jahre 1919 von der Regierung zurückgezogen worden war, wurde ein zweiter Entwurf fast 10 Monate lang vom Reichswirtschaftsrat beraten, jedoch infolge der sich 1923 dramatisch zuspitzenden Inflation nicht weiterverfolgt. Bei den ab September 1925 wieder aufgenommenen Arbeiten an einem Arbeitslosenversicherungsgesetz setzte sich dann zunehmend die Auffassung durch, daß Arbeitslosenversicherung und Arbeitsvermittlung als sich ergänzende Teile der Arbeitsmarktpolitik zu sehen sind, „deren Verantwortung vor allem in die Selbstverwaltung der wirtschaftlichen Kollektivparteien gelegt werden sollte" *(Preller, 1978, S.371)*. So wurde aus dem ursprünglichen Entwurf der Gesetzentwurf über Arbeitsvermittlung und Arbeitslosenversicherung, dem der Reichstag am 7. Juli 1927 mit 355 von 417 Stimmen zustimmte. Das unter dem 16. Juli 1927 verkündete **AVAVG** trat im wesentlichen am 1. Oktober 1927 in Kraft [RGBl.I S.187,320].

3.3.1 Arbeitsvermittlung

Das Gesetz brachte eine vollkommene **Neuorganisation der Arbeitsverwaltung**. Die entscheidenden Neuerungen gegenüber dem Gesetz von 1922 waren vor allem die Zusammenfassung von Arbeitsvermittlung und Arbeitslosenversicherung mit den gleichen Organen in einem Gesetz, die Loslösung der Arbeitsvermittlung von der kommunalen Selbstverwaltung und ihr Ausbau in der Form der sogenannten wirtschaftlichen Selbstverwaltung.

Trägerin der Arbeitsvermittlung (und zugleich der Arbeitslosenversicherung) sowie der Berufsberatung wurde die als öffentlich-rechtliche Körperschaft mit autonomer Selbstverwaltung errichtete **Reichsanstalt für Arbeitsvermittlung und Arbeitslosenversiche-**

rung. Als behördlicher Unterbau traten an die Stelle der 22 Landesämter für Arbeitsvermittlung und der 869 kommunalen Arbeitsnachweisämter nunmehr 13 **Landesarbeitsämter** und 361 **Arbeitsämter**, deren Bezirke unter Berücksichtigung wirtschaftlicher Kriterien abgegrenzt wurden. Eigentliche Träger der Aufgaben aller drei Instanzen waren die **Verwaltungsausschüsse** der Landesarbeitsämter und der Arbeitsämter sowie der **Verwaltungsrat** der Hauptstelle. Diese Selbstverwaltungsorgane bestanden aus Vertretern der Arbeitgeber, der Arbeitnehmer und der öffentlichen Körperschaften mit je einem Drittel der Sitze. Für die **Geschäftsführung** wurden von den Verwaltungsausschüssen geschäftsführende Ausschüsse bzw. vom Verwaltungsrat der Vorstand gebildet.

Eine **Anmeldepflicht** für offene Arbeitsplätze durch die Arbeitgeber bestand nicht, konnte aber vom Reichsarbeitsminister angeordnet werden. Auch wurde kein **Arbeitsvermittlungsmonopol** geschaffen, die weiterhin zulässigen gemeinnützigen Arbeitsnachweise jedoch der Aufsicht der Reichsanstalt unterstellt. Die **Berufsberatung** und **Lehrstellenvermittlung** wurden dagegen endgültig zur Pflichtaufgabe der Reichsanstalt und ihrer Organe. Gleichzeitig wurde die gewerbsmäßige Berufsberatung mit Wirkung vom 1. Oktober 1929 an verboten.

3. 3. 2 Arbeitslosenversicherung

Den zweiten Schwerpunkt des AVAVG bildete die Einführung der Arbeitslosenversicherung in Form einer **Zwangsversicherung**. Versicherungspflichtig waren alle in der Krankenversicherung pflichtversicherten Arbeitnehmer sowie die zwangsweise in der Angestelltenversicherung befindlichen Angestellten (mit einem Jahreslohn bis 8.400 RM), die nur deswegen nicht krankenversicherungspflichtig waren, weil ihre Bezüge die Grenze von 3.600 RM überstiegen. Von der Versicherungspflicht **ausgenommen** waren geringfügige Beschäftigungen, bestimmte Arbeitnehmergruppen in der Land- und Forstwirtschaft, die ihrer nicht bedürftig erschienen, sowie Lehrlinge mit einem mindestens zweijährigen Lehrvertrag. **Freiwillig versichern** konnten sich andererseits nur jene Arbeitnehmer, die infolge des Überschreitens der Gehaltsgrenze aus der Versicherungspflicht ausschieden.

Einen **Anspruch** auf **Versicherungsleistungen** hatten diejenigen versicherten Arbeitnehmer, die arbeitswillig, arbeitsfähig, aber unfreiwillig arbeitslos waren, die Anwartschaft erfüllten und den Anspruch auf Arbeitslosenunterstützung noch nicht erschöpft hatten. Dauernd **Arbeitsunfähige** waren ebenso wie »**Arbeitsunwillige**« von der Leistungsgewährung ausgeschlossen; Arbeitswilligkeit setzte voraus, daß der Arbeitslose spätestens ab der 9. Woche nach Unterstützungsbeginn bereit war (mit gewissen Ausnahmen), orts- und berufsfremde Arbeiten anzunehmen, auch wenn diese niedriger entlohnt wurden als seine bisherige Tätigkeit. War die Arbeitslosigkeit durch den Versicherten freiwillig herbeigeführt oder von diesem zu verantworten, erhielt er während einer **Sperrfrist** von 6 Wochen keine Leistungen. Die **Anwartschaft** war erfüllt, wenn der Arbeitslose in den letzten 12 Monaten während 26 Wochen in einer versicherungspflichtigen Beschäftigung gestanden hatte. Arbeitslosenunterstützung wurde für eine **Höchstdauer** von 26 Wochen gewährt (der Verwaltungsrat konnte eine Ausdehnung auf 39 Wochen beschließen); danach war der Anspruch erschöpft. Im übrigen galt eine Wartezeit von 7 Tagen.

Die Arbeitslosenunterstützung bestand aus einer **Hauptunterstützung**, die sich nach 11 Lohnklassen differenzierte, und **Familienzuschlägen** für Angehörige. Maßgebend für die Zuordnung zu einer der Lohnklassen war das durchschnittliche Arbeitsentgelt der letzten 13 Wochen vor der Arbeitslosmeldung. Die wöchentlichen Unterstützungssätze reichten von 6 RM in der untersten bis zu 22,05 RM in der obersten Lohnklasse. Für jeden zuschlagsberechtigten Familienangehörigen wurde ein Zuschuß in Höhe von 5 % des Einheitslohnes gewährt. Die Gesamtunterstützung durfte allerdings 80 % (untere Klassen) bzw. 60 % (obere Klassen) nicht übersteigen. Zu den Leistungen gehörten desweiteren die **Versicherung gegen Krankheit** sowie die **Aufrechterhaltung der Anwartschaften in der Rentenversicherung** aus Mitteln der Arbeitslosenversicherung.

Abbildung 16: Entwicklung der Arbeitslosigkeit 1918–1935

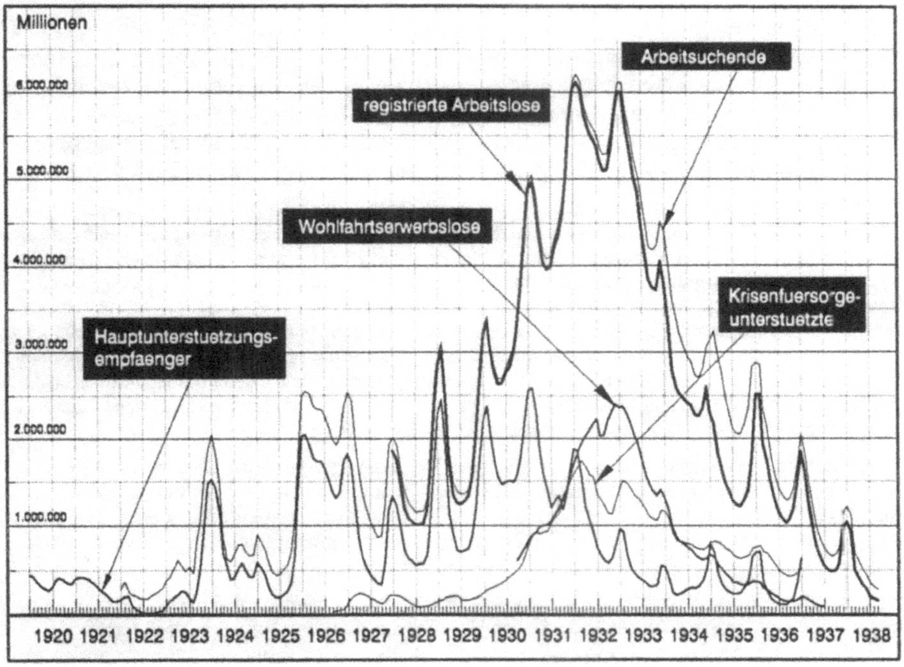

Als Nebenleistung sah das AVAVG die **Kurzarbeiterunterstützung** vor, deren Höhe jedoch zusammen mit dem verbliebenen Arbeitsentgelt nicht mehr als 5/6 des vollen Lohnes betragen durfte. Daneben konnte durch besondere Verordnung als ergänzende Leistung eine **Krisenunterstützung** eingeführt werden. Diese sollte unter Prüfung der Bedürftigkeit jenen Arbeitslosen gewährt werden, die entweder den Anspruch auf Arbeitslosenunterstützung erschöpft hatten oder die Anwartschaft nicht erfüllten, jedoch wenigstens 13 Wochen versicherungspflichtig beschäftigt gewesen waren. Schließlich konnte der Verwaltungsrat der Reichsanstalt für **berufsüblich Arbeitslose** (»Saisonarbeiter«) eine Verkürzung der Unterstützungsdauer bzw. eine Verlängerung der Wartezeit verfügen.

Die **Finanzierung** der Leistungen im Rahmen der **Arbeitslosenversicherung** und der **Arbeitsvermittlung** sowie der notwendigen Verwaltungsausgaben erfolgte durch **Beiträge** und öffentliche **Zuweisungen**. Die Beiträge wurden je zur Hälfte von den Versicherten und ihren Arbeitgebern aufgebracht. Der sich am Grundlohn orientierende Beitragssatz (zunächst 3,0 %) war so bemessen, daß mit den Beitragseinnahmen neben der Abdeckung der laufenden Ausgaben ein »Notstock« zur Unterstützung von 600.000 Arbeitslosen für drei Monate angesammelt werden konnte. Während für die Arbeitslosenversicherung lediglich die Gewährung von **Reichsdarlehen** vorgesehen war, waren die für die **Krisenunterstützung** erforderlichen Mittel durch das **Reich** (80%) und die beteiligten **Gemeinden** (20%) aufzubringen. Öffentliche Zuschüsse standen zudem für die Durchführung der **wertschaffenden Arbeitslosenfürsorge** (Notstandsarbeiten, Arbeitsbeschaffungsprogramme) zur Verfügung.

3.3.3 Erste Änderungen und Weiterentwicklungen

Mit der Schaffung der Arbeitslosenversicherung war zweifellos eine wesentliche Lücke im vorhandenen Sozialleistungssystem geschlossen worden; dennoch wurde die tatsächliche **Bedeutung der öffentlichen Fürsorge** nicht entscheidend gemindert, wenngleich sich auch ihre Schwerpunkte verlagerten. Nach einer Lösung verlangten vor allem das Problem der **berufsüblich Arbeitslosen** sowie die wachsende Zahl der **Ausgesteuerten** *(vgl. auch Weigert, 1933, S.701ff., 814ff.; Syrup, 1928b, S.203f., 1929, S.15f.)*.

Nachdem die durch Verordnung vom 21. September 1927 [RGBl.I S.304] verfügte Verlängerung der Wartezeiten für berufsüblich Arbeitslose nicht die erhoffte finanzielle Entlastung der Reichsanstalt gebracht hatte, erließ der Verwaltungsrat am 18. Dezember 1927 für diesen Personenkreis neue Bestimmungen. Danach wurde die berufsübliche Arbeitslosigkeit auf bestimmte Berufe und Gewerbezweige beschränkt und zugleich deren Beginn und Ende zeitlich fixiert. Außerdem war die versicherungsmäßige Unterstützung in der Zeit der anerkannten berufsüblichen Arbeitslosigkeit auf sechs Wochen zu beschränken. Nach dem Gesetz über eine Sonderfürsorge bei berufsüblicher Arbeitslosigkeit vom 24. Dezember 1928 [RGBl.I 1929, S.1] stand diesen Arbeitslosen im Anschluß an die Arbeitslosenunterstützung eine Sonderfürsorge zu, die nach den Grundsätzen der Krisenfürsorge (Bedürftigkeitsprüfung und Unterstützungssätze) gewährt wurde.

Einzelheiten der Krisenunterstützung regelte die Verordnung vom 28. September 1927 [RGBl.I S.315]. Da die anfängliche Beschränkung der Unterstützungsdauer auf 26 Wochen zu einer zunehmenden Belastung der Gemeinden führte, wurde die Bezugsdauer für besondere Berufe und ältere Arbeitnehmer sukzessive auf 39 bzw. 52 Wochen ausgedehnt. Eine angesichts der Arbeitsmarktlage gebotene weitergehende Ausdehnung ließ die Finanzlage nicht zu.

Bereits kurz nach dem Inkrafttreten des AVAVG war deutlich geworden, daß die Finanzierung eine der entscheidenden Schwachstellen des neuen Versicherungszweiges darstellte. Nachdem die finanzielle Basis im ersten Jahr des Bestehens noch einigermaßen ausreichend war, geriet die Reichsanstalt im Anschluß an den strengen Winter 1928/29, der die Zahl der Hauptunterstützungsempfänger von 593.589 (15. Oktober 1928) auf 1.518.710 (28. Februar 1929) ansteigen ließ, erstmals in ernste finanzielle Schwierigkeiten, zumal am 28. Februar 1929 noch 942.050 Hauptunterstützungsempfänger in der Sonderfürsorge bei berufsüblicher Arbeitslosigkeit hinzukamen *(vgl. StJbDR, 1929, S.281)*

Um ihren Verpflichtungen nachkommen zu können, mußte die Reichsanstalt Anfang 1929 in verstärktem Umfang **Darlehen** des **Reiches** und der **Gemeinden** in Anspruch nehmen. Damit setzte zugleich – noch vor der eigentlichen Bewährungsprobe während der Weltwirtschaftskrise – eine lebhafte Diskussion um die **finanzielle Sanierung** der Arbeitslosenversicherung und die Möglichkeiten einer **mißbräuchlichen Inanspruchnahme** der Leistungen ein. Während von Unternehmerseite ein Abbau der Leistungen und die Einführung einer Bedürftigkeitsprüfung verlangt wurden, sprachen sich die Gewerkschaften für Beitragserhöhungen aus. Nach heftigen, teilweise stark emotionalisierten Auseinandersetzungen verabschiedete der Reichstag das **Gesetz zur Änderung des Gesetzes über Arbeitsvermittlung und Arbeitslosenversicherung vom 12. Oktober 1929** [RGBl.I S.153]. Unter vorläufiger Ausklammerung der Beitragsfrage enthielt das Gesetz mit dem Ziel der Vermeidung von Mißbräuchen und Mißständen insbesondere folgende Neuregelungen:

- engere und exaktere Abgrenzung des Begriffs »Arbeitslosigkeit«;
- teilweise Beseitigung der Versicherungspflicht bei geringfügigen und unständigen Beschäftigungen, Hausgewerbetreibenden und Heimarbeitern;

- Verlängerung der Anwartschaftszeit für den erstmaligen Bezug der Unterstützung auf 52 Wochen innerhalb von zwei Jahren;
- Anrechnung von Renten und Versorgungsbezügen auf die Unterstützung;
- Staffelung der Wartezeit nach dem Familienstand;
- Beschränkung des Unterstützungsanspruchs bei Jugendlichen unter 21 Jahren auf jene, deren Lebensunterhalt nicht durch einen familienrechtlichen Unterhaltsanspruch gewährleistet war.

3.4 Arbeitslosenversicherung und Arbeitsmarktpolitik während der Wirtschaftskrise

3.4.1 Arbeitslosenversicherung

Da sich schnell abzeichnete, daß die damit erreichten Leistungseinsparungen nicht in der Lage waren, einen **finanziellen Ausgleich** in der Arbeitslosenversicherung herbeizuführen, wurde der **Beitragssatz** durch ein Gesetz vom 27. Dezember 1929 [RGBl.I S.244] für die Dauer von sechs Monaten auf 3,5 % erhöht. Vor dem Hintergrund weiter ansteigender Arbeitslosenzahlen wurden die Befristung allerdings durch das Gesetz zur Vorbereitung der Finanzreform vom 28. April 1930 [RGBl.I S.145] aufgehoben und gleichzeitig weitergehende **Reichszuschüsse** zur Arbeitslosenversicherung eingeführt. Als dies ebenfalls nicht ausreichte, um die Finanzen der Reichsanstalt zu sanieren, im Reichstag aber keine Entscheidung herbeigeführt werden konnte, wurden mittels **Notverordnung** vom 26. Juli 1930 [RGBl.I S.311] der Beitragssatz auf 4,5 % heraufgesetzt, der Reichszuschuß erhöht sowie verschiedene Leistungsbeschränkungen vorgenommen (u. a. Ausdehnung der Wartezeiten und der Sperrfristen, Minderung der Unterstützungssätze). Durch eine weitere Erhöhung des Beitragssatzes auf 6,5 % (VO vom 30. September 1930 [RGBl.I S.458]) schließlich sollte zumindest für den Krisenwinter 1930/31 ein vorläufiger finanzieller Ausgleich sichergestellt werden.

Entgegen allen Erwartungen stieg die Arbeitslosigkeit jedoch im Frühjahr 1931 weiter an, so daß die **»Reform der Arbeitslosenversicherung«** erneut in den Mittelpunkt der politischen Diskussion rückte. Trotz Einsetzung einer Gutachterkommission kam es aber nicht zu der von vielen Seiten geforderten organisatorischen Reform der Arbeitslo senversicherung, insbesondere nicht zur Überwindung der umstrittenen Dreiteilung in der Arbeitslosenhilfe (Arbeitslosenversicherung, Krisenfürsorge, Wohlfahrtserwerbslosenfürsorge). Die **Notverordnung vom 5. Juni 1931** [RGBl.I S.279] brachte im wesentlichen nur die Abkoppelung der Arbeitslosenversicherung vom **Reichshaushalt** (Aufhebung der Verpflichtung des Reiches zur Gewährung von Darlehen und Zuschüssen) sowie drastische **Kürzungen im Leistungsrecht**:

- allgemeine Kürzung der Unterstützungssätze um 5 % des Einheitslohnes (dies bedeutete eine Senkung der Unterstützungssätze zwischen 6,3 und 14,3 %);
- Kürzung der Unterstützungsdauer für Saisonarbeiter auf 20 Wochen, wobei nurmehr die Sätze der Krisenunterstützung gezahlt wurden;
- Verschärfung der Pflicht zur Arbeitsaufnahme;
- Gewährung von Unterstützung an Ehefrauen nur bei Bedürftigkeit.

Eine weitere **Notverordnung vom 6. Oktober 1931** [RGBl.I S.537] milderte einige dieser Beschränkungen zwar ab, schuf nun jedoch die Möglichkeit, die Arbeitslosenunterstützung bis zu einem Drittel in Form von **Sachleistungen** zu gewähren. Zugleich wurden die Rentenanrechnungen verschärft und die Rechtsgrundlagen für das sogenannte »Krümper-System« geschaffen. Die Reichsanstalt war darüber hinaus sogar gezwungen, ab dem 1. Oktober 1931 die **Höchstbezugsdauer** der Arbeitslosenunterstützung auf 20 Wochen, für berufsüblich Arbeitslose auf 16 Wochen zu reduzieren. Allerdings wurde als

Ausgleich kurz darauf die Bezugsdauer der Krisenunterstützung um sechs Wochen verlängert.

Bei 4.519.704 **Arbeitslosen** im Durchschnitt des Jahres 1931 und anhaltend ungünstigen Arbeitsmarktperspektiven war für die Versorgung der Arbeitslosen im Haushaltsjahr 1932 mit einem voraussichtlichen **Gesamtfehlbetrag** von 914 Mio. RM zu rechnen. Gleichzeitig führte die fortschreitende Verschiebung der Arbeitslosenhilfe von der Versicherung auf die gemeindliche Fürsorge zahlreiche Gemeinden an den Rand des finanziellen Ruins. Um den geschätzten Fehlbetrag zu decken und die Gemeinden zu entlasten, wurden die Leistungen durch die **Verordnung des Reichspräsidenten** über Maßnahmen zur Erhaltung der Arbeitslosenhilfe und der Sozialversicherung sowie zur Erleichterung der Wohlfahrtslasten der Gemeinden vom 14. Juni 1932 [RGBl.I S.273] nochmals einschneidend gekürzt:

- Gewährung von Arbeitslosenunterstützung mit Rechtsanspruch nurmehr für sechs Wochen, danach Prüfung der »Hilfsbedürftigkeit«;
- Kürzung der Unterstützungssätze in der Arbeitslosenversicherung um durchschnittlich 23 %, in der Krisenfürsorge um 10 % und in der gemeindlichen Wohlfahrtspflege um 15 %;
- Reduzierung der Sätze der Krisenunterstützung;
- Einführung einer »Abgabe zur Arbeitslosenhilfe« (je nach Einkommenshöhe zwischen 1,5 und 6,5 %).

Organisatorische Veränderungen brachte die **Verordnung zur Vereinfachung und Verbilligung der Arbeitslosenversicherung vom 21. März 1932** [RGBl.I S.157]. So wurde unter anderem die strenge personelle und funktionelle Trennung zwischen Vorstand und Verwaltungsrat der Reichsanstalt beseitigt und ein Teil der Befugnisse des Verwaltungsrates auf den Vorstand übertragen *(vgl. Peters, 1978, S.103)*.

Für die Unterstützung der **Wohlfahrtserwerbslosen** (Arbeitnehmer, die arbeitslos, arbeitsfähig und arbeitswillig waren, das 60. Lebensjahr nicht überschritten hatten und unter dauernder Kontrolle des Arbeitsamtes standen) erhielten die Gemeinden aus Mitteln des Reiches und der Arbeitslosenversicherung zwar die sogenannte »**Wohlfahrtshilfe**« (672 Mio. RM im Rechnungsjahr 1932); tatsächlich jedoch führten diese Maßnahmen nur zu einer scheinbaren Entlastung der Gemeinden.

Während nämlich die Zahl der Leistungsempfänger in der Arbeitslosenversicherung zwischen Januar und September 1932 von 1.885.353 auf 618.340 zurückging, erhöhte sich die Zahl der von den Gemeinden unterstützten Wohlfahrtserwerbslosen von 1.713.231 auf 2.046.537; der Anteil letzterer an allen unterstützten Arbeitslosen stieg in dem genannten Zeitraum von 33 auf 52,5 %. Die schweren Eingriffe in das Leistungsrecht, die den reinen Unterstützungsaufwand der Arbeitslosenversicherung pro Kopf und Monat von 81 RM im Jahre 1927 auf 45 RM im Jahre 1933 gesenkt hatten, sowie die hohen Beitragssätze führten zu dem überraschenden Ergebnis, daß die Arbeitslosenversicherung 1932 – dem Jahr der größten Arbeitslosigkeit – steigende finanzielle Überschüsse erzielte. Immerhin wurden aufgrund der sich gegen Ende des Jahres etwas bessernden Arbeitsmarktlage einige Härten der Verordnung vom Juni 1932 gemildert. Insbesondere wurde für die Winterzeit vom 28. November 1932 bis 31. März 1933 die Aussteuerung aus der Krisenunterstützung aufgehoben *(vgl. Preller, 1978, S.449)*.

3.4.2 Arbeitsbeschaffungsmaßnahmen

Die Zunahme der Arbeitslosigkeit verstärkte zugleich die Forderung nach staatlichen **Arbeitsbeschaffungsprogrammen**. Obgleich die Reichsregierung derartigen Maßnahmen gegenüber nicht prinzipiell abgeneigt war, setzte der defizitäre Haushalt von vornherein enge Grenzen.

Durch ein im September 1930 aufgestelltes Arbeitsbeschaffungsprogramm erhielten die Reichspost, die Reichsbahn und der Wohnungsbau zusätzliche Mittel in der Gesamthöhe von 572 Mio. RM. Neben diesen besonderen Arbeitsbeschaffungsprogrammen wurde versucht, die wertschaffende Arbeitslosenfürsorge in Form der Notstandsarbeiten auszubauen. Die Verteilung der Förderungsmittel sowie die geregelte Zuweisung von Arbeitslosen zu den Notstandsarbeiten gehörten seit 1927 zu den Aufgaben der Reichsanstalt. Die hierfür bereitgestellten Mittel setzten sich zusammen aus der Grundförderung (eingesparte Arbeitslosenunterstützung) und der verstärkten Förderung (Darlehen und Zuschüsse des Reiches). Obgleich die Bewilligung der verstärkten Förderung ab 1. August 1930 von der eigens gegründeten »Deutschen Gesellschaft für öffentliche Arbeiten« übernommen wurde, gelang es nicht, die Notstandsarbeiten in nennenswertem Umfang auszuweiten.

Seit 1930 diskutierte Pläne, für die **steigende Zahl arbeitsloser Jugendlicher** einen **Arbeitsdienst** einzurichten, nahmen im Laufe des Jahres 1931 dagegen konkrete Gestalt an. Die **Notverordnung vom 5. Juni 1931** [RGBl.I S.279] ermächtigte die Reichsanstalt, aus Mitteln der Arbeitslosenversicherung und der Krisenfürsorge die Durchführung eines freiwilligen Arbeitsdienstes zu fördern. Ende März 1932 beteiligten sich an diesen Maßnahmen 25.386 Arbeitsdienstwillige. Die Bedeutung des freiwilligen Arbeitsdienstes wurde dabei weniger auf arbeitsmarktpolitischem als vielmehr auf arbeitspädagogischem und jugendfürsorgerischem Gebiet gesehen. Durch die **Verordnung über den freiwilligen Arbeitsdienst vom 16. Juli 1932** [RGBl.I S.352] wurde diese Einrichtung erheblich ausgebaut.

Zum freiwilligen Arbeitsdienst zugelassen und in ihm gefördert wurden nun alle jungen Deutschen unter 25 Jahren ohne Rücksicht auf die früher verlangte Arbeitnehmereigenschaft und Bedürftigkeit. Ende Oktober 1932 waren daraufhin bereits 253.957 Jugendliche beim Arbeitsdienst beschäftigt. Mit der im September 1932 erfolgten Bestellung eines »Reichskuratoriums für Jugendertüchtigung« wurde der Arbeitsdienst jedoch bereits in eine Richtung gelenkt, die kurz darauf von den Nationalsozialisten zielstrebig weiterverfolgt wurde *(vgl. Preller, 1978, S.452)*.

4. Entwicklung der klassischen Sozialversicherungszweige

Im Bereich der klassischen Sozialversicherungszweige ging es in der Zeit der Weimarer Republik – anders als beim Arbeitsrecht – weniger um grundlegende **Neuregelungen**, sondern vielmehr darum, angesichts der – durch den krisenhaften Wirtschaftsverlauf hervorgerufenen – ständigen **Finanzierungsprobleme** den Bestand des gewachsenen Systems zu sichern. Trotz einer kaum übersehbaren Flut von Gesetzen und Verordnungen gab es in dieser Periode im Bereich der Sozialversicherung nur relativ wenige wesentliche **Weiterentwicklungen**. Überwiegend ging es darum, Abgrenzungs- und Organisationsfragen, Verfahrensregeln sowie nominale Größen im Beitrags- und Leistungsrecht an die sich schnell ändernden wirtschaftlichen, sozialen und rechtlichen Verhältnisse anzupassen *(vgl. Zöllner, 1981, S.115f.)*.

Ihre schwierigste **Bewährungsprobe** hatte die Sozialversicherung zweifellos in den Nachkriegs- und Inflationsjahren zu bestehen, als ihr Vermögen und Betriebskapital praktisch völlig vernichtet wurden und ihre Geldleistungen zur Bedeutungslosigkeit herabsanken *(vgl. Syrup/Neuloh, 1957, S.367)*. Kaum hatte jedoch die Sozialversicherung damit begonnen, sich von den schlimmsten Folgen der Inflation langsam zu erholen, entwickelte sich eine **öffentliche Diskussion** um Organisation, Durchführung und Berechtigung der Sozialversicherung.

Im Mittelpunkt dieser Auseinandersetzungen standen der Vorwurf der »Sittenverwilderung«, der »Verweichlichung« und der »Rentenneurose« sowie die »Belastung« der Wirtschaft durch die Sozialversicherung *(vgl. Zöllner, 1981, S.115)*. Während die einen eine vollkommene Zerschlagung der Sozialversicherung forderten, sprachen sich andere für die Schaffung einer alle Volkskreise umfassenden »Staatsbürgerversorgung«, wieder andere für die Zusammenfassung der Versicherungseinrichtungen aus.

Trotz dieser massiven Angriffe blieben die Grundstrukturen der Sozialversicherung erhalten. Selbst die von gemäßigten Sozialpolitikern als dringend erforderlich angesehene organische Reform mit einer zeitgemäßen Neugestaltung kam nicht zustande. Angesichts der Vielzahl der Verordnungen der Nachkriegs- und Inflationszeit wurde lediglich unter dem 15. Dezember 1924 die RVO in neuer Fassung bekanntgemacht [RGBl.I S.779].

In den Jahren 1930 bis 1932 stand die Sozialversicherung dann schließlich ganz im Zeichen der allgemeinen **Wirtschaftskrise**. Mit umfangreichen Eingriffen in das Leistungsrecht, v. a. durch drastische Kürzung der Geldleistungen, wurde versucht, die Sozialversicherung am Leben zu erhalten. Die Darstellung der wesentlichen Entwicklungen erfolgt bis zur Weltwirtschaftskrise getrennt nach einzelnen Versicherungszweigen. Bei der Behandlung der Notverordnungen wird dagegen auf eine getrennte Betrachtung verzichtet, da diese zumeist die gesamte Sozialversicherung betrafen.

4. 1 Krankenversicherung

Im Bereich der Krankenversicherung brachte die Weimarer Zeit kaum größere Veränderungen. Erwähnenswert ist, daß durch **Verordnung vom 3. Februar 1919** [RGBl. S.191] die mit der RVO eingeführte getrennte Abstimmung von Versicherten- und Arbeitgebervertretern bei der Wahl des Vorstandsvorsitzenden beseitigt wurde, womit die ⅔-Mehrheit der Versichertenvertreter in den Organen wiederum ausschlaggebend war. Mit dem Ziel, Zwergkassen zu beseitigen, erleichterte das **Gesetz vom 27. März 1923** [RGBl.I S.225] die Vereinigung von Krankenkassen. Gleichzeitig bestimmte es, daß bei zu befürchtender Beeinträchtigung der Leistungsfähigkeit keine Orts- und Landkrankenkassen nebeneinander bestehen durften. Eine Erweiterung erfuhr die Krankenversicherung durch das **Gesetz über die Krankenversicherung der Seeleute vom 16. Dezember 1927** [RGBl.I S.337]. Als besondere Abteilung der See-Berufsgenossenschaft entstand die See-Krankenkasse, die Seeleuten außerhalb des Dienstes und ihren Angehörigen einen Krankenversicherungsschutz gewährte.

4. 1. 1 Abgrenzung der Versicherungspflicht

Den sich häufig ändernden wirtschaftlichen Verhältnissen entsprach eine mehrfache Änderung der **Versicherungspflichtgrenze**, wobei die Tendenz vorherrschend war, den Kreis der Versicherungspflichtigen ständig auszudehnen. Der Geldentwertung Rechnung tragend, wurden durch die Verordnung vom 22. November 1918 [RGBl. S.1321] die Versicherungspflichtgrenze für Angestellte von 2.500 auf 5.000 RM heraufgesetzt und die Einkommenshöchstgrenze für die freiwillige Weiterversicherung beseitigt. Unmittelbar nach der Inflation lag die Versicherungspflichtgrenze dann bei 1.800 RM Jahresgehalt; im Januar 1925 wurde sie auf 2.700 RM und im Oktober 1927 auf 3.600 RM erhöht.

Der allgemeinen Ausweitung der Krankenversicherungspflicht durch Verordnung vom 3. Februar 1919 [RGBl. S.191] folgte am 30. April 1922 [RGBl.I S.465] die Wiedereinführung der Versicherungspflicht für **Hausgewerbetreibende**. Im Juli 1923 [RGBl.I S.636] wurden darüber hinaus **Angestellte** der Erziehung, des Unterrichts, der Fürsorge sowie der Kranken- und Wohlfahrtspflege für krankenversicherungspflichtig erklärt. Außerdem wurde das **Verhältnis** zwischen den **gesetzlichen Krankenkassen** und den **privilegierten Ersatzkassen** durch das Gesetz zur Erhaltung leistungsfähiger Krankenkassen vom 27. März 1923 [RGBl.I S.225] und die Verordnung vom 27. September 1923 [RGBl.I S.908] neu geregelt; danach waren Mitglieder der privilegierten Ersatzkassen von der Mitgliedschaft in den Zwangskassen befreit.

Tabelle 28: Entschädigungsfälle der Krankenkassen 1913, 1922–1932[1]

Jahr	Krankheitsfälle in 1.000[3]	Krankheitstage in 1.000[3]	Je Mitglied Krankheits-		Krankheitstage je Krankheitsfall[3,4]	Entschädigte Fälle von Wochenhilfe		Sterbefälle
			-fälle[3]	-tage[3]		insgesamt	auf 1.000[5]	
1913[2]	6.631	133.685	0,489	9,9	20,2	–	–	–
1922	8.750	177.345	0,450	9,1	20,3	733.999	37,7	127.608
1923	6.171	125.985	0,322	6,6	20,4	701.072	36,5	115.632
1924	8.064	204.250	0,444	11,2	25,3	756.406	41,6	117.855
1925	9.978	245.833	0,524	12,9	24,6	825.440	43,3	117.615
1926	8.831	230.686	0,461	12,0	26,1	805.381	42,0	115.729
1927	10.938	257.339	0,548	12,9	23,5	776.089	38,9	208.298
1928	11.598	281.062	0,559	13,5	24,2	810.810	39,1	221.459
1929	12.410	293.894	0,592	14,0	23,7	802.656	38,3	243.108
1930	8.653	236.391	0,425	11,6	27,3	788.391	38,7	214.935
1931	7.096	203.745	0,374	10,7	28,7	686.743	36,1	200.082
1932	5.537	156.683	0,324	9,2	28,3	599.198	35,1	122.711

1) ohne Ersatzkassen; 2) ohne knappschaftliche Krankenkassen; 3) mit Arbeitsunfähigkeit; 4) nur Mitglieder; 5) auf 1000 Mitglieder.
Quellen: Amtliche Nachrichten des Reichsversicherungsamtes (AN), Nr.2/1927, S.182; Amtliche Nachrichten für Reichsversicherung, Beilage zu Nr.12/1929, S.116, Nr.12/1933, S.IV 640.

Tabelle 29: Mitglieder der Krankenkassen 1913, 1918–1932

Jahr[1]	Reichsgesetzliche Krankenkassen			Mitglieder knappsch. Krankenkassen	Mitglieder der Ersatzkassen	Sämtliche Krankenkassen	
	Mitglieder	Kassen	AOK[2]			Mitglieder	Kassen
1913	13.566.473	21.342	57,04	989.196	–	14.555.669	21.492
1918	14.432.040	9.411	58,24	950.702	190.052	15.572.794	9.614
1919	15.840.850	8.971	61,84	1.109.084	290.680	17.240.624	9.203
1920	17.088.636	8.617	63,24	1.277.891	413.083	18.779.610	8.853
1921	17.442.378	8.399	64,09	1.120.853	465.505	19.028.736	8.614
1922	18.361.930	8.225	65,07	1.099.099	723.441	20.184.470	8.358
1923	18.112.022	8.080	65,29	1.071.772	815.610	19.999.404	8.200
1924	17.287.841	7.708	67,14	876.510	957.444	19.121.795	7.828
1925	18.234.970	7.616	67,64	817.845	1.122.541	20.175.356	7.709
1926	18.402.147	7.517	69,29	752.662	1.132.008	20.286.817	7.591
1927	19.168.859	7.427	69,00	789.440	1.248.805	21.207.104	7.515
1928	19.978.908	7.393	69,04	782.460	1.332.728	21.995.096	7.483
1929	20.173.406	7.329	69,66	782.680	1.462.337	22.418.423	7.418
1930	19.597.459	7.150	70,50	746.939	1.571.885	21.916.283	7.239
1931	18.330.344	6.896	71,17	667.219	1.617.548	20.615.111	6.983
1932	16.500.215	6.578	71,19	575.614	1.635.546	18.711.375	6.662

1) Jahresdurchschnittswerte; 2) Anteil der AOK-Mitglieder an den Mitgliedern der reichsgesetzlichen Krankenkassen insgesamt in %.
Quellen: Statistik des Deutschen Reiches, Bd.303, Berlin 1924, S.3 f.; Statistisches Jahrbuch für das Deutsche Reich, 44.Jg., 1924/25, S.334 ff., 45.Jg., 1926, S.370 ff., 46.Jg., 1927, S.414 ff., 47.Jg., 1928, S.464 ff., 48.Jg., 1929, S.358 ff., 49.Jg., 1930, S.402 ff., 50.Jg., 1931, S.382 ff., 51.Jg., 1932, S.378 ff., 52.Jg.,1933, S.390 ff., 53.Jg.,1934, S.390 ff.

4.1.2 Änderungen im Leistungsrecht

Abgesehen davon, daß die **Krankenhilfe** auf dem Höhepunkt der **Inflation** auf das »notwendigste Maß« eingeschränkt und für **Arzneien** eine **Selbstbeteiligung** der Versicherten von 10% eingeführt wurde, war für das Leistungswesen der Krankenversicherung vor allem der **Ausbau der Wochenhilfe** von Bedeutung. Das später häufig geänderte **Gesetz über Wochenhilfe und Wochenfürsorge vom 26. September 1919** [RGBl. S.1757] dehnte die Wochenhilfe als Pflichtleistung auf alle weiblichen Versicherten sowie in häuslicher Gemeinschaft mit Versicherten lebende weibliche Personen aus. Eine vorläufig abschließende Regelung erfuhr die Wochenhilfe durch das **Abänderungsgesetz vom 9. Juli 1926** [RGBl.I S.407]. Im Rahmen der Wochenhilfe wurden Arzneien, kleinere Heilmittel sowie Hebammenhilfe bereitgestellt und ein einmaliger Betrag von 10–25 RM sowie für Erwerbstätige ein Wochengeld (mindestens 0,50 RM je Tag) für die Dauer von 4 bzw. 6 Wochen vor und 6 Wochen nach der Niederkunft gezahlt; an die Stelle der Mutterschaftshilfe konnte die Unterbringung in einer Entbindungsanstalt treten. Für stillende Mütter wurde außerdem für maximal 26 Wochen das halbe **Krankengeld** gewährt.

Tabelle 30: Einnahmen und Ausgaben der Krankenversicherung 1913, 1924–1932

Jahr[1]	Beitragseinnahmen		Gesamtausgaben		von den Gesamtausgaben entfielen auf (in %)				Krankengeld je Krankheitstag in RM
	insgesamt in 1.000 RM	je Mitglied in RM	insgesamt in 1.000 RM	je Mitglied in RM	Ärztl. Behandlung[2,3]	Krankenhaus[2]	Arznei- u. Heilmittel[2]	Krankengeld[2]	
1913	462.392	31,77	475.703	32,68	21,71	13,62	13,94	35,51	1,15
1924	1.024.059	56,38	935.383	51,50	26,23	12,65	10,68	31,82	1,47
1925	1.325.337	69,56	1.269.706	66,64	23,83	12,62	11,22	35,29	1,84
1926	1.537.242	75,78	1.437.717	70,87	25,25	13,72	11,95	31,75	1,90
1927	1.780.262	83,95	1.712.264	80,74	26,78	13,37	11,67	31,52	2,02
1928	2.074.280	94,31	2.022.202	91,94	25,76	13,09	11,67	33,08	2,29
1929	2.241.198	99,97	2.192.196	97,79	25,63	13,21	12,15	32,88	2,35
1930	2.053.934	93,72	1.988.998	90,75	27,86	14,96	11,80	27,20	2,18
1931	1.532.653	74,35	1.663.640	80,70	28,49	16,60	11,33	23,42	1,83
1932	1.169.064	62,48	1.217.040	65,04	31,86	16,44	11,20	19,35	1,43

1) 1913, 1924 und 1925 ohne Ersatzkassen; 2) Prozentuale Verteilung 1913, 1924 und 1925 ohne Ausgaben der Ersatzkassen und der knappschaftlichen Krankenkassen; 3) einschl. zahnärztlicher Behandlung.
Quellen: Statistik des Deutschen Reiches, Bd.289, Berlin 1921, S.13 ff.; RArBl., 16.Jg. (N.F.), 1918, S.386; Statistisches Jahrbuch für das Deutsche Reich, 47.Jg., 1928, S.466, 48.Jg., 1929, S.360, 49.Jg., 1930, S.404, 50.Jg., 1931, S. 384, 51.Jg., 1932, S.382, 52.Jg., 1933, S.392, 53.Jg., 1934, S.392.

4.1.3 Verhältnis zwischen Kassen und Ärzten

Einen beherrschenden Konfliktstoff bildete während der gesamten Zeit der Weimarer Republik das Verhältnis zwischen Krankenkassen und Ärzten sowie Apotheken *(vgl. H. Günther, 1988)*. Nachdem es bereits 1920 zu einem **Ärztestreik** gekommen war, erfuhren die Auseinandersetzungen mit dem Auslaufen des »Berliner Abkommens« von 1913 und einem weiteren Ärztestreik im Herbst 1923 eine erneute Zuspitzung. Die Proteste der Ärzte richteten sich vor allem gegen die Verordnung über die Krankenhilfe bei den Krankenkassen vom 30. Oktober 1923 und die am selben Tage erlassene **Verordnung**

über Ärzte und Krankenkassen [RGBl.I S.1054,1051]. Letztere schloß an das Berliner Abkommen an und bildete das dort angebahnte Kassenarztrecht fort, das auf der Grundlage der Selbstbestimmung der Beteiligten beruhte. An die Stelle des früheren Zentralausschusses der Spitzenverbände trat als rechtsetzendes Organ der kassenärztlichen Selbstverwaltung der »**Reichsausschuß für Ärzte und Krankenkassen**«. Ihm oblag es z.B., Richtlinien für die Arztverträge und die Zulassung von Ärzten herauszugeben. Für die Schlichtung von Streitigkeiten entstanden paritätisch besetzte **Schiedsämter** und das **Reichsschiedsamt**.

Eine weitere **Ausgestaltung des Kassenarztrechts** erfolgte in den Jahren 1930 bis 1932. Eine im Juli 1930 erlassene NotVO [RGBl.I S.311] verlangte von den Kassen die Bildung **ärztlicher Prüfstellen** bzw. die Anstellung von **Vertrauensärzten** zur Durchführung von Nachuntersuchungen. Gleichzeitig wurde die **Verhältniszahl** zwischen zuzulassenden Ärzten und Versicherten von 1:1350 auf 1:1000 herabgesetzt *(vgl. Zöllner, 1981, S. 121)*. Nachdem sich die Ärzteschaft angesichts der Finanzlage der Kassen einer **Pauschalvergütung** aus dem Beitragsaufkommen nicht mehr grundsätzlich widersetzte, wurden die Beziehungen zwischen Ärzten und Krankenkassen durch die **Notverordnung vom 8. Dezember 1931** [RGBl.I S.699], die **Vertrags- und Zulassungsordnung** vom 30. Dezember 1931 [RGBl.I 1932, S.2] sowie die Verordnung vom 14. Januar 1932 [RGBl.I S.19] in umfassender Weise neu geregelt. Den Kern der Neugestaltung bildete die Errichtung **kassenärztlicher Vereinigungen** als öffentlich-rechtliche Körperschaften. Diese erhielten das alleinige Recht, Gesamtverträge abzuschließen, waren jedoch zugleich für die Sicherstellung der kassenärztlichen Versorgung (**Sicherstellungsauftrag**) verantwortlich. Die kassenärztlichen Vereinigungen erhielten von den Krankenkassen eine **pauschalierte Gesamtvergütung**, die sie nach einem selbsterstellten Honorarverteilungsmaßstab an die Kassenärzte verteilten. Den Versicherten wurde die **freie Arztwahl** unter allen Kassenärzten zugestanden; ferner wurde festgelegt, daß je 600 Versicherte ein Arzt zugelassen werden sollte *(vgl. Hadrich, 1955, S.15ff.; Preller, 1978, S.472ff.; Peters, 1978, S.88; Zöllner, 1981, S.121; H. Günther, 1988)*.

Zahlenmäßige Entwicklung

Ungeachtet der konjunkturellen Schwankungen weitete sich der Kreis der in der Krankenversicherung Pflichtversicherten gegenüber der Vorkriegszeit deutlich aus. Im Jahre 1929 waren insgesamt 22.418.423 Personen Mitglied einer Krankenkasse. Während die Mitgliederzahl in der knappschaftlichen Krankenversicherung zwischen 1920 und 1932 von 1.277.891 auf 575.614 zurückging, erhöhte sich der Mitgliederbestand der Ersatzkassen im selben Zeitraum von 413.083 auf 1.635.546. Die mit der RVO eingeleitete Reduzierung der Zahl der Kassen hat sich in den 20er Jahren fortgesetzt; 1932 existierten nurmehr 6.662 Kassen gegenüber 9.614 im Jahre 1918. Durch die Verschiebung des Mitgliederbestandes hin zu älteren Personen hat sich das Krankheitsrisiko in dieser Zeit deutlich erhöht. Kamen 1913 auf 100 Mitglieder lediglich 48,9 Erkrankungsfälle, so waren es 1929 immerhin 59,2; gleichzeitig erhöhte sich die durchschnittliche Krankheitsdauer je Krankheitsfall von 20,2 Tagen (1913) auf 28,3 Tage (1932). Insgesamt zählten die Krankenkassen im Jahre 1931 bei den Versicherten 26,8 Mio. und bei den Familienmitgliedern 11,4 Mio. Versicherungsfälle (einschl. der nicht mit Arbeitsunfähigkeit verbundenen Fälle) *(vgl. auch Tabellen 28-29)*.

4.2 Unfallversicherung

Auch im Bereich der Unfallversicherung ging es zunächst in erster Linie darum, die Leistungen und dabei vor allem die Renten an die fortschreitende Geldentwertung und die sich ständig verschlechternde **Finanzlage** der Berufsgenossenschaften anzupassen. Dies erfolgte im wesentlichen durch die aufgrund der Bekanntmachung vom 17. Januar 1918 [RGBl. S.31] als **Teuerungsausgleich** eingeführten **Zulagen**, die in den folgenden Jahren mehrfach geändert und neu geordnet wurden. Vor allem die Masse der **Altrentenemp-**

fänger stand bis Mitte der 20er Jahre unter dem Recht der Zulagengesetzgebung, die die Renten auf eine Durchschnittshöhe zusammenpreßte und zu »unerträglichen Kürzungen« führte *(vgl. Syrup/Neuloh, 1957, S.369)*. Erst ab dem 1. Juli 1925 wurden auch die alten Renten wieder nach den Verdiensten gleichartiger Versicherter berechnet *(vgl. Preller, 1978, S.326)*. Andere hervorzuhebende **Änderungen** aus den ersten Nachkriegsjahren waren die Abschaffung der **Begrenzung der Versicherung** nach der Einkommenshöhe und die Erweiterung der Möglichkeit der **freiwilligen Versicherung** für Unternehmer durch Gesetz vom 19. Juli 1923 [RGBl.I S.686]. Außerdem wurde durch Gesetz vom 9. Februar 1923 [RGBl.I S.115] die Frage der **Rücklagenbildung** neu geregelt *(vgl. auch Stahl, 1930)*.

4.2.1 Berufskrankheiten-Verordnung und Zweites Änderungsgesetz

Nachdem man 1925 endlich auch in der Unfallversicherung allgemein zu den Grundsätzen der RVO zurückgekehrt war, kam es kurz darauf zu einigen wesentlichen **Weiterentwicklungen**. Gestützt auf § 547 RVO dehnte der Reichsarbeitsminister mit Zustimmung des Reichsrates durch Verordnung vom 12. Mai 1925 (Berufskrankheiten-Verordnung) [RGBl.I S.69] die Unfallversicherung auf eine Reihe von **Berufskrankheiten** aus. Als entschädigungspflichtig wurden zunächst 11 Berufskrankheiten anerkannt, sofern die Krankheit durch die berufliche Tätigkeit in bestimmten Betrieben verursacht war *(vgl. Krohn, 1925 a, S.403ff.)*.

Tabelle 31: Betriebe, Versicherte und Vollarbeiter 1913, 1918–1932 (in 1.000)

Jahr (JD)	Gewerbliche Berufsgenossenschaften			Landw.-BGen	Staatliche Ausführungsbehörden		insgesamt	
	Betriebe[1]	Versicherte	Vollarbeiter[2]	Versicherte[3]	Versicherte	Vollarbeiter[2]	Betriebe[1]	Versicherte[4]
1913	762,6	10.630,4	9.476,2	17.403,0	1.071,1	854,5	5.485,8	29.104,5
1918	770,4	7.660,0	6.943,7	15.965,0	1.465,1	1.262,7	5.850,4	25.090,1
1919	801,7	8.529,1	7.436,5	16.015,0	1.427,2	1.258,3	5.881,5	25.971,3
1920	804,7	9.537,4	8.447,6	16.015,0	1.303,2	1.140,7	5.884,5	26.855,5
1921	805,3	10.403,1	9.271,5	15.173,0	1.139,3	969,7	5.750,8	26.715,5
1922	808,4	11.165,2	–[6]	14.915,0	658,9[5]	–[6]	5.681,5	26.739,1
1923	781,1	9.376,0	–[6]	14.177,1	632,1[5]	–[6]	5.327,0	24.185,2
1924	794,9	9.969,8	8.839,1	14.232,4	857,9	715,4	5.409,2	25.060,1
1925	837,7	10.854,1	9.734,3	14.246,8	880,2	702,6	5.439,6	25.981,1
1926	875,8	9.918,3	8.717,1	14.068,0	875,7	710,2	5.480,7	24.862,0
1927	917,8	11.391,4	10.152,5	14.054,0	897,0	732,8	5.523,1	26.342,4
1928	956,9	11.895,7	10.601,2	14.054,0	894,2	730,1	5.562,2	26.843,9
1929	1.077,2	12.160,0	10,770,4	14.054,0	1.251,7	1.174,3	5.682,5	27.465,7
1930	1.110,2	11.238,7	9.984,1	14.054,0	1.897,0	1.018,4	5.715,5	27.189,7
1931	1.123,2	9.622,3	8.394,3	14.054,0	1.805,4	983,7	5.728,5	25.481,7
1932	1.124,6	8.280,1	7.158,3	14.054,0	1.873,8	968,2	5.729,9	24.207,8

1) ohne Nebenbetriebe; 2) Vollarbeiter = Zahl der Arbeitstage(-schichten), geteilt durch 300 (gem. § 750 Abs.2 RVO); 3) Zahlen wurden aus den in den Jahren 1907 und 1925 durchgeführten landwirtschaftlichen Betriebsstatistiken abgeleitet; Zahl der Vollarbeiter wurde für die Landwirtschaft nicht festgestellt; 4) einschl. etwa 3,3 Mio. Personen, die gleichzeitig in gewerblichen und landwirtschaftlichen Betrieben beschäftigt und damit doppelt versichert waren; 5) nur die bei den Reichsausführungsbehörden für Reichsbetriebe beschäftigten Personen, die Zahl der bei den übrigen Ausführungsbehörden versicherten Personen (1921: rd. 300.000) wurde für 1922 und 1923 nicht festgestellt; 6) Angaben über die Zahl der Vollarbeiter wurden für die Jahre 1922 und 1923 nicht gemacht. Quellen: vgl. Tabelle 33.

Weitere Fortschritte brachte das **Zweite Gesetz über Änderungen in der Unfallversicherung vom 14. Juli 1925** [RGBl.I S.97]. Im Bereich der Unfallverhütung dehnte es die Verpflichtung zu Unfallverhütungsmaßnahmen auf die **Erste Hilfe bei Unfällen** aus, erweiterte das Aufsichtsrecht des Reichsversicherungsamtes und stärkte die unabhängige Stellung der technischen Aufsichtsbeamten. Mit der neu geschaffenen Verpflichtung zur **Berufsfürsorge**, die die Wiedergewinnung oder Erhöhung der Erwerbstätigkeit zum Ziel hatte, rückten die vorbeugenden und wiederherstellenden Leistungen in den Vordergrund *(vgl. auch Schulte-Holthausen, 1929)*.

Im **Leistungsrecht** beseitigte das Gesetz das **Zulagenwesen** und die sog. **Drittelungsgrenze** bei der Berechnung des Jahresarbeitsverdienstes. Der höchste **anrechnungsfähige Jahresarbeitsverdienst** wurde zugleich einheitlich auf 8.400 RM festgesetzt. Schwerverletzte erhielten fortan für jedes Kind eine **Kinderzulage** in Höhe von 10 % der Rente. Ebenfalls günstiger geregelt wurde das **Abfindungsrecht**. Die Rentenzahlung begann nach Ablauf des Krankengeldes, wobei die Krankenkassen die Aufwendungen ab der 8. Woche ersetzt bekamen. Neben verschiedenen Änderungen bei den Versicherungsträgern und im Verfahrensrecht brachte das Gesetz schließlich die Erstreckung des Versicherungsschutzes auf den **Weg zu und von der Arbeitsstätte** und auf die Verwahrung, Beförderung, Instandhaltung und Erneuerung des vom Versicherten gestellten Arbeitsgerätes *(vgl. Krohn, 1925 b, S. 491 ff.)*.

Tabelle 32: Angezeigte, entschädigte und tödliche Unfälle 1913, 1918–1932

Jahr	Angezeigte Unfälle und Berufskrankheiten			Erstmalig entschädigte Unfälle			Tödliche Unfälle gewerbl. BGen	
	insgesamt	darunter Berufskrankh.	darunter Wegeunfälle	insgesamt	darunter Berufskrankh.	darunter Wegeunfälle	insgesamt	je 1.000 Anzeigen
1913	789.393	–	–	139.633	–	–	10.293	8,33
1918	657.277	–	–	107.275	–	–	11.092	15,73
1920	591.922	–	–	101.177	–	–	9.338	13,77
1924	645.974	–	–	80.820	–	–	7.152	9,13
1925	863.502	–	–	107.517	–	–	8.043	8,09
1926	1.015.017	3.943	–	126.677	268	–	8.121	6,47
1927	1.319.594	4.181	37.617	136.273	323	3.986	8.545	5,24
1928	1.453.286	4.332	59.564	160.303	417	6.492	9.331	5,20
1929	1.502.432	22.258	71.904	167.865	1.969	7.518	9.493	5,17
1930	1.237.087	15.006	55.266	163.771	3.255	7.027	9.075	6,32
1931	973.831	9.681	45.593	136.441	2.290	5.486	7.036	6,17
1932	826.980	6.671	36.580	88.259	1.742	3.499	5.908	5,59

Quellen: vgl. Tabelle 33.

4.2.2 Drittes Änderungsgesetz zur Unfallversicherung

Das **Dritte Gesetz über Änderungen in der Unfallversicherung vom 20. Dezember 1928** [RGBl.I S.405] erweiterte das Gebiet der Unfallversicherung in wesentlichen Punkten. Eine Reihe von **Betrieben** und **Tätigkeiten** (z. B. Feuerwehren, Heil- und Pflegeanstalten, Laboratorien, Schausteller-Betriebe und Bewachungsunternehmen) wurden in die Unfallversicherung einbezogen. Zugleich wurde sie auf den kaufmännischen und verwaltenden Teil des Unternehmens, soweit er den Zwecken des Unternehmens diente, ausgedehnt. Ferner erhielten Personen einen Versicherungsschutz, deren Tätigkeiten zwar im öffentlichen Interesse lagen, jedoch ohne betrieblichen Bezug waren (z. B. Lebensretter). Im Vollzuge dieses Gesetzes wurde durch die Verordnung vom 17. Mai 1929 [RGBl.I S.104] eine Berufsgenossenschaft für Gesundheitsdienst und Wohlfahrtspflege errichtet.

Weiterhin ist zu erwähnen, daß durch **Verordnung vom 10. Februar 1928** [RGBl.I S.22] die Abfindungsmöglichkeit für Unfallrenten zum Erwerb oder zur Erhaltung von Grundbesitz geregelt und durch **Verordnung vom 11. Februar 1929** [RGBl.I S.27] die Unfallversicherung auf nunmehr 22 Berufskrankheiten ausgedehnt wurde.

Zahlenmäßige Entwicklung

Die Zahl der Versicherten in der Unfallversicherung folgte in starkem Maße der wirtschaftlichen Entwicklung. Während 1929 einschließlich möglicher Doppelzählungen 27.465.710 Versicherte gezählt wurden, waren es 1932 nurmehr 24.207.835. Die Zahl der angezeigten Unfälle und Berufskrankheiten erreichte mit 1.502.432 Meldungen im Jahre 1929 ebenfalls ihren Höhepunkt. Vor allem im Vergleich zur Vorkriegs- und unmittelbaren Nachkriegszeit ging die Zahl der tödlichen Unfälle im Verhältnis zu den Unfallanzeigen nachhaltig zurück. Im Jahre 1931 gab es 66 gewerbliche und 40 landwirtschaftliche Berufsgenossenschaften, 241 Ausführungsbehörden sowie 14 Zweiganstalten. Der Durchschnittsjahreslohn eines gewerblichen Vollarbeiters belief sich auf 1.980,85 RM, die durchschnittliche Verletztenrente auf 357,33 RM im Jahr *(vgl. auch Tabellen 31-33)*.

Tabelle 33: Entschädigte und Entschädigungsleistungen 1913, 1918–1932

Jahr	Entschädigte Unfälle[1]	Renten- bzw. Unterstützungsempfänger[2]			Abgefundene Verletzte	Zahl der Schwerverletzten	Gewerbliche BGen Durchschnitts-	
		insgesamt	Verletzte und Erkrankte	Hinterbliebene			-lohn eines Vollarbeiters	-höhe der Verletztenrente
1913	1.015.495	1.096.268	877.935	218.333	9.697	–	1.215,35	184,29
1918	938.922	1.114.612	860.544	254.068	5.434	–	1.816,51	–
1919	926.608	955.571	713.323	242.248	9.786	–	3.692,73	–
1920	911.574	996.574	768.586	227.988	9.519	–	9.149,99	–
1921	899.229	971.378	754.468	216.910	–	–	14.030,86	–
1922	831.257	923.593	721.159	202.434	–	–	–	–
1923	791.517	–	–	–	–	–	–	–
1924	786.196	–	–	–	–	–	1.346,97	–
1925	811.463	823.326	654.036	169.290	34.419	–	1.719,13	209,71
1926	837.685	885.088	710.882	174.206	27.726	115.473	1.801,91	324,94
1927	867.325	916.127	737.955	178.172	14.517	119.135	1.911,85	316,80
1928	918.879	977.696	791.968	185.728	15.473	126.051	2.054,79	321,43
1929	965.276	1.025.293	835.713	189.580	16.216	128.755	2.134,48	330,53
1930	987.172	1.053.333	860.575	192.758	17.132	131.492	2.153,17	348,53
1931	981.681	1.046.397	853.966	192.431	6.876	131.924	1.980,85	357,33
1932	634.001	684.097	507.091	177.006	681	129.809	1.687,20	440,94

1) Verletzte und Erkrankte, für die oder für deren Hinterbliebene Entschädigungen gezahlt worden sind; 2) Jahresende; Zahl der Renten- bzw. Unterstützungsempfänger übersteigt die Zahl der entschädigten Unfälle, da ein Unfall ggfs. zu Ansprüchen mehrerer Personen führt.

Quellen: AN, Nr.1/1921, S.2 ff., Nr.1/1922, S.2 ff., Nr.6/1923, S.166 ff., Nr.3/1924, S.43 ff., Nr.3/1925, S.113 ff., Nr.2/1926, S.20 ff., Nr.2/1927, S.36 ff., Beilage zu Nr.2/1928, S.4 ff.,Beilage zu Nr.12/1928, S.18, Beilage zu Nr.12/1929, S.24, Nr.12/1931, S.IV 538, Nr.12/1932, S.IV 542, Nr.12/1933, S.IV 507.

4. 3 Invalidenversicherung

Die Invalidenversicherung hatte von allen Versicherungszweigen unter den Folgen der **inflationären Nachkriegsentwicklung** am meisten zu leiden. Die Geldentwertung bedingte wiederholte Änderungen der Zulagen, außerordentliche Beihilfen und Teuerungszulagen. Als die eigenen Finanzmittel für Rentenanpassungen nicht mehr ausreichten, wurden mit dem **Gesetz vom 7. Dezember 1921** [RGBl. S.1533] für bedürftige Rentenempfänger **Unterstützungsleistungen** eingeführt, deren Finanzierung zu 80 % die Gemeinden und zu 20 % das Reich übernahmen *(vgl. Lippmann, 1922, S.368ff.)*. Trotz der wiederholten Notmaßnahmen sanken die Renten insbesondere in der zweiten Hälfte des Jahres 1923 bis zur wirtschaftlichen Bedeutungslosigkeit herab *(vgl. Syrup/Neuloh, 1957, S.367)*.

Neben den Rentenanpassungen an die Geldentwertung brachte die Nachkriegszeit auch einige nicht unwesentliche sonstige **Änderungen**. So wurden durch Gesetz vom 23. Juli 1921 [RGBl. S.984] die **freiwillige Zusatzversicherung** aufgehoben und die Gewährung von **Witwengeld** und **Waisensteuer** beseitigt. Sodann unterstellte das Gesetz vom 30. April 1922 [RGBl.I S.465] die **Hausgewerbetreibenden** der Versicherungspflicht. Das Gesetz vom 10. November 1922 [RGBl.I S.849] schließlich hob die **Doppelversicherung** in der Invaliden- und Angestelltenversicherung auf und beseitigte die **Altersrente** als selbständige Leistung (Angliederung an die Invalidenrente). Außerdem wurden durch Verordnung vom 2. August 1923 für alle Versicherungsanstalten gültige einheitliche Beitragsmarken (Einheitsmarken) eingeführt.

Tabelle 34: Entwicklung der Rentenbestände 1913, 1918–1932 (Jahresende)

Jahr	Bestand an							Rentenbestand insgesamt[1]
	Invalidenrenten	Krankenrenten	Altersrenten	Witwen-/Witwerrenten	Witwenkrankenrenten	Waisenrenten	Waisenstämme	
1913	998.339	16.555	87.726	11.743	323	–	37.774	1.152.460
1918	939.532	77.861	217.861	64.997	2.542	–	416.883	1.719.676
1919	962.030	101.365	232.993	82.455	3.622	–	482.728	1.865.193
1920	988.837	83.222	248.678	97.465	4.084	–	506.437	1.928.723
1921	1.028.493	67.333	269.379	115.386	4.458	–	517.918	2.002.967
1922	1.008.575	50.988	283.210	134.456	4.384	–	513.255	1.994.868
1923	1.230.347	41.325	136.855	157.312	4.226	996.991	524.732	2.567.056
1924	1.372.174	34.125	108.071	187.805	3.770	1.071.359	557.295	2.777.304
1925	1.529.070	29.478	89.440	233.401	3.441	1.135.609	597.689	3.020.439
1926	1.660.652	25.440	75.320	277.619	2.915	828.619	421.308	2.870.565
1927	1.766.881	23.104	65.903	334.280	2.646	779.384	510.515	2.972.198
1928	1.888.136	21.662	58.551	389.299	2.485	735.884	494.366	3.096.017
1929	1.998.610	20.264	50.610	486.644	2.304	690.965	471.666	3.249.397
1930	2.162.711	19.374	45.379	639.856	2.209	648.866	447.100	3.518.395
1931	2.285.923	18.483	40.239	651.776	2.115	545.637	373.544	3.544.173
1932	2.296.920	14.132	35.362	559.592	1.932	349.345	–	3.257.283

1) 1913-1922 einschl. Waisenstämme, ab 1923 einschl. Waisenrenten.
Quellen: AN, Nr.3/1922, S.247, Beilage zu Nr.2/1928, S.65f., Nr.12/1937, S.IV 542.

Mit der am 15. Oktober 1923 erfolgten Gründung der **Deutschen Rentenbank** begann für die Invalidenversicherung der mit großen Schwierigkeiten verbundene **Wiederauf-**

bau. Von dem am 14. Dezember 1914 vorhandenen Reinvermögen in Höhe von 2,12 Mrd. Mark waren am 31. Dezember 1924 lediglich 14,6 % erhalten geblieben. Unter diesen Umständen war es unumgänglich, vom bisherigen **Anwartschaftsdeckungsverfahren** auf das **Umlageverfahren** überzugehen, wobei die Beiträge nach dem Bedarf von 5 Jahren bemessen wurden. Gleichzeitig wurden durch Verordnung vom 20. Dezember 1923 [RGBl.I S.1235] für die **Beitragserhebung** wieder 5 Lohnklassen mit wöchentlichen Beiträgen von 10 bis 100 Rpf. eingeführt. Die **Invalidenrenten** wurden einheitlich auf monatlich 13 RM und die Witwenrenten auf 9 RM festgesetzt *(vgl. AN, Nr.2/1927, S. 104).*

Tabelle 35: Versicherte, Rentenzugänge und Heilverfahren 1913, 1918–1932

Jahr	Versicherte[1]	Zugang an Renten				Heilbehandlungen	Rentenhöhe im Jahresdurchschnitt in RM	
		Invalidenrenten	Witwenrenten	Waisenrenten	insgesamt		Invalidenrente	Witwenrente
1913	18.943.522	157.871	4.114	25.219	187.204	153.636	195,40	77,68
1918	14.329.225	205.585	18.117	83.665	307.367	–	207,25	83,90
1919	16.539.467	250.402	24.121	81.939	356.462	163.846	210,97	84,84
1920	17.512.079	202.209	22.099	44.017	268.325	221.512	207,99	85,63
1921	17.091.279	204.561	25.112	34.789	264.462	248.292	510,07	237,13
1922	–	189.482	31.511	34.731	255.724	249.926	1.924,36	1.772,34
1923	–	353.315	32.679	33.956	419.950	–	–	–
1924	14.550.115	259.361	41.195	86.796	387.352	–	166,69	110,05
1925	17.673.036	260.128	55.011	83.815	398.954	210.478	246,93	148,84
1926	15.799.111	260.237	60.708	75.276	396.221	268.069	299,04	171,24
1927	17.998.049	245.632	74.812	65.817	386.261	306.607	329,46	202,29
1928	17.853.568	259.844	76.047	64.701	400.592	371.844	379,62	249,03
1929	17.825.242	269.384	123.327	67.966	460.677	389.716	413,28	259,50
1930	16.229.518	289.371	180.857	64.379	534.607	425.603	437,34	265,17
1931	14.079.060	276.133	90.970	56.480	423.583	326.187	442,44	263,94
1932	12.195.562	228.707	51.250	44.128	324.085	115.649	391,62	237,44

1) Zahl der Wochenbeiträge geteilt durch 43.
Quellen: AN, Nr.3/1922, S.247, Beilage zu Nr.2/1928, S.65 ff.; Statistisches Jahrbuch für das Deutsche Reich, 44.Jg., 1924/25, S.24 f., 49.Jg., 1930, S.413.

Dem Verlangen der Versicherten, anstelle der **Einheitsrente** wieder die **persönliche Rentenbemessung** einzuführen, wurde zunächst nur sehr zurückhaltend entsprochen; nachdem die Verordnung vom 16. April 1924 [RGBl.I S.405] für ab dem 1. 1. 1924 entrichtete Beiträge **Steigerungsbeträge** in Höhe von 10 % gewährte, sah das Gesetz vom 23. März 1925 [RGBl.I S.27] für bis zum 30. 9. 1921 entrichtete Wochenbeiträge der Lohnklassen II-V eine Zusatzsteigerung von 2 bis 10 Rpf. vor. Das Gesetz über den Ausbau der Invalidenversicherung vom 28. Juli 1925 [RGBl.I S.157] erhöhte den Steigerungsbetrag für die nach dem 1. 1. 1924 entrichteten Beiträge auf 20 %, den Grundbetrag von jährlich 120 auf 168 RM und den **Kinderzuschuß** von 36 auf 90 RM. An der Aufbringung der Mittel zur Deckung der hieraus resultierenden Mehrbelastungen beteiligte sich das **Reich**. Nochmals eine erhebliche Aufwertung der Vorkriegsbeiträge sowie eine Erhöhung des Kinderzuschusses von 90 auf 120 RM brachte das Gesetz vom 29. März 1928 [RGBl.I S. 116]. Eine weitere Beitragsaufwertung – verbunden mit einer Änderung der Steigerungsbeträge und der Anspruchsvoraussetzungen der Hinterbliebenenfürsorge – beinhaltete auch das Gesetz vom 12. Juli 1929 [RGBl.I S.135].

Zahlenmäßige Entwicklung

Als Folge des Krieges, des früheren Eintritts der Invalidität sowie der zunehmenden Arbeitslosigkeit älterer Arbeiter war ein fortlaufender Ausgleich der Zu- und Abgänge nicht mehr zu erreichen. Ende 1932 versorgte die Invalidenversicherung 2,29 Mio. Invaliden, 559.592 Witwen sowie 349.345 Waisen. Während 1913 knapp zwei Prozent der Bevölkerung eine Rente der Invalidenversicherung bezogen, waren es 1932 nahezu 5 Prozent. Anfang 1930 konnte ein Invalidenrentner mit einer Neuzugangsrente von jährlich 448,03 RM rechnen; dies entsprach etwa 21 % des Durchschnittsjahreseinkommens aus Lohn oder Gehalt. Neben den Rentenleistungen betätigte sich die Invalidenversicherung in umfangreicher Weise an der Förderung der gesundheitlichen Verhältnisse der versicherungspflichtigen Bevölkerung. Im Jahre 1926 z.B. nahmen die Träger der Invalidenversicherung in 108 eigenen und 970 fremden Heilstätten insgesamt 268.069 Personen mit einem Gesamtkostenaufwand von rd. 50 Mio. RM in Heilbehandlung *(vgl. auch Tabellen 34 und 35)*.

4.4 Angestelltenversicherung

Die **Nachkriegs- und Inflationszeit** bereitete der Angestelltenversicherung ähnliche Schwierigkeiten wie der Invalidenversicherung, wenngleich in nicht ganz demselben Umfang, da sich die Zahl der Rentenempfänger in diesen Jahren noch in engen Grenzen hielt. Dennoch hatte auch die Angestelltenversicherung inflationsbedingt rd. eine Milliarde RM ihres **Vermögens** verloren. Wie bei der Invalidenversicherung mußten **Beihilfen** und **Teuerungszulagen** eingeführt und im Anschluß an die Inflation vorübergehend zum **Umlageverfahren** übergegangen werden.

Eine erste **einschneidende Änderung** erfuhr die 1911 geschaffene Angestelltenversicherung durch die sog. Große Novelle vom 10. November 1922 [RGBl.I S.849]. Die Novelle brachte die bereits erwähnte Beseitigung der **Doppelversicherung** bei gleichzeitiger Neuregelung der **Wanderversicherung**. Außerdem führte das Gesetz einen allgemeinen Oberbegriff des versicherungspflichtigen Angestellten ein. Da der Kreis der **Versicherungspflichtigen** lediglich anhand von Beispielen spezifiziert wurde, erhielt der Reichsarbeitsminister die Ermächtigung, durch Ausführungsbestimmungen die Personengruppen näher zu bezeichnen. Dies erfolgte durch die »Bestimmung der Berufsgruppen der AnV« (sog. **Berufskatalog**) vom 8. März 1924. Ferner erweiterte die Novelle die Möglichkeiten der freiwilligen Versicherung, indem sie die **Selbstversicherung** bis zum 40. Lebensjahr von Anfang an zuließ. Weiterhin wurden die **Altersgrenze** für den Eintritt der Versicherungspflicht gestrichen, die **Selbstverwaltung** ausgebaut und der **Rechtsweg** in der AnV an den der RVO angeglichen.

Die **Versicherungspflichtgrenze** für Angestellte wurde dagegen beibehalten; der Reichsarbeitsminister wurde ermächtigt, ihre nominale Höhe festzulegen. Aufgrund der Geldentwertung war die maßgebende **Einkommenshöchstgrenze** bereits seit dem Kriegsende mehrfach erhöht worden; im September 1918 auf 7.000 M, im Mai 1920 auf 15.000 M und im August 1921 auf 30.000 M. Ab 1922 stieg sie von zunächst 100.000 M auf 840.000 M und schließlich auf 1.200 Billionen Mark. Mit Wirkung vom 1. 12. 1923 wurde die Einkommensgrenze auf 4.000 Goldmark jährlich festgesetzt, durch Verordnung vom 23. April 1925 [RGBl.I S.51] aber schon kurz darauf auf 6.000 RM erhöht *(vgl. Paschek, 1968, S.13)*.

Nachdem durch die eingetretene **Währungsstabilisierung** überholte Bestimmungen aufgehoben werden konnten (durch VO vom 28. Mai 1924 [RGBl.I S.606]), wurde das Angestelltenversicherungsrecht unter der Bezeichnung »**Angestelltenversicherungsgesetz**« (AVG) [RGBl.I S.563] am 28. Mai 1924 neu bekanntgemacht.

Auch in der Angestelltenversicherung begann der Übergang zu wertbeständigen Leistungen mit beitragsunabhängigen, einheitlichen Renten (Ruhegeld 30 RM, Witwenrente 18 RM und Waisenrente 15 RM monatlich). Nachdem zunächst ab April 1924 nur für nach dem 1. 1. 1924 entrichtete Beiträge ein Steigerungsbetrag von 10 % gewährt wurde, sah das Gesetz vom 23. März 1925 [RGBl.I S.28] auch für Beiträge der Klassen F–J aus der Zeit von 1913 bis 21. Juli 1921 Zusatzsteigerungsbeträge vor. Die Witwenrente betrug nunmehr 5/10, die Waisenrente für Kinder unter 19 Jahren 2/10 des Ruhegeldes des Verstorbenen; die Kinderzulage belief sich auf 36 RM jährlich. Das Gesetz vom 25. Juni 1926 [RGBl.I S.311] erhöhte den Grundbetrag des jährlichen Ruhegeldes von 360 auf 480 RM, den Steigerungsbetrag von 10 auf 15 % und den Kinderzuschuß von 36 auf 90 RM. In Anlehnung an das Reichsknappschaftsgesetz wurden allerdings Kinderzuschüsse und Waisenrenten in der Regel nur noch bis zur Vollendung des 15. Lebensjahres gewährt. Andererseits wurde die Möglichkeit eingeführt, die Wartezeit durch Zahlung von Deckungsbeiträgen zu erfüllen.

Eine weitere Aufbesserung der Renten erfolgte durch das Gesetz vom 29. März 1928 [RGBl.I S.116], das den Kinderzuschuß abermals von 90 auf 120 RM heraufsetzte, die Steigerungsbeträge für Altbeiträge der Klassen F–J erhöhte und solche für die bis dahin unberücksichtigt gebliebenen Klassen A–E einführte. Ein anderes Gesetz vom selben Tage [RGBl.I S.117] schrieb vor, daß freiwillige Beiträge in der dem Einkommen entsprechenden Gehaltsklasse – mindestens aber in Klasse B – entrichtet werden mußten. Schließlich wurden mit Verordnung vom 10. August 1928 die Jahresarbeitsverdienstgrenze auf 8.400 RM erhöht und zugleich die Klassen G und H für die Pflichtversicherung eingeführt [RGBl.I S.372].

Tabelle 36: Entwicklung der Angestelltenversicherung 1920–1932

Jahr	Rentenbestand am Jahresende[1]				Heilverfahrensanträge		Durchschnittl. Monatsbetrag d. Ruhegehalts[3]	Versicherte[4]
	Ruhegeldempfänger	gezahlte Kinderzuschüsse	Hinterbliebenenrenten		gestellt	davon abgelehnt in %[2]		
			Witwen/Witwer	Waisen				
1920	1.245	–	10.797	12.729	50.535	34,56	–	1.497.455
1921	1.747	–	13.058	14.529	55.704	39,54	–	–
1922	2.907	–	15.593	16.385	50.024	41,33	–	–
1923	9.827	308	17.953	17.505	43.693	38,32	–	–
1924	24.645	2.498	21.301	19.150	40.063	37,35	39,26	–
1925	36.677	4.643	26.122	21.321	69.756	27,69	57,87	2.475.554
1926	50.382	6.124	33.479	24.073	86.757	23,27	59,56	2.800.000
1927	62.293	8.629	39.727	27.542	99.606	22,38	64,27	3.120.000
1928	74.787	10.981	46.792	30.767	–	–	79,56	3.200.000
1929	101.516	17.028	55.845	34.910	–	–	80,65	3.400.000
1930	129.234	21.229	64.567	38.056	–	–	83,20	3.500.000
1931	159.837	26.611	73.724	41.175	–	–	79,53	3.300.000
1932	188.433	22.354	82.478	27.428	–	–	71,32	3.600.000

1) ohne ruhende Renten; 2) in % der gestellten Anträge; 3) ungefährer Betrag; ermittelt aus der Summe der Rentenleistungen dividiert durch die durchschnittliche Zahl der Ruhegeldempfänger; 4) 1920 und 1925 Sondererhebungen der Reichsversicherungsanstalt, übrige Jahre Schätzungen auf der Grundlage der entrichteten Beiträge.
Quellen: AN, Nr.2/1927, S.156 ff., Nr.12/1935, S.IV 661 ff.; Statistisches Jahrbuch für das Deutsche Reich, 44.Jg., 1924/25, S.342.

Nochmalige wesentliche Leistungsverbesserungen durch **Neuregelung der Wartezeiten** brachte das Gesetz vom 7. März 1929 [RGBl.I S.75]. Danach dauerte die ursprüngliche Wartezeit von 120 Beitragsmonaten für das Ruhegeld (männliche Versicherte) allgemein nur noch 60 Beitragsmonate; wurden weniger als 30 versicherungspflichtige Beitragsmonate nachgewiesen, betrug sie 90 Beitragsmonate. Außerdem wurde bei Vorliegen der sonstigen Voraussetzungen Ruhegeld auch solchen Versicherten gewährt, die das 60. Lebensjahr vollendet hatten und seit mindestens einem Jahr **arbeitslos** waren.

Durch Verordnung vom 8. Oktober 1929 [RGBl.I S.151] wurde die **Versicherungspflicht** in der AnV auf selbständige Musiker und Hebammen ausgedehnt.

Vor allem nach dem Kriege hat sich der Versichertenbestand der AnV ständig erhöht. Nachdem 1920 nur 1.497.455 Versicherte gezählt wurden, waren es Anfang 1925 bereits 2.475.554 und 1929 schätzungsweise 3,4 Mio. Mitentscheidend für diese Zunahme war nicht zuletzt die wachsende Zahl weiblicher Versicherter; ihr Anteil an allen Versicherten stieg zwischen 1913 und 1926 von 29,3 % auf 38,2 %. Bedingt durch die 10jährige Wartezeit wurden Ende 1922 erst 2.907 Ruhegeldempfänger gezählt; zehn Jahre später waren es allerdings schon 188.433. Ende 1932 liefen daneben 82.478 Witwen- und Witwerrenten sowie 27.428 Waisenrenten. Träger der AnV war im wesentlichen die Reichsversicherungsanstalt für Angestellte. Neben der Reichsknappschaft waren außerdem 9 Ersatzkassen zugelassen, denen zusammen rund 80.000 bis 90.000 versicherte Angestellte angehörten. Seit dem 1.9.1925 erhob die AnV etwa 5,3 % des durchschnittlichen Monatsverdienstes als Beitrag. Die durchschnittliche Rentenhöhe betrug 1930 für Ruhegeld 83,20 RM, für Witwenrente 47,25 RM und für Waisenrente 39,45 RM monatlich. Im Jahre 1927 z. B. bewilligte die AnV zudem rd. 77.300 Personen ein Heilverfahren *(vgl. Tabelle 36)*.

4.5 Knappschaftsversicherung

Die knappschaftliche Versicherung beruhte bis Ende 1925 auf **landesrechtlicher Regelung**. Die Durchführung der Versicherung erfolgte durch eine Vielzahl unterschiedlich leistungsfähiger **Knappschaftsvereine** (am 1.7.1925 bestanden 53 Knappschaftspensions- und 88 Knappschaftskrankenkassen), deren Beiträge und Leistungen nach Art und Höhe zum Teil erheblich voneinander abwichen. Als wesentlicher Mangel für die Bergleute erwies sich aber insbesondere die unzureichende Regelung der **Freizügigkeit**, d.h. mit dem Wechsel des Beschäftigungsortes konnte u.U. eine Beeinträchtigung der erworbenen Rechte verbunden sein.

Tabelle 37: Knappschaftliche Pensions- und Ruhegeldempfänger 1923–1932 (Jahresende)

Jahr	Arbeiterpensionskasse					Angestelltenpensionskasse			
	insgesamt	Invalidenpensionäre	Alterspensionäre	Witwen	Waisen	insgesamt	Ruhegeldempf.	Witwen	Waisen
1923	234.580	63.383	–	84.543	86.654	7.684	1.663	2.783	3.238
1924	295.051	80.329	27.277	92.501	94.944	12.425	4.078	4.734	3.613
1925	330.660	99.427	31.617	96.379	103.237	16.452	6.908	5.375	4.169
1926	311.290	119.743	26.206	91.439	73.902	18.735	9.357	5.900	3.478
1927	328.283	135.365	29.651	93.993	69.274	21.236	11.371	6.141	3.724
1928	341.361	157.528	23.706	95.386	64.741	22.025	12.094	6.371	3.560
1929	344.505	161.319	23.139	98.134	61.913	22.631	12.849	6.553	3.229
1930	357.561	179.879	23.198	101.212	53.272	24.271	14.071	6.958	3.242
1931	372.269	194.983	23.157	103.622	50.507	25.933	15.609	7.284	3.040
1932	386.253	206.446	22.994	106.316	50.497	26.611	17.051	7.582	1.978

Quelle: vgl. Tabelle 38.

Nach fast vierjährigen Beratungen erfüllte das **Knappschaftsgesetz vom 23. Juni 1923** [RGBl.I S.431] endlich die seit Jahren erhobene Forderung der Bergarbeiterschaft nach Überwindung dieser Zersplitterung. An die Stelle der Einzelvereine trat ein das ganze Reichsgebiet umfassender **Reichsknappschaftsverein**, der für alle Beschäftigten in bergbaulichen Betrieben die Kranken- und Invalidenversicherung (im wesentlichen nach den Vorschriften der RVO), die Angestelltenversicherung sowie als besondere Einrichtung für Bergwerksangehörige die **Pensionsversicherung** (für Arbeiter und Angestellte) durchführte. Der Reichsknappschaftsverein besaß das Recht der **Selbstverwaltung**; seine Organe (Vorstand und Hauptversammlung) setzten sich je zur Hälfte aus Vertretern der Arbeitgeber und der Versicherten zusammen. Als örtliche Verwaltungsstellen dienten 16 Bezirksknappschaftsvereine.

Bis Juni 1926 wurde in der **Arbeiterpensionskasse** der Bezirksknappschaften für sämtliche Arbeiter ein **einheitlicher Monatsbeitrag** erhoben, der je zur Hälfte von Arbeitgebern und Versicherten getragen wurde. Da zusätzlich Beiträge zur Kranken- und Invalidenversicherung zu entrichten waren, ergab sich bereits 1924 ein durchschnittlicher Gesamtbeitragssatz in Höhe von 23,6 % des Lohnes (1928 stieg dieser Satz auf 28,63 %). In der **Angestelltenabteilung** waren zunächst **Beiträge** sowohl zur **Angestelltenpensionskasse** als auch zur **Angestelltenversicherung** zu zahlen.

Als **Pflichtleistungen** gewährte die Reichsknappschaft eine Invaliden- bzw. eine Alterspension (für Angestellte ein Ruhegeld) mit Kindergeld für Kinder unter 19 Jahren, die Witwenpension und das Waisengeld (bis zur Vollendung des 18. Lebensjahres) sowie eine Begräbnishilfe (sofern nicht ein Sterbegeld aus der Krankenversicherung gezahlt wurde). Zu den Leistungen gehörte desweiteren die freie ärztliche Behandlung einschließlich Arzneien für die Knappschaftsinvaliden.

Ähnlich wie in der Invalidenversicherung setzte die **Pensionsversicherung** die Erfüllung einer **Wartezeit** von 36 Beitragsmonaten voraus, wobei Leistungen bei **Berufsunfähigkeit** zu bergmännischer Arbeit und nach Vollendung des 65. Lebensjahres erfolgten. Eine Besonderheit war, daß Berufsunfähigkeit bereits als vorhanden angenommen wurde, wenn der Antragsteller das 50. Lebensjahr vollendet, 25 Dienstjahre zurückgelegt sowie während dieser Zeit mindestens 15 Jahre wesentliche bergmännische Arbeit verrichtet hatte und keine gleichwertige Lohnarbeit mehr ausübte.

Tabelle 38: Mitglieder und Leistungen der Knappschaftsversicherung 1923–1932

Jahr	Mitglieder am Jahresende		Auf..Mitglieder entfällt eine		Durchschnittl.	Jahresdurchschnittsbetrag der		Heilverfahren	
	Arbeiter	Angestellte	Inval.-pens.-einheit	Ruhegeld-einheit	Beitragssatz (%)	Invalidenpens. in RM	Ruhegelder in RM	beantragt	bewilligt in %
1923	727.726	48.091	5,92	12,98	–	–	–	–	–
1924	731.681	49.942	4,22	6,79	11,55	546,00	959,80	–	–
1925	648.684	48.846	3,25	4,69	10,71	684,96	1.446,48	16.660	76,5
1926	748.755	49.306	3,47	3,37	11,03	785,40	1.709,64	16.544	72,6
1927	734.543	49.477	3,12	2,92	10,55	819,72	2.181,60	21.124	78,1
1928	702.248	49.029	2,79	2,77	10,63	785,76	2.078,40	22.422	75,8
1929	727.160	49.080	2,84	2,67	8,50	759,96	2.010,96	24.296	71,3
1930	572.018	46.245	2,08	2,33	8,50	759,00	2.027,52	22.561	73,3
1931	461.982	41.141	1,59	1,91	9,80	642,66	1.772,34	15.402	74,5
1932	438.952	37.711	1,45	1,67	9,80	531,48	1.540,60	13.066	64,2

Quelle: AN, Nr. 12/1935, S. IV 672 ff.

Die zu gewährende **Rente** bestand aus der Invalidenpension, deren Höhe sich nach einheitlichen monatlichen Steigerungsbeträgen bemaß, und einer nach dem Dienstalter abgestuften Teuerungszulage. Bei 25jähriger Dienstzeit mußten beide zusammen mindestens 40% des durchschnittlichen Hauerlohnes bzw. (für Angestellte) 40% des Durchschnittsgehalts eines revierführenden Steigers erreichen. Das **Kindergeld** belief sich auf 10% der Invalidenpension, die **Witwenpension** auf 50% und das **Waisengeld** auf 20% der Knappschaftspension des Verstorbenen *(vgl. Röpke, 1923, S. 723ff.)*.

Die besonders günstigen Leistungsvoraussetzungen, die frühzeitige Pensionierung (1925 waren die neuzugehenden Invaliden in der Arbeiterabteilung im Durchschnitt 50,5 Jahre, die Alterspensionäre 52,7 Jahre alt), vor allem aber die Absatzschwierigkeiten des Steinkohlenbergbaus und die durch umfangreiche Rationalisierungen ständig zurückgehenden Belegschaften ließen die knappschaftliche Pensionsversicherung trotz enormer Beitragssätze von Beginn an unter erheblichen Finanzierungsschwierigkeiten leiden. Während sich die Mitgliederzahl zwischen Ende 1923 und Ende 1925 in der Arbeiterabteilung um 79.042 verringerte, stieg die Zahl der Leistungsempfänger von 234.580 auf 330.660. Entfielen am 1.1.1924 auf eine Invalideneinheit noch 5,92 Beitragszahler, waren es zwei Jahre später nurmehr 3,25 (in der Angestelltenabteilung verringerte sich das Verhältnis sogar von 12,98 auf 4,69) *(vgl. Tabellen 37 und 38)*.

Die sich angesichts dieser Entwicklung abzeichnenden Probleme gaben den Anlaß, die knappschaftliche Pensionsversicherung durch die **Novelle vom 25. Juni 1926** [RGBl.I S.291] grundlegend umzugestalten. Neben der Umbenennung des Reichsknappschaftsvereins in **Reichsknappschaft** brachte die Novelle eine Erweiterung des Einflusses der Arbeitnehmer in den **Organen** der Reichsknappschaft, indem die Arbeitnehmer nunmehr 3/5, die Arbeitgeber 2/5 der Vertreter stellten. Gleichzeitig waren jedoch die **Beiträge** nicht nur nach Lohn- und Gehaltsklassen zu staffeln, sondern auch zu 2/5 von den Arbeitgebern und zu 3/5 von den Versicherten zu tragen, wobei die **Doppelversicherung** in der Angestelltenversicherung wegfiel. Im Bereich des **Leistungsrechts** wurden die Teuerungszulage beseitigt und die Rente in Angleichung an die Invalidenversicherung nach gleichartigen Rentenbestandteilen (Grundbetrag, Steigerungsbetrag und Kinderzuschuß) bemessen. **Neu geregelt** wurden zudem der Kinderbegriff, die Altersgrenze bei den bezugsberechtigten Kindern sowie die Kürzungsvorschriften für den Fall des Zusammentreffens mehrerer Renten.

Ungeachtet dieser Leistungsbeschränkungen war langfristig eine **Finanzierung** der knappschaftlichen Pensionsversicherung allein durch Versichertenbeiträge kaum zu erreichen, zumal sich das Verhältnis zwischen Beitragszahlern und Leistungsempfängern weiterhin ungünstig entwickelte. Am 1. 4. 1930 entfiel eine Pensionseinheit auf 2,08 Arbeitermitglieder und 2,33 Angestelltenmitglieder. Um weitere Beitragserhöhungen zu vermeiden, erhielt die knappschaftliche Pensionsversicherung aufgrund der sog. »Lex Brüning« (Erlaß vom 11. Juli 1929 IIa 7050) im Rechnungsjahr 1929 aus Lohnsteuerüberschüssen 75 Mio. RM. Dieser **Zuschuß** verringerte sich infolge des gesunkenen Lohnsteueraufkommens im folgenden Rechnungsjahr auf 26,5 Mio. RM.

4. 6 Sozialversicherung während der Wirtschaftskrise

Nachdem sich die Sozialversicherung im Anschluß an die Inflation in den Jahren 1925–1929 wieder einigermaßen stabilisiert hatte und (neben verschiedenen strukturellen Reformen) sogar verschiedene Leistungsverbesserungen gewähren konnte, geriet sie durch die 1929 beginnende **Wirtschaftskrise** abermals in starke Bedrängnis. Durch rückläufige Beschäftigtenzahlen und fallende Löhne induzierte **Beitragsmindereinnahmen** machten schon bald einschneidende **Sparmaßnahmen** erforderlich. Für sämtliche Zweige der Sozialversicherung (ohne Arbeitslosenversicherung) gingen die Gesamteinnahmen von 5,139 Mrd. RM im Jahre 1929 auf 2,747 Mrd. RM im Jahre 1932 zurück. Im Jahre 1931 ergab sich erstmals für die Sozialversicherung insgesamt ein **Fehlbetrag** in Höhe von 435,6 Mio. RM *(vgl. StJbDR, 1931, S. 397; Länderrat, 1949, S. 536f.)*.

Tabelle 39: Wirtschaftliche Kennziffern 1913, 1925–1932

Jahr	Mittlere Wohn-bevölke-rung in 1.000	Erwerbs-tätige (ohne Militär) in 1.000	Vollbe-schäft. Arbeit-nehmer in 1.000	Arbeits-losen-quote in %[1]	Volks-ein-kommen in Mio. RM[2]	Durchs. Wochen-arbeits-zeit in Std.	Einkom-men aus Lohn u. Gehalt in RM[2]	Preis-index für priva-ten Ver-brauch[3]	Real-ein-kom-men in RM[4]
1913[5]	57.798	30.104	17.799	1,63	45.693	57,0	1.163	100,0	1.163
1925	63.166	30.891	20.539	3,22	59.978	50,5	1.643	140,7	1.168
1926	63.630	29.709	19.417	9,43	62.673	50,5	1.793	140,5	1.276
1927	64.024	31.820	20.313	4,40	70.754	50,0	1.914	148,0	1.293
1928	64.393	32.387	20.373	6,41	75.373	49,0	2.092	151,1	1.385
1929	64.739	32.121	19.946	8,76	76.098	46,0	2.158	151,9	1.421
1930	65.084	30.338	18.863	13,80	70.165	44,0	2.126	144,9	1.467
1931	65.423	27.968	17.250	20,98	57.074	42,5	1.935	131,0	1.477
1932	65.716	25.987	16.170	25,66	46.475	41,5	1.590	117,7	1.351

1) in % der verfügbaren Arbeitnehmer (Arbeiter, Angestellte und Beamte); 2) zu jeweiligen Preisen; 3) 1913 = 100; 4) errechnet aufgrund der Indexwerte der vorherigen Spalte; 5) Staatsgebiet nach dem Kriege (ohne Saargebiet).
Quellen: W.G. Hoffmann: Das Wachstum der deutschen Wirtschaft seit der Mitte des 19. Jahrhunderts, Berlin-Heidelberg-New York 1965, S.174, 205 ff.; Statistisches Jahrbuch für das Deutsche Reich, 53.Jg., 1934, S.500 ff.; RArBl. (nichtamtl. Teil), lfde. Nrn., lfde. Jge.; eigene Berechnungen.

Um die Ausgaben- und Einnahmenentwicklung wenigstens einigermaßen einander anzugleichen, wurde in den Jahren 1930 bis 1932 durch mehrere Notverordnungen zunehmend massiver in das Leistungsrecht der einzelnen Versicherungszweige eingegriffen. Hierdurch wurde schließlich erreicht, daß die gesamten Ausgaben der Sozialversicherung zwischen 1930 und 1932 von 4,129 Mrd. auf 3,105 Mrd. RM zurückgingen *(vgl. StJbDR, 1931, S.397; Länderrat, 1949, S.536 f.)*. In der Rentenversicherung sank die Höhe der durchschnittlichen jährlichen Invalidenrente von 437,34 auf 391,62 RM. Bei den Krankenkassen verringerten sich die Gesamtausgaben je Mitglied von 90,75 auf 65,04 RM *(vgl. Tabellen 35 und 30)*.

Im einzelnen wurden durch die verschiedenen **Notverordnungen** insbesondere die **folgenden Maßnahmen** getroffen:

Verordnung zur Behebung finanzieller, wirtschaftlicher und sozialer Notstände vom 26. Juli 1930 [RGBl.I S.311]

Diese Notverordnung, die vorangegangene Gesetzesberatungen und Beschlüsse des sozialpolitischen Ausschusses aufgriff, betraf in der Hauptsache die **Krankenversicherung**. Danach sollte die Krankenhilfe zwar »ausreichend und zweckmäßig sein«, durfte aber »das Maß des Notwendigen nicht überschreiten« *(vgl. H. Günther, 1988)*. Zur Sicherstellung dieses Grundsatzes war die Einführung eines **Vertrauensärztlichen Dienstes** vorgesehen. Daneben wurden für das Krankengeld eine Grundlohnhöchstgrenze von 10 RM/Tag festgesetzt und für Rezepte und Krankenscheine eine Gebühr von 50 Rpf. eingeführt. Außerdem galt die Versicherungsberechtigung nurmehr bis zu einem Jahresverdienst von maximal 8.400 RM. Andererseits wurde die **Familienkrankenhilfe** zur Pflichtleistung ohne besonderen Zusatzbeitrag. Ferner ergingen neue Bestimmungen in bezug auf die Vermögensverwaltung und Rechnungsprüfung. Die Not-VO vom 1. Dezember 1930 [RGBl.I S.517] brachte Ausnahmen von der Rezeptgebühr sowie gewisse Änderungen bei der Krankenscheingebühr.

Verordnung zur Sicherung von Wirtschaft und Finanzen vom 5. Juni 1931 [RGBl.I S.279]

Nachdem die bis dahin ergriffenen Maßnahmen vor allem der Krankenversicherung galten, enthielt diese NotVO auch für andere Versicherungszweige Änderungen. So wurde insbesondere von der **Knappschaftsversicherung** eine Herabsetzung der Leistungen verlangt. Von der Selbstverwaltung daraufhin beschlossene **Leistungsminderungen** brachten der Arbeiterabteilung eine jährliche Ersparnis von 26 Mio. RM und der Angestelltenabteilung eine solche von 4,6 Mio. RM. Als Gegenleistung gewährte das Reich für das Rechnungsjahr 1931 einen Zuschuß von 70 Mio. RM. Für den Bereich der Krankenversicherung war bedeutsam, daß der Reichsarbeitsminister ermächtigt wurde, auf die Festsetzung der Beiträge Einfluß zu nehmen. Die Regierung erhielt zudem das Recht, die Höhe des Abschlags von den Preisen der **Arzneitaxe** zu bestimmen, den die Apotheken den Krankenkassen zu gewähren hatten.

Verordnung zur Sicherung von Wirtschaft und Finanzen vom 8. Dezember 1931 [RGBl. I S. 699]

Die sich für alle Sozialversicherungszweige für das Jahr 1931 abzeichnenden **Fehlbeträge** veranlaßten die Regierung, mit dieser Notverordnung massiv in das **Leistungsrecht** aller Bereiche einzugreifen. Für die **Krankenversicherung** bedeutete dies, daß die Leistungen generell auf die Regelleistungen zu beschränken waren. Mehrleistungen bedurften der Zustimmung durch das Oberversicherungsamt und waren nur zulässig, wenn der höchste Beitragssatz weniger als 5 % des Grundlohnes betrug.

In der **Unfallversicherung** wurden Renten von weniger als 20 % der Vollrente nur noch in besonderen Fällen festgesetzt; Teilrenten von 20 % der Vollrente fielen nach zweijähriger Laufzeit fort. Zugleich wurden Kinderzulagen und Waisenrenten nur noch bis zur Vollendung des 15. Lebensjahres gewährt. Ferner konnten Entschädigungen bei Wegeunfällen bei einem Mitverschulden des Versicherten ganz oder teilweise versagt werden. Alles in allem brachte die NotVO den Wegfall von rd. 400.000 Kleinrenten.

Umfangreiche Entlastungen bewirkte die NotVO auch für die **Invalidenversicherung** durch die Beseitigung von Kinderzuschüssen und Waisenrenten über das 15. Lebensjahr hinaus, den Wegfall von Zusatzrenten, die Begrenzung der Höhe der Hinterbliebenenrenten, den Wegfall der Witwenrenten gem. Art. 3 des Gesetzes vom 12. Juli 1929 [RGBl. I S. 135], die Änderung der Vorschriften über den Beginn der Renten, die Abrundung und die Dauer der Wartezeit (250 Pflicht- bzw. 500 freiwillige Beitragswochen, 750 Beitragswochen für Altersinvalidenrente) sowie das Ruhen der Invalidenrenten bei Zusammentreffen mit Krankengeld, Unfallrenten, Versorgungsrenten und Ruhegehältern. Durch diese Maßnahmen schieden rd. 130.000 Waisen und 190.000 Witwen aus dem Rentenbezug aus. Die jährliche Ersparnis belief sich schätzungsweise auf 130 Mio. RM.

Trotz der vergleichsweise günstigen finanziellen Lage der **Angestelltenversicherung** schrieb die NotVO für sie dieselben Leistungsminderungen vor. Darüber hinaus wurde durch Verordnung vom 19. Dezember 1931 [RGBl. I S. 777] die Versicherungspflicht nebenberuflich tätiger Personen erheblich eingeschränkt, dagegen durch Verordnung vom 14. März 1932 [RGBl. I S. 142] die Versicherungspflicht auf Personen, die in der Krankenpflege auf eigene Rechnung tätig waren, erstreckt. Für die **knappschaftliche Pensionsversicherung** wurden im wesentlichen entsprechende Beschränkungen wie für die anderen Rentenversicherungszweige verfügt.

Notverordnung vom 14. Juni 1932 [RGBl. I S. 273]

Vor allem für alle Rentenversicherungszweige sowie die Unfallversicherung wurden abermals **drastische Leistungskürzungen** angeordnet. Zugleich erhielt die Reichsregierung weitgehende Befugnisse, in die Selbstverwaltung der Sozialversicherungsträger einzugreifen.

In der **Invalidenversicherung** wurden der Grundbetrag für die Neurenten auf 84 RM und der Kinderzuschuß auf 90 RM reduziert. Für Witwen- und Waisenrenten wurden Grund- und Steigerungsbetrag auf 50 bzw. 40 % der Invalidenrente herabgesetzt; bei den laufenden Renten wurde eine Kürzung von 6 RM bei den Invalidenrenten, von 5 RM bei den Witwenrenten und von 4 RM bei den Waisenrenten vorgenommen. Überdies wurden die Leistungsvoraussetzungen für Wanderversicherte verschärft. Entsprechende Rentenminderungen ergingen auch für die knappschaftliche Pensionsversicherung und die Angestelltenversicherung; hier wurden der Grundbetrag des Ruhegehaltes auf 396 RM und der Kinderzuschuß auf 90 RM jährlich vermindert. Für die **Unfallversicherung** wurde eine Senkung der Renten aus der Zeit von 1927 bis 1932 um 15 %, der übrigen um 7,5 % vorgeschrieben.

Allerdings bestimmte die Reichsregierung in der **Verordnung zur Ergänzung von sozialen Leistungen vom 19. Oktober 1932** [RGBl.I S.499], daß Mehrleistungen in der Rentenversicherung bei Zustimmung der Aufsichtsbehörde durch die Satzung des Versicherungsträgers beschlossen werden können. Die RfA erweiterte daraufhin bei Schul- und Berufsausbildung sowie Gebrechlichkeit den Bezug von Waisenrenten und Kinderzuschüssen bis zur Vollendung des 18. Lebensjahres.

Morgenausgabe
Nr. 275 A 139 49. Jahrgang

Dienstag 14 Juni 1932
Groß-Berlin 10 Pf.
Auswärts 15 Pf.

Vorwärts
Berliner Volksblatt
Zentralorgan der Sozialdemokratischen Partei Deutschlands

Vorwärts-Verlag G. m. b. H.

Heute Notverordnung
Kabinett der Barone kürzt Renten und Unterstützungen.
Das ist die Frucht des Nationalsozialismus!
Süddeutschland lehnt jede Verantwortung ab.

Die Reichsregierung wird heute nachmittag ihre neuen Notverordnungen bekanntgeben. Durch diese Notverordnungen wird dem arbeitenden Teil der Bevölkerung eine neue Last von 400 Millionen Mark auferlegt. Der Besitz bleibt von neuer Belastung frei.

Erwerbslose und Sozialrentner wie Kriegsopfer werden ...

Auch wenn die Regierung in der **NotVO vom 14. Juni 1932** ihre drastischen Maßnahmen damit begründete, daß es »nicht mehr um die Höhe der Leistungen (ging), sondern um ihre Erhaltung überhaupt«, waren vor allem die einschneidenden Kürzungen bei den Renten nicht unumstritten, zumal sie die prozyklisch wirkende **Deflationspolitik** nachhaltig verstärkten. Immerhin hatte die Arbeiterrentenversicherung 1930 ein Vermögen von 1.636,7 Mio. RM (=13 Monatsausgaben); hieraus hätten die jährlichen Fehlbeträge von rd. 185 Mio. RM (1931/32) durchaus für einige Zeit gedeckt werden können. Noch immer allerdings orientierten sich die Entscheidungen der Gesetzgeber an dem versicherungstechnisch erforderlichen Deckungskapital von etwa 18 Mrd. RM *(vgl. auch Zöllner, 1981, S. 118ff.)*.

5. Besoldung und Versorgung der Beamten

5. 1 Verfassungsmäßige Absicherung der Rechte der Beamten

Das **Ende der Monarchie**, der sie die Treue geschworen hatten, führte bei den Beamten zunächst zu einiger Verunsicherung, zumal die an die Macht gelangten Sozialdemokraten in ihrem Erfurter Programm von 1891 noch die **Abschaffung des Berufsbeamtentums** und die Wählbarkeit der Staatsbediensteten durch das Volk gefordert hatten.

Während die neu geschaffenen Arbeiter- und Soldatenräte daran gehen wollten, diese Forderung in die Praxis umzusetzen, erkannten die regierenden Sozialdemokraten sehr schnell, daß man gerade in der kritischen Nachkriegssituation mit den zahlreichen organisatorischen Problemen auf die Mitarbeit der vorhandenen Beamten angewiesen sein würde. Zwar hatte EBERT in einem Aufruf vom 9. November 1919 »an alle Behörden und Beamten« lediglich an die Beamtenschaft appelliert, »auf ihrem Posten zu bleiben, bis die Stunde der Ablösung gekommen ist«, schon am 15. November 1918 jedoch garantierte der Rat der Volksbeauftragten den im öffentlichen Dienst stehenden Beamten ihre Gehalts-, Pensions- und sonstigen Rechtsansprüche. Obgleich später auch der damalige Ministerpräsident SCHEIDEMANN den Beamten versicherte, daß »kein wohlerworbenes Recht verloren gehen solle«, standen die Beamten dem neuen System äußerst mißtrauisch gegenüber.

Die Tatsache, daß man bei der Bewältigung der **schwierigen Nachkriegsprobleme** auf die Beamten angewiesen war und dazu die Beamtenschaft nach der anfänglichen Verunsicherung beruhigen mußte, dürfte mit erklären, weshalb die **Weimarer Reichsverfassung** den Beamten sehr weitgehende Zugeständnisse machte. Ohne größere Diskussionen wurden den Beamten in Art. 129 – also im Grundrechtsteil – der WRV umfassende **Garantien** gegeben. U. a. garantierten Art. 129 I S. 1 WRV die Anstellung der Beamten auf Lebenszeit, Art. 129 I S. 2 das Ruhegehalt und die Hinterbliebenenversorgung und Art. 129 I S. 3 die Unverletzlichkeit der »wohlerworbenen Rechte« der Beamten. Weiterhin wurden ein Anspruch auf Eröffnung und Einsichtnahme in die Beamtenqualifikationen (Art. 129 III S. 2 und 3) geschaffen, der Rechtsweg für die vermögensrechtlichen Ansprüche (Art. 129 I S. 4) zugesichert, die Amtsenthebung oder Versetzung auf die Fälle des Gesetzes (Art. 129 II) beschränkt, die weiblichen Beamten gleichgestellt (Art. 128 II) sowie die Gesinnungs- und Vereinigungsfreiheit der Beamten (Art. 130 II) gewährleistet *(vgl. Beyerle, 1931, S. 16ff.; Jacob, 1971, S. 104ff.; Till, 1979, S. 220ff.)*.

Die verfassungsmäßige Absicherung der Beamtenrechte durch die WRV hat in der gesamten Zeit der Weimarer Republik zu heftigen **Auslegungskontroversen** geführt. Umstritten war dabei nicht die **institutionelle Garantie** des hergebrachten Berufsbeamtentums; vielmehr ging es darum, ob und inwieweit Art. 129 I S. 3 WRV nur Programmcharakter hatte oder unmittelbares Recht darstellte, aus dem sich subjektive Rechte eines jeden einzelnen Beamten ableiten ließen. Konkrete Auswirkungen hatten die unterschiedlichen Rechtspositionen auf die Möglichkeiten der Besoldungsgestaltung. Auch unter den Juristen war umstritten, ob Art. 129 I WRV Besoldung und Versorgung in der jeweils konkret erreichten Höhe garantierte. Der Gesetzgeber beugte dieser Unsicherheit insofern vor, als er seit 1920 sämtliche **Besoldungserhöhungen** nur unter **Änderungsvorbehalt** gewährte. Konkrete praktische Bedeutung erlangte diese Frage vor allem zu Beginn der 30er Jahre, als der Staat daran ging, auch die Beamtenbezüge sowie die Ruhegehälter und die Hinterbliebenenversorgungsleistungen zu kürzen. Einwände, die in dem gesetzlichen Änderungsvorbehalt eine Umgehung der Garantie des Art. 129 WRV sahen, wurden vom **Reichsgericht** in seiner berühmt gewordenen Entscheidung vom 10. Juli 1931 zurückgewiesen.

Mit den verfassungsmäßigen Garantien war die aus der Unsicherheit der Revolution entstandene **Vertrauenskrise** allerdings nur vorläufig beseitigt; tatsächlich geriet die gesamte Beamtenpolitik der Weimarer Republik „in das Spannungsverhältnis zwischen den in der Weimarer Verfassung zur Beschwichtigung der Beamten aufgestellten Idealnormen und immer übermächtigeren, unerwarteten wirtschaftlichen Zwängen zum Abbau" *(Jacob, 1971, S. 105)* von Leistungen.

5.2 Neuordnung der Beamtenbesoldung

Ähnlich wie andere Sozialbereiche war auch die Beamtenbesoldung bis Mitte der 20er Jahre in starkem Maße durch die schwierigen **Nachkriegsverhältnisse** und die damit einhergehende fortschreitende **Geldentwertung** bestimmt. Die während des Krieges eingeführten **Kriegsteuerungszulagen** mußten daher auch nach Kriegsende beibehalten und sogar noch ausgeweitet werden. Zusätzlich wurden Ausgleichs- und Demobilmachungszulagen eingeführt. Zweck all dieser Maßnahmen war es, die Besoldung der Beamten wenigstens einigermaßen an die fortschreitende Verteuerung der Lebenshaltung anzupassen. Die Folge war allerdings, daß viele Beamte schließlich „an widerruflichen und nicht ruhegehaltsfähigen Teuerungszulagen weit mehr (erhielten), als ihr Gehalt betrug" *(Heyneck, 1950, S. 849; vgl. Völter, 1932, S. 14f.; Köppe, 1924, S. 602ff.)*.

5.2.1 Besoldungsgesetz von 1920

Die wachsende Unzufriedenheit sowie die Mängel des Zulagensystems veranlaßten den Gesetzgeber schon bald zu einer Neuregelung der Beamtenbesoldung. Das **Reichsbesoldungsgesetz vom 30. April 1920** [RGBl. S.805] sollte wieder klare Verhältnisse schaffen und brachte eine grundlegende Umgestaltung insbesondere der **Besoldungsordnung**. An die Stelle der bisherigen 180 Gehaltsklassen traten 13 Besoldungsgruppen mit aufsteigenden und 7 Besoldungsgruppen mit Einzel- oder Festgehältern. Die Einreihung der vorhandenen Beamten in die **Besoldungsgruppen** sollte nach der »geforderten Leistung« sowie unter Berücksichtigung von Vorbildung, Ausbildung und Fortbildung erfolgen. Zudem war das neue Besoldungssystem auf die Beseitigung bisheriger Rangunterschiede gerichtet; entsprechend sah es eine engere Verzahnung und größere Durchlässigkeit zwischen den einzelnen **Laufbahnen** vor *(vgl. Heyneck, 1950, S. 849f.)*.

Im Mittelpunkt der neuen Besoldungsordnung stand das Grundgehalt, das sich nach der jeweiligen Dienstaltersstufe differenzierte. Die Aufrückungsfristen wurden von 3 auf 2 Jahre herabgesetzt, um den Beamten ein früheres Erreichen des Grundendgehalts zu ermöglichen. Ferner hatten die Beamten auf die Gewährung der Dienstalterszulage nunmehr einen Rechtsanspruch. Während die bisherige Kriegsteuerungszulage wegfiel, wurde zur Anpassung der Bezüge an die Veränderung der allgemeinen Wirtschaftslage der Teuerungszuschlag eingeführt, der in Prozentsätzen des Grundgehalts und des Ortszuschlags bemessen wurde. Der Ortszuschlag ersetzte den früheren Wohngeldzuschuß; er war nach Ortsklassen und der Höhe der Grundgehälter gestaffelt und sollte neben den Mietunterschieden auch die örtlichen Verschiedenheiten in den Lebenshaltungskosten ausgleichen. Gänzlich neu eingeführt wurde der sog. Kinderzuschlag, obwohl dieser auch innerhalb der Beamtenschaft nicht unumstritten war. Gewährt wurde der Kinderzuschlag in festen Sätzen, gestaffelt nach dem Alter der Kinder (für 16–21jährige Kinder aber nur, wenn sich diese noch in der Schul- bzw. Berufsausbildung befanden und kein nennenswertes eigenes Einkommen bezogen). Neben den Besoldungsbestandteilen erfuhren auch die sonstigen Besoldungsvorschriften (z. B. die Bestimmungen über das

Besoldungsdienstalter und die Anrechnung von Vordienstzeiten) zahlreiche Veränderungen, die im wesentlichen für die Beamten Verbesserungen brachten.

Das Besoldungsgesetz von 1920, das sozialpolitisch überwiegend als Fortschritt gewertet wurde *(vgl. Völter, 1932, S.16)*, hatte sich von Beginn an unter den ungünstigen Rahmenbedingungen der Inflation zu bewähren. Entsprechend mußten bis 1924 zahlreiche Anpassungen der Bezüge an die fortschreitende Inflation vorgenommen werden. Diese Umstände, aber auch Korrekturen einzelner Bestimmungen, machten bis 1927 insgesamt 20 Ergänzungs- und Änderungsgesetze erforderlich. Von grundsätzlicher Bedeutung waren dabei v. a. die Einführung eines **Frauenzuschlags** ab 1. 10. 1922 sowie die Aufhebung des Ortszuschlages und die Wiedereinführung des **Wohngeldzuschusses** zum 1. 11. 1924.

Der Frauenzuschlag, der durch Gesetz vom 9. Juni 1922 [RGBl.II S.587] eingeführt worden war und anfänglich gleichmäßig für alle Beamten 2.500 M jährlich betrug, stieß bei der Beamtenschaft aus besoldungssystematischen Gründen überwiegend auf Ablehnung. Nach der Währungsstabilisierung belief sich dieser Zuschlag ab 1. 12. 1924 auf 12 RM monatlich. Die Abschaffung des Ortszuschlages wurde v. a. damit begündet, daß sich ein Vergleich der Lebenshaltungskosten von Ort zu Ort nicht zuverlässig ermitteln lasse.

5. 2. 2 Besoldungssperrgesetz und Personalabbau-Verordnung 1920/1923

Die **Änderung des Steuersystems**, die dem Reich Steuerquellen auf Kosten der Steuerhoheit der Länder und der Gemeinden erschlossen hatte, zwang das Reich, ihnen **Zuschüsse zur Besoldung** ihrer Beamten zu zahlen. Um zu verhindern, daß daraufhin Länder und Gemeinden nun ihrerseits die Besoldungsverhältnisse der Beamten auf Kosten des Reiches regelten, wurde das **Gesetz zur Sicherung einer einheitlichen Regelung der Beamtenbesoldung vom 21. Dezember 1920** [RGBl. S.2117] erlassen, das durch die Gesetze vom 22. März und 23. Juni 1923 [RGBl.I S.215, 419], das Gesetz vom 24. März 1925 [RGBl.I S.30] sowie die Personalabbau-Verordnung vom 27. Oktober 1923 [RGBl.I S.999] geändert wurde. Mit Wirkung vom 1.4.1926 war das Besoldungssperrgesetz aufgehoben worden; lediglich für den Wohngeldzuschuß und die Ortsklasseneinteilung blieb durch Gesetz vom 27. März 1926 [RGBl.I S.180] eine Sperre aufrechterhalten. Dieses Gesetz hat die Besoldungsverhältnisse der Landes- und Kommunalbeamten nicht nur während seiner Geltung, sondern auch noch danach nachhaltig beeinflußt und zweifellos zu einer gewissen **Vereinheitlichung des Besoldungswesens** bei den einzelnen öffentlichen Arbeitgebern beigetragen.

Nach dem Gesetz durften die Beamtenbesoldungen in Ländern und Gemeinden nicht günstiger geregelt werden, als die jeweiligen Reichsgesetze und deren Ausführungsbestimmungen es für gleich zu bewertende Reichsbeamte anordneten. Lediglich besondere Eigenarten des Berufs und der Stelle sowie besondere Verhältnisse durften abweichend berücksichtigt werden. Die Sperre betraf alle Besoldungsbestandteile, das Besoldungsdienstalter, die Zahl der Beförderungsstellen, die Entschädigungen bei Dienstreisen, den Umzug sowie den doppelten Haushalt. Unzulässige günstigere Besoldungen waren innerhalb kürzester Frist abzuändern. Neuregelungen bedurften der Genehmigung durch die oberste Landesbehörde, die diese dem Reichsfinanzminister anzuzeigen hatte.

Für erheblichen Zündstoff unter den Beamten sorgte auch die **Personalabbau-Verordnung vom 27. Oktober 1923** [RGBl.I S.999], die mit Rücksicht auf die Finanzlage der öffentlichen Haushalte die Reichsregierung über den durch bestehende Gesetze gegebenen Rahmen hinaus ermächtigt hatte, Beamte in den einstweiligen oder endgültigen Ruhestand zu versetzen sowie Kündigungsbeamte, Angestellte und Arbeiter zu entlassen. Gleichzeitig waren die Länder und Gemeinden verpflichtet worden, für die Staats- und Kommunalbeamten, -angestellten und -arbeiter entsprechende Vorschriften zu erlassen. Mit Blick auf Art.129 WRV war die Rechtsgültigkeit dieser Verordnung in der Rechtsliteratur teilweise heftig umstritten, von den Gerichten aber bejaht worden. Mit Beginn der Währungsstabilisierung wurden wesentliche Bestimmungen dennoch sukzessive abgeschwächt bzw. völlig aufgehoben.

5.2.3 Besoldungsreform von 1927

Nach der 1924 erreichten Geldwertstabilisierung sollte das **Besoldungsgesetz vom 16. Dezember 1927** [RGBl.I S.349] in erster Linie die Beamtenbezüge an die seitdem erheblich gestiegenen Lebenshaltungskosten anpassen. Tatsächlich jedoch führte die Reform zu einem völligen Umbau des gesamten Besoldungssystems mit der Gesamttendenz einer „wesentlichen Annäherung an die Vorkriegsverhältnisse" *(Völter, 1932, S.16)*.

Gegenüber 1920 wurde die Zahl der Besoldungsgruppen bedeutend vermehrt (20 Besoldungsgruppen mit Dienstalterszulagen), wobei „die damit verbundene weitgehende Differenzierung ... eine Aufteilung bisher zusammengefaßter Beamtenkategorien (bedeutete). Die neuen Unterschiede in der Besoldung wurden noch durch Wiedereinführung von Stellenzulagen vermehrt und vergrößert. Bei der Beamtenschaft, die in diesem Reformwerk den Verlust zahlreicher, von ihr als sozialer Fortschritt empfundener Errungenschaften des Jahres 1920 sah, erregte die Reform wenig Befriedigung" *(Völter, 1932, S.17)*. An weiteren wesentlichen Änderungen brachte das Gesetz v. a. den Wegfall des Frauenzuschlags, der nach der Gesetzesbegründung in das Grundgehalt eingebaut war. Der Familienstand wurde nunmehr beim Wohngeldzuschuß berücksichtigt, indem dieser ledigen Beamten nach der nächstniedrigeren Tarifklasse gewährt wurde. Der Teuerungszuschlag, der bis dahin den sog. »beweglichen Faktor« in der Besoldung gebildet hatte, wurde abgeschafft, da man nunmehr von stabilen Verhältnissen ausging. Der bisher nach dem Lebensalter der Kinder gestaffelte Kinderzuschlag wurde auf den Einheitsbetrag von 20 M monatlich festgesetzt. Zudem wurde für die Soldaten der Wehrmacht eine besondere Besoldungsordnung eingeführt, die den dortigen besonderen Verhältnissen Rechnung tragen sollte.

In der Öffentlichkeit wurde die Besoldungsreform von 1927 vor allem wegen der Höhe der mit ihr verbundenen **Kosten** sehr ungünstig beurteilt. Dennoch fand auch diese Besoldungsreform, wenngleich nicht so schematisch wie 1920, ihre Übertragung auf die Länder und Gemeinden. Am 31. 3. 1929 beschäftigten die Gebietskörperschaften insgesamt 706.948 Beamte (96.044 das Reich, 360.197 die Länder und 250.707 die Gemeinden). Die **Ausgaben** für Gehälter beliefen sich 1929 auf 3,513 Mrd. RM, die für Pensionen auf 0,911 Mrd. RM. Bezogen auf die jeweiligen Gesamtetats betrugen die Ausgaben des Reiches für die Beamten 7,2 %, die der Länder 42,4 % und die der Gemeinden 19,9 % *(vgl. WiSt, Nr.23/1931, S.841)*. Neben den Gebietskörperschaften zählten die Reichspost 242.387 und die Reichsbahn 300.415 Beamte (Stand: 1. 1. 1932).

5.3 Versorgung der Ruhestandsbeamten

Die WRV schützte nicht nur die »wohlerworbenen Rechte« der Beamten, Art.129 I S.2 WRV sicherte auch ausdrücklich eine gesetzliche Regelung des Anspruchs auf **Ruhegehalt** zu. Abgesehen davon, daß die Interpretation dieser Verfassungsnorm ebenfalls zahlreiche Kontroversen auslöste, erfuhr die Versorgung der Ruhestandsbeamten in der Zeit der Weimarer Republik keine allzu grundlegenden Weiterentwicklungen.

Hinzuweisen ist auf eine Übergangsmaßnahme zum Abbau des vorhandenen Beamtenkörpers. Zur Erleichterung des Übertritts in den Ruhestand bei der Umstellung des Staatswesens bestimmte ein Gesetz vom 12. September 1919 [RGBl. S.1653], daß sich die Pensionen derjenigen Reichsbeamten, die das 65. Lebensjahr vollendet hatten oder bis zum 31. 3. 1920 vollendeten und die bis dahin um ihre Versetzung in den Ruhestand nachsuchten, um 10 % (mindestens um 100 M) erhöhten (max. jedoch auf 100 % des zugrundezulegenden Diensteinkommens).

Unabhängig von dieser **Übergangsmaßnahme** gab es auch weiterhin Bestrebungen, den Beamtenkörper personell zu verjüngen. Den Anfang machte **Preußen**, als es mit dem Gesetz betr. Einführung einer Altersgrenze vom 15. Dezember 1920 [PrGS. S.621] erstmals in der Geschichte des deutschen Beamtentums eine **gesetzliche Altersgrenze** einführte. Gemäß § 1 dieses Gesetzes hatten mittelbare Staatsbeamte mit Vollendung des 65. Lebensjahres kraft Gesetzes in den Ruhestand zu treten (richterliche Beamte mit Vollendung des 68. Lebensjahres). Durch Art. 1 VI der Personalabbau-Verordnung vom 27. Oktober 1923 [RGBl.I S.999] wurde auch für die **Reichsbeamten** die gesetzliche Altersgrenze von 65 Jahren eingeführt (68 Jahre für Richter). Zugleich wurde Beamten die Möglichkeit eröffnet, schon mit 58 Jahren ohne Nachweis der Dienstunfähigkeit in Pension zu gehen.

Versorgungsrechtlich bedeutsam war ferner das 9. Besoldungs-Änderungsgesetz vom 18. Juni 1923 [RGBl.I S.385], das in Anlehnung an die bayrische Regelung ein **neues Berechnungsverfahren** für das Ruhegehalt einführte. Danach betrug die Pension bei 10jähriger oder kürzerer Dienstzeit 35 % und stieg mit jedem weiteren vollendeten Dienstjahr bis zum 25. Jahr um 2 %, danach um 1 % je Dienstjahr. Nach 40 Dienstjahren wurde die Höchstpension von 80 % erreicht.

Ein zunächst besonders gravierendes und auch weitgehend ungelöstes Problem stellten die **Ruhegehälter der Altpensionäre** dar, auf die sich die enorme Geldentwertung in Anbetracht fehlender Anpassungsmechanismen besonders nachhaltig auswirkte.

Das Pensionsergänzungsgesetz vom 21. Dezember 1920 [RGBl. S.2109] sah eine Aufstockung der Altpensionsbezüge nur bei Bedürfnis und auf Antrag vor. In der Praxis wurden allerdings in der Folgezeit die den aktiven Beamten gewährten Teuerungszuschläge regelmäßig auch den Ruhestandsbeamten zugestanden. Obwohl das Reichsgericht in einer Entscheidung vom 7. Januar 1927 feststellte, daß bei Leistungsaufbesserungen die Altpensionäre und -hinterbliebenen so zu behandeln seien, als ob der Versorgungsfall schon unter dem neuen Recht eingetreten wäre, bestimmte § 26 des Besoldungsgesetzes von 1927, daß die darin vorgenommenen Besoldungserhöhungen nicht für Altpensionäre gelten sollten, und setzte für diese eigene, geringere Steigerungssätze fest.

5. 4 Versorgung der Hinterbliebenen

Auch bei der Hinterbliebenenversorgung ging es angesichts der Inflation primär darum, die **Leistungen** in ihrer **Höhe** zu sichern, weniger um grundlegende strukturelle Veränderungen des Hinterbliebenenversorgungsrechts. Umstritten war außerdem die soziale Absicherung der Hinterbliebenen vor dem Hintergrund der einschlägigen Garantien der WRV *(vgl. auch Köppe, 1928, S. 663 ff.)*.

An strukturellen Änderungen hervorzuheben ist allerdings die durch das 7. Besoldungs-Ergänzungsgesetz vom 25. Oktober 1922 [RGBl.I S.802] vorgenommene Anhebung des Anteils des **Witwengeldes** an der Pension von 40 auf 60 %. Änderungen erfuhren zudem die **Höchst- und Mindestbeträge** des Witwengeldes. Nachdem diese der Teuerungsentwicklung zumeist nachhinkend wiederholt in ihrem Absolutbetrag verändert worden waren, wurden diese Größen seit dem 9. Besoldungs-Änderungsgesetz vom 18. Juni 1923 [RGBl.I S.385] in Abhängigkeit vom jeweiligen Stand der Beamtenbesoldung definiert. Danach sollte das Witwengeld mindestens 1/3 des niedrigsten ruhegehaltsfähigen Diensteinkommens der Besoldungsgruppe A 1 betragen, aber auch nicht mehr als die Hälfte des ruhegehaltsfähigen Diensteinkommens der Besoldungsgruppe B 2. Im übrigen wurden auch den Witwen bis zur Währungsstabilisierung **Teuerungszulagen** sowie verschiedene weitere Zulagen gewährt *(vgl. Jacob, 1971, S. 141 f.)*.

Erwähnenswert sind ferner gewisse durch das **Gesetz vom 4. August 1925** [RGBl.I S.181] geschaffene Verbesserungen in bezug auf die Versorgung »nachgeheirateter Witwen«

sowie geschiedener Witwen. Im ersten Fall räumte das Gesetz in Form einer Kannvorschrift die Möglichkeit ein, solchen Witwen ein Witwengeld zu gewähren; im zweiten Fall bestimmte Art.6 I des Gesetzes, daß der geschiedenen Frau eines Beamten bei dessen Tod unter bestimmten Voraussetzungen eine »**Witwenbeihilfe**« bis zur Höhe des gesetzlichen Witwengeldes gezahlt werden könne.

5. 5 Besoldungs- und Versorgungskürzungen während der Wirtschaftskrise

Nachdem die Besoldung und Versorgung der Beamten und ihrer Hinterbliebenen zumindest in der zweiten Hälfte der 20er Jahre ein durchaus akzeptables Niveau erreicht hatte, mehrten sich zu Beginn der **Wirtschaftskrise** bereits früher in der Öffentlichkeit laut gewordene Stimmen der Kritik, die sich gegen die Höhe der Beamtenbezüge richteten. Vor dem Hintergrund sich zunehmend ungünstiger gestaltender Finanzen der öffentlichen Haushalte zögerte die Reichsregierung dann auch nicht, bereits im Zuge der ersten, im Sommer 1930 ergriffenen **Sparmaßnahmen** auch die Beamtengehälter und -pensionen zu kürzen und den Beamten im Laufe der Wirtschaftskrise erhebliche **Einkommenseinbußen** zuzumuten.

Nachdem die NotVO vom 26. Juli 1930 [RGBl.I S.311] die Beamtengehälter und -pensionen lediglich um 2,5 % gekürzt hatte, sah die NotVO vom 1. Dezember 1930 [RGBl.I S.517] bereits Kürzungen der Beamtenbezüge sowie der Versorgungsleistungen in Höhe von 6 % vor. Ab 1. 2. 1931 traten Kürzungen um weitere 4–8 % in Kraft; kurz darauf begrenzte die NotVO vom 6. Oktober 1931 [RGBl.I S.537] den Höchstbetrag der Beamtenpension von 80 auf 75 % des Diensteinkommens und führte erneut strenge Anrechnungsvorschriften sonstiger Arbeitseinkünfte auf Wartegelder, Pensionen und Witwengelder ein. Schließlich sah die NotVO vom 8. Dezember 1931 [RGBl.I S.699] eine abermalige Kürzung um 9 % vor. Danach belief sich der höchste Kürzungssatz (die Kürzungen bezogen sich jeweils auf die im Besoldungsgesetz von 1927 festgelegten Beträge) am 1. 1. 1932 auf 23 % (für Beträge unter 1.500 RM auf 13 %). Durch diese Maßnahmen wurden die Beamtengehälter auf das Niveau vom Dezember 1924 zurückgeführt. Schätzungen zufolge dürften die Gehaltskürzungen allein bei den Beamteneinkommen zu einem jährlichen Kaufkraftausfall von rd. 1,5 Mrd. RM geführt haben *(vgl. Völter, 1932, S.95; Heyneck, 1950, S.855; Jacob, 1971, S.151 ff.)*.

6. Entwicklung des sozialen Entschädigungssystems

6. 1 Versorgung der Kriegsbeschädigten und -hinterbliebenen

In Anbetracht von rd. 2,5 Mio. Kriegsbeschädigten und 1,5 Mio. Kriegshinterbliebenen, die bei Kriegsende zu versorgen waren, war es dringend erforderlich, die Versorgung dieser Personen nach **sozialen Gesichtspunkten** umzugestalten und auszubauen. Eine reichsgesetzliche Regelung erfuhr die Fürsorge für Kriegsbeschädigte und -hinterbliebene zunächst durch die Verordnung vom 8. Februar 1919 [RGBl. S.187]. Diese entmilitarisierte das **Militärversorgungswesen**, indem sie die Zuständigkeit von den Militärverwaltungsbehörden auf das damalige Reichsarbeitsamt (später das Reichsarbeitsministerium) übertrug. Der Zentralbehörde zur Seite gestellt wurde der »Reichsausschuß der Kriegsbeschädigten und Kriegshinterbliebenen«, dem u.a. Vertreter der Selbsthilfeorganisationen der Kriegsbeschädigten angehörten. Den weiteren Behördenaufbau sowie das Verwaltungs- und Spruchverfahren regelte das **Gesetz über die Versorgungsbehörden vom 15. Mai 1920** [RGBl. S.1063], das durch das **Gesetz über das Verfahren in Versorgungssachen vom 10. Januar 1922** [RGBl. S.59] ergänzt wurde. An die Stelle der aufgelösten Bezirks- und Generalkommandos traten nunmehr als ausführende Behörden 312

Versorgungsämter und 25 **Hauptversorgungsämter** (aus Kostengründen wurde ihre Zahl im Laufe der Jahre drastisch reduziert).

Das materielle Fürsorgerecht fand eine erste grundsätzliche Regelung in den **Zuständigkeitsgrundsätzen des Reichsausschusses** vom 6. Dezember 1919. Ziel und Aufgabe der sozialen Fürsorge war danach, den einzelnen wieder in das Arbeits- und Berufsleben einzugliedern, die Arbeitskraft der Mutter dem Haushalt und der Erziehung der Kinder zu erhalten und den Kriegerwaisen eine umfassende Erziehung und Berufsausbildung zu sichern. Während jedoch die **Rentenversorgung**, die in Gesetzgebung und Vollzug Sache des Reiches war, regelmäßig einen Rechtsanspruch darstellte, war die **Fürsorgeleistung** lediglich eine öffentlich-rechtliche Verpflichtung des Fürsorgeverbandes.

Tabelle 40: Entwicklung der Kriegsopferversorgung 1924–1932

Stichtag	Versorgungsberechtigte Beschädigte	es erhielten eine			Kapitulanten	Zahl der Empfänger einer		
		Frauenzulage	Pflegezulage	Kinderzulage (Fälle)		Elternrente	Witwenrente	Waisenrente
Okt. 1924	720.931	235.250	14.487	950.000	50.422	131.187	346.950	1.027.972
Okt. 1926	736.867	261.005	18.933	1.067.680	55.276	141.064	361.024	911.157
Mai 1928	761.294	280.510	21.534	1.131.386	58.917	148.230	359.560	788.404
Mai 1929	807.596	294.266	23.669	1.205.163	58.446	152.504	361.040	703.931
Mai 1930	839.396	304.619	25.074	1.254.585	58.544	155.131	362.190	608.700
Mai 1931	838.360	312.055	25.399	1.241.127	57.440	145.699	360.930	495.405
Mai 1932	820.403	310.060	24.652	891.778	62.513	138.733	360.154	361.412

Quellen: RArBl., 10. Jg. (N.F.), 1930, Nr. 22, S. II 343 ff., 12. Jg. (N.F.), 1932, Nr. 21, S. II 287 ff.

Eine völlige Umgestaltung der als unzulänglich erkannten Militärversorgung brachte schließlich das **Reichsversorgungsgesetz (RVG) vom 12. Mai 1920** [RGBl. S. 989]. Es beseitigte die frühere Differenzierung der Rente nach dem Dienstgrad, nach inneren und äußeren Schädigungsfolgen sowie nach der Dienstbeschädigung. Für die Bemessung der **Rentenhöhe** maßgebend wurden stattdessen neben der Minderung der Erwerbsfähigkeit der Zivilberuf des Beschädigten, sein Familienstand und der Wohnsitz. Außerdem begründete das RVG einen Rechtsanspruch auf kostenlose Heilbehandlung der auf Dienstbeschädigung beruhenden Gesundheitsstörungen, deren Durchführung den **Krankenkassen** übertragen wurde. Ferner konnten Beschädigte unter bestimmten Voraussetzungen eine unentgeltliche Berufsausbildung und Schwerbeschädigte einen Beamtenschein erhalten, mit dem eine gewisse Anwartschaft auf bevorzugte Anstellung verbunden war.

Im Gegensatz zum früheren Militärversorgungsgesetz begann der Rentenanspruch nach dem RVG erst bei einer Minderung der Erwerbsfähigkeit um 15 % und nach der Novelle vom 22. Juni 1923 [RGBl. I S. 409] sogar erst bei einer Minderung um 25 %. Empfänger von vormals gewährten kleineren Renten wurden jeweils abgefunden. Nicht zuletzt durch diese Maßnahmen reduzierte sich die Zahl der versorgungsberechtigten Beschädigten von 1.537.000 Anfang 1920 auf 720.931 Anfang Oktober 1924 *(vgl. Förster, 1926, S. 425)*. Bei einer Minderung der Erwerbsfähigkeit um mindestens 50 % trat zu jeder Rente eine Schwerbeschädigtenzulage. Pflegebedürftigen Beschädigten, die fremder Hilfe bedurften, wurde zusätzlich eine Pflegezulage in Höhe von 600 bis 1.500 RM jährlich gewährt. Blinde erhielten neben der Rente eines Erwerbsunfähigen auf Antrag einen Blindenhund sowie in der Regel eine Pflegezulage.

Der Beruf des Versorgungsberechtigten wurde dadurch berücksichtigt, daß je nach Zugehörigkeit zu einer von drei Gruppen (ungelernte Arbeiter, gelernte Arbeiter, Berufe mit einem besonderen Maß an Verantwortung und Leistung) keine, eine einfache oder eine erhöhte Ausgleichszulage gezahlt wurde. Entsprechend den Teuerungsverhältnissen der einzelnen Wohnorte wurde ferner eine Ortszulage gewährt, die sich an die Ortsklassenzuschläge des Reichsbesoldungsgesetzes anlehnte. Außerdem gab es für verheiratete Schwerbeschädigte eine Frauenzulage und für Kinder unter 19 Jahren eine Kinderzulage. Schließlich wurde wirtschaftlich schwachen Beschädigten und Hinterbliebenen seit der Novelle des Jahres 1923 im Falle des Bedürfnisses eine Zusatzrente bewilligt.

Im weiteren sah das RVG die Möglichkeit der »Kapitalabfindung« vor. Hierbei wurde ein Teil der voraussichtlich dauernd zahlbar bleibenden laufenden Renten in einen einmaligen Kapitalbetrag umgewandelt, der zum Erwerb oder zur wirtschaftlichen Stärkung eigenen Grundbesitzes dienen sollte.

Die kostenlose Heilbehandlung umfaßte die ärztliche Behandlung, die Versorgung mit Arzneien und Heilmitteln, die Unterbringung in Heilanstalten sowie die Ausstattung mit Prothesen, orthopädischen und anderen Hilfsmitteln. Unter bestimmten Voraussetzungen wurde auch Krankengeld bzw. Hausgeld gezahlt. Im Falle des Todes eines Rentenempfängers erhielten die Hinterbliebenen ein Sterbegeld und Gebührnisse für das Sterbevierteljahr.

Die **Hinterbliebenenversorgung** erfaßte die Witwen, Waisen sowie die Eltern des versorgungsberechtigten Beschädigten, sofern sein Tod die Folge einer Dienstbeschädigung war. Die Hinterbliebenenrenten bemaßen sich nach der vom Verstorbenen bezogenen Vollrente.

Die Witwen erhielten 50 bzw. 60 % (bei Erwerbsunfähigkeit oder Vollendung des 50. Lebensjahres), die Halbwaisen 25 %, Vollwaisen 40 % (bis zur Vollendung des 18. Lebensjahres) und die Elternpaare 50 % (nur bei Bedürftigkeit, wenn der Verstorbene der Ernährer gewesen wäre oder war) dieser Vollrente. Bei Wiederverheiratung wurden Witwen mit dem 3fachen Jahresbetrag ihrer Witwenrente abgefunden. Unter gewissen Voraussetzungen (z. B. bei Berufsausbildung, Gebrechlichkeit) konnte die Weiterzahlung der Waisenrente über das 18. Lebensjahr hinaus beantragt werden.

Zum Ausgleich der sich aus einzelnen Bestimmungen ergebenden Härten war das RVG mehrfach ergänzt und modifiziert worden, wobei die **Novelle vom 21. Dezember 1927** [RGBl.I S.487] die weitreichendsten Änderungen brachte. So war nunmehr der Bezug von Hinterbliebenenrenten auch dann möglich, wenn der Tod des Beschädigten nicht die Folge einer Dienstbeschädigung war. Zugleich wurden die Bedeutung der Zusatzrente herabgesetzt, für Hinterbliebene ein Sterbegeld gewährt, die Pflegezulagen deutlich erhöht und für Kriegerwaisen spezielle Erziehungsbeihilfen geschaffen.

Der Umstand, daß Ende der 20er Jahre noch immer neue Anträge auf Kriegsbeschädigtenversorgung gestellt wurden, veranlaßte die Regierung, durch die NotVO vom 26. Juli 1930 [RGBl.I S.311] scharfe **Sperrfristen** einzuführen. So konnten Neuanträge auf Versorgung von Beschädigten, die vor dem 1. August 1920 aus dem Militärdienst ausgeschieden waren, nicht mehr gestellt werden. Ansonsten brachten die Notverordnungen – ähnlich wie in der Sozialversicherung – verschiedene **Leistungskürzungen**, darunter u. a. die Beschränkung der Kinderzulagen und Waisenrenten bis zur Vollendung des 15. Lebensjahres.

6. 2 Entschädigung von Sach- und Vermögensschäden

Im Gegensatz zu 1871, als es nach einem gewonnenen Krieg relativ leicht fiel, Kriegsschäden der deutschen Bevölkerung aus den französischen Reparationszahlungen zu entschädigen, stand das Reich Anfang der 20er Jahre vor dem kaum lösbaren Problem, nicht nur selbst an das Ausland enorme Reparationen zahlen, sondern auch unter der eider eigenen Bevölkerung einen beachtlichen **Kriegsschadensausgleich** durchführen zu müssen. Vor diesem Hintergrund stand von Anfang an fest, daß die finanzielle Leistungsfähigkeit des Reiches nur einen sehr begrenzten Ausgleich der eingetretenen Schäden zulassen würde. Insgesamt waren rd. 391.000 Schadensfälle zu entschädigen, darunter 61.000 Wertpapierschäden. Der Friedenswert sämtlicher entschädigungsfähiger Schäden wurde für Liquidationsschäden auf ca. 7,6 Mrd. RM (davon 1,6 Mrd. RM Wertpapierschäden) und für Gewaltschäden auf ca. 2,8 Mrd. RM geschätzt *(vgl. Reichstag III. 1924/1928, Drs. Nr.3855).*

Im Rahmen der Kriegsschädengesetzgebung wurde im wesentlichen zwischen Liquidations- und Gewaltschäden unterschieden; erstere betrafen Vermögensschäden Deutscher, die durch Zwangsmaßnahmen (z.B. Beschlagnahme) der alliierten Staaten eingetreten waren. Gewaltschäden umfaßten zum einen Verdrängungsschäden (hervorgerufen durch deutsche Gebietsabtretungen), zum anderen Kolonial- und Auslandsschäden. Die Entschädigung beider Schadensarten wurde zunächst in einem Vorentschädigungsverfahren begonnen, bei welchem ein bestimmter Prozentsatz der verlorenen Friedenswerte als vorläufige Entschädigung gewährt wurde. Zwar war 1922 mit der Entschädigung begonnen worden (Gewaltschädengesetze vom 28.Juli 1921 [RGBl. S.1021 ff.]; Liquidationsschädengesetz vom 4. Juni 1923 [RGBl.I S.311]), die fortschreitende Geldentwertung und die steigende Finanznot machten eine ordnungsgemäße und sinnvolle Abwicklung der Entschädigungsverfahren letztlich aber unmöglich.

Daher wurde nach der Umstellung auf Goldmark mit der Kriegsschädenverordnung vom 28. Oktober 1923 [RGBl.I S.1015] ein neuer Anlauf genommen. Diese sah für sämtliche Schäden eine Normalentschädigung von 2% des verlorenen Friedenswertes vor. Bei sog. »Entwurzelten« (Geschädigte, die aufgrund des erlittenen Schadens ihre wirtschaftliche Existenzgrundlage verloren hatten) konnte für Liquidationsschäden ein Zuschuß von 3% gewährt werden. Für den Verlust von Hausrat, Kleidungsstücken sowie Gebrauchsgegenständen war eine Sonderentschädigung bis zum Höchstbetrag von 2.000 RM vorgesehen. Da diese Entschädigungsregelungen als äußerst unzureichend angesehen wurden, erfolgte eine sog. Nachentschädigung aufgrund der am 25. März 1925 erlassenen Richtlinien. Diese gewährten für Liquidations- und Gewaltschäden bis zu 2.000 RM Friedenswert 100 %, für die höheren Friedenswerte bis zu 200.000 RM geringer werdende Vomhundertsätze, bei einem Schaden von 200.000 RM 8 %. Die höchste Nachentschädigung betrug 16.000 RM. Ergänzend hierzu wurden unter gewissen Voraussetzungen Wiederaufbaudarlehen sowie Mittelstandsbeihilfen insbesondere jenen Geschädigten gewährt, die sich um den Wiederaufbau einer wirtschaftlichen Existenz bemühten. Allerdings stellten auch die Nachentschädigungs- und Wiederaufbaurichtlinien lediglich eine Zwischenlösung dar.

Eine endgültige Regelung der Liquidations- und Gewaltschäden erfolgte schließlich nach längeren Diskussionen durch das **Kriegsschädenschlußgesetz vom 30. März 1928** [RGBl.I S.120], das unter Beibehaltung der bis dahin geltenden Entschädigungsprinzipien die Entschädigungssätze nochmals etwas erhöhte.

Die Schlußentschädigung zerfiel in eine Stammentschädigung, die alle Geschädigten erhielten, sowie in eine erhöhte Stammentschädigung, die wiederaufbauenden Geschädigten mit einem Schadensgrundbetrag von mehr als 200.000 RM gewährt wurde. Während Schäden bis 20.000 RM in bar entschädigt wurden, erfolgte die Entschädigung für darüber hinausgehende Schäden in Form von verzinslichen Schuldbuchforderungen, die in das Reichsschuldbuch eingetragen wurden. Das sich aus dem Schlußgesetz ergebende Entschädigungskapital belief sich auf rd. 1,348 Mrd. RM. Insgesamt hat das 1921 zur Durchführung des Entschädigungsverfahrens geschaffene Reichsentschädigungsamt während seines Bestehens durch Vergleich oder im ordentlichen Entschädigungsverfahren annähernd 2,5 Mrd. RM an Entschädigungen festgesetzt *(vgl. Reichstag IV. 1928, Drs. Nr.1716 vom 7. März 1930).*

7. Neuordnung der öffentlichen Wohlfahrtspflege

Neben der Versicherung und Versorgung, die ihre Hilfe einem bestimmten umgrenzten Personenkreis gewährten, existierte die Fürsorge, die für jeden einzutreten hatte, der hilfsbedürftig war. Als nun in der Kriegs- und Nachkriegszeit immer größere Bevölkerungsgruppen hilfsbedürftig wurden, deren Not vorwiegend auf die Folgen des Krieges und der Inflation zurückzuführen war, genügte die bisherige Armenpflege, die bis zum Kriege im Unterstützungswohnsitzgesetz von 1908 geregelt war, nicht mehr. Daher wurde es unumgänglich, die **öffentliche Fürsorge** sowohl in materieller als auch in formeller Hinsicht neu zu regeln und auszubauen.

Spätestens während der Inflationskrise erwies sich die Armenpflege, die im Laufe des Krieges durch eine Kriegswohlfahrtspflege ergänzt worden war, bei einer ständig zunehmenden Zahl hilfsbedürftiger Personen infolge ihrer organisatorischen **Zersplitterung**, ihrer **Unübersichtlichkeit** sowie ihrer **finanziellen Schwäche** als den steigenden Anforderungen immer weniger gewachsen. Hinzu kam, daß die Kosten dieser Wohlfahrtspflege – die überwiegend das Reich trug, indem es den Ländern und Gemeinden nach dem Dotationssystem die zur Durchführung aufgewandten Mittel im allgemeinen zu 4/5 ersetzte – den Haushalt des Reiches enorm belasteten *(vgl. E. Ritter, 1928, S.217).*

7. 1 Neuregelung der öffentlichen Fürsorge

Eine Neuregelung des gesamten Fürsorgewesens leitete die **3. Steuernotverordnung vom 14. Februar 1924** [RGBl.I S.74] ein, indem sie den Ländern zugleich mit Teilen des Steueraufkommens auch die Aufgaben der Wohlfahrtspflege zur selbständigen Regelung und Erfüllung nach Maßgabe näherer Vorschriften überwies. Diese Vorschriften waren enthalten in der **Verordnung über die Fürsorgepflicht (RFV) vom 13. Februar 1924** [RGBl.I S.100], geändert durch das Gesetz vom 8. Juni 1926 [RGBl.I S.255], und den **Reichsgrundsätzen über Voraussetzung, Art und Maß der öffentlichen Fürsorge vom 4. Dezember 1924** [RGBl.I S.765] und **29. März 1928** [RGBl.I S.138].

Die RFV bestimmte als **Träger** der Fürsorge die **Bezirks- und Landesfürsorgeverbände**, deren Bildung den Ländern oblag. Neben der bisherigen Armenpflege hatten diese die Fürsorge für Kriegsbeschädigte und Kriegshinterbliebene, Sozial- und Kleinrentner, Schwerbeschädigte und Schwererwerbsbeschränkte, hilfsbedürftige Minderjährige und Wöchnerinnen zu erfüllen. Während zunächst jener Bezirksfürsorgeverband Unterstützung zu gewähren hatte, in dessen Bereich sich der Hilfsbedürftige bei Eintritt der Hilfsbedürftigkeit befand, richtete sich die endgültige Fürsorgeverpflichtung nach dem Familienwohnsitz des Hilfsbedürftigen. Mit der Durchführung der Aufgaben waren in der Regel **Fürsorgestellen** betraut, die als Organe der politischen Selbstverwaltung einerseits den Mittelpunkt der öffentlichen Wohlfahrtspflege und andererseits das Bindeglied zur freien Wohlfahrtspflege bilden sollten.

Die Vorschriften über Voraussetzung, Art und Maß der zu gewährenden Hilfe waren Gegenstand der Reichsgrundsätze. Oberstes **Ziel der Fürsorge** war danach, »den Hilfsbedürftigen in Willen und Kraft so zu stärken, daß er sich durch eigenes Können, Mühen und Schaffen selbst behauptet«. Die Fürsorge war daher so zu gestalten, daß das »selbstverantwortende Schaffen« nicht gelähmt wurde. Die Fürsorge hatte einzusetzen, wenn **Hilfsbedürftigkeit** vorlag, wobei als hilfsbedürftig galt, wer den **notwendigen Lebensbedarf** für sich und seine unterhaltsberechtigten Angehörigen nicht oder nicht ausreichend aus eigenen Mitteln und Kräften beschaffen konnte und auch nicht von anderer Seite erhielt.

Die Fürsorge setzte also erst ein, wenn der Hilfesuchende seine eigene Arbeitskraft, sein Vermögen sowie Zuwendungen von Dritten eingesetzt hatte (unter Berücksichtigung der Umstände des Einzelfalles). Bei der Prüfung der Hilfsbedürftigkeit sollten zudem Eigenart und Entstehung der Notlage beachtet werden, damit eine den Ursachen und Besonderheiten des Einzelfalles adäquate, individuell ausgerichtete Hilfe einsetzen konnte. Im übrigen hatte die Fürsorge rechtzeitig – wenn nötig, auch vorbeugend und von Amts wegen – zu beginnen und bedurfte mithin nicht der Stellung eines Antrages. Im Gegensatz zu früher war zudem die Annahme von Fürsorge für den Hilfsbedürftigen nicht mehr mit entrechtenden Folgen verbunden.

Die Fürsorge hatte dem Bedürftigen den notwendigen Lebensbedarf zu gewähren, wobei ihr Ziel sein mußte, sich überflüssig zu machen. Im einzelnen bestand der notwendige Lebensbedarf nach den Reichsgrundsätzen in dem Lebensunterhalt (Unterkunft, Nahrung, Kleidung und Pflege), der Krankenhilfe, der Hilfe zur Wiederherstellung der Arbeitskraft, der Hilfe für Schwangere und Wöchnerinnen sowie bei Minderjährigen in der Erziehung und Erwerbsbefähigung. Die Leistungen der Fürsorge, die sich nach sog. Regelsätzen richteten, konnten in Geld, Sachleistungen oder persönlicher Hilfe bestehen und in offener oder geschlossener Anstaltspflege gewährt werden. Die Fürsorgeleistungen konnten beschränkt werden, wenn der Hilfsbedürftige seiner Arbeitspflicht nicht nachkam.

7. 2 Einführung der gehobenen Fürsorge

Neben der allgemeinen Fürsorge gab es – anknüpfend an frühere Regelungen – für Kriegsbeschädigte und Kriegshinterbliebene, Sozial- und Kleinrentner die sog. »**gehobene Fürsorge**«. Bei diesen Personengruppen hatte die Fürsorge – sowohl bei der Prüfung der Hilfsbedürftigkeit wie bei der Festsetzung der Art und des Umfanges der Hilfe – in besonderer Weise auf die früheren Lebensverhältnisse Rücksicht zu nehmen. Für Kriegsbeschädigte und Kriegshinterbliebene bedeutete dies vor allem, daß sie Anspruch auf »soziale Fürsorge« hatten, wie sie 1919 in den Grundsätzen des Reichsausschusses aufgestellt worden war.

Tabelle 41: Entwicklung der Zahl hilfsbedürftiger Parteien 1927–1932

Stichtag	laufend unterstützte Parteien		von den laufend unterstützten Parteien waren					
	insgesamt[1]	je 1000 Einw.	Kriegsbeschädigte	Sozialrentner	Wohlfahrtserwerbslose	Kleinrentner	Arbeitsl. m. Zusatzunterst.	sonstige Hilfsbedürftige
31. 7.27	1.571.708	25,2	73.511	576.510	–	332.324	–	589.400
31. 7.28	1.634.138	26,2	62.699	609.601	145.000	340.796	15.800	460.200
31. 7.29	1.678.998	26,9	50.544	614.083	182.900	331.900	32.800	467.000
30. 6.30	1.983.859	31,8	39.800	624.900	476.100	317.600	51.300	474.200
31.12.30	2.475.576	39,7	44.708	644.258	829.519	311.580	98.028	547.483
30. 9.31	2.923.501	46,8	34.300	609.300	1.320.700	292.100	150.800	511.100
31. 3.32	3.854.520	61,8	40.614	574.177	2.139.420	283.740	216.199	600.400
30. 9.32	4.291.022	71,7	32.200	570.600	2.290.200	274.500	252.800	895.400
31.12.32	4.608.242	73,8	33.500	585.100	2.473.300	269.500	228.800	1.018.000

1) laufend in offener Fürsorge unterstützte Parteien.
Quellen: Wirtschaft und Statistik, Heft 13/1929, S.558 ff., Heft 13/1930, S.560 ff., Heft 10/1932, S.290 ff., Heft 24/1932, S.800, Heft 4/1933, S.127 f., Heft 9/1933, S.258 ff., Heft 19/1933, S.622.

Eine besondere Gruppe von Fürsorgeempfängern stellten jene Personen dar, die – nachdem sie aus dem Erwerbsleben ausgeschieden waren – durch Kriegsfolgen und die eingetretene Geldentwertung hilfsbedürftig geworden waren. Für die **Kleinrentner**, d. h. jene Personen, die ein ihre wirtschaftliche Existenz sicherndes Vermögen besessen, es aber durch die Inflation verloren hatten, war die Unterstützung durch öffentliche Mittel bereits durch das **Gesetz über die Kleinrentnerfürsorge vom 4. Februar 1923** [RGBl.I S.104] geregelt worden. Für hilfsbedürftige Rentenempfänger der Invaliden- und Angestelltenversicherung war eine besondere Fürsorge schon durch ein **Gesetz vom 7. Dezember 1921** [RGBl. S.1533] eingeführt worden (neu gefaßt am 29. Juli 1922 [RGBl.I S. 675] und 14. August 1923 [RGBl.I S.794]) *(vgl. Sachße/Tennstedt, 1988, S.92)*.

Die **Reichsfürsorgeverordnung** legte für Sozial- und Kleinrentner einen besonderen **Vermögensschutz** fest, befreite sie also von der Verpflichtung der Verwertung des Vermögens und von der Sicherstellung eines Ersatzes, wenn dies eine besondere Härte für sie bedeutete. Im übrigen sollten die Richtsätze für diese Personengruppen in der Regel ein Viertel über den Richtsätzen der allgemeinen Fürsorge liegen. Den über 65jährigen Kleinrentnern sicherten besondere Bestimmungen eine darüber hinausgehende **erhöhte Fürsorge** und einen weitergehenden Schutz.

7. 3 Fürsorge in der Wirtschaftskrise

Die ständige Zunahme der Fürsorgebedürftigen sowie die abnehmende Finanzkraft insbesondere der Gemeinden machten im Laufe der Wirtschaftskrise Sparmaßnahmen, aber auch verschiedene strukturelle Änderungen unumgänglich. So brachte zunächst die NotVO vom 5. Juni 1931 [RGBl.I S.279] eine weitere **Vereinheitlichung** der materiellen Fürsorgebestimmungen sowie eine neue **Zuständigkeitsregelung** in bezug auf die Fürsorgepflicht, durch welche u. a. eine übermäßige Beanspruchung großstädtischer Wohlfahrtsämter abgewendet werden sollte. Außerdem wurden die **Ersatzansprüche** gegen die Unterstützten verschärft. Die NotVO vom 8. Dezember 1931 [RGBl.I S.699] beseitigte v. a. die bisherige Mußvorschrift für die Fürsorgeverbände, den Sozial- und Kleinrentnern gegenüber der allgemeinen Fürsorge eine angemessene **Mehrleistung** zu gewähren.

7. 4 Erste Ansätze der Jugendhilfe

Eine besondere Stellung innerhalb der öffentlichen Wohlfahrtspflege nahm die sog. **Jugendwohlfahrt** ein. Dabei hat sich – überwiegend wegen des Fehlens leistungsfähiger Kostenträger – eine besondere Fürsorge für gefährdete Jugendliche erst verhältnismäßig spät entwickelt. Zudem brachte erst das BGB weiterreichende Eingriffsrechte in die elterliche Gewalt zur Verhütung der »sittlichen Verwahrlosung« der Jugend. Zwar schuf **Preußen** mit dem Gesetz über die Fürsorgeerziehung Minderjähriger vom 2. Juli 1900 erste gesetzliche Grundlagen für eine öffentliche Jugendfürsorge, auf eine breitere Basis wurde diese aber erst in der **Weimarer Republik** gestellt *(vgl. Sachße/Tennstedt, 1988, S.34)*.

Die WRV sah in Art.120 zwar »die Erziehung des Nachwuchses zur leiblichen, seelischen und gesellschaftlichen Tüchtigkeit« als »oberste Pflicht und natürliches Recht der Eltern« an, erklärte aber zugleich in Art.122 den **Schutz der Jugend** gegen Ausbeutung und gegen sittliche, geistige und körperliche Verwahrlosung zu einem **Grundrecht**. Außerdem unterstellte die WRV in Art.7 Ziff.7 die Säuglings-, Kinder- und Jugendfürsorge der konkurrierenden Reichsgesetzgebung. Hierauf gestützt erging das **Gesetz über die Jugendwohlfahrt (RJWG) vom 9. Juli 1922** [RGBl.I S.633], das aufgrund der Finanznot des Reiches allerdings bereits vor seinem Inkrafttreten durch die Verordnung vom 14. Februar 1924 [RGBl.I S.110] erhebliche Einschränkungen erfahren mußte.

Während sich die **Organisationsform** der Jugendpflege bis dahin v. a. dadurch kennzeichnete, daß der Jugendliche primär Objekt der Fürsorge war, bezeichnete § 1 des RJWG als Ziel der gesetzlichen Maßnahmen die Erziehung des Kindes zu leiblicher, seelischer und gesellschaftlicher Tüchtigkeit, wobei die staatlichen Maßnahmen als ergänzender Beitrag neben der elterlichen Erziehung und der freiwilligen Fürsorgetätigkeit angesehen wurden. Unter **»öffentlicher Jugendhilfe«** verstand das RJWG die Gesamtheit der Bestrebungen zur Förderung der Jugend aller Altersklassen (§ 1 Abs.3). Daneben unterschied das Gesetz zwischen der **Jugendpflege** und der **Jugendfürsorge**. Während ursprünglich ein dreistufiger Behördenaufbau vorgesehen war, wurde letztlich nur die obligatorische Errichtung von **Jugendämtern** als Einrichtungen der Gemeinden gesetzlich vorgeschrieben. Die Einrichtung von Landesjugendämtern wurde dem Ermessen der Länder überlassen *(vgl. Cahn, 1930, S.388ff.)*.

Die Jugendämter hatten obligatorische Aufgaben (Schutz der Pflegekinder, Mitwirkung bei der Schutzaufsicht und Fürsorgeerziehung), bedingt obligatorische Aufgaben (Mitwirkung im Vormundschaftswesen, Jugendgerichtshilfe, Mitwirkung bei der Beaufsichtigung der Kinderarbeit, Mitwirkung in der Jugendhilfe bei den Polizeibehörden) sowie fakultative Aufgaben (Beratung in Angelegenheiten der Jugendlichen, Mutterschutz, Säuglingswohlfahrt, Kleinkinderwohlfahrt, Wohlfahrt der im schulpflichtigen Alter stehenden Kinder außerhalb des Unterrichts, Wohlfahrt der schulentlassenen Jugend). Daneben hatten die Jugendämter die freiwillige Jugendfürsorgetätigkeit zu unterstützen, anzuregen und zur Mitarbeit heranzuziehen *(vgl. Cahn, 1930, S.389)*.

8. Soziale Wohnungspolitik

Das Wohnungswesen war neben der Sozialversicherung ein weiterer Bereich, welcher unter dem Ersten Weltkrieg und seinen Folgen sowie der nachfolgenden Inflation besonders zu leiden hatte. Nachdem der Wohnungsbau in den letzten Kriegsjahren nahezu gänzlich zum Erliegen gekommen war und auch nach Kriegsende nur sehr zögernd wieder begann (1919 belief sich der Reinzugang auf lediglich 56.714 Einheiten), andererseits jedoch bei den Haushaltsgründungen ein stetiges Ansteigen zu verzeichnen war, machte sich schon bald ein außergewöhnlich **kritischer Mangel an Wohnungen** bemerkbar. Schätzungen zufolge dürfte der **Fehlbestand** im Jahre 1920 rd. 1 Mio. Wohnungen betragen haben *(vgl. Preller, 1978, S.286)*. Die Folgen dieser **Wohnungsknappheit** waren zum einen, daß es wachsende Schwierigkeiten bereitete, wohnungsbedürftige Haushaltungen unterzubringen, und zum anderen, daß es zu ungerechtfertigten **Mietsteigerungen** kam. Vor diesem Hintergrund entschloß sich die Regierung zu einer sehr weitgehenden **Wohnungszwangsbewirtschaftung** *(vgl. Brander, 1984; Wölz, 1930, S. 809ff.)*.

8.1 Wohnraumbeschaffung und Mieterschutz

8.1.1 Erste Maßnahmen nach dem Kriege

Vor dem Hintergrund der Befürchtung, die Wohnungsknappheit werde zu ungerechtfertigten **Mieterhöhungen** führen, hatte die Regierung bereits während des Krieges **Gegenmaßnahmen** ergriffen, die nach Kriegsende weiter ausgebaut wurden.

Nachdem bereits die Bekanntmachung des Bundesrates vom 26. Juli 1917 [RGBl. S.659] den Mieteinigungsämtern die Befugnis übertragen hatte, in gewissen Fällen die Höhe der Miete zu bestimmen und ein gekündigtes Mietverhältnis auf Antrag des Mieters zu verlängern, gingen verschiedene Bekanntmachungen vom 23. September 1918 [RGBl. S.1140] noch einen Schritt weiter, da nunmehr eine Kündigung von Wohnräumen nur noch mit vorheriger Zustimmung des Mieteinigungsamtes erfolgen durfte. Zugleich wurden die obersten Landesbehörden ermächtigt, Maßnahmen gegen den Wohnungsmangel zu treffen (Besetzung von Leerwohnungen, Einführung einer Anzeigepflicht, Rückverwandlung von Lagerräumen in Wohnungen).

Noch weitergehende Rechte, über Anordnungen Wohnraum zu beschaffen, erhielten die obersten Landesbehörden durch eine Verordnung vom 22. Juni 1919 [RGBl. S.591], die kurz darauf durch das sog. **Wohnraummangelgesetz vom 11. Mai 1920** [RGBl. S.949] abgelöst wurde.

Durch dieses Gesetz wurde die Unverletzlichkeit der bewohnten Wohnung beseitigt und Gemeinden mit besonderer Wohnungsnot das Recht eingeräumt, auch innerhalb geschlossener Wohnungen, die von einer verhältnismäßig geringen Personenzahl bewohnt wurden, einzelne Räume zu beschlagnahmen und zur Unterbringung wohnungsloser Familien zu verwenden. Kam eine Einigung mit dem Wohnungsinhaber nicht zustande, konnten notfalls auf dem Wege über die Wohnungsämter Zwangsmietverträge herbeigeführt werden.

Sowohl die Bestimmung, wonach das Mieteinigungsamt letzten Endes nach »billigem Ermessen« über die Höhe der Miete zu entscheiden hatte, wie auch der unterschiedliche Gebrauch der den Landesbehörden eingeräumten Ermächtigungen zu Zwangsmaßnahmen führten binnen kurzem im Bereich der Mietzinsbildung und des Mieterschutzes zu einer starken Rechtszersplitterung und Rechtsunsicherheit. Mit dem Ziel, diese Materie reichseinheitlich zu regeln und zu klaren Rechtsverhältnissen zu gelangen, wurden 1922/23 nacheinander das Reichsmieten-, das Mieterschutz- und das Wohnraummangelgesetz verabschiedet, die trotz mehrfacher Änderungen für einige Jahre die Grundlage des **Wohnraumnotrechts** der Weimarer Republik bildeten.

8.1.2 Wohnraummangelgesetz von 1923

Eine vorläufig endgültige Regelung erfuhr die zwangsweise Bewirtschaftung des vorhandenen Wohnraums durch das **Wohnraummangelgesetz vom 26. Juli 1923** [RGBl. I S.751], das frühere Bestimmungen präzisierte und ergänzte. Das Gesetz bestätigte das Recht der **Gemeinden**, unbenutzte bzw. zu große Wohnungen zu beschlagnahmen und darin Wohnungssuchende notfalls aufgrund eines **Zwangsmietvertrages** unterzubringen.

Dabei waren deutsche Flüchtlinge und Vertriebene sowie kinderreiche Familien bevorzugt mit Wohnraum zu versorgen. Im übrigen durften ohne vorherige Zustimmung der Gemeinde keine Gebäude abgerissen, mehrere Wohnungen nicht vereinigt und zu Wohnzwecken bestimmte Räume nicht anderweitig genutzt werden. Ferner konnte die Gemeinde bestimmte Aus- und Umbauten von Wohnungen veranlassen.

Bereits 1924 wurde allerdings damit begonnen, die **Wohnungszwangsbewirtschaftung** in gewissem Umfange **zu lockern**, indem in einigen Gebieten den Wohnungsämtern das Recht entzogen wurde, übergroße Wohnungen zu beschlagnahmen. Die schrittweise Aufhebung des Wohnraummangelgesetzes, die zunächst überwiegend auf dem **Verwaltungswege** erfolgte, wirkte sich dahingehend aus, daß der Kreis der Gemeinden, für den die verschärften Bestimmungen galten, immer mehr verkleinert und immer weitere Gruppen von Räumen (z.B. teure Wohnungen, gewerbliche Räume) aus der Zwangswirtschaft herausgenommen wurden. Nachdem durch **Länderverordnungen** das Wohnraummangelgesetz ohnehin nurmehr für einen sehr beschränkten Kreis von Wohnungen galt, bestimmte die **Verordnung des Reichspräsidenten vom 1. Dezember 1930** [RGBl. I S.517], daß das Wohnraummangelgesetz am 1. April 1934 endgültig außer Kraft treten sollte. Durch die **NotVO vom 8. Dezember 1931** [RGBl. I S.699] erfolgte dies bereits zum 1.4.1933.

8.1.3 Reichsmietengesetz von 1922

Hinsichtlich der Mietzinsbildung brachte das **Reichsmietengesetz vom 24. März 1922** [RGBl. S.273] die Grundlagen für eine reichseinheitliche Regelung der Mietzinsbildung.

Danach sollten **Mietpreissteigerungen** nur insoweit zugelassen werden, als sie durch die Steigerung der für das Haus aufzuwendenden Kosten erforderlich geworden waren. Obgleich das Gesetz grundsätzlich die vertragliche Vereinbarung über die Miete zuließ, räumte es beiden Vertragsparteien das Recht ein, sich auf die sog. **»gesetzliche Miete«** zu berufen, bei deren Berechnung von der für den 1. Juli 1914 maßgebenden Vertragsmiete, der sog. **»Friedensmiete«**, ausgegangen wurde.

Die gesetzliche Miete bestand aus der Friedensmiete zuzüglich bestimmter Zuschläge für Verwaltung und Instandsetzung und wurde in Vomhundertsätzen der Friedensmiete festgesetzt. Allerdings enthielt das Gesetz keine bestimmten Vorschriften für die Höhe dieser Vomhundertsätze, sondern überließ es den Ländern, entsprechende Rahmensätze festzulegen. Das Reichsmietengesetz fand im übrigen keine Anwendung auf nach dem 1. Juli 1918 bezugsfertig gewordene Neubau- und Umbauwohnungen sowie Wohnungen gemeinnütziger Wohnungsbauunternehmen.

Während Anfang 1924 die Miete für eine Neubauwohnung etwa 200 % der Friedensmiete betrug, lag die gesetzliche Miete lediglich bei 30-40 %. Angesichts der gravierenden Abweichungen zwischen Mieten in Neubau- und Altbauwohnungen ermächtigte die nach der Stabilisierung erlassene 3. Steuernotverordnung vom 14. Februar 1924 [RGBl. I S.74] in § 27 Abs.3 die Länder, die Mietpreisbildung abweichend von den Vorschriften des Reichsmietengesetzes vorzunehmen mit der Maßgabe, »daß die Mieten allmählich gemäß der Entwicklung der allgemeinen Wirtschaftslage den Friedensmieten angenähert werden«. Da eine Frist für die Annäherung an die Friedensmieten jedoch nicht gesetzt wurde, kam es abermals zu einer von Land zu Land recht unterschiedlichen Entwicklung. Dies veranlaßte das Reich, durch Gesetz vom 10. August 1925 [RGBl. I S.254] der Reichsregierung das Recht einzuräumen, die Mindesthöhe der gesetzlichen Miete für das gesamte Reich einheitlich festzusetzen. Zugleich schrieb es vor, daß die gesetzliche Miete bis zum 1. Juli 1926 die Höhe von 100 % der Friedensmiete erreicht haben sollte. Durch das Gesetz vom 10. Juli 1926 [RGBl. I S.403] wurde die sog. »Zusatzmiete« eingeführt, die der Vermieter verlangen konnte, wenn sich der Gebrauchswert durch Modernisierungsmaßnahmen erhöht hatte.

Nachdem im Jahre 1926 die Annäherung der gesetzlichen Miete an die Höhe der Friedensmiete erreicht worden war, machte die Regierung von ihrer Befugnis Gebrauch und setzte durch **Verordnung vom 11. März 1927** [RGBl. I S.72] den Mindestsatz der gesetzlichen Miete für die Zeit vom 1. April 1927 an auf 110 % und für die Zeit vom 1. Oktober 1927 an auf 120 % fest. Obwohl sich die Bestrebungen zur Aufhebung der Wohnungszwangswirtschaft gegen Ende der 20er Jahre ständig verstärkten, wurde das Reichsmietengesetz im März 1930 nochmals bis zum 30. Juni 1931 verlängert. Gemäß der **NotVO vom 8. Dezember 1931** [RGBl. I S.699], die für Altbaumieten eine Senkung um 10 % der Friedensmiete anordnete, sollte das Reichsmietengesetz am 1. März 1933 völlig außer Kraft treten, was dann jedoch aufgrund der veränderten politischen Verhältnisse nicht mehr möglich war.

8.1.4 Mieterschutzgesetz von 1923

Ergänzt wurden das Wohnraummangel- und das Reichsmietengesetz durch das **Mieterschutzgesetz vom 1. Juni 1923** [RGBl. I S.353], das vor allem Vorsorge traf, daß bestehende Mietverhältnisse nur aus ganz besonderen Gründen und in einem besonderen Verfahren gelöst werden konnten. Die grundlegende Bestimmung des Gesetzes bestand darin, daß Mietverhältnisse nur noch im Wege der gerichtlichen, auf bestimmte Gründe gestützten **Mietaufhebungsklage** durch rechtskräftiges Urteil aufgehoben werden konnten *(vgl. Brandis, 1930, S.539ff.)*.

Die gerichtliche Aufhebung des Mietverhältnisses durfte dabei nur aus wenigen, im Gesetz eindeutig festgelegten Gründen (unbefugte Gebrauchsüberlassung an Dritte, mindestens zweimonatiger Zinsrückstand, erhebliche Belästigung des Vermieters, Gefährdung des Mietraums, besonderes Eigeninteresse des Vermieters) erfolgen. Wurde das Mietverhältnis wegen Eigenbedarfs des Vermieters aufgehoben, wurde die Zwangsvollstreckung davon abhängig gemacht, daß für den verurteilten Mieter ein ausreichender Ersatzwohnraum sichergestellt war. Wie die beiden anderen Gesetze galt auch das Mieterschutzgesetz nicht für Werkswohnungen, Wohnungen gemeinnütziger Wohnungsbauunternehmen sowie nach dem 1. Juli 1918 fertiggestellte Neu- und Umbauwohnungen. Allerdings wurden den Altbauwohnungen aufgrund der Verordnung vom 24. Dezember 1923 [RGBl.I S. 1247] durch Landesrecht i. d. R. die aus öffentlichen Mitteln geförderten Neubauwohnungen gleichgestellt.

Der **Mieterschutz** wurde schon bald in verschiedener Hinsicht **gelockert**, zumal den Ländern nach § 52 des Gesetzes die Aufhebung des Mieterschutzes in bestimmten Fällen gestattet war. Eingeschränkt wurden die Mieterschutzvorschriften zunächst für möblierte Räume und Untermietverhältnisse, sodann für den überwiegenden Teil der gewerblichen Räume. Erste reichsweite Lockerungen brachte das **Änderungsgesetz vom 29. Juni 1926** [RGBl.I S.317], das namentlich die Vorschriften über die Bereitstellung von Ersatzräumen abschwächte, die Räumungsklage bereits bei einem einmonatigen Mietrückstand zuließ und den Vermieter in der Vermietung von Räumen etwas freier stellte.

Noch grundsätzlichere Lockerungen sah das **Gesetz vom 13. Februar 1928** [RGBl.I S.17] vor. Es gab dem Vermieter wieder das Recht einer selbständigen **Kündigung**, wogegen der Mieter allerdings **Widerspruch** erheben konnte, so daß es erneut zum gerichtlichen Verfahren kam.

Die Kündigung, die an dieselben Voraussetzungen geknüpft war, die schon bisher für den Klageweg vorgeschrieben waren, mußte auf einem amtlich vorgeschriebenen Formblatt erfolgen, das dem Mieter durch das Gericht zugestellt wurde. Immerhin führte das Gesetz eine Reihe von Schutzbestimmungen für jene Fälle ein, in denen die Aufhebung der Mieterschutzvorschriften zu besonderen Härten führte. Das Ziel der Reichswohnungspolitik war nunmehr jedoch die völlige Aufhebung des Mieterschutzgesetzes.

In diese Richtung zielten dann auch die Bestimmungen der **NotVO vom 1. Dezember 1930** [RGBl.I S.517], wonach die Vorschriften des Mieterschutzes nicht mehr für Mietverträge gelten sollten, die über frei werdende Räume neu abgeschlossen wurden, soweit diese nicht mehr der **Wohnungszwangswirtschaft** unterlagen.

Damit blieben nur noch ein Schutz gegen wucherische Mietzinsforderungen und ein gewisser Kündigungsschutz bestehen, zumal die Vereinbarung einer höheren als der gesetzlichen Miete und die Kündigung bei Eigenbedarf des Vermieters gleichfalls erleichtert wurden. Während diese NotVO die völlige Außerkraftsetzung des Gesetzes erst für den 1. April 1936 vorsah, sofern bis dahin ein Gesetz in Kraft getreten war, das die einschlägigen Vorschriften des BGB nach sozialen Gesichtspunkten neu regelte, bestimmte die NotVO vom 8. Dezember 1931 [RGBl.I S.699] den Termin der Außerkraftsetzung auf den 1. April 1933; ferner sollte das Gesetz ab sofort nicht mehr für Wohnungen mit einer gewissen Miethöhe gelten.

8. 2 Wohnungsbauförderungspolitik

Nachdem die **Wohnungsnot** den Staat gezwungen hatte, aus seiner bisherigen Reservehaltung hervorzutreten und mit Vorschriften öffentlich-rechtlicher Art in Form der Wohnungszwangswirtschaft in die Marktbeziehungen des Wohnungswesens direkt einzugreifen, stellte sich schon bald heraus, daß die als vorübergehend gedachten **Notmaßnahmen** längst nicht ausreichten, um der in Art.155 WRV ausgesprochenen Aufgabe, »jedem Deutschen eine gesunde Wohnung und allen deutschen Familien, besonders den kinderreichen, eine ihren Bedürfnissen entsprechende Wohn- und Wirtschaftsheimstätte zu sichern«, gerecht zu werden. Obgleich damit die Wohnungsbestands- und Wohnungsbaupolitik als sozialpolitische Aufgabe des Staates anerkannt wurden und die WRV im Gegensatz zur RV von 1871 dem Reich die Kompetenz einräumte, auf dem Gebiete des Bodenrechts, des Ansiedlungs- und Heimstättenwesens, der Bindung des Grundbesitzes und des Wohnungswesens rechtsverbindliche Grundsätze aufzustellen, überließ das

Reich die konkrete Ausgestaltung der **Wohnungsbaupolitik** weiterhin in erheblichem Ausmaß den Ländern. An reichsgesetzlichen Bestimmungen zu erwähnen sind die Verordnung zur Behebung der dringendsten Wohnungsnot vom 9. Dezember 1919 [RGBl. S.1965], das Reichsheimstättengesetz vom 10. Mai 1920 [RGBl. S.962] sowie das Reichssiedlungsgesetz vom 11. August 1919 [RGBl. S.1429] für die ländliche Siedlung. Diese Gesetze erleichterten die Enteignung und die Beschaffung von Bauland, insbesondere für ländliche Siedlungsgebiete.

8.2.1 Neubautätigkeit und Hauszinssteuerhypotheken

Die durch künstliche Niedrighaltung der Mieten, außerordentlich hohe Baukosten und extrem hohe Zinssätze äußerst **beeinträchtigte Neubautätigkeit** machte die finanzielle Unterstützung des Wohnungsbaus durch die öffentliche Hand zunehmend zu einer zwingenden Notwendigkeit, wenn sich der Wohnungsfehlbestand nicht noch erhöhen sollte. Nachdem die öffentlichen Körperschaften zunächst ab Ende 1918 v.a. mittels der Gewährung direkter **Baukostenzuschüsse** [Reichstag, 11. Legislaturperiode, 2. Session, 1914/18, Nr.1993] helfend eingegriffen hatten, setzte sich ab 1920 immer mehr der Grundsatz durch, den Wohnungsbau durch Bewilligung von Kapital in Darlehensform anstelle von Zuschüssen zu fördern.

Ein erster Versuch in dieser Richtung stellte das **Wohnungsbauabgabegesetz vom 26. Juni 1921** [RGBl. S.773] dar, das den Ländern und den Gemeinden die Möglichkeit eröffnete, Altbauwohnungen mit einer zusätzlichen **Steuer** bzw. **Abgabe** von je 5% der Friedensmiete zu belegen, mit der Verpflichtung, diese Mittel zur Förderung des Wohnungsbaus zu verwenden. In Anbetracht der inflationären Entwicklung blieb diese Maßnahme jedoch zunächst noch **ohne jede praktische Bedeutung**.

Erst nach der Geldwertstabilisierung entstand das in der Weimarer Zeit wichtigste Förderungsinstrument, die Vergabe sog. **»Hauszinssteuerhypotheken«**. Die Mittel dafür stammten aus dem Aufkommen an Gebäudeentschuldungssteuern bzw. Hauszinssteuern. Die **3. Steuernotverordnung vom 14. Februar 1924** [RGBl.I S.74] legte den vor 1918 fertiggestellten Gebäuden einen »Geldentwertungsausgleich« auf, der damit begründet wurde, daß infolge der Aufwertungsgesetzgebung die laufenden Geldverpflichtungen an Zinsen für hypothekarische Belastungen bei gleichzeitiger Erhöhung der Mieteinnahmen gemindert worden seien.

Das Reich selbst legte allerdings nur die Rahmenbedingungen fest und überließ es im übrigen den Ländern, diese Sondersteuerquelle auszuschöpfen und durch Landesrecht zu regeln. Ebenso hatte das Reich in diesem Gesetz lediglich allgemeine Verwendungszwecke angedeutet. Nach der 3. Steuernotverordnung mußten die Länder vom Hauszinssteueraufkommen mindestens 10%, nach dem Finanzausgleichsgesetz vom 10. August 1925 [RGBl.I S.254] mindestens 15–20% der Mittel zur Förderung der Neubautätigkeit verwenden, während der Rest dem allgemeinen Finanzbedarf zugute kam.

Hinsichtlich der konkreten Verwendung der Mittel blieb das Reich weitgehend darauf angewiesen, nach entsprechenden Beratungen mit den Ländern gemeinsame Richtlinien aufzustellen. Mit den »Bremer Richtlinien« vom 25. März 1925 wurde zunächst der Versuch gemacht, wenigstens für die Einzelbegebung der Hauszinssteuermittel, also für die Darlehensbestimmungen, einheitliche Grundsätze aufzustellen. Einen weiteren Versuch, seine wohnungspolitischen Vorstellungen, die v. a. auf eine Förderung des Kleinwohnungsbaus abzielten, stärker zur Geltung zu bringen, unternahm das Reich mit den »Berliner Richtlinien« vom 26. März 1926 [RArBl., Nr.15/1926]; diese waren zwar etwas straffer, für die Länder aber ebenfalls nicht bindend.

Ende der 20er Jahre verstärkten sich indessen die Bestrebungen, die Verwendung der Mittel in bindenden reichseinheitlichen Rahmenrichtlinien zu regeln. Die vom Reichstag am 17. Dezember 1929 angenommenen »Reichsrichtlinien für den Kleinwohnungsbau« hatten zwar gleichfalls noch keine praktische Bedeutung, leiteten aber eine Wende ein. Hinzu kam, daß ein gegen den Widerstand des Reichsrates verabschiedetes Initiativgesetz des Reichstages vom 22. März 1930 [RGBl.I S.91] bestimmte, daß auch die Rückflüsse der Hauszinssteuerhypotheken zur Förderung des Wohnungsbaus zu verwenden seien, wodurch der Charakter der Hauszinssteuerhypotheken als »Zweckvermögen« unterstrichen wurde *(vgl. Wölz, 1930, S.812)*.

Den endgültigen Durchbruch zugunsten einer **Stärkung des Reichseinflusses** brachte schließlich die NotVO vom 1. Dezember 1930 [RGBl.I S.517], indem sie den Reichsarbeitsminister ermächtigte, über die Verwendung des Wohnungsbauanteils am Hauszinssteueraufkommen Grundsätze aufzustellen. Die daraufhin unter dem 10. Januar 1931 erlassenen **»Reichsgrundsätze für den Kleinwohnungsbau«** [RGBl.I S.9] trafen vor allem Vorsorge, daß nur noch Wohnungen gefördert werden sollten, die nach Größe, Ausstattung und Standort sowie namentlich nach der Miete für sozial schwache Bevölkerungskreise geeignet waren. Gefördert werden durften daher nur noch Wohnungen mit einer Größe von max. 60 qm sowie einer Miete von höchstens 40 RM. Als Förderungsarten waren nebeneinander die Gewährung von Darlehen und Zinszuschüssen vorgesehen.

Tabelle 42: Entwicklung des Wohnungsbaus 1919–1932

Jahr	Zugang an Wohngebäuden	davon Kleinhäuser	Zugang	Abgang	Reinzugang	Neubauwohnungen wurden erstellt durch		
			an Wohnungen			öffentl. Hand	gemeinn. Untern.	private Haush.
1919	21.465	18.792	60.861	4.147	56.714	–	–	–
1920	43.411	38.506	108.307	5.215	103.092	–	–	–
1921	66.786	59.570	141.498	7.275	134.223	–	–	–
1922	74.693	65.835	154.970	8.355	146.615	–	–	–
1923	54.824	45.233	125.940	7.607	118.333	–	–	–
1924	54.377	46.185	115.376	8.874	106.502	–	–	–
1925	89.175	77.528	191.812	12.882	178.930	–	–	–
1926	97.838	84.933	220.529	14.736	205.793	–	–	–
1927	131.368	112.050	306.834	18.199	288.635	33.269	78.426	169.395
1928	137.306	114.000	330.442	20.680	309.762	31.538	90.889	180.900
1929	130.783	104.658	338.802	21.120	317.682	30.010	109.121	173.139
1930	121.039	90.284	330.260	19.289	310.971	27.148	121.394	156.764
1931	94.081	72.324	251.701	18.053	233.648	18.492	92.587	118.749
1932	81.587	73.540	159.121	17.856	141.265	11.337	27.282	91.672

Quellen: Statistisches Jahrbuch für das Deutsche Reich, lfde. Jge.

Die NotVO vom 1. Dezember 1930 – ebenso wie die vom 8. Dezember 1931 – reduzierte allerdings zugleich den Prozentsatz des Hauszinssteueraufkommens, den die Länder dem Wohnungsbau zuwenden mußten. Die letztere NotVO sah zudem einen sukzessiven Abbau der Hauszinssteuer bis zum 1. April 1940 vor. Im Zeitraum von 1924 bis 1932 erbrachte die Hauszinssteuer einen Betrag von insgesamt 11.770.786 RM, von dem 5.201.470 RM dem Wohnungsbau zuflossen.

8.2.2 Sonstige Wohnungsbauförderungsmaßnahmen

Nicht zuletzt aufgrund des beschränkten Einflusses, den das **Reich** bei der Verwendung der Hauszinssteuermittel hatte, intensivierte es seine Bemühungen, durch Bereitstellung eigener Mittel wohnungspolitische Ziele zu verwirklichen. Hierzu gehörten insbesondere die gesetzlichen Hilfsmaßnahmen des Reiches für die Beschaffung von **Zwischenkrediten**. Aufgrund des Gesetzes über die Bereitstellung von Krediten zur Förderung des Kleinwohnungsbaus vom 26. März 1926 [RGBl.I S.179], abgeändert durch die Verordnungen vom 1. Juli 1926 [RGBl.I S.357] und 2. Juni 1927 [RGBl.I S.125], stellte das Reich für Zwischenkredite 200 Mio. RM zur Verfügung. Darüber hinaus wurde das Reich durch die Gesetze vom 7. März 1928 [RGBl.I S.53] und vom 26. März 1929 [RGBl.I S.81] ermächtigt, zugunsten der Deutschen Bau- und Bodenbank für deren Kredite aus dem Privatkapitalmarkt **Bürgschaften** – zuletzt bis zur Höhe von 250 Mio. RM im Jahr – einzugehen.

Eine besondere Förderung des Reiches erfuhren schließlich der **Beamtenwohnungsbau** (namentlich durch das Beamtenheimstättengesetz vom 30. Juni 1927 [RGBl.I S. 133]) sowie der **Landarbeiterwohnungsbau** (durch das Programm zur Unterstützung der ländlichen Kleinsiedlung). Ebenfalls reichsgesetzlich geregelt war ferner die Errichtung besonderer **Wohnsiedlungen für Bergleute** in den einzelnen Bergbaugebieten des Reiches (Gesetz über Bergmannssiedlungen vom 10. März 1930 [RGBl.I S.32]); derartige Siedlungen wurden von sog. Treuhandgesellschaften getragen und teils durch Zuschläge zu den Verkaufspreisen der Kohle, teils durch Zuwendungen des Reiches finanziert.

Erwähnenswert ist ferner das **Reichssiedlungsgesetz vom 11. August 1919** [RGBl. S. 1429], das als Rahmengesetz die Länder verpflichtete, dort, »wo gemeinnützige Siedlungsunternehmen nicht vorhanden sind, solche zu begründen zur Schaffung neuer Ansiedlungen und zur Hebung bestehender Kleinbetriebe«. Träger des Siedlungsverfahrens wurden gemeinnützige Siedlungsunternehmen, denen mit staatlicher Kapitalhilfe die Beschaffung des Landes, die Neubesiedlung sowie die Vergrößerung landwirtschaftlicher Kleinbetriebe (Anliegersiedlung) »bis höchstens zur Größe einer selbständigen Akkernahrung« oblag. Im Rahmen von Neusiedlerstellen wurden 1929 immerhin 23.221 Personen, 1932 sogar 40.286 Personen angesiedelt *(vgl. Petzina u.a., 1978, S. 123)*.

Als besondere staatlich geförderte Wohnungsform wurde auf dem Höhepunkt der **Wirtschaftskrise** die sog. **»vorstädtische Kleinsiedlung«** eingeführt. Diese Aktion, die ihrem Wesen nach mehr eine Wohlfahrts- und Fürsorgemaßnahme war und in erster Linie für langfristig Erwerbslose bestimmt war, beruhte auf der **NotVO des Reichspräsidenten vom 6. Oktober 1931** [RGBl.I S.537], die zugleich die Bestellung des Reichskommissars für die vorstädtische Kleinsiedlung anordnete. Der Grundgedanke dieser Aktion war es, die Hilfsbedürftigkeit der Erwerbslosen durch Beschaffung billiger Wohngelegenheiten und teilweiser Selbstversorgung aus der Siedlerstelle mit der Zeit zu beseitigen bzw. zu verringern.

Die Siedlerstellen, die fast gänzlich durch Reichsdarlehen gefördert wurden, sollten daher eine Mindestgröße von 600 qm haben, wobei die Kosten für Aufbau und Einrichtung einer Stelle 3.000 RM nicht übersteigen durften. Nach den Richtlinien von Ende Juni 1932 konnten Familien mit 5 und mehr Kindern bis zu 3.000 RM an Reichsdarlehen erhalten. Für kinderreiche Siedler konnten zudem ein Zinsnachlaß von dreimal 40 RM oder ein einmaliger Baukostenzuschuß von 120 RM gewährt werden *(vgl. RArBl.II, 1932, S. 276ff.)*.

9. Steuerliche Maßnahmen der Sozialpolitik

Auch in der Weimarer Republik konzentrierte sich die Sozialpolitik mit steuerlichen Mitteln auf die soziale Gestaltung der Einkommensteuer, wobei wiederum Ehegattenbesteuerung, Kinderfreibeträge und außergewöhnliche Belastungen im Mittelpunkt standen. Hinzu traten vermögensteuerliche Regelungen sowie Grundsteuerermäßigungen.

9. 1 Steuern auf Einkommen

Das Reich, das zum Ausbau seiner Finanzhoheit die Erhebung der Einkommensteuer für sich beanspruchte, folgte mit dem **Einkommensteuergesetz vom 29. März 1920** [RGBl. S.359] den bisherigen Entwicklungslinien in der sozialen Gestaltung der Einkommensteuer. Die fortschreitende Inflation machte allerdings in immer kürzeren Abständen Änderungsgesetze erforderlich; die Veranlagung für 1923 konnte sogar überhaupt nicht mehr vorgenommen werden. Hinsichtlich der **Ehegattenbesteuerung** sah es in § 16 nicht nur weiterhin die Zusammenveranlagung von nicht dauernd getrennt lebenden Ehegatten, sondern auch eine begrenzte Einbeziehung von Einkünften minderjähriger, zum Haushalt gehörender Kinder vor (§ 17). Wie die früheren Landesgesetze befaßte sich auch das EStG 1920 mit der steuerlichen Berücksichtigung von **Kindern** und **außergewöhnlichen Belastungen**.

Nach dem EStG 1920 erhöhte sich der steuerfreie Einkommensbetrag von 500 M für jede zur Haushaltung des Steuerpflichtigen zählende Person, deren Einkommen gemäß §§ 16,17 zum Einkommen des Steuerpflichtigen hinzuzurechnen war, um jeweils 500 M (§ 20 Abs.2). Ferner verringerte sich das zu versteuernde Einkommen gem. § 20 Abs.3 für jede Person, der aufgrund gesetzlicher Pflicht Unterhalt gewährt wurde, um max 500 M (bei Einkommen bis 10.000 M erhöhte sich dieser Freibetrag unter gewissen Voraussetzungen). Nach § 6 konnten besondere, die Leistungsfähigkeit des Steuerpflichtigen beeinträchtigende wirtschaftliche Verhältnisse berücksichtigt werden, sofern das steuerbare Einkommen den Betrag von 30.000 M nicht überstieg (Erlaß bzw. Ermäßigung der ESt). Als besondere Verhältnisse galten z.B. außergewöhnliche Belastungen durch Unterhalt und Erziehung der Kinder, durch Verpflichtungen zum Unterhalt mittelloser Angehöriger, durch Krankheit, Körperverletzung, Verschuldung, Unglücksfälle oder durch besondere Aufwendungen im Haushalt infolge der Erwerbstätigkeit der Ehefrau (§ 26 Abs.2).

Das EStÄndG vom 24. März 1921 [RGBl. S.313] schränkte die Zusammenveranlagung von Ehegatten dadurch ein, daß die Ehefrau mit ihren Einkünften aus selbständiger und nichtselbständiger Arbeit in einem dem Ehemann fremden Betrieb gesondert besteuert wurde (§ 16 Abs.1, § 9). Zudem wurde die für die Berücksichtigung besonderer wirtschaftlicher Verhältnisse maßgebende Einkommensgrenze auf 80.000 M erhöht. Der Geldentwertung folgend, hob das EStÄndG vom 20. Juli 1922 [RGBl.I S.607] diese Grenze auf 200.000 M an. Ferner ermäßigte sich unter bestimmten Voraussetzungen nach § 26 Abs.1c die Einkommensteuer um 2.000 M für Steuerpflichtige, die über 60 Jahre alt oder erwerbsunfähig oder nicht bloß vorübergehend daran gehindert waren, ihren Lebensunterhalt durch eigenene Erwerb zu bestreiten, sofern das steuerbare Einkommen 50.000 M nicht überstieg.

Das **Einkommensteuergesetz vom 10. August 1925** [RGBl.I S.189], mit dem wieder zur normalen Veranlagung zurückgekehrt wurde, behielt die 1921 eingeführte Form der **Ehegattenbesteuerung** bei (§ 22 Abs.4, § 6 Abs.1). **Kinderermäßigung** wurde weiterhin durch vom Einkommen abzuziehende Kinderfreibeträge gewährt. Im übrigen waren Roheinnahmen von weniger als 1.300 RM völlig steuerfrei.

Nach dem EStG 1925 blieben bei Einkommen unter 10.000 RM 920 RM steuerfrei (darunter 240 RM zur Abgeltung der Sonderleistungen). Dieser Betrag erhöhte sich für die Ehefrau um 100 RM, für das 1. Kind um 100, das 2. um 180, das 3. um 360, das 4. um 540 sowie das fünfte und jedes folgende um 720 RM. Statt der Festbeträge konnten für jedes minderjährige Kind auch 8 % des 720 RM übersteigenden Betrages, max. 600 RM je Kind (insgesamt höchstens 8.000 RM) abgezogen werden. Schließlich konnte die Steuer ermäßigt werden, wenn besondere wirtschaftliche Verhältnisse vorlagen und das Einkommen 30.000 RM nicht überstieg. Die Steuerermäßigung, deren Höhe im freien Ermessen der Finanzbehörde stand, bestand in den Fällen des § 56 Abs.1 S.2 in einer Kürzung des tarifmäßigen Steuersatzes; unter den in Satz 2 beispielhaft aufgeführten Fällen außergewöhnlicher Belastung erschienen erstmals Aufwendungen im Haushalt, die durch die Erwerbstätigkeit einer

Abbildung 18: Wahlplakate aus der Endphase der Weimarer Republik

Witwe mit minderjährigen Kindern veranlaßt werden; daneben sah § 56 Abs.2 erstmals typisierend Steuerermäßigungen für Unterhaltsaufwendungen zugunsten getrennt lebender Ehefrauen und

nicht zum Haushalt des Steuerpflichtigen zählender ehelicher und unehelicher minderjähriger Kinder vor; hier erfolgte die Steuerermäßigung durch Abzug vom Einkommen.

9. 2 Steuern auf Vermögen

Das **Vermögensteuergesetz vom 8. April 1922** [RGBl.I S.335], das bereits unter dem Eindruck der Inflation erlassen worden war, enthielt in § 23 einige Erleichterungen für Steuerpflichtige, die entweder über 60 Jahre alt oder erwerbsunfähig oder nicht nur vorübergehend daran gehindert waren, ihren Lebensunterhalt durch eigenen Erwerb zu bestreiten. Eine endgültige Regelung bildete auch hier erst das im Rahmen der großen Reichsfinanzreform erlassene **Vermögensteuergesetz vom 10. August 1925** [RGBl.I S. 233], das aus sozialen Gründen unter gewissen Voraussetzungen ebenfalls erhebliche Freigrenzen vorsah.

Nach dem VStG 1925 wurde keine Vermögensteuer erhoben, wenn das Vermögen 100.000 RM nicht überstieg und das letzte Jahreseinkommen des Steuerpflichtigen nicht mehr als 3.000 RM (bei Steuerpflichtigen mit 2 Kindern: 4.000 RM, mit 3 oder 4 Kindern: 5.000 RM, mit mehr als 4 Kindern: 6.000 RM) betrug. Die Freigrenze erhöhte sich bei Steuerpflichtigen, die über 60 Jahre alt oder erwerbsunfähig oder nicht nur vorübergehend erwerbsgehindert waren, auf 20.000 RM, wenn das letzte Jahreseinkommen unter 5.000 RM lag (30.000 RM bei einem Einkommen von weniger als 4.000 RM).

9. 3 Grundsteuer

Zu den steuerlichen Maßnahmen der Sozialpolitik zählen aus heutiger Sicht auch **Grundsteuerermäßigungen**. Diese spielten zwar in der Weimarer Republik noch keine entscheidende Rolle, dennoch waren erste in dieser Hinsicht bedeutende Ansätze vorhanden.

Das Reichssiedlungsgesetz vom 11. August 1919 [RGBl. S.1429] sah zwar selbst keine Grundsteuerbefreiung vor, allerdings gewährten einzelne Länder für aufgrund dieses Gesetzes errichtete Siedlerstellen nach Maßgabe des Landesrechts auf bestimmte Zeit Befreiungen von der oder Ermäßigungen der Grundsteuer. Das preußische Grundvermögensteuergesetz vom 28. Dezember 1925 [PrGS. S.178] sah im § 15 Abs.1 S.2 für Wohnungsbauten, die in der Zeit vom 1. April 1918 bzw. 1. April 1924 bis zum 31. März 1931 fertiggestellt wurden, einen teilweisen oder völligen Erlaß der Grundsteuer vor. Entsprechende Regelungen wie in Preußen – wenn auch unterschiedlich ausgestaltet – gab es in den meisten deutschen Bundesstaaten. Das Realsteuersenkungsgesetz vom 1. Dezember 1930 (IV. Teil der VO des Reichspräsidenten zur Sicherung von Wirtschaft und Finanzen [RGBl.I S.517, 582]) führte zu einer gänzlichen Befreiung der zwischen dem 1. April 1931 und dem 31. März 1934 bezugsfertig gewordenen Wohnungsneubauten von der Grundsteuer bis zum 31. März 1939 (Art.14, für das Saarland § 2 Abs.2 DV vom 2. April 1936).

Kapitel 5

Sozialpolitik im Dritten Reich (1933-1945)

1. Politische und ökonomische Rahmenbedingungen

1. 1 Nationalsozialistische Machtergreifung und Beseitigung der Demokratie

Die **Machtübernahme** der Nationalsozialisten durch die Ernennung HITLERS zum Reichskanzler am **30. Januar 1933** sowie die sich daran anschließende 12jährige **Gewaltherrschaft**, die Millionen von Menschen in Deutschland und Europa Leid, Schrekken und Tod brachten und mit der totalen Zerstörung Deutschlands endeten, markieren gesellschafts- und wirtschaftspolitisch einen besonderen Entwicklungsabschnitt in der deutschen Geschichte und stellen auch für die Sozialpolitik einen tiefen Einschnitt dar. Zwar ist im Rahmen dieser Darstellung weder der Platz, um auf die **Hintergründe** der Machtergreifung und die Ursachen des Scheiterns der Weimarer Republik einzugehen, noch zu untersuchen, „wie es möglich war, daß 1933 ein großes Kulturvolk mit hochentwickelter Zivilisation scheinbar aus eigenem Willen sich der zerstörerischen Gewaltherrschaft einer Gruppe machthungriger Fanatiker ausgeliefert hat" *(Bracher, 1983, S.17)*; ebensowenig ist es möglich, auf die Entwicklung des NS-Staates im allgemeinen und die seiner inneren Struktur im besonderen einzugehen. Dennoch ist es auch zum Verständnis der sozialpolitischen Entwicklungen während des Dritten Reiches unerläßlich, auf einige **wesentliche Faktoren** und **zentrale Ereignisse** hinzuweisen.

Obgleich es keineswegs ausreicht, den **Sieg der Nationalsozialisten** mit dem Hinweis auf die **Wirtschaftskrise** und die damit verbundene schlechte Lebenslage der Bevölkerung erklären zu wollen, haben die Verzweiflung über die schlechten Lebensverhältnisse, die **Arbeitslosigkeit** und die Verbitterung über das Mißlingen des staatlichen Neuaufbaus auf demokratischer Basis nach dem Ersten Weltkrieg das Anwachsen und die Stärkung der nationalsozialistischen Bewegung begünstigt. Eine Rolle gespielt haben sicherlich auch die »Furcht vor dem Bolschewismus« und die Beurteilung des Nationalsozialismus als das »kleinere Übel«. Hinzu kam, daß weite Kreise des verarmten **Mittelstandes** den wirtschaftlichen Parolen des NS-Programms Glauben schenkten und ihre Hoffnungen auf den »starken Mann« setzten sowie daß wesentliche Teile des **Offizierskorps** in HITLER den Mann sahen, um die von ihnen als »schmählich« empfundene Niederlage im Ersten Weltkrieg zu korrigieren *(vgl. Herbig, 1973, S.148; Bracher/Funke/Jacobsen, 1983; P. Rosenberg, 1932)*.

Dabei war die **Anhängerschaft der NSDAP** keineswegs stabil. Die NSDAP, die bei den Wahlen vom Mai 1928 mit 2,6 % der Wählerstimmen eine empfindliche Niederlage erlitten hatte, erreichte zwar bei der **Reichstagswahl** vom September 1930 einen gewaltigen Wahlsieg (Zunahme der Abgeordnetenmandate von 12 auf 107), den sie im Juli 1932 nochmals wiederholen konnte, schon die Wahlen vom November 1932 zeigten aber einen „ersten empfindlichen Rückgang des nationalsozialistischen Massenerfolgs" *(Bracher, 1983, S.28)*. Als der nationalsozialistische Griff nach der Macht bereits in kaum erreichbare Ferne gerückt schien, war es eine „grandiose Fehlrechnung" der national-konservativen Kräfte, die den Nationalsozialisten den Weg zur Macht ebnete, als sie glaubten, mit Hilfe HINDENBURGS und von PAPENS die „Dynamik der Hitlerbewegung" zähmen und „für ihre eigenen Ziele einer autoritären und monarchistischen Reform des Staates" *(Bracher, 1983, S.32)* einspannen zu können.

Die durch eine **Koalition** mit der **DNVP** zur Macht gelangten Nationalsozialisten benutzten die ihnen zugefallenen Schlüsselpositionen konsequent, um ihre Strategie der Machtergreifung anzuwenden. Diese zielte darauf ab, „ihre wirklichen und möglichen Gegner auszuschalten (Arbeiterbewegung) oder zu neutralisieren (Reichswehr), die wichtigsten Positionen auf allen Ebenen des Staatsapparates mit eigenen Leuten zu besetzen und Staat und Gesellschaft so weit wie möglich organisatorisch und ideologisch »gleichzuschalten«" *(Sturm, 1984, S.593)*. Vollendet wurde der Prozeß der Machtergreifung durch die propagandistisch bedenkenlose Ausnutzung der ungeklärten **Reichstagsbrand-Affäre** vom 27./28. Februar 1933 und das durch Täuschung und Drohung erzwungene **Ermächtigungsgesetz** vom 24. März 1933 [RGBl. I S.141].

Von Beginn gingen die Nazis zielstrebig daran, auf dem Verordnungsweg und durch Terror ihre Diktatur zu errichten. Nachdem bereits mit der **Verordnung zum Schutze des deutschen Volkes** vom 4. Februar 1933 [RGBl. I S.35] die Versammlungs- und Pressefreiheit drastisch eingeschränkt werden konnte, bot der sofort den Kommunisten angelastete **Brand des Reichstagsgebäudes am 27. Februar 1933** den willkommenen Vorwand, mittels der **Verordnung zum Schutz von Volk und Staat** vom 28. Februar 1933 [RGBl. I S.83] »zur Abwehr kommunistischer Gewaltakte« sämtliche Grundrechte »bis auf weiteres« außer Kraft zu setzen. Auf dieser scheinbar legalen Grundlage begannen sofort eine gegen Kommunisten und Sozialdemokraten gerichtete umfangreiche **Verhaftungswelle** und die Errichtung des **KZ-Systems**.

Dennoch gelang es der NSDAP selbst unter dem Klima der Angst und Einschüchterung nicht, eine Mehrheit im Parlament und in der Wählerschaft zu erlangen. Bei der **Reichstagswahl vom 5. März 1933** kam sie lediglich auf 43,9 % der Wählerstimmen. Nichtsdestoweniger gelang es ihr, der »Machtergreifung« einen quasi-legalen Anstrich zu geben, indem sie die DNVP und vor allem das Zentrum durch Täuschungen und Versprechungen dazu brachte, in der entscheidenden Reichstagssitzung am 23. März 1933 dem verfassungsändernden Gesetz zur Behebung der Not von Volk und Reich (**Ermächtigungsgesetz**) zuzustimmen. Allein die SPD (die Abgeordneten der KPD waren bereits vorher ausgeschaltet worden) stimmte gegen dieses Gesetz, das die **Reichsregierung** für vier Jahre ermächtigte, ohne den **Reichstag** Gesetze zu beschließen, die überdies von der **Verfassung** abweichen durften.

Danach war es nurmehr eine Frage der Zeit, bis die letzten verbliebenen **Gegner des Regimes** ausgeschaltet waren. Am 22. Juni 1933 wurde die SPD verboten, nachdem die Gewerkschaften bereits im Anschluß an den 1. Mai 1933 gewaltsam zerschlagen worden waren. Als die „Wirklichkeit der ‚legalen Revolution' offenbar wurde, war es zu spät für offenen Widerstand. Die **Gleichschaltung von oben** wurde begleitet und erleichtert durch eine Selbstgleichschaltung der meisten gesellschaftlichen Gruppen, ohne daß dies den organisatorischen Erhalt sicherte. Die Signalisierung von Wohlverhalten zahlte sich nicht aus. Am 14. Juli 1933 wurde der Einparteienstaat proklamiert" *(Bracher, 1983, S. 33).*

Die sich bereits früh bildenden aktiven **Widerstandsgruppen** waren zunächst ohne Erfahrung und Zusammenhalt und konnten daher nur wenig ausrichten, zumal inzwischen „die Konsolidierung des totalitären Führerstaates erfolgt, ... ein Apparat der Propaganda, der Drohung, des Terrors aufgebaut (war), der die Zustimmung und die Furcht der Bevölkerung gleichermaßen als Grundlage des neuen ‚Dritten Reiches' sicherte" *(Bracher, 1983, S.33).*

1. 2 Grundzüge des NS-Wirtschaftssystems

In dem am 24. Februar 1920 beschlossenen und als unabänderlich erklärten **NSDAP-Parteiprogramm** sowie in dem von GEORG STRASSER im Jahre 1932 entworfenen wirtschaftlichen **Sofortprogramm** finden sich zwar zahlreiche wirtschaftspolitische Forderungen, ein konkretes wirtschaftspolitisches Konzept enthielten beide Programme jedoch nicht. Vielmehr ist davon auszugehen, daß die Nationalsozialisten bei der Machtübernahme **kein konkretes wirtschaftspolitisches Konzept** besaßen. Tatsächlich veränderten sie – weitgehend ohne Bezug zu den wirtschaftspolitischen Punkten des Parteiprogramms – „die Wirtschaftsverfassung schrittweise nach Maßgabe übergeordneter staatspolitischer Zielsetzungen" *(Lampert, 1983, S.178).*

Das äußerst heterogene, teilweise in sich widersprüchliche Parteiprogramm war zweifellos zu dem primären Zweck konzipiert, im Sinne der angestrebten politischen Machtübernahme **möglichst breite Wählerschichten** anzusprechen und enthielt daher sowohl Aspekte marxistischer Programme wie Elemente aus den Programmen mittelständisch und national-konservativ ausgerichteter Parteien der Mitte und der Rechten. Verlangt wurde u. a., daß es die erste Pflicht jedes Staatsbürgers sein müsse, »geistig und körperlich zu schaffen«. Die Tätigkeit des einzelnen dürfe »nicht gegen die Interessen der Allgemeinheit verstoßen, sondern (müsse) ... zum Nutzen aller erfolgen«. Um dies zu erreichen, forderte die NSDAP die Abschaffung des »arbeits- und mühelosen Einkommens«, die »Brechung der Zinsknechtschaft«, die »restlose Einziehung aller Kriegsgewinne«, die »Verstaatlichung aller bereits vergesellschafteten (Trust-)Betriebe«, die »Schaffung eines gesunden Mittelstandes und seine Erhaltung« durch »Kommunalisierung der Groß-Warenhäuser und ihre Vermietung zu billigen Preisen an Kleingewerbetreibende sowie die schärfste Berücksichtigung aller Kleingewerbetreibenden bei Lieferungen an den Staat, die Länder oder die Gemeinden«. Darüber hinaus enthielt das Programm die Forderungen nach »Land und Boden (Kolonien) zur Ernährung unseres Volkes und Ansiedlung unseres Bevölkerungsüberschusses« und einer den nationalen Bedürfnissen angepaßten Bodenreform. Schließlich sollten diejenigen, die das Gemeininteresse schädigen, rücksichtslos bekämpft und »gemeine Volksverbrecher, Wucherer und Schieber« mit dem Tode bestraft werden *(vgl. K. Hardach, 1976, S.65ff.; Barkai, 1977; E. Henning, 1973; siehe auch P. Rosenberg, 1932).*

Dieses **Programm**, das „eher einem für Propagandazwecke geeigneten Schlagwortkatalog als einem Zielsystem" *(Lampert, 1983, S.178f.)* glich, wurde nach der Machtübernahme noch nicht einmal in Ansätzen verwirklicht. Während die **antisemitischen und hegemonialen Ziele** des Parteiprogramms konsequent – wenn auch nicht immer planmäßig, sondern häufig improvisierend – verfolgt wurden und schließlich zum Weltkrieg und zur Ermordnung von 6 Mio. europäischer Juden führten, waren die meisten Forderungen des 25-Punkte-Programms für die **konkrete Wirtschaftspolitik** des Dritten Reiches ohne Bedeutung. Andere Ziele erfuhren unter dem Einfluß der tatsächlichen Verhältnisse nach der Machtübernahme deutliche Modifikationen. Erhalten blieb dagegen der Geist des Programms; er bildete ein entscheidendes Element der weiteren Politik. Besondere Bedeutung kam dabei der Forderung nach **Erweiterung des Lebensraumes** des deutschen Volkes zu. Die „Lösung der Wirtschaftsprobleme durch Expansion, und zwar nach dem Osten, wurde zum Grundgedanken der Hitlerschen Wirtschaftspolitik" *(Lampert, 1983, S.179; vgl. Bracher/Sauer/Schulz, 1960, S.89).*

Tabelle 43: Wirtschaftliche Kennziffern 1932–1942

Jahr	Volkseinkommen		Mittlere Bevölkerung in 1.000[1]	Investitionen in Mio. RM in der		Gesamtausgaben des Reiches			Reichsschuld am Jahresende in Mio. RM
	in Mio.RM	RM pro Kopf		Produktions- -güterindustrie	Verbrauchs- -güterindustrie	insgesamt in Mrd. RM	dar. Wehrmacht in Mrd. RM	dar. Wehrmacht in %	
1932	45.175	693	65.716	245	194	–	–	–	11.689
1933	46.514	713	66.027	309	248	8,1	1,9	23,5	11.792
1934	52.765	805	66.409	700	360	10,4	1,9	18,3	12.452
1935	59.112	884	66.871	1.221	415	12,8	4,0	31,3	14.371
1936	65.849	978	67.349	1.637	522	15,8	5,8	36,7	16.057
1937	73.757	1.087	67.831	2.208	635	20,1	8,2	40,8	19.098
1938	82.089	1.201	68.558	2.952	739	31,8	18,4	57,9	30.676
1939	89.787	1.295	69.286	3.596	836	52,1	32,2	61,7	57.888
1940	92.482	1.322	69.838	–	–	78,0	58,1	74,5	85.935
1941	97.825	1.399	70.244	–	–	101,9	75,6	74,2	137.629
1942	–	–	70.834	–	–	128,6	96,9	75,4	195.541

1) Gebietsstand 31.12.1937.
Quellen: Statistisches Jahrbuch für das Deutsche Reich, lfde. Jge.; Länderrat (Hrsg.): Statistisches Handbuch von Deutschland 1928-1944, München 1949.

Die zentrale, auch die Wirtschaftspolitik **dominierende Zielsetzung des NS-Systems** bildete die „Selbstbehauptung der Nation", die „Sicherung des Bestehens und der Vermehrung unserer Rasse und unseres Volkes, die Ernährung seiner Kinder und die Reinhaltung seines Blutes..." *(Hitler, 1933, S.234).* Die Verwirklichung dieses Zieles sah HITLER von Anfang an in der Vorbereitung eines Krieges zur Eroberung neuen Lebensraumes im Osten. Dies wiederum erforderte die Erhöhung der Geburtenrate, die Erringung der industriellen Autarkie, die Entzerrung der industriellen Produktionsstandorte sowie die Aufhebung des »offenen Klassenantagonismus« *(vgl. Lampert, 1983, S.180).* In diesem Rahmen hatte die Wirtschaft lediglich instrumentellen Charakter. Solange das bestehende Wirtschaftssystem der Verfolgung der machtpolitischen Zielsetzungen nicht zuwiderlief, sahen die Nationalsozialisten auch keine Notwendigkeit zu einer ordnungspolitisch grundlegenden Umgestaltung. Der sukzessive Übergang zu einer an **kriegswirtschaftlichen Zielen** orientierten Wirtschaftsplanung führte allerdings in der Praxis dann doch zu erheblichen Veränderungen *(vgl. Petzina, 1968; Petzina u.a., 1978).*

Allerdings fällt es schwer, das so entstandene nationalsozialistische **Wirtschafts- und Gesellschaftssystem** in die klassische ordnungstheoretische Typologie einzuordnen; die NS-Wirtschaftsordnung läßt sich vollständig weder mit dem Begriff kapitalistisch, sozialistisch, marktwirtschaftlich noch zentralverwaltungswirtschaftlich beschreiben. Charakterisiert wird dieses System als »organisierter Kapitalismus« *(Sombart, 1904)*, als

»neokapitalistische Variante des Staatsinterventionismus« *(Giersch, 1960, S.168)*, als »gelenkte Wirtschaft« *(K. Hardach, 1976, S.77)* oder als »syndikalistische« Wirtschaftsordnung *(F.W. Henning, 1978 b, S.148)*.

Auffallend jedenfalls war eine staatlich organisierte **verbandsmäßige** bzw. **ständische Ordnung** von Wirtschaft und Gesellschaft unter Einschluß des **Führerprinzips** zum Zwecke der Festigung und Ausdehnung der Macht der Nationalsozialisten nach innen und außen *(vgl. F.W. Henning, 1978 b, S.144ff.; Sörgel, 1965)*. Zwar brachte die Umstellung auf die Realisierung kriegswirtschaftlicher Ziele die Einführung planwirtschaftlicher Elemente, eine **Planwirtschaft** im engeren Sinne des Wortes entstand aber nicht. Sowohl „der erste, 1936 erlassene Vierjahresplan, als auch der zweite Vierjahresplan waren Pläne, die erstens nicht auf eine Gesamtplanung angelegt waren, sondern nur auf die Planung wichtiger Wirtschaftszweige, und die zweitens zwar Ziele verkündeten, aber keine Zeitangaben und keine Angaben über die Wege zur Zielerreichung enthielten" *(Lampert, 1983, S.183)*. Bei allen Einschränkungen blieb zudem die Existenz des **Privateigentums an Produktionsmitteln** erhalten. Maßgebliche Lenkungsinstrumente waren vor allem die Lenkung der Rohstoffwirtschaft und der Arbeitskräfte.

1.3 Grundausrichtung nationalsozialistischer Sozialpolitik

Noch weniger als in anderen Politikbereichen verfügte die NSDAP bei der Machtübernahme im Januar 1933 über irgendwelche konkreten **sozialpolitischen Leitvorstellungen**. Abgesehen davon, daß sich das Augenmerk der einflußreichen NS-Führer auf andere Fragen konzentrierte, dürfte die Interessenlosigkeit der neuen Machthaber an der Sozialpolitik auch damit zu erklären sein, daß ihnen „Tradition und Erfahrung aus der Arbeitswelt" *(Zöllner, 1981, S.127)* weitgehend fehlten. Allerdings wurde auch später „mit Ausnahme der antidemokratisch und rassistisch motivierten Eingriffe (ein Interesse) ... nicht geweckt, weil die Sozialversicherung keine politisch relevanten Probleme aufwarf" *(Zöllner, 1981, S.127; vgl. auch Guillebaud, 1941)*.

Ungeachtet des Fehlens einer **ordnungspolitischen Konzeption** *(vgl. Blaich, 1971, S.8)* enthielten sowohl das 25-Punkte-Programm von 1920 als auch das wirtschaftspolitische Sofortprogramm aus dem Jahre 1932 explizit oder implizit Ziele einer **nationalsozialistischen Sozialpolitik** *(vgl. Lampert, 1983, S.184; Strasser, 1932)*. Als ausdrückliche **Ziele** nannte das **NSDAP-Parteiprogramm** die Verpflichtung des Staates, für Erwerbs- und Lebensmöglichkeiten zu sorgen, eine Gewinnbeteiligung an Großbetrieben, den großzügigen Ausbau der Altersversorgung, die Schaffung und Erhaltung eines »gesunden« Mittelstandes sowie eine den nationalen Bedürfnissen angepaßte Bodenreform. Ergänzend forderte das **Sofortprogramm** den Bau von Eigenheimsiedlungen für die Arbeiter, die Stärkung der Kaufkraft des Arbeiters und eine Arbeitszeitverkürzung. Weiterhin verlangte das Parteiprogramm eine »ständische Neuordnung«, durch die die Reste der Klassenbildung und des Klassenkampfes überwunden werden sollten, die Bildung einer wirklichen »Volks- und Lebensgemeinschaft« einschließlich einer Familienpolitik, die dem Ziel diente, die Geburtenrate zu erhöhen *(vgl. Stolper/Häuser/Borchardt, 1966, S.147; F.W. Henning, 1978 b, S.141f.; K. Hardach, 1976, S.65; Lütge, 1966, S.561; Lampert, 1983, S.184; Seldte, 1939; Schuhmann/Bruckner, 1934)*.

Die Verschwommenheit und die Vieldeutigkeit gerade auch der **sozialpolitischen Programmpunkte** dienten v. a. der propagandistischen Wirksamkeit; sie waren sämtlich so allgemein gehalten, daß sich zwar breite Wählerschichten angesprochen fühlen konnten, aber nur wenige kleine Wählergruppen abgewiesen wurden. Auf der einen Seite sollte die Arbeiterschaft mit deutlich **antikapitalistischen Programmpunkten** angesprochen, zugleich jedoch die zur Erreichung der weitergehenden und im Vordergrund stehenden machtpolitischen Zielsetzungen erforderliche **Unterstützung der Industrie** nicht gefährdet werden. Entsprechend wurden Forderungen nach Verstaatlichung der Unternehmen und Gewinnbeteiligung der Arbeitnehmer von Anfang an stark modifiziert; nach der NS-Terminologie sollte mit derartigen Forderungen nur das sog. »raffende Kapital«, nicht aber das »schaffende Kapital« getroffen werden.

Von den Relativierungen und der ohnehin untergeordneten Bedeutung der sozialpolitischen Programmpunkte abgesehen, wurden nach der Machtübernahme kaum Anstrengungen unternommen, die genannten Zielsetzungen in der **Praxis** zu verwirklichen. Insbesondere von den Punkten des Parteiprogramms mit antikapitalistischer Tendenz wurde so gut wie keiner realisiert. Verfolgt wurden weder die Gewinnbeteiligung an Großbetrieben oder die Bodenreform noch die Arbeitszeitverkürzung. Ebensowenig wurden die Kommunalisierung der Groß-Warenhäuser in Angriff genommen oder Kriegsgewinne des Ersten Weltkrieges eingezogen. Auch von dem in Punkt 15 verlangten großzügigen Ausbau der Altersversorgung sprach nach 1933 zunächst niemand mehr *(vgl. Herbig, 1973, S.141; Lampert, 1983, S.184).*

Die Relevanz sozialpolitischer Fragen für die NS-Führer sank dabei umso mehr, je deutlicher es gelang, die **Wirtschaftskrise** zu überwinden. Auch hierbei zeichnete sich ihre Politik weniger durch eigenständige Ideen aus als dadurch, daß sie die bereits vorher eingeleiteten Maßnahmen zur Arbeitsbeschaffung fortführten und sie allenfalls verstärkten. Das schon bald **ansteigende Volkseinkommen** und die sinkende Zahl der **Arbeitslosen** führten die Sozialversicherung nicht nur aus ihrer Defizitsituation, sondern „ließen sie bald zu einer geräuschlos fließenden **Finanzierungsquelle** für andere Staatsausgaben werden. In den Augen der Bevölkerung war der Rückgang der Arbeitslosigkeit ein sozialpolitischer Erfolg, angesichts dessen andere Bedürfnisse weniger gewichtig erschienen – abgesehen davon, daß solche Bedürfnisse politisch und publizistisch nicht artikuliert werden konnten“ *(Zöllner, 1981, S.127).*

Tatsächlich verlief die sozialpolitische Entwicklung – sieht man von den machtpolitisch, antidemokratisch und rassistisch motivierten Eingriffen v.a. in den Anfangsjahren ab (Einführung des Führer-Prinzips; Gleichschaltung; Entfernung von sog. »Staatsfeinden« und »Nichtariern«) – weitgehend in den hergebrachten Bahnen *(vgl. Tennstedt/Leibfried, 1979, S.129ff.)* und führte sogar in Einzelbereichen zu einer gewissen Fortentwicklung, insbesondere bei der **Sozialversicherung**. Dies ist nicht zuletzt darauf zurückzuführen, daß angesichts des Fehlens konzeptioneller Neuordnungsvorstellungen (die anfängliche Idee einer Einheitsversicherung wurde nicht ernsthaft verfolgt) der Einfluß der personell weitgehend unveränderten, preußisch-konservativ bzw. christlich-sozial orientierten Beamtenschaft des Reichsarbeitsministeriums erhalten blieb. Diese Beamtenschaft, die zweifellos über ein überlegenes Sachwissen verfügte, war tendenziell gegen Reformexperimente gleich welcher Richtung, gewährleistete aber eine den „sachlogischen Notwendigkeiten“ folgende Weiterentwicklung des bestehenden Sozialleistungssystems *(vgl. Zöllner, 1981, S.128).*

Der **geringe Stellenwert** sozialpolitischer Probleme und die Erduldung nationalsozialistischer **Zwangsmaßnahmen** im Bereich der Sozialpolitik, insbesondere was die Arbeitsbedingungen und -beziehungen anbetrifft, lassen sich vermutlich nur vor dem Hintergrund der vorangegangenen Wirtschaftskrise sowie der massiven Unterdrückung abweichender politischer Meinungen verstehen. Immerhin sank die **Sozialleistungsquote** nicht nur im Vergleich zur Depressionsphase, sondern auch zur Weimarer Zeit drastisch ab. Während der Anteil der öffentlichen Sozialleistungen am Volkseinkommen 1927 10,4% betrug und 1932 auf 20,7% gestiegen war, belief sich die Sozialleistungsquote

1939 auf nurmehr 8,7 % *(vgl. Zöllner, 1963, S.21)*. Finanziell ausgelaugt durch die Jahre der Arbeitslosigkeit mußten die Arbeitnehmer **Arbeitsbedingungen** in Kauf nehmen, die vielfach unzumutbar waren. Spätestens mit Einsetzen der Kriegsproduktion gehörte der mühsam erkämpfte 8-Stunden-Tag der Vergangenheit an *(vgl. Herbig, 1973, S.142)*.

Zusammenfassend kann festgestellt werden, daß die **Sozialpolitik unter dem Nationalsozialismus** weitgehend zu einem ideologisch geprägten, staatspolitischen Zwekken dienenden System entwickelt wurde. Dies zeigte sich insbesondere in der Ausgestaltung der Politik zur Regelung der **Arbeitsentgelte** und **Arbeitsbedingungen**: Auflösung der Gewerkschaften, Aufhebung von Koalitionsfreiheit und Streikrecht, Beseitigung der Grundrechte der Freiheit der Arbeitsplatzwahl, der Freizügigkeit und der Niederlassungsfreiheit, staatliche Festlegung der Arbeitsbedingungen durch Treuhänder der Arbeit und Ersetzung der gewählten Betriebsräte durch staatlich bestellte Vertrauensleute. Auch die **Familienpolitik** und die **Fürsorgepolitik** waren in die ideologisch-staatspolitischen Zielsetzungen eingefügt; sie erfuhren nunmehr ihre Begründung in einer rassenhygienischen, aristokratisch-elitären, staatspolitisch orientierten Zweckrationalität. Weniger stark waren die staatspolitischen Eingriffe in das tradierte System der **Sozialversicherung**; die Selbstverwaltungsorganisation wurde zwar abgeschafft, aber das gegliederte System blieb erhalten und wurde sogar noch partiell ausgebaut *(vgl. Lampert, 1980 a, S.156)*.

2. Beschäftigungspolitik und Arbeitslosenhilfe

2. 1 Maßnahmen zur Beseitigung der Arbeitslosigkeit

Angesichts der Voraussetzungen und Begleitumstände, unter denen die Nationalsozialisten an die Macht gelangt waren, aber auch als Grundvoraussetzung für die Konsolidierung der neuen politischen Herrschaft *(vgl. Mason, 1975, S.46)*, räumte die NS-Führung der **Beseitigung der Arbeitslosigkeit** eine hohe Priorität ein. Ungeachtet der vorangegangenen Propaganda und der Versprechen, mit denen der Wahlkampf des Jahres 1932 bestritten worden war, blieben die Nationalsozialisten nach dem 30. Januar 1933 in ihrem Bemühen um die Beseitigung der Massenarbeitslosigkeit zunächst eher untätig. In den ersten Monaten begnügten sie sich im wesentlichen damit, die durch v. PAPEN eingeleiteten und durch v. SCHLEICHER ausgeweiteten Maßnahmen zur Wirtschaftsankurbelung und Arbeitsbeschaffung weiterzuführen.

Erste (wenn auch in ihrem Umfang unzureichende) Schritte zur Überwindung der Krise waren bereits durch das Kabinett v. PAPEN mit der NotVO vom 5. September 1932 [RGBl.I S.425] eingeleitet worden. Wichtige Bestandteile dieses **Programms zur Belebung der Wirtschaft** bildeten Steuererleichterungen in Form von Gutscheinen für Steuerzahlungen (bis zu 1,5 Mrd. RM), Beschäftigungsprämien (vorgesehen waren 700 Mio. RM) als Steuergutscheine für die Mehrbeschäftigung von Arbeitnehmern (400 RM je Arbeitsplatz) sowie der durch Haushaltsumschichtungen bereitgestellte Betrag von 135 Mio. RM für die Durchführung von Arbeitsbeschaffungsmaßnahmen (Hausreparaturen, Meliorationsarbeiten an Straßen und öffentlichen Gebäuden). Dem unter dem Reichskanzler v. SCHLEICHER durch Verordnung vom 15. Dezember 1932 [RGBl.I S. 543] bestellten **Reichskommissar für die Arbeitsbeschaffung** war am 28. Januar 1933 ein weiterer Kredit von 500 Mio. RM mit Steuergutscheinen als Sicherheit zur Verfügung gestellt worden.

Damit waren zum Ende der Weimarer Republik zweifellos **Politikansätze für die Überwindung der Krise** vorhanden; allerdings waren sie zum einen zu gering dimensioniert, zum anderen zeigten sich die ersten positiven Wirkungen wegen der üblichen Wirkungsverzögerung derartiger Maßnahmen erst im Laufe des Jahres 1933, als die Nationalsozialisten bereits die Macht in den Händen hatten. Das NS-Regime konnte somit nicht nur die Früchte dieser wirtschaftspolitischen Maßnahmen ernten, sondern übernahm auch – als es nach auffällig langem Zögern selbst Initiativen ergriff – in weiten Teilen die von den vorherigen Regierungen angewandten **Instrumente der Krisenbekämpfung** und die von diesen entwickelten Finanzierungsmethoden *(vgl. F.W. Henning, 1978 b, S.149f.)*

2.1.1 Nationalsozialistische Arbeitsbeschaffungsmaßnahmen

Erst vier Monate nach der Machtübernahme unternahmen die Nationalsozialisten mit dem **Gesetz zur Verminderung der Arbeitslosigkeit vom 1. Juni 1933** [RGBl.I S.323] eigene Anstrengungen, um die Arbeitslosigkeit abzubauen. Das darin enthaltene **Programm** sah einerseits die Durchführung umfangreicher öffentlicher Arbeiten vor und bezweckte andererseits Maßnahmen, die den privaten Unternehmern einen unmittelbaren Anreiz zur Ausdehnung ihrer wirtschaftlichen Tätigkeit geben sollten.

Das Gesetz ermächtigte den Reichsminister der Finanzen, zur Förderung der nationalen Arbeit »Arbeitsschatzanweisungen« bis zu 1 Mrd. RM (sog. REINHARDT-Programm) auszugeben. Weitere Mittel zur **Durchführung öffentlicher Arbeiten** sollte die sog. »Freiwillige Spende zur Förderung der nationalen Arbeit« erbringen *(vgl. Stephan, 1933, S. 268)*. **Träger** der öffentlichen Arbeiten mußten öffentliche Körperschaften oder gemeinwirtschaftliche Unternehmungen sein.

Die beteiligten Unternehmen mußten sich verpflichten, bis zum 30. Juni 1934 die Arbeitszeit in ihren Betrieben nicht mehr als 40 Stunden wöchentlich umfassen zu lassen. Die Arbeiten mußten volkswirtschaftlich wertvoll und zusätzlich sein; bei der Ausführung der Arbeiten sollten im weitesten Umfang Arbeitslose beschäftigt werden. Vorrangig gefördert werden sollten Instandsetzungsarbeiten an öffentlichen Bauten, Arbeiten zur Instandsetzung und Teilung von Wohnungen, Arbeiten der Flußregulierung, der Ausbau vorstädtischer und landwirtschaftlicher Siedlungen, Erneuerungsarbeiten an den Anlagen der Gas-, Wasser- und Elektrizitätsversorgung sowie die Ausführung bestimmter Tiefbauten (Erdarbeiten).

Das zweite Maßnahmenbündel, das vor allem die **private Initiative** fördern sollte, umfaßte die **Steuerfreiheit für Ersatzbeschaffungen**, Steuererleichterungen für die Beschäftigung von **Hausgehilfinnen** und die Gewährung von **Ehestandsdarlehen**.

Die Ausgaben für im Inland produzierte Maschinen und Geräte konnten von den Unternehmen voll von der Steuer abgesetzt werden, sofern die Ersatzinvestitionen nicht zu einer Minderbeschäftigung führten. Den beiden anderen Maßnahmen lagen bereits stark ideologische Motivationen zugrunde, indem sie zum einen darauf abzielten, weibliche Beschäftigte „ihrem eigentlichen Betätigungsgebiet, der Hauswirtschaft, zuzuführen" *(Stephan, 1933, S.271)* oder sie überhaupt zum Ausscheiden aus dem Arbeitsleben zu veranlassen.

Zur **Förderung von Eheschließungen** sah das Gesetz die Vergabe unverzinslicher Ehestandsdarlehen in Höhe von 1.000 RM – in Form sog. Bedarfsdeckungsscheine für die Beschaffung von Möbeln und Hausrat – an Arbeiterinnen vor, wenn diese nach der Heirat ihren Arbeitsplatz aufgaben. Dabei reduzierte sich der zu tilgende Betrag für jedes lebend geborene eheliche Kind um ein Viertel. Die bis Ende Dezember 1934 vergebenen 366.178 **Ehestandsdarlehen** ließen in der Tat die Zahl der Eheschließungen bereits

1933 gegenüber dem Vorjahr um 121.780 und 1934 um weitere 101.592 auf schließlich 740.165 ansteigen. Als 1935 nur noch 156.822 Darlehen gewährt wurden, sank die Zahl der Eheschließungen wieder auf 651.435 *(vgl. Tabelle 65, S.316)*.

Weitere konjunkturelle Belebungseffekte ergaben sich aus den wechselfinanzierten zusätzlichen **Investitionsprogrammen** reichseigener Unternehmen wie der **Reichspost** und der **Reichsbahn** *(vgl. Lampert, 1980 b, S.151)*. Neben der Arbeitsbeschaffung diente die Inangriffnahme des Baus moderner **Autobahnen** aufgrund des Gesetzes über die Errichtung eines staatlichen Unternehmens Reichsautobahnen vom 27. Juni 1933 [RGBl. II S.509] bereits stärker strategisch-militärischen Zwecken.

Im Jahre 1934 wurden hier 208,7 Mio., im folgenden Jahr 484,1 Mio. RM investiert *(vgl. StJbDR, 1936, S.198)* und am 1. Juli 1935 insgesamt 116.783 Arbeiter beschäftigt *(vgl. Birkenholz, 1937, S.280)*. Um den Automobilverkehr zu verstärken und die Produktion von Kraftfahrzeugen zu steigern, war durch die Änderung des Kraftfahrzeugsteuergesetzes vom 10. April 1933 [RGBl. I S.192] und das Gesetz über Ablösung der Kraftfahrzeugsteuer vom 31. Mai 1933 [RGBl. I S.315] die Kraftfahrzeugsteuer reduziert bzw. für neu zugelassene Wagen gänzlich aufgehoben worden.

Tabelle 44: Finanzielle Entwicklung der Arbeitslosenhilfe 1931/32–1935/36

Verwendung/Träger der Ausgaben	Rechnungsjahr (Mio. RM)				
	1931/32	1932/33	1933/34	1934/35	1935/36
A. Unterstützungsaufwand					
Arbeitsl.- u. Krisenunterstützung	2.016,4	1.375,6	1.005,5	777,2	752,5
Unterst. v. Wohlfahrtserwerbslosen	861,7	1.352,5	1.185,8	720,4	456,5
Sonstige Barunterstützungen	35,8	40,2	43,4	37,8	34,3
Kurzarbeiterunterstützung	49,9	44,0	21,6	10,6	19,8
insgesamt	2.963,8	2.812,3	2.256,3	1.546,0	1.263,1
B. Wertsch. Arbeitslosenfürsorge	107,3	74,4	208,5	284,4	207,4
C. Verhüt. u. Beend. d. Arbeitslosigkeit	4,6	5,8	8,1	27,4	25,3
D. Landhilfe	–	–	27,7	15,5	15,0
E. Arbeitsdienst	2,9	88,6	201,1	5,4	5,7
F. Arbeitsvermittlung/Berufsberatung	155,4	160,4	155,1	132,6	145,5
G. Sonstige Ausgaben	3,2	10,7	57,6	29,6	46,0
Ausgaben insgesamt (1)	3.237,2	3.152,2	2.914,4	2.040,9	1.708,0
davon: Reichsanstalt	1.256,2	1.306,8	1.680,8	1.439,7	1.220,5
Reich	1.024,2	891,4	551,8	5,0	26,8
Länder	63,4	27,9	0,9	0,5	0,2
Gemeinden	893,4	926,1	680,9	595,7	460,5

1) einschl. sonstiger Ausgaben.
Quelle: J. Nothaas: Die finanzielle Entwicklung der Arbeitslosenhilfe in der Nachkriegszeit, in: RArBl. II, 16. Jg. (N.F.), 1936, Nr. 33, S.473 ff.

Mit dem Ziel, während der **Wintermonate** Arbeitsgelegenheiten zu schaffen, stellte die Reichsregierung durch das **Zweite Gesetz zur Verminderung der Arbeitslosigkeit vom 21. September 1933** [RGBl. I S.651] weitere 500 Mio. RM für Instandsetzungs-, Ergänzungs- und Umbauarbeiten zur Verfügung. Die damit gewährten **Zuschüsse** konnten für Gebäude jeder Art in Anspruch genommen werden, vorausgesetzt, die Arbeiten waren bis zum 31. März 1934 beendet. Neben Reichszuschüssen und Zinsvergütungsscheinen sah das Gesetz für Instandsetzungen und Ergänzungen an Betriebsgebäuden zudem **Steuerermäßigungen** vor.

Neben den neu in Gang gesetzten Arbeitsbeschaffungsmaßnahmen führte die **Reichsanstalt** die bisherigen **Notstandsarbeiten** im Rahmen ihrer Grundförderung nicht nur weiter, sondern vermehrte die Maßnahmen noch erheblich, zumal derartige Aktivitäten nun auch aus Mitteln der Arbeitsbeschaffungsprogramme finanziert werden konnten. Da überdies nun auch die Empfänger öffentlicher Fürsorge zu derartigen Arbeiten herangezogen werden konnten, wurden auf diese Weise die Wohlfahrtslasten der Bezirksfürsorgeverbände vermindert. Während Ende März 1933 in der wertschaffenden Arbeitslosenfürsorge erst 88.041 Notstandsarbeiter eingesetzt waren, erreichte ihre Zahl im März 1934 mit 631.436 einen Höchststand *(vgl. StJbDR, 1934, S.300, 1935, S.309)*.

Von den Nationalsozialisten gleichfalls fortgeführt und ausgebaut wurde eine Reihe gegen Ende der Weimarer Republik begonnener Maßnahmen, durch die v.a. der Zustrom **Jugendlicher** auf den **Arbeitsmarkt** vermindert werden sollte.

Hierzu gehörte das im Dezember 1932 ins Leben gerufene »**Notwerk der deutschen Jugend**«, das arbeitslosen Jugendlichen neben einer täglichen warmen Mahlzeit insbesondere Gelegenheit zur beruflichen Bildung und zu sinnvoller körperlicher Betätigung bieten sollte. In den Monaten Januar bis März 1933 nahmen an diesen Maßnahmen insgesamt 291.567 Jugendliche unter 25 Jahren teil *(vgl. Wiedwald, 1933, S.443)*.

Mit Wirkung vom 1. März 1933 war darüber hinaus durch den Präsidenten der RA die sog. »**Landhilfe**« eingeführt worden [RArBl.I, S.87], durch die v. a. arbeitslose städtische Jugendliche als Landhelfer untergebracht werden sollten.

Den Bauern wurde bei Einstellung eines Landhelfers eine finanzielle Beihilfe gewährt, die den knappen Barlohn und die sozialen Abgaben deckte, so daß lediglich Unterbringung und Verpflegung zu Lasten des Bauern gingen. Auf diese Weise gelang es, im Sommer und Herbst 1933 mehr als 150.000 jugendliche Arbeitslose als Landhelfer unterzubringen; selbst am 15. Oktober 1933 wurden noch immer 165.484 Landhelfer gezählt *(vgl. StJbDR, 1934, S.300)*.

Besonders nachhaltig betrieb die NS-Regierung ferner den Ausbau des **freiwilligen Arbeitsdienstes,** der zunehmend zu einer nationalsozialistischen Erziehungs- und Schulungseinrichtung wurde. Ende Mai 1933 zählte der freiwillige Arbeitsdienst 242.676 Jugendliche, 49.300 mehr als Ende Februar desselben Jahres *(vgl. RArBl.II, 1933, S.255)*.

Die verschiedenen **Konjunkturbelebungs-** und **Arbeitsbeschaffungsmaßnahmen** zeigten v. a. in der zweiten Hälfte des Jahres 1933 deutliche Wirkungen. Die Gesamtzahl der Arbeitslosen war Ende Dezember 1933 um 1.954.557 oder 32,5 % geringer als zu Beginn des Jahres. Teilweise lag dieser Rückgang allerdings auch in einer Veränderung der statistischen Behandlung der Arbeitslosigkeit begründet; grundsätzlich galten nämlich ab 1933 unregelmäßig Beschäftigte nicht mehr als arbeitslos; desgleichen wurden jugendliche Landhelfer und Teilnehmer an Arbeitsdienstlagern aus der offiziellen Arbeitslosenstatistik herausgenommen *(vgl. Mason, 1975, S.126)*.

Bei der Beurteilung der **nationalsozialistischen Beschäftigungspolitik** ist festzustellen, daß die getroffenen Maßnahmen in erster Linie auf eine Reduzierung der statistisch ausgewiesenen Arbeitslosenzahlen abzielten und erst in zweiter Linie auf eine ökonomisch sinnvolle Belebung der Produktion hinausliefen *(vgl. Broszat, 1969, S.177)*. Daß es weniger auf den volkswirtschaftlichen Nutzen der Produktion als vielmehr auf den politisch wirksamen Erfolg ankam, zeigen die Anordnungen, nach denen die Meliorations- und Tiefbauarbeiten bevorzugt durch Handarbeit ohne Verwendung von Maschinen auszuführen waren, sowie das Gesetz vom 15. Juli 1933 [RGBl.I S.493], das für die Zigarettenindustrie die Aufstellung neuer Maschinen untersagte. Ebenso fraglich erscheint der ökonomische Nutzen des Reichsarbeitsdienstes und der Landhelfer *(vgl. Mason, 1975, S.49)*.

Die Verminderung der Arbeitslosigkeit setzte sich im Jahre 1934 sowie in den Folgejahren fort, wenngleich auch langsamer als 1933. Dieser Aufwärtstrend beruhte einerseits auf verschiedenen **Sondermaßnahmen** zur Bekämpfung der Arbeitslosigkeit und andererseits auf den ab Frühjahr 1934 immer deutlicher werdenden konjunkturellen Effekten der beginnenden **Aufrüstung**.

Tabelle 45: Entwicklung der Arbeitslosigkeit und der Arbeitsbeschaffung 1932–1940[1]

Jahr	Gemeldete Arbeitslose		Hauptunterstützungsempfänger in der		Wohlfahrtserwerbslose	Kurzarbeiter	Notstandsarbeiter	Reichsarbeitsdienst[6]
	insgesamt	in %	AlU[3]	KriU[4]				
1932	5.602.711	30,22	1.086.599	1.449.002	2.047.532	260.167	45.026	70.444[7]
1933	4.804.428	26,34	530.870	1.280.637	1.891.623	152.164	161.423	262.992
1934	2.718.309	14,95	340.515	868.472	872.488	63.851	390.986	231.996
1935	2.151.039	11,58	407.171	711.949	464.897	100.257	217.434	224.359
1936	1.592.655	8,30	322.827	587.721	238.641	82.974	122.515	216.345
1937	912.312	4,61	211.696	318.816	201.288	77.465	66.011	265,214
1938	429.461	2,09	256.457		116.967	13.244	30.430	317.631
1939	118.915	0,48	65.482		21.457	84.652[5]	11.652	381.835
1940	51.846	0,25	176.863[2]		6.700	42.645	–	304.297

1) Jahresdurchschnittswerte; 2) einschl. Ostmark; 3) AlU = Arbeitslosenunterstützung; 4) KriU = Krisenunterstützung, 5) Durchschnitt April/Dezember 1939; 6) ab 1939 einschl. Ostmark, jeweils Jahresmitte; 7) beim freiwilligen Arbeitsdienst beschäftigte Personen, Ende Juni 1932.
Quellen: Statistisches Jahrbuch für das Deutsche Reich, versch. Jge.; RArBl.I, Nr.8/1939.

2.1.2 Sondermaßnahmen zur Bekämpfung der Arbeitslosigkeit

Neben den verschiedenen Konjunkturankurbelungs- und Arbeitsbeschaffungsmaßnahmen unternahmen die Nationalsozialisten eine Reihe von Aktionen zur »sozialen« **Umverteilung der vorhandenen Arbeitsplätze**, die eine immer stärker werdende zentrale Steuerung der Arbeitsmärkte mit einem „stufenweisen Verlust der Freizügigkeit“ *(H. Henning, 1977, S. 106)* einleiteten. Bis 1936 standen diese Maßnahmen durchaus und überwiegend im Dienste der Bekämpfung der Arbeitslosigkeit, zumal sich gezeigt hatte, daß die Arbeitslosigkeit in den Städten besonders groß war, während gleichzeitig in der Landwirtschaft ein Mangel an Arbeitskräften herrschte, und es sich außerdem als äußerst schwierig erwies, ältere Arbeitnehmer auf Arbeitsplätze zu vermitteln. Bei alledem darf dennoch nicht verkannt werden, daß mit diesen Maßnahmen bereits die Umgestaltung der Wirtschaft in Richtung auf eine **Rüstungs- und Kriegswirtschaft** vorangetrieben wurde.

Einen ersten fühlbaren Eingriff in die bisherige Freiheit der Arbeitsplatzwahl bedeutete das **Gesetz zur Regelung des Arbeitseinsatzes vom 15. Mai 1934** [RGBl.I S.381]. Dieses Gesetz ermächtigte den Präsidenten der RA, für Bezirke mit hoher Arbeitslosigkeit anzuordnen, daß Personen, die in diesen Bezirken keinen Wohnsitz hatten, dort als Arbeiter oder Angestellte nur mit vorheriger Zustimmung der Arbeitsverwaltung eingestellt werden durften. Von dieser Vollmacht wurde allerdings nur sehr beschränkt Gebrauch gemacht; nachdem für Berlin sofort eine Zuzugssperre verhängt worden war, ergingen entsprechende Anordnungen ansonsten lediglich am 30. August 1934 für Bremen und Hamburg sowie im März 1935 für das Saarland.

Zugleich brachte das Gesetz für die Landwirtschaft eine umfangreiche Arbeitseinsatzhilfe, indem es dem Präsidenten der RA das Recht einräumte, die Beschäftigung von Personen, die am Tage des Inkrafttretens dieser Anordnung oder in den vorangegangenen 3 Jahren in der Landwirtschaft tätig waren, auf nicht landwirtschaftlichen Arbeitsplätzen zustimmungspflichtig zu machen. Auch konnten Unternehmer in Einzelfällen verpflichtet werden, bereits vorher aus der Landwirtschaft eingestellte Arbeitskräfte wieder zu entlassen. Nach der Anordnung vom 17. Mai 1934 durften daraufhin landwirtschaftliche Arbeitskräfte im Bergbau, in der Eisen- und Stahlgewinnung, in der Metallindustrie und im Baugewerbe nur mit Genehmigung der Arbeitsämter eingestellt werden.

Mit diesen **Zwangsmaßnahmen** war es nur vorübergehend möglich, die Landflucht einzudämmen; ihre wirklichen Ursachen - die unzureichenden Wohnverhältnisse, die schlechten Arbeitsbedingungen und die geringe Entlohnung - wurden jedoch nicht beseitigt. Als sich Anfang 1935 erneut ein starker Arbeitskräftemangel in der Landwirtschaft abzeichnete, erließ die Reichsregierung am 26. Februar 1935 das **Gesetz zur Befriedigung des Bedarfs der Landwirtschaft an Arbeitskräften** [RGBl.I S.310], das in breitem Umfange Eingriffe in bestehende Arbeitsverhältnisse zwischen einzelnen gewerblichen Betrieben und von diesen eingestellten landwirtschaftlichen Arbeitskräften ermöglichte. All diese Maßnahmen waren nicht nur äußerst unpopulär, sondern letztlich auch wenig erfolgreich, so daß sie Ende 1936 (VO vom 27. 11. 1936 [RArBl.I, S.302]) aufgehoben wurden *(vgl. Mason, 1975, S. 75)*.

Als besonderes beschäftigungspolitisches Problem erwies sich der Umstand, daß der Rückgang der Arbeitslosigkeit vor allen Dingen den 18- bis 25jährigen zugute kam, dagegen die über 40jährigen Arbeitslosen kaum berührte. Um dies abzuändern, erging am 10. August 1934 die **Verordnung über die Verteilung der Arbeitskräfte** [RGBl.I S.786].

Diese bestimmte zum einen, daß der Präsident der RA allein ermächtigt war, die Verteilung von Arbeitskräften, insbesondere deren Austausch, zu regeln; zum anderen wurde er angewiesen, die erforderlichen Anordnungen über die Verteilung der Arbeitskräfte zu treffen. Die daraufhin erlassene Anordnung vom 10. August 1934 verpflichtete die Betriebsführer und ermächtigte die Arbeitsämter, die altersmäßige Zusammensetzung der Belegschaft daraufhin zu überprüfen, ob sie dem Gesichtspunkt einer bevorzugten Beschäftigung arbeitsloser älterer Arbeiter und Angestellter, insbesondere kinderreicher Familienväter, gegenüber Arbeitnehmern unter 25 Jahren gerecht wurde. Lagen offenkundige Disparitäten vor, konnten v. a. ledige Arbeiter unter 25 Jahren durch ältere erwerbslose Familienväter ersetzt werden, wobei die Jugendlichen, die ihren Arbeitsplatz aufgeben mußten, vorzugsweise in die Landwirtschaft und in den Reichsarbeitsdienst vermittelt wurden.

Ergänzt wurde der direkte Austausch von Arbeitskräften durch eine auch langfristig bedeutsame Vorschrift, wonach Arbeitskräfte unter 25 Jahren nur mit vorheriger Zustimmung des zuständigen Arbeitsamtes eingestellt werden durften. Im Zuge dieser Maßnahmen wurden zwischen Oktober 1934 und Oktober 1935 rd. 130.000 Arbeitsplätze getauscht *(vgl. Syrup/Neuloh, 1957, S. 420)*.

Andere **Arbeitsplatzumverteilungsaktionen** waren allerdings noch problematischer. Nachdem bereits zum Ende der Weimarer Republik die Regierungen wiederholt an die Haushalte mit mehreren Arbeitseinkommen appelliert hatten, zugunsten der Arbeitslosen auf zusätzliche Verdienstquellen zu verzichten, entwickelte die nationalsozialistische Bewegung nach der Machtergreifung erneut eine breite Kampagne gegen das **»Doppelverdienertum«**.

Im Rahmen dieser Aktion, an der sich zunehmend alle möglichen Parteigliederungen beteiligten, wurden verschiedentlich Arbeitgeber unter Androhung von Konsequenzen gezwungen, jene Arbeitnehmer zu entlassen, die als »Doppelverdiener« angesehen wurden. In Anbetracht dessen, daß sich weder der Begriff des Doppelverdieners klar definieren ließ noch sozial oder wirtschaftlich sinnvolle Kriterien aufgestellt werden konnten, sah sich die Reichsregierung im November 1933 gezwungen, gegen die wilden und unkontrollierten Aktionen der NSDAP vorzugehen *(vgl. Syrup/Neuloh, 1957, S. 420)*. Gesetzlich eingeschränkt wurden allerdings die Nebenbeschäftigungsmöglichkeiten sowie die Beschäftigung verheirateter Frauen im Beamtenverhältnis *(vgl. Mason, 1975, S. 53)*.

Grundsätzlich mitgetragen und offiziell gebilligt von Regierung und Parteiführung wurden dagegen **Aktionen**, die darauf abzielten, »alte Kämpfer« vorrangig mit Arbeitsplätzen zu versorgen und regimekritische sowie nichtarische Beschäftigte von ihren Arbeitsplätzen zu entfernen.

Nach einer durch Verfügung des Führer-Stellvertreters vom 24. Juli 1933 eingeleiteten **»Sonderaktion«**, die im Oktober 1933 organisatorisch gestrafft und hinsichtlich des zu bevorzugenden Personenkreises genauer definiert wurde, hatten die Arbeitsämter folgenden Arbeitern und Angestellten bei der Arbeitsvermittlung Vorrang einzuräumen: Angehörigen der SA, der SS und des Stahlhelm, soweit sie diesen Verbänden vor dem 30. Januar 1933 angehört hatten, Mitgliedern der NSDAP mit Mitgliedsnummern bis 500.000 sowie Amtswaltern der Partei, sofern sie in dieser Position schon vor dem 30.1.1933 tätig gewesen waren. Ebenfalls bevorzugt zu behandeln waren zudem Kriegsbeschädigte.

Eine wesentliche Erleichterung erfuhr die Unterbringung dieser Personen nicht zuletzt durch das **Gesetz zur Wiederherstellung des Berufsbeamtentums vom 7. April 1933** [RGBl.I S.175], das die Handhabe schuf, regimekritische und nichtarische öffentliche Bedienstete zu entlassen und sie vorzugsweise durch Anhänger und Sympathisanten der »Bewegung« zu ersetzen.

In der Arbeitsverwaltung wurden aufgrund dieses Gesetzes bis Anfang 1934 rd. 12,7 % der Beschäftigten als mangelhaft vorgebildet, nichtarisch oder politisch unzuverlässig ausgetauscht. Demgegenüber gehörten von den zwischen dem 1. 3. 1933 und dem 10.3.1934 in diesem Bereich neu eingestellten 11.000 Kräften weit über 5.000 zum Personenkreis der »Sonderaktion« *(vgl. Scheur, 1967, S. 60 ff.)*. Bis zum Oktober 1933 waren mindestens 40 % der erwerbslosen »Angehörigen von nationalen Verbänden« wieder beschäftigt *(vgl. Mason, 1975, S. 53)*.

2. 1. 3 Reduzierung des Arbeitskräfteangebots

Nachdem Ende 1934 die reinen Arbeitsbeschaffungsprogramme allmählich ausliefen, brachten die aufgrund des **Wehrgesetzes vom 21. Mai 1935** [RGBl.I S.609] und des **Reichsarbeitsdienstgesetzes vom 26. Juni 1935** [RGBl.I S.769] erfolgenden Einberufungen zur Ableistung der allgemeinen Arbeits- und Wehrdienstpflicht eine nicht unerhebliche **Entlastung des Arbeitsmarktes** *(vgl. auch Petrick, 1967, S. 287 ff.)*.

Am stärksten wirkte sich zweifellos die am 16. März 1935 eingeführte **allgemeine Wehrpflicht** aus, die durch Führer-Erlaß vom 22. Mai 1935 [RGBl.I S.614] zunächst auf die Dauer eines Jahres und kurz darauf durch einen weiteren Erlaß vom 24. August 1936 [RGBl.I S.705] auf die Dauer von zwei Jahren festgesetzt worden war. Die Wehrpflicht reichte vom vollendeten 18. Lebensjahr bis zum vollendeten 45. Lebensjahr, wobei die Wehrpflichtigen i. d. R. in dem Kalenderjahr einberufen wurden, in dem sie das 20. Lebensjahr vollendeten. In welchem Umfang die Wehrmacht potentielle Arbeitskräfte absorbierte, zeigt die Tatsache, daß sich ihr Personalbestand von rd. 147.000 Personen im Jahre 1933 auf ca. 1.000.000 im Jahre 1936 erhöhte *(vgl. F. W. Henning, 1978 b, S. 154)*.

Entgegen der ihm von der damaligen Propaganda zugesprochenen Bedeutung spielte der **Arbeitsdienst** im Hinblick auf die Arbeitsmarktentlastung lediglich eine untergeordnete Rolle. Obgleich der Arbeitsdienst als amtliche Einrichtung bereits im August 1931 geschaffen worden war und in ihm im Februar 1933 immerhin 193.376 Dienstwillige zusammengefaßt waren *(vgl. RArBl. II, 1933, S. 122)*, erhielt er seine charakteristische Ausprägung erst durch die Nationalsozialisten. Unter ihrer Herrschaft wurde der zunächst freiwillige Arbeitsdienst, der anfänglich v. a. als Auffangbecken für arbeitslose Jugendliche gedient hatte, sukzessive zu einer staatlichen Organisation ausgebaut, „in der sich nationalsozialistische Schulung mit staatlicher Arbeitseinsatzlenkung und vormilitärischer

Ausbildung aufs engste verbanden" *(Broszat, 1969, S.206).* Das **Reichsarbeitsdienstgesetz vom 26. Juni 1935** [RGBl.I S.769] führte als »Ehrendienst am deutschen Volke« für alle Männer und Frauen zwischen 18 und 25 Jahren einen obligatorischen halbjährigen Arbeitsdienst ein.

Die gesetzliche Verpflichtung führte allerdings zu keiner personellen Ausdehnung des Reichsarbeitsdienstes: die Zahl der »Arbeitsmänner« sank vielmehr von 230.195 im Januar 1935 auf 165.576 im Dezember 1937 und hatte auch zwischenzeitlich nur selten mehr als 250.000 erreicht. Die Zahl der »Arbeitsmaiden« stieg im selben Zeitraum von 10.651 auf 17.946; damit waren die Männer der einzelnen Jahrgänge zu etwa 70 % und die Frauen zu etwa 6 % erfaßt *(vgl. F.W. Henning, 1978 b, S. 156).*

Gemäß der Verordnung über die Fürsorge für Soldaten und Arbeitsmänner vom 30. September 1936 [RGBl.I S.865] stand den Personen, die nach Ableistung ihrer Dienstpflicht in die Zivilberufe zurückkehrten, kein Recht auf Wiedereinstellung auf dem alten Arbeitsplatz zu. Entsprechend einer Verordnung vom 26. September 1936 [RGBl.I S.748] waren diese Personen jedoch von den Arbeitsämtern bevorzugt zu vermitteln. Zahlreiche weitere Vorschriften sahen darüber hinaus vor, daß bei Ansprüchen aus dem neuen Beschäftigungsverhältnis, die von einer bestimmten Dauer der Betriebs- oder Berufszugehörigkeit abhängig waren, den ehemaligen Soldaten und Arbeitsmännern aus der durch die Erfüllung der Dienstpflicht bedingten Abwesenheit kein Nachteil erwachsen durfte.

2. 2 Politik der Arbeitskräftelenkung und des Arbeitskräfteeinsatzes

Obgleich im Jahresdurchschnitt 1935 noch immer 2.151.039 Arbeitslose registriert wurden, hatte sich bereits im Herbst 1934 – angesichts eines sehr uneinheitlichen Rückgangs der Arbeitslosigkeit – in einigen Wirtschaftsbereichen ein **erster Arbeitskräftemangel** bemerkbar gemacht. Neben der Landwirtschaft zeichneten sich Verknappungen vor allem in der Bauwirtschaft und in der Metallindustrie ab, beides Branchen, die von der zunehmend deutlicher werdenden Aufrüstungspolitik am meisten profitierten. Als der Kampf der Unternehmer um die knapp gewordenen Metallfacharbeiter zu einer Zunahme der Arbeitsplatzfluktuation und zu ersten Lohnsteigerungen führte, erließ die Reichsanstalt am 29. Dezember 1934 eine Verordnung über den Einsatz von gelernten Metallfacharbeitern [DRA, 1935, Nr.2], die den Arbeitsplatzwechsel von Metallarbeitern aus einem Arbeitsamtsbezirk in Betriebe eines anderen Arbeitsamtsbezirks genehmigungspflichtig machte.

2. 2. 1 Einführung des Arbeitsbuches

Ein wesentliches Hilfsmittel für eine langfristig geplante und zielgerichtete **Arbeitskräftelenkung** bildete das durch **Gesetz vom 26. Februar 1935** [RGBl.I S.311] eingeführte **»Arbeitsbuch«**. Nach § 1 Abs.1 dieses Gesetzes war ihm die Aufgabe zugewiesen, »die zweckentsprechende Verteilung der Arbeitskräfte in der deutschen Wirtschaft zu gewährleisten«. Zu diesem Zweck sollte es den verantwortlichen Stellen die Möglichkeit geben, sich fortlaufend über Verteilung, Vorbildung und Berufsweg der Arbeiter und Angestellten zu unterrichten.

Zur Durchführung des Rahmengesetzes ergingen am 29. Februar 1935 bzw. 18. Mai 1935 ergänzende Durchführungsverordnungen [RArBl.I, S.152, 157]. Danach wurde das Arbeitsbuch, das mit wenigen Ausnahmen ausschließlich von den Arbeitsämtern ausgestellt werden durfte, ab dem 1. Juni 1935 sukzessive für bestimmte Berufsgruppen ausgegeben, bis schließlich im Herbst 1936 sämtliche Arbeitskräfte mit einem Arbeitsbuch versehen waren. Arbeitsbuchpflichtig waren zunächst sämtliche Arbeiter und Angestellten (letztere bis zu einem Monatsgehalt von 1.000 RM), unabhängig davon, wo sie beschäftigt waren. Nicht in den arbeitsbuchpflichtigen Personenkreis fielen Beamte, Soldaten, Angehörige der Seeschiffahrt, Heimarbeiter, vorübergehend Beschäftigte sowie beschäftigte volksschulpflichtige Kinder. Bei der am 25. Juni 1938 erstmals vorgenommenen Auszählung der Arbeitsbuchkartei wurden 22.287.084 arbeitsbuchpflichtige Personen erfaßt *(vgl. RArBl.II, 1938, S. 320)*.

Das Arbeitsbuch enthielt neben den allgemeinen Personalangaben v.a. Angaben über die Berufsausbildung und den beruflichen Werdegang. Angaben über Löhne oder Urteile über Führung und Leistung des Arbeitnehmers durften nicht eingetragen werden. Gemäß § 2 des Gesetzes konnte der Reichsarbeitsminister bestimmen, daß Arbeiter und Angestellte nur dann beschäftigt werden durften, wenn sie im Besitz eines ordnungsgemäß ausgestellten Arbeitsbuches waren. Beim Antritt einer Beschäftigung war das Arbeitsbuch dem Unternehmer auszuhändigen, der darin den Tag des Beginns und des Endes der Beschäftigung, die Art der Beschäftigung sowie eventuelle Änderungen in bezug auf die ausgeübte Tätigkeit zu vermerken und dem Arbeitsamt von jeder Eintragung Anzeige zu erstatten hatte. Jedem Arbeitsbuch entsprach ein Karteiblatt beim Arbeitsamt, dem das Arbeitsbuch auf Verlangen jederzeit vorzulegen war (ebenso war anderen staatlichen Stellen Einsicht zu gewähren). Für Zuwiderhandlungen gegen die Arbeitsbuchvorschriften wurden teilweise empfindliche Strafen angedroht.

Die zunehmend massivere Lenkung des Arbeitseinsatzes veranlaßte den Reichsarbeitsminister im Jahre 1939, die **Arbeitsbuchpflicht** erheblich auszudehnen. So wurde durch Verordnung vom 22. April 1939 [RGBl.I S.824] das Arbeitsbuch auch für selbständig Beschäftigte, Heimarbeiter, mithelfende Familienangehörige sowie bisher arbeitsbuchfreie Angestellte eingeführt.

2. 2. 2 Ausweitung der arbeitskräftelenkenden Maßnahmen

Nachdem im Bereich der **Metallindustrie** bereits Ende 1934 erste arbeitskräftelenkende Maßnahmen ergriffen worden waren, erließ die RA angesichts der enormen Zunahme öffentlicher Bauvorhaben und der dadurch erwarteten Verknappung von **Baufacharbeitern** am 26. Juni 1936 eine Anordnung über die **Anzeige des Bedarfs an Arbeitskräften bei Durchführung öffentlicher Bauvorhaben** [RArBl.I, S.209]. Danach mußte dem Arbeitsamt von allen mehr als 25.000 RM an Arbeitslöhnen umfassenden Bauvorhaben der öffentlichen Hand, der Partei, der Versorgungsbetriebe und der gemeinnützigen Wohnungsbauunternehmungen Mitteilung gemacht werden, damit die Beschaffung der nötigen Arbeitskräfte möglichst langfristig vorbereitet werden konnte.

Während die bis dahin erlassenen Vorschriften zur Arbeitskräftelenkung noch keine allzu tiefgreifenden Eingriffe bedeuteten, änderte sich dies mit dem im Herbst 1936 verkündeten **Vier-Jahres-Plan**, mit dessen Beginn die Wirtschaft zwar nicht direkt auf eine Planwirtschaft umgestellt wurde, aber unter Beibehaltung des privat- und marktwirtschaftlichen Gefüges auf bestimmten Schwerpunktgebieten staatliche Produktionsprogramme festgelegt wurden, deren Realisierung unbedingte Priorität zukommen sollte *(vgl. Broszat, 1969, S.371)*. Die Lenkung des Arbeitseinsatzes wurde jedenfalls deutlich ausgeweitet und verschärft.

Bereits unter den ersten Maßnahmen, die der Beauftragte für den Vier-Jahres-Plan erließ, befanden sich **sechs Anordnungen** (später durch eine 7. Anordnung ergänzt), mit denen ein »staatspolitisch« richtiger Einsatz der Arbeitskräfte sichergestellt werden sollte. Während zunächst ein Gesetz zur Regelung des Arbeitseinsatzes vorgesehen war, das in seinem Entwurf „einem Ermächtigungsgesetz für den sozialen Bereich gleichkam" *(Mason, 1977, S.222)*, wurde der Arbeitseinsatz auf Weisung HITLERS dann doch auf dem Verwaltungswege, d. h. durch Anordnungen geregelt, wodurch einige der ursprünglich vorgesehenen drastischen Eingriffe abgemildert wurden.

Die **erste** der allesamt am 7. November 1936 erlassenen **Anordnungen** [RArBl.I, S.292 ff.] verpflichtete alle privaten und öffentlichen Betriebe der Eisen- und Metallwirtschaft sowie des Baugewerbes mit 10 und mehr Beschäftigten, eine **Anzahl von Lehrlingen** auszubilden, die in einem angemessenen Verhältnis zur jeweils beschäftigten Facharbeiterzahl stand *(vgl. hierzu S.265)*. Während diese Anordnung lediglich dazu geeignet war, den Mangel an Fachkräften langfristig zu beheben, sollten die übrigen Anordnungen unmittelbare Eingriffe gewährleisten.

Die **zweite Anordnung** über die **Sicherstellung des Bedarfs an Metallarbeitern** für staats- und wirtschaftspolitisch bedeutsame Aufträge schrieb daher für Betriebe der Eisen- und Metallwirtschaft eine besondere Zustimmung des Arbeitsamtes vor, wenn im Laufe des Kalendervierteljahres 10 und mehr Metallarbeiter zusätzlich eingestellt werden sollten. Hierdurch sollte vermieden werden, daß – bei bestehendem Mangel an Metallfachkräften – Betriebe ihre Belegschaften vergrößerten, deren Produktion nicht als staats- und wirtschaftspolitisch bedeutsam galt.

Als dringend korrekturbedürftig wurde darüber hinaus von den Verantwortlichen der Umstand angesehen, daß zahlreiche **Metall- und Baufacharbeiter** an Arbeitsplätzen beschäftigt wurden, die nicht ihrer Ausbildung entsprachen.

Um diese »unwirtschaftliche Verschwendung wertvoller Arbeitskraft, deren Einsatz an geeigneter Stelle ... dringend erforderlich war« (3. Anordnung), abbauen zu können, verpflichtete die Anordnung über die Rückführung von Metallarbeitern und Baufacharbeitern in ihren Beruf die Unternehmer gewerblicher Betriebe, den Arbeitsämtern unverzüglich davon Anzeige zu erstatten, wenn sie Metall- oder Baufacharbeiter länger als zwei Wochen ganz oder teilweise ausbildungs- bzw. berufsfremd beschäftigten. Zwar wurde zunächst von einer zwangsweisen Umschichtung abgesehen, den betroffenen Arbeitern jedoch die Möglichkeit gegeben, ohne Einhaltung der Kündigungsfristen einen vom Arbeitsamt nachgewiesenen Arbeitsplatz anzunehmen.

Die **vierte Anordnung** erweiterte den Kreis der **meldepflichtigen Bauvorhaben**, indem nunmehr auch private Bauvorhaben mit einer Lohnsumme von mehr als 5.000 RM den Arbeitsämtern angezeigt werden mußten.

Neben dem Bedarf an Arbeitskräften mußten die Anzeigen auch Angaben über Art, Mengen und Kosten der benötigten Baustoffe enthalten. Tatsächlich erwies sich in der Praxis der Mangel an Baueisen schon bald als der eigentliche Engpaßfaktor, so daß nach einer neuen Anordnung vom 23. Juli 1937 nur noch diejenigen Bauvorhaben zustimmungspflichtig waren, bei denen mehr als 2 t Baueisen benötigt wurden.

Nachdem die Mehrzahl der Anordnungen zumindest die Handhabe zu Einschränkungen der Freizügigkeit gaben und daher eher unpopulär waren, wurde die **5. Anordnung** über die **Beschäftigung älterer Angestellter** von der Propaganda als sozialpolitisch besonders bedeutsam herausgestellt.

Danach mußten Betriebe und Verwaltungen mit 10 und mehr Angestellten in einem angemessenen Umfang ordnungsgemäß vorgebildete und einsatzfähige ältere Angestellte über 40 Jahre beschäftigen. Zur Durchführung der Maßnahme hatten die Unternehmen den zuständigen Arbeitsämtern bis zum 15. 1. 1937 die Zahl der beschäftigten Angestellten mitzuteilen. Hiervon ausgehend konnte die Reichsanstalt bestimmen, in welchem Umfang ein Unternehmen ältere Angestellte zu beschäftigen hatte. Auf dieser Grundlage ermächtigte der Präsident der Reichsanstalt am 15.4. 1937 die Arbeitsämter, »nach pflichtgemäßem Ermessen« (und ohne sich starr an die ermittelten Prozentsätze zu halten) den Unternehmen die Beschäftigung von »Einsatzfähigen« aufzuerlegen. Hierdurch wurden bis Ende Juni 1937 durch Verhandlungen mit den Betrieben 16.236, durch Verfügung der Arbeitsämter 5.061 ältere Angestellte untergebracht; bis Ende 1938 erhöhten sich diese Zahlen auf 47.484 bzw. 9.927 Personen *(vgl. RArBl. II, Sonderbeilage zu Nr. 8/1939, S. 12)*.

Die **sechste Anordnung** zur Durchführung des Vier-Jahres-Planes schließlich verbot, **Kennwort-(Chiffre-)Anzeigen** in Zeitungen, Zeitschriften u.ä. zwecks Anwerbung und Vermittlung von Metallarbeitern und Baufacharbeitern aufzugeben oder anzunehmen.

Eine am 22. Dezember 1936 ergänzend ergangene **siebte Anordnung** bestimmte, daß Unternehmer der Eisen- und Metallwirtschaft, des Baugewerbes, der Ziegelindustrie sowie der Landwirtschaft berechtigt waren, im Falle einer unberechtigten vorzeitigen Lösung des Arbeitsverhältnisses durch den Arbeitnehmer das **Arbeitsbuch** solange zurückzuhalten, bis das Arbeitsverhältnis bei ordentlicher Kündigung beendet gewesen wäre. Dies bedeutete nichts anderes, als daß ein kontraktbrüchiger Arbeiter in dieser Zeit von keinem anderen Unternehmen eingestellt werden durfte.

In Anbetracht dessen, daß Ende November 1936 von insgesamt 819.000 offenen Stellen nur 715.000 besetzt werden konnten und Ende 1936 lediglich 90.336 arbeitslose Metallarbeiter zur Vermittlung bereitstanden, reichten auch diese Anordnungen schon bald nicht mehr aus, um insbesondere in der Metallindustrie den Folgen des **Arbeitskräftemangels** wirksam zu begegnen. Schon am 27. November 1936 dehnte der Präsident der RA daher die seit 1934 bestehende **Genehmigungspflicht des Arbeitsplatzwechsels** von Metallfacharbeitern auf Werkmeister, Betriebsbeamte, Techniker und angelernte Arbeiter dieser Branche aus, vermied jedoch noch, auch den Arbeitsplatzwechsel innerhalb eines Bezirks zustimmungspflichtig zu machen [DRA, Nr.278 vom 28.11.1936].

Die weiterhin wachsende **Verschärfung des Facharbeitermangels** und die damit verbundene Zunahme der Abwerbung von Fachkräften führten vielfach dazu, daß die Betriebe sich in Vereinbarungen gegenseitig verpflichteten, Arbeitskräfte anderer Betriebe nur dann einzustellen, wenn die betreffenden Arbeitnehmer einen sog. »**Freigabeschein**« des bisherigen Betriebes vorlegen konnten. Diese Praxis war in Arbeiterkreisen sehr unpopulär; darum sollten nicht die Betriebe, sondern die **Arbeitsämter** über den **Arbeitsplatzwechsel** bestimmen können.

Zu diesem Zweck erließ der Präsident der RA am 11. Februar 1937 eine neue Anordnung über den Arbeitseinsatz von Metallarbeitern, derzufolge Metallarbeiter von privaten und öffentlichen Betrieben und Verwaltungen nur dann eingestellt werden durften, wenn eine schriftliche Zustimmung des Arbeitsamtes vorlag. Diese Zustimmung zum Arbeitsplatzwechsel war zu versagen, wenn der Abzug des Arbeitnehmers staats- und wirtschaftspolitisch bedeutsame Aufgaben beeinträchtigte, die Wirtschaftlichkeit des Betriebes und die Zusammensetzung der Belegschaft störte oder die beteiligte Gemeinde unnötig belastete.

Als sich im Sommer 1937 auch im Baugewerbe eine weitere Anspannung abzeichnete, erging am 6. Oktober 1937 eine entsprechende Anordnung über den Arbeitseinsatz von Maurern und Zimmerern [RArBl.I, S.247]. Die umfangreichen Bauvorhaben im Rahmen des Vier-Jahres-Planes, die Neugestaltung Berlins, die zahlreichen repräsentativen Parteibauten, der forcierte Bau von Wehrmachteinrichtungen, aber auch der lebhafte private Wohnungsbau ließen den Arbeitskräftemangel in der Bauwirtschaft spätestens im Frühsommer 1938 ein geradezu kritisches Ausmaß erreichen, was sich nicht zuletzt in erheblichen Lohnsteigerungen zeigte. Diese wiederum hatten zur Folge, daß es der Bauindustrie gelang, in wachsendem Umfang Arbeitskräfte aus anderen Wirtschaftszweigen, insbesondere der Landwirtschaft, abzuziehen. Die Anordnung über den Arbeitseinsatz von Arbeitern und technischen Angestellten in der Bauwirtschaft vom 30. Mai 1938 sollte daher zum einen „den Zustrom von Arbeitern in die Bauwirtschaft kontrollieren und verringern" und zum anderen die Fluktuation innerhalb dieser Branche lenken *(Mason, 1977, S.549)*. Nach dieser Anordnung durften die Betriebe der Bauwirtschaft jegliche Arbeitnehmer ungeachtet ihrer bisherigen Beschäftigung nurmehr mit Zustimmung des Arbeitsamtes einstellen.

Hatte der Arbeitskräftemangel bis dahin neben der Landwirtschaft hauptsächlich die Metallindustrie und die Bauwirtschaft betroffen, zeigten sich ab 1937 auch in anderen Bereichen und Regionen zunehmende **Schwierigkeiten der Arbeitskräftebeschaffung**. Nachdem der Ausbau der chemischen Industrie in den Arbeitsamtsbezirken Bitterfeld, Halle und Wittenberg zu Verzerrungen auf dem Arbeitsmarkt geführt hatte, wurde für die Betriebe der chemischen Industrie und des Baugewerbes dieser Bezirke eine generelle Einstellungszustimmung der Arbeitsämter dekretiert. Darüber hinaus wurden durch Verordnung vom 1. März 1938 die Landesarbeitsämter ermächtigt, einzelnen Betrieben ihres Bezirks für die Einstellung von Arbeitskräften eine Genehmigungspflicht aufzuerlegen.

2. 2. 3 Dienstverpflichtung von Arbeitskräften

Die generelle Beschleunigung der **Kriegsvorbereitungen**, insbesondere die Ende Mai 1938 angeordnete größtmögliche Forcierung des **Westwallbaus**, machten es Mitte 1938 erforderlich, die letzten noch verfügbaren Arbeitskräftereserven zu mobilisieren. Angesichts der Lage auf dem Arbeitsmarkt erschienen dabei die bisherigen Methoden der Lenkung des Arbeitseinsatzes v. a. in Form des **Zustimmungsverfahrens der Arbeitsämter** bei der Einstellung von Arbeitskräften als nicht mehr ausreichend.

Ende Mai 1938 standen 19.857.312 beschäftigten Arbeitern und Angestellten lediglich noch 338.355 Arbeitslose gegenüber, von denen überdies 140.106 nicht voll einsatzfähig waren. Einsatz- und ausgleichsfähig (so die damalige Terminologie), d. h. auch ortsfremd zu beschäftigen, waren sogar nur 36.831 Arbeitslose. Auf der anderen Seite gab es Ende Mai 1938 bei den Arbeitsämtern 280.105 offene Stellen, darunter 85.287 in der Landwirtschaft und 25.601 im Baugewerbe *(vgl. RArBl. II, 1938, S. 204, Statistische Beilage zu Nr. 19/1938, 1939, S. 224)*.

Vor diesem Hintergrund wurde die Verordnung des Beauftragten für den **Vier-Jahres-Plan** zur Sicherstellung des Arbeitskräftebedarfs für Aufgaben von besonderer staatspolitischer Bedeutung vom 22. Juni 1938 [RGBl. I S. 652] erlassen, mit der die **zivile Dienstpflicht** eingeführt wurde.

Durch diese Verordnung konnten deutsche Staatsangehörige von den Dienststellen der Arbeitsverwaltung für begrenzte Zeit (bis zu 6 Monaten) verpflichtet werden, auf einem bestimmten, ihnen zugewiesenen Arbeitsplatz Dienst zu leisten oder sich einer bestimmten beruflichen Ausbildung zu unterziehen. Für die Zeit der Dienstverpflichtung waren die Betroffenen aus ihrem bisherigen Beschäftigungsverhältnis zu beurlauben und durften während dieser Zeit nicht gekündigt werden. Nach der ergänzend ergangenen Durchführungsverordnung vom 29. Juni 1938 [DRA, Nr. 149 vom 30.6.1938] sollte dafür gesorgt werden, daß in erster Linie ledige Personen verpflichtet wurden, daß die Verpflichtung die Dienstverpflichteten wirtschaftlich nicht schlechter stellte als zuvor und sie entsprechend ihren Kenntnissen und Fähigkeiten eingesetzt wurden. Im übrigen sollten Arbeitskräfte nur für jene staatspolitisch bedeutsamen Aufgaben dienstverpflichtet werden, deren Durchführung keinen Aufschub duldete.

Auch wenn die Dienstpflicht zunächst primär für die Zwecke des **Westwallbaus** eingeführt worden war, wohin in den ersten zwei Monaten rd. 350.000 Arbeitskräfte transportiert worden waren, entwickelte sich die Dienstpflicht immer mehr zu einem **Strukturelement der Wirtschafts- und Sozialordnung**, zumal schon bald immer zahlreicheren Betrieben eine »besondere staatspolitische« Bedeutung zuerkannt wurde und die Arbeitsämter daraufhin deren Bedarf an Arbeitskräften durch Dienstverpflichtungen dekken konnten.

Um die Ernteeinbringung sicherzustellen, wurden die Landesarbeitsämter am 5. September 1938 angewiesen, hierfür »notfalls« Jugendliche, die »trotz nachdrücklicher Belehrung keine zumutbare Arbeit aufgenommen hatten«, Angehörige der ständig beschäftigten Landarbeiter sowie bestimmte Gruppen landwirtschaftlich-technischer Fachkräfte zum Dienst zu verpflichten. Ab 16. Dezember 1938 konnten zudem saisonal Arbeitslose oder Unterbeschäftigte sowie aus der Landwirtschaft stammende Wehrmachtsentlassene zur Arbeit in der Landwirtschaft verpflichtet werden. Weitere Dienstverpflichtungen wurden durch die Erlasse vom 5. Oktober 1938 und 21. Januar 1939 zugunsten der Ernährungswirtschaft und der Seeschiffahrt zugelassen *(vgl. Mason, 1977, S. 693 f.)*.

Entgegen allen Beteuerungen, daß es sich bei der Dienstverpflichtung um ein lediglich in **Ausnahmefällen** einzusetzendes Instrument handeln sollte, ging die Entwicklung vermutlich nicht zuletzt im Hinblick auf die Erfordernisse der Kriegswirtschaft dahin, diese Einrichtung weiter auszubauen. Die Verordnung des Beauftragten für den Vier-Jahres-Plan vom 13. Februar 1939 [RGBl. I S. 206] brachte bereits erhebliche **Ausweitungen der Dienstpflicht**.

Im Gegensatz zur bisherigen Regelung konnten die Dienstverpflichtungen fortan auf unbegrenzte Zeit erfolgen; den Betrieben konnte die Abgabe eines Teils ihrer Belegschaft auferlegt werden. Da bei Dienstverpflichtungen auf unbestimmte Dauer das bisherige Arbeitsverhältnis erlosch und dadurch gegebenenfalls Ansprüche aus dem bisherigen Arbeitsverhältnis verlorengingen, konnte dem neuen Betrieb »zur Vermeidung besonderer Härten« auferlegt werden, den Verpflichteten schadlos zu halten. Für das Dienstverhältnis des Verpflichteten galt jedoch ausdrücklich die für die neue Arbeitsstelle zuständige Tarif-, Betriebs- oder Dienstordnung (§ 2 Abs.3). Dabei bestimmte die Dienstpflicht-Durchführungsverordnung vom 2. März 1939 [RGBl.I S.403], daß ein Härteausgleich wegen Lohnminderungen nicht mehr durchgeführt werde. Dienstverpflichtete, die gezwungen waren, getrennt von ihrer Familie zu leben, konnten zur Sicherung eines angemessenen Lebensbedarfs ihrer Angehörigen auf Antrag vom Arbeitsamt eine Trennungs- bzw. Sonderunterstützung erhalten.

Gleichzeitig mit der Erweiterung der Dienstpflicht ermächtigte der Abschnitt II der Verordnung vom 13. Februar 1939 den Reichsarbeitsminister, den **Arbeitsplatzwechsel** zu beschränken. Damit war es möglich, auch die nicht dienstverpflichteten Arbeiter bestimmter Betriebe in ihrer **Freizügigkeit** einzuschränken. Die auf dieser Grundlage erlassene **Arbeitsplatzwechselbeschränkungs-Anordnung vom 10. März 1939** [RGBl.I S.444] beschränkte den Arbeitsplatzwechsel v.a. dadurch, daß einerseits die Lösung von Arbeitsverhältnissen und andererseits die Einstellung und Beschäftigung von Arbeitnehmern von der **Zustimmung des Arbeitsamtes** abhängig gemacht wurden.

Die Beschränkungen der Lösung von Arbeitsverhältnissen galten generell für alle Betriebe der Land- und Forstwirtschaft, des Bergbaus (ausgenommen: Steinkohlenbergbau), der Baustoffherstellung, der chemischen Industrie sowie der Eisen- und Metallwirtschaft, konnten aber von den Landesarbeitsämtern auch für einzelne Betriebe anderer Branchen verfügt werden. Arbeitnehmer, die zuletzt in diesen Bereichen beschäftigt waren, bedurften für die Einstellung in anderen Betrieben jeder Art und auch Haushaltungen der Zustimmung des Arbeitsamtes. Lediglich in der Landwirtschaft waren Einstellungen grundsätzlich nicht genehmigungspflichtig.

Die völlige Aufhebung des Rechts der **Freizügigkeit** und der **Freiheit der Arbeitsplatzwahl** erfolgte schließlich im Rahmen der Umstellung auf die Kriegswirtschaft. Die als eine der ersten Kriegsmaßnahmen verfügte **Verordnung über die Beschränkung des Arbeitsplatzwechsels vom 1. September 1939** [RGBl.I S.1685] führte – von einigen Ausnahmen abgesehen – eine allgemeine Zustimmungspflicht zur Lösung von Arbeitsverhältnissen und zur Einstellung von Arbeitskräften sowie eine Meldepflicht für frei werdende Arbeitskräfte ein. Dabei wurden der personelle Geltungsbereich auch auf die nicht-arbeitsbuchpflichtigen Beschäftigten und der sachliche Geltungsbereich auf alle Wirtschaftszweige sowie die öffentlichen und privaten Verwaltungen einschließlich der Haushaltungen ausgedehnt.

Nachdem es aufgrund der im Februar 1939 verfügten **Streichung des Härteausgleichs** (d. h. die Dienstverpflichteten mußten Lohnminderungen akzeptieren) zu Unruhen unter den Dienstverpflichteten gekommen war, bestimmte ein Erlaß des Reichsarbeitsministers vom 11. Juli 1939 [RArBl.I, S.345], daß Dienstverpflichtete, deren Arbeitseinkommen während der Dienstleistung geringer war als das bisherige Arbeitseinkommen, als Ausgleich eine **Dienstpflichtbeihilfe** beantragen konnten, die je zur Hälfte die Unternehmer und die Arbeitsämter zu tragen hatten. Diese Dienstpflichtbeihilfen wurden jedoch zu Kriegsbeginn wieder abgeschafft (Anordnung über Unterstützung für Dienstverpflichtete vom 4. September 1939 [RArBl.I, S.417]). Ende 1939 indessen wurde nicht nur angeordnet, die **Dienstverpflichtungen** auf das notwendigste Maß zu beschränken, sondern im Erlaß vom 12. Dezember 1939 [RAnz. Nr.292] wurde auch eine **Erweiterung der Leistungen** insbesondere für jene Dienstverpflichteten zugelassen, die bei ihrer Einsatzstelle Lohneinbußen hinnehmen mußten.

Die außerordentliche Unpopularität, die die Dienstpflicht seit ihrer Einführung begleitete, ließ die Behörden dieses Instrument relativ zurückhaltend einsetzen. So wurde zu umfangreichen Massenverpflichtungen nur gegriffen, wenn der spezifische Anlaß der Propaganda die Möglichkeit bot, diese Maßnahme einigermaßen zu rechtfertigen, wie z.B. beim Westwallbau oder in den ersten Kriegswochen. Von den rd. 1,3 Mio. zwischen dem 1.7.1938 und Ende 1939 verfügten Dienstverpflichtungen betrafen dann auch fast 400.000 den Westwallbau und über 500.000 die Umstellung auf die Kriegswirtschaft. Dabei handelte es sich zudem größtenteils um kurzfristige Dienstverpflichtungen. Im März 1940 waren etwa 208.000 Arbeiter langfristig verpflichtet, darunter 81.000 Verheiratete *(vgl. Mason, 1975, S.731)*. Im Laufe des Jahres 1940 wurden insgesamt 630.268 Personen dienstverpflichtet, darunter 140.450 Frauen. Insgesamt erhielten 124.987 Dienstverpflichtete am 15. Februar 1941 einen Trennungszuschlag bzw. eine Sonderunterstützung *(vgl. StJbDR, 1941/42, S.430)*.

2. 2. 4 Hauswirtschaftliches Pflichtjahr für Frauen

Außergewöhnliche Probleme bereitete den Nationalsozialisten aus ideologischen und bevölkerungspolitischen Gründen die **Frauenarbeit**. Während sie kurz nach der Machtübernahme sogar Anreize schufen (z. B. Ehestandsdarlehen), um die Frauen dazu zu bewegen, Arbeitsplätze für Männer freizumachen, führte später der Arbeitskräftemangel zu verstärkten Bemühungen, die **Berufstätigkeit der Frauen** wieder zu erhöhen, wobei bevorzugt versucht wurde, die Frauen für Erwerbstätigkeiten in der Haus- und Landwirtschaft sowie im Gesundheitspflegedienst zu gewinnen.

Als Mitte der 30er Jahre v. a. für Mädchen ein starker Mangel an Ausbildungsplätzen herrschte, rief die RA das sog. **»Hauswirtschaftliche Jahr für Mädchen«** ins Leben. 1936/37 standen rd. 29.502 derartige Stellen zur Verfügung, von denen 23.634 besetzt wurden. Diese auf Freiwilligkeit basierende Maßnahme reichte allerdings bei weitem nicht aus, die ständig steigende Nachfrage nach hauswirtschaftlichen Hilfen zu befriedigen *(vgl. 10. Bericht der RAVAV 1937/38, Beilage zum RArBl.II, Nr.3/1939, S.38)*.

Trotz immer drängender werdendem Arbeitskräftemangel schreckte das NS-Regime aufgrund der oben genannten Vorbehalte in der **Vorkriegszeit** weitgehend davor zurück, **Zwangsmaßnahmen** gegenüber nicht-erwerbstätigen Frauen zu ergreifen. Eine wesentliche Ausnahme bildete die Anordnung über den verstärkten Einsatz von weiblichen Arbeitskräften in der Land- und Forstwirtschaft vom 15. Februar 1938 [DRA, Nr.43 vom 21.2.1938], durch die das sog. **»Pflichtjahr« für Frauen** eingeführt wurde, indem sie bestimmte, daß ledige weibliche Arbeitskräfte unter 25 Jahren nurmehr beschäftigt werden durften, wenn sie eine mindestens einjährige Tätigkeit in der Land- oder Hauswirtschaft nachwiesen.

Nachdem der dienstpflichtige Personenkreis zunächst noch sehr beschränkt war, wurde er durch die Durchführungsverordnung vom 23. Dezember 1938 erheblich erweitert. Begründet wurde diese wenig beliebte Maßnahme nicht allein mit der Notwendigkeit, Arbeitskräftelücken zu schließen; das Pflichtjahr sollte zugleich »mithelfen, die weibliche Jugend mit den Berufen zu verbinden, die ihrer Wesensart entsprechen, und sie besonders auf ihren späteren Beruf als Hausfrau und Mutter hinführen« *(RArBl.II, 1938, S.75)*. Im Jahre 1940 befanden sich 335.972 junge Frauen im »Pflichtjahr«; 185.695 Frauen wurde im selben Jahr die Ableistung des Pflichtjahres bescheinigt *(vgl. StJbDR, 1941/42, S.420)*.

2. 3 Berufsberatung und Nachwuchslenkung

Die Arbeitskräftepolitik der Nationalsozialisten begnügte sich keineswegs damit, den Einsatz der vorhandenen Arbeitskräfte möglichst weitgehend zu lenken, sondern versuchte auch, die **Berufsbildung** ihren längerfristigen Zielsetzungen anzupassen, wobei hinzukam, daß die Ausbildung von Facharbeitern während der Krisenjahre auf ein Mindestmaß geschrumpft war und daher schon auf kürzere Sicht mit einem Mangel an Fachkräften gerechnet werden mußte. Während zunächst eine **verstärkte Berufsberatung** eingeführt wurde, folgten kurze Zeit später erste Maßnahmen, um die Auszubildenden auf die einzelnen Berufszweige nach gesamtwirtschaftlichen Gesichtspunkten zu verteilen. Gleichzeitig wurden die Kompetenzen der RA und ihrer Dienststellen durch das **Gesetz über Arbeitsvermittlung, Berufsberatung und Lehrstellenvermittlung vom 5. November 1935** [RGBl.I S.1281] gestärkt, indem diesen das alleinige Recht verliehen wurde, auf diesem Gebiet tätig zu werden.

Trotz aller Bemühungen überstieg die Zahl der Lehrlinge jedoch erst 1936 den Stand von 1929. Um dem drohenden **Facharbeitermangel** vor allem in jenen Branchen entgegenzuwirken, in denen sich bereits Mitte der 30er Jahre Engpässe zeigten, beschäftigte sich die 1. Durchführungs-Anordnung zum Vier-Jahres-Plan vom 7. November 1936 [RArBl. I, S.292 ff.] mit der »Sicherstellung des Facharbeiternachwuchses«.

Die Verordnung verpflichtete private und öffentliche Betriebe der Eisen- und Metallwirtschaft sowie des Baugewerbes mit 10 und mehr Beschäftigten zu einer angemessenen Beteiligung an der Lehrlingsausbildung. Die betroffenen Betriebe hatten den Arbeitsämtern die Zahl der für den Ostertermin 1937 zur Einstellung vorgesehenen Lehrlinge mitzuteilen. Der Präsident der RA wurde dabei ermächtigt, aufgrund dieser Ergebnisse zu bestimmen, in welchem Umfang von einem Betrieb Lehrlinge auszubilden waren; er konnte von einem nicht ausbildenden Betrieb eine Ablösung zur Förderung der Lehrlingsausbildung erheben. Lag der Lehrlingsanteil einzelner Betriebe unter dem Durchschnitt ihres Landesarbeitsamtsbezirks (im April 1937 kamen auf 100 Facharbeiter im Zimmereigewerbe 23,8, im Straßen- und Tiefbau 8,2 und in der gesamten Metallindustrie 23,4 Lehrlinge), konnten die Arbeitsämter gemäß einer Weisung des Präsidenten der RA vom 15. April 1937 den Betrieben eine Verpflichtung zur Lehrlingsausbildung auferlegen. Für die Nichtausbildung wurde eine Pauschale von 50 RM je Lehrling und Monat festgesetzt [RArBl.I, S.100 f.].

Als eine Maßnahme zur **Nachwuchslenkung** war schließlich auch das im Februar 1938 eingeführte »Pflichtjahr für Frauen« anzusehen, durch das **weibliche Arbeitskräfte** in verstärktem Maße der Haus- und Landwirtschaft zugeführt werden sollten, zumal im Zuge des Wirtschaftsaufschwunges auch Mädchen immer stärker in Fabrik- und kaufmännische Berufe drängten.

Während diese Maßnahmen der Nachwuchslenkung darauf abzielten, den Nachwuchsmangel einzelner Berufsgruppen zu beheben, bestand der Zweck der Ergänzungsanordnung vom 1. März 1939 [RArBl.I, S.69] darin, den ungleichen **Zustrom der Jugendlichen** zu einzelnen Berufen generell zu regulieren und eine **unerwünschte Ausbildungstätigkeit** zu verhindern. Daher wurde die 1934 eingeführte Zustimmungspflicht zur Einstellung von Jugendlichen nunmehr auch auf Lehrlinge, Praktikanten und Volontäre ausgedehnt.

Eine weitere staatliche Intervention in diesem Bereich bildete die gleichzeitig erlassene **Anordnung über die Meldung Schulentlassener vom 1. März 1939** [RArBl.I, S.69], durch die alle unter 21 Jahre alten Schulabgänger erfaßt werden sollten, um festzustellen, welche Jugendlichen für den Arbeitseinsatz noch herangezogen werden konnten. Die Meldung bei den Arbeitsämtern ermöglichte darüber hinaus, sämtliche Jugendlichen gleichsam einer **zwangsweisen Berufsberatung** zu unterziehen. Nach Ansicht der RA wurde damit von der sich ausschließlich auf freiwilliger Grundlage vollziehenden Berufsberatung zur planmäßigen »Berufsnachwuchslenkung« übergegangen *(vgl. 10. Bericht der RAVAV 1937/38, S.34)*.

Obgleich es durch die massiven Appelle an die Betriebe sowie die verschiedenen direkten und indirekten Eingriffe gelungen war, die zu vermittelnden Lehr- und Anlernstellen von 128.147 im Jahre 1932/33 auf 806.623 im Jahre 1938/39 zu steigern, bedeutete dies noch keineswegs eine zufriedenstellende Sicherung des Facharbeiternachwuchses, da die Qualität der Ausbildung zu wünschen übrig ließ und „in vielen Arbeitsverhältnissen die Lehrlinge in einem Maße ausgebeutet wurden, daß eine geregelte Berufsausbildung nicht gewährleistet war“ *(Mason, 1975, S.142)*. Eine grundlegende Reform des Ausbildungssystems wurde zwar ständig diskutiert, kam aber nicht zustande, sieht man davon ab, daß durch Erlaß des Reichswirtschaftsministeriums vom 22. Oktober 1938 gegen den Widerstand des Handwerks die Lehrzeiten verkürzt wurden. Nicht mehr verwirklicht wurde jedoch ein 1942 von der Akademie für deutsches Recht vorgelegter Entwurf eines Gesetzes über die Berufserziehung der deutschen Jugend *(vgl. Syrup/Neuloh, 1957, S.453 ff.)*.

Tabelle 46: Schulabgänger, Berufsberatung und Lehrstellenangebot 1930/31–1938/39[1]

Berichts-zeit-raum	Schulabgänger		Rat-suchende[2]	Gemeldete Ausbildungs-plätze[3]	auf je 1.000 Ratsuchende kamen gemeldete Ausbildungsplätze		Anteil der ratsuchenden Schulabgänger[4]
	insgesamt	weiblich in %			Jungen	Mädchen	
1930/31	665.000	47,70	405.542	163.378	48,74	29,54	–
1931/32	605.999	47,62	387.299	123.700	38,58	23,70	–
1932/33	677.159	47,99	394.378	128.147	39,08	24,16	45,48
1933/34	1.108.778	48,90	600.518	219.035	44,49	25,28	45,79
1934/35	1.127.568	48,95	848.371	296.085	43,29	23,47	65,54
1935/36	1.132.672	49,17	1.077.990	394.690	46,01	24,20	83,16
1936/37	1.094.846	48,37	1.183.897	514.342	54,75	28,37	59,37
1937/38	1.063.276	48,64	1.263.311	611.387	65,17	28,03	69,96
1938/39	1.011.491	48,28	1.491.436	806.623	77,64	30,23	86,14

1) soweit den Arbeitsämtern bekannt; 2) Schulentlassene + ältere Ratsuchende; 3) offene Lehr-, Anlern- und Berufsausbildungstellen; 4) in %.
Quellen: RArBl., Statistische Beilage zu 1939, Nr.8, S.21; Zehnter Bericht der RAVAV für die Zeit vom 1.April 1937 bis 31. März 1938, Beilage zum RArBl., 1939, Nr.3, S.33 ff.; Länderrat (Hrsg.): Statistisches Handbuch von Deutschland 1928-1944, München 1949, S.483.

Im Zusammenhang mit der Nachwuchslenkung erwähnenswert ist schließlich das **Gesetz vom 25. April 1933 gegen die Überfüllung deutscher Schulen und Hochschulen** [RGBl.I S.225], durch das v.a. in den Hochschulen die Zahl der Studenten soweit beschränkt werden sollte, daß eine gründliche Ausbildung gesichert und dem Bedarf der Berufe genügt wurde. Gestützt auf dieses Gesetz beschränkte der Reichsinnenminister die Zahl der Abiturienten mit Zulassung zum Hochschulstudium im Deutschen Reich auf 15.000 pro Jahr. Obgleich man 1935 von der zahlenmäßigen Begrenzung des Hochschulzugangs abgegangen war, führte diese Maßnahme zu einer drastischen Senkung der Zahl der Hochschulstudenten. Während im Wintersemester 1932/33 an sämtlichen Hochschulen noch 119.702 Studenten immatrikuliert waren, belief sich ihre Zahl im Sommersemester 1938 auf nurmehr 54.873 *(vgl. Länderrat, 1949, S.622)*.

2. 4 Arbeitsvermittlung und Arbeitslosenversicherung

2. 4. 1 Struktur und Aufgaben der Reichsanstalt (RA)

Während sich in bezug auf die Aufgaben der Reichsanstalt durch die Machtergreifung kaum etwas änderte, erfuhr die **Verwaltungsstruktur** bereits in den ersten Monaten der NS-Herrschaft **wesentliche Änderungen**. Schon im März 1933 veranlaßte der Reichsarbeitsminister zahlreiche personelle Veränderungen und beseitigte die Organe der **Selbstverwaltung**, indem er deren Befugnisse auf den ihm direkt unterstellten Präsidenten der RA übertrug, wobei die RA zugleich einen rein behördlichen Charakter erhielt *(vgl. Syrup/Neuloh, 1957, S.407)*.

Um bei der zunächst anstehenden Hauptaufgabe, der Beseitigung der Massenarbeitslosigkeit, möglichst ungehindert handeln zu können, verbot eine **Verordnung vom 10. Au-**

gust 1934 [RGBl.I S.786] sämtlichen Stellen außerhalb der RA, Einfluß auf die Verteilung von Arbeitskräften zu nehmen. Eine weitere Stärkung erfuhren die Kompetenzen der RA durch das **Gesetz über Arbeitsvermittlung, Berufsberatung und Lehrstellenvermittlung vom 5. November 1935** [RGBl.I S.1281], das das Monopol der Reichsanstalt auf dem Gebiet der Arbeitsvermittlung wiederherstellte. Je mehr die Arbeitslosenzahl jedoch abnahm, umso stärker wandelten sich die **Aufgaben der RA**; in den Vordergrund traten zunehmend die Durchführung des Arbeitseinsatzes und der Arbeitskräftelenkung, wehr- und wirtschaftspolitische Maßnahmen sowie die Mitwirkung bei der Realisierung des Vier-Jahres-Planes. Dabei näherte sich die RA ihrem Wesen und ihren Aufgaben nach immer mehr an die unmittelbare Reichsverwaltung an.

Nachdem ab 1936 an die Stelle der freien Arbeitsplatzwahl in immer höherem Maße Arbeitskräftelenkung, -kontrolle und -verpflichtung getreten waren, wurde Ende 1938 der noch verbliebene **Sondercharakter der Arbeitsverwaltung** endgültig beseitigt.

Ein Führer-Erlaß vom 21. Dezember 1938 [RGBl.I S.1892] übertrug die Aufgaben und Befugnisse des Präsidenten der RA auf den Reichsarbeitsminister, während der bisherige Präsident als Staatssekretär Leiter der neuen Hauptabteilung V wurde, der der Arbeitseinsatz oblag. Nach der Eingliederung der Hauptstelle in die unmittelbare Reichsverwaltung wurden durch eine Verordnung des Reichsarbeitsministers vom 25. März 1939 [RGBl.I S.575] auch die nachgeordneten Dienststellen – Arbeitsämter und Landesarbeitsämter – Reichsbehörden und dem Reichsarbeitsminister unterstellt. Die Bediensteten der RA (Ende 1938 annähernd 40.000 Personen) übernahm das Reich. Gleichzeitig wurde die bisherige Reichsausgleichsstelle für Arbeitsvermittlung unter der Bezeichnung »Reichsstelle für Arbeitsvermittlung« verselbständigt und als Reichsmittelbehörde ebenfalls dem Reichsarbeitsministerium untergeordnet.

Die Reichsanstalt für Arbeitsvermittlung und Arbeitslosenversicherung wurde nach dem Ausscheiden ihres Verwaltungskörpers unter der Bezeichnung **»Reichsstock für Arbeitseinsatz«** als Finanzierungseinrichtung für das Finanzvermögen und das Beitragsaufkommen fortgeführt. Der Reichsstock hatte die Eigenschaft einer Körperschaft des öffentlichen Rechts, verfügte aber über keine eigenen Organe und wurde durch den Reichsarbeitsminister verwaltet. Seine Hauptaufgabe war die Vereinnahmung der Beiträge und ihre Verausgabung nach Maßgabe des Haushaltsplanes.

Da der **Beitragssatz** zur Arbeitslosenversicherung auch nach Überwindung der Massenarbeitslosigkeit auf dem hohen Niveau von 6,5 % belassen worden war, verfügte die RA in zunehmendem Maße über erhebliche **freie Finanzmittel**. Mit diesen Mitteln wurden verschiedenste Aufgaben des Reiches finanziert; hierzu gehörten die Mitfinanzierung des Baus der Reichsautobahnen, die Abführung größerer Beträge für die Kinderbeihilfen des Reiches sowie die Zuschüsse zu den sozialen Rentenversicherungen. Darüber hinaus verbleibende Überschüsse waren an das Reich zur Deckung allgemeiner Reichsausgaben abzuführen *(vgl. Syrup/Neuloh, 1957, S.456)*.

2.4.2 Entwicklung der Arbeitslosenhilfe

Die Arbeitslosenhilfe blieb – von einigen Ausnahmen abgesehen – zunächst in ihrer **Grundstruktur** unverändert. Anfang 1933 wurden sogar einige **Leistungsverbesserungen** eingeführt. So ordnete ein Erlaß vom 15. März 1933 [RArBl.I, S.184] an, bis auf weiteres keine Unterstützungsempfänger mehr aus der Krisenfürsorge auszusteuern, was insbesondere für die Gemeinden eine erhebliche finanzielle Entlastung bedeutete. Daneben wurden durch Verordnung vom 30. März 1933 [RGBl.I, S.152] die wöchentlichen Zulagen zur Arbeitslosen- und Krisenunterstützung bis auf weiteres über den 1. April 1933 hinaus gewährt.

Bedeutsamer waren indessen Änderungen in bezug auf den **Kreis der Versicherungspflichtigen**, deren Zweck sein sollte, die Soziallasten zu senken, um so die Voraussetzungen für vermehrte Einstellungen zu schaffen. Als erstes wurden die **Hausgehilfinnen** durch Gesetz vom 12. Mai 1933 [RGBl.I S.265] von der Beitragspflicht zur Arbeitslosenversicherung und durch Gesetz vom 1. Juni 1933 [RGBl.I S.323] auch von der Abgabe zur Arbeitslosenhilfe befreit. Einige Monate später brachte das Gesetz über Änderungen der Arbeitslosenhilfe vom 22. September 1933 [RGBl.I S.656] die Befreiung jeder Beschäftigung in der **Landwirtschaft** von der Pflicht zur Arbeitslosenversicherung. Allerdings waren die land- und forstwirtschaftlichen Arbeitnehmer weiterhin zur Zahlung der Abgabe zur Arbeitslosenhilfe verpflichtet. Außerdem wurde durch dieses Gesetz die **Finanzierung der Krisenfürsorge** dahingehend geändert, daß die Aufwendungen hierfür zukünftig allein die RA zu tragen hatte. Im übrigen begrenzte das Gesetz die Eigenlast der Gemeinden für anerkannte **Wohlfahrtserwerbslose** auf eine bestimmte Summe, und zwar halbjährlich auf rd. 160 Mio. RM. Auf der anderen Seite wurde durch Gesetz vom 20. Juli 1933 [RGBl.I S.519] für die unter Tage arbeitenden **Steinkohlenbergarbeiter** erneut die Beitragspflicht zur Arbeitslosenversicherung eingeführt, nachdem diese in den Jahren 1931/32 hiervon befreit gewesen waren.

Tabelle 47: Sozialversicherungspflichtig Beschäftigte 1932–1940 (in 1.000)

Jahr (JD)	Arbeiter und Angestellte			Krankenkassenmitglieder				Beitragszahler z. Arbeitslosenversicherg.
	insgesamt[1]	Beschäftigte[2]	arbeitsunfähig Kranke, Wöchner.	insgesamt	Pflichtversicherte	freiwillig versicherte Mitglieder	von der AIV befreite Mitglieder	
1932	18.625,0	13.518,0	504,0	18.513,0	15.140,0	3.373,0	2.374,0	10.195,6
1933	18.236,9	13.432,0	505,9	18.408,8	15.105,3	3.303,5	3.020,3	10.072,2
1934	18.188,4	15.470,0	511,6	19.858,3	16.591,4	3.266,9	3.993,1	11.145,3
1935	18.574,8	16.424,0	561,7	20.568,8	17.268,5	3.300,3	4.220,4	11.814,7
1936	19.184,3	17.592,0	568,2	21.450,6	18.148,9	3.301,7	4.408,7	12.802,5
1937	19.797,4	18.885,0	599,3	22.315,1	18.991,3	3.323,8	4.581,1	13.894,2
1938	20.543,3	20.114,0	648,6	23.287,7	19.838,9	3.448,8	4.728,9	14.919,0
1939	20.932,0	20.813,0	731,1	24.371,5	20.704,5	3.667,0	4.780,7	15.514,4
1940	19.655,3	19.603,5	672,1	25.719,0[3]	19.029,4	3.706,3	4.781,7	14.209,3

1) Beschäftigte (einschl. der nichtkrankenversicherungspflichtigen Angestellten in der AIV und Kranke) und Arbeitslose bei den Arbeitsämtern; 2) ohne Arbeitslose bei den Arbeitsämtern; 3) einschl. der Einberufenen (Krankenkassenmitglieder in dieser Tabelle aufgrund anderer Abgrenzung mit Angaben in den Tabellen 29 und 51 nicht vergleichbar).
Quellen: RArBl.II, Nr.7/1939, S.98 ff.; Statistisches Jahrbuch für das Deutsche Reich, 58.Jg., 1939/40, S.372 ff., 59. Jg., 1941/42, S.410ff.

Nachdem in der Gesetzgebung die Arbeitsbeschaffung zunächst im Vordergrund gestanden hatte, kam es erst Ende 1937 zu grundlegenden Änderungen im **Leistungsrecht**. In einem ersten Schritt wurden durch die **Verordnung über die Höhe der Arbeitslosenunterstützung vom 3. Juni 1937** [RGBl.I S.616] die ursprünglichen **11** Lohnklassen, die anfangs der 30er Jahre praktisch auf sechs reduziert worden waren, wiederhergestellt.

Gleichzeitig wurde bestimmt, daß die Unterstützung 80% des zuletzt verdienten Arbeitsentgelts nicht übersteigen durfte (ausgenommen waren die Unterstützungen in den Lohnklassen I-III). Ferner wurde die im Oktober 1932 eingeführte sog. Winterzulage aufgehoben, dafür jedoch die Unterstützungssätze bei gleichzeitiger Staffelung der Familienzuschläge etwas erhöht; keine Änderungen brachte die Verordnung hinsichtlich der Hilfsbedürftigkeitsprüfung.

Weitere Änderungen erfolgten durch die **Verordnung über die unterstützende Arbeitslosenhilfe vom 22. Dezember 1937** [RGBl.I S.1410], die namentlich die Arbeitslosenunterstützung von der vorgeschriebenen Bindung an das Gutachten der Gemeinde zur Hilfsbedürftigkeit löste und dadurch die Möglichkeit schuf, die Unterstützung über den Fürsorgesatz hinaus zu erhöhen. Zugleich wurden grundsätzlich die Beschränkung der Bezugsdauer in der versicherungsmäßigen **Arbeitslosenunterstützung** aufgehoben und in Anbetracht der günstigen Wirtschaftslage durch Erlaß vom 31. Dezember 1937 [RArBl. I, 1938, S.6] die Vorschriften über die **Krisenfürsorge** beseitigt.

Für bestimmte Personengruppen oder Bezirke konnten die Präsidenten der Landesarbeitsämter – bei einer Mindestanspruchsdauer von 20 Wochen – die Höchstdauer der Arbeitslosenunterstützung allerdings beschränken (Anordnung vom 27. Dezember 1937 [RArBl.I,1938,S.5]). Eine Durchführungsverordnung vom 8. Januar 1938 [RArBl.I, S.14] regelte v. a. die Prüfung der Hilfsbedürftigkeit bei der Gewährung der Arbeitslosenunterstützung; danach hing insbesondere bei Ehefrauen, ehemaligen Soldaten und Arbeitsmännern nach 36tägiger Unterstützung die weitere Leistungsgewährung von der Hilfsbedürftigkeit ab.

Für aus dem **Wehr- und Arbeitsdienst** ausgeschiedene **Arbeitslose** war zuvor bereits durch Gesetz vom 30. September 1937 [RGBl.I S.1049] eine Reihe von Sonderregelungen getroffen worden, die das Ziel hatten, diesen Personenkreis vor Nachteilen infolge des Dienstes zu bewahren.

Zu diesem Zweck wurde einerseits die für die Anwartschaft maßgebende Rahmenfrist auf 6 Jahre erweitert und andererseits bestimmt, daß auch jene Personen nach dem Ausscheiden aus dem Dienst eine Unterstützung erhielten, die überhaupt keine Anwartschaft erworben hatten. Ferner brauchten die Arbeitslosen nach dem Ausscheiden aus dem Dienst im allgemeinen keine Wartezeit zurückzulegen; sie erhielten unabhängig von der erfüllten Anwartschaft und dem früheren Arbeitsentgelt mindestens eine Unterstützung nach Lohnklasse V.

Während die bis dahin getroffenen Änderungen das Hauptprinzip der Arbeitslosenversicherung, nämlich den „Rechtsanspruch auf Unterstützung bei Erfüllung der gestellten Voraussetzungen" *(Syrup/Neuloh, 1957, S.456)*, nicht grundsätzlich tangierten, brach die **Verordnung über Arbeitslosenhilfe vom 5. September 1939** [RGBl.I S.1674] mit diesem Prinzip. Sowohl bei der Abgrenzung des Personenkreises durch Verzicht auf den Nachweis einer Anwartschaft wie auch bei der Bemessung der Leistungen wurde vom bisherigen **Versicherungsgedanken** abgegangen und stattdessen das **Fürsorgeprinzip** eingeführt.

Anspruchsberechtigt war fortan jeder, der für den Arbeitseinsatz zur Verfügung stand, aber unfreiwillig arbeitslos war. Hierbei spielte es keine Rolle, ob der Antragsteller bisher selbständig oder unselbständig erwerbstätig war, ob Beiträge zur Arbeitslosenversicherung entrichtet worden waren oder zuvor eine versicherungsfreie Beschäftigung ausgeübt wurde. Ebenso wie die Wartezeit fielen die bisherigen Lohnklassen fort. Die Höhe der Unterstützung richtete sich nach dem Arbeitsentgelt, das der Arbeitslose bezogen hätte, wenn er weiter beschäftigt worden wäre, bzw. das er erzielen würde, wenn er Arbeit erhalten hätte. Die Gewährung von Arbeitslosenunterstützung war jedoch von Anfang an von der Bedürftigkeit des Arbeitslosen abhängig. Schließlich wurde die Möglichkeit geschaffen, den Arbeitslosen in Fällen besonderen Notstands zusätzlich eine Sonderbeihilfe zu gewähren.

2.4.3 Entwicklung der Kurzarbeiterhilfe

Eine besonders wechselvolle Entwicklung erfuhr die Kurzarbeiterunterstützung in den Jahren nach 1933. Als es im Laufe des Jahres 1934 in verschiedenen Bereichen zu einer Verknappung der Rohstoffe kam, wurde nicht nur durch die Faserstoffverordnung vom 19. Juli 1934 [RGBl.I S.713] für die Textilindustrie eine allgemeine **Arbeitsstreckung** angeordnet, indem die Arbeitszeit auf 36 Stunden in der Woche beschränkt wurde, sondern auch durch die Verordnung über verstärkte Kurzarbeiterunterstützung vom 30. November 1934 [DRA, Nr.281 vom 1.12.1934] für jene Fälle eine besondere Unterstützungsart geschaffen, in denen verminderte Rohstoffzuteilungen Ursache der Arbeitseinschränkungen waren. Diese **verstärkte Kurzarbeiterunterstützung**, die nur für bestimmte vom Präsidenten der RA benannte Gewerbezweige gewährt wurde, setzte eine Mindestbeschäftigung von 8 und eine Höchstbeschäftigung von 71 Stunden in der Doppelwoche, einen Arbeitsausfall infolge Arbeitsmangels als Ursache der Arbeitszeitverkürzung auf unter 72 Stunden in der Doppelwoche sowie eine Kürzung des Arbeitsentgelts wegen des Arbeitsausfalls voraus.

Am 5. September 1936 wurde das in verschiedenen Verordnungen enthaltene Recht der Kurzarbeiterfürsorge in einer neuen Verordnung zusammengefaßt und eine Reihe von Leistungsverbesserungen gewährt *(vgl. Wiedemann, 1936, S.369 ff.)*. Die Unterscheidung zwischen allgemeiner und verstärkter Kurzarbeiterunterstützung wurde zwar beibehalten, bei der verstärkten Unterstützung nun jedoch ebenfalls von 80 Arbeitsstunden in der Doppelwoche ausgegangen. Für ledige Kurzarbeiter betrug der Lohnausgleich nur noch 40 % (bis dahin 50 %) des Unterschiedsbetrages. Schließlich wurde durch eine Verordnung vom 12. September 1936 [RGBl.I S.733] eine Sonderhilfe für langfristige Kurzarbeiter in der Textilindustrie eingeführt.

Da es angesichts des zunehmenden Arbeitskräftemangels als wenig sinnvoll erschien, durch Kurzarbeiterunterstützung Arbeitskräfte in Kurzarbeit zu halten, wurden 1937 verstärkt Maßnahmen ergriffen, um die Kurzarbeit zu reduzieren. So beschränkte eine Verordnung vom 30. Juni 1937 [RArBl. I, S.163] die Gewährung von Kurzarbeiterunterstützung auf jene Kurzarbeiter, die 30 Jahre und älter waren. An die Jüngeren wurde eine Unterstützung erst dann gewährt, wenn sie mindestens einen zuschlagsberechtigten Angehörigen hatten. Durch diese Maßnahme verminderte sich die Zahl der unterstützten Kurzarbeiter um rund die Hälfte.

Wie schon die Arbeitslosenhilfe erfuhr auch die Kurzarbeiterhilfe zu Beginn des **Krieges** eine wesentliche **Neuregelung**. Durch Verordnung vom 18. September 1939 [RGBl.I S.1850] wurde die Zulässigkeit der Kurzarbeiterunterstützung auf alle Betriebe ausgedehnt, die regelmäßig mindestens einen Arbeitnehmer beschäftigten. Dafür gab es künftig nur eine Form der Unterstützung, deren Höhe für die Doppelwoche 50 % der Differenz zwischen dem tatsächlich erzielten und einem bei 80 Stunden erreichbaren Arbeitsentgelt betrug. Die Regelung, wonach ledige Kurzarbeiter unter 30 Jahren nicht unterstützungsberechtigt waren, entfiel.

3. Gestaltung der Arbeitsbeziehungen und Arbeitsbedingungen

3. 1 Neuordnung der Arbeitsverfassung

3. 1. 1 Zerschlagung der demokratischen Arbeiterorganisationen

Anders als im Bereich der Beschäftigungspolitik und der Arbeitsvermittlung, wo die nationalsozialistischen Zielsetzungen erst allmählich deutlich wurden, leiteten die Nationalsozialisten im Bereich der **Arbeitsmarkt- und Betriebsverfassung** unmittelbar nach der Machtergreifung „die totale Demontage der in der Weimarer Republik errichteten demokratischen Einrichtungen" *(Lampert, 1983, S.189)* ein. Eines ihrer ersten Ziele war dabei die Beseitigung der freien demokratischen **Gewerkschaften**, insbesondere die Zerschlagung der ADGB-Gewerkschaften, wenngleich zunächst noch unklar war, in welcher Weise dies geschehen sollte. Obwohl bereits Anfang März 1933 in Einzelaktionen mehrere Gewerkschaftshäuser des ADGB von der SA besetzt, Einrichtungen zerstört und zahlreiche Funktionäre brutal mißhandelt worden waren, hofften manche Gewerkschaftsführer des ADGB dennoch, ihre Organisationen durch Loyalitätsbekundungen auch unter der NS-Herrschaft erhalten zu können. Spätestens jedoch nach den für die Nationalsozialisten wenig befriedigenden Ergebnissen der im März 1933 anlaufenden **Betriebsrätewahlen**, bei denen die **Nationalsozialistische Betriebszellenorganisation**

(NSBO) nur mittels Terror und Einschüchterungen durchschnittlich etwa 25% der Stimmen erzielte, von der Mehrheit aber weit entfernt blieb, dürften sich die Vertreter einer radikalen Lösung der »Gewerkschaftsfrage« endgültig gegenüber jenen durchgesetzt haben, die auf eine gewaltfreie Gleichschaltung der bestehenden Gewerkschaften mittels der Unterwanderung durch die NSBO gesetzt hatten *(vgl. Broszat, 1969, S.180ff.; Mason, 1977, S.20ff.; Schumann, 1958).*

Parallel zu den gewaltsamen Angriffen auf die freien Gewerkschaften wurde allerdings noch immer versucht, ihre Machtbasis auf quasi-legale Weise zu zerstören. Durch das **Gesetz über Betriebsvertretungen und wirtschaftliche Vereinigungen vom 4. April 1933** [RGBl.I S.161] wurden nicht nur alle weiteren Betriebsrätewahlen für ein halbes Jahr ausgesetzt, sondern zugleich die Arbeitgeber ermächtigt, bei »Verdacht staatsfeindlicher Betätigung« Betriebsräte jederzeit entlassen zu können. An ihre Stelle konnten die obersten Landesbehörden neue Betriebsräte ohne Wahl einsetzen. Ferner gab das Gesetz die formale Grundlage, um den gelben Gewerkschaften, der Stahlhelm-Selbsthilfe und der NSBO den Status wirtschaftlicher Vereinigungen zuzuerkennen, der ihnen in der Weimarer Republik verweigert worden war.

Unterdessen liefen allerdings bereits die Vorbereitungen für den **entscheidenden Schlag** gegen die **ADGB-Gewerkschaften**. Hierzu gehörten einerseits die Gründung des geheimen »Aktionskomitees zum Schutze der Deutschen Arbeit«, andererseits die Einleitung einer großangelegten arbeiterfreundlichen Propagandakampagne des Regimes, die ihren Höhepunkt am 1. Mai 1933 erreichte, den man erstmals zum nationalen Feiertag erhoben hatte (Gesetz über die Einführung eines Feiertags der nationalen Arbeit vom 10. April 1933 [RGBl.I S.191]). Nachdem sich das Regime am 1. Mai 1933 noch als »volksgemeinschaftlicher Arbeiterstaat« dargestellt und ein pompöses Massenfest zur Ehre der »schaffenden Arbeit aller Stände« inszeniert hatte *(vgl. Broszat, 1969, S.182)*, erfolgte am 2. Mai die **gewaltsame Zerschlagung** der ADGB-Gewerkschaften. An diesem Tag wurden überall im Reich von NSBO-Stoßtrupps die Büros der Gewerkschaften besetzt, die Einrichtungen demoliert, zahlreiche Funktionäre verhaftet oder zusammengeschlagen und die Akten sowie das gesamte Vermögen beschlagnahmt. Die christlichen Gewerkschaften, die Hirsch-Dunckerschen Gewerkvereine und der Deutsche Handlungsgehilfen-Verband unterstellten sich daraufhin dem »Aktionskomitee zum Schutze der Deutschen Arbeit« (gegründet durch den NSDAP-Organisationsleiter ROBERT LEY), ehe sie am 24. Juni 1933 dann doch in die neu geschaffene NS-Zwangsorganisation **»Deutsche Arbeitsfront«** (DAF) eingegliedert wurden.

3.1.2 Struktur und Funktionen der Deutschen Arbeitsfront

Das Organisationsvakuum, das mit der Zerschlagung der freien Gewerkschaftsbewegung entstanden war, sollte nicht von der NSBO ausgefüllt werden, auch wenn diese zunächst kommissarisch die bisherigen Gewerkschaftseinrichtungen verwaltete; die durch die Ereignisse des 2. Mai entstandene Lage gab der Parteiführung vielmehr die Möglichkeit, eine von Grund auf **neue Gewerkschaftsorganisation** aufbauen zu können, wobei die Diskussionen darüber, wie diese aussehen sollte, anfänglich stark von **ständischen Vorstellungen** geprägt wurden. Noch bevor jedoch konkrete Konzeptionen entwickelt worden waren, wurde am 10. Mai 1933 auf Initiative von R. LEY als neue **Einheitsorganisation** die »Deutsche Arbeitsfront« gegründet.

Organisatorisch faßte die DAF die gewaltsam übernommenen gewerkschaftlichen Verbände in einem »Gesamtverband der Deutschen Arbeiter« und einem »Gesamtverband der Deutschen Angestellten« zusammen. Diesen beiden Säulen sollten entsprechend dem **ständischen Prinzip** als 3. Säule die industriellen Arbeitgeber und als 4. Säule der handwerkliche Mittelstand hinzugefügt werden. Nachdem zuerst das Schwergewicht noch bei den 21 nach dem Branchenprinzip gegliederten **Arbeitnehmerverbänden** lag, wurden diese schon bald anläßlich der Überführung der **Arbeitgeberverbände** in die DAF aufgelöst. Im Januar 1934 wurden schließlich 18 sog. »Reichsarbeitsgemeinschaften« gebildet, in denen die **Betriebsgemeinschaften** desselben Wirtschaftszweiges zusammenfaßt waren und denen nunmehr sowohl die Arbeitnehmer wie die Unternehmer angehörten. Obgleich auch innerhalb der DAF grundsätzlich das **Führerprinzip** galt, waren zur Beratung wichtiger wirtschafts- und sozialpolitischer Fragen ein kleiner und großer **Arbeitskonvent** vorgesehen. Territorial war die DAF in 13 Bezirke unterteilt *(vgl. auch Reichardt, 1956).*

Nachdem die Anfangsmonate der DAF durch **heftige Auseinandersetzungen** über die zukünftige Stellung dieser Organisation und ihre Aufgaben gekennzeichnet waren, zeigte sich jedoch sehr schnell, daß „diejenigen Kräfte einflußreicher waren, die auf jeden Fall verhindern wollten, daß hier unter NS-Flagge ein Machtfaktor entstand, der mit der Übernahme traditioneller gewerkschaftlicher Rechte bedeutenden Einfluß auf die Wirtschafts- und Sozialpolitik hätte ausüben können" *(Broszat, 1969, S.185).* Gemäß dem »Aufruf an alle schaffenden Deutschen« vom 27. November 1933 war die DAF die Zusammenfassung aller im Arbeitsleben stehenden Menschen ohne Unterschied ihrer wirtschaftlichen und sozialen Stellung. Sie sollte allerdings nicht die Stätte sein, »wo die materiellen Fragen des täglichen Arbeitslebens entschieden, die natürlichen Unterschiede der Interessen der einzelnen Arbeitsmenschen aufeinander abgestimmt werden«. Als **Hauptaufgabe** wurde ihr vielmehr »die Erziehung aller im Arbeitsleben stehenden Deutschen zum nationalsozialistischen Staat und zur nationalsozialistischen Gesinnung« zugewiesen *(vgl. auch Daescher, 1934).*

Damit waren der DAF jede **materielle Zuständigkeit** in der Arbeits- und Sozialpolitik abgesprochen und ihr die angestrebte Mitwirkung bei der Regelung der Lohntarife und Arbeitsverträge untersagt worden. Das **Gesetz zur Ordnung der nationalen Arbeit vom 20. Januar 1934** [RGBl.I S.45] bekräftigte den Ausschluß der DAF von der Tarifpolitik und übertrug ihr im arbeitsrechtlichen System lediglich einige unwesentliche und untergeordnete Funktionen. So war sie zuständig für die Auswahl der Mitglieder der bei den Treuhändern der Arbeit geschaffenen Beratungsgremien, für die Aufstellung der Listen für die Vertrauensrätewahlen sowie i.d.R. für die Prozeßvertretung vor den Arbeitsgerichten.

Trotz dieser Klarstellungen kam es jedoch weiterhin zu Konflikten über die Rolle der DAF, da diese sich mit der ihr zugewiesenen Erziehungsaufgabe nicht begnügen wollte, zumal sie – wohl nicht zu Unrecht – befürchtete, daß die Arbeiter bei völligem Verzicht auf den sozialpolitischen Kampf das Vertrauen zur Arbeitsfront verlören. Aufgrund ihrer außerordentlich hohen Finanzmittel und eines Riesenapparates gelang es ihr dann auch immer wieder, sich in die sozialpolitischen Auseinandersetzungen einzuschalten; „allein schon aus dem zahlenmäßigen Anwachsen, der Zentralisierung und bürokratischen Konsolidierung der DAF als einer nationalsozialistischen Parallelorganisation entwickelte sich eine neue Form der Einwirkung auf die Betriebe, die der Intention des Gesetzes zur Ordnung der nationalen Arbeit widersprach" *(Broszat, 1969, S.199).*

Ein weiterer Versuch der DAF, sich doch noch Einwirkungsmöglichkeiten in materiellen sozialpolitischen Fragen zu sichern, war die vom DAF-Führer LEY mehr oder weniger erschlichene **Führer-Verordnung** über Wesen und Ziel der Deutschen Arbeitsfront vom 24. Oktober 1934, die nicht nur im Widerspruch zum Arbeitsordnungsgesetz stand, sondern auch von der Wirtschaft und den staatlichen Behörden auf das entschiedenste abgelehnt wurde. Danach war das Ziel der DAF als Organisation aller »Schaffenden der Stirn und der Faust« die »Bildung einer wirklichen Volks- und Leistungsgemeinschaft«. Darüber hinaus hieß es in § 7: »Die Deutsche Arbeitsfront hat die Aufgabe, zwischen den berechtigten Interessen aller Beteiligten jenen Ausgleich zu finden, der den nationalsozialistischen Grundsätzen entspricht und die Anzahl der Fälle einschränkt, die nach dem Gesetz vom 20. Januar zur Entscheidung allein den staatlichen Stellen zu überweisen sind«.

Zwar war es schlecht möglich, die Führer-Verordnung zurückzunehmen, jedoch mußte die DAF im März 1935 einer **Vereinbarung** (sog. »Leipziger Vereinbarung«) mit dem Reichswirtschafts- und Reichsarbeitsminister zustimmen, die das Tätigkeitsfeld der DAF abermals beschränkte. Die Betriebs- bzw. Ortsobmänner der DAF sollten danach als zuständige Organe der sozialen Selbstverwaltung zwar anerkannt werden, jedoch in wichtigen Fragen an die Beschlüsse der auf Reichs- und Bezirksebene zu errichtenden **»Arbeits- und Wirtschaftsräte«** gebunden sein, in der Betriebsführer und DAF-Amtswalter paritätisch vertreten sein sollten. Obgleich diese Ausschüsse in sozialpolitischen Streitfragen möglichst von sich aus zu einer Einigung gelangen sollten, blieb die letztinstanzliche Entscheidungszuständigkeit der Treuhänder der Arbeit unberührt. Aufgrund dieser Vereinbarung, die von der DAF zu ihren Gunsten ausgelegt wurde, baute sie bis 1939 mehr als 3.000 **Ausschüsse** auf und errichtete parallel zu den Organisationen der gewerblichen Wirtschaft auf Gau- und Reichsebene zusätzliche **Arbeitskammern**.

Obgleich die DAF auch in den folgenden Jahren immer wieder in sozialpolitische Auseinandersetzungen einzugreifen versuchte, gelang es ihr dennoch nicht, zu einem wirklichen Sprachrohr der **Arbeitnehmerinteressen** zu werden. Wie problematisch ihr Rückhalt in der Arbeiterschaft war, zeigten deutlich die Ergebnisse der ursprünglich jährlich vorgesehenen **Vertrauensrätewahlen**. Nachdem 1934 rd. 60 % der Wahlberechtigten den Wahlen ferngeblieben waren, wurden die Ämter der Vertrauensmänner sowohl 1936 wie 1937 jeweils ohne Wahl durch Gesetz für ein Jahr und 1938 schließlich auf unbegrenzte Zeit verlängert.

Dessen ungeachtet „entwickelte sich die DAF mehr und mehr zu einer totalitären Großorganisation, welche zur Unterstützung der wirtschaftlichen (und rüstungswirtschaftlichen) Ziele des Regimes in großem Maßstab die kulturelle und soziale Betreuung wie die fachliche Berufsausbildung und -förderung mit der ideologischen Schulung verband und in den Dienst gesteigerter Leistungsfähigkeit und erhöhter Arbeitsproduktivität stellte" *(Broszat, 1969, S.204)*. Der **Trend zur Großorganisation** mit der Errichtung immer neuer Ämter und Gremien wurde für die Funktionäre zunehmend zu einem Ersatz für ihre **sozialpolitische Funktions- und Bedeutungslosigkeit**.

Obwohl die Behörden die Forderung der DAF auf Einführung einer gesetzlichen Zwangsmitgliedschaft bis zuletzt ablehnten, wurde die DAF spätestens ab Anfang 1935 in der Praxis effektiv zu einer Zwangsorganisation. Zu diesem Zeitpunkt zählte sie eigenen Angaben zufolge bereits 16 Mio. Mitglieder gegenüber 7 bis 8 Mio. kurz nach ihrer Gründung. Im Hinblick auf die Festigung ihrer Machtposition kam ihr zugute, daß es ihr gelang, immer mehr Betriebe dazu zu bewegen, die DAF-Beiträge direkt vom Lohn abzuziehen. Auf diese Weise wurde die DAF eindeutig zur finanz- und organisationsstärksten aller NS-Organisationen, deren Einnahmen im Jahre 1939 mit 539 Mio. RM fast dreimal so hoch waren wie jene der NSDAP selbst. Ihr hauptamtlicher Funktionärskörper zählte zu diesem Zeitpunkt immerhin fast 44.000 Personen *(vgl. Mason, 1977, S.83)*. Durch beständiges Drängen erreichte die DAF schließlich, daß ihr im Februar 1941 die Zuständigkeit für die Konsumgenossenschaften und im November 1942 für die gesamte Wohnungspolitik übertragen wurde. Ferner sollte nach einer Entscheidung Hitlers vom Februar 1940 die Alterssicherung in ein DAF-Versorgungswerk umgewandelt werden.

Zum Hauptbetätigungsfeld der DAF wurde neben der Förderung der **Betriebsgemeinschaftsideologie** die **Freizeitgestaltung** der Mitglieder. Bereits 1933 war ihr quasi als

Abbildung 19: Faksimile-Auszug des Gesetzes zur Ordnung der nationalen Arbeit

Reichsgesetzblatt

Teil I

1934	Ausgegeben zu Berlin, den 23. Januar 1934	Nr. 7

Gesetz zur Ordnung der nationalen Arbeit.

Vom 20. Januar 1934.

Die Reichsregierung hat das folgende Gesetz beschlossen, das hiermit verkündet wird:

Erster Abschnitt

Führer des Betriebes und Vertrauensrat

§ 1

Im Betriebe arbeiten der Unternehmer als Führer des Betriebes, die Angestellten und Arbeiter als Gefolgschaft gemeinsam zur Förderung der Betriebszwecke und zum gemeinen Nutzen von Volk und Staat.

§ 2

(1) Der Führer des Betriebes entscheidet der Gefolgschaft gegenüber in allen betrieblichen Angelegenheiten, soweit sie durch dieses Gesetz geregelt werden.

(2) Er hat für das Wohl der Gefolgschaft zu sorgen. Diese hat ihm die in der Betriebsgemeinschaft begründete Treue zu halten.

§ 3

(1) Bei juristischen Personen und Personengesamtheiten sind die gesetzlichen Vertreter Führer des Betriebes.

(2) Der Unternehmer oder bei juristischen Personen und Personengesamtheiten die gesetzlichen Vertreter können eine an der Betriebsleitung verantwortlich beteiligte Person mit ihrer Stellvertretung betrauen; dies muß geschehen, wenn sie den Betrieb nicht selbst leiten. In Angelegenheiten von geringerer Bedeutung können sie auch eine andere Person beauftragen.

(3) Wird dem Führer des Betriebes die Befähigung zum Führer gemäß § 38 durch das Ehrengericht rechtskräftig aberkannt, so ist ein anderer Führer des Betriebes zu bestellen.

§ 4

(1) Als Betriebe im Sinne dieses Gesetzes gelten auch Verwaltungen.

(2) Nebenbetriebe und Betriebsbestandteile, die mit dem Hauptbetrieb durch gemeinsame Leitung verbunden sind, gelten nur dann als selbständige Betriebe, wenn sie räumlich weit von dem Hauptbetrieb getrennt sind.

(3) Die Vorschriften dieses Gesetzes, mit Ausnahme der §§ 32 und 33, finden auf Schiffe der See-, Binnen- und Luftschiffahrt und ihre Besatzung keine Anwendung.

§ 5

(1) Dem Führer des Betriebes mit in der Regel mindestens zwanzig Beschäftigten treten aus der Gefolgschaft Vertrauensmänner beratend zur Seite. Sie bilden mit ihm und unter seiner Leitung den Vertrauensrat des Betriebes.

(2) Zur Gefolgschaft im Sinne der Bestimmungen über den Vertrauensrat gehören auch die Hausgewerbetreibenden, die in der Hauptsache für den gleichen Betrieb allein oder mit ihren Familienangehörigen arbeiten.

§ 6

(1) Der Vertrauensrat hat die Pflicht, das gegenseitige Vertrauen innerhalb der Betriebsgemeinschaft zu vertiefen.

(2) Der Vertrauensrat hat die Aufgabe, alle Maßnahmen zu beraten, die der Verbesserung der Arbeitsleistung, der Gestaltung und Durchführung der allgemeinen Arbeitsbedingungen, insbesondere der Betriebsordnung, der Durchführung und Verbesserung des Betriebsschutzes, der Stärkung der Verbundenheit aller Betriebsangehörigen untereinander und mit dem Betriebe und dem Wohle aller Glieder der Gemeinschaft dienen. Er hat ferner auf eine Beilegung aller Streitigkeiten innerhalb der Betriebsgemeinschaft hinzuwirken. Er ist vor der Festsetzung von Bußen auf Grund der Betriebsordnung zu hören.

Kompensation für die sozialpolitische Entmachtung zugestanden worden, auf diesem Gebiet tätig werden zu können. Nach dem Vorbild des faschistischen »Dopolavoro« in Italien wurde am 27. November 1933 das Feierabendwerk der DAF »Nach der Arbeit« ins Leben gerufen, das später als NS-Gemeinschaft den Namen »Kraft durch Freude« (KdF) erhielt. Diese Einrichtung baute sie bald zu einer gewaltigen Freizeitorganisation aus, die jede Freizeitgestaltung unter Kontrolle zu bekommen versuchte. Schon bald organisierte die KdF praktisch „jede Art von Freizeitbeschäftigung: von Symphoniekonzerten im Betrieb bis zu Schiffsreisen nach Madeira, von ‚bunten Abenden' bis zum Theaterbesuch und zum Volksfest. Große Strandbäder wurden erbaut, und der Vertrieb des ‚KdF-Wagens' wurde nur durch den Krieg blockiert" *(Mason, 1975, S.85)*. Nichtamtlichen Zahlen zufolge stieg die Zahl der Teilnehmer an Urlaubsfahrten von 2,3 Mio. im Jahre 1934 auf 10,3 Mio. im Jahre 1938 und die Zahl der Teilnehmer an sonstigen Freizeitveranstaltungen im selben Zeitraum von 9,1 auf 54,6 Mio. Personen. 1939 soll der Jahresumsatz der KdF 2,5 Mrd. RM betragen haben. Obwohl »Kraft durch Freude« zweifellos bei der Bevölkerung eine gewisse Popularität genoß, zumal ihre Freizeitangebote eine Ablenkung vom tristen Alltag boten, gelang es der DAF nicht, das von ihr angestrebte Ziel der Abschaffung des »Klassenantagonismus« zu realisieren *(vgl. Mason, 1977, S.185)*.

3. 2 Gesetz zur Ordnung der nationalen Arbeit

Nachdem bereits kurz nach der Machtergreifung die demokratischen und unabhängigen Arbeitnehmerorganisationen zerschlagen worden waren, der Übergang zu der von den Nationalsozialisten angestrebten neuen Ordnung, in der die Regelung der Arbeits- und Lebensbedingungen Aufgabe der ständischen Selbstverwaltung sein sollte, jedoch noch in den Anfängen steckte, übernahm der Staat »übergangsweise« selbst die Aufgaben der beseitigten Gewerkschaften. Hierfür wurden durch das **Gesetz über Treuhänder der Arbeit vom 19. Mai 1933** [RGBl.I S.285] insgesamt 14 sog. **Treuhänder** eingesetzt, die an die Richtlinien und Weisungen der Reichsregierung gebunden waren und für die **Aufrechterhaltung des Arbeitsfriedens** zu sorgen hatten. Zu diesem Zweck konnten sie anstelle der bisherigen Tarifpartner rechtsverbindlich die Bedingungen für den Abschluß von Arbeitsverträgen festsetzen. Nachdem ihnen damit bereits die wesentlichsten **Aufgaben der Schlichter** übertragen worden waren, fielen ihnen schon bald auch die noch verbliebenen Aufgaben der Schlichtungsinstanzen zu (Gesetz über die Übertragung der Restaufgaben der Schlichter auf die Treuhänder der Arbeit vom 20. Juli 1933 [RGBl.I S.520]).

3. 2. 1 Neuordnung der Betriebsverfassung

Beendet wurde der Übergangszustand durch das **Gesetz zur Ordnung der nationalen Arbeit (AOG) vom 20. Januar 1934** [RGBl.I S.45], das als Rahmengesetz die Grundlage der Umgestaltung der **Arbeitsmarkt- und Betriebsverfassung** im nationalsozialistischen Sinne bilden sollte. Der Zweck des Gesetzes, das zahlreiche zentrale arbeitsrechtliche Regelungen der Weimarer Republik außer Kraft setzte (z.B. Tarifvertrags- und Schlichtungsordnung, Betriebsrätegesetz), war es, „den Klassenkampfgedanken ... zu überwinden und ihn durch die nationalsozialistische Idee der Gemeinschaft aller Schaffenden zu ersetzen" *(Andres, 1934, S.37; vgl. Mansfeld/Pohl, 1934)*.

Wie für die politische Ordnung insgesamt setzte das neue Gesetz auch für den Arbeitsbereich das Führer-Gefolgschafts-Prinzip durch. Der Leitgedanke des Gesetzes war dabei, daß der Unternehmer als **Führer** des Betriebes und die Arbeiter und Angestelltenals **Ge-**

folgschaft gemeinsam »zur Förderung der Betriebszwecke und zum gemeinsamen Nutzen von Volk und Staat« zusammenzuarbeiten hatten. Der Unternehmer als »Führer« des Betriebes hatte zwar für das Wohl der Gefolgschaft zu sorgen, die ihm die in der »Betriebsgemeinschaft begründete Treue zu halten« hatte, zugleich stand ihm jedoch in allen betrieblichen Angelegenheiten grundsätzlich das **ausschließliche Entscheidungsrecht** zu; er war weder beim Erlaß von Betriebsordnungen noch bei Kündigungen an die Zustimmung der Belegschaft gebunden. Unter gewissen Voraussetzungen konnte ein **Ehrengericht** dem Unternehmer allerdings wegen gröblicher Verletzung der durch die Betriebsgemeinschaft begründeten sozialen Pflichten die Führerfähigkeit aberkennen.

In Betrieben mit mindestens 20 Beschäftigten hatte dem Betriebsführer ein unter seiner Leitung stehender **Vertrauensrat** beratend zur Seite zu treten, der aber nicht als Interessenvertretung der Belegschaft gedacht war, sondern das »gegenseitige Vertrauen innerhalb der Betriebsgemeinschaft« vertiefen sollte (§ 6 Abs.1).

Nach dem AOG hatte der Vertrauensrat »alle Maßnahmen zu beraten, die der Verbesserung der Arbeitsleistung, der Gestaltung und Durchführung der allgemeinen Arbeitsbedingungen, insbesondere der Betriebsordnung, der Durchführung und Verbesserung des Betriebsschutzes, der Stärkung der Verbundenheit aller Betriebsangehörigen untereinander und mit dem Betriebe und dem Wohle aller Glieder der Gemeinschaft« (§ 6 Abs.2) dienten. Während seine Rechte i.a. nur beratender Natur waren, hatte er in einigen wenigen Fällen ausnahmsweise das Recht, den Treuhänder der Arbeit anzurufen (§ 16).

Die Auswahl der Vertrauensmänner erfolgte durch eine Liste, die der Unternehmer im Einvernehmen mit dem Betriebsobmann der NSBO aufstellte und über deren Annahme die Belegschaft abstimmen sollte. Kam auf diesem Wege ein Vertrauensrat nicht zustande, waren die Vertrauensmänner durch die Treuhänder der Arbeit zu berufen, die zudem die Befugnis hatten, Vertrauensmänner wegen sachlicher oder persönlicher Ungeeignetheit zu entfernen (§ 14 Abs.2). Gegenüber einer Kündigung durch den Unternehmer waren die Vertrauensmänner in erhöhter Weise geschützt (§ 14 Abs.1). Vertrauensmann konnte nur werden, wer mindestens ein Jahr dem Betrieb angehörte, Mitglied der DAF war, vorbildliche menschliche Eigenschaften besaß und die Gewähr bot, »jederzeit rückhaltlos für den nationalen Staat« einzutreten (§ 8).

3.2.2 Treuhänder der Arbeit

Die im Mai 1933 geschaffene Einrichtung der Treuhänder der Arbeit wurde durch das AOG beibehalten und auf diese Weise der **staatliche Einfluß** auf die Regelung der **Arbeitsbedingungen** dauerhaft gesichert. Die Treuhänder der Arbeit wurden Reichsbeamte, waren an die Richtlinien und Weisungen der Reichsregierung gebunden und unterstanden der Dienstaufsicht des Reichsarbeitsministers. Ihre **Hauptaufgabe** bestand darin, in den einzelnen Wirtschaftsgebieten, für die sie ernannt waren, »für die Erhaltung des Arbeitsfriedens zu sorgen«.

Im einzelnen gehörten zu ihren Aufgaben und Befugnissen die Genehmigung von Massenentlassungen, die Überwachung der Durchführung der Bestimmungen der Betriebsordnung, die Entscheidung über Streitfälle wegen der Bildung und Geschäftsführung der Vertrauensräte, die Festsetzung von Richtlinien für den Inhalt von Betriebsordnungen, der Erlaß von Tarifordnungen, die Mitwirkung bei der sozialen Ehrengerichtsbarkeit sowie die Unterrichtung der Reichsregierung über die sozialpolitische Entwicklung.

Zur Entlastung von gewissen Aufgaben konnten den Treuhändern Beauftragte unterstellt werden. Außerdem war vorgesehen, für die sachverständige Beratung der Treuhänder durch die Wirtschaftskreise ihres Bezirks einen Sachverständigenbeirat für allgemeine und grundsätzliche Fragen sowie Sachverständigenausschüsse für Einzelfragen zu berufen. Der Sachverständigenrat bestand aus 16 Mitgliedern, von denen 3/4 auf Vorschlag der DAF ernannt werden sollten. Entsprechend dem Führerprinzip hatten diese Mitwirkungsorgane aber nur beratende Funktionen; die verantwortliche Entscheidung lag allein beim Treuhänder der Arbeit.

Neben den ständigen Treuhändern konnten durch den Reichsarbeitsminister sog. »**Sondertreuhänder der Arbeit**« bestellt werden, um bestimmte Aufgaben durchzuführen oder Regelungen zu treffen, die über einzelne Treuhänderbezirke hinausgingen. Im übrigen waren wiederholte Zuwiderhandlungen gegen schriftliche Anordnungen des Treuhänders mit **ehrengerichtlichen Strafen** bedroht.

3.2.3 Gesamtregelung der Arbeitsbedingungen

Im Gegensatz zur Weimarer Republik, wo die Regelung der Arbeitsbedingungen vorzugsweise durch überbetriebliche, von den Sozialpartnern ausgehandelte Tarifverträge erfolgte, verlegte das AOG das Schwergewicht der kollektiven Regelung der Arbeitsbedingungen auf die Ebene der Betriebe. Da die betriebliche Regelung der Arbeitsbedingungen die Gefahr des Mißbrauchs der Führermacht durch den Unternehmer in sich barg, wurden die Betriebe mittels der sozialen Ehrengerichtsbarkeit und der Treuhänder der Arbeit einer weitgehenden Staatsaufsicht unterstellt, zumal „eine Selbsthilfe der Beteiligten im Wege des Arbeitskampfes im nationalsozialistischen Staat nicht statthaft sein“ *(Andres, 1934, S.38)* konnte.

Während die betriebliche Regelung der allgemeinen Arbeitsbedingungen in **Kleinbetrieben** weitgehend durch Einzelarbeitsverträge erfolgen sollte, schrieb das Gesetz für Betriebe mit mindestens 20 Beschäftigten den Erlaß von **Betriebsordnungen** vor, die einmal die bisherigen Arbeitsordnungen ersetzen sollten, darüber hinaus aber auch Bestimmungen über die Höhe der Löhne und sonstige Arbeitsbedingungen treffen konnten. Für die Betriebsangehörigen waren die Vorschriften der Betriebsordnung als **Mindestbedingungen** rechtsverbindlich. Dabei durften Löhne nur in einer Höhe festgesetzt werden, daß Raum blieb, besondere Leistungen entsprechend höher zu entlohnen.

Die Treuhänder der Arbeit hatten nicht nur über die Durchführung der Betriebsordnungen zu wachen, sondern konnten auch Richtlinien für den Inhalt von Betriebsordnungen und Arbeitsverträgen festsetzen (§ 32 Abs.1), um so – wenn auch ohne besonderen Zwang – der wirtschaftlichen und sozialen Entwicklung in ihren Bezirken eine bestimmte Richtung zu geben. Darüber hinaus konnten sie, wenn der Schutz der Beschäftigten einer Gruppe von Betrieben dies als zwingend geboten erscheinen ließ, **Tarifordnungen** erlassen. Diese ähnelten den früheren Tarifverträgen, waren jedoch ein obrigkeitlicher Akt der Festsetzung von Mindestbedingungen. Sie waren für alle Beschäftigten ihres Geltungsbereiches unabdingbar, galten also auch für Kleinbetriebe und sollten wie die Richtlinien hinsichtlich der Lohnsätze dem Gedanken des Leistungslohnes Rechnung tragen.

3.2.4 Kündigungsschutz

Obgleich das Betriebsrätegesetz durch das AOG beseitigt worden war, wollte man auf den darin ausgebildeten **Kündigungsschutz des Einzelarbeitsvertrages** dennoch nicht gänzlich verzichten. In Anlehnung an frühere Bestimmungen konnte der Arbeitnehmer nach § 56 AOG, wenn die Kündigung »unbillig hart und nicht durch die Verhältnisse des Betriebes bedingt« war, beim **Arbeitsgericht** auf Widerruf der Kündigung klagen. Im Gegensatz zu früher stand den Arbeitnehmern dieses Recht bereits dann zu, wenn der Betrieb mindestens 10 Arbeitnehmer (vorher 20) beschäftigte. Außerdem hing die **Klageberechtigung** nicht mehr davon ab, ob die Betriebsvertretung der Klage zustimmte oder nicht. Andererseits setzte der Kündigungsschutz nunmehr erst nach einer einjährigen Betriebszugehörigkeit ein. Ferner wurde die **Entschädigung**, auf die ein ungerecht fertigt Gekündigter bei Nichtwiedereinstellung Anspruch hatte, auf die Höchstsumme von einem Drittel des letzten Jahresarbeitsverdienstes (bis dahin die Hälfte) begrenzt.

Eine Neuordnung brachte das AOG auch für den Fall von **Massenentlassungen**, womit zugleich die Stillegungsverordnung von 1920 aufgehoben wurde. Danach waren Entlassungen, von denen mehr als 10% der Belegschaft betroffen waren, dem Treuhänder der Arbeit anzuzeigen und von diesem zu genehmigen. Das Vorliegen dieser Genehmigung war Voraussetzung für die Wirksamkeit der Kündigung vor Ablauf einer Sperrfrist von 4 Wochen. Zudem konnte der Treuhänder der Arbeit für die Sperrfrist eine Arbeitszeitverkürzung auf bis zu 26 Wochenstunden ohne Lohnausgleich anordnen und die Sperrfrist auf 2 Monate nach Erstattung der Anzeige ausdehnen.

3.2.5 Soziale Ehrengerichtsbarkeit

Besonders deutlich kam die NS-Arbeits- und Betriebsideologie in der durch das AOG geschaffenen **sozialen Ehrengerichtsbarkeit** zum Ausdruck, die dazu dienen sollte, »gröbliche Verletzungen der durch die Betriebsgemeinschaft begründeten sozialen Pflichten als Verstöße gegen die soziale Ehre« (§ 36 Abs. 1) zu sühnen.

Für das ehrengerichtliche Verfahren, das ähnlich dem ordentlichen Strafverfahren aufgebaut war, waren zwei Instanzen vorgesehen. Die erste Instanz bildeten die in allen Treuhänderbezirken errichteten Ehrengerichte, die aus einem vom Reichsjustizminister ernannten Richter sowie zwei Beisitzern bestanden (ein Betriebsführer und ein Vertrauensmann). Das Reichsehrengericht in Berlin als Berufungsinstanz setzte sich aus einem Vorsitzenden Richter sowie vier Beisitzern zusammen. Als Ermittlungs-, Anklage- und Vollstreckungsbehörde fungierten die Treuhänder der Arbeit. Bei kleineren Vergehen konnte der Vorsitzende ohne Hauptverhandlung auf Verwarnung, Verweis oder Geldstrafen bis 100 RM selbst erkennen; in anderen Fällen entschied die Hauptverhandlung.

Strafbare Verstöße gegen die soziale Ehre waren im einzelnen: böswillige Ausnutzung der Arbeitskraft oder Kränkung der Ehre von Gefolgschaftsmitgliedern durch Betriebsführer unter Mißbrauch ihrer Machtstellung; unbefugtes Eingreifen in die Betriebsführung oder Störung des betrieblichen Gemeinschaftsgeistes durch Vertrauensmänner; das wiederholte oder leichtfertige Richten von unbegründeten Anträgen an den Treuhänder, hartnäckiges Zuwiderhandeln gegen seine Anordnungen sowie die unbefugte Weitergabe von Betriebs- und Geschäftsgeheimnissen. Als Strafen sah das Gesetz Verwarnung, Verweis, Geldstrafen bis 10.000 RM, die Aberkennung der Fähigkeit, Vertrauensmann oder Betriebsführer zu sein, sowie die Entfernung vom bisherigen Arbeitsplatz vor. Im Jahre 1935 wurden 204 Verfahren beantragt, von denen sich die Mehrzahl gegen Betriebsführer richtete. In den Entscheidungen wurde überwiegend auf eine Geldstrafe erkannt, in neun Fällen die Befähigung zum Betriebsführer aberkannt *(RArBl.II, 1936, S. 67f.)*.

3.2.6 Sonderregelungen für den öffentlichen Dienst

Entgegen den Bestrebungen des Reichsarbeitsministers war der öffentliche Dienst aus dem Geltungsbereich des Arbeitsordnungsgesetzes ausgeklammert worden. Für diesen Bereich erging das **Gesetz zur Ordnung der Arbeit in öffentlichen Verwaltungen und Betrieben vom 23. März 1934** [RGBl.I S.220], das sich sachlich und im äußeren Aufbau eng an das AOG anlehnte, zugleich jedoch den Besonderheiten des öffentlichen Dienstes Rechnung tragen sollte.

Die öffentlichen Verwaltungen, die Hoheitsbefugnisse ausübten, mußten danach keinen Vertrauensrat bilden; es stand dem Führer der Dienstgemeinschaft frei, eine Dienstordnung zu erlassen; das ehrengerichtliche Verfahren fand auf Beamte und Soldaten, die der Disziplinargewalt unterworfen waren, keine Anwendung. Im übrigen sah das Gesetz die Berufung von Sondertreuhändern für den öffentlichen Dienst vor, denen beratende Sachverständigenausschüsse zur Seite standen. Die Hauptaufgaben der Sondertreuhänder waren die Festsetzung von Richtlinien für den Inhalt von Dienstordnungen und für den Abschluß von Einzelarbeitsverträgen sowie der Erlaß von Tarifordnungen.

3. 3 Entwicklung der Arbeitsgerichtsbarkeit

Die Arbeitsgerichtsbarkeit wurde vom NS-Staat zwar nicht beseitigt, in einigen entscheidenden Bereichen jedoch verändert. Im Zuge der Maßnahmen zur Gleichschaltung ermächtigte das **Gesetz über Beisitzer der Arbeitsgerichts- und Schlichtungsbehörden und der Fachausschüse für Hausarbeit vom 18. Mai 1933** [RGBl.I S.276] die Landesjustizverwaltungen, Arbeitsrichter vorzeitig abzuberufen und neue Beisitzer ohne Bindung an Vorschlagslisten zu berufen. Gleichzeitig wurden die Mitwirkungsmöglichkeiten der wirtschaftlichen Vereinigungen beseitigt und das Vorschlagsrecht für alle Beisitzer (Unternehmer- und Arbeitnehmerbeisitzer) der Deutschen Arbeitsfront übertragen.

Tabelle 48: Tätigkeit der Arbeitsgerichtsbehörden 1930–1940

Jahr	Anzahl[1]	Rechtsstreitigkeiten[2]	Erledigung durch				LAG-Verfahren		Revisionen (RAG)
			Vergleich	streitiges Urteil	sonstiges Urteil	unerledigt	Berufungen	streit. Urteil	
1930	462	438.449	143.871	75.122	89.658	39.009	20.042	8.775	953
1932	452	371.592	114.878	64.081	75.303	35.360	17.220	7.233	331
1933	452	261.530	88.921	40,185	54.140	18.875	10.774	4.166	479
1934	451	200.052	72.788	28.629	24.499	15.338	7.373	3.120	350
1935	454	188.908	62.276	26.505	24.026	17.242	7.105	3.211	407
1936	454	174.476	59.964	24.854	22.959	17.187	7.015	3.274	397
1937	451	167.895	59.173	23.976	22.439	17.686	6.079	2.693	410
1938	449	151.577	54.432	20.602	20.024	15.863	5.549	2.493	424
1939[3]	450	122.795	44.267	15.584	15.650	14.538	4.315	1.953	459
1940[3]	450	82.263	26.607	10.567	8.660	11.982	2.879	1.241	390

1) Anzahl der Arbeitsgerichte; 2) ordentliche Verfahren; 3) einschl. Memelland; LAG = Landesarbeitsgerichte; RAG = Reichsarbeitsgericht.
Quelle: Länderrat (Hrsg.): Statistisches Handbuch von Deutschland 1928-1944, München 1949, S.638.

Weitere wesentliche Änderungen für die Arbeitsgerichtsbarkeit, denen in einer Neufassung des **Arbeitsgerichtsgesetzes vom 10. April 1934** [RGBl.I S.319] Rechnung getragen wurde, ergaben sich durch den Erlaß des AOG und der damit verbundenen Beseitigung weiter Teile des in der Weimarer Zeit entstandenen kollektiven Arbeitsrechts. Die Arbeitsgerichte waren danach nurmehr für arbeitsvertragliche Einzelstreitigkeiten zuständig, nicht mehr dagegen für Streitigkeiten der Tarifvertragsparteien oder für Beschlußverfahren, die ihnen das aufgehobene Betriebsrätegesetz zugewiesen hatte. Die Neufassung sah vor, daß die Prozeßvertretung vor Arbeitsgerichten i. d. R. von den Rechtsberatungsstellen der DAF oder durch besondere von der DAF ermächtigte Rechtsanwälte vorgenommen werden sollte; ergänzend bestimmte ein Abänderungsgesetz vom 20. März 1935 [RGBl.I S.386], daß der Vorsitzende des Arbeitsgerichts für jene Fälle, in denen eine Vertretung durch die DAF nicht in Betracht kam, Rechtsanwälte oder andere Personen als Prozeßbevollmächtigte oder Beistände der Parteien zulassen konnte.

Während sich ansonsten in der Organisation der Arbeitsgerichtsbarkeit kaum etwas veränderte und die Zahl der Arbeitsgerichte im wesentlichen aufrecht erhalten blieb, zeigte die Zahl der Rechtsstreitigkeiten einen beachtlichen Rückgang. Gab es 1932 im ordentlichen Verfahren vor den Arbeitsgerichten noch 371.592 Rechtsstreitigkeiten, so waren es

1939 nur noch 122.795 Fälle. Entsprechend reduzierten sich die Verfahren vor den Landesarbeitsgerichten und dem Reichsarbeitsgericht *(vgl. Tabelle 48)*.

3. 4 Einzelne arbeitsrechtliche Regelungsbereiche

3. 4. 1 Staatliche Lohnpolitik

Mit der Ausschaltung der Gewerkschaften und der Arbeitgeberverbände sowie der Abschaffung der Tarifverträge waren die Voraussetzungen geschaffen, um die **Entwicklung der Löhne** durch die Treuhänder der Arbeit staatlich zu kontrollieren. Soweit in den Anfangsjahren der NS-Herrschaft allerdings überhaupt von einer staatlichen Lohnpolitik gesprochen werden konnte *(vgl. Mason, 1975, S.65)*, verfolgte sie allenfalls das **Ziel**, die Löhne auf dem bisherigen Stand zu halten.

Nachdem der Reichsarbeitsminister die Arbeitgeberverbände bereits am 6. April 1933 [RArBl.I, S.106] angewiesen hatte, daß für eine notwendige Übergangszeit die bestehenden Lohn- und Arbeitsbedingungen in Geltung bleiben müßten, bestimmte eine Anordnung über die Weitergeltung von Tarifverträgen vom 28. März 1934 [RArBl.I, S.251], daß die am 30. April 1934 noch laufenden Tarifverträge als Tarifordnungen so lange unverändert weiter gelten sollten, bis der zuständige Treuhänder der Arbeit oder Sondertreuhänder ihren Ablauf anordnete oder sie abänderte *(vgl. Syrup/Neuloh, 1957, S.473)*.

Tatsächlich durften jedoch die Treuhänder der Arbeit weder Lohnsenkungen bzw. -erhöhungen anordnen noch Höchstlohnsätze festlegen, was soviel bedeutete, daß die tariflichen Krisenlöhne des Jahres 1932 im wesentlichen fortbestanden. Durch die 14. AOG-Durchführungsverordnung vom 15. Oktober 1935 [RGBl.I S.1240] wurden die Treuhänder sogar ermächtigt, „Betriebe, Betriebsabteilungen oder auch einzelne Arbeiter aus dem Geltungsbereich einer Tarifordnung herauszunehmen, d. h. Unterentlohnung zuzulassen“ *(Mason, 1975, S.66)*. Demgegenüber erhöhte das Reichsarbeitsministerium zwischen 1933 und 1936 nur in einigen wenigen Bereichen die alten tariflichen Mindestlohnsätze. Dies betraf v. a. die Landwirtschaft, die Entgelte der Heimarbeiter sowie einige Tätigkeiten im Baugewerbe, wo die Löhne während der Krise besonders stark zurückgegangen waren.

Tabelle 49: Entwicklung der Arbeitsverdienste und Arbeitszeiten 1933–1942

Jahr	Jährliches Bruttoeinkommen (in RM)			Gesamtindex der Arbeiterwochenlöhne[3] (1936 = 100)		Durchschn. wöchentliche Arbeitszeit[2,3] (Stunden)
	Arbeiter Industrie/ Handwerk	Arbeiter alle Branchen	Angestellte alle Branchen	nominal	real	
1933	1.513,72	1.098,76	2.088,00	87,7	92,5	42,94
1934	1.639,04	1.164,28	2.148,00	94,1	96,7	44,56
1935	1.716,00	1.222,00	2.268,00	96,4	97,6	44,44
1936	1.788,28	1.296,88	2.388,00	100,0	100,0	45,56
1937	1.878,76	1.353,04	2.484,00	103,5	103,0	46,54
1938	1.987,96	1.422,20	2.616,00	108,5	107,5	46,54
1939	2.040,48	1.460,16	2.772,00	112,6	111,1	46,98
1940	2.169,44	1.524,12	2.856,00	116,0	111,0	50,00
1941	2.356,12	1.584,96	3.012,00	123,6	116,0	50,00
1942[1]	2.392,00	–	–	124,3	114,4	49,00

1) geschätzt; 2) W.G. Hoffmann: Das Wachstum der deutschen Wirtschaft seit der Mitte des 19. Jahrhunderts, Berlin-Heidelberg-New York 1965, S.214; 3) Industrie.
Quelle: Länderrat (Hrsg.): Statistisches Handbuch von Deutschland 1928-1944, München 1949, S.472f.

Ungeachtet der offiziellen Politik, Lohnerhöhungen unter allen Umständen zu verhindern, entwickelten sich die **Tariflöhne** und die **tatsächlichen Arbeitsverdienste** zunehmend auseinander. Insbesondere ab 1936, als die **Vollbeschäftigung** in einen allmählichen Arbeitskräftemangel umschlug, stiegen die effektiven Stundenlöhne erheblich an, zumal die Unternehmer das Instrument der übertariflichen Entlohnung vermehrt dazu benutzten, um Arbeitskräfte zu halten bzw. um zusätzlich benötigte Arbeitskräfte von anderen Unternehmen abzuwerben. Obgleich die Regierung den Lohnsteigerungen mit Mißfallen begegnete, begann sie im Grunde erst Mitte 1938 mit einer **aktiven staatlichen Lohnpolitik** *(vgl. Mason, 1975, S.745).*

Nach längerem Zögern wurde am 25. Juni 1938 die **Verordnung über die Lohngestaltung** [RGBl.I S.691] erlassen, die die Reichstreuhänder der Arbeit damit beauftragte, »die Lohn- und Arbeitsbedingungen zu überwachen und alle Maßnahmen zu treffen, die erforderlich sind, um eine Beeinträchtigung der Wehrhaftmachung und der Durchführung des Vier-Jahres-Planes durch die Entwicklung der Löhne und der sonstigen Arbeitsbedingungen zu verhindern«. In vom Reichsarbeitsminister bestimmten Wirtschaftszweigen sollten sie – auch unter Abänderung von Betriebs-(Dienst-)ordnungen und Arbeitsverträgen – Löhne mit bindender Wirkung nach oben und unten festsetzen können.

Allerdings wurden die Reichstreuhänder im Vollzuge der Verordnung formell lediglich in der Metallindustrie (am 3.9.1938) und in der Bauwirtschaft ermächtigt, die Löhne nach oben verbindlich zu begrenzen. Offensichtlich durften sie aber in Einzelfällen Höchstlohnsätze auch in anderen Gewerbezweigen für Betriebe festlegen *(vgl. Mason, 1975, S.797).* Abgesehen davon setzten die Reichstreuhänder jedoch ohnehin weniger auf die Dekretierung von Höchstlöhnen, als vielmehr auf die „Bekämpfung der Verhaltensweisen, die Lohnerhöhungen zur Folge hatten" *(vgl. Mason, 1975, S. 796).* Für diesen Zweck wurden von den Reichstreuhändern für die meisten Wirtschaftsgebiete allgemeine Anordnungen erlassen, die die Unternehmer zwangen, erst die Zustimmung des Reichstreuhänders einzuholen, wenn sie ihre Betriebsordnung zum Zwecke der Verbesserung der Arbeitsbedingungen ändern wollten. Insgesamt brachte die seit Mitte 1938 betriebene staatliche Lohnpolitik zwar eine Verlangsamung des Lohnanstiegs, zu einem Lohnabbau bzw. einem effektiven Lohnstopp kam es aber nicht. Vielmehr stiegen die Indexzahlen der Wochenverdienste aller Arbeitergruppen von 1938 bis 1939 von 108,5 auf 112,6 (1936 = 100) *(vgl. Tabelle 49).*

Erst die am 4. September 1939 bekanntgegebene **Kriegswirtschaftsverordnung** (KWVO) [RGBl.I S.1609] wies die Reichstreuhänder an, »die Arbeitsverdienste sofort den durch den Krieg bedingten Verhältnissen« anzupassen und durch Tarifordnung Löhne, Gehälter und sonstige Arbeitsbedingungen mit bindender Wirkung nach oben festzusetzen.

Gleichzeitig wurden die Lohnzuschläge für Mehrarbeit, Sonntags-, Feiertags- und Nachtarbeit gestrichen und die Urlaubsregelungen vorläufig außer Kraft gesetzt. Eine in den Monaten zuvor innerhalb der Bürokratie verschiedentlich diskutierte generelle Rückführung der Löhne auf den Tarifstand wurde aber nicht angeordnet. Einen allgemeinen Lohn- und Gehaltsstopp brachte dann allerdings die Zweite Durchführungsverordnung zum Abschn. III der KWVO vom 12. Oktober 1939 [RGBl.I S.2028]. Danach war eine Erhöhung der am 16. Oktober 1939 geltenden Lohn- und Gehaltssätze einschließlich der regelmäßigen Zuwendungen verboten. Darüber hinaus wies der Reichsarbeitsminister in einem Erlaß vom 20. Oktober 1939 [RArBl.I, S.527] die Reichstreuhänder an, »unter dem Schutze des allgemeinen Lohnstopps darum besorgt zu sein, daß die in einigen Gewerben vorkommenden Locklöhne alsbald verschwinden«.

Anhaltende Unzufriedenheit, Arbeitsunwilligkeit und ein Absinken der Arbeitsdisziplin zwangen die Regierung allerdings ab November 1939, eine Reihe **lohnpolitischer Zugeständnisse** zu machen.

Das Verbot der KWVO, Zuschläge für Sonntags-, Feiertags- und Nachtarbeit zu zahlen, wurde mit Wirkung vom 27. November 1939 aufgehoben [RGBl.I S.2254]. Um Frauen für die Industriearbeit zu gewinnen, ließ das Reichsarbeitsministerium mit einem Erlaß vom 15. Juni 1940 [RArBl.I, S.301] in der eisen- und metallverarbeitenden sowie in der chemischen Industrie eine Erhöhung der Frauenlöhne zu. Während der ersten 3 Kriegsjahre stiegen die monatlichen Durchschnittsverdienste insgesamt um rd. 10 Prozent.

Weitgehend fragmentarisch blieben die Regelungen um eine **Reform des gesamten Lohnsystems.** Eine derartige Reform war umso notwendiger, als es mit der starken Betonung der betrieblichen Tarifpolitik zu erheblichen Ungleichheiten zwischen den Wirtschaftszweigen und den einzelnen Regionen gekommen war. Zwar sollten regionale Unterschiede durch eine Ortsklasseneinteilung abgemildert werden; deren Systematik war jedoch äußerst willkürlich und unübersichtlich. Obwohl wiederholt Vorschläge zur Einführung einer »**Reichslohnordnung**« bzw. von »Regellöhnen« gemacht wurden, geschah in der Praxis in dieser Richtung aber kaum etwas. Erwähnenswert ist allerdings jene lohnpolitische Aktivität, die zu der **Schlechtwetterregelung in der Bauwirtschaft** führte und die v.a. im Zusammenhang mit den Großbaustellen des Reichsautobahnbaus Bedeutung erlangte.

Die sog. »Schlechtwetterregelung« wurde als Reichstarifordnung erstmals 1935 erlassen und gewährte anfangs in der Zeit von November bis April den auswärtigen Bauarbeitern für 32 Std. (später für 36 Std.) in der Woche eine Lohngarantie. Damit verbunden war allerdings eine Verpflichtung zur Leistung von Vor- und Nacharbeit. Im Jahre 1938 wurden letztere Bestimmungen gestrichen und eine reine Lohngarantie gegeben. Gleichzeitig wurde anstelle der Garantie von 36 Wochenstunden eine Garantie von 60 % des Wochenlohnes eingeführt, den der Arbeiter ohne Arbeitsausfall infolge Schlechtwetters verdient haben würde. 1939 wurden in diese Regelung auch die Stammarbeiter eines Betriebes einbezogen *(vgl. RArBl. II, 1939, S. 366)*.

3.4.2 Regelung der Arbeitszeit

Nachdem zunächst auch die Nationalsozialisten versucht hatten, über eine **Arbeitszeitverkürzung** einen Beitrag zur Verminderung der Arbeitslosigkeit zu leisten, ging es in den folgenden Jahren eher um eine **Ausweitung der Arbeitszeit**. Erste Eingriffe in das bestehende Arbeitszeitrecht erfolgten durch das AOG, das in § 68 die Anhörungsrechte der Betriebsvertretungen und der wirtschaftlichen Vereinigungen bei der betrieblichen Arbeitszeitregelung bzw. bei der behördlichen Regelung der Mehrarbeit beseitigte.

Gleichzeitig wurde den Treuhändern der Arbeit das Recht eingeräumt, durch Tarifordnungen für einzelne Arbeitergruppen oder Gewerbezweige abweichende Arbeitszeitregelungen vorzunehmen. Entsprechende Änderungen enthielt das AOG auch für die Regelung der Arbeitszeit in Bäckereien und Konditoreien. Hier wurde zudem durch Gesetz vom 26. März 1934 [RGBl. I S. 245] das Nachtbackverbot vorübergehend dahingehend geändert, daß mit der Arbeit statt bisher um 5 Uhr schon um 4 Uhr begonnen werden durfte. Die am 26. Juli 1934 ergangene neue Arbeitszeitverordnung [RGBl. I S. 803] stellte dagegen lediglich eine Zusammenfassung der vorhandenen Arbeitszeitbestimmungen dar, enthielt aber kaum materielle Änderungen; noch wurde grundsätzlich an der 48-Stunden-Woche festgehalten.

Trotz der weitgehenden Fortgeltung der vorhandenen Arbeitszeitbestimmungen stieg die durchschnittliche wöchentliche Arbeitszeit mit der zunehmenden Arbeitskräfteverknappung in einzelnen Branchen beträchtlich an. So betrug die Wochenarbeitszeit im Maschinenbau 1935 bereits 49,07 Std. und im Juni 1939 immerhin 50,81 Std. Dabei verschleiern die amtlichen Durchschnittswerte, daß 1938 in einzelnen Gewerben selbst 60-Stunden-Wochen keine Seltenheit waren. Einzelne neue Tarifordnungen sahen ausdrücklich Arbeitszeiten bis zu 10 Stunden am Tag vor (vgl. Reichstarifordnung für das Baugewerbe vom 26.11.1936), wobei zunehmend Bestimmungen aufgenommen wurden, die sogar ausnahmsweise eine zuschlagsfreie Mehrarbeit zuließen *(vgl. Mason, 1975, S. 1242)*.

Eine gesetzliche Neuregelung der **Mehrarbeitsvorschriften** erfolgte indessen erst 1938, als im Zusammenhang mit dem neuen Jugendschutzgesetz die Arbeitszeitbestimmungen für Jugendliche aus der geltenden Arbeitszeitverordnung herausgenommen wurden. Die daraufhin erlassene **Arbeitszeitverordnung vom 30. April 1938** [RGBl. I S. 447] enthielt neben verschiedenen Vereinfachungen auch eine Reihe sachlicher Verbesserungen.

Der Geltungsbereich der Verordnung wurde auf alle Betriebsangehörigen über 18 Jahre in Betrieben und Verwaltungen jeglicher Art erweitert; ausgenommen waren allerdings weiterhin die Land- und Forstwirtschaft, die Fischerei sowie die See- und Luftschiffahrt. Die Regelarbeitszeit blieb der 8-Stunden-Tag, während die Höchstgrenze für Arbeitszeitverlängerungen – von einigen Ausnahmen abgesehen – auf 10 Stunden täglich festgesetzt wurde, einschließlich jener Fälle einer anderen Verteilung der Arbeitszeit. Während die Verlängerung der regelmäßigen Arbeitszeit und die Höhe der Mehrarbeitsvergütung grundsätzlich der Regelung durch Tarifordnungen vorbehalten waren, mußten Arbeitszeitverlängerungen in besonderen Fällen (Mehrarbeit an 30 Tagen, außergewöhnliche Fälle) durch die Gewerbeaufsichtsämter genehmigt werden, denen auch die Aufsicht über die Durchführung der Vorschriften über die Arbeitszeit übertragen blieb.

Bedeutsam an der neuen Regelung war aber v. a. eine einheitliche, für alle Beschäftigten geltende Pausenregelung. Neben einer mindestens 11stündigen ununterbrochenen Ruhezeit waren nunmehr auch den männlichen erwachsenen Arbeitern bei einer Arbeitszeit von mehr als 6 Std. eine halbstündige bzw. zwei viertelstündige Ruhepausen zu gewähren. Darüber hinausgehende Schutzvorschriften sah das Gesetz für erwerbstätige Frauen vor, wobei diese nunmehr auch für Arbeiterinnen in Kleinbetrieben galten; ihnen standen bei einer Arbeitszeit von mehr als 8 Std. Pausen von einer 3/4 Stunde bzw. 1 Std. zu. Arbeiterinnen durften i. d. R. nicht zwischen 20 Uhr abends und 6 Uhr morgens und an Tagen vor Sonn- und Feiertagen nicht nach 17 Uhr beschäftigt werden. Lediglich in mehrschichtigen Betrieben stand für die Beschäftigung von Frauen ein Zeitraum von 6 bis 23 Uhr zur Verfügung. Keine wesentlichen Neuerungen enthielt die Arbeitszeitverordnung in bezug auf den werktäglichen Ladenschluß und die Sonntagsruhe. Neu war allerdings, daß am 24. Dezember auch Lebensmittel- und Blumengeschäfte statt bisher um 18 Uhr bereits um 17 Uhr schließen mußten *(vgl. RArBl.III, 1938, Nr.13, S.122, S.131)*.

Arbeitszeitrechtliche **Sonderregelungen** galten – abgesehen von den bereits genannten Gewerbezweigen – für Bäckereien und Konditoreien sowie für das Personal in Krankenpflegeanstalten. Nachdem zwischenzeitlich der Arbeitsbeginn im Bäckereigewerbe auf 4.30 Uhr festgesetzt worden war, galt nach dem Gesetz vom 29. Juni 1936 [RGBl.I S.521] ein **Nachtbackverbot** in der Zeit von 21 bis 4 Uhr. Außerdem war nunmehr auch hier die Heraufsetzung der regelmäßigen täglichen Arbeitszeit durch eine Tarifordnung auf bis zu 10 Std. (bis dahin 9 Std.) zulässig [RArBl.III, 1936, Nr.21, S.173]. Dagegen galt für das **Krankenpflegepersonal** nach wie vor die Verordnung aus dem Jahre 1924 *(vgl. S. 194f.)*.

Weitreichende **Eingriffe in das Arbeitszeitrecht** erfolgten mit Beginn des **Krieges**. Abgesehen davon, daß nach § 18 Abs.3 der Kriegswirtschaftsverordnung vom 4. September 1939 [RGBl.I S.1609] für die Mehrarbeit keine Zuschläge mehr zu zahlen waren, setzte die Verordnung vom 1. September 1939 [RGBl.I S.1683] alle einschlägigen **Arbeitszeitbestimmungen** für männliche Beschäftigte über 18 Jahren außer Kraft, d. h. sie konnten ohne behördliche Genehmigung mit **Mehrarbeit** beschäftigt werden, deren Umfang – ausgenommen bei bestimmten gefährlichen Arbeiten – gesetzlich nicht mehr begrenzt war. Die Schutzvorschriften für **Frauen** und **Jugendliche** konnten zunächst durch die höheren Verwaltungsbehörden für einzelne Betriebe ganz oder teilweise außer Kraft gesetzt werden; ein Erlaß des Reichsarbeitsministers vom 11. September 1939 schließlich gestattete in dringenden Fällen, die Arbeitszeit von Frauen und Jugendlichen über 16 Jahre an sämtlichen Werktagen bis zu 10 Std., jedoch nicht über 56 Std. in der Woche bei gekürzten Pausen auszudehnen, wobei die Unterrichtszeit in der Berufsschule nicht mehr auf die Arbeitszeit angerechnet zu werden brauchte [RArBl.III, 1939, Nr.26, S.295].

Die zu Kriegsbeginn verfügten weitreichenden Lockerungen des Arbeiterschutzes wurden indessen bereits wenige Monate später teilweise wieder zurückgenommen, um – wie es amtlich hieß – Gesundheitsschäden durch langwährende starke Überbeanspruchung zu verhüten. Ausschlaggebend dürfte aber auch die Erkenntnis gewesen sein, daß überlange Arbeitszeiten keine Produktivitätssteigerungen brachten. Im übrigen sollte vermieden werden, daß sich unter den Beschäftigten eine größere Unzufriedenheit ausbreitete. Die Verordnung über den Arbeitsschutz vom 12. Dezember 1939

[RGBl.I S.2403] bestimmte daher, daß – soweit nach den bestehenden Vorschriften Mehrarbeit gestattet war – die tägliche Arbeitszeit nicht über 10 Std., bei erheblicher Arbeitsbereitschaft nicht über 12 Std. ausgedehnt werden und Arbeiterinnen und Jugendliche nicht mehr in voller Nachtarbeit beschäftigt werden durften. Zugleich wurde für die 11. und die darüber hinausgehenden Arbeitsstunden wieder ein Anspruch auf Mehrarbeitszuschlag von 25 % eingeführt, der sowohl ein Zugeständnis an die Arbeiter als auch einen Anreiz für die Arbeitgeber darstellte, den 10-Stunden-Tag nicht zu überschreiten *(vgl. Mason, 1975, S.1214)*.

Hinsichtlich des Mehrarbeitszuschlags machte die Reichsregierung schon bald noch weitergehende Zugeständnisse; nachdem der Mehrarbeitszuschlag für die 9. und 10. Stunde teilweise bereits im Januar 1940 im Steinkohlenbergbau [RArBl.I, S.46] und Ende März 1940 vollständig für die Land- und Forstwirtschaft wieder eingeführt worden war [RGBl.I S.570], wurden ab dem 3. September 1940 »in Anerkennung der besonderen Leistungen« der Beschäftigten Mehrarbeitszuschläge wieder in jenem Umfang gezahlt, wie sie vor dem Kriege üblich waren.

3.4.3 Urlaubsregelungen und Feiertagsbezahlung

Ein **gesetzlicher Urlaubsanspruch** blieb den Arbeitnehmern zwar auch im Dritten Reich versagt, das Recht auf Urlaub setzte sich in der Wirtschaft jedoch weiter durch. Für den größten Teil der Beschäftigten war ein Urlaub durch die von den Treuhändern der Arbeit festgesetzten **Tarifordnungen** ausdrücklich vorgeschrieben. Eine der **Voraussetzungen** für den Erwerb eines Urlaubsanspruchs war i. d. R. die Zurücklegung einer gewissen Beschäftigungszeit im selben Betrieb; diese dauerte zumeist 6 Monate, teilweise aber auch bis zu einem Jahr. Der Urlaub war i. a. derart gestaffelt, daß er sich – gekoppelt an die Dauer der Betriebszugehörigkeit – in gewissen Zeiträumen vom **Mindest-** bis zum **Höchsturlaub** steigerte. Während anfangs die meisten Tarifordnungen einen Mindesturlaub von 3 Tagen pro Jahr vorsahen, sprach sich später die Mehrheit der Treuhänder für einen 6tägigen Mindesturlaub mit einer sukzessiven Steigerung bis zu 12 Tagen aus *(vgl. Syrup/Neuloh, 1957, S.489f.)*.

Eine besondere Urlaubsregelung wurde für das Baugewerbe eingeführt, da dort der Wechsel der Arbeitsstätte die bis dahin geltenden Urlaubsbestimmungen, die an eine betriebliche Wartezeit von 30 Wochen geknüpft waren, vielfach um ihre Wirkung gebracht hatte. Die Treuhänder der Arbeit waren durch die 16. AOG-Durchführungsverordnung ermächtigt worden, für das Baugewerbe ein sog. Urlaubsmarkensystem einzuführen, was dann auch durch die Reichstarifordnung vom 2. Juni 1936 geschah [RArBl.IV, S.548]. Danach erhielt jeder Bauarbeiter eine Urlaubskarte, die von der Post ausgegeben wurde. In diese hatte der Betrieb bei jeder Lohnzahlung als zusätzliche Leistung für jede Lohnwoche eine Urlaubsmarke in Höhe von 2 % des Bruttolohnes einzukleben. Nach einer Beschäftigungszeit von 32 Wochen konnte der Arbeiter 4 Tage Urlaub, nach 48 Wochen 6 Tage Urlaub beanspruchen, wobei ihm dann aufgrund der Urlaubsmarken von der Post das zustehende Urlaubsgeld ausbezahlt wurde *(vgl. Kalckbrenner, 1936, S.281ff.)*.

Eine allgemeine **gesetzliche Urlaubsregelung** wurde für die jugendlichen Arbeitnehmer durch das Jugendschutzgesetz von 1938 *(vgl. S.286ff.)* getroffen. Ebenfalls verbessert wurden die Urlaubsansprüche von Heimarbeitern *(vgl. S.285)*.

Ein in den 30er Jahren heftig diskutiertes Thema war auch die Frage der Bezahlung der **gesetzlichen Feiertage**. Von freiwilligen betrieblichen Regelungen abgesehen, war eine derartige Bezahlung im allgemeinen nicht üblich. Allenfalls war es erlaubt, die an bestimmten Feiertagen ausgefallenen Arbeitsstunden vor- bzw. nachzuarbeiten, um die Lohnausfälle zu mindern. Lediglich für den 1. Mai war – sofern dieser auf einen Wochentag fiel – nach dem Gesetz vom 26. April 1934 [RGBl.I S.337] der »regelmäßige Arbeitsverdienst« zu zahlen. Auf Druck der DAF mußte der Beauftragte für den Vier-Jahres-Plan allerdings Ende 1937 eine recht populäre Maßnahme verkünden; die **Anordnung vom 3. Dezember 1937** [DRA Nr.280 vom 4.12.1937] bestimmte, daß den Beschäftigten für die Arbeitszeiten, die infolge des Neujahrstages, des Oster- und Pfingstmontages sowie des 1. und 2. Weihnachtstages ausfielen, der regelmäßige Arbeitsverdienst gezahlt werden mußte.

3.4.4 Schutz der Heimarbeiter

Eine besondere Aufmerksamkeit widmete die Gesetzgebung des Dritten Reiches dem Schutz der Heimarbeiter, die unter der Krise 1930/32 besonders stark gelitten hatten. Bereits am 8. Juni 1933 erging das **Gesetz über den Lohnschutz in der Heimarbeit** [RGBl.I S.347], durch das vor allem zwei Mißstände beseitigt werden sollten: zum einen die ungleiche Verteilung der Arbeitsmenge, die vielfach bei den einen zu übermäßig langen Arbeitszeiten, bei den anderen zu Arbeitslosigkeit geführt hatte; zum anderen die Tatsache, daß es angesichts der wirtschaftlichen Notlage immer schwieriger geworden war, die tariflich vereinbarten oder durch die Fachausschüsse festgesetzten Mindestentgelte aufrechtzuerhalten. Das neue Gesetz sah daher einerseits eine Begrenzung der auf ein Lohnbuch auszugebenden **Arbeitsmenge** vor und schuf andererseits Möglichkeiten, durch ein beschleunigtes und verschärftes Bußgeldverfahren unlautere Wettbewerber zu bekämpfen und den Heimarbeitern zu den ihnen zustehenden **Tariflöhnen** zu verhelfen.

Bereits kurz darauf erfolgte eine umfassende **Neuregelung** des Heimarbeiterrechts, nachdem das Hausarbeitsgesetz und damit die für die Mindestentgeltfestsetzung zuständigen Fachausschüsse nach § 67 AOG außer Kraft gesetzt worden waren. Nach dem neuen **Gesetz über die Heimarbeit vom 23. März 1934** [RGBl.I S.214] oblag die Regelung der Arbeitsverhältnisse der Heimarbeiter nunmehr ausschließlich den Treuhändern der Arbeit, denen beratende Sachverständigenausschüsse zur Seite gestellt wurden.

Ein wichtiger Fortschritt des Gesetzes bestand darin, daß es die vielfältigen Erscheinungsformen des Heimarbeiters und der Hausgewerbetreibenden sowie der Zwischenmeister genau definierte. Die Entgeltregelung, die auch den Kern dieses Gesetzes bildete, sollte im Regelfall durch Tarifordnung erfolgen. Zur Sicherstellung des Entgeltschutzes sollten v. a. die Listenführung über die in der Heimarbeit Beschäftigten, die Offenlegung der Entgeltverzeichnisse und die Führung von Entgeltbelegen dienen. Grundsätzlich beibehalten wurden die Bestimmungen über die Arbeitsmengenbeschränkung. Der Betriebs- und Gefahrenschutz wurde zwar nicht beseitigt, jedoch in einigen Rahmenbestimmungen zusammengefaßt, auf deren Grundlage die Gewerbeaufsichtsbeamten und Polizeibehörden tätig werden konnten. Das Hauptmittel der Durchsetzung der Schutzvorschriften bildete ein weiter verschärftes Bußgeldverfahren; außerdem konnte der Treuhänder Unternehmern und Zwischenmeistern bei wiederholten Verstößen die Vergabe von Heimarbeit verbieten.

Bereits 1936 wurde vor allem für die Heimarbeiter im Bekleidungsgewerbe durch Tarifordnungen der Sondertreuhänder ein **Urlaubsanspruch** von 6 Tagen eingeführt.

Für die Berechnung des Urlaubsgeldes wurden die innerhalb eines Urlaubsjahres ausgezahlten Entgelte zugrundegelegt, und zwar in der Weise, daß auf diese durch den Auftraggeber ein Aufschlag von 2% zu zahlen war. Das Urlaubsgeld wurde bei Antritt des Urlaubs ausgehändigt. Während dieser Zeit durfte an den Heimarbeiter keine Arbeit ausgegeben werden; er durfte auch keine andere Arbeit gegen Entgelt annehmen. Ein Urlaubsanspruch wurde auch für die fremden Hilfskräfte von Hausgewerbetreibenden sichergestellt; sie erhielten je nach der Dauer der Betriebszugehörigkeit 4 bis 8 Tage Urlaub, wobei ihnen je Urlaubstag eine Entschädigung von 8 Stundenlöhnen zustand *(vgl. Nehls, 1936, S.336f.)*.

Obgleich sich das Gesetz von 1934 in der Praxis im wesentlichen bewährt hatte, wurde am 30. Oktober 1939 eine Änderungsnovelle [RGBl.I S.2143] erlassen und gleichzeitig mit ihrer Veröffentlichung das Gesetz über die Heimarbeit in neuer Fassung [RGBl.I S.2145] als Ganzes nochmals bekanntgegeben. Die wichtigsten Neuerungen bestanden darin, daß der Personenkreis, für den das Gesetz galt, dadurch erweitert wurde, daß zusätzliche Personengruppen, deren Beschäftigungsverhältnis dem der Heimarbeiter glich, einbezogen wurden, und daß das Bußgeldverfahren zu einem Zwangsverfahren ausgebaut wurde. Desweiteren wurden zur Durchführung der Entgeltüberwachung ein neuer strafbarer Tatbestand geschaffen und die Bestimmungen über die Arbeitsruhe in das Gesetz selbst aufgenommen.

Zweifellos haben diese Maßnahmen die Verhältnisse in der Heimarbeit gebessert. Im Gegensatz zum AOG, das der betrieblichen Lohnregelung den Vorzug gab, war in der Heimarbeit die Festsetzung der Entgelte durch **Tarifordnung** die Regel. So erließen die Reichstreuhänder bzw. die 22 Ständigen Sondertreuhänder der Heimarbeit in den ersten 5 Jahren nach dem Inkrafttreten des Heimarbeitsgesetzes von 1934 mehr als 700 Tarifordnungen. Zugleich blieb – ungeachtet des allgemeinen konjunkturellen Aufschwunges – die Heimarbeit als Produktionsart erhalten; nach Erhebungen der Arbeitsämter stieg die Zahl der in der Heimarbeit Beschäftigten sogar von 333.093 im Februar 1936 auf 456.470 im Februar 1939 *(vgl. StJbDR, 1936, S. 333, 1939/40, S. 380)*.

3.4.5 Unterbringung der Schwerbeschädigten

Hinsichtlich der Unterbringung der Schwerbeschädigten beließ es die NS-Regierung im wesentlichen dabei, die gesetzlichen Bestimmungen des Schwerbeschädigtengesetzes vom 12. Januar 1923 in der Praxis durchzusetzen. Ein **Runderlaß** des Reichsarbeitsministers vom 22. September 1933 hielt die **Hauptfürsorgestellen** an, durch eine erschöpfende und nachdrückliche Anwendung der gesetzlichen Vorschriften alle Unterbringungsmöglichkeiten, die das Gesetz bot, auszunutzen. Gleichzeitig ließ der Erlaß die Freistellung eines Betriebes von der Einstellungspflicht nurmehr in ganz begründeten Ausnahmefällen zu. Im übrigen wurde zur Erleichterung der Unterbringung Minderkriegsbeschädigter durch die Novelle zum RVG vom 3. Juli 1934 [RGBl.I S.541] die obligatorische Gleichstellung auf Kriegsbeschädigte ausgedehnt, bei denen die Minderung der Erwerbsfähigkeit weniger als 50 % (aber mindestens 40 %) betrug.

Tabelle 50: Unterbringung Schwerbeschädigter 1933–1939

Stichtag Ende	bei den Hauptfürsorgestellen gemeldete Schwerbeschädigte				von der Gesamtzahl waren			
	insgesamt	Schwerkriegsbeschädigte	Schwerunfallbeschädigte	Gleichgestellte	erwerbstätig	nicht vermittlungsfähig	arbeitslos	arbeitslos in %[1]
1933	400.890	337.680	39.479	23.731	306.482	47.628	46.780	13,24
1934	395.303	331.980	39.201	24.122	314.797	49.726	30.780	8,91
1935	405.576	332.379	41.193	32.004	331.216	54.068	20.292	5,77
1936	413.730	332.609	43.318	37.803	341.167	56.673	15.890	4,45
1937	429.536	340.856	45.624	43.056	348.254	69.278	12.004	3,33
1938	436.169	338.156	48.125	49.888	359.256	67.384	9.446	2,56
1939	444.303	335.792	50.619	57.892	370.240	66.991	6.905	1,83

1) Arbeitslose in % der Erwerbstätigen und Arbeitslosen.
Quellen: RArBl.II, 16.Jg. (N.F.), 1936, Nr.26, S.542 f.; Statistisches Jahrbuch für das Deutsche Reich, versch. Jge.

3.4.6 Schutz jugendlicher Arbeiter

Nachdem am 12. März 1935 zunächst lediglich im Bergbau und in der Eisen-, Metall- und Glasindustrie der Schutz für Jugendliche und Frauen etwas verbessert worden war [RGBl.I S.387], erfuhr der Schutz der Kinder und Jugendlichen durch das sog. **Jugendschutzgesetz vom 30. April 1938** [RGBl.I S.437] dann doch noch entscheidende Veränderungen. Entsprechend dem Vorwort zu diesem Gesetz war es »völkische Notwendigkeit und nationalsozialistische Pflicht«, »alle Jugendlichen zu seelisch und körperlich gesunden Volksgenossen zu erziehen« und »der deutschen Jugend Schutz und Förderung zuteil werden zu lassen und damit ihre Leistungsfähigkeit zu steigern«.

Das Gesetz über **Kinderarbeit** und über die **Arbeitszeit der Jugendlichen** faßte die bisher verstreut in der GewO, im Kinderschutzgesetz und in der AZV vorhandenen Schutzvorschriften in einem einzigen Gesetz zusammen und dehnte den bis dahin weitgehend beschränkten **Geltungsbereich** des Jugendschutzes auf alle in einem Lehr- und Arbeitsverhältnis oder mit ähnlichen Dienstleistungen beschäftigten Jugendlichen aus (Loslösung der Anwendung vom Betriebsbegriff). Ausgenommen blieben allerdings weiterhin die Hauswirtschaft, die Land- und Forstwirtschaft, die Seeschiffahrt sowie die Luftfahrt. Als Kinder i. S. d. Gesetzes galten alle, die noch nicht 14 Jahre alt waren, und als Jugendliche alle, die über 14 Jahre, aber noch nicht 18 Jahre alt waren; damit verbunden war die seit langem angestrebte **Heraufsetzung des Schutzalters** von 16 auf 18 Jahre. Die Aufsicht über die Durchführung des Gesetzes wurde den Gewerbeaufsichtsbeamten übertragen. Die Ortspolizeibehörden, die früher gleichberechtigt zuständig waren, hatten nurmehr Amtshilfe zu leisten. Gleichzeitig verschärfte das Gesetz die Strafbestimmungen gegen Zuwiderhandlungen und führte bei gewissenloser Gefährdung der Arbeitskraft eines Kindes oder Jugendlichen in schweren Fällen die Zuchthausstrafe ein.

Unter Aufhebung der unterschiedlichen Behandlung eigener und fremder Kinder verbot das Gesetz grundsätzlich die Kinderbeschäftigung und ließ nur beschränkte Ausnahmen zu, die im Gesetz selbst im einzelnen festgelegt waren. Im Hinblick auf die Arbeitszeit von Jugendlichen hielt das Gesetz am 8-Stunden-Tag fest und beschränkte die Wochenarbeitszeit auf 48 Std., einschließlich der ausnahmsweise zugelassenen Sonntagsarbeit. Einen wesentlichen Fortschritt bedeutete dabei die Regelung, daß die Unterrichtszeit in einer Berufsschule unter Weiterzahlung des Lohnes auf die Dauer der Arbeitszeit angerechnet werden mußte. Außerordentlich eingeschränkt wurden ferner die Möglichkeiten, Jugendliche außerhalb der normalen Arbeitszeit mit Vor- und Abschlußaufgaben zu beauftragen. Für Jugendliche unter 16 Jahren nicht mehr zulässig waren ferner Mehrarbeiten auf Anordnung des Unternehmers an 30 Tagen im Jahr sowie Mehrarbeit durch Tarifordnung oder behördliche Genehmigung.

Die zur Erholung zur Verfügung stehende Freizeit wurde ebenfalls erhöht; die tägliche ununterbrochene Ruhezeit betrug nunmehr 12 statt 11 Std. Ausnahmen ließ das Gesetz nur in Gastwirtschaften und Bäckereien für Jugendliche über 16 Jahren zu. Hinsichtlich der Ruhepausen während der Arbeitszeit blieb es im wesentlichen bei den bisherigen Regelungen, mit dem Unterschied allerdings, daß diese nun auch für Jugendliche bis zum vollendeten 18. Lebensjahr galten. Entsprechendes traf für das Nachtarbeitsverbot zu. Ferner schrieb das Gesetz für alle Jugendlichen an Samstagen einen Arbeitsschluß um 14 Uhr vor. Das Verbot der Sonntagsarbeit wurde ebenfalls grundsätzlich auf die 16- bis 18jährigen Jugendlichen ausgedehnt. War diese in einzelnen Gewerbebereichen ausnahmsweise doch zugelassen, mußte den Jugendlichen als Ersatz für die Sonntagsarbeit in jeder Woche ein freier Werktag gewährt werden. Schließlich brachte das Jugendschutzgesetz endlich eine gesetzliche Regelung des Urlaubsanspruchs. Unter Berücksichtigung der Schutzbedürftigkeit setzte es für die 14- bis 16jährigen Jugendlichen einen Urlaub von 15 Tagen und für die 16- bis 18jährigen einen Urlaub von 12 Tagen fest. Für alle Jugendlichen erhöhte sich die Urlaubsdauer auf 18 Tage, wenn mindestens 10 Tage auf ein Lager oder eine Fahrt der Hitlerjugend entfielen. Ausdrücklich bestimmte das Gesetz, daß der Lohn oder die Erziehungsbeihilfe während des Urlaubs weitergezahlt werden mußten.

Während eine generelle Regelung des Schutzes derjenigen Jugendlichen, die in den vom sachlichen Geltungsbereich des Jugendschutzgesetzes nicht erfaßten Wirtschaftsbereichen arbeiteten, weiter auf sich warten ließ, wurden die Vorschriften über den Urlaub durch die **Jugendurlaubsverordnung vom 15. Juni 1939** [RGBl. I S. 1029] auf die Jugendlichen in der Hauswirtschaft, der Land- und Forstwirtschaft, der Fischerei, der See- und

Binnenschiffahrt sowie der Luftfahrt ausgedehnt. Damit galt für alle Jugendlichen erstmals ein **einheitliches Urlaubsrecht**.

3.4.7 Schutz der berufstätigen Frauen und Mütter

Entgegen aller ideologischen Propaganda über den besonderen Stellenwert der Frau als Mutter und ihrer daraus resultierenden besonderen Schutzbedürftigkeit erfuhr der **Frauen- und Mutterschaftsschutz** gegenüber der Weimarer Republik keine wesentlichen Weiterentwicklungen. Zwar setzte sich die DAF wiederholt für eine Verbesserung der Mutterschaftsschutzbestimmungen auf Betriebsebene ein, der geplante **Erlaß eines Frauenschutzgesetzes** kam jedoch nie zustande. Auch ansonsten waren die Verbesserungen des Arbeitsschutzes für Frauen allenfalls marginaler Natur *(vgl. Mason, 1977, S.143)*.

Im Rahmen der Neugestaltung des Arbeitszeitrechts erfolgte der Ausbau des Frauenschutzes v.a. dadurch, daß verschiedene Ausnahmebestimmungen gestrichen wurden und die früheren Beschränkungen auf Betriebe mit i.d.R. mindestens 10 Beschäftigten wegfielen. Außerdem traten die Sonderregelungen für kleine Motorwerkstätten und für Werkstätten der Kleider- und Wäschekonfektion außer Kraft. Im übrigen galten die Schutzbestimmungen für Frauen – ausgenommen die Bestimmungen über Nachtruhe und Frühschluß vor Sonn- und Feiertagen – nunmehr gleichermaßen für Arbeiterinnen und weibliche Angestellte.

Der **Mutterschaftsschutz** wurde erst während des Krieges durch das am 1.7.1942 in Kraft getretene Gesetz zum Schutz der erwerbstätigen Mutter vom 17. Mai 1942 geändert und etwas erweitert [RGBl.I S.321].

3.4.8 Arbeits- und Betriebsgefahrenschutz sowie Arbeitsaufsicht

Die bereits während der Weimarer Zeit verfolgten Bestrebungen, die Arbeitsschutzbestimmungen in einem systematisch zusammenfassenden **Arbeitsschutzgesetz** zu vereinheitlichen und zeitgemäßen Entwicklungen anzupassen, wurden zwar auch im Dritten Reich fortgeführt, blieben jedoch schon im Ansatz stecken. Insgesamt gesehen kam es im engeren Bereich des Arbeitsschutzes, d.h. vor allem hinsichtlich des Schutzes der Beschäftigten vor Unfall- und Gesundheitsgefahren, zu keinen grundlegenden Weiterentwicklungen. Die in diesem Bereich ergangenen Verordnungen brachten lediglich auf Einzelgebieten des Arbeitsschutzes die eine oder andere Verbesserung *(vgl. Syrup/Neuloh, 1957, S.501)*.

Immerhin gelang es, die Berufsgenossenschaften zu veranlassen, sich auf neue **einheitliche Unfallverhütungsvorschriften** zu verständigen, die am 1.4.1934 in Kraft traten. Die Neubearbeitung dieser Vorschriften erstreckte sich dabei nicht nur auf die Anpassung der bestehenden Bestimmungen an die technische Entwicklung, sondern führte auch dazu, daß für eine ganze Reihe von Betriebseinrichtungen und Arbeitsverfahren überhaupt erst Vorschriften aufgestellt wurden *(vgl. RArBl.II, 1934, Nr.34, S.395ff.)*.

Erwähnenswert ist eine organisatorische Veränderung in bezug auf die **Arbeitsaufsicht**. Durch das Gesetz über den Neuaufbau des Reichs vom 30. Januar 1934 [RGBl.I S.75] erhielt das Reich anstelle der Landesregierungen die Zuständigkeit für die Durchführung der Arbeitsaufsicht. Auch der ärztliche Gewerbeaufsichtsdienst wurde dem Reichsarbeitsministerium unterstellt. Der Dualismus zwischen der Gewerbeaufsicht und den Berufsgenossenschaften auf dem Gebiet des Unfallschutzes blieb aber dennoch fortbestehen *(vgl. Gladen, 1974a, S.110f.)*. Angemerkt sei schließlich, daß den Gewerbeaufsichtsämtern durch Erlaß vom 2. Februar 1937 [RArBl.II, 1937, Nr.33, S.60] das Recht zum Erlaß polizeilicher Strafverfügungen verliehen wurde.

4. Sozialversicherung unter dem Nationalsozialismus

4. 1 Anfänge nationalsozialistischer Sozialversicherungspolitik

Auch im Bereich der Sozialversicherung kam es zwar in der Zeit des Dritten Reiches zu einer Reihe weitreichender **Veränderungen**, die ursprünglichen Absichten der Nationalsozialisten, eine **Einheitsversicherung** mit einer Einheitsverwaltung zu schaffen, wurden jedoch nicht verwirklicht. Ungeachtet aller Versuche, der Sozialversicherung eine nationalsozialistische Prägung zu geben, blieben ihre Grundlagen ebenso wie die historisch gewachsene Gliederung erhalten. Abgesehen davon stand auch die NS-Regierung zunächst vor dem Problem, die durch Inflation und Wirtschaftskrise stark angeschlagenen Sozialversicherungszweige finanziell zu sanieren.

Die ersten Maßnahmen, die nach der Machtübernahme ergriffen wurden, betrafen vor allem die **Krankenversicherung** sowie die **Selbstverwaltung**. Eine Verordnung über die Krankenversicherung vom 1. März 1933 [RGBl.I S.97] brachte – neben einer Reduzierung der Krankenscheingebühr auf 25 Pfg. – die Erweiterung des Aufsichtsrechts über die Träger der Krankenversicherung im Hinblick auf die Frage der Zweckmäßigkeit und Wirtschaftlichkeit der Geschäftsführung sowie insbesondere die Ermächtigung für die Reichsregierung, zur Verbilligung und Vereinfachung sowie zur Sicherstellung der Wirtschaftlichkeit entsprechende Vorschriften zu erlassen. Hierauf gestützt erging am 17. März 1933 [RGBl.I S.131] die erste Verordnung zur Neuordnung der Krankenversicherung, die die Möglichkeit schuf, **Kommissare** einzusetzen und die Kassenvereinigungen der Aufsicht des Reichsarbeitsministers zu unterstellen. Tatsächlich wurden schon bald für alle größeren Krankenkassen Reichskommissare bestellt, die fünf Spitzenverbände der Krankenkassen der Aufsicht des Reichsarbeitsministers unterstellt und eine Arbeitsgemeinschaft der Krankenkassen-Spitzenverbände gebildet.

Deutlich stärker kamen nationalsozialistische Grundsätze bei den Eingriffen in den Bereich der kassenärztlichen Tätigkeit zum Ausdruck. Nachdem zunächst die **Zulassung zur Kassenpraxis** vorübergehend gesperrt worden war, wurde das Zulassungsrecht durch Verordnung vom 22. April 1933 [RGBl.I S.222] neu geregelt, wobei es im wesentlichen darum ging, nichtarische Ärzte sowie Ärzte, die sich in kommunistischem Sinne betätigt hatten, von der Zulassung zur kassenärztlichen Tätigkeit auszuschließen. Bis Ende 1933 wurden Schätzungen zufolge rd. 2.800 oder 8 % aller Kassenärzte ausgeschlossen, was für die Betroffenen praktisch einem **Berufsverbot** gleichkam. Andererseits wurde am 8. Mai 1933 die Zulassung aller Kriegsteilnehmer zur Kassenpraxis verfügt *(vgl. Zöllner, 1981, S.129)*.

In der Folgezeit wurde das **ärztliche Verbandswesen** umgestaltet, indem durch Verordnung vom 2. August 1933 [RGBl.I S.567] die streng nach dem Führerprinzip aufgebaute **Kassenärztliche Vereinigung Deutschlands** (KVD) als alleiniger Träger der Beziehungen der Kassenärzte zu den Krankenkassen errichtet wurde.

Die KVD, der alle ins Reichsregister eingetragenen und zur Behandlung von Versorgungsberechtigten zugelassenen Ärzte angehörten, war zwar als Körperschaft des öffentlichen Rechts grundsätzlich selbständig, unterstand aber der Dienstaufsicht des Reichsarbeitsministers. Unter Belassung ihrer Selbständigkeit wurde die KVD später in die durch die Reichsärzteordnung vom 13. Dezember 1935 gegründete Reichsärztekammer eingegliedert. Mit der Schaffung der KVD wurde das einzelvertragliche Rechtsverhältnis zwischen Ärzten und Kassen beseitigt. Durch zwei Verordnungen vom 27. Juli 1933 [RGBl.I S.540, 541] wurden zudem einerseits eine Kassenzahnärztliche Vereinigung Deutschlands geschaffen und andererseits das Kassenzahnarztrecht – insbesondere das Zulassungswesen – in Anlehnung an das Kassenarztrecht auf Reichsebene vereinheitlicht.

Die politisch und rassistisch motivierten Eingriffe der Nationalsozialisten richteten sich auch gegen das Personal der Versicherungsträger und die Vertreter in den Selbstverwaltungsorganen. Die rechtlichen Grundlagen dafür boten das Gesetz zur Wiederherstellung des Berufsbeamtentums vom 7. April 1933, aufgrund dessen v. a. bei den Ortskrankenkassen zahlreiche Angestellte wegen nichtarischer Abstammung oder »staatsfeindlicher« politischer Betätigung entlassen wurden, sowie das Gesetz über Ehrenämter in der sozialen Versicherung und der Reichsversorgung vom 18. Mai 1933 [RGBl.I S.277], durch das Inhaber von Ehrenämtern auf Vorschlag der NS-Organisationen von diesen enthoben werden konnten. In beiden Fällen wurden die freiwerdenden Stellen mit NS-Gefolgsleuten besetzt.

Einen weiteren Schwerpunkt des ersten Regierungsjahres der Nationalsozialisten bildeten die Maßnahmen zur grundlegenden **finanziellen Sanierung** der Rentenversicherungsträger, die durch das **Gesetz zur Erhaltung der Leistungsfähigkeit der Invaliden-, der Angestellten- und der knappschaftlichen Versicherung vom 7. Dezember 1933** [RGBl.I S.1039] eingeleitet wurden. Dieses Gesetz schuf u. a. die Voraussetzungen, um vom bisher benutzten Umlageverfahren wieder zum **Anwartschaftsdeckungsverfahren** zurückzukehren. Außerdem beseitigte es die früheren Grundbeträge bei der Rentenberechnung und führte stattdessen höhere Steigerungsbeträge in Form fester Beträge ein. Gleichzeitig wurden in der Invalidenversicherung eine neue Lohnklasse sowie zwei weitere Klassen für die freiwillige Höherversicherung eingeführt. Schließlich wurden der Invalidenversicherung durch die Erhöhung und zeitliche Ausdehnung des Reichsbetrages neue Mittel zugeführt und erste Schritte unternommen, um auch für die knappschaftliche Pensionsversicherung auf Dauer die finanzielle Leistungsfähigkeit zu sichern.

4. 2 Aufbaugesetz von 1934

Nachdem im Jahre 1933 die Selbstverwaltung faktisch bereits beseitigt und erste Sanierungsmaßnahmen eingeleitet worden waren, wurde Anfang 1934 mit der von den Nationalsozialisten angestrebten grundlegenden **Umorganisation** der gesamten Sozialversicherung begonnen. Ein hierfür vom Reichsarbeitsminister eingesetzter Ausschuß aus Vertretern der Arbeitgeber, der DAF, der Ärzteschaft, der Versicherungspraxis und der Wissenschaft sprach sich allerdings für den Fortbestand der Sozialversicherung sowie die Erhaltung der einzelnen historisch gewachsenen Versicherungszweige und der verschiedenen Krankenkassenarten aus. Das daraufhin erlassene **Gesetz über den Aufbau der Sozialversicherung vom 5. Juli 1934** [RGBl.I S.577] folgte zwar im wesentlichen diesen Empfehlungen, brachte aber dennoch in bezug auf die Organisation und die Selbstverwaltung eine Reihe grundlegender Änderungen. Der Zielkatalog dieses **Rahmengesetzes** war darauf gerichtet, „bei Erhaltung der Vielgestaltigkeit der Einrichtungen die Nachteile der Zersplitterung nach Möglichkeit zu beseitigen, die einzelnen Versicherungszweige unter Erhaltung ihrer Selbständigkeit eng zusammenzuführen, die Sozialversicherung zur Staatsverwaltung in ein engeres Verhältnis zu bringen, die Aufsicht mit neuem Inhalt zu versehen, straffer zusammenzufassen und wirksamer zu gestalten, den Aufbau der Versicherungsbehörden zu vereinfachen, der deutschen Ärzteschaft einen ihrer Bedeutung für die Sozialversicherung angemessenen Einfluß zu verschaffen und Verschiedenheiten des Rechts der einzelnen Versicherungsarten nach Möglichkeit zu beseitigen" *(Zschimmer, 1934, S.250).* Zur Durchführung und Ergänzung des Rahmengesetzes ergingen im Laufe der Jahre insgesamt 17 Verordnungen.

Der Hauptzweck des Gesetzes bestand vor allem darin, die **Zersplitterung** und **Unübersichtlichkeit** der Sozialversicherung zu beseitigen und ihre Leistungsfähigkeit durch eine einheitliche Zusammenfassung zu stärken. Programmatisch bedeutsam war dabei die

Vorschrift, daß die **Reichsversicherung** zukünftig neben der Kranken-, Unfall- und Invalidenversicherung auch die Angestellten- und die Knappschaftsversicherung umfaßte; nicht mehr dazu gezählt wurde dagegen die Arbeitslosenversicherung. Gleichzeitig wurde für die Invaliden- und Angestelltenversicherung erstmals der Oberbegriff **»Rentenversicherung der Arbeiter und Angestellten«** eingeführt.

Eine der wichtigsten Regelungen des Aufbaugesetzes waren die Beseitigung der Selbstverwaltung und die Einführung des **Führergedankens** in die Reichsversicherung. An die Spitze jedes Versicherungsträgers trat als einziges Organ der sog. Leiter. Diesem beratend zur Seite gestellt wurde ein Beirat, dem neben Versicherten- und Arbeitgebervertretern auch ein Arzt sowie ein Vertreter der jeweiligen Gebietskörperschaft angehörten. Sowohl der Leiter als auch die Beiratsmitglieder wurden durch die Aufsichtsbehörden ernannt *(vgl. auch Tennstedt, 1977; Müthling, 1966)*.

Desweiteren ermächtigte das Aufbaugesetz den Reichsarbeitsminister, das **Dienstrecht der Angestellten** der Versicherungsträger neu zu regeln.

In der 16. Ausführungsverordnung vom 9. Juni 1938 [RGBl.I S.622] wurden zwar Grundsätze über die Rechtsverhältnisse der Bediensteten aufgestellt, diese in der Praxis jedoch kaum verwirklicht *(vgl. Peters, 1978, S.110)*. Nach Abs. III des Aufbaugesetzes gingen die Aufgaben der wegfallenden Landesversicherungsämter auf das Reichsversicherungsamt über, das damit endgültig zur obersten Spruch-, Beschluß- und Aufsichtsbehörde der Sozialversicherung bestellt wurde. Vor dem Hintergrund des Krieges wurde das Verfahren in Sozialrechtsangelegenheiten durch Verordnungen vom 28. Oktober 1939 [RGBl.I S.2110] sowie vom 26. Oktober 1943 [RGBl.I S.581] dahingehend vereinfacht, daß der Vorsitzende Richter allein entscheiden konnte und Rekurs sowie Revision beschränkt wurden.

Ebenfalls eine Neugestaltung brachte das Aufbaugesetz in bezug auf das Aufsichtsrecht. Obwohl sich die Aufsicht i. d. R. darauf beschränken sollte, daß die Versicherungsträger Gesetz und Satzung beachteten, erweiterte das Gesetz jedoch gleichzeitig das Aufsichtsrecht auf Fragen der Zweckmäßigkeit; es gestattete zudem der Aufsichtsbehörde, sich in bedeutsamen Fragen »im Sinne autoritärer Führung« direkt einzuschalten. Auch im Bereich der Verwaltung wurde kriegsbedingt eine Reihe von Verwaltungsvereinfachungen eingeführt (Verordnung vom 28. August 1939 [RGBl.I S.1535]).

Unter ausdrücklicher Bestätigung, daß die bisherigen Krankenkassen erhalten bleiben sollten, enthielt das Aufbaugesetz eine Reihe von Bestimmungen bezüglich der **Neuordnung des Krankenkassenwesens**. Von besonderer Bedeutung war dabei die den Invalidenversicherungsträgern übertragene Aufstellung sog. **Gemeinschaftsaufgaben der Krankenversicherung** *(vgl. hierzu S.292ff.)*.

Nachdem in § 3 Abs.2 des Aufbaugesetzes bereits die Möglichkeit eröffnet worden war, Vorschriften über einen einheitlichen **Beitragsabzug** zu erlassen, brachten die Erste und Zweite Verordnung über die Vereinfachung des Lohnabzugs vom 1. Juli 1941 [RGBl.I S. 362] und vom 24. April 1942 [RGBl.I S.252] mit der Durchführungsverordnung vom 15. Juni 1942 in verfahrensrechtlicher Hinsicht einen wichtigen und bleibenden Fortschritt. Das bis dahin in der Reichsversicherung übliche **Beitragsmarkenverfahren** wurde von da an durch das **Lohnabzugsverfahren** ersetzt.

Lediglich für die freiwillig Versicherten und die versicherungspflichtigen Selbständigen wurden weiterhin Marken verwandt. Zugleich wurde der Beitragseinzug für die Bereiche der Kranken-, Arbeitslosen- und Rentenversicherung zusammengefaßt und den Krankenkassen übertragen, die ihrerseits die ihnen nicht zustehenden Beitragsanteile an die übrigen Versicherungsträger abführten. Gleichzeitig mit der 1. Lohnabzugsverordnung vom Juli 1941 wurde der Entgeltbegriff der RVO immer stärker dem des Lohnsteuerrechts angeglichen. Insbesondere der Gemeinsame Erlaß des Reichsarbeitsministers und des Reichsministers der Finanzen vom 10. September 1944 [AN 1944, S.281] bestimmte endlich, daß die Beiträge zur Sozialversicherung grundsätzlich von dem Betrag zu berechnen sind, der für die Berechnung der Lohnsteuer maßgeblich ist *(vgl. Wannagat, 1965, S.211)*.

Erwähnenswert ist schließlich noch die Erste Verordnung zur Vereinheitlichung des Leistungs- und Beitragsrechts in der Sozialversicherung vom 17. März 1945 [RGBl.I S.41], die eine grundsätzliche Neuregelung und Vereinheitlichung der Bestimmungen über Versicherungspflicht, Versicherungsfreiheit und Versicherungsbefreiung vorsah, jedoch nur noch in Teilen des Reiches veröffentlicht werden konnte.

4. 3 Krankenversicherung

Die weitreichendsten Eingriffe in das System der Sozialversicherung wurden in der Zeit des Dritten Reiches im Bereich des Krankenversicherungswesens vorgenommen, ungeachtet dessen, daß das Aufbaugesetz den Bestand des **gegliederten Systems** im Prinzip garantiert hatte. Allein sechs der 17 Ausführungsverordnungen zum Aufbaugesetz sowie 14 Verordnungen, die auf der Verordnung vom 1. März 1933 beruhten, beschäftigten sich mit der Neuordnung der Krankenversicherung.

4. 3. 1 Gemeinschaftsaufgaben und Organisation der Versicherungsträger

Durch das Aufbaugesetz wurden bestimmte Aufgaben der Krankenversicherung, die zweckmäßigerweise regional einheitlich durchgeführt werden sollten, den Landesversicherungsanstalten übertragen. Zu diesen sog. **»Gemeinschaftsaufgaben«** (3.AVO vom 18.12.1934 [RGBl.I S.1266]) zählten der Betrieb von Heilanstalten, Erholungs- und Genesungsheimen, die Durchführung der vorbeugenden Gesundheitsfürsorge, die Mitwirkung an den Aufgaben der Bevölkerungs- und Gesundheitspolitik, die Regelung des Vertrauensärztlichen Dienstes, die gemeinsame Verwaltung der Rücklagen der Krankenkassen sowie die Prüfung der Geschäfts-, Rechnungs- und Betriebsführung der Krankenkassen und der Kassenverbände.

Tabelle 51: Mitglieder der Krankenkassen 1933–1939

Jahr	Reichsgesetzliche Krankenkassen[2]			Knappschaftl. Krankenkassen	Ersatzkassen	Sämtliche Krankenkassen	
	Mitglieder	Kassen	AOK[3]	Mitglieder	Mitglieder	Mitglieder	Kassen
1933	16.279.926	6.345	70,15	547.422	1.713.000	18.540.348	6.427
1934	17.648.871	6.168	69,27	564.153	1.877.404	20.090.428	6.249
1935	18.221.286	5.758	68,43	625.567	2.038.797	20.885.650	5.838
1936	18.805.188	4.656	67,79	641.379	2.060.251	21.506.818	4.727
1937	19.485.188	4.561	67,72	700.463	2.105.980	22.291.631	4.625
1938	20.114.358	4.476	67,23	761.510	2.287.001	23.162.869	4.524
1939[1]	20.972.248	4.387	66,37	817.442	2.582.312	24.372.002	4.436

1) Altes Reichsgebiet; 2) frühere Bezeichnung (d.h. Orts-, Land-, Innungs- und Betriebskrankenkassen); 3) Mitglieder der AOK in % der Gesamtzahl der Mitglieder der reichsgesetzlichen Krankenkassen.
Quellen: Statistisches Jahrbuch für das Deutsche Reich, 54.Jg., 1935, S.430, 55.Jg., 1936, S.434, 56.Jg., 1937, S.452, 57.Jg., 1938, S.474, 59.Jg., 1941/42, S.510.

Während die erstgenannten Gemeinschaftsaufgaben relativ zügig in Angriff genommen wurden, wurde der Aufbau des Vertrauensärztlichen Dienstes erst durch den Erlaß des Reichsarbeitsministers vom 30. März 1936 [AN 1936, S.107] in die Wege geleitet. Danach sollte bei jeder LVA ein Vertrauensärztlicher Dienst eingerichtet werden, wobei für je 25.000 Versicherte ein hauptamtlicher Vertrauensarzt vorgesehen war. Die Anstellung und das Dienstverhältnis der Vertrauensärzte regelte ein Erlaß des Reichsversicherungsamtes vom 15. Juli 1936.

Nachdem ein Erlaß des Reichsarbeitsministers vom 5. Januar 1935 bereits die Abführung der Rücklagen an die LVA zur gemeinsamen Verwaltung anordnete, schuf die 11. AVO vom 30. November 1935 [RGBl.I S.1408] die endgültigen gesetzlichen Grundlagen für die Rücklagen der Krankenversicherung. Gleichzeitig wurde der Sollbetrag der Rücklage auf den Betrag einer Zweimonatsausgabe festgesetzt.

Gestützt auf die 7. AVO vom 25. Mai 1935 [RGBl.I S.694] wurde durch Erlaß vom 8. Juni 1935 beim Reichsversicherungsamt eine Gemeinschaftsstelle der Landesversicherungsanstalten errichtet. Als Aufgaben wurden dieser zugewiesen: die Prüfung der Großkrankenkassen, der Ersatzkassen der Arbeiter sowie anderer Kassen in besonderen Fällen, die Prüfung der Landesversicherungsanstalten, die Beratung und Unterstützung des Reichsarbeitsministeriums und des Reichsversicherungsamtes, die Beratung und Schulung der Prüfer, die Durchführung des Betten- und Kurenausgleichs und besondere Tätigkeiten des Vertrauensärztlichen Dienstes (vgl. Erlasse vom 20.12.1935 und 3.8.1937, AN 1937, S.291). Im übrigen waren für die Prüfung der Geschäfts-, Rechnungs- und Betriebsführung der Krankenkassen und der Kassenverbände die LVA zuständig (Erlasse vom 14.6.1935 und 28.8.1937).

Tabelle 52: Entschädigungsfälle der Krankenversicherung 1933–1939

Jahr	Arbeitsunfähigkeitsfälle in 1.000	Arbeitsunfähigkeitstage in 1.000	Je Mitglied Arbeitsunfähigkeits- -fälle	Je Mitglied Arbeitsunfähigkeits- -tage	Krankheitstage je Krankheitsfall	Entschädigte Fälle von Wochenhilfe insgesamt	Entschädigte Fälle von Wochenhilfe auf 1.000[1]	Sterbefälle
1933	6.454,0	165.000,0	0,348	8,90	25,57	543.330	32,3	125.837
1934	6.752,9	166.360,3	0,336	8,28	24,64	762.400	39,7	146.200
1935	8.033,0	184.518,1	0,385	8,83	22,97	895.301	44,1	171.554
1936	8.506,6	189.312,2	0,396	8,80	22,25	946.604	45,1	181.273
1937	8.866,2	201.979,3	0,398	9,06	22,78	965.007	43,8	189.123
1938	10.079,4	221.529,7	0,435	9,56	21,98	1.024.516	44,7	201.436
1939	11.593,0	244.456,0	0,476	10,03	21,09	1.097.086	45,6	220.933

1) Wochenhilfsfälle je 1000 Mitglieder (nur Pflichtkassen).
Quellen: Statistisches Jahrbuch für das Deutsche Reich, 54.Jg., 1935, S.430, 55.Jg., 1936, S.434, 56.Jg., 1937, S.452, 57.Jg., 1938, S.474, 59.Jg., 1941/42, S.510.

Tabelle 53: Einnahmen und Ausgaben der Krankenversicherung 1933–1939

Jahr	Beitragseinnahmen insgesamt in 1.000 RM	Beitragseinnahmen RM je Mitglied[1]	Gesamtausgaben insgesamt in 1.000 RM	Gesamtausgaben RM je Mitglied[1]	Von den Reinausgaben entfielen in % auf Ärztl. Behandl.	Krankenhaus	Arznei u. Heilmittel	Krankengeld	Wochenhilfe
1933[2]	1.129.107	60,90	1.035.849	55,87	24,39	18,14	10,99	19,56	6,49
1934	1.256.346	62,53	1.322.132	65,81	25,17	17,10	12,10	17,04	7,09
1935	1.354.890	64,87	1.453.889	69,61	24,55	16,47	12,22	18,33	7,57
1936	1.489.495	69,26	1.523.738	70,85	24,50	16,24	11,75	18,76	7,63
1937	1.612.400	72,33	1.622.200	72,77	23,76	16,61	11,55	20,71	7,45
1938	1.753.800	75,72	1.787.000	77,15	23,02	16,47	11,44	20,78	7,63
1939	1.899.300	77,93	1.940.200	79.61	22,20	15,22	10,98	23,39	7,99

1) Einnahmen/Ausgaben je Mitglied in RM/Jahr; 2) Aufteilung 1933 ohne Ersatzkassen.
Quellen: Statistisches Jahrbuch für das Deutsche Reich, 54.Jg., 1935, S.430, 55.Jg., 1936, S.434, 56.Jg., 1937, S.452, 57.Jg., 1938, S.474, 59.Jg., 1941/42, S.510.

Bedeutsam hinsichtlich der **Träger der Krankenversicherung** waren v.a. die 10. AVO vom 26. September 1935 [RGBl.I S.1191], die es ermöglichte, weniger leistungsfähige Krankenkassen in andere zu überführen, sowie die Neuregelung des Rechts der Ersatz-

kassen durch die 12. AVO vom 24. Dezember 1935 [RGBl.I S.1537] bzw. die 15. AVO vom 1. April 1937 [RGBl.I S.439]. Durch die mit dem 1. Januar 1936 angeordnete Trennung zwischen Sozial- und Privatversicherung wurden die Ersatzkassen völlig in das Gefüge der Reichsversicherung eingegliedert und damit selbst Träger der reichsgesetzlichen Krankenversicherung, während sie bis dahin nur die Befugnis hatten, diese für ihre Mitglieder durchzuführen. Zugleich wurden sie jedoch der reichsgesetzlichen Aufsicht und Rechtsprechung unterstellt und in die Ersatzkassen für Arbeiter und Angestellte getrennt. Während neue Ersatzkassen nicht mehr errichtet werden durften, wurden die bestehenden im April 1937 zu Körperschaften des öffentlichen Rechts erklärt und damit den übrigen Krankenkassen rechtlich gleichgestellt.

Das schon 1933 neu geordnete **Kassenvereinigungswesen** wurde in der Folgezeit insofern nochmals geändert, als durch die 12. Verordnung zur Neuordnung der Krankenversicherung vom 6. September 1937 [RGBl.I S.964] die bisherigen Reichskassenvereinigungen in **Reichsverbände** umgebildet und ebenfalls zu öffentlich-rechtlichen Körperschaften erklärt wurden. Die Ärzte schließlich wurden durch die Reichsärzteordnung vom 13. Dezember 1935 [RGBl.I S.1433] in der **Reichsärztekammer** zwangsorganisiert. Außerdem wurde am 1. Januar 1936 erstmals eine sowohl materiell wie formell einheitliche **Deutsche Arzneitaxe** erlassen und im Oktober 1938 der **Kassenrabatt** (§ 376 RVO) auf 7 % festgesetzt *(vgl. Zacher, 1973, S.221)*.

4.3.2 Kreis der Versicherten

Der Versichertenkreis der Krankenversicherung wurde dadurch erweitert, daß die **Versicherungspflicht** auf weitere Personengruppen ausgedehnt wurde. Außerdem wurden durch Verordnung vom 12. Dezember 1939 [RGBl.I S.2414] die Versicherungsfreiheit, die Befreiung von der Versicherungspflicht, die Meldevorschriften und die Beitragspflicht neu geregelt. Die vereinfachte Abgrenzung des Kreises der Versicherungspflichtigen, die die Verordnung vom 17. März 1945 vorsah, blieb dagegen zunächst ohne praktische Bedeutung *(vgl. auch Grünewald, 1939, S.IV 508ff.)*.

Neu der Versicherungspflicht unterworfen wurden v. a. weitere Gruppen von Selbständigen; hierzu gehörten die Artisten (Gesetz vom 13. Januar 1938 [RGBl.I S.33]), die Hebammen mit Niederlassungserlaubnis (Gesetz vom 21. Dezember 1938 [RGBl.I S.1893]) sowie die selbständigen Wochenpflegerinnen (Verordnung vom 7. Februar 1943 [RGBl.I S.87]). Aufgrund eines Abkommens zwischen dem Reichsarbeitsminister und dem Reichsverband der Ortskrankenkassen erhielten die Kriegshinterbliebenen durch Verordnung vom 20. April 1939 [RGBl.I S.791] einen Rechtsanspruch auf Kranken- und Wochenhilfeleistungen, während sie bis dahin vielfach auf Fürsorge angewiesen waren (mit Bedürfnisprüfung). Die Versicherungsbeiträge trug das Reich.

Eine bedeutsame Neuerung war schließlich auch die durch § 4 des Gesetzes vom 24. Juli 1941 [RGBl.I S.443] eingeführte **Krankenversicherung der Rentner** der Invaliden- und Angestelltenversicherung. Durchgeführt wurde die Rentnerkrankenversicherung von den Orts- bzw. Landeskrankenkassen, die von den Rentenversicherungsträgern dafür je Rentner einen Pauschalbetrag von 3,30 RM erhielten (Verordnung vom 4. November 1941 [RGBl.I S.689]). Auf freiwilliger Basis hatten die Rentner zudem die Möglichkeit, einer **Sterbegeldzusatzversicherung** beizutreten.

4.3.3 Leistungsrecht

Abgesehen von der 1933 erfolgten Herabsetzung der **Krankenscheingebühr** sowie gewissen Erleichterungen in der **Familienkrankenhilfe** sowie der **Familienwochenhilfe** (die Verordnung vom 28.12.1933 [RGBl.I, 1934 S.17] setzte die Rezeptblattgebühr auf 15 Pfg. herab und erleichterte die Gewährung von Arznei- und Heilmitteln in der Familienhilfe), wurden wesentliche Verbesserungen in bezug auf die Leistungen der KV erst während des Krieges eingeführt. Hervorzuheben sind insbesondere die Erlasse vom 21. Mai 1941 [AN 1941, S.197] sowie vom 2. November 1943 [AN 1943, S.485]; danach erfolgte die **Krankenpflege** ohne zeitliche Begrenzung, während das **Krankengeld** grundsätzlich für die Dauer von 26 Wochen und nach satzungsrechtlicher Regelung für 52 Wochen gewährt wurde. Gleichzeitig wurden die Leistungen beim **Zahnersatz** ausgebaut. Die Verordnung vom 17. März 1945 brachte schließlich die Gleichstellung von Versicherten und Familienangehörigen hinsichtlich der Krankenpflege, beseitigte die Erhebung der Krankenscheingebühr, erhöhte jedoch die Rezeptgebühr wieder auf 50 Rpf.

Eine erhebliche Verbesserung erfuhr die Mutterschaftsfürsorge durch das **Mutterschutzgesetz vom 17. Mai 1942** [RGBl. I S.321], dessen Durchführung den gesetzlichen Krankenversicherungen übertragen wurde.

Anspruch auf Mutterschaftsfürsorge hatten deutsche Frauen, die in einem dem Mutterschutzgesetz unterliegenden Betrieb beschäftigt und in der GKV versichert waren. Nicht gesetzlich krankenversicherten Frauen mußte der Unternehmer anstelle der Mutterschaftsfürsorgeleistungen das regelmäßige Arbeitsentgelt weitergewähren. Wurden Leistungen der Mutterschaftsfürsorge gewährt, entfielen die Leistungen der Wochenhilfe nach der RVO. Die Mutterschaftsfürsorge umfaßte Wochengeld, Stillgeld sowie die sonstigen Leistungen der Wochenhilfe. Das Wochengeld in Höhe des tatsächlichen Durchschnittsverdienstes der letzten 13 Wochen (mindestens aber 2 RM täglich) wurde während der letzten 6 Wochen vor und während der ersten 6 Wochen (8 Wochen bei stillenden Müttern) nach der Niederkunft gewährt. Stillgeld (0,50 RM täglich) erhielten stillende Versicherte bis zum Ablauf der 26. Woche nach der Niederkunft. Daneben kamen allen Versicherten die sonstigen Leistungen der Wochenhilfe nach der RVO zugute, selbst jenen, die die Versicherungszeiten nach § 195a RVO nicht erfüllten (Erlaß vom 31.8.1942 [AN 1942, S.473]). Die durch das Mutterschutzgesetz bei den Krankenkassen verursachten Mehrkosten wurden vom Reich getragen *(vgl. Grünewald, 1942, S. II 547 ff.)*.

4.4 Unfallversicherung

4.4.1 Organisation der Unfallversicherung

Weniger gravierend als bei der Krankenversicherung waren die Veränderungen der **organisatorischen Struktur** bei der Unfallversicherung, läßt man außer Betracht, daß auch in den Berufsgenossenschaften das nationalsozialistische **Führerprinzip** durchgesetzt wurde. Für die Unfallversicherung von Bedeutung waren neben dem Aufbaugesetz daher v.a. die 5. AVO vom 21. Dezember 1934 [RGBl. I S.1274] mit Vorschriften über Leiter, Beirat, Rentenausschuß und Gemeindeversicherungsverbände, die 7. AVO vom 25. Mai 1935 [RGBl. I S.694] über Versicherungsbehörden und Ehrenämter, die 14. AVO vom 25. April 1936 [RGBl. I S.400] über Leiter und Beirat sowie die 17. AVO vom 31. Januar 1942 [RGBl. I S.81] über die Leiter der landwirtschaftlichen Berufsgenossenschaften. Kurz vor Kriegsende sah schließlich die Verordnung vom 9. November 1944 [RGBl. I S.324] die Vereinigung der Berufsgenossenschaften vor. Wesentlich war ferner die Neuregelung der Beziehungen zwischen den Trägern der Kranken- und der Unfallversicherung; gemäß Verordnung vom 15. Juni 1936 [RGBl. I S.489] trugen die Krankenkassen die Kosten der durch Unfälle verursachten Leistungen für die ersten 45 Tage.

4.4.2 Kreis der Versicherten

Auch in der Unfallversicherung wurde der Kreis der Versicherten sukzessive erweitert, namentlich durch das 4. Gesetz über Änderungen in der Unfallversicherung vom 18. April 1937 [RGBl. I S.463], das Lehrwerkstätten, Fachschulen, Schulungskurse und ähnliche der Berufsausbildung dienende Einrichtungen in den Wirkungsbereich der Unfallversicherung einbezog (unter Ausschluß der Wegeunfälle nach § 545a RVO).

Tabelle 54: Betriebe, Versicherte und Vollarbeiter 1933–1939 (in 1.000)

Jahr	Gewerbliche Berufsgenossenschaften			Landw. BGen	Staatliche Ausführungsbehörden[1]		Insgesamt	
	Betriebe	Versicherte	Vollarbeiter	Versicherte	Versicherte	Vollarbeiter	Betriebe	Versicherte[2]
1933	1.145,0	8.977,2	7.738,9	14.050,0	2.024,0	1.032,7	5.750,3	25.055,2
1934	1.178,2	10.801,6	9.447,5	13.355,0	2.301,8	1.138,9	6.076,2	26.458,4
1935	1.226,7	11.872,8	10.447,9	13.355,0	3.276,7	1.203,1	6.181,5	28.504,6
1936	1.251,8	13.166,6	11.541,2	13.516,0	3.374,4	1.219,5	6.263,0	30.057,0
1937	1.288,9	14.384,5	12.726,6	13.516,0	3.710,0	1.383,3	6.311,2	31.610,4
1938	1.336,5	15.700,2	13.860,1	13.516,0	3.932,9	1.619,3	6.364,4	33.149,1
1939[3]	1.473,5	17.719,9	15.653,6	16.047,0	4.688,6	1.689,0	7.587,3	38.455,5

1) einschl. Gemeindeversicherungsverbände; 2) einschl. Doppelversicherte; 3) einschl. Österreich und Sudetenland (vgl. auch Tabelle 31).
Quellen: AN, Nr.12/1935, S.IV 452 ff.; AN, Nr.12/1937, S.IV 397 ff.; RVA (Hrsg.): Die deutsche Sozialversicherung 1938, Berlin o.J.; Statistisches Jahrbuch für das Deutsche Reich, 58.Jg., 1939/40, S.480, 59.Jg., 1941/42, S.517 ff.

Tabelle 55: Angezeigte, entschädigte und tödliche Unfälle 1933–1939

Jahr	Angezeigte Unfälle und Berufskrankheiten			Erstmalig entschädigte Unfälle			Tödliche Unfälle gewerbl. BGen	
	insgesamt	darunter Berufskrankh.	darunter Wegeunfälle	insgesamt	darunter Berufskrankh.	darunter Wegeunfälle	insgesamt	je 1.000 Anzeigen
1933	929.592	7.133	44.478	73.766	1.258	2.632	6.041	6,50
1934	1.173.594	7.664	62.481	81.647	1.043	3.384	7.063	6,02
1935	1.354.315	8.980	76.412	88.737	1.161	4.034	7.763	5,73
1936	1.527.344	10.570	87.627	86.792	1.432	4.596	8.486	5,56
1937	1.799.512	22.363	113.763	95.530	3.223	5.566	9.188	5,11
1938	2.006.574	21.606	123.851	103.088	4.151	6.593	9.999	4,98
1939[1]	2.253.749	22.918	–	118.390	4.371	–	12.044	5,34

1) einschl. Österreich und Sudetenland.
Quellen: AN, Nr.12/1937, S.IV 397 ff.; RVA (Hrsg.): Die deutsche Sozialversicherung 1938, Berlin o.J.; Statistisches Jahrbuch für das Deutsche Reich, 59.Jg., 1941/42, S.517 ff.

Dasselbe Gesetz bestellte die NSDAP zum Träger der Eigenunfallversicherung für sich und ihre Gliederungen. Weitere Vorschriften regelten die Unfallversicherung der Kleinsiedlung [RGBl.I 1937, S.17] und des Luftschutzdienstes [Erlaß vom 17. Juli 1937, RMinABl.DtschWiss. S.377]. Durch das 5. Unfallversicherungs-Änderungsgesetz vom 17. Februar 1939 [RGBl.I S.267] erfuhr der Unfallversicherungsschutz in der Landwirtschaft insofern eine Erweiterung, als nunmehr allgemein die Bauern, die Kleinlandwirte sowie die mit dem Unternehmer in häuslicher Gemeinschaft lebenden Ehegatten zwangsversichert wurden.

4.4.3 Berufskrankheiten und Leistungswesen

Eine abermalige Ausdehnung der Unfallversicherung auf weitere Berufskrankheiten erfolgte durch die **3. Berufskrankheiten-Verordnung vom 16. Dezember 1936** [RGBl.I S. 1117]. Durch sie wurde die Zahl der entschädigungspflichtigen **Berufskrankheiten** auf 26 (aufgenommen wurden z.B. Erkrankungen durch Halogenkohlenwasserstoffe, schwere Asbestose sowie Lungenkrebs) erhöht und die Voraussetzungen für die Entschädigungspflicht erweitert. Die 4. Berufskrankheitenverordnung vom 29. Januar 1943 [RGBl. I S. 85] setzte die damit begonnene Entwicklung fort.

Nachdem das 4. Unfallversicherungs-ÄndG vom 18. April 1937 [RGBl. I S. 463] bereits neue Vorschriften über die **Bemessung der Leistungen** gebracht hatte, begann mit dem 5. Unfallversicherungs-ÄndG vom 17. Februar 1939 [RGBl. I S. 267] die Beseitigung der wesentlichsten durch die Notverordnungen geschaffenen Härten.

Tabelle 56: Entschädigte und Entschädigungsleistungen 1933–1939

Jahr	Entschädigte Unfälle		Renten- bzw. Unterstützungsempfänger			Zahl der Schwerverletzten	Gewerbliche BGen Durchschnitts-	
	insgesamt	je 1.000 gemeld. Unfälle[1]	insgesamt[2]	Verletzte und Erkrankte[2]	Hinterbliebene[2]		-lohn eines Vollarbeiters[4]	-höhe der Verletztenrente[4]
1933	585.387	79,35	636.272	460.599	175.673	125.398	1.629,87	429,33
1934	591.358	69,57	640.696	464.239	176.457	128.221	1.662,25	425,12
1935	614.479	65,52	661.174	481.108	180.066	130.056	1.719,31	422,28
1936	622.853	56,83	668.900	488.805	180.095	127.629	1.738,82	419,46
1937	641.300	53,09	687.841	506.706	181.135	129.226	1.832,61	416,94
1938	659.107	51,38	705.143	520.973	184.170	130.745	1.898,77	421,72
1939[3]	736.562	52,53	802.397	582.618	219.779	–	–	–

1) bezogen auf die erstmals entschädigten Unfälle; 2) Jahresende; 3) einschl. Österreich und Sudetenland; 4) je Monat in RM.
Quellen: RVA (Hrsg.): Die deutsche Sozialversicherung 1938, Berlin o.J.; Statistisches Jahrbuch für das Deutsche Reich, 58.Jg., 1939/40, S.492, 59.Jg., 1941/42, S.528.

Neben Leistungsverbesserungen bei **Wegeunfällen** und Renten an Kinder und Waisen wurden Fahrten zur Familienwohnung geschützt und dem versicherten Verletzten ein Anspruch auf Wiederherstellung oder Erneuerung beschädigter Körperersatzstücke eingeräumt. Der Abbau des Notverordnungsrechts wurde fortgesetzt mit dem Gesetz vom 19. April 1939 [RGBl. I S. 793], das insbesondere die Leistungszeiten für Waisenrenten und Kinderzuschüsse wieder bis zum vollendeten 18. Lebensjahr ausdehnte und das Ruhen der Renten bei gleichzeitigem Bezug weiterer Sozialversicherungsleistungen auf die Hälfte beschränkte.

4.4.4 Sechstes Unfallversicherungs-Änderungsgesetz von 1942

Im Laufe der Zeit waren immer weitere Betriebe und Tätigkeiten in den Unfallversicherungsschutz einbezogen worden, ohne daß der Schutz damit völlig lückenlos geworden wäre. Der Umstand, ob jemand gegen die Folgen eines Unfalles versichert war, hing nach wie vor im wesentlichen davon ab, ob er in einem Betrieb beschäftigt war, der aufgrund der dortigen Unfallgefahr zu den versicherungspflichtigen Betrieben zählte. Weitgehend ohne Versicherungsschutz waren deswegen noch immer der größte Teil der kaufmännischen Angestellten, aber auch die Hausgehilfinnen.

Die Beseitigung dieser **Ungleichbehandlungen** war das Hauptziel des 6. Unfallversicherungs-ÄndG vom 9. März 1942 [RGBl. I S. 107], das das bisherige System der **Betriebsversicherung** durch das auch in den übrigen Versicherungszweigen geltende System der **Personenversicherung** ersetzte und die Unfallversicherung auf »alle auf Grund eines Arbeits-, Dienst- oder Lehrverhältnisses Beschäftigten« ausdehnte.

Kraft Gesetzes pflichtversichert waren daneben Personen, die bei bestimmten Tätigkeiten eingesetzt wurden (z. B. Lebensrettung, Erste Hilfe, künstlerische Darbietungen, Luftschutz etc.). Der Versicherungsschutz beschränkte sich auf Arbeitsunfälle (der Begriff »Betriebsunfall« wurde abgelöst) oder gleichgestellte Ereignisse (Berufskrankheiten) oder Unfälle, die sich bei einer der Arbeit gleichgestellten Tätigkeit ereigneten. Mit der Ausdehnung der Versicherung auf alle Beschäftigten ergab sich eine neue Abgrenzung der Versicherungszweige; fortan wurde nur noch zwischen der allgemeinen Unfallversicherung, der landwirtschaftlichen und der See-Unfallversicherung unterschieden.

Im **Leistungsrecht** brachte das Gesetz v. a. Verbesserungen bei der Berechnung des **Jahresarbeitsverdienstes**. Im Gegensatz zum bisherigen Recht waren nicht mehr die Lohnverhältnisse in dem Unternehmen maßgebend, in welchem sich der Unfall ereignete, sondern das Arbeitsentgelt des Verletzten während des letzten Jahres – gleichgültig, ob er dieses im unfallbringenden Unternehmen oder anderswo bezogen hatte. Der Höchstbetrag des für die Rentenberechnung zu berücksichtigenden Jahresarbeitsverdienstes wurde auf 7.200 RM festgesetzt. Außerdem konnten die Versicherungsträger während der Dauer der **Heilbehandlung** besondere Unterstützungen gewähren. Schließlich beseitigte das Gesetz die letzten noch verbliebenen Notverordnungsvorschriften sowie Härten, die sich aus unverschuldeter Kurzarbeit in früheren Jahren ergeben hatten *(vgl. Jantz, 1942, S.II 209ff.)*.

4. 5 Rentenversicherung der Arbeiter und Angestellten

Ungeachtet des programmatischen Ziels der NSDAP, die **Altersversorgung** des deutschen Volkes großzügig und umfassend auszubauen, stand zunächst das Problem an, die drei Rentenversicherungszweige finanziell zu sanieren. Immerhin beliefen sich die errechneten versicherungsmathematischen Fehlbeträge am Ende der Wirtschaftskrise für die Invalidenversicherung auf rd. 13 Mrd. RM, für die Angestelltenversicherung auf 2,1 Mrd. RM und die Knappschaftsversicherung auf 3,5 Mrd. RM *(vgl. Peters, 1978, S. 117)*.

4. 5. 1 Entwicklung bis 1937

Die unerläßliche finanzielle Sanierung der Rentenversicherung wurde durch das **Gesetz zur Erhaltung der Leistungsfähigkeit der Invaliden-, der Angestellten- und der knappschaftlichen Versicherung vom 7. Dezember 1933** [RGBl.I S.1039] eingeleitet. Die dauernde Leistungsfähigkeit sollte v. a. durch einen Übergang zum Anwartschaftsdeckungsverfahren sowie die Erhöhung und zeitliche Ausdehnung des Reichsbeitrages für die Invalidenversicherung (jährlich rd. 200 Mio. RM) erreicht werden. Außerdem waren Beitragserhöhungen erforderlich, die aber zunächst nicht zu realisieren waren.

Darüber hinaus setzte das Gesetz die Versicherungspflichtgrenze von bisher 8.400 auf 7.200 RM herab und gestaltete die Rentenversicherung neu. Die Renten und Ruhegelder setzten sich weiterhin aus Grundbetrag, Steigerungsbetrag und Kinderzuschuß zusammen. Der Grundbetrag wurde in der Invalidenversicherung für alle Klassen auf 72 RM jährlich, in der AnV auf 360 RM jährlich festgesetzt. Für jeden Wochenbeitrag stieg der Steigerungsbetrag von 8 Rpf. in der ersten Klasse bis zu 62 Rpf. in der 10. Klasse; in der AnV reichte der jährliche Steigerungsbetrag von 0,25 RM in der Klasse A bis zu 8 RM in der Klasse K. Der Kinderzuschuß betrug weiterhin 90 RM jährlich. Zur Vermeidung einer Unterversicherung wurden eine 8. Lohnklasse sowie zwei weitere Klassen für die freiwillige Höherversicherung geschaffen.

Gestützt auf § 39 des Gesetzes vom 7. Dezember 1933 [RGBl.I S.1039] erließ der Reichsarbeitsminister am 17. Mai 1934 eine sog. **»Redaktionsverordnung«** [RGBl.I S.419], durch die die RVO, das AVG und das RKnG an das neue Recht angepaßt werden sollten, wobei überholte Vorschriften wegfielen, Unstimmigkeiten beseitigt und weitere Änderungen vorgenommen wurden. Dies war einerseits deshalb notwendig, weil die drei Gesetze durch die vielen gesetzlichen Änderungen seit Beginn der Wirtschaftskrise völlig unübersichtlich geworden waren; andererseits sollte versucht werden, das Recht der drei Versicherungszweige möglichst weitgehend einander anzugleichen. Zu diesem Zweck wurden die entsprechenden Abschnitte gleichmäßig gegliedert und bei übereinstimmenden Vorschriften soweit möglich derselbe Wortlaut gewählt.

Tabelle 57: Versicherte, Rentenzugänge und Heilverfahren 1933–1940

Jahr	Versicherte[1]	Zugang an Renten				Heilbehandlungen	Rentenhöhe im Jahresdurchschnitt in RM	
		Invalidenrenten	Witwenrenten	Waisenrenten	insgesamt		Invalidenrente[2]	Witwenrente[2]
1933	13.222.443	216.866	53.067	45.060	314.993	89.118	352,55	226,38
1934	15.212.649	209.823	54.665	43.481	307.969	105.223	363,72	227,58
1935	16.343.542	208.084	60.945	46.704	315.733	146.506	370,02	231,42
1936	17.435.900	196.970	65.682	45.647	308.299	177.144	370,47	232,35
1937	18.734.561	209.910	71.821	45.991	327.722	231.077	374,99	236,42
1938	19.825.756	239.472	107.534	53.001	400.007	314.690	382,59	239,54
1939	20.379.186	234.496	95.682	63.512	393.690	–	389,10	237,95
1940	19.481.720	216.948	91.966	76.207	385.121	–	406,55	242,01

1) Zahl der Wochenbeiträge geteilt durch 43; 2) einschl. Kinderzuschüsse; ab 1939 geänderte Berechnungsweise.
Quellen: AN, Nr.12/1937, S.IV 537 ff.; AN, Nr.20/1939, S.IV 353; Statistisches Jahrbuch für das Deutsche Reich, 56.Jg., 1937, S.448, 57.Jg., 1938, S.470.

Tabelle 58: Entwicklung der Rentenbestände und des Reinvermögens 1933–1940

Jahr	Bestand an							Reinvermögen in Mio. RM[3]
	Invalidenrenten	Krankenrenten	Altersrenten	Witwen-/Witwerrenten	Witwenkrankenrenten	Waisenrenten	insgesamt	
1933	2.393.566	16.650	30.883	580.497	1.876	350.112	3.373.584	1.229,1
1934	2.442.088	14.911	26.204	594.854	1.715	334.754	3.414.526	1.414,3
1935	2.443.954	13.694	21.329	612.343	1.561	311.762	3.404.643	1.669,1
1936	2.459.332	12.898	17.970	630.374	1.471	294.651	3.416.696	1.997,9
1937	2.478.952	12.165	14.746	649.936	1.401	283.651	3.440.851	2.439,3
1938	2.565.720	11.691	12.212	720.425	1.344	334.147	3.645.539	3.111,1
1939[1]	2.632.827	11.098	9.647	773.197	1.276	427.266	3.855.311	4.015,1
1940[2]	2.669.371	10.514	7.274	814.946	1.196	468.836	3.972.137	4.897,2

1) einschl. Memelland; 2) einschl. Österreich und Sudetenland; 3) am Jahresende in Mio. RM.
Quellen: AN, Nr.20/1939, S.IV 353; Statistisches Jahrbuch für das Deutsche Reich, 59.Jg., 1941/42, S.520.

Eine Reihe organisatorischer Veränderungen ergab sich für die Rentenversicherungsträger durch das **Aufbaugesetz** und die hierzu ergangenen **Ausführungsverordnungen.** Mit der Einführung des **Führergrundsatzes** wurden die bisherigen Organe beseitigt und deren Aufgaben und Befugnisse einem Leiter übertragen. Durch die 4. AVO vom 20. Dezember 1934 [RGBl.I S.1273] wurden die verschiedenen **Reichsbahn-Arbeiterpensionskassen** ab dem 1.1.1935 zu einer Sonderanstalt mit der Bezeichnung »Reichsbahn-Versicherungsanstalt« vereinigt. Zum gleichen Zeitpunkt wurde die Reichsversicherungsanstalt der Aufsicht des Reichsversicherungsamtes unterstellt. Die 9. AVO vom 6. August 1935 [RGBl.I S.1087] beseitigte zum 31.12.1935 die Ersatz- und Zuschußkassen der Angestelltenversicherung; die 13. AVO vom 17. Januar 1936 [RGBl.I S.25] brachte eine Neuregelung der Angestelltenversicherung der Schriftleiter und der Angestellten der Presse.

Tabelle 59: Entwicklung der Angestelltenversicherung 1933–1940

Jahr	Rentenbestand am Jahresende[1]				Heilverfahrensanträge		Durchschnittl. Monatsbetrag d. Ruhegehalts[4]	Versicherte[5]
	Ruhegeldempfänger	gezahlte Kinderzuschüsse	Hinterbliebenenrenten		gestellt[2]	davon abgelehnt in %[3]		
			Witwen/ Witwer	Waisen				
1933	212.422	22.354	91.780	36.792	68.137	44,20	726,48	3.600.000
1934	230.794	29.409	101.325	38.762	73.552	43,30	678,48	3.700.000
1935	238.533	28.659	110.501	40.313	80.467	29,40	681,20	4.087.724
1936	251.191	27.362	121.777	42.744	87.594	31,80	699,72	4.334.237
1937	262.640	25.829	132.939	43.861	93.048	41,08	711,72	4.400.000
1938	274.101	24.115	144.941	44.050	101.220	40,72	724,68	4.700.000
1939	285.218	23.702	159.688	47.443	–	–	769,46	4.750.000
1940	297.289	22.964	179.589	52.930	–	–	–	4.589.200

1) ohne ruhende Renten; 2) zur Entscheidung anstehende Anträge (ständige Heilverfahren); 3) in % der gestellten Anträge; 4) ohne Wanderversicherte; 5) teilweise Schätzungen.
Quellen: AN, Nr.12/1937, S.IV 621 ff.; Länderrat (Hrsg.): Statistisches Handbuch von Deutschland 1928-1944, München 1949, S.535.

Von den zahlreichen weiteren Gesetzen und Verordnungen der Jahre 1934 bis 1936 seien folgende erwähnt:

— Das Gesetz über die Änderung einiger Vorschriften der Reichsversicherung vom 23. Dezember 1936 [RGBl.I S.1128] brachte für alle Auslandsdeutschen die Möglichkeit der freiwilligen Selbstversicherung in der Invaliden- und Angestelltenversicherung. Im übrigen enthielt es insbesondere Vorschriften über die versicherungsrechtliche Behandlung von Weihnachtsgratifikationen, über das Ruhen von Renten bei staatsfeindlicher Betätigung, über den Beginn der Rente und über das Zusammentreffen von Leistungen der Rentenversicherung mit Auslandsbezügen.

— Die Verordnung über die Entrichtung freiwilliger Beiträge bei Aufenthalt im Ausland vom 28. Dezember 1936 [RGBl.I S.1154], wonach freiwillige Beiträge von Versicherten im Ausland in ausländischer Währung unmittelbar an den Sozialversicherungsträger zu zahlen waren.

— Die Verordnung über die Entschädigung der Träger der Rentenversicherung für die Anrechnung von Ersatzzeiten (Beurlaubung für Zwecke der Leibeserziehung) vom 25. Februar 1936 [RGBl.I S.128]. Hiernach waren zur Deckung des Aufwandes für die Erfüllung der Wartezeit und die Erhaltung der Anwartschaft monatlich für jeden versicherten Teilnehmer in der Invalidenversicherung 1 RM und in der knappschaftlichen Pensionsversicherung 4 RM zu zahlen. Das gleiche galt nach einer Verordnung vom 14. März 1936 [RGBl.I S.176] bei der Einberufung zu Übungen der Wehrmacht. Angehörige des Reichsarbeitsdienstes waren gemäß Verordnung vom 24. März 1936 [RGBl.I S.200] während der Ausübung ihres Dienstes versicherungsfrei.

4. 5. 2 Ausbaugesetz von 1937

Einen vorläufigen Abschluß erreichte die 1933 eingeleitete Rentenversicherungsreform durch das **Gesetz über den Ausbau der Rentenversicherung** (Ausbaugesetz) **vom 21. Dezember 1937** [RGBl.I S.1393] sowie die ergänzende Verordnung vom 1. September 1938. Nach dem Vorspruch dieses Gesetzes hatte die Überwindung der Arbeitslosigkeit den Weg dazu frei gemacht, »den Bestand der Rentenversicherung des deutschen Volkes endgültig sicherzustellen und den Ausbau ihrer Leistungen nach nationalsozialistischen Grundsätzen einzuleiten«. Die finanzielle Lage der Rentenversicherung hatte sich durch die Beschäftigungsentwicklung, aber auch durch die stagnierenden Leistungen erheblich verbessert; in der Invalidenversicherung waren die Beitragseinnahmen im Zeitraum 1933–1937 von 678,7 Mio. auf 1.160,5 Mio. RM, die Rentenausgaben jedoch nur von 1.086,2 Mio. auf 1.156,0 Mio. RM gestiegen *(RVA, o.J., S.200ff.)*. Nachdem ursprünglich vorgesehen war, die endgültige Sicherstellung durch Beitragserhöhungen (bei gleichzeitiger Senkung der Arbeitslosenversicherungsbeiträge) zu erreichen, wurde durch das Ausbaugesetz ein neuer Weg gewählt; unter Beibehaltung der hohen Beiträge zur **Arbeitslosenversicherung** wurde die Reichsanstalt für Arbeitsvermittlung und Arbeitslosenversicherung verpflichtet, im Kalenderjahr an die Träger der **Invalidenversicherung** einen Betrag in Höhe von 18 % der Beitragseinnahmen der Invalidenversicherung und an die **Angestelltenversicherung** einen Betrag in Höhe von 25 % der Beitragseinnahmen der Angestelltenversicherung abzuführen. Gleichzeitig übernahm das Reich die gesetzliche Garantie für den Bestand der Rentenversicherung, indem es sich zur Gewährung der Mittel verpflichtete, die außer den Beiträgen und den sonstigen Einnahmen zur Aufrechterhaltung der Leistungen nach Maßgabe des Gesetzes erforderlich waren (§ 1384 RVO n. F.).

Neben der finanziellen Sicherstellung der Rentenversicherung brachte das Ausbaugesetz eine Reihe von **Leistungsverbesserungen**, wobei einigen Änderungen deutlich bevölkerungspolitische Gesichtspunkte zugrunde lagen. Die wichtigsten Neuerungen waren:

- Weibliche Mitglieder erhielten das Recht, sich bei der Heirat die Hälfte der seit dem 1.1.1924 entrichteten Beiträge erstatten zu lassen.
- Bei Schul- und Berufsausbildung oder Gebrechlichkeit wurden die Kinderzuschüsse und Waisenrenten bis zum vollendeten 18. Lebensjahr weitergewährt.
- Für das 3. und jedes weitere Kind wurde der Kinderzuschuß um 2,50 RM erhöht.
- Die Zeiten der Wehr- und Arbeitsdienstpflicht galten als Ersatzzeiten für die Wartezeit; für sie wurden, ebenso wie für die Kriegsdienstzeiten der Versicherten, Steigerungsbeträge gewährt.
- Die Ruhensvorschriften wurden gemildert, insbesondere beim Zusammentreffen mit Versorgungsbezügen, aber auch beim gleichzeitigen Bezug von Renten aus verschiedenen Rentenversicherungszweigen.
- Das Anwartschaftsrecht wurde vereinfacht und verbessert, indem an die Stelle der Dreivierteldeckung die Halbdeckung trat, d.h. die Anwartschaft galt auch dann als erhalten, wenn die Zeit seit dem ersten Eintritt in die Versicherung bis zum Eintritt des Versicherungsfalles nur zur Hälfte mit Beiträgen belegt war.
- Um die bisherige Unterversicherung der hoch entlohnten Arbeiter zu vermeiden, wurde eine weitere Pflichtlohnklasse eingeführt (Klasse IX).
- Schließlich wurde die sog. Selbstversicherung eingeführt, wonach alle Staatsbürger, die nicht versicherungspflichtig waren und noch nicht das 40. Lebensjahr vollendet hatten, zum freiwilligen Beitritt zur Rentenversicherung der Arbeiter und Angestellten berechtigt waren.

Die Verbesserungen des Leistungsrechts wurden fortgesetzt durch das Gesetz zum weiteren Abbau der Notverordnungen in der Reichsversicherung vom 19. April 1939 [RGBl. I S.793]. Waisenrenten und Kinderzuschüsse wurden nunmehr uneingeschränkt bis zum vollendeten 18. Lebensjahr gewährt; ferner ruhten Renten neben Bezügen aus der Reichsversicherung fortan nur zur Hälfte, neben anderen Bezügen überhaupt nicht mehr *(vgl. AN, Nr.13/1939, S.IV227ff.)*.

4.5.3 Rentenversicherungsrechtliche Regelungen während des Krieges

Während des Krieges wurden zunächst vor allem Vorschriften über die rentenrechtliche Behandlung der **Kriegsdienstzeiten** erlassen. So bestimmte eine Verordnung vom 13.

Oktober 1939 [RGBl.I S.2030], daß die Kriegsdienstzeit auf die Wartezeit anzurechnen war und als Ersatzzeit galt (d.h. sie stand Pflichtbeiträgen gleich). Das Gesetz über weitere Maßnahmen in der Reichsversicherung aus Anlaß des Krieges vom 15. Januar 1941 [RGBl.I S.34] regelte die Anwartschaften sowie Anschluß- und Verjährungsfristen und verzichtete für verwundete und verstorbene Soldaten, die zur Zeit der Einberufung versichert waren, auf die Erfüllung der Wartezeit.

Darüber hinaus wurden im Laufe des Krieges aber auch verschiedene generelle **Verbesserungen** eingeführt. Durch das Erste Leistungsverbesserungsgesetz vom 24. Juli 1941 [RGBl.I S.443] wurden die Rentenkürzungen aufgehoben. Außerdem brachte das Gesetz eine weitere Einschränkung des Erfordernisses der Anwartschaftsaufrechterhaltung, die Milderung von Härten aus der Wanderversicherung sowie als wesentlichste Neuerung die **Krankenversicherung der Rentner** (KVdR).

Das **Zweite Leistungsverbesserungsgesetz vom 19. Juni 1942** [RGBl.I S.407] brachte zwar keine weiteren Rentenerhöhungen, dafür jedoch einige nicht unwesentliche **strukturelle Verbessserungen des Rentenrechts**. Abgesehen davon, daß die erhöhten Kinderzuschüsse nunmehr auch für die beiden ersten Kinder gewährt wurden, sah das Gesetz vor, daß in der Rentenversicherung der Arbeiter die Witwe auch dann **Witwenrente** erhält, wenn und solange sie mindestens zwei waisengeldberechtigte Kinder unter 6 Jahren erzieht oder wenn sie das 55. Lebensjahr vollendet und mindestens 4 lebende Kinder geboren hatte. Ferner bestimmte es, daß die Rentenversicherung einer schuldlos geschiedenen Frau Witwenrente gewähren konnte, sofern ihr der Versicherte zur Zeit seines Todes Unterhalt zu leisten hatte. Schließlich wurde das Erfordernis der Erfüllung der Wartezeit bei Arbeitsunfällen und Beitragserstattungen beseitigt *(vgl. Heller, 1942, S.II 402ff.)*

Keine praktische Bedeutung erlangten dagegen die Bestimmungen der Verordnung vom 17. März 1945, die die Rentenversicherung im Sinne einer stärkeren Betonung des **Versorgungsprinzips** zu verändern suchten *(vgl. Peters, 1978, S.120)*.

4.6 Altersversorgung des Handwerks

Noch bedeutsamer als die zahlreichen Veränderungen der vorhandenen Rentenversicherungssysteme war das **Gesetz über die Altersversorgung für das Deutsche Handwerk** (Handwerkerversicherungsgesetz) **vom 21. Dezember 1938** [RGBl.I S.1900], nicht nur, weil damit eine alte Forderung der Handwerker erfüllt wurde *(vgl. Wannagat, 1965, S.91)*, sondern vor allem deshalb, weil damit erstmals ein großer Berufsstand der Selbständigen (am 1.4.1938 gab es 1.548.000 Handwerksbetriebe) in die gesetzliche Sozialversicherung eingegliedert wurde. Für die Nationalsozialisten sollte dies zudem nur der erste Schritt auf dem Wege zum Aufbau einer umfassenden Altersversorgung des deutschen Volkes sein *(vgl. Wankelmuth, 1939, S.IV 23ff.)*.

Das Gesetz unterstellte alle in die Handwerksrolle eingetragenen Handwerker ohne Rücksicht auf die Höhe ihres Einkommens der **Versicherungspflicht** in der Angestelltenversicherung (ausgenommen waren die Schornsteinfegermeister sowie die Handwerker, die am 1.1.1939 bereits 60 Jahre alt waren). Auf eine Versicherungspflichtgrenze wurde verzichtet, da das Einkommen der Handwerker oftmals sehr starken Schwankungen unterlag. Im Gegensatz zu den Arbeitnehmern hatten die Handwerker den vollen Beitrag (max. 25 RM in der obersten Pflichtklasse) allein zu tragen. Als versicherungspflichtiges Einkommen wurde nicht nur das Einkommen aus der Handwerkertätigkeit zugrundegelegt, sondern auch jedes andere Einkommen. Nachzuweisen war die Höhe des letzten Einkommens mittels des letzten Einkommensteuerbescheids. Im übrigen galten – soweit nicht anderes bestimmt war – die Vorschriften des Angestelltenversicherungsgesetzes entsprechend.

Eine Besonderheit schuf das Gesetz allerdings insofern, als es zwar den Grundsatz aufstellte, daß der Handwerker für sein Alter Vorsorge treffen müsse, jedoch die Art der Vorsorge in weitem Umfang der Wahl des Handwerkers überließ. Die Handwerker waren berechtigt, sich voll oder halb (in letzterem Falle zahlten sie je die Hälfte der Beiträge zur Angestellten- und zu einer Lebensversicherung) von der Angestelltenversicherungspflicht durch Abschluß einer **privaten Lebensversicherung** befreien zu lassen. Voraussetzung war allerdings, daß sie für die private Lebensversicherung ebenso hohe Prämien aufwandten, wie sie andernfalls Beiträge zur AnV zu zahlen hatten. Bei Kapitalversicherungen war zudem nicht nur für die Prämien, sondern auch für die Versicherungssumme eine Mindesthöhe vorgeschrieben (im Falle der Versicherungsfreiheit 5.000 RM) *(vgl. AN, Nr.1/1939, S.IV23ff.)*.

4. 7 Knappschaftliche Pensionsversicherung

4. 7. 1 Entwicklung bis 1941

Noch stärker als die beiden anderen Rentenversicherungszweige war 1933 die knappschaftliche Pensionsversicherung vom **finanziellen Zusammenbruch** bedroht. Nach einer auf den 1. 1. 1934 abgestellten versicherungstechnischen Bilanz betrug der Fehlbetrag im Vergleich zum versicherungstechnischen Gleichgewicht in der Arbeiterpensionskasse 3,8 Mrd. RM und in der Angestelltenpensionskasse 740 Mio. RM. In der Arbeiterpensionskasse standen 1936 Beitragseinnahmen von rd. 113 Mio. RM Ausgaben von rd. 165 Mio. RM allein für Pflichtleistungen gegenüber *(vgl. RVA, o.J., S.241)*. Angesichts der gleichfalls ungünstigen Ausgangssituation der übrigen Rentenversicherungszweige wurde die finanzielle Sanierung der Knappschaftsversicherung zunächst einmal verschoben.

Erst durch das **Ausbaugesetz** vom Dezember 1937 wurde auch für diesen Zweig der Rentenversicherung das **Anwartschaftsdeckungsverfahren** vorgeschrieben. Die finanzielle Sanierung war allerdings nur mit Hilfe hoher Reichsmittel und durch eine Gemeinschaftshilfe der Invaliden- und Angestelltenversicherung langfristig sicherzustellen. Danach sollte das Reich jährlich 105 Mio. RM, die Invalidenversicherung 50 Mio. RM und die Angestelltenversicherung 18 Mio. RM an die knappschaftliche Pensionsversicherung zahlen. Zur Entlastung der Angestelltenpensionsversicherung beschränkte das Ausbaugesetz die Versicherung auf diejenigen Angestellten, die mit wesentlichen bergmännischen Tätigkeiten beschäftigt waren *(vgl. Thielmann, 1960, S.158ff.)*. Gleichzeitig wurden die Bergleute in ihrem Beitrag zur knappschaftlichen Versicherung wesentlich entlastet (die Arbeiter um etwa 6%, die Angestellten um etwa 5,4% ihres Arbeitsverdienstes), indem die Pensionsversicherungsbeiträge nunmehr zu 2/3 von den Arbeitgebern und zu 1/3 von den Versicherten zu tragen waren (vorher war es umgekehrt).

Wie in der übrigen Sozialversicherung wurden durch das **Aufbaugesetz von 1934** auch in der Reichsknappschaft die **Selbstverwaltungsorgane** beseitigt und ihre Funktionen zunächst einem vom Reichsarbeitsminister bestellten Kommissar übertragen. An die Stelle des Kommissariats trat im Mai 1939 der Leiter der Reichsknappschaft mit der Amtsbezeichnung Präsident, dem zur Unterstützung ein Beirat an die Seite gegeben wurde. Die **Aufsicht** über die Reichsknappschaft war im übrigen schon am 1.1.1935 vom Reichsarbeitsminister auf das Reichsversicherungsamt übergegangen.

Hinsichtlich des **Leistungsrechts** brachte die Verordnung vom 17. Mai 1934 [RGBl.I S. 419] eine starke Angleichung an die Invaliden- und Angestelltenversicherung. Invalidenpension und Ruhegeld setzten sich nun aus einem Grundbetrag und Steigerungsbeträgen zusammen, die für alle Beitragszeiten einheitlich in festen Sätzen bestanden und nur noch nach der Lohn- und Gehaltsklasse unterschiedlich waren; hinzu kam, daß für die ersten 60 Beitragsmonate nur die halben Steigerungsbeträge gewährt wurden.

Tabelle 60: Rentenbestand in der knappschaftlichen Pensionsversicherung 1933-1939

Jahr	Arbeiterpensionskasse (Jahresende)					Angestelltenpensionskasse (Jahresende)			
	insgesamt	Invalidenpensionäre	Alterspensionäre	Witwen	Waisen	insgesamt	Ruhegeldempf.[1]	Witwen	Waisen
1933	323.343	199.405	23.313	99.814	811	26.647	17.427	7.681	1.539
1934	327.074	200.317	24.390	101.550	817	28.383	18.228	8.390	1.765
1935	367.575	223.866	28.344	114.439	926	31.220	19.777	9.404	2.039
1936	367.676	219.615	31.239	115.602	1.220	32.275	20.100	10.127	2.048
1937	367.952	215.306	34.432	117.112	1.102	32.777	20.186	10.639	1.952
1938	381.493	220.045	37.171	122.431	1.846	33.830	20.272	11.118	2.440
1939[2]	445.563	248.026	49.742	142.824	4.971	38.308	23.198	12.168	2.942

1) einschl. Altersruhegeldempfänger; 2) einschl. Österreich und Sudetenland - Quellen: Tabelle 61.

Tabelle 61: Mitglieder und Leistungen der Knappschaftsversicherung 1933–1939

Jahr	Mitglieder am am Jahresende		Auf..Mitglieder entfällt eine		Durchschnittl. Monatslohn je Arbeiter[1]	Monatsdurchschnittsbetrag		Heilverfahren	
	Arbeiter	Angestellte	Invalidenpensionseinheit	Ruhegeldeinheit		der Pension[1]	des Ruhegeldes[1]	beantragt	bewilligt in %
1933	465.986	38.314	1,67	1,69	135,51	41,94	118,20	9.817	67,59
1934	504.054	41.610	1,79	1,74	147,14	42,43	117,17	11.385	67,51
1935	567.929	46.940	1,86	1,86	153,86	42,29	112,63	10.197	59,50
1936	601.503	49.277	1,97	1,90	160,98	41,00	109,74	12.470	57,81
1937	684.106	53.504	2,22	2,07	169,80	40,42	108,59	13.737	56,74
1938[2]	701.007	18.488	2,20	0,70	171,93	41,36	109,37	13.520	54,85
1939[3]	744.706	19.262	2,01	0,55	184,00	42,58	109,25	–	–

1) in RM; 2) aufgrund gesetzl. Änderungen schieden zahlreiche Angestellte aus der knappschaftlichen Pensionsversicherung aus; 3) einschl. Österreich und Sudetenland.
Quellen: Statistisches Jahrbuch für das Deutsche Reich, 57.Jg., 1938, S.474, 58.Jg., 1939/40, S.492, 59.Jg., 1941/42, S.426; RVA (Hrsg.): Die deutsche Sozialversicherung 1938, Berlin o.J., S.226 ff.

1937 wurde die Kürzung auf die ersten 30 steigerungsfähigen Beitragsmonate beschränkt. Ansonsten brachte das Ausbaugesetz von 1937 für die Pensionsversicherung ähnliche Verbesserungen wie für die übrigen Rentenversicherungen. Entsprechendes galt für die Leistungsverbesserungsgesetze von 1941 und 1942. Erwähnenswert ist allerdings noch eine Verordnung vom 2. März 1939 [RGBl.I S.482], die die Voraussetzungen für den Bezug der Alterspension dadurch erleichterte, daß diese fortan auch dann gewährt wurde, wenn der Bergmann noch gleichwertige Arbeit verrichtete (bei Fortsetzung der Tätigkeit ruhten lediglich 25 % der Alterspension).

4.7.2 Neuregelung von 1942

Obgleich die Bergleute bereits seit langem im Hinblick auf ihre soziale Sicherung und Versorgung eine Spitzenstellung einnahmen, wurde ihnen 1942 eine weitere Verbesserung gewährt, um ihnen „einen gerechten Ausgleich für ihre schwere und gefährliche Berufsarbeit zuteil werden zu lassen" *(Dobbernack, 1942, S.II 523)*. Nach Auffassung des Beauftragten für den Vier-Jahres-Plan erforderte der Einsatz des Bergmannes für die Allgemeinheit »eine soziale Betreuung, die der schweren, Kräfte verzehrenden Untertagearbeit gerecht und als eine der stolzen bergmännischen Tradition entsprechende Bevorzugung erkannt wird«. Entsprechend wurde die Rentenversicherung im Bergbau durch die **Verordnung über die Neuregelung der Rentenversicherung vom 4. Oktober 1942** [RGBl.I S.569] in großzügiger Weise ausgebaut und dabei zugleich völlig neu gestaltet. Die Neuordnung brachte v.a. die folgenden grundsätzlichen Änderungen *(vgl. Dobbernack, 1942, S.II 524ff.)*:

- Zur Vereinheitlichung und Vereinfachung des Leistungsrechts der knappschaftlichen Rentenversicherung wurde die bestehende Doppelversicherung beseitigt und durch eine einheitliche knappschaftliche Rentenversicherung ersetzt, in die auch die bisherige knappschaftliche Pensionsversicherung überführt wurde. Alle Bergarbeiter sowie alle wesentlich bergmännische Arbeiten verrichtenden Angestellten wurden hinsichtlich der Versicherungsleistungen völlig gleichbehandelt.

- Im Falle der Berufsunfähigkeit gewährte die knappschaftliche Rentenversicherung die »Knappschaftsrente«, vorausgesetzt, Wartezeit und Anwartschaft waren erfüllt. Bei Eintritt der Invalidität oder bei Vollendung des 65. Lebensjahres wurde anstelle der Knappschaftsrente die »Knappschaftsvollrente« gezahlt. Beide Renten wurden nach denselben Grundsätzen berechnet und setzten sich aus den Steigerungsbeträgen und den Kinderzuschüssen zusammen. Der Unterschied bestand lediglich darin, daß der jährliche Steigerungsbetrag bei der Knappschaftsvollrente 2,4 %, bei der Knappschaftsrente 1,5 % betrug. Wegen des Fortfalls des Grundbetrags wurde eine Mindestrente von jährlich 600 bzw. 360 RM gewährt. Bei mindestens 10jähriger Hauerarbeit unter Tage gab es darüber hinaus für das 11. bis 20. Hauerjahr einen Leistungszuschlag von jährlich 12 RM (vom 20.–30. Jahr von 24 RM, darüber hinaus pro Jahr 36 RM). Allerdings wurde bestimmt, daß beide Renten ohne Leistungszuschlag 80 %, mit dem Leistungszuschlag 90 % des durchschnittlichen Entgelts nicht übersteigen durften. Für die Rentenberechnung waren die tatsächlichen Entgelte bis zu einer Höhe von 400 RM monatlich maßgebend.

- An die Stelle der bisherigen Alterspension trat der Knappschaftssold. Er wurde weiterhin bei Vollendung des 50. Lebensjahres und Zurücklegung von 300 Beitragsmonaten (darunter mindestens 180 mit wesentlichen bergmännischen Tätigkeiten) gewährt und war aus Gründen der Verwaltungsvereinfachung einheitlich auf jährlich 600 RM (ab Februar 1943 auf 720 RM) festgesetzt. Der Knappschaftssold verlangte keine Aufgabe der Erwerbstätigkeit, fiel jedoch fort, wenn eine Knappschaftsrente oder -vollrente bezogen wurde. Völlig neu war zudem das »Bergmannstreuegeld«, das Hauer erhielten, die das 50. Lebensjahr vollendet und mindestens 180 Monate wesentliche bergmännische Arbeiten verrichtet hatten; arbeitete jemand weitere 5 Jahre als Hauer, hatte er Anspruch auf ein Bergmannstreuegeld von 4.000 RM.

- Ebenfalls neu geregelt wurden die Hinterbliebenenrenten. Witwenrente erhielt die Witwe nach dem Tode des versicherten Ehemannes, »Witwenvollrente« dann, wenn sie die Voraussetzungen für die Witwenrente in der Invalidenversicherung erfüllte. Beide Renten beliefen sich auf 3/5 der Knappschaftsrente bzw. -vollrente. Die Waisenrente betrug einheitlich 300 RM jährlich, war also von der Höhe der Beiträge unabhängig. Schließlich wurden die bereits laufenden Renten, die unter Berücksichtigung der niedrigen Verdienste und der zahlreichen Freischichten während der Krise berechnet worden waren, durch pauschale Zuschläge verbessert.

Die **Finanzierung** der Leistungsverbesserungen wurde ohne eine Erhöhung der Beitragsbelastung erreicht, da die Beiträge, die früher an den Reichsstock für Arbeitseinsatz flossen, fortan der Reichsknappschaft zugute kamen. Für Arbeiter wurde somit ein Beitrag zur knappschaftlichen Rentenversicherung in Höhe von 18,5 % des Entgelts, für Angestellte ein solcher von 21,5 % des Entgelts erhoben, von denen die Versicherten jeweils 6,5 % trugen.

5. Beamtenrechtliches System im NS-Staat

Entsprechend der Entwicklung in anderen Sozialpolitikbereichen wurde auch das beamtenrechtliche System während der Zeit des Dritten Reiches entscheidend durch die nationalsozialistische Ideologie geprägt. Dabei fällt auf, daß es sowohl bei der Beamtenbesoldung wie bei der Versorgung der Beamten und ihrer Hinterbliebenen – von Ausnahmen abgesehen – in dieser Zeit zu keinen grundlegenden strukturellen Veränderungen kam. Hervorzuheben ist allenfalls das **Deutsche Beamtengesetz vom 26. Januar 1937** [RGBl.I S.39], das als erstes Reichsbeamtengesetz eine Gesamtkodifikation des Beamtenrechts unter Einschluß der Hinterbliebenenversorgung darstellte und eine Vereinheitlichung der Rechtsverhältnisse von Gemeinde-, Landes- und Reichsbeamten brachte. Obgleich umstritten ist, inwieweit die Artt. 129 ff. WRV in der Zeit des Dritten Reiches fortgegolten haben, und die tatsächliche Entwicklung sehr widersprüchlich verlief, hielt die nationalsozialistische Beamtengesetzgebung „im Prinzip an dem Berufsbeamtentum und seiner lebenslänglichen Versorgung fest“ *(Ruland, 1983, S.88)*. Einschneidendere Eingriffe gab es dagegen in bezug auf die Homogenität des Beamtenkörpers sowie die Rechte und Pflichten der Beamten *(vgl. Schulz, 1960, S.371 ff.; Mommsen, 1966)*.

5.1 Nationalsozialistische Beamtenpolitik

Im Gegensatz zu den Regierenden in der Weimarer Republik, die sich 1918 gescheut hatten, den konservativ-monarchistisch eingestellten Beamtenkörper umfassend auszuwechseln, gingen die Nationalsozialisten unmittelbar nach der Machtergreifung daran, die Beamtenschaft unter ihre Kontrolle zu bringen. Abgesehen davon, daß die öffentliche Verwaltung auf Gemeinde-, Länder- und Reichsebene seit Februar 1933 nationalsozialistischem Druck ausgesetzt war und darauf „mit erwartungsvoller Mitarbeit oder gefügiger Anpassung (reagierte)“ *(Tyrell, 1983, S.58)*, wurde die erste Phase willkürlicher Amtsenthebungen von politisch mißliebigem Personal schon bald durch das **Gesetz zur Wiederherstellung des Berufsbeamtentums vom 7. April 1933** [RGBl.I S.175] abgelöst, das „die Entlassung aller im Sinne der neuen Machthaber national unzuverlässigen und aller jüdischen Beamten sowie aller sogenannten Parteibuch-Beamten erlaubte und auf Einschüchterung und Disziplinierung abzielte“ *(Tyrell, 1983, S.58; vgl. Mommsen, 1966)*. Zwar hielt sich – trotz umfangreicher Entlassungen – die Umschichtung der Beamtenschaft hier noch in Grenzen *(vgl. Mommsen, 1966, S.59)*, der NS-Staat hatte jedoch von Beginn an klargestellt, wie er zur Garantie der »wohlerworbenen Rechte« der Beamten stand.

Tatsächlich zeigten die NS-Führer nach den durch das Berufsbeamtengesetz vom 7. April 1933 vorgenommenen **Säuberungen** wenig Interesse, die »wohlerworbenen Rechte« bald gesetzlich wiederherzustellen *(vgl. Broszat, 1969, S.315)*. Ausdrücklich stellte das Gesetz zur Änderung von Vorschriften auf dem Gebiete des allgemeinen Beamten-, des Besoldungs- und des Versorgungsrechts vom 30. Juni 1933 [RGBl.I S.433] fest, daß Verordnungen auch dann anzuwenden seien, wenn ihnen wohlerworbene Rechte nach Art. 129 WRV entgegenstünden (§ 63) *(vgl. Ruland, 1983, S.87)*. Hinzu kam, daß die Entfernung von sog. »nichtarischen« und »politisch unzuverlässigen Elementen« den NS-Machthabern nicht genügte; noch im November 1934 übte HITLER gegenüber Reichsstatthaltern scharfe Kritik an der politischen Unzuverlässigkeit eines großen Teils der Beamtenschaft *(vgl. Broszat, 1969, S.315)*.

Die Verpflichtung der Beamtenschaft auf den nationalsozialistischen Staat sollte daher endgültig durch ein **neues Beamtengesetz** erfolgen, dessen Ausarbeitung 1934 in Angriff genommen und dessen Verabschiedung nicht zuletzt durch die Aufhebung der Ländersouveränität als notwendig angesehen worden war. Die Formulierung eines nationalsozialistischen Beamtengesetzes erwies sich indessen als äußerst konfliktreich. Nicht zuletzt verzögerten Einwände HITLERS bis Anfang 1937 seine Verabschiedung. Als problematisch erwiesen sich insbesondere die rechtliche Verpflichtung auf den NS-Staat sowie die Regelung von Versorgungsansprüchen bei Dienstentlassungen. Letztlich ging der Streit bei der jahrelangen Beratung des Deutschen Beamtengesetzes „vor allem um die möglichen Konflikte zwischen den Beamtenpflichten und den Erfordernissen einer funktionierenden Verwaltung auf der einen Seite und parteipolitischen Ansprüchen gegenüber den Parteigenossen innerhalb der Bürokratie auf der anderen Seite" *(Broszat, 1969, S.316)*.

Charakteristisch für die nationalsozialistiche Beamtenpolitik war, daß „in der Ideologie des totalitären »Führerstaates« ... subjektiv-öffentliche Rechte der Beamten keinen Platz (hatten). Das Reich sei zwar verpflichtet, das zu gewähren, was »mit Rücksicht auf das Wohl der Volksgemeinschaft« dem einzelnen Diensttuenden »gerechterweise« zukomme; diese Pflicht begründe jedoch keine subjektiven Rechte »im alten Sinne«" *(Ruland, 1983, S.87)*. Das DBG von 1937 ging davon aus, daß „im nationalsozialistischen Staat ... treue Pflichterfüllung oberstes Gebot für jeden Volksgenossen (sei), insbesondere für denjenigen, der sich als Beamter unmittelbar dem Dienst am Staate (widme)" *(Völkert, 1940, S.10)*. Entsprechend wurde gefordert, daß der Beamte nicht nur Diener am Staate und Volke sei, vielmehr solle er zugleich „Diener an der nationalsozialistischen Idee sein, die den Staat trägt, und an der Nationalsozialistischen Deutschen Arbeiter-Partei, die mit dem Staat eine Einheit bildet. Der Beamte steht zum Führer und Reich in einem öffentlich-rechtlichen Dienst- und Treueverhältnis" *(Völkert, 1940, S.10)*. Um dies sicherzustellen, eröffnete § 71 DBG die Möglichkeit, einen Beamten vorzeitig in den Ruhestand zu versetzen, wenn er »nicht mehr die Gewähr dafür bietet, daß er jederzeit für den nationalsozialistischen Staat eintreten wird«. Die Anwendung dieser Bestimmung hat allerdings in der Folgezeit zu zahlreichen Konflikten zwischen Bürokratie und Partei geführt *(vgl. Broszat, 1969, S.317ff.)*.

Sieht man von diesen **Disziplinierungsvorschriften** sowie der **Vereinheitlichung** des Rechts der Beamten in Gemeinden, Ländern und Reichsverwaltungen ab, hat das Deutsche Beamtengesetz vor allem hinsichtlich der Besoldung der Beamten nur marginale Änderungen gebracht. Während des Dritten Reiches wurden insbesondere die **Beförderungsregelungen** sowie die **Anrechnung von Vordienstzeiten** (insb. zur Begünstigung von NSDAP-Funktionären) verschiedentlich geändert. Insgesamt läßt sich feststellen, daß die Regeln des Berufsbeamtentums für diejenigen im wesentlichen fortgalten, „die Beamte geblieben waren, die es bleiben durften und die es verantworten konnten zu bleiben ... Daher trifft die Betrachtung der Beamtenversorgung im NS-Staat zwar ein wichtiges Detail des Beamtenrechts, aber es spiegelt eine ‚heile Welt' wider, die es in entscheidenden anderen Bereichen auch des Beamtenrechts nicht gab" *(Ruland, 1983, S.89)*.

5.2 Änderungen in der Alters- und Hinterbliebenenversorgung

Einige wesentliche Änderungen nahm das Deutsche Beamtengesetz vom 26. Januar 1937 hinsichtlich der **Altersversorgung** der Beamten vor. Zwar hielt das DBG am Grundsatz fest, das Ruhegehalt auf der Grundlage der ruhegehaltsfähigen Dienstbezüge sowie der ruhegehaltsfähigen Dienstzeit zu berechnen, völlig neu gestaltet wurden jedoch der Beginn der **anrechnungsfähigen Dienstzeit** sowie der **Steigerungssatz**.

Das DBG beseitigte die für die Gewährung des Mindestruhegehalts erforderliche mindestens 10jährige Dienstzeit. Dafür begann die ruhegehaltsfähige Dienstzeit nicht mehr wie bis dahin mit der Vollendung des 17. Lebensjahres, sondern erst mit der Vollendung des 27. Lebensjahres (§ 81 Abs.1 Nr. 4). Die Regelung brachte eine Verwaltungsvereinfachung und begünstigte darüber hinaus vor allem jene, die erst in vorgerückterem Alter in den öffentlichen Dienst eintraten.

Neu konzipiert wurde zugleich der **Steigerungssatz**, der sich nunmehr für die verschiedenen Laufbahngruppen unterschied (§ 89 Abs.1). Bereits bei Berufung zum Beamten betrug das Ruhegehalt nunmehr 35% der ruhegehaltsfähigen Dienstbezüge. Es erhöhte sich bei Beamten des unteren und einfachen mittleren Dienstes nach jedem der ersten 15 vollen Jahre, des gehobenen und mittleren Dienstes nach 2 ruhegehaltsfähigen Dienstjahren und in den folgenden 15 vollen Jahren und des höheren Dienstes nach 3 ruhegehaltsfähigen Dienstjahren und in den folgenden 16 vollen Jahren der ruhegehaltsfähigen Dienstzeit um 2%, in den folgenden vollen Jahren dieser Dienstzeit um je 1% bis höchstens 80% der ruhegehaltsfähigen Dienstbezüge. Der Höchstsatz wurde damit nach Vollendung des 30. Dienstjahres erreicht. Nach vollendetem 65. Lebensjahr durfte das Ruhegehalt maximal 75% der ruhegehaltsfähigen Dienstbezüge betragen.

Endete das Beamtenverhältnis infolge eines **Dienstunfalles**, so betrug das Ruhegehalt 66⅔% der ruhegehaltsfähigen Dienstbezüge des Verletzten, und zwar ohne Rücksicht auf die Länge der Dienstzeit und das Lebensalter (eine abweichende Regelung galt, wenn bereits ein Ruhegehaltsanspruch von mindestens 47% bestand). Den noch nicht 27jährigen Beamten konnte im Falle der **Dienstunfähigkeit** lediglich ein Unterhaltsbeitrag auf Zeit in Höhe von maximal 35% ihrer zuletzt bezogenen Dienstbezüge bewilligt werden, wobei allerdings eine Verlängerung möglich war (§§ 76 Abs.3, 89 Abs.2 DBG).

Sieht man davon ab, daß sich Änderungen beim Ruhegehalt auch auf die **Hinterbliebenenversorgung** auswirkten (z.B. Wegfall der Wartezeit), blieb diese in ihren Grundzügen unverändert. Für Personen, die beim Inkrafttreten des DBG bereits Versorgungsleistungen bezogen, galten im übrigen die bisherigen Vorschriften fort.

6. Reichsversorgung unter dem Nationalsozialismus

Die NS-Propaganda verlangte zwar auch für die Reichsversorgung eine **Neuordnung** nach nationalsozialistischen Grundsätzen, tatsächlich wurde jedoch das Versorgungsrecht zumindest in seinen Grundzügen nicht verändert, sondern lediglich durch Einzelverordnungen und Ergänzungsgesetze punktuell modifiziert. Aber selbst dabei ging es hauptsächlich nur darum, die durch die **Notverordnungen** der Jahre 1930 bis 1932 eingetretenen Härten zu beseitigen oder wenigstens abzumildern.

Erste Schritte auf dem Wege zur **Abmilderung der Krisenbestimmungen** waren die **Verordnung vom 18. Februar 1933** [RGBl.I S.69] sowie der Erlaß des Reichsarbeitsministers über weitere Mehrleistungen in der Reichsversorgung vom 20. Februar 1933 [RArBl.V, S.18].

Die Verordnung brachte eine Milderung der Vorschriften über die **Anrechnung von Versorgungsgebührnissen** und von Bezügen aufgrund versicherungsfreier Beschäftigung, wonach Renten aus der Sozialversicherung grundsätzlich nicht mehr gänzlich ruhen konnten. Ferner wurde die **Altersgrenze**, bis zu der ohne Rücksicht auf Gebrechlichkeit oder Berufsausbildung stets ein Anspruch auf Kinderzulagen und Waisenrenten bestand, vom 15. auf das 18. Lebensjahr heraufgesetzt.

Der Erlaß ermächtigte die Hauptunterstützungsämter, zur Erhaltung der von der Zwangsversteigerung bedrohten Eigenheime von Kriegsbeschädigten, die eine Kapitalabfindung erhalten hatten, im Unterstützungswege Beihilfen zur Tragung der mit dem Grundstück verbundenen Lasten zu gewähren. Gleichzeitig wurden einmalige Unterstützungen für jene Gruppen (Beschädigte mit einer Erwerbsminderung um 40 %, kinderlose Witwen unter 45 Jahren) zugelassen, die das Gesetz ohne Rücksicht auf ihre wirtschaftliche Lage vom Bezug der Zusatzrente ausschloß. Daneben erhielten die nach dem RVG versorgten Witwen, die nicht mehr für Kinder zu sorgen hatten, in größerem Umfange als bis dahin Zusatzrenten.

Bereits am 19. Mai 1933 folgte ein weiterer Erlaß des Reichsarbeitsministers über **Mehrleistungen in der Reichsversorgung** [RArBl.V, S.43]. Danach waren Härteausgleich und Kann-Bezüge künftig ohne Prüfung des Bedürfnisses unter den gleichen Voraussetzungen und in gleicher Höhe zu gewähren wie bei rechtzeitiger Antragstellung, wenn es sich um unmittelbare oder mittelbare Verwundungsfolgen handelte. Anstelle der bisherigen einmaligen Unterstützungen für Eltern, die keine Elternversorgung erhielten, konnten nunmehr auch laufende Unterstützungen gewährt werden; ab dem 1. April 1938 wurden diese in Elternbeihilfen umbenannt. Desweiteren führte der Erlaß vom 19. Mai 1933 Unterstützungen von Leichtbeschädigten ohne Zusatzrente (die infolge ihres Alters oder anderer, nicht auf einer Dienstbeschädigung beruhenden Leiden dauernd erwerbsunfähig waren), Zusatzrenten für kinderlose Witwen unter 40 Jahren ohne wesentliches Einkommen sowie Zuschüsse für die Versorgung der Offiziere ein und senkte die Rezeptgebühr von 50 auf 25 Rpf. für nicht-krankenversicherte Versorgungsberechtigte.

Weitere Verbesserungen sowie einige Neuerungen brachte sodann das **Gesetz über Änderungen auf dem Gebiet der Reichsversorgung vom 3. Juli 1934** [RGBl.I S.541], das ausdrücklich nicht als Novelle zum RVG verabschiedet wurde. Im Mittelpunkt dieses Gesetzes stand die Einführung einer sog. »Frontzulage«, die ohne Rücksicht auf das Lebensalter gewährt wurde, wenn die Minderung der Erwerbsfähigkeit infolge Kriegsdienstbeschädigung 70 % oder mehr betrug. Die übrigen Versorgungsberechtigten erhielten diese Zulage in Höhe von 60 RM jährlich erst nach Vollendung des 50. Lebensjahres, vorausgesetzt sie hatten kein größeres Arbeitseinkommen. Durch das Gesetz vom 19. März 1937 [RGBl.I S.327] wurde die Frontzulage allen rentenberechtigten Beschädigten mit einer Kriegsbeschädigung gewährt.

Tabelle 62: Versorgungsberechtigte Kriegsbeschädigte und -hinterbliebene 1933–1938

Stichtag	Versorgungsberechtigte	Kapitulanten	Pflegezulagenempfänger	Hinterbliebenenversorgung			
				Witwenrenten	Waisenrenten	Elternrenten	Beihilfen[1]
Mai 1933	808.574	63.061	24.249	358.730	181.720	186.586	95.870
Mai 1934	804.504	61.885	23.989	359.098	136.243	175.591	95.890
Mai 1935	806.963	62.221	23.640	360.875	105.706	163.173	97.778
Mai 1936	796.611	61.064	22.823	360.002	84.135	150.966	97.926
Aug. 1937	783.995	56.620	19.955	359.247	67.416	135.198	95.677
Aug. 1938	770.593	55.845	19.085	356.524	56.565	124.826	161.822

1) Witwen-, Waisen- und Elternbeihilfen (Elternteile).
Quellen: RArBl.II, Nr.22/1934, S.281 ff., Nr.22/1935, S.241 ff., Nr.24/1936, S.341 ff., Nr.34/1937, S.383 ff., Nr.34/1938, S.366 ff.

Von erheblicher Bedeutung war der gleichfalls durch das Gesetz vom 3. Juli 1934 vorgenommene **Ausbau der Hinterbliebenenversorgung**, wodurch sämtlichen Witwen ab sofort ohne Rücksicht auf ihr Alter, ihre Erwerbsfähigkeit und das Vorhandensein von Kindern eine einheitliche Rente in Höhe von 60% der Vollrente des Verstorbenen gewährt wurde. Zugleich wurde die Elternversorgung insofern umgestaltet, als die bisherige Trennung der Gebührnisse in Rente und Zusatzrente fortfiel. Schließlich befreite das Gesetz die nicht-versicherten Rentenempfänger und Arbeitslosen, die eine Heilbehandlung aufgrund des RVG erhielten, von der Pflicht, Gebühren für die Rezepte und Krankenscheine zu entrichten.

Die in den folgenden Jahren vorgenommenen Änderungen der Reichsversorgung hatten weitgehend nur eine marginale Bedeutung. Nachdem 1935 die Vorschriften über die Gewährung von **Erziehungsbeihilfen** für Kriegerwaisen während der Schul- und Berufsausbildung erweitert wurden, gab es ab 1939 wieder generell **Waisenrente** bis zum vollendeten 18. Lebensjahr. Außerdem wurden durch Gesetz vom 1. Dezember 1936 [RGBl. I S.994] die Ruhensvorschriften abermals eingeschränkt und durch Erlaß vom 21. Juli 1938 die ärztlichen Nachuntersuchungen beschränkt. Schließlich wurde durch Gesetz vom 27. September 1938 [RGBl.I S.1217] die Frage der Geltendmachung von Versorgungsansprüchen abschließend geregelt; dasselbe Gesetz änderte auch die Vorschriften über die **Kapitalabfindung**; während bis dahin bei einer Kapitalabfindung der Anspruch auf Gebührnisse auf Lebenszeit erlosch, wurde nunmehr die Möglichkeit geschaffen, nach Ablauf der Zeit, die der Kapitalabfindung zugrunde lag, die Rente in Höhe von 1/10 erneut aufleben zu lassen.

Abschließend sei erwähnt, daß das 5. Gesetz zur Änderung des Gesetzes über das **Verfahren in Versorgungssachen** vom 3. Juli 1934 [RGBl.I S.544] das Rechtsmittel des Rekurses beseitigte und nur noch die Berufung erlaubte, deren Zulässigkeit jedoch durch Gesetz vom 27. September 1938 [RGBl.I S.1217] erheblich eingeschränkt wurde. Das Gesetz von 1934 hatte im übrigen bestimmt, daß als Mitglieder der Spruchbehörden nur ehemalige Soldaten der Wehrmacht bestellt und daß Kriegsteilnehmer bevorzugt berücksichtigt werden sollten.

7. Nationalsozialistische Fürsorge- und Wohlfahrtspolitik

Ebenso wie bei der Reichsversorgung wurden auch in bezug auf die öffentliche Fürsorge die in der Weimarer Republik entwickelten rechtlichen Grundlagen seitens der Nationalsozialisten nicht gravierend geändert; allerdings wurden die öffentlichen Fürsorgerichtlinien in besonders drastischer Weise im Sinne der **nationalsozialistischen Ideologie** interpretiert. Auf der anderen Seite wurden – mit dem sukzessiven Abbau der Massenarbeitslosigkeit – die Fürsorgeverbände spürbar entlastet; während die Fürsorgeverbände im März 1933 noch rd. 10.006.300 Personen betreuten, waren es im März 1938 nur noch 2.774.900, ein Rückgang, der vor allem auf das nahezu gänzliche Verschwinden der Gruppe der **Wohlfahrtserwerbslosen** zurückzuführen war. **Ideologische Ausrichtung** und schrumpfender gesellschaftspolitischer Stellenwert waren die prägenden Merkmale nationalsozialistischer Fürsorge- und Wohlfahrtspolitik.

7. 1 Öffentliche Fürsorge

Wie bereits erwähnt, blieben die **Reichsgrundsätze über Voraussetzung, Art und Ausmaß der öffentlichen Fürsorge** auch unter den Nationalsozialisten im wesentlichen ohne Änderungen in Kraft. Nach den Vorstellungen der Nationalsozialisten war jedoch »Fürsorge des Staates nur am Platze, wenn die Hilfe der Familie versagte und wenn der Hilfsbedürftige der Hilfe würdig war, d. h. sich für die ‚Volksgemeinschaft' einsetzte und ein wertvolles und nützliches Glied der Volksgemeinschaft darstellte«. Damit bestimmten rassehygienische, bevölkerungs- und staatspolitische Gesichtspunkte Art und Umfang der Fürsorgeleistungen, die insgesamt auf niedrigem Niveau gehalten wurden *(vgl. Lampert, 1980 b, S. 154 f.; Schleicher, 1939).*

Bei aller sonstigen Kontinuität der fürsorgerechtlichen Bestimmungen kam es doch zu einer **wesentlichen Änderung**, die für zahlreiche Fürsorgeempfänger von außerordentlicher Bedeutung war. Nach den Vorschriften der Fürsorgepflichtverordnung (§§ 21a, 25, 25a RFV) waren der Unterstützte und andere Personen, insbesondere seine unterhaltspflichtigen Angehörigen, grundsätzlich zum **Rückersatz** der von der öffentlichen Fürsorge erhaltenen Leistungen verpflichtet.

Diese Bestimmung wurde vor allem für die von der öffentlichen Fürsorge unterstützte große Zahl von **Wohlfahrtserwerbslosen** zu einer bedrückenden Last, wenn sie im Zuge des Konjunkturaufschwunges wieder eine Arbeit erhalten hatten und ihnen nun die Pflicht zur **Rückzahlung** der erhaltenen Leistungen drohte. Als besondere Härte kam noch hinzu, daß jene Wohlfahrtserwerbslosen, die vor dem 28. November 1932 ausgesteuert worden und damit der Wohlfahrt anheim gefallen waren, voll der fürsorgerechtlichen **Erstattungspflicht** unterlagen, während diejenigen, die sich an diesem Stichtag noch in der Krisenunterstützung befunden hatten oder erst später in diese aufgenommen wurden, in ihr zeitlich unbeschränkt verbleiben konnten und von jeglicher Rückerstattung befreit waren.

Tabelle 63: Entwicklung der Wohlfahrtspflege 1932–1943

Jahr	laufend in bar unterstützte Parteien[1]				Kosten der öffentlichen Fürsorge		Gesamtausgab. d. Fürsorgeverbände in Mio. RM	laufend in offener Fürsorge unterstützte Personen[3]
	Insgesamt	auf 1.000 Einwoh.	darunter gehobene Fürsorge	darunter Arbeitslose	insgesamt in 1.000 RM[2]	je Einwohner in RM		
1932	4.476.597	68,6	884.818	2.814.161	2.137.931	32,78	3.170	7.885,6
1933	4.125.937	63,3	885.468	2.450.607	1.940.778	29,76	2.859	10.006,3
1934	3.077.090	47,2	864.304	1.442.542	1.444.271	22,15	2.232	6.996,8
1935	2.563.055	39,3	855.748	972.595	1.145.269	17,56	1.937	5.806,0
1936	2.167.635	33,2	828.991	623.499	900.879	13,81	1.789	4.675,5
1937	1.787.497	27,4	793.090	310.291	721.605	11,06	1.627	3.645,6
1938	1.508.772	22,0	759.871	116.967	579.552	8,46	1.539	2.774,9
1939	1.263.127	18,4	706.778	21.547	458.230	6,68	1.336	2.096,7
1940	1.107.511	16,1	660.514	6.700	385.643	5,62	1.237	1.660,5
1941	994.631	14,5	621.779	–	360.603	5,25	–	1.460,0
1942	901.833	13,1	714.437	–	376.145	5,48	–	1.298,8
1943	799.629	11,6	653.334	–	324.239	4,72	–	1.185,0

1) Durchschnitt des Rechnungsjahres; 2) ab 1941 ohne den nicht erfaßten Aufwand der Landesfürsorgeverbände; 3) Stichtag jeweils 1. März 1932, in 1000 (aufgrund unterschiedlicher Abgrenzungen nur zum Teil mit den Angaben in Tabelle 41 vergleichbar).
Quelle: Länderrat (Hrsg.): Statistisches Handbuch von Deutschland 1928-1944, München 1949, S. 610 ff.

Nachdem die **gemeinsamen Erlasse** des Reichsarbeitsministers und des Reichsministers des Innern vom 9. September 1933 [RArBl. I, S. 242] und 10. November 1934 [RArBl. I, S. 265], die den Fürsorgeverbänden ein möglichst schonendes Vorgehen bei der Geltendmachung von Ersatzansprüchen nahelegten, mangels ausreichender Rechtsgrundlage nicht überall den gewünschten Erfolg hatten, erließ die Reichsregierung am 22. Dezember 1936 das **Gesetz über die Befreiung von der Pflicht zum Ersatz von Fürsorgeko-**

sten [RGBl.I S.1125], das in einer Art Amnestie sämtliche Unterstützte, deren Angehörige, Eltern und Erben von der Erstattung der Kosten der öffentlichen Fürsorge befreite, die vor dem 1. Januar 1935 aufgewandt wurden.

Die Vergünstigungen des Gesetzes galten für alle Fürsorgeempfänger sowie für alle vor diesem Stichtag aufgewandten Kosten, die normalerweise der Pflicht zum Rückersatz unterlagen, unabhängig von der Höhe der Kosten. Gleichzeitig mit dem Wegfall des Erstattungsanspruchs ergab sich für die Fürsorgeverbände die Verpflichtung zur Freigabe der Sicherheiten, die zur Absicherung der durch das Gesetz beseitigten Ersatzansprüche des Fürsorgeverbandes bestellt worden waren.

7. 2 Klein- und Sozialrentnerfürsorge

Andere Gebiete der öffentlichen Fürsorge, auf denen die NS-Regierung in nennenswerter Weise tätig wurde, waren vor allem die Klein- und Sozialrentnerfürsorge. Nachdem bereits die **Dritte Verordnung zur Änderung der Reichsgrundsätze vom 26. Mai 1933** [RGBl.I S.316] bestimmt hatte, daß bei Kleinrentnern künftig kleinere Vermögen zur Sicherstellung des Ersatzes nicht mehr herangezogen werden durften, verschaffte das **Kleinrentnergesetz vom 5. Juli 1934** [RGBl.I S.580] einem näher begrenzten Kreis von Kleinrentnern innerhalb der Fürsorge bestimmte Vergünstigungen, die sog. **Kleinrentnerbeihilfe**.

In den Genuß der Kleinrentnerbeihilfe kamen im Falle der Hilfsbedürftigkeit solche alten und erwerbsunfähigen Personen, die den Nachweis erbringen konnten, daß sie am 1.1.1918 ein Kapitalvermögen von mindestens 12.000 RM oder einen Rechtsanspruch auf eine lebenslängliche Rente von jährlich 500 RM gehabt hatten und daß dieses Vermögen bzw. dieser Rechtsanspruch der Geldentwertung zum Opfer gefallen waren. Außerdem waren nur jene Personen bezugsberechtigt, die beim Inkrafttreten des Gesetzes ein bestimmtes Mindestalter erreicht hatten (Männer 60, Frauen 55 Jahre). An Vergünstigungen sah das Gesetz vor, daß Empfänger von Kleinrentnerbeihilfe von der Rückerstattung der von der öffentlichen Fürsorge erhaltenen Leistungen und die Erben von der Ersatzpflicht befreit waren; ferner sollten der ihnen zustehende Richtsatz um mindestens 1/5 über dem allgemeinen Fürsorgesatz liegen, Nebeneinnahmen bei der Prüfung der Hilfsbedürftigkeit in gewissem Umfang anrechnungsfrei bleiben und für den Ersatz der Fürsorgekosten bereitgestellte Sicherheiten freigegeben werden.

In Anbetracht der Verbesserung der Gemeindefinanzen erweiterte eine Verordnung vom 24. Dezember 1937 [RGBl.I S.1415] den Kreis der von der Kleinrentnerbeihilfe **begünstigten Personen**. Anspruchsberechtigt waren nunmehr auch Besitzer von Betriebs- und Grundvermögen, wenn dieses in der Zeit zwischen dem 1.1.1918 und dem 30.11. 1923 veräußert worden und der Erlös der Geldentwertung zum Opfer gefallen war. Unter bestimmten Voraussetzungen wurde die Kleinrentnerbeihilfe auch ledigen Töchtern aus Rentnerfamilien gewährt, die sich anstelle eigener Erwerbstätigkeit dem Haushalt und der Pflege ihrer Eltern gewidmet hatten. In die Kleinrentnerbeihilfe einbezogen wurden ferner Personen, die als Flüchtlinge ihr Vermögen im Ausland oder in einem ehemals deutschen Gebiet infolge des 1. Weltkrieges verloren hatten.

Ein Erlaß des Reichsarbeitsministers vom 25. März 1938 [RMBliV S.571] schließlich bestimmte, daß die Mittel (jährlich rd. 28 Mio. RM), mit denen sich das Reich seit Jahren an der Kleinrentnerfürsorge und -beihilfe beteiligt hatte, künftig nur noch zur **Gewährung laufender Zuschüsse** an die Kleinrentner verwandt werden durften. Auf diese Weise erhielten die Kleinrentner ab April 1938 einen monatlichen Zuschuß von 12 bis 16 RM; da dieser Zuschuß nicht zu den öffentlichen Fürsorgeleistungen gehörte, unterlag er auch nicht der Rückerstattungspflicht.

Hinsichtlich der **Sozialrentner**, also jener Rentner, deren Rente unter den Fürsorgesätzen lag und die daher den Differenzbetrag von der öffentlichen Fürsorge erhielten, war vor allem ein Erlaß vom 12. Dezember 1938 [RArBl.IV, S.500] von Bedeutung, der sicherstellen sollte, daß die aus dem Ausbaugesetz resultierenden Leistungsverbesserungen der Rentenversicherung auch denjenigen Rentenempfängern eine Verbesserung ihrer Lage brachten, die im Wege der öffentlichen Fürsorge zusätzlich unterstützt wurden. Daher wurde bestimmt, daß gewisse **Leistungsverbesserungen** bei der Prüfung der Hilfsbedürftigkeit und somit bei der Bemessung der Fürsorgeleistungen außer Ansatz bleiben sollten. Für die laufenden Fälle bedeutete dies, daß die Sozialrentnerunterstützung in der bisherigen Höhe weitergewährt wurde. Gleichzeitig wurde festgelegt, daß die aufgrund des Ausbaugesetzes gewährten Nachzahlungen nicht zum Kostenersatz für Fürsorgeleistungen herangezogen werden durften *(vgl. RArBl.II, 1938, S.373ff.)*.

7. 3 Nationalsozialistische Wohlfahrtspolitik

7. 3. 1 Grundsätzliche Anmerkungen

Die öffentliche Fürsorge der Fürsorgeverbände wurde im wesentlichen nach Maßgabe der in der Weimarer Republik geschaffenen rechtlichen Grundlagen fortgeführt. Daneben wurde mit der **Nationalsozialistischen Volkswohlfahrt** (NSV) eine Einrichtung geschaffen, die zwar formal für die freie Wohlfahrtspflege zuständig war, die aber aufgrund der Struktur des NS-Staates zunehmend den Charakter einer quasi-staatlichen Organisation annahm und maßgeblichen Einfluß auf die gesamte Ausgestaltung des Wohlfahrts- und Fürsorgewesens ausübte.

Der überragende Einfluß der NSV zeigte sich nicht zuletzt darin, daß die freien Wohlfahrtsträger (Innere Mission, Caritas, Rotes Kreuz), soweit sie noch bestanden, 1933 zu der von der NSV dominierten »Reichsarbeitsgemeinschaft der freien Wohlfahrtspflege« vereinigt wurden und daß das Gesetz zur Regelung der öffentlichen Sammlungen vom 5. November 1934 [RGBl.I S.1086] die Möglichkeiten der übrigen Wohlfahrtsverbände zugunsten eines weitgehenden **Sammlungsmonopols** der NSV beschränkt hatte. Spätestens mit der Konstituierung des Reichszusammenschlusses der Träger der öffentlichen und freien Wohlfahrtspflege am 22. Januar 1936 gelangten auch die Träger der öffentlichen Fürsorge unter die zunehmende Kontrolle des Hauptamtes für Volkswohlfahrt bei der Reichsleitung der NSDAP *(vgl. Lampert, 1983, S.199)*.

Die **Grundaufgabe der NSV** war nach eigenem Bekenntnis, sich »von der Betreuung des Hilfsbedürftigen, des Einzelindividuums als Teilhandlung und Ausdrucksform des religiösen Lebens« zu lösen, wobei »der einzige Imperativ allen Tuns und Handelns ... einzig und allein das Wohl des Volkes sein« könne. Mithin sei die wichtigste Aufgabe der NSV »keine pflegerische, sondern eine erzieherische«. Als Voraussetzung für jede »wahre Volksgemeinschaft« galt für die NSV die »Erziehung zur Familiengemeinschaft». Die Abgrenzung zur öffentlichen Fürsorge sah die NSV darin, daß von ihr »nur erbgesunde, wertvolle Familien« betreut würden. Grundsätzlich waren Hilfsbedürftige nach ihrer »Leistung für das Volksganze« zu bewerten. Entsprechend verlangte sie, »die öffentlichen Mittel für die Erhaltung der wertvollen Volksgenossen einzusetzen«, die Fürsorge der übrigen dagegen auf das »Allernotwendigste zu beschränken« *(vgl. Soziale Praxis, 1934, Sp.243; Bernsee, 1935, Sp.490ff.)*.

Grundprinzipien der NSV waren die „Wohlfahrtspflege um des Volkes willen“, die Erziehung zu nationaler Gesinnung, die Erweckung eines starken Gemeinschaftsbewußtseins sowie der „Dienst an der Rasse“ *(Althaus, 1937, S.7ff.; Gerhardt, 1939, S.263ff.)*.

Letzteres bedeutete, daß „die lebenden minderwertigen Individuen selbst ... nur mit einer Mindestfürsorge bedacht werden, außerdem, soweit notwendig, durch fürsorgerische Bewahrung oder Sicherheitsverwahrung auf strafrechtlicher Grundlage aus dem Volksleben ausgeschieden werden" *(Althaus, 1937, S.15)* sollen. Diese Prinzipien zeigen „unmißverständlich, daß durch die rassistische und volkserzieherische Ausrichtung der Fürsorge dieser Bereich staatlicher Sozialpolitik seiner früheren humanitären Ziele beraubt und ganz in den Dienst der Erreichung staatspolitischer Ziele gestellt wurde" *(Lampert, 1983, S.201)*.

Wie andere nationalsozialistische Einrichtungen entwickelte sich auch die NSV zu einer **Mammutorganisation**, die mit der Zeit immer mehr Aufgabenbereiche für sich beanspruchte und so zu einer allgegenwärtigen Einrichtung in Staat und Gesellschaft wurde. Eigenen Angaben zufolge zählte die NSV bereits im Herbst 1935 in 22.138 Ortsgruppen insgesamt 4.728.809 Mitglieder mit 8.677 hauptamtlichen und 520.384 ehrenamtlichen Kräften. Ungeachtet der Vielzahl der Tätigkeitsbereiche waren die Hauptaufgabengebiete der NSV das jährliche **Winterhilfswerk** und das **Hilfswerk »Mutter und Kind«** *(vgl. Soziale Praxis, 1935, Sp.1095)*.

7.3.2 Winterhilfswerk

Das »Winterhilfswerk«, das 1930 auf Anregung der **freien Wohlfahrtsverbände** entstanden war, hatte ursprünglich den Zweck, über Spenden der Bevölkerung die im Winter erhöhte Not der wachsenden Zahl Arbeitsloser zu lindern. Erst die Nationalsozialisten bauten das Winterhilfswerk zu einer umfassenden propagandistischen Bewegung aus und machten es zu einer ständigen Einrichtung, die durch Gesetz vom 1. Dezember 1936 [RGBl.I S.995] sogar gesetzlich fundiert und durch einen Reichsbeauftragten für das Winterhilfswerk geleitet wurde, der dem Reichspropagandaminister unterstand.

Tabelle 64: Entwicklung des Winterhilfswerks 1934/35–1939/40

	1934/35	1935/36	1936/37	1937/38	1838/39	1939/40
Verfügbare Mittel insg.[1]	375.561	379.567	422.774	433.439	582.622	709.738
Geldspendenaufkommen	204.809	234.855	294.310	297.310	436.310	631.575
darunter Opfer von Lohn und Gehalt	88.827	62.711	69.331	80.555	104.976	131.257
Gesamtausgaben[1]	360.493	371.944	408.323	417.169	553.601	641.912
dar. verteilte Spenden	357.086	358.528	321.843	287.122	274.227	208.821
Zuwend. an Hilfswerk »Mutter und Kind«	–	7.302	54.597	78.428	176.024	343.451
Verwaltungskosten	3.407	6.114	7.383	7.974	17.024	25.447
Betreute Personen[2]	13.867	12.909	10.712	8.931	7.962	5.996
Helfer mit Gehalt	5.198	7.820	8.652	10.036	10.573	8.854
Ehrenamtliche Helfer	1.333.137	1.227.098	1.340.356	1.020.252	1.174.582	1.132.917

1) in 1.000 RM; 2) im Monatsdurchschnitt in 1.000.
Quelle: Statistisches Jahrbuch für das Deutsche Reich, 59.Jg., 1941/42, S.630f.

Das Wesen des Winterhilfswerks sollte sich jedoch nicht allein in der **zusätzlichen Fürsorge** erschöpfen, sondern war nach dem Verständnis des Reichspropagandaministers »ein wesentliches Instrument der Erziehung des deutschen Volkes zu einer sozialistischen Gemeinschaft und damit eine unerläßliche Mithilfe an der völligen Neugestaltung des deutschen Volkes«. Finanziert wurde das Winterhilfswerk durch zahlreiche **Sammelaktionen** (sog. Opfersonntage, Sammlungen am Tag der nationalen Solidarität), durch eine WHW-Lotterie, durch Frachtvergütungen der Reichsbahn, Spenden von Firmen und Organisationen, aber auch durch Lohn- und Gehaltsabzüge bei den Arbeitnehmern (erwartet wurde ein »freiwilliger« Beitrag in Höhe von 10% der Lohnsteuer). Das Winterhilfswerk verteilte Nahrungs- und Genußmittel, Bekleidung, Brennmaterialien, Haushaltsgegenstände und gab Zuwendungen an verschiedene andere Wohlfahrtseinrichtungen.

7. 3. 3 Hilfswerk »Mutter und Kind«

Als eine ihrer wichtigsten Einrichtungen betrachtete die NSV das Ende 1934 gegründete Hilfswerk »Mutter und Kind«. Nach Aussagen der NSV waren »Herz und Mittelstück« ihrer Arbeit »die Keimzelle des Volkstums, die Familie, die Kraftquelle der völkischen Gemeinschaft. Die Festigung der deutschen Familiengemeinschaft (werde) aber nur erreicht durch das Bekenntnis zu Muttertum und Kinderreichtum, durch Bejahung von Familiensinn und Kindesglück«. Das Hilfswerk sollte sich einreihen »in die wichtige Arbeit des Staates und der Bewegung auf dem Gebiete der Erb- und Rassenpflege und der Bevölkerungspolitik« und damit ebenfalls den »Charakter einer völkischen Erziehungsaufgabe« erhalten *(vgl. Soziale Praxis, 1935, Sp. 491)*. Konkret sollte das Hilfswerk »Mutter und Kind« „zusätzliche Hilfe überall bringen, wo es gilt, einer deutschen Mutter in körperlicher und geistiger und seelischer Not beizustehen, einem deutschen erbgesunden Kind zur gesunden Fortentwicklung zu verhelfen" *(Gerhardt, 1939, S. 264)*. Im einzelnen organisierte das Hilfswerk die Mütterschulung, Hilfen für werdende Mütter und Wöchnerinnen, die Säuglingsfürsorge sowie die Müttererholung (Erholungsaufenthalte in den NSV-Mütterheimen). Als weitere Maßnahme kannte das Hilfswerk die wirtschaftliche Hilfe, die Arbeitsplatzhilfe sowie die Wohnungshilfe. 1935 unterhielt das Hilfswerk 21.935 Hilfs- und Beratungsstellen, die im Berichtsjahr 1935/36 von gut 3,6 Mio. Ratsuchenden aufgesucht wurden. Gleichzeitig gab es 2.836 Kindertagesstätten, in denen rd. 1,1 Mio. Kinder betreut wurden *(vgl. Sitzler, 1936, Sp. 1111)*.

8. Familien- und Jugendpolitik im NS-Staat

8. 1 Nationalsozialistische Familienpolitik

8. 1. 1 Förderung der Eheschließungen

Die erste Maßnahme der NS-Regierung zur Förderung der Eheschließungen wurde zunächst nicht primär zur Erreichung bevölkerungspolitischer Zielsetzungen ergriffen, sondern bildete ein Element innerhalb eines Maßnahmenbündels zur Reduzierung der Arbeitslosigkeit. Das erste Arbeitsbeschaffungsprogramm vom 1. Juni 1933 gewährte **unverzinsliche Ehestandsdarlehen** bis zum Betrag von je 1.000 RM in Form von Bedarfsdeckungsgutscheinen, die zum Erwerb von Möbeln und Hausrat berechtigten. Voraussetzung für die Bewilligung des Darlehens war, daß die künftige Ehefrau innerhalb der letzten 2 Jahre mindestens 6 Monate in einem Arbeitsverhältnis gestanden hatte, daß sie ihre Arbeitnehmertätigkeit spätestens zum Zeitpunkt der Eheschließung aufgab und sich verpflichtete, eine neue Tätigkeit solange nicht aufzunehmen, wie der Ehemann Einkünfte von mehr als 125 RM monatlich hatte und das Darlehen nicht restlos getilgt war. Die Tilgung erfolgte in monatlichen Teilbeträgen von 1 Prozent.

Schon in dieser Zeit wurden jedoch die **rassenideologischen Gesichtspunkte** der NS-Familienpolitik deutlich; gemäß einer **Durchführungsverordnung** vom 20. Juni 1933

[RGBl.I S.377] durften die Darlehen nicht gewährt werden, wenn einer der beiden Ehegatten nicht im Besitz der bürgerlichen Ehrenrechte war, als staatspolitisch unzuverlässig galt oder an vererblichen geistigen bzw. körperlichen Gebrechen litt, die seine »Verheiratung im Volksinteresse nicht wünschenswert erscheinen« ließen *(vgl. Soziale Praxis, 1933, Sp.831)*. Gleichzeitig wurden Anreize zur Hebung der **Geburtenziffer** – dem zentralen Ziel der damaligen Familienpolitik – gesetzt; bei der Geburt jedes in der Ehe lebend geborenen Kindes waren 25% des ursprünglichen Darlehensbetrages zu erlassen.

Tabelle 65: Eheschließungen, Geburten und Ehestandsdarlehen 1933–1941

Jahr	Eheschließungen	Lebendgeborene	Ehestandsdarlehen		Erlassen für lebendgeborene Kinder	
			ausgezahlt	in % der Eheschließungen	insgesamt	in % der Geburten
1933[1]	638.573	971.174	141.559	22,17	13.610	1,40
1934	740.165	1.198.350	224.619	30,35	129.961	10,84
1935	651.435	1.263.976	156.822	24,07	155.069	12.27
1936	609.770	1.278.583	171.460	28,12	186.694	14,60
1937	620.265	1.277.046	183.556	29,59	222.533	17,43
1938	645.062	1.348.534	243.691	37,78	272.498	20,21
1939	774.163	1.413.230	270.919	35,00	318.848	22,56
1940	613.103	1.402.258	221.664	36,15	342.440	24,42
1941	504.200	1.308.232	174.280	34,57	343.485	26,26

1) August-Dezember.
Quellen: Länderrat (Hrsg.): Statistisches Handbuch von Deutschland 1928-1944, München 1949, S.47; WiSt, 21.Jg., Nr.5/1941, S.107; Statistisches Jahrbuch für das Deutsche Reich, 59.Jg., 1941/42, S.75.

Eine 2. DV vom 26. Juli 1933 [RGBl.I S.540] erweiterte den Kreis der Anspruchsberechtigten. Es genügte nunmehr, daß zwischen dem 1.6.1928 und dem 31.5.1933 ein sechsmonatiges Beschäftigungsverhältnis bestanden hatte; die Eheschließung selbst mußte zwischen dem 1.6.1932 und dem 3.6.1933 erfolgt sein. Durch die 3. DV vom 22. August 1933 [RGBl.I S.596] wurden zudem die Beschäftigung bei Verwandten als Arbeitnehmerverhältnis anerkannt und weitere Ausnahmen zugelassen. Unterdessen war am 15. Juli 1933 [RGBl.I S.491] das Gesetz zur Förderung der Eheschließungen ergangen, das anstelle der Ledigensteuer eine Ehestandsbeihilfe einführte, die das Reich als Sondervermögen verwaltete und dazu benutzte, die Ehestandsdarlehen zu finanzieren. Obgleich die 4. DV vom 2. Dezember 1933 [RGBl.I S.1019] die Erweiterung des Kreises der Anspruchsberechtigten wieder aufhob *(vgl. Soziale Praxis, 1933, Sp.1465)*, mußte angesichts fehlender Mittel die Weitergewährung der finanziellen Hilfen Mitte Februar 1934 vorübergehend eingestellt werden. Die Summe der bis Februar gewährten Darlehen betrug insgesamt 120,5 Mio. RM.

In Anbetracht der begrenzten Finanzmittel verschärfte das **Änderungsgesetz vom 28. März 1934** [RGBl.I S.253] die Bestimmungen in bezug auf den Verzicht der Ehefrau auf Wiederaufnahme einer Erwerbstätigkeit und verringerte den Betrag, der aus dem Aufkommen der **Ehestandsbeihilfe** an den allgemeinen Reichshaushalt abzuführen war.

Bei Bezug eines Ehestandsdarlehens durfte die Ehefrau fortan solange keine Erwerbstätigkeit aufnehmen, wie der Ehemann nicht hilfsbedürftig war. Mit der Begründung, daß »die amtliche Gewährung von Ehestandsdarlehen ... zunehmend die Bedeutung einer erbbiologischen und gesundheitlichen Auslese« gewinne und daher die »Fortpflanzung

Erbuntüchtiger« nicht durch öffentliche Gelder gefördert werden dürfe, hatte der Reichsinnenminister am 16. März 1934 zugleich neue Richtlinien über die ärztlichen Untersuchungen erlassen. Auf der anderen Seite befreite der Reichsfinanzminister Zahlungen, die die Unternehmen freiwillig ausscheidenden Arbeitnehmerinnen gewährten, von der Einkommen- und Schenkungsteuer, der Ehestandsbeihilfe und der Abgabe zur Arbeitslosenhilfe *(vgl. Soziale Praxis, 1934, Sp. 444ff.).*

Abbildung 20: Sozialpolitische Propaganda des NS-Regimes

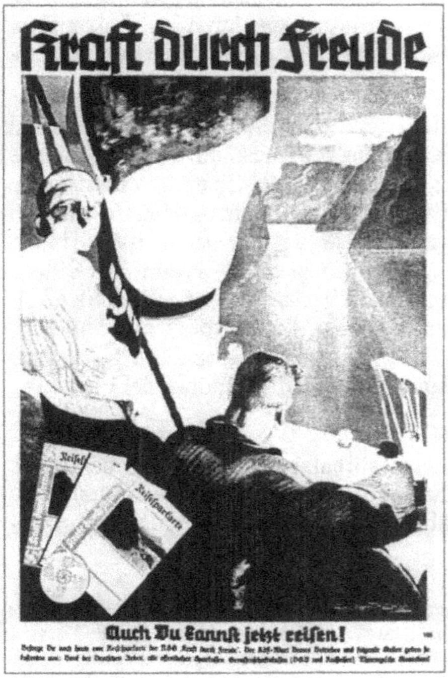

Nachdem zunächst **Ausnahmen vom Beschäftigungsverbot** für Ehestandsdarlehensempfängerinnen erlassen worden waren (z. B. für die unter besonders starkem Arbeitskräftemangel leidenden haus- und landwirtschaftlichen Berufe; für die Zeit, in der Ehemänner zur Ableistung einer Dienstpflicht einberufen waren), brachte das 3. ÄndG vom 3. November 1937 [RGBl. I S. 1158] mit Rücksicht auf den zunehmenden Arbeitskräftemangel den **Wegfall des Arbeitsverbotes.**

Voraussetzung für den Erhalt eines Darlehens war jedoch weiterhin (wie bereits seit 1935), daß die künftige Ehefrau innerhalb der letzten 2 Jahre vor der Antragstellung (die vor der Eingehung der Ehe erfolgen mußte) mindestens 9 Monate lang im Inland in einem Beschäftigungsverhältnis gestanden hatte. Bei Ehefrauen, die die Erwerbstätigkeit fortsetzten bzw. neu aufnahmen, erhöhte sich der monatliche Tilgungsbetrag auf 3% im Gegensatz zu 1% bei nichterwerbstätigen Ehefrauen *(vgl. Soziale Praxis, 1937, Sp. 1429).*

Als ehefördernde Maßnahme gedacht war schließlich auch die 30. Änderung des Besoldungsgesetzes vom 10. August 1937 [RGBl. I S. 885], durch welche außerplanmäßige Beamte – im Falle der Verheiratung im 1. und 2. Dienstjahr der 3. Dienstaltersstufe – vom Beginn des 3. Jahres an Diäten in Höhe der Grundgehälter der 1. Dienstaltersstufe der planmäßigen Beamten ihrer Eingangsgruppe erhielten. Durch diese z. T. nicht unbeträchtlichen »Heiratszulagen« sollten Beamte zu einer frühzeitigen Heirat angeregt werden.

8.1.2 Maßnahmen zugunsten kinderreicher Familien

Die Förderung der Eheschließung war indessen nur ein Mittel, nicht das letztliche Ziel der NS-Familien- und -Bevölkerungspolitik. Das Hauptziel bestand vielmehr darin, eine durchschnittliche **Kinderzahl** von 3 bis 4 Lebendgeborenen pro Ehe zu erreichen. Um dies zu realisieren, versuchte der Staat, durch gesetzliche und v. a. wirtschaftliche Maßnahmen die besonderen Lasten kinderreicher Familien auszugleichen *(vgl. Soziale Praxis, 1936, Sp.1109)*. Der Verwirklichung der bevölkerungspolitischen Grundsätze des Nationalsozialismus waren allerdings in der Anfangszeit finanzielle Grenzen gesetzt. Berücksichtigung fand eine erhöhte Kinderzahl zunächst vor allem durch das Einkommensteuergesetz vom 16. Oktober 1934 [RGBl.I S.1005], das für jedes Kind Steuerermäßigungen gewährte *(vgl. S.327f.)*.

Die **direkte Förderung kinderreicher Familien** lief demgegenüber erst 1935 an, und zwar aus Mitteln des Sondervermögens zur Gewährung von Ehestandsdarlehen, das aus der erhöhten Einkommensteuer für Ledige gewonnen wurde. Eine Verordnung vom 15. September 1935 [RGBl.I S.1160] sah für Familien mit 4 und mehr Kindern unter 16 Jahren **einmalige Kinderbeihilfen** in Höhe von 100 RM je Kind vor. Auch die Kinderbeihilfen wurden in Form von Bedarfsdeckungsscheinen gewährt, die zum Erwerb von Hausgerät, Möbeln und Wäsche berechtigten. Voraussetzungen für den Erhalt der Kinderbeihilfen waren neben der Bedürftigkeit, daß die Eltern »Reichsbürger im Sinne der Nürnberger Gesetze« waren und über ein »einwandfreies Vorleben und guten Leumund« verfügten. Eine weitere Bedingung bestand in der »Erbgesundheit der Eltern und Kinder«.

Einen weiteren Ausbau des **außersteuerlichen Familienlastenausgleichs** brachten die 3. Durchführungsbestimmungen vom 24. März 1936 [RGBl.I S.252], die zusätzlich zu den einmaligen Hilfen **laufende Kinderbeihilfen** für Familien mit fünf und mehr Kindern unter 16 Jahren einführten.

Zusätzlich zu den bereits für die anderen Beihilfen geltenden Voraussetzungen mußte jedoch ein Elternteil sozialversicherungspflichtig beschäftigt sein, und das Monatseinkommen durfte 185 RM nicht übersteigen. Die Kinderbeihilfe, die nicht für die ersten 4 Kinder gezahlt wurde, betrug für das 5. und jedes weitere Kind 10 RM monatlich. Die 4. Durchführungsbestimmungen vom 10. Juni 1936 [RGBl.I S.504] schufen mit der sog. »Siedlungs-Kinderbeihilfe« eine zusätzliche Unterstützungsform. Diese Beihilfen konnten als Eigenkapital für die Finanzierung einer Kleinsiedlerstelle gegenüber dem Siedlungsträger verwandt werden. Der Höchstbetrag dieser Art von Beihilfe wurde für eine Familie auf 400 RM festgesetzt.

Zwischen Oktober 1935 und September 1937 wurden rd. 500.000 einmalige Kinderbeihilfen im Durchschnittsbetrag von 340 RM gewährt. Insgesamt wurde bis zu diesem Zeitpunkt für einmalige Kinderbeihilfen eine Summe von 170 Mio. RM aufgewandt. Die seit August 1936 gezahlten laufenden Kinderbeihilfen beliefen sich Ende 1937 auf rd. 3 Mio. RM monatlich *(vgl. Soziale Praxis, 1937, Sp.1111)*.

Die am 31. August 1937 erschienenen 6. Durchführungsbestimmungen [RGBl.I S.989] brachten weitere Verbesserungen und abermals eine Erweiterung des Kreises der Bezugsberechtigten. Laufende Kinderbeihilfen konnten nunmehr auch Selbständige erhalten, deren gesamte Jahreseinkünfte 2.100 RM und deren Vermögen 50.000 RM nicht überstiegen. Für Lohnempfänger wurde die Verdienstgrenze auf 200 RM monatlich heraufgesetzt. Hinsichtlich der einmaligen Kinderbeihilfen wurden v.a. die Verwendungsmöglichkeiten im Rahmen der Siedlungsförderung erweitert. Aufgrund der 8. Durchführungsbestimmungen vom 1. Juni 1938 [RGBl.I S.616] konnten kinderreichen Familien einmalige Kinderbeihilfen auch für die Einrichtung einer neuen Wohnung gewährt werden. Die Verordnung über Ausstattungsbeihilfen für Hausgehilfinnen vom 12. Mai 1941 [RGBl.I S.255] sollte es kinderreichen Familien erleichtern, zur Bewältigung der Arbeit eine Hausgehilfin zu beschäftigen.

Ergänzende Maßnahmen brachte die **familienorientierte Wohnungspolitik**. Ein Erlaß des Reichsarbeitsministers betr. die Änderung der Bestimmungen über Reichsbaudarlehen für Eigenheime vom 24. Mai 1933 [RGBl.I S.152] sah bereits für Familien mit 4 und mehr im elterlichen Haushalt lebenden Kindern verschiedene Vergünstigungen vor (u. a. konnten ihnen die Zusatzdarlehen als Ersatz für Eigenkapital angerechnet werden). Auch die weiteren wohnungspolitischen Förderungsprogramme enthielten jeweils besondere Vergünstigungen für kinderreiche Familien. Die Verordnung zur Erleichterung der Wohnungsbeschaffung für kinderreiche Familien vom 20. April 1939 [RGBl.I S.815] gab den Behörden zudem die Möglichkeit zu bestimmen, daß die Vermieter eine angemessene Zahl von Wohnungen bei Freiwerden an kinderreiche Familien zu vermieten hatten.

8.1.3 NS-Ehegesetzgebung

Eine wenn auch noch so knappe Darstellung der NS-Familienpolitik kann nicht darauf verzichten, auf jene Gesetze hinzuweisen, in denen die inhumane **NS-Rassenideologie** besonders deutlich zum Ausdruck kam. Nachdem bereits das **Gesetz zur Verhütung erbkranken Nachwuchses vom 14. Juli 1933** [RGBl.I S.529] die Zwangssterilisation staatlich sanktioniert hatte, wurde 1935 auch die Ehegesetzgebung nach den rassehygienischen und erbbiologischen Leitvorstellungen der NSDAP gestaltet. Das **Ehegesundheitsgesetz vom 18. Oktober 1935** [RGBl.I S.1246] sah eine Reihe von Eheverboten vor, um – wie es die amtliche Begründung ausführte – »gesundheitlich unerwünschte Ehen zu verhindern«. Danach sollte »die Ehe insbesondere verboten sein, wenn die zu gründende Ehe von vornherein durch eine mit Ansteckungsgefahr verbundene Krankheit bedroht oder wenn die Entstehung erbkranken Nachwuchses zu befürchten ist«. Das Gesetz verlangte von heiratswilligen Personen ein **Ehetauglichkeitszeugnis** des Gesundheitsamtes, durch das nachzuweisen war, daß ein Ehehindernis im Sinne des Gesetzes nicht bestand. Dieses Gesetz ergänzte das **Gesetz zum Schutze des deutschen Blutes und der deutschen Ehre vom 15. September 1935** [RGBl.I S.1146] (sog. »Nürnberger Gesetze«), das Eheschließungen zwischen Personen jüdischen Glaubens und »Staatsangehörigen deutschen oder artverwandten Blutes« verbot *(vgl. Soziale Praxis, 1936, Sp.273ff.)*.

8.2 Nationalsozialistische Jugendpolitik

Einen ähnlichen, wenn nicht noch größeren Stellenwert als die Familienpolitik hatte für die Nationalsozialisten die Jugendpolitik, zumal sie die »erbgesunde und erziehungsfähige Jugend als Garanten der Zukunft« betrachteten. Entsprechend versuchte der NS-Staat, einen **umfassenden Einfluß auf die Jugend** auszuüben. »Über Säuglingsberatung, Kindergarten und Schule, über Jugendbund, Landjahr, Berufsberatung und Arbeitsvermittlung tritt das Kind in das Leben. Der Jugendliche wird weiter erfaßt von Arbeitsdienst, Landhilfe, SA, SS, Volksheer, Arbeitgeber, Berufs- oder Hochschule. Zwischen Familie und Schule, Arbeitsplatz und Ausbildungsstätte schalten sich die jugendpflegerischen Einrichtungen ein« *(Soziale Praxis, 1935, Sp.491)*. Zweck und Ziel der »Jugendhilfe im völkischen Staat« sollte es sein, die »Jugend zu gesunden und vollwertigen, tüchtigen und schaffenden, gläubigen und frohen deutschen Menschen werden zu lassen« *(Soziale Praxis, 1935, Sp.491ff.)*.

Auch im Bereich der **Jugendfürsorge** wurden die nationalsozialistischen Zielvorstellungen weniger durch weitreichende Gesetzesänderungen verwirklicht, vielmehr machte das Regime durch zahlreiche Verwaltungsanordnungen und durch Gleichschaltung der

Träger der Jugendhilfepolitik die Jugendpflege zu einem Instrument seiner Politik. Ein neues **Jugendwohlfahrtsgesetz** wurde im Entwurf zwar wiederholt diskutiert, letztlich aber ebensowenig verabschiedet wie ein ebenfalls angekündigtes **Gesetz zur Berufserziehung**.

In der Praxis hatten die Maßnahmen der NS-Einrichtungen und des Staates zugunsten der Jugendlichen einen ausgeprägt selektiven Charakter. Während für die sog. »guten und erbgesunden Elemente« eine Vielzahl von Unterstützungen geschaffen wurden, sollten »unerziehbare und nicht förderbare Jugendliche ... ab- und ausgesondert und durch die geschlossene Fürsorge in Heimen erzogen« *(Soziale Praxis, 1935, Sp.492)* werden.

Das **Hauptinstrument** der NS-Jugendpolitik bildete die **»Hitler-Jugend«** (HJ), die zunächst dazu gedient hatte, die unabhängige Jugendbewegung zu zerschlagen, und die danach sukzessive zur staatlichen Jugendorganisation ausgebaut wurde. Nachdem der Reichsführer der HJ schon am 17. Juni 1933 von Hitler zum »Jugendführer des Deutschen Reiches« ernannt worden war, erhielten die Hitlerjugend und die ihr angeschlossenen Organisationen – das Deutsche Jungvolk (DJ) und der Bund deutscher Mädel (BdM) – aufgrund des Gesetzes über die Hitlerjugend vom 1. Dezember 1936 [RGBl.I S.993] auch formal den Status einer **Staatsjugend**. Danach war die HJ Pflichtjugendorganisation für die gesamte männliche und weibliche deutsche Jugend zwischen dem 10. und 18. Lebensjahr, wobei allerdings die **Zwangsmitgliedschaft** in der HJ erst durch die 2. DV vom 25. März 1939 [RGBl.I S.710] angeordnet wurde. Als Aufgabe der HJ nannte das Gesetz, die gesamte Jugend »körperlich, geistig und sittlich im Geiste des Nationalsozialismus zum Dienst am Volk und zur Volksgesundheit zu erziehen«.

9. Soziale Wohnungspolitik im NS-Staat

9. 1 Wohnungsbauförderung

9. 1. 1 Grundlinien nationalsozialistischer Wohnungspolitik

Unter dem propagandistischen Schlagwort »Vom Mietshausblock zum Eigenheim« verlangten die Nationalsozialisten auch für das **Wohnungs- und Siedlungswesen** eine Orientierung an nationalsozialistischen Leitvorstellungen, und sie versprachen vor allem den Arbeitern eine deutliche Verbesserung ihrer Wohnverhältnisse. Im Gegensatz zu fast sämtlichen anderen Bereichen der Wirtschafts- und Gesellschaftspolitik war der Wohnungsbau jedoch ein Sektor, „auf dem die Privatinitiative ausgesprochen ermutigt wurde“ *(Schoenbaum, 1968, S.189)*. Gleichzeitig dürfte der Wohnungsbau „der einzige Wirtschaftszweig im nationalsozialistischen Deutschland gewesen sein, in welchem der Einfluß der öffentlichen Hand zurückging“ *(Erbe, 1958, S.113)*. Seine Aufgabe sah das Reich im Wohnungsbau „weniger in der Bereitstellung außerordentlicher Summen zum Bau billiger Wohnungen als in der Hebung der Privatinitiative“. Der Staat beanspruchte allerdings für sich, die Kapitalströme zu lenken und die Bautätigkeit nach den Interessen der »Allgemeinheit« zu überwachen.

Weitaus am deutlichsten zum Ausdruck kamen die weltanschaulichen Vorstellungen in dem **Gesetz über die Aufschließung von Wohnungssiedlungsgebieten vom 22. September 1933** [RGBl.I S.659] sowie in dem **Gesetz über einstweilige Maßnahmen zur Ordnung des deutschen Siedlungswesens vom 3. Juli 1934** [RGBl.I S.568], durch das der »deutsche Boden in seiner schicksalhaften Begrenzung« eine andere Wertung erfahren sollte. Andere **Gestaltungsprinzipien** wurden deutlich in der besonderen Priorisierung der sog. **»Kleinsiedlerstellen«** und in dem Bemühen, der **Verstädterung** entgegenzuwirken. **Der Erfolg der NS-Wohnungspolitik** war – gemessen an den eigenen Zielsetzungen – letztlich jedoch eher unbefriedigend. Nachdem der Wohnungsbau im Rahmen der Arbeitsbeschaffung durch großzügige Finanzmittel noch stark angekurbelt worden war, wurde die private Bautätigkeit, die angesichts des Eisenmangels spätestens ab 1936 mit der Verwirklichung der Rüstungsziele kollidierte, schon bald wieder gedrosselt *(vgl. auch Wagenbach, 1936, Sp.599ff.)*.

Tabelle 66: Entwicklung des Wohnungsbaus 1933–1940

Jahr	Wohnungen in sämtlichen Gebäuden			Rohzugang durch Neubau in Wohngebäuden					
				insgesamt	mit Unterstützung öffentlicher Mittel		erbaut durch (in %)		
	Rohzugang	Abgang	Reinzugang		insgesamt	in %[1]	öffentliche Hand	gemeinnützige Untern.	private Bauherrn
1933	202.113	24.075	178.038	132.192	48.996	37,06	9,82	14,79	75,39
1934	319.439	35.444	283.995	189.489	81.838	43,19	13,59	15,95	70,47
1935	263.810	22.778	241.032	212.022	75.207	35,47	8,08	18,89	73,03
1936	332.370	21.880	310.490	280.978	112.748	40,13	5,43	25,30	69,27
1937	340.392	20.335	320.057	307.554	117.769	38,29	4,76	29,67	65,55
1938	305.526	20.257	285.269	272.643	114.457	41,98	5,39	35,25	59,35
1939	220.334	14.105	206.229	202.046	94.145	46,60	5,06	41,49	53,44
1940	116.557	11.099	105.458	119.097	61.750	51,85	5,26	49,88	44,76

1) In % des Rohzugangs an Neubauwohnungen.
Quellen: Statistisches Jahrbuch für das Deutsche Reich, 55.Jg., 1936, S.175, 56.Jg., 1937, S.182, 57.Jg., 1938, S. 198, 59.Jg., 1941/42, S.230; Länderrat (Hrsg.): Statistisches Handbuch von Deutschland 1928-1944, München 1949, S.340f.

Was tatsächlich erreicht wurde, war vor allem die angestrebte Reduzierung des Anteils der öffentlichen Mittel an den Gesamtinvestitionen im Wohnungsbau. Bezogen auf die gesamten öffentlichen Investitionen ging der Anteil der **öffentlichen Wohnungsbauinvestitionen** 1933 bis 1938 von 5,8 auf 1,2% zurück. Trotz der Krisenzeit wurden 1927 –1932 lediglich 45.839 Wohnungen weniger erstellt als in den Jahren 1933–1937. Der Reinzugang an Wohnungen je 1.000 Einwohner ging im ersten Jahrfünft des Dritten Reiches sogar auf 20,3 zurück (1927 bis 1932 belief sich die entsprechende Größe noch auf 21,1). Insgesamt beliefen sich die im Wohnungsbau von 1933 bis 1937 investierten öffentlichen Mittel auf 1.055 Mio. RM oder 12,9% der gesamten Wohnungsbauinvestitionen dieses Zeitraumes. Der Anteil der mit öffentlichen Mitteln gebauten Wohnungen, der 1929/30 noch bei knapp 80% lag, ging bis 1935 auf 35,5% zurück und stieg bis 1939 lediglich auf 46,6% an *(vgl. auch Erbe, 1958, S.25)*.

9.1.2 Förderung des Kleinsiedlungsbaus

Obgleich die Förderung der Kleinsiedlung bereits durch die Regierung BRÜNING ins Leben gerufen worden war, stellten die NSDAP und die NS-Regierung die Kleinsiedlung in wiederholten programmatischen Erklärungen in den Mittelpunkt ihrer gesamten Wohnungs- und Siedlungspolitik. Nach Ansicht der Regierung war die Kleinsiedlung »die beste Siedlungsform für die werktätige minderbemittelte Bevölkerung«, da sie geeignet war, »den deutschen Arbeiter wieder mit dem Heimatboden zu verbinden« und ihm zugleich die Möglichkeit zu geben, »zur Ergänzung seines sonstigen Einkommens einen wesentlichen Teil seines Lebensbedarfs aus der Siedlerstelle zu erarbeiten« *(Soziale Praxis, 1936,*

Sp. 746). Entsprechend der der Kleinsiedlung eingeräumten **staats- und bevölkerungspolitischen Bedeutung** wurde sie vor allen anderen Wohnungsbaumaßnahmen unmittelbar durch Gewährung von **Reichsdarlehen** bei gleichzeitiger Übernahme von **Reichsbürgschaften** wie auch mittelbar durch die Zuerkennung weiterreichender steuerlicher, baupolizeilicher, absetzungsmäßiger und sonstiger **Vergünstigungen und Erleichterungen** durch den Staat gefördert.

Nachdem die »Kleinsiedlungs«-Aktion ursprünglich dazu konzipiert war, langfristig Arbeitslose unterzubringen, und die Finanzierung fast ausschließlich durch das Reich erfolgte, änderte die NS-Regierung sukzessive die Zielsetzungen und rückte verstärkt bevölkerungspolitische und gesundheitliche Gesichtspunkte in den Vordergrund. Bereits die **Richtlinien für die vorstädtische Kleinsiedlung vom 20. Februar 1933** ließen als Siedler neben den unterstützten Erwerbslosen auch Kurzarbeiter zu. Gleichzeitig wurden das Darlehen auf max. 2.250 RM begrenzt, der verlorene Zuschuß von 120 RM gestrichen und Familien mit 4 und mehr Kindern die Möglichkeit eines Zusatzdarlehens bis zu 500 RM eingeräumt.

Die Einbeziehung der Kurzarbeiter bildete allerdings nur den Anfang einer grundlegenden Umgestaltung des Siedlungsprogramms hinsichtlich der Finanzierungsmethoden und der Verfahrensvorschriften, wobei besonders auffallend war, daß die unmittelbare Reichshilfe eingeschränkt und stattdessen angestebt wurde, die Weiterentwicklung der Kleinsiedlung der Wirtschaft selbst zu überlassen. Zugleich wurde dazu übergegangen, vorrangig Projekte in kleineren Gemeinden und auf dem flachen Lande zu fördern. Nach dem sog. Ablösungserlaß des Reichsarbeitsministers vom 12. Februar 1935 waren »grundsätzlich alle ehrbaren, minderbemittelten, deutschen Volksgenossen, die national und politisch zuverlässig, rassisch wertvoll, gesund und erbgesund« waren, als Siedler zugelassen, soweit ihr Monatseinkommen 200 RM nicht überstieg *(vgl. RArBl.II, 1935, S.42).* Die Darlehenshöhe wurde auf den Betrag von 1.000 RM je Stelle beschränkt, wobei Kinderreiche, Kriegs- und Berufsgeschädigte Zusatzdarlehen bis zu 400 RM erhalten konnten. Mindestens 20 % des Bau- und Bodenwertes der Siedlerstelle mußten durch Eigenmittel der Anwärter gedeckt werden. Die Darlehen waren mit 4% zu verzinsen und mit 1% zu tilgen. Kinderreichen Familien konnte dabei für die ersten 3 Jahre ein Zinsnachlaß von bis zu 40 RM jährlich eingeräumt werden.

Weitere Verfahrensvereinfachungen sowie insbesondere eine Zusammenfassung der bislang getrennten und daher vielfach unübersichtlichen Darlehens-, Bürgschafts- und Anerkennungsbestimmungen brachten die **Durchführungsbestimmungen über die Förderung der Kleinsiedlung vom 21. April 1936.** Danach mußten Kleinsiedlerstellen mindestens 1.000 qm Nutzfläche haben, durften die Baukosten sich im Regelfall auf höchstens 4.000 RM belaufen und mußten die Belastungen auf die Dauer tragbar sein, d. h. sie sollten i.a. monatlich zwischen 25 und 30 RM betragen und grundsätzlich ein Viertel des baren Nettoeinkommens des Siedlers nicht übersteigen. Die Reichsdarlehen konnten nunmehr 1.500 RM betragen zzgl. etwaiger Zusatzdarlehen. Für bedürftige kinderreiche Familien (d.h. mit einem Monatseinkommen von weniger als 120 RM) wurde der Zinsnachlaß von 3 auf 5 Jahre erweitert *(RArBl.II, 1936, S.203ff.).*

Nachdem trotz der Vereinfachungen und materiellen Verbesserungen in den Jahren 1934 bis 1936 lediglich 30.000, 22.000 und 14.000 Kleinsiedlungen bezugsfertig geworden waren, bedurfte es beträchtlicher weiterer Anreize, um das vom Reichsarbeitsminister angestrebte Ziel von jährlich 100.000 neuen Kleinsiedlerstellen zu erreichen *(vgl. Soziale Praxis, 1937, Sp.1151).* Entsprechend enthielten die Kleinsiedlungsbestimmungen vom 14. September 1937 [RArBl.I, S.227] neben abermaligen Verfahrensvereinfachungen v. a. eine Reihe von Finanzierungserleichterungen. Der Darlehenshöchstbetrag von 1.500 RM wurde zwar beibehalten, namentlich für kinderreiche Familien jedoch eine Erhöhung bis zu 2.000 RM zugelassen. Der zulässige Höchstbetrag der Gesamtkosten wurde auf 7.000 RM und die monatliche Höchstbelastung des Siedlers auf 30 bis 35 RM heraufgesetzt; für kinderreiche Familien wurden die notwendige Eigenleistung auf 10% ermäßigt und die Mindeststellengröße von 1.000 auf 800 qm reduziert. Die Reichsdarlehen waren künftig statt mit 4 % nur noch mit 3 % zu verzinsen, von minderbemittelten Siedlern mit 2% und von kinderreichen Familien sogar nur mit 1 %. Für Familien mit 4 minderjährigen Kindern gab es Zusatzdarlehen von 300

RM, die sich für jedes weitere Kind um je 100 RM erhöhten. Der Zinsnachlaß für kinderreiche Familien wurde dagegen von 40 auf 25 RM herabgesetzt *(vgl. auch Bellinger, 1936, Sp.746ff., 782ff.)*.

Obgleich diese Bestimmungen dem Kleinsiedlungsprogramm bereits zu einem gewissen Aufschwung verholfen hatten, brachten die Änderungsbestimmungen vom 23. Dezember 1938 [RArBl. I, 1939, S.13] nochmals Finanzierungserleichterungen, indem das Reich für die Dauer der Rückzahlung der Fremddarlehen (d.h. zwischen 25 und 38 Jahre) auf die Verzinsung des Reichsdarlehens völlig verzichtete und in dieser Zeit lediglich eine 1%ige Tilgung verlangte (2% bei einem Monatseinkommen von mehr als 150 RM). Nach Abdeckung der Vorlasten war das Reichsdarlehen mit 4% zu verzinsen und in verstärkter Weise zu tilgen.

Ungeachtet der Priorität und der besonderen Aufmerksamkeit, die dem **Siedlungsprogramm** seitens der Staatsführung eingeräumt wurde, war der Erfolg insgesamt eher bescheiden. Zwischen dem Sommer 1935 und März 1939 wurden 82.782 Kleinsiedlerstellen mit Reichsdarlehen gefördert, darunter 18.178 mit Zusatzdarlehen. Der Anteil der kinderreichen Familien belief sich auf 22%. Von den im gesamten Zeitraum geförderten Stellen waren im März 1939 erst 46.807 schlüsselfertig; insgesamt wurden von der Regierung für die Kleinsiedlung 1933–39 rd. 424,3 Mio. RM bereitgestellt *(vgl. Wille, 1939, S.385ff.)*.

9.1.3 Förderung des Volkswohnungsbaus

Entgegen der NS-Propaganda, wonach die Hauptaufgabe nationalsozialistischer Wohnungspolitik darin bestand, durch Errichtung von Eigenheimsiedlungen den Arbeiter aus den städtischen Mietskasernen zu »befreien«, sah sich die Reichsregierung angesichts der vorhandenen **Wohnungsnotstände** sowie der äußerst langsam vorangehenden Errichtung von Kleinsiedlungen, wohl aber auch, „weil Vollbeschäftigung und Arbeitseinsatz mobile Arbeitskräfte erforderten" *(Lampert, 1983, S.201)*, im Jahre 1935 gezwungen, den Bau billigster Mietwohnungen – einschließlich in der vormals bekämpften Geschoßbauweise – mit staatlichen Darlehen zu fördern. Aufgrund des **Gesetzes zur Förderung des Wohnungsbaus vom 30. März 1935** [RGBl.I S.469] wurden zur **Förderung** sog. **»Volkswohnungen«** im Juli 1935 zunächst 35 Mio. RM und Anfang 1936 weitere 7 Mio. RM zur Verfügung gestellt.

Im Rahmen dieser Aktion wurden an die Gemeinden **Reichsdarlehen** in Höhe von 1.000 RM je Wohnung (in Ausnahmefällen bis 1.500 RM) gewährt, die diese wiederum gemeinnützigen Wohnungsbauunternehmen weitergeben konnten. Bei der Errichtung von Wohnungen für kinderreiche Familien war ein Zuschlag von 300 RM möglich. Die Darlehen, die lediglich für Wohnungen mit maximalen Baukosten von 3.500 RM verwandt werden durften, waren mit 4% zu verzinsen und mit 1% zu tilgen. Ein Erlaß vom 28. Januar 1936 bestimmte darüber hinaus, daß die **Miete** der so geförderten Wohnungen 1/5 des durchschnittlichen Bruttoeinkommens der künftigen Mieter nicht übersteigen durfte.

In den Jahren 1936 und 1937 wurden insgesamt 62.925 sog. Volkswohnungen errichtet; dies waren 9,5 % aller Neubauwohnungen und 22,9% aller in diesem Zeitraum mit öffentlichen Mitteln geförderten Wohnungen. Von den Volkswohnungen entfielen 27.254 auf Flachbauten und 35.671 (56,7 %) auf Geschoßbauten *(vgl. RArBl. II, 1939, S.228)*.

9.1.4 Förderung des Landarbeiterwohnungsbaus

Da die schlechten Wohnverhältnisse v. a. der Landarbeiter und ihrer Angehörigen als eine wesentliche Ursache der Landflucht galten, startete die RA gemäß § 18 der **Anordnung über die Verteilung von Arbeitskräften vom 28. August 1934** ein Programm zur Förderung des Landarbeiterwohnungsbaus. Die gewährten **Zuschüsse** sollten zur Verzinsung und Tilgung von neuen Familienwohnungen für verheiratete landwirtschaftliche Arbeiter (Landarbeiterwohnungen) oder von Ersatzbauten (Altenteilerwohnungen) zur Freimachung vorhandener Werkswohnungen dienen. Die Höhe der Zuschüsse betrug für die Dauer von 6 Jahren bis zu 300 RM jährlich, wobei der bewilligte Gesamtbetrag jedoch 50% der Herstellungskosten nicht übersteigen durfte. Insgesamt bewilligte die RA für rd. 24.000 Wohnungen Zuschüsse.

Nachdem die Verordnung des Beauftragten für den Vier-Jahres-Plan zur beschleunigten **Förderung des Baus von Heuerlings- und Werkswohnungen** sowie von **Eigenheimen für ländliche Arbeiter und Handwerker** vom 10. März 1937 [RGBl.I S.292] zusätzliche Subventionsmaßnahmen für den Landarbeiterwohnungsbau brachte, stellte die RA ihre Aktion ein.

Gemäß den 3. Durchführungsbestimmungen vom 9. September 1937 stellte die Landesrentenbank für den Bau von Werkswohnungen Darlehen von bis zu 5.500 RM, für Heuerlingswohnungen von bis zu 6.350 RM und für Eigenheimstellen von bis zu 8.000 RM zur Verfügung. Da die Antragsteller die geforderten Eigenleistungen von 15 % der Kosten vielfach nicht aufbringen konnten, wurden ab September 1937 zudem verlorene Reichszuschüsse mit durchschnittlich 600 RM je Wohnung gewährt. Neben der Neuerstellung von Landarbeiterwohnungen wurden nunmehr auch Umbauten, die zu solchen Wohnungen führten, gefördert.

9.1.5 Förderung durch Rückflüsse aus den Hauszinssteuerhypotheken

Das bereits in der Weimarer Republik geschaffene Verfahren, den Wohnungsbau aus Mitteln des **Hauszinssteueraufkommens** und den Rückflüssen aus **Hauszinssteuerhypotheken** zu fördern, wurde von der NS-Regierung zwar fortgeführt, die Förderungssätze jedoch ihren wohnungspolitischen Zielen angepaßt.

Statt einer allgemeinen Subventionierung des Wohnungsbaus sollten nunmehr Beihilfen für die Spitzenfinanzierung von wirklichen Kleinwohnungen und Kleinsiedlungen gewährt werden. Gleichzeitig wurden die ursprünglich von Land zu Land recht abweichenden Förderungskriterien in zunehmendem Maße reichseinheitlich gestaltet. So bestimmte die Verordnung vom 6. Februar 1936 über Änderung und Ergänzung der Reichsgrundsätze für den Kleinwohnungsbau [RGBl.I S.98], daß künftig die einzelnen Darlehen aus den Rückflüssen höchstens 1.500 RM betragen sollten. Die Verzinsung sollte 4 %, die Tilgung 1 % betragen. Außerdem waren mindestens 10% der gesamten Herstellungskosten durch Eigenmittel des Bauherrn aufzubringen. Ein Runderlaß vom 14. Februar 1936 bekräftigte, »daß nur solche Wohnungen und Siedlungen gefördert werden, die so billig und bescheiden sind, daß sie für die minderbemittelte Bevölkerung wirklich geeignet sind«.

9.1.6 Reichsbürgschaften für die zweite Hypothek

Neben dem Einsatz unmittelbarer Finanzierungshilfen förderte das Dritte Reich den Wohnungsbau auch durch die Übernahme von **Bürgschaften** für die 2. Hypotheken im Kleinwohnungs- und Kleinsiedlungsbau. Nachdem dieses durch die NotVO vom 1. Dezember 1930 [RGBl.I S.517] geschaffene Wohnungsbauförderungsinstrument zunächst nur wenig genutzt worden war, begann mit der Anfang 1934 vorgenommenen Neuregelung der Bestimmungen seine verstärkte Anwendung. Nach den **Bestimmungen für die Übernahme von Reichsbürgschaften für den Kleinwohnungsbau vom 28. Februar 1934** [RArBl.I,S.46] sollten mit dieser Maßnahme v. a. **billige Kleinwohnungen** für wirtschaftlich schwache Bevölkerungskreise zu erträglichen Mieten und Lasten geschaffen werden. Weitere wohnungsbaupolitische Ziele waren die Bevorzugung des Flachbaus und die Verlagerung der Bautätigkeit weg von den Großstädten.

Gemäß einem Runderlaß des Reichsarbeitsministers sollten die Mieten bei Geschoßwohnungen nicht mehr als 1/5, bei Eigentumswohnungen 1/4 des Einkommens der Wohnungsanwärter betragen. Die Reichsbürgschaft wurde für die 2. Hypothek übernommen, und zwar i.d.R. bis zu einer Grenze von 75 % des Wertes des Grundstücks und des Gebäudes. Gefördert wurden indessen nicht nur Kleinsiedlungen und Volkswohnungen, sondern auch sonstige Wohnungen, die ohne Reichsdarlehen errichtet wurden. Nachdem das Reich bis Ende 1935 Bürgschaften in Höhe von 167,4 Mio. RM übernommen hatte, setzte das Gesetz zur Übernahme von Reichsbürgschaften für den Kleinwohnungsbau vom 4. Februar 1936 [RGBl.I S.56] den Höchstbetrag zunächst auf 250 Mio. RM fest. Durch die 3. Verordnung über den Höchstbetrag für Reichsbürgschaften für den Kleinwohnungsbau vom 4. Oktober 1937 [RGBl.I S.1131] wurde der für Bürgschaften zur Verfügung stehende Betrag von 500 auf 700 Mio. RM erweitert. Insgesamt wurden bis zum 14. Juli 1939 für 771,4 Mio. RM Reichsbürgschaften zugesagt, wodurch 434.939 Wohnungen mit einem Bauwert von 2,73 Mrd. RM eine Förderung erhielten *(vgl. RArBl.II, 1939, S.300)*.

9. 1. 7 Mittelbare Förderungsmaßnahmen

Eine mittelbare Förderung erfuhr der Wohnungsbau für die sozial schwächeren Kreise durch verschiedene im Zusammenhang mit dem Wohnungsbau gewährte **Steuerermäßigungen**, die ursprünglich zum Zwecke der Arbeitsmarktbelebung eingeführt worden waren. Aufgrund des **2. Gesetzes zur Verminderung der Arbeitslosigkeit vom 21. September 1933** [RGBl.I S.651] waren bis Ende März 1937 bezugsfertig gewordene Kleinwohnungen von der gesamten Einkommensteuer, Vermögensteuer, der Grundsteuer des Landes sowie von der Hälfte der kommunalen Grundsteuer befreit. Diese Steuerbefreiungen endeten mit dem 31. 3. 1938 für die Vermögen- und Grundsteuer, mit dem 31. 3. 1939 für die Einkommensteuer. In den Genuß entsprechender Steuerbefreiungen gelangten auch alle bis zum 30. 9. 1937 bezugsfertig gewordenen Eigenheime, sofern die nutzbare Wohnfläche 150 qm nicht überstieg. Hier galten die Steuerbefreiungen bis März 1944 bzw. Ende 1943. Kinderreiche Familien durften im übrigen die Flächenbegrenzung, wenn zum Haushalt des Eigentümers mehr als 3 Kinder gehörten, für jedes weitere Kind um je 15 qm überschreiten.

Das **Gesetz zur Änderung der Vorschriften über die Steuerbefreiung des Neuhausbesitzes vom 2. April 1936** [RGBl.I S.344] brachte erstmals eine reichseinheitliche Regelung der Grundsteuerpflicht bzw. -befreiung, die bis dahin beim älteren Neuhausbesitz noch nicht reichseinheitlich kodifiziert war. Das Gesetz bestimmte, daß Wohngebäude, die zwischen dem 1. 4. 1918 und dem 31. 3. 1931 bezugsfertig geworden waren, grundsätzlich zur Gemeindegrundsteuer heranzuziehen waren. Dagegen wurde die Befreiung von der Landesgrundsteuer, soweit sie am 31. März 1936 für derartige Wohngebäude vorgesehen war, um ein Jahr verlängert.

Das **Grundsteuergesetz vom 1. Dezember 1936** [RGBl.I S.986] gewährte in den §§ 27–30 verschiedene Grundsteuerbefreiungen auf Zeit.

Nach § 27 sollten die aufgrund des 1. Reichssiedlungsgesetzes gewährten landesrechtlichen Vergünstigungen bei der Grundsteuer bis zu dem landesrechtlich vorgesehenen Zeitraum aufrechterhalten bleiben. Gemäß § 28 wurde eine weitere Fortgewährung von Grundsteuerbefreiungen für den älteren Neuhausbesitz (vom 1. 4. 1918 bis zum 31. 3. 1931 bezugsfertig geworden) versagt. Dagegen wurden gemäß § 28 Abs.1 die für den mittleren Neuhausbesitz (vom 1. 1. 1931 bis zum 31. 4. 1934 bezugsfertig gewordene Wohnungen) vorgesehenen Grundsteuerbefreiungen beibehalten, ebenso diejenigen für den neuesten Neuhausbesitz. Allerdings verlegte § 29 Abs.2 Satz 1 den für diese Steuerbefreiungen maßgeblichen Stichtag für Eigenheime vom 31. 3. 1939 auf den 30.9.1937 zurück.

Nachdem diese Steuerbefreiungen im Laufe des Jahres 1937 ausliefen und die Gefahr bestand, daß dadurch v. a. der Bau von Wohnungen gefährdet wurde, deren Mieten und Lasten in einem angemessenen Verhältnis zum Einkommen der minderbemittelten Kreise stand, wurde in § 29 des Grundsteuerrahmengesetzes 1936 eine neue Form der Steuererleichterung eingeführt. Danach waren sog. »**Arbeiterwohnstätten**«, die zwischen April

1937 und März 1940 erstellt wurden, auf die Dauer von 20 Jahren von der **Grundsteuer** völlig befreit.

Als Arbeiterwohnstätten galten Wohnungen, die nach Größe, Art und Ausstattung sowie nach der Höhe der Lasten oder Mieten für die Arbeiterschaft bestimmt waren und von dieser genutzt wurden; nach der Verordnung über die Förderung von Arbeiterwohnstätten vom 1. April 1937 [RGBl.I S.437] wurde vorausgesetzt, daß die Höchstmiete oder Last je Wohnung 40 RM nicht überstieg. In der Zeit von 1937 bis zum 30. Juni 1939 wurden von den Bürgschaftsausschüssen 11.890 Anträge für 91.800 Arbeiterwohnstätten genehmigt. Die Steuern mußten zwar zunächst an die Gemeinden entrichtet werden, wurden jedoch den Grundeigentümern als Grundsteuerbeihilfen vom Reich wieder erstattet. Durch mehrere Verordnungen wurde die Vergünstigung für Arbeiterwohnstätten sukzessive verlängert (zuletzt für bis zum 31.3.1945 fertiggestellte Arbeiterwohnstätten) *(vgl. Blechschmidt, 1939, S.303)*.

Nach § 58 der **GrundStDV 1937** vom 1. Juli 1937 [RGBl.I S.733] wurde für den älteren, mittleren und neuesten Neuhausbesitz eine teilweise Grundsteuerbefreiung eingeführt; dabei handelte es sich um Wohngebäude bzw. Kleinwohnungen, die nach dem 1. 4. 1924 bezugsfertig geworden waren und aufgrund früherer Gesetze von der Grundsteuer befreit gewesen waren. Die Steuerermäßigung betrug 25 % und sollte bis zum nächsten Hauptfeststellungszeitpunkt gewährt werden. Diese Hauptfeststellung, die eigentlich am 1. 1. 1941 hätte erfolgen müssen, war aufgrund des Krieges unterblieben. Daher galt der § 58 GrundStDV in verschiedenen Ländern sowie später aufgrund von §33 Abs.5 GrundStG 1951 [BGBl.I S.515] im gesamten Bundesgebiet fort. Allerdings war die Verbindlichkeit dieser Rechtsnorm heftig umstritten.

9. 2 Mieterschutzgesetzgebung

Nachdem die **Wohnungszwangswirtschaft** gegen Ende der Weimarer Republik sukzessive eingeschränkt und das **Wohnungsmangelgesetz** am 31. März 1933 außer Kraft getreten waren, hatte auch der **Mieterschutz** zahlreiche Abschwächungen erfahren. Die mit der Zunahme der Eheschließungen verbundene Stärkung der Wohnungsnachfrage und die gleichzeitige Verschärfung der Wohnungsknappheit veranlaßten die NS-Regierung Mitte der 30er Jahre zu einem neuerlichen Ausbau des Mieterschutzes. Zu diesem Zweck erging das **Gesetz zur Änderung des Reichsmietengesetzes und des Mieterschutzgesetzes vom 18. April 1936** [RGBl.I S.371], das den Reichsarbeits- und den Reichsjustizminister ermächtigte, Vorschriften zur Verhinderung ungerechtfertigter Mietzinssteigerungen zu erlassen. Zugleich wurden Wohnungen, die bei einer Neuvermietung den Mieterschutz verloren, weil sie aufgrund des Wohnungsmangelgesetzes von den Gemeinden nicht mehr beschlagnahmt werden konnten, erneut dem früheren Schutz unterstellt. Geändert wurde ferner eine Vorschrift, durch welche das Recht des Mieters, sich auf die gesetzliche Miete zu berufen, übermäßig eingeschränkt worden war *(vgl. auch Ebel, 1936, Sp.506ff.)*.

Gestützt auf dieses Gesetz erging unter dem 20. April 1936 eine Verordnung über die Änderung des Reichsmietengesetzes und des Mieterschutzgesetzes [RGBl.I S.378], durch welche das Reichsmietengesetz völlig neu gefaßt und das Mieterschutzrecht in wesentlichen Punkten abgeändert wurde. Obwohl es weiterhin zulässig war, eine andere als die gesetzliche Miete zu vereinbaren, hatte nunmehr jede Partei das Recht, sich auf die gesetzliche Miete zu berufen, die sodann an die Stelle der vereinbarten Miete trat. Die Regelung der Höhe der gesetzlichen Miete oblag dem Reichsarbeitsminister, der sich allerdings damit begnügte, als Mindestsatz eine Miete in Höhe von 110% der Friedensmiete festzusetzen; die Festlegung im einzelnen blieb den Ländern überlassen.

Von den im Rahmen der Durchführung des Vier-Jahres-Planes im November 1936 ergangenen **Verbot von Preiserhöhungen** waren zunächst auch die Mieten betroffen. Eine **Preis-Stopp-Verordnung vom 26. November 1936** [RGBl.I S.955] untersagte Mieterhöhungen für Wohnungen über den Stand vom 18.10.1936 hinaus, gleichgültig, ob die Wohnungen unter das Reichsmietengesetz fielen oder nicht.

Da es aufgrund vielfältiger Ausnahmeregelungen dennoch zu zahlreichen Mietsteigerungen kam, bestimmte eine weitere Verordnung vom 27. September 1937 [RGBl.I S.1127], daß grundsätzlich alle Mietzinserhöhungen, auch soweit sie nach dem Reichsmietengesetz zulässig waren, künftig der Genehmigung der Preisbildungsstellen bedurften; dies galt auch für Mieterhöhungen, die mit Neueinführung oder Erhöhung der Gebühren des Hauseigentümers begründet wurden.

Gleichzeitig mit den Eingriffen in die Mietpreisbildung war der Justizminister durch die **Verordnung über Kündigungsschutz für Miet- und Pachträume vom 28. August 1937** [RGBl.I S.917] ermächtigt worden, den **Kündigungsschutz** den veränderten Bedingungen anzupassen. Dies geschah durch die **1. Ausführungs-VO vom 4. Dezember 1937** [RGBl.I S.1325], welche die Bestimmungen des Mieterschutzgesetzes auf alle Wohnungen ausdehnte, soweit sie nach dem 1. Juli 1918, aber vor dem 30. November 1937 errichtet worden waren. Der Mieterschutz galt nunmehr auch für Altbauten gemeinnütziger Wohnungsbauunternehmen sowie für eine Reihe von Altbauten, die infolge ihrer Miethöhe davon bisher ausgenommen waren.

Eine weitere Zäsur in der Entwicklung des Mieterschutzes stellte der **Kriegsbeginn** dar. Die **3. Ausführungs-VO** vom 5. September 1939 [RGBl.I S.1670] und die **4. Ausführungs-VO** vom 26. September 1939 [RGBl.I S.1944] erklärten den Mieterschutz praktisch für jede Art von Mietverhältnis anwendbar, also auch für sämtliche Altbauten, für zukünftig zu errichtende Wohnungen sowie gleichfalls für Geschäftsräume und Pachtverhältnisse.

10. Steuerliche Maßnahmen der Sozialpolitik

Auch in der NS-Zeit wurde die bereits im Kaiserreich sowie in der Weimarer Republik begonnene soziale Gestaltung von Steuern und Abgaben fortgesetzt. Dabei dienten Einkommensteuerermäßigungen mittels der Einräumung von Kinderfreibeträgen und außergewöhnlichen Belastungen v. a. einer Verstärkung des Familienlastenausgleichs; daneben wurden beschäftigungs- und wohnungspolitische Ziele verfolgt; die im Dritten Reich erfolgte **Neuregelung der Ehegattenbesteuerung** diente demgegenüber vorrangig arbeitsmarktpolitischen Zielen. Der bereits durch Einkommensteuerermäßigungen geförderte **Familienlastenausgleich** wurde durch **Vermögensteuerermäßigungen** verstärkt. Hinzu traten **Grundsteuerermäßigungen** als wesentlicher Bestandteil der Wohnungsbaupolitik *(vgl. S.325f.)*. Beschäftigungspolitische Gesichtspunkte und Aspekte des Familienlastenausgleichs bzw. der sozialen Entschädigung waren tragend für die Einführung von **Kraftfahrzeugsteuerermäßigungen** bzw. -befreiungen.

10. 1 Steuern auf Einkommen

Das **Gesetz zur Verminderung der Arbeitslosigkeit vom 1. Juni 1933** [RGBl.I S.323] führte in das EStG eine Regelung ein, nach der für jede Hausgehilfin je Kalendermonat, in dem sie zum Haushalt des Steuerpflichtigen gehörte, 50 RM als außergewöhnliche Belastungen geltend gemacht werden konnten; diese Vergünstigung war auf maximal 3 Hausgehilfinnen je Haushalt beschränkt.

In der Folgezeit brachte vor allem das **EStG vom 16. Oktober 1934** [RGBl.I S.1005] eine Reihe weitreichender Neuregelungen, die sowohl die Ehegattenbesteuerung, die Einräumung von Kinderfreibeträgen und Haushaltsfreibeträgen sowie die steuerliche Behandlung von außergewöhnlichen Belastungen und Bausparkassenbeiträgen betrafen.

Mit dem EStG 1934 wurde die gesonderte Besteuerung der Ehefrau bei bestimmten Einkünften beseitigt und erneut zur uneingeschränkten Zusammenveranlagung der Ehegatten unter Zusammenrechnung aller ihrer Einkünfte einschließlich der Wiederverwendung der früheren Bezeichnung »Haushaltsbesteuerung« übergegangen. Die Absicht dieser steuerlichen Maßnahme bestand in der Schaffung von Arbeitsplätzen durch Verdrängung von Frauen vom Arbeitsmarkt. Die Einkommensteuertabelle enthielt höhere Steuersätze für Ledige als für zusammenveranlagte kinderlose Verheiratete. Bei Einkommen über 120.000 RM betrug z.B. die Einkommensteuer der Veranlagten bei Ledigen 50 % und bei den übrigen Steuerpflichtigen 40 %.

Gleichzeitig wurde mit diesem Gesetz die steuerliche Bevorzugung der Familie mit mehreren Kindern zu Lasten der Ledigen und der Verheirateten ohne Kinder ausgeweitet. So betrug die Ermäßigung der Einkommensteuer zwischen 15 % für das erste Kind (mindestens 240, höchstens 1.000 RM) und 100 % für das 6. Kind (höchstens 9.000 RM); für jedes weitere Kind stieg die Ermäßigung um zusätzliche 1.400 RM; bei Einkommen über 100.000 RM entfiel jedoch die Kinderermäßigung. Analog zur Einkommensteuer enthielt auch die Lohnsteuertabelle nach der Kinderzahl (1–10 Kinder) differenzierte Steuersätze; bei mehr als 10 Kindern wurde keine Lohnsteuer mehr erhoben. Gleichfalls nach der Kinderzahl richtete sich der neu eingeführte Lohnsteuertarif für einmalige Vergütungen; während Ledige in solchen Fällen 16 % Lohnsteuer zahlten, ermäßigte sich der Tarif bei mehr als 3 Kindern auf 1 %. Die Kinderermäßigung stand den Steuerpflichtigen für Kinder zu, die mindestens 4 Monate im Kalenderjahr zu dem betreffenden Haushalt gehört hatten. Als Kinder galten neben den Abkömmlingen des Steuerpflichtigen auch Stiefkinder und Pflegekinder. Erstmals wurde auch eine Kinderermäßigung auf Antrag für in der Berufsausbildung stehende Kinder gewährt, soweit sie im Veranlagungszeitraum mindestens 4 Monate das 25. Lebensjahr noch nicht vollendet hatten.

Die Besteuerung von verwitweten und geschiedenen Personen ohne Kinderermäßigung wurde analog zu den Verheirateten ohne Kinderermäßigung geregelt, sofern aus ihrer Ehe ein Kind hervorgegangen war oder sie mindestens 4 Monate vor Ende des Kalenderjahres das 55. Lebensjahr vollendet hatten.

Das EStG 1934 sah auch die Berücksichtigung außergewöhnlicher Belastungen vor. Gemäß § 33 konnten besondere wirtschaftliche Verhältnisse durch Ermäßigung der Einkommensteuer (nicht mehr durch völligen Erlaß) berücksichtigt werden, allerdings nur noch auf Antrag (bis dahin von Amts wegen) und nur noch bei Einkommen bis 20.000 RM (bei mehr als 2 Kindern bis 30.000 RM). Die Höhe der Steuerermäßigung blieb allerdings dem Ermessen des Finanzamtes überlassen.

Der 1934 in das EStG neu eingefügte § 10 ließ erstmals den Abzug von Beiträgen zu Bausparkassen als Sonderausgaben zu.

Das **EStÄndG vom 1. Februar 1938** [RGBl.I S.99] brachte die Neufassung des die außergewöhnlichen Belastungen betreffenden § 33; die Einkommensgrenzen wurden gestrichen und der Begriff der Zwangsläufigkeit eingeführt.

Nach § 27 Abs.2 EStDV lag eine außergewöhnliche Belastung dann vor, wenn einem Steuerpflichtigen größere Aufwendungen als der überwiegenden Mehrzahl vergleichbarer Steuerpflichtiger entstanden und diese Aufwendungen nicht zu den Betriebsausgaben, Werbungskosten oder Sonderausgaben gehörten. In diesem Zusammenhang sah das EStG 1938 zugleich die Aufstellung gewisser Sonderbelastungs-Mindestgrenzen vor, die nach dem Familienstand und der Einkommenshöhe gestaffelt waren.

Das **EStÄndG vom 27. Februar 1939** [RGBl.I S.297] beseitigte die Möglichkeit, Aufwendungen für eine Hausgehilfin als Sonderausgaben im Sinne außergewöhnlicher Belastungen steuerlich absetzen zu können. Auf der anderen Seite wurde von da an die Kinderermäßigung für minderjährige Kinder auch dann gewährt, wenn sie zwar nicht zum Haushalt des Steuerpflichtigen gehörten, aber überwiegend auf seine Kosten unterhalten und erzogen wurden.

Als Kinder galten auch Personen i. S. d. § 10 Ziff.3-6 Steueranpassungsgesetz (also auch Angehörige). Weiterhin wurden unverheiratete Frauen ohne Kinderermäßigung in die Steuergruppe II (kinderlose Verheiratete) eingestuft, sofern sie mindestens 4 Monate vor dem Ende des VZ das 50., aber noch nicht das 65. Lebensjahr vollendet hatten; unverheiratete Männer und Frauen ohne Kinderermäßigung, aus deren früherer Ehe ein Kind hervorgegangen war, wurden bei Vollendung des 65. Lebensjahres wie Verheiratete ohne Kinderermäßigung (Steuergruppe III) behandelt.

Die **EStDV 1941 vom 7. Dezember 1941** [RGBl.I S.751] trug dem Umstand Rechnung, daß man im Dritten Reich während des Zweiten Weltkrieges verstärkt auf die Arbeitskraft der Frau angewiesen war. Die Ehegattenbesteuerung wurde erneut geändert.

Einkünfte der Ehefrau aus nichtselbständiger Arbeit in einem dem Ehemann fremden Betrieb blieben fortan bei der Zusammenveranlagung wieder außer Ansatz und wurden nach dem steuerlich anzuwendenden Familienstand gesondert besteuert. Hinsichtlich der Behandlung außergewöhnlicher Belastungen wurde gem. § 32 Abs.1 fortan nicht mehr auf die überwiegende Mehrzahl der Steuerpflichtigen gleicher wirtschaftlicher Verhältnisse, sondern auf die einfache Mehrheit abgestellt. Ferner trat an die Stelle der Sonderbelastungs-Mindestgrenzen die gewöhnliche Belastung, die ebenfalls in gestaffelten Vomhundertsätzen des Einkommens ausgedrückt wurde. Da der übersteigende Betrag als außergewöhnliche Belastung vom Einkommen abzuziehen war, bestand nunmehr auch hinsichtlich der Höhe der Steuerermäßigung ein Rechtsanspruch.

Die **Steuervereinfachungsverordnung vom 14. September 1944** [RGBl.I S.202] führte hinsichtlich der Berücksichtigung von Kinderfreibeträgen zu einer Herabsetzung der Altersgrenze auf das 18. Lebensjahr; außerdem wurden das Erfordernis der Haushaltszugehörigkeit oder der Unterhaltsgewährung beseitigt und der Begriff der zu berücksichtigenden Kinder neu gefaßt.

10. 2 Steuern auf Vermögen

Das **Vermögensteuergesetz vom 16. Oktober 1934** [RGBl.I S.1052] führte erstmals eine ausdrückliche Berücksichtigung des Familienstandes bei der Vermögensbesteuerung in Form von Freibeträgen ein. Der Grundfreibetrag belief sich nunmehr auf 10.000 RM und erhöhte sich für über 60 Jahre alte und längere Zeit erwerbsunfähige Personen auf 20.000 RM, sofern deren Einkommen nicht mehr als 3.000 RM im Jahr betrug. Für die Ehefrau und jedes minderjährige Kind wurden ebenfalls 10.000 RM als Freibetrag berücksichtigt. Das gleiche galt für volljährige Kinder, die sich auf Kosten des Steuerpflichtigen in der Berufsausbildung befanden und das 25. Lebensjahr noch nicht vollendet hatten. Als Kinder galten neben den Abkömmlingen des Steuerpflichtigen auch Stiefkinder, Adoptivkinder und Pflegekinder. Ehegatten und Kinder mit Freibetrag wurden zusammen veranlagt; nur der jeweils überschießende Vermögensbetrag unterlag der Vermögensteuer.

10. 3 Kraftfahrzeugsteuer

Nachdem durch die **Änderung des Kraftfahrzeugsteuergesetzes vom 10. April 1933** [RGBl.I S.192] und das **Gesetz über die Ablösung der KraftSt vom 31. Mai 1933** [RGBl.I S.315] bereits die KraftSt reduziert bzw. für neuzugelassene Wagen gänzlich aufgehoben worden war, brachten die **Durchführungsbestimmungen zum KraftStG vom 5. Juli 1935** [RGBl.I S.875] auch für die reduzierte KraftSt weitergehende Regelungen. Nach den §§ 44 und 45 KraftStDB konnte gewissen Kriegs- und Zivilbeschädigten die KraftSt im Billigkeitsweg gemäß § 131 RAO ohne Rechtsanspruch und unter engen Voraussetzungen (auch bei Kriegsbeschädigten nur unter Berücksichtigung der wirtschaftlichen Verhältnisse, bei Zivilbeschädigten sogar nur bei besonderen wirtschaftlichen Verhältnissen) erlassen werden.

Literaturverzeichnis

Abel, W.: Massenarmut und Hungerkrisen im vorindustriellen Deutschland, Göttingen 1972

Abendroth, W.: Sozialgeschichte der europäischen Arbeiterbewegung, Frankfurt 1965

Achinger, H.: Sozialpolitik und Fürsorge. Ein Abgrenzungsversuch, begründet aus den Ursachen der Notstände, Würzburg-Aumühle 1939

Achinger, H.: Sozialpolitik als Gesellschaftspolitik (Schriften des Deutschen Vereins für öffentliche und private Fürsorge, Schrift 249), 2. erw. Aufl., Frankfurt 1971

Adamy, W. u.a.: 60 Jahre Arbeitslosenversicherung in Deutschland. Teil I: Von der Armenfürsorge zur Arbeitslosenhilfe, in: Soziale Sicherheit, 36.Jg., 1987, S.374-379

Adelmann, G.: Die soziale Betriebsverfassung des Ruhrbergbaus vom Anfang des 19. Jahrhunderts bis zum 1.Weltkrieg unter besonderer Berücksichtigung des Industrie- und Handelskammerbezirks Essen, Bonn 1962

Agahd-Nixdorf, K.: Das Gesetz über Kinderarbeit in gewerblichen Betrieben nach den Kommissionsbeschlüssen, in: Soziale Praxis, 12.Jg., Heft 12/1902, Sp.297-302

Albrecht, G.: Arbeitskammer, in: Wörterbuch der Volkswirtschaft, 4.Aufl., Bd.1, Jena 1931, S.162-163

Albrecht, G.: Gewerbegesetzgebung, in: Wörterbuch der Volkswirtschaft, 4.Aufl., Bd.2, Jena 1933, S.134-140 (1933a)

Albrecht, G.: Tarifvertrag, in: Wörterbuch der Volkswirtschaft, 4.Aufl., Bd.3, Jena 1933, S.578-585 (1933b)

Alföldy, G.: Römische Sozialgeschichte, Wiesbaden 1975

Althaus, H.: Nationalsozialistische Volkswohlfahrt – Wesen, Aufgaben und Aufbau, Berlin 1937

Ambrosius, L.: Das Versorgungsrecht der Beamten (Grundriß des Verwaltungsrechts, Bd 5), Düsseldorf 1950

Andres, K.: Das Gesetz zur Ordnung der nationalen Arbeit vom 20. Januar 1934. Ein Überblick über die Grundgedanken, in: RArBl. II (nichtamtl. Teil), N.F., 14.Jg., Nr.4/1934, S.37-39

Anton, G.K.: Geschichte der preußischen Fabrikgesetzgebung bis zu ihrer Aufnahme durch die Reichsgewerbeordnung, Leipzig 1891

Augar, K.: Das preußische Pensionsreglement für die Civilstaatsdiener v. 30. April 1825, seiner Entstehungsgeschichte nach betrachtet, nebst einem Überblick über die Entwicklung eines Beamtenpensionswesens in Deutschland, Diss. Königsberg 1925

Baltes, E.: Die deutschen Vermögensteuern. Eine vergleichende Darstellung der in den deutschen Bundesstaaten geltenden Vermögensteuergesetze mit Berücksichtigung des Wehrbeitragsgesetzes, in: Finanz-Archiv, 32.Jg., 1915, Bd.1, S.677-803

Barkai, A.: Das Wirtschaftssystem des Nationalsozialismus. Der historische und ideologische Hintergrund 1933 bis 1936, Köln 1977

Bartsch, R.: Armengesetzgebung und Armenpolizei, in: HWSt, 4.Aufl., Bd.1, Jena 1923, S.967-1008

Bastiat, F.: Harmonies économiques, in: Oeuvres complètes, Bd.VI, 3.Aufl., Paris 1855, 6.Aufl., Paris 1870

Bauer, St.: Arbeiterschutzgesetzgebung, in: HWSt, 4.Aufl., Bd.1, Jena 1923, S.401-701

Bechtel, H.: Wirtschaftsgeschichte Deutschlands im 19. und 20. Jahrhundert, Bd.3, München 1956

Bellinger: Die neuen Kleinsiedlungsbestimmungen, in: Soziale Praxis, 45.Jg., Heft 26/1936, Sp.746-754, Heft 27/1936, Sp.782-788

Bernsee, H.: Arbeitsaufgaben und Arbeitsgesinnung der NS-Volkswohlfahrt, in: Soziale Praxis, 44. Jg., Heft 17/1935, Sp.490-494

Beyerle, K.: Die wirtschaftliche Stellung der Beamten in der Reichsverfassung, Berlin 1931

Birkenholz, C.: Die »sozialpolitischen Bedingungen« für die Baustellen der Reichsautobahnen und Reichsstraßen, in: RArBl. II (nichtamtl. Teil), N.F., 17.Jg., Nr.25/1937, S.279-281

Blach, J.: Die Arbeits- und Lohnverhältnisse im Deutschen Buchdruckergewerbe 1914 bis 1925, Diss. Halle 1926

Blaich, F.: Wirtschaftspolitik und Wirtschaftsverfassung im Dritten Reich, in: Aus Politik und Zeitgeschichte, B 8/71 vom 20. Februar 1971, S.3-18

Blaich, F. (Hrsg.): Staatliche Umverteilungspolitik in historischer Perspektive. Beiträge zur Entwicklung des Staatsinterventionismus in Deutschland und Österreich (Schriften des Vereins für Socialpolitik, N.F. Bd.109), Berlin 1980

Blechschmidt: Fünf Jahre Reichsbürgschaften für den Kleinsiedlungswohnungsbau, in: RArBl. II (nichtamtl. Teil), N.F., 19.Jg., Nr.24/1939, S.300-304

Blum, H.: Das Deutsche Reich zur Zeit Bismarcks, Leipzig-Wien 1893

Boese, F.: Geschichte des Vereins für Socialpolitik 1872-1932 (Schriften des Vereins für Socialpolitik, Bd.188), Berlin 1939

Bog, I.: Deutschlands Wirtschaft im industriellen Zeitalter. Die Entwicklung des deutschen Wirtschaftslebens seit 1871, in: 100 Jahre Deutsche Geschichte, herausgegeben von der Niedersächsischen Landeszentrale für Politische Bildung, Leer 1971, S.85-110

Böhme, H.: Deutschlands Weg zur Großmacht. Studien zum Verhältnis von Wirtschaft und Staat während der Reichsgründungszeit 1848-1881, 2.Aufl., Köln 1972

Borchardt, K.: Die industrielle Revolution in Deutschland, München 1972

Borght, R. van der: Grundzüge der Sozialpolitik, Leipzig 1904

Born, K.E.: Staat und Sozialpolitik seit Bismarcks Sturz. Ein Beitrag zur Geschichte der innenpolitischen Entwicklung des Deutschen Reiches von 1890-1914, Wiesbaden 1957

Born, K.E.: Akten zur staatlichen Sozialpolitik in Deutschland 1890-1914, Wiesbaden 1959

Born, K.E.: Der soziale und wirtschaftliche Strukturwandel Deutschlands am Ende des 19. Jahrhunderts, in: H.-U. Wehler (Hrsg.): Moderne deutsche Sozialgeschichte, Köln-Berlin 1966, S.271-284

Born, K.E.: Staat und Sozialpolitik im Deutschen Kaiserreich, in: E. Heinen/H.J. Schoeps (Hrsg.): Geschichte in der Gegenwart – Festschrift für Kurt Kluxen, Paderborn 1972, S.179-197

Born, K.E. u.a. (Hrsg.): Quellensammlung zur Geschichte der Deutschen Sozialpolitik 1867-1914, Wiesbaden 1966

Bracher, K.D.: Demokratie und Machtergreifung: Der Weg zum 30. Januar 1933, in: K.D. Bracher/M. Funke/H.-A. Jacobsen (Hrsg.): Nationalsozialistische Diktatur 1933-1945. Eine Bilanz (Schriftenreihe der Bundeszentrale für politische Bildung, Bd.192), Bonn 1983, S.17-36

Bracher, K.D./**Funke**, M./**Jacobsen**, H.-A. (Hrsg.): Nationalsozialistische Diktatur 1933-1945. Eine Bilanz (Schriftenreihe der Bundeszentrale für politische Bildung, Bd.192), Bonn 1983

Bracher, K.D./**Funke**, M./**Jacobsen**, H.-A. (Hrsg.): Die Weimarer Republik 1918-1933. Politik – Wirtschaft – Gesellschaft, Düsseldorf-Bonn 1987

Bracher, K.D./**Sauer**, W./**Schulz**, G.: Die nationalsozialistische Machtergreifung. Studien zur Errichtung des totalitären Herrschaftssystems in Deutschland 1933/34, Teil 1: K.D. Bracher: Stufen der Machtergreifung; Teil 2: G. Schulz: Die Anfänge des totalitären Maßnahmenstaates; Teil 3: W. Sauer: Die Mobilmachung der Gewalt, Köln-Opladen 1960

Brakelmann, G.: Die soziale Frage des 19. Jahrhunderts, 2 Bde., 4.Aufl., Witten 1971

Brander, S.: Wohnungspolitik als Sozialpolitik. Theoretische Konzepte und praktische Ansätze in Deutschland bis zum ersten Weltkrieg (Volkswirtschaftliche Schriften, Heft 348), Berlin-München 1984

Brandis, E.: Mieterschutz, in: Handwörterbuch des Wohnungswesens, Jena 1930, S.539-547

Brassert: Zur Frage des deutschen Knappschaftswesens, in: Zeitschrift für Bergrecht, 13.Jg., 1872, S.101-115

Braun, A.: Die freien Hilfskassen und ihre Aufgabe gegenüber dem Krankenversicherungsgesetz, in: Sozialpolitisches Centralblatt, 1.Jg., Nr.16/1892, Sp.199-200

Braun, R. u.a. (Hrsg.): Industrielle Revolution. Wirtschaftliche Aspekte (Neue Wissenschaftliche Bibliothek, Bd.50), Köln-Berlin 1972

Braun, R. u.a. (Hrsg.): Gesellschaft in der industriellen Revolution (Neue Wissenschaftliche Bibliothek, Bd.56), Köln 1973

Braunthal, J.: Geschichte der Internationale, 2 Bde., Hannover 1961 und 1963

Breidenstein: Die Tarifgemeinschaft der deutschen Buchdrucker, o.O. 1908 [2.Aufl., o.O. 1922]

Breithaupt, G.W.: Öffentliches Armenrecht und persönliche Freiheit. Zeitschrift für die gesamte Staatswissenschaft. Ergänzungsheft LI, Tübingen 1915

Brentano, L.: Die Arbeiterversicherung gem. der heutigen Wirtschaftsordnung. Geschichtliche und ökonomische Studien, Leipzig 1879

Brockmeyer, N.: Sozialgeschichte der Antike, Stuttgart-Berlin-Köln-Mainz 1972

Broszat, M.: Der Staat Hitlers. Grundlegung und Entwicklung seiner inneren Verfassung, 1. Aufl., München 1969; 2.Aufl., München 1972

Brück, G.W.: Allgemeine Sozialpolitik. Grundlagen, Zusammenhänge, Leistungen, Köln 1976, 2. erw. u. aktualisierte Auflage, Köln 1981

Buck, L.: Zur Beleuchtung der Zusammenhänge zwischen steuerfreiem Existenzminimum, Kinderprivileg, Junggesellensteuer und Haushaltsbesteuerung und Möglichkeiten eines Ausbaues der Gesetzgebung, in: Finanz-Archiv, 34.Jg., 1917, Bd.2, S.177-332

Budischin, H.-J. / **Kreuter**, H.: Leitbilder der Sozialen Sicherheit gestern und heute, in: Probleme der Wirtschaftspolitik. Beiträge zu einer erklärungsrelevanten Ökonomie (Schriftenreihe zur Industrie- und Entwicklungspolitik, Bd.16), Berlin 1975, S.87-112

Bundesknappschaft (Hrsg.): 10 Jahre Bundesknappschaft, Bochum 1979

Cahn, E.: Sozialrecht, in: F. Giese / E. Neuwiem / E. Cahn (Hrsg.): Deutsches Verwaltungsrecht, Berlin-Wien 1930, S.369-453

Claßen, M.: Die staatliche Sozialpolitik von 1839 bis 1918, Diss. Köln 1962

Conrad, M.: Streiks und Aussperrungen im Jahre 1920, in: RArBl. II (nichtamtl. Teil), N.F., 2.Jg., Nr.9/1922, S.283-293

Daescher, C.: Die Deutsche Arbeitsfront, München 1934

Dapprich, G.: Geschichtliche Entwicklung der Knappschaft, in: Bundesknappschaft (Hrsg.): 10 Jahre Bundesknappschaft, Bochum 1979, S.19-54

Denkschrift zum 75jährigen Bestehen des Königlichen Gewerbegerichts zu Solingen 1840-1915, Solingen 1915

Deppe, F. / **Fühlbert**, G. / **Harrer**, J. (Hrsg.): Geschichte der deutschen Gewerkschaftsbewegung, Köln 1977

Dobbernack, W.: Die Neuregelung der Rentenversicherung im Bergbau, in: Amtliche Nachrichten für Reichsversicherung, Nr.29/1942, S.II 523-532

Ebel: Die neueste Entwicklung des Mieterschutzes, in: Soziale Praxis, 45.Jg., Heft 18/1936, Sp.506-510

Ehlert, M.: Die Pflichtarbeit der Erwerbslosen, in: Soziale Praxis, 33.Jg., Heft 20/1924, Sp. 393-396

Erbe, R.: Die nationalsozialistische Wirtschaftspolitik 1933 bis 1939 im Lichte der modernen Theorie, Zürich 1958

Erdmann, G.: Die Entwicklung der deutschen Sozialgesetzgebung, 2.Aufl., Göttingen-Berlin-Frankfurt 1957

Feig, J.: Arbeitsordnungen, in: HWSt, 4.Aufl., Bd.1, Jena 1923, S.840-844

Feig, J.: Die Neuregelung des Arbeitsschutzes in Deutschland, in: Internationale Rundschau der Arbeit, 5.Jg., Bd.1, Heft 1/1927, S.1-19

Feig, J.: Die Vorarbeiten für das deutsche Arbeitsgesetzbuch, in: RArBl. II (nichtamtl. Teil), N.F., 8.Jg., Nr.13/1928, S.205-208

Fenske, G.: Verwaltung und Krieg. Überlegungen im letzten Friedensjahrzehnt, in: K.G.A. Jeserich / H. Pohl / G.Ch. Unruh (Hrsg.): Deutsche Verwaltungsgeschichte, Bd.3: Das Deutsche Reich bis zum Ende der Monarchie, Stuttgart 1984, S.866-908

Fine, S.: Laissez-faire and the General Welfare State. A study of conflict in American thought – 1865-1901, Ann Arbor 1956

Fischer, W.: Deutsche Wirtschaftspolitik 1918 bis 1945, 3.Aufl., Opladen 1968

Fischer, W.: Armut in der Geschichte: Erscheinungsformen und Lösungsversuche der »Sozialen Frage« in Europa seit dem Mittelalter, Göttingen 1982

Fischer, W. (Hrsg.): Geschichte der Weltwirtschaft im 20. Jahrhundert, Bd.2, München 1973

Fischer, W. / **Krengel**, J. / **Wietog**, J.: Sozialgeschichtliches Arbeitsbuch I. Materialien zur Statistik des Deutschen Bundes 1815-1870, München 1982

Flatow, H.: Das Gesetz über die Entsendung von Betriebsratsmitgliedern in den Aufsichtsrat, in: RArBl. II (nichtamtl. Teil), N.F., 2.Jg., Nr.11/1922, S.349-350

Förster: Deutschlands Kriegsbeschädigte und Kriegshinterbliebene, in: RArBl. II (nichtamtl. Teil), N.F., 6.Jg., Nr.24/1926, S.424-429

Francke, C.: Die Arbeiterschutznovelle zum preußischen Berggesetz, in: Soziale Praxis, 14.Jg., Heft 24/1905, Sp.608-614 (1905a)

Francke, C.: Kompromiß, in: Soziale Praxis, 14.Jg., Heft 35/1905, Sp.906-909 (1905b)

Frankenberg, H. von: Die Novelle zum Gesetz über den Unterstützungswohnsitz, in: Soziale Praxis, 15.Jg., Heft 12/1905, Sp.297-301

Frey, R.L.: Sozial- und Verteilungspolitik. Gestern, Heute, Morgen, in: Mitteilungen der List-Gesellschaft, Heft 8/1973, S.25-44

Fröhlich, S.: Die soziale Sicherung bei Zünften und Gesellenverbänden. Darstellung, Analyse, Vergleich, Berlin 1976

Gerhardt, J.: Deutsche Arbeits- und Sozialpolitik, Berlin 1939

Gerlach, O.: Einkommensteuern (Klassensteuern) in Deutschland, in: HWSt, 3.Aufl., Bd.3, Jena 1909, S.697-728

Gerloff, W. (Hrsg.): Die Beamtenbesoldung im modernen Staat (Schriften des Vereins für Socialpolitik, Bd.184/I), München-Leipzig 1932

Giersch, H.: Allgemeine Wirtschaftspolitik, Wiesbaden 1960

Giese, F.: Handwörterbuch der Arbeitswissenschaft, 2 Bde., Halle 1930

Giese, F. / **Neuwiem**, E. / **Cahn**, E. (Hrsg.): Deutsches Verwaltungsrecht, Berlin-Wien 1930

Gladen, A.: Geschichte der Sozialpolitik in Deutschland. Eine Analyse ihrer Bedingungen, Formen, Zielsetzungen und Auswirkungen, Wiesbaden 1974 (1974a)

Gladen, A.: Die Streiks der Bergarbeiter im Ruhrgebiet in den Jahren 1889, 1905 und 1912, in: J. Reulecke (Hrsg.): Arbeiterbewegung an Rhein und Ruhr, Wuppertal 1974, S.111-148 (1974b)

Goldschmidt, H.: Die Durchführung des Washingtoner Übereinkommens über die Beschäftigung der Frauen vor und nach der Niederkunft in Deutschland, in: Internationale Rundschau der Arbeit, 5.Jg., Bd.2, Heft 12/1927, S.1101-1110

Goldschmidt, H.: Die Verordnung zur Vermehrung und Erhaltung der Arbeitsgelegenheit, in: RArBl. II (nichtamtl. Teil), N.F., 12.Jg., Nr.28/1932, S.424-427

Gömmel, R.: Realeinkommen in Deutschland. Ein internationaler Vergleich (1814-1914), Nürnberg 1979

Grebing, H.: Geschichte der deutschen Arbeiterbewegung. Ein Überblick, München 1966

Grünewald: Die Krankenversicherung im Kriege, in: Amtliche Nachrichten für Reichsversicherung, Nr.32/1939, S.IV 508-512

Grünewald: Mutterschutzgesetz und Krankenversicherung, in: Amtliche Nachrichten für Reichsversicherung, Nr.30/1942, S.II 547-552

Guillebaud, C.W.: The Social Policy of Nazi Germany, London 1941

Günther, A.: Die deutsche Reichsversicherungsordnung, in: Annalen für soziale Politik und Gesetzgebung, Bd.1, 1912, S.150-175

Günther, H.: Das Wirtschaftlichkeitsgebot in der kassenärztlichen Verordnungsweise (Beiträge zur Sozialpolitik und zum Sozialrecht, Bd.5), Berlin 1988

Hadrich, J.: Die Arztfrage in der deutschen Sozialversicherung. Ihre soziologischen und wirtschaftlichen Probleme, Berlin 1955

Halbach, H.: Die Einwirkung der Arbeiterversicherungsgesetze auf die Knappschaftsvereine und ihre Einrichtungen, Leipzig 1906

Hanow, H. u.a. (Hrsg.): Kommentar zur Reichsversicherungsordnung, 4.Aufl., Bd.3, Berlin 1929

Hardach, G.: Der Erste Weltkrieg, in: W. Fischer (Hrsg.): Geschichte der Weltwirtschaft im 20. Jahrhundert, Bd.2, München 1973

Hardach, K.: Wirtschaftsgeschichte Deutschlands im 20. Jahrhundert, Göttingen 1976

Hartung, F.: Zur Geschichte des Beamtentums im 19. und 20. Jahrhundert. Abhandlungen der Deutschen Akademie der Wissenschaften zu Berlin (Philosophische Klasse, Nr.8), Berlin 1948

Hartwell, R.M.: Die Ursachen der industriellen Revolution. Ein Essay zur Methodologie, in: R. Braun u.a. (Hrsg.): Industrielle Revolution. Wirtschaftliche Aspekte, Köln-Berlin 1972, S.35-58

Haupt, G.: La Deuxième Internationale 1889-1914. Étude critique des sources. Essai bibliographique, Paris-La Haye 1964

Haupt, G.: Der Kongreß fand nicht statt. Die Sozialistische Internationale 1914, Wien-Frankfurt-Zürich 1967

Heinen, E. / **Schoeps**, H.J. (Hrsg.): Geschichte in der Gegenwart – Festschrift für Kurt Kluxen, Paderborn 1972

Heller: Zweites Gesetz über die Verbesserung der Leistungen in der Rentenversicherung vom 19. Juni 1942 (RGBl.I S.407), in: Amtliche Nachrichten für Reichsversicherung, Nr.19/1942, S.II 402-404

Hemmer, H.O.: Die Bergarbeiterbewegung im Ruhrgebiet unter dem Sozialistengesetz, in: J. Reulecke (Hrsg.): Arbeiterbewegung an Rhein und Ruhr, Wuppertal 1974, S.81-110

Henderson, W.O.: The Industrial Revolution on the Continent. Germany, France, Russia 1800-1914, London 1961

Henning, E.: Thesen zur deutschen Sozial- und Wirtschaftsgeschichte 1933-1938, Frankfurt 1973

Henning, F.-W.: Das vorindustrielle Deutschland 800 bis 1800, [1.Aufl., 1974], 3.Aufl., Paderborn 1977

Henning, F.-W.: Die Industrialisierung in Deutschland 1800 bis 1914, [3.Aufl., 1976], 4.Aufl., Paderborn 1978 (1978a)

Henning, F.-W.: Das industrialisierte Deutschland 1914-1976, 4.Aufl., Paderborn 1978 (1978b)

Henning, H.: Arbeitslosenversicherung vor 1914. Das Genter System und seine Übernahme in Deutschland, in: H. Kellenbenz (Hrsg.): Wirtschaftspolitik und Arbeitsmarkt, Wien 1974, S.217-287

Henning, H.: Sozialpolitik III: Geschichte, in: Handwörterbuch der Wirtschaftswissenschaft (HdWW), Bd.7, 1977, S.85-110

Henning, H.: Aufbau der Sozialverwaltung, in: K.G.A. Jeserich / H. Pohl / G.Ch. Unruh (Hrsg.): Deutsche Verwaltungsgeschichte, Bd.3: Das Deutsche Reich bis zum Ende der Monarchie, Stuttgart 1984, S.275-308

Hentschel, V.: Das System der sozialen Sicherung in historischer Sicht 1880 bis 1975, in: Archiv für Sozialgeschichte, Bd.XVIII, 1978, S.307-352

Hentschel, V.: Geschichte der deutschen Sozialpolitik 1880-1980. Soziale Sicherung und kollektives Arbeitsrecht, Frankfurt 1983

Hentschel, V.: Die Sozialpolitik in der Weimarer Republik, in: K.D. Bracher / M. Funke / H.-A. Jacobsen (Hrsg.): Die Weimarer Republik 1918-1933. Politik – Wirtschaft – Gesellschaft, Düsseldorf-Bonn 1987, S.197-217

Herbig, R.: Notizen aus der Sozial-, Wirtschafts- und Gewerkschaftsgeschichte vom 14. Jahrhundert bis zur Gegenwart, Kassel 1973

Herkner, H.: Die Arbeiterfrage, 2 Bde., 1.Aufl., Berlin 1894

Herkner, H.: Die bestehenden Einrichtungen zur Versicherung gegen die Folgen der Arbeitslosigkeit im Ausland und im Deutschen Reich, Berlin 1906

Herkner, H.: Arbeiterfrage und Sozialpolitik (Die Arbeiterfrage, Bd.1), 7.Aufl., Berlin-Leipzig 1921

Herkner, H.: Soziale Theorien und Parteien (Die Arbeiterfrage, Bd.2), 8.Aufl., Berlin-Leipzig 1922

Heyde, L.: Abriß der Sozialpolitik (Leipzig 1920), 9.Aufl., Heidelberg 1949, 12. überarb. und erg. Aufl., Heidelberg 1966

Heyneck, K.: Die Entwicklung des Besoldungswesens vom Norddeutschen Bund bis zur Bundesrepublik Deutschland, in: Archiv für das Post- und Fernmeldewesen, 2.Jg., Nr.11/1950, S.837-915

Hintze, O.: Beamtentum und Bürokratie, Nachdruck, hrsg. von K. Krüger, Göttingen 1981

Hirth, G. / **Sendel**, M. (Hrsg.): G. Hirth's Annalen des Deutschen Reiches, 26.Jg., Nr.2/1893

Hitler, A.: Mein Kampf, 66.Aufl., München 1933

Hoffmann, W.G.: Das Wachstum der deutschen Wirtschaft seit der Mitte des 19. Jahrhunderts, Berlin-New York-Heidelberg 1965

Hofstadter, R.: The American. Social Darwinism in American Thought 1860-1915, Philadelphia 1944

Hohorst, G. / **Kocka**, J. / **Ritter**, G.A.: Sozialgeschichtliches Arbeitsbuch II. Materialien zur Statistik des Kaiserreichs 1870-1914, München 1975

Honigmann, W.: Die Arbeiterversicherung in Deutschland, in: HWSt, 2.Aufl., Bd.1, Jena 1898, S.618-628

Honigmann, W. / **Manes**, A.: Arbeiterversicherung in Deutschland (Geschichtliche Entwicklung), in: HWSt, 3.Aufl., Bd.1, Jena 1909, S.795-809

Huber, E.R.: Deutsche Verfassungsgeschichte seit 1789, Bd.4, Stuttgart 1969

Hué, O.: Die Bergarbeiter. Historische Darstellung der Bergarbeiterverhältnisse von der ältesten bis in die neueste Zeit, 2 Bde., Stuttgart 1913

Hueck, A. / **Nipperdey**, H.C.: Grundriß des Arbeitsrechts, 1.Aufl., Berlin-Frankfurt 1960, 3. neubearb. Aufl., Berlin-Frankfurt 1965

Imbusch, H.: Arbeitsverhältnis und Arbeitsorganisation im deutschen Bergbau. Eine geschichtliche Darstellung, Essen 1908

Jacob, P.: Das Risiko der Witwenschaft in der Geschichte des Deutschen Beamtenrechts bis 1933. Ein Beitrag zur Geschichte der sozialen Sicherung der nichtberufstätigen Ehefrau, Köln-Berlin-Bonn-München 1971

Jantke, C.: Der Vierte Stand. Die gestaltenden Kräfte der deutschen Arbeiterbewegung, Freiburg 1955

Jantke, C.: Unternehmer und Arbeiter, in: 100 Jahre Deutsche Geschichte, herausgegeben von der Niedersächsischen Landeszentrale für Politische Bildung, Leer 1971, S.63-84

Jantz, K.: Das sechste Gesetz über Änderung in der Unfallversicherung, in: Amtliche Nachrichten für Reichsversicherung, Nr.9/1942, S.II 209-216

Jastrow, I. / **Badtke**, W.: Arbeitslosenversicherung, in: HWdKom, 1.Bd., Jena 1918, S. 116-126

Jeserich, K.G.A. / **Pohl**, H. / **Unruh**, G.Ch. (Hrsg.): Deutsche Verwaltungsgeschichte, Bd.3: Das Deutsche Reich bis zum Ende der Monarchie, Stuttgart 1984

Joachim, R.: Grundfragen der Arbeitsrechtspflege in Deutschland. Zur Vorlage des Entwurfes eines Arbeitsgerichtsgesetzes an den Reichstag, in: Internationale Rundschau der Arbeit, 4.Jg., Bd.1, Heft 5/1926, S.401-414

Joachim, R.: Die Verfahrensgrundsätze des Arbeitsgerichtsgesetzes in der Praxis, in: RArBl. II (nichtamtl. Teil), N.F., 10.Jg., Nr.13/1930, S.195-198

Joachim, R.: Die Verordnung des Reichspräsidenten über die Beilegung von Schlichtungsstreitigkeiten öffentlichen Interesses vom 9. Januar 1931, in: RArBl. II (nichtamtl. Teil), N.F., 11.Jg., Nr.3/1931, S.22-24

Kaiserlich Statistisches Amt: Denkschrift über die bestehenden Einrichtungen zur Versicherung gegen die Folgen der Arbeitslosigkeit im Ausland und im Deutschen Reich, Berlin 1906

Kalckbrenner, O.: Das Abänderungsgesetz zum Betriebsrätegesetz vom 28. Februar 1928, in: RArBl. II (nichtamtl. Teil), N.F., 8.Jg., Nr.7/1928, S.95-97

Kalckbrenner, O.: Die Durchführung des Urlaubsmarkensystems im Baugewerbe, in: RArBl. II (nichtamtl. Teil), N.F., 16.Jg., Nr.19/1936, S.281-283

Kampffmeyer, P.: Die Entwicklung der deutschen Gewerkschaften, in: Annalen für soziale Politik und Gesetzgebung, Bd.1, 1912, S.102-122

Kaskel, W.: Arbeitsrecht, Berlin 1925

Kaufhold, K.H.: Wirtschaftsverwaltung 1867-1914, in: K.G.A. Jeserich/H. Pohl/G.Ch. Unruh (Hrsg.): Deutsche Verwaltungsgeschichte, Bd.3: Das Deutsche Reich bis zum Ende der Monarchie, Stuttgart 1984, S.207-250

Kellenbenz, H. (Hrsg.): Wirtschaftspolitik und Arbeitsmarkt, München 1974

Kessler, G.: Die deutschen Arbeitgeberverbände, Leipzig 1907

Kieschke, W. / **Syrup**, F.: Betriebsrätegesetz vom 4.2.1920, Kommentar, 4.Aufl., Berlin 1922

Kirchhoff, H.G.: Die staatliche Sozialpolitik im Ruhrbergbau 1871-1914, Köln-Opladen 1958

Kleeis, F.: Die Geschichte der sozialen Versicherung in Deutschland, Berlin 1928

Klehmet, G.: Das geltende deutsche Arbeitszeitrecht, in: RArBl. II (nichtamtl. Teil), N.F., 4.Jg., Nr.29-30/1924, S.633-639

Klehmet, G.: Das Arbeitszeitrecht nach dem Inkrafttreten des Notgesetzes vom 14. April 1927 (RGBl.I S.209), in: RArBl. II (nichtamtl. Teil), N.F., 7.Jg., Nr.15/1927, S.172-174

Klein, G. / **Forster**, E.: Die Organe der Selbstverwaltung in der Sozialversicherung vor 1933, in: Zeitschrift für Sozialreform, 26.Jg., 1980, S.537-556

Klostermann, R.: Lehrbuch des Preussischen Bergrechts mit Berücksichtigung der übrigen deutschen Bergrechte, Berlin 1871

Koch, H.: Arbeiterausschüsse, Mönchengladbach 1907

Kocka, J.: Unternehmensverwaltung und Angestelltenschaft (Industrielle Welt, Bd.11), Stuttgart 1969

Kocka, J: Ökonomische und soziale Entwicklungen in Deutschland. Vom Beginn des 19. Jahrhunderts bis zum Ersten Weltkrieg, in: Th. Meyer / S. Miller / J. Rohlfes (Hrsg.): Geschichte der deutschen Arbeiterbewegung, Bd.1, Bonn 1984, S.9-37

Köhler, P.A. / **Zacher**, H.F. (Hrsg.): Ein Jahrhundert Sozialversicherung in der Bundesrepublik Deutschland, Frankreich, Großbritannien, Österreich und der Schweiz (Schriftenreihe für Internationales und Vergleichendes Sozialrecht, Bd.6), Berlin 1981

Köllmann, W.: Die Anfänge der staatlichen Sozialpolitik in Preußen bis 1869, in: Vierteljahresschrift für Sozial- und Wirtschaftsgeschichte, Bd.53, 1966, S.28-52

Köllmann, W.: The Process of Urbanization in Germany at the Height of the Industrialization Period, in: Journal of Contemporary History, Bd.4, 1969, S.59-76

Köppe, H.: Besoldung und Besoldungspolitik, in: HWSt, 4.Aufl., Bd.2, Jena 1924, S.602-619

Köppe, H.: Versorgung der Ruhestandsbeamten und Hinterbliebenen, in: HWSt, 4.Aufl., Bd.8, Jena 1928, S.663-675

Krohn: Die Ausdehnung der Unfallversicherung auf gewerbliche Berufskrankheiten, in: RArBl. II (nichtamtl. Teil), N.F., 5.Jg., Nr.24/1925, S.403-406 (1925a)

Krohn: Das Zweite Gesetz über Änderungen in der Unfallversicherung, in: RArBl. II (nichtamtl. Teil), N.F., 5.Jg., Nr.29-30/1925, S.491-497 (1925b)

Krug, P.H.: Das Königlich Sächsische Gewerbegesetz vom 15. Oktober 1861 nebst den darauf bezüglichen Änderungs- und Ausführungs-Gesetzen und Verordnungen, Leipzig 1869

Kuczynski, J.: Die Geschichte der Lage der Arbeiter unter dem Kapitalismus, Bd.1 ff., Berlin 1961 ff.

Kuczynski, J. / **Hoppe**, R.: Geschichte der Kinderarbeit in Deutschland, 2 Bde., Berlin 1958

Külp, B. / **Stützel**, W. (Hrsg.): Beiträge zu einer Theorie der Sozialpolitik. Festschrift für E. Liefmann-Keil zum 65. Geburtstag, Berlin 1973

Kumpmann, K.: Die Reichsarbeitslosenversicherung, Tübingen 1913

Kumpmann, K.: Arbeitslosigkeit und Arbeitslosenversicherung, in: HWSt, 4.Aufl., Bd.1, Jena 1923, S.791-824

Lampert, H.: Sozialpolitik I: staatliche, in: Handwörterbuch der Wirtschaftswissenschaft (HdWW), Bd.7, 1977, S.60-76

Lampert, H.: Sozialpolitik, Berlin-Heidelberg-New York 1980 (1980a)

Lampert, H.: Staatliche Sozialpolitik im Dritten Reich, in: Hamburger Jahrbuch für Wirtschafts- und Gesellschaftspolitik, 25.Jg., 1980, S.149-174 (1980b)

Lampert, H.: Staatliche Sozialpolitik im Dritten Reich, in: K.D. Bracher / M. Funke / H.-A. Jacobsen (Hrsg.): Nationalsozialistische Diktatur 1933-1945. Eine Bilanz (Schriftenreihe der Bundeszentrale für politische Bildung, Bd.192), Bonn 1983, S.177-204

Landes, D.S.: The unbound Prometheus. Technological change and industrial development in Western Europe from 1750 to the present, Cambridge 1969

Landmann, von: Arbeiterschutzgesetzgebung in Deutschland, in: HWSt, 3.Aufl., Bd.1, Jena 1909, S.593-634

Landsberg, O.: Zur neuesten Entwicklung der Arbeitslosenversicherung im Deutschen Reiche, in: Annalen für soziale Politik und Gesetzgebung, Bd.1, 1912, S.325-339

Laum, B.: Geschichte der öffentlichen Armenpflege, in: HWSt, 4.Aufl., Bd.1, Jena 1923, S.938-967

Leymann, H.: Der Achtstundentag und die Überarbeit in Deutschland, in: Internationale Rundschau der Arbeit, 1.Jg., Bd.1, Heft 2/1923, S.122-130

Lippmann: Das Gesetz über Notstandsmaßnahmen zur Unterstützung von Rentenempfängern der Invaliden- und der Angestelltenversicherung vom 7. Dezember 1921 (RGBl. S.1533) und das Gesetz über die Unterstützung von Rentenempfängern der Invaliden- und Angestelltenversicherung vom 24. April 1922 (RGBl.I S.464), in: RArBl. II (nichtamtl. Teil), N.F., 2.Jg., Nr.12/1922, S.368-373

Lison, R.: Gesellenboykott, Maschinensturm, Arbeitskampf, Frankfurt-New York 1984

Lotz, A.: Geschichte des Deutschen Beamtentums, Berlin 1909

Lüders, E.: Die Arbeitszeit in Krankenpflegeanstalten, in: RArBl. II (nichtamtl. Teil), N.F., 4.Jg., Nr. 5/1924, S.102-104

Ludwig, K.-H.: Die Fabrikarbeit von Kindern im 19. Jahrhundert. Ein Problem der Technikgeschichte, in: Vierteljahresschrift für Sozial- und Wirtschaftsgeschichte, Bd.52, 1965, S.63-85

Lütge, F.: Deutsche Sozial- und Wirtschaftsgeschichte, 3.Aufl., Berlin-Heidelberg-New York 1966

Malthus, T.R.: An Essay on the Principle of Population, London 1826

Mandeville, B. de: Die Bienenfabel, hrsg. von F. Bassenge, Berlin 1957

Manes, A.: Die Haftpflichtversicherung. Ihre Geschichte, wirtschaftliche Bedeutung und Technik, insbesondere in Deutschland, Leipzig 1902

Manes, A.: Der Gesetzentwurf betr. die Angestelltenversicherung, in: Annalen für soziale Politik und Gesetzgebung, Bd.1, 1912, S.229-249 (1912a)

Manes, A.: Sozialversicherung (Reichsversicherung, Angestelltenversicherung, Arbeitslosenversicherung), 3.Aufl., Berlin-Leipzig 1912 (1912b)

Mansfeld, W. / **Pohl**, W.: Die Ordnung der nationalen Arbeit. Kommentar, Berlin 1934

Martineck: Reichsgesundheitswoche und soziale Gesetzgebung, in: RArBl. II (nichtamtl. Teil), N.F., 6.Jg., Nr.15/1926, S.246-254

Mason, T.W.: Arbeiterklasse und Volksgemeinschaft. Dokumente und Materialien zur deutschen Arbeiterpolitik 1936-1939, Opladen 1975

Mason, T.W.: Sozialpolitik im Dritten Reich. Arbeiterklasse und Volksgemeinschaft, Opladen 1977

May, A.: Die geschichtliche Entwicklung des Knappschaftsrechts, in: Zeitschrift für Bergrecht, 99. Jg., 1958, S.424-455

Maydell, B. Baron von / **Ruland**, F. (Hrsg.): Sozialrechtshandbuch (SRH), Neuwied-Darmstadt 1988

Meinert, R.: Die Entwicklung der Arbeitszeit in der deutschen Industrie 1820-1956, Diss. Münster 1958

Merkel: Über die Entstehung des römischen Beamtengehalts und über römische Gerichtsgebühren. Abhandlungen aus dem Gebiet des römischen Rechts, 3.Aufl., o.O. 1888

Meyer, Th. / **Miller**, S. / **Rohlfes**, J. (Hrsg.): Geschichte der deutschen Arbeiterbewegung. Darstellung – Chronologien – Dokumente, Bd.1, 2 und 3, Bonn 1984

Mollat, M.: Die Armen im Mittelalter, Frankfurt-Olten-Wien 1987

Mommsen, H.: Beamtentum im Dritten Reich. Mit ausgewählten Quellen zur nationalsozialistischen Beamtenpolitik, Stuttgart 1966

Mottek, H.: Studien zur Geschichte der industriellen Revolution in Deutschland, Berlin 1960

Müller-Erzbach, R.: Das Bergrecht Preußens und des weiteren Deutschlands, Bd.2, Stuttgart 1917

Müthling, H.: Die Geschichte der deutschen Selbstverwaltung, Köln 1966

Nehls, H.: Urlaub für Heimarbeiter, in: RArBl. II (nichtamtl. Teil), N.F., 16.Jg., Nr.22/1936, S.336-337

Neitzel: Der § 7 der Arbeitszeitordnung, in: RArBl. II (nichtamtl. Teil), N.F., 7.Jg., Nr.6/1927, S.75-78

Neitzel: Der Entwurf eines Arbeitsschutzgesetzes, in: RArBl. II (nichtamtl. Teil), N.F., 9.Jg., Nr.3/1929, S.19-24

Nelken, L.: Das Gewerberecht in Preußen, Bd.1, Berlin 1906

Nothaas, J.: Die finanzielle Entwicklung der Arbeitslosenhilfe in der Nachkriegszeit, in: RArBl. II (nichtamtl. Teil), N.F., 16.Jg., Nr.33/1936, S.473-482

O.V.: Werden und Wirken des Verbandes Deutscher Handlungsgehilfen zu Leipzig von 1881-1906, Leipzig 1906

Oertzen, P. von: Betriebsräte in der Novemberrevolution. Eine politikwissenschaftliche Untersuchung über Ideengehalt und Struktur der betrieblichen und wirtschaftlichen Arbeiterräte in der deutschen Revolution 1918/19, 2.Aufl., Berlin-Bonn-Bad Godesberg 1976

Pascheck, W.: Zur Problematik der Versicherungspflicht in der gesetzlichen Rentenversicherung, Diss. Bonn 1968

Peters, H.: Die Geschichte der sozialen Versicherung [1.Aufl., 1955; 2.Aufl., 1973], 3.Aufl., St. Augustin 1978

Petrick, F.: Eine Untersuchung zur Beseitigung der Arbeitslosigkeit unter der deutschen Jugend in den Jahren von 1933 bis 1935, in: Jahrbuch für Wirtschaftsgeschichte, Teil I/1967, S.287-300

Petzina, D.: Autarkiepolitik im Dritten Reich, Stuttgart 1968

Petzina, D.: Die deutsche Wirtschaft in der Zwischenkriegszeit, Wiesbaden 1977

Petzina, D. / **Abelshauser**, W. / **Faust**, A.: Sozialgeschichtliches Arbeitsbuch III. Materialien zur Statistik des Deutschen Reiches 1914-1945, München 1978

Pfälzer, M.: Die rechtliche Natur der Unfallversicherung, Stuttgart 1896

Pfeffer, M.E.: Soziale Sicherung in der Antike, in: Soziale Sicherheit, 19.Jg., 1970, S.228-230, 260-262

Pitz, E.: Wirtschafts- und Sozialgeschichte Deutschlands im Mittelalter, Wiesbaden 1979

Pohl, H.: Wirtschaft und Gesellschaft 1871-1918, in: K.G.A. Jeserich/H. Pohl/G.Ch. Unruh (Hrsg.): Deutsche Verwaltungsgeschichte, Bd.3: Das Deutsche Reich bis zum Ende der Monarchie, Stuttgart 1984, S.16-70

Pohl, H. (Hrsg.): Forschungen zur Lage der Arbeiter im Industrialisierungsprozeß, Stuttgart 1978

Pohl, H. (Hrsg.): Sozialgeschichtliche Probleme in der Zeit der Hochindustrialisierung 1870-1914, Paderborn-München-Wien-Zürich 1979

Pöll, W.: Das Unterstützungswohnsitzgesetz vom 6. Juni 1871/30. Mai 1908 und das Bayerische Armengesetz vom 21. August 1914 mit den Vollzugsvorschriften, München-Berlin-Leipzig 1916

Pöls, W.: Deutsche Sozialgeschichte. Dokumente und Skizzen. Bd.1: 1815 bis 1870, München 1973

Popp, A.: Die Entstehung der Gewerbefreiheit in Bayern, Leipzig 1928

Potthoff, H.: Die Sozialdemokratie von den Anfängen bis 1945 (Kleine Geschichte der SPD, Bd.1), 2.Aufl., Bonn-Bad Godesberg 1978

Preller, L.: Sozialpolitik in der Weimarer Republik, Stuttgart 1949 [unveränd. Nachdruck: Düsseldorf 1978]

Quandt, O.: Die Anfänge der Bismarckschen Sozialgesetzgebung und die Haltung der Parteien. Das Unfallversicherungsgesetz 1881-1884, Berlin 1938

Quarck, M.: Die Abänderung des deutschen Krankenversicherungsgesetzes, in: Sozialpolitisches Centralblatt, 1.Jg., Nr.13/1892, Sp.172-173

Rausch, R.: Die freigemeinnützigen Krankenhäuser in der Bundesrepublik Deutschland. Entwicklung, Lage, Leistungen und Zukunftsaussichten (Beiträge zur Gesundheitsökonomie, Bd.14), Gerlingen 1984

Reichardt, H.J.: Die Deutsche Arbeitsfront. Ein Beitrag zur Geschichte des nationalsozialistischen Deutschlands und zur Struktur des totalitären Herrschaftssystems, Berlin 1956

Reindl, J.: Die deutsche Gewerkschaftsbewegung. Koalitionen und Koalitionsrecht in Deutschland seit der Reichsgewerbeordnung, Altenberg 1922

Reulecke, J. (Hrsg.): Arbeiterbewegung an Rhein und Ruhr. Beiträge zur Geschichte der Arbeiterbewegung in Rheinland-Westfalen, Wuppertal 1974

Reuter, H.-G.: Verteilungs- und Umverteilungseffekte der Sozialversicherungsgesetzgebung im Kaiserreich, in: F. Blaich (Hrsg.): Staatliche Umverteilungspolitik in historischer Perspektive. Beiträge zur Entwicklung des Staatsinterventionismus in Deutschland und Österreich (Schriften des Vereins für Socialpolitik, N.F. Bd.109), Berlin 1980, S.107-163

Reutti, K.: Die Entwicklung der Militär-Hinterbliebenen-Versorgung in Deutschland, Berlin 1920

Richter, A.: Grundlagen des Rechts der sozialen Sicherheit, Stuttgart-Berlin-Köln-Mainz 1979

Richter, W.: Gewerkschaften. Monopolkapital und Staat im Ersten Weltkrieg und in der Novemberrevolution (1914-1919), Berlin 1959

Rimlinger, G.V.: Sozialpolitik und wirtschaftliche Entwicklung. Ein historischer Vergleich, in: R. Braun u.a. (Hrsg.): Gesellschaft in der industriellen Revolution, Köln 1973, S.113-126

Ritter, E.: Vom Unterstützungswohnsitzgesetz zur Fürsorgepflichtverordnung, in: RArBl. II (nichtamtl. Teil), N.F., 8.Jg., Nr.13/1928, S.217-218

Ritter, G.A. / **Kocka**, J.: Deutsche Sozialgeschichte. Dokumente und Skizzen, Bd.2: 1870-1914, München 1974

Ritter, U.P.: Die Rolle des Staates in den Frühstadien der Industrialisierung. Die preußische Industrieförderung in der letzten Hälfte des 19. Jahrhunderts, Berlin 1961

Röpke, W.: Knappschaftskassen, in: HWSt, 4.Aufl., Bd.5, Jena 1923, S.723-730

Rosenberg, H.: Große Depression und Bismarckzeit. Wirtschaftsablauf, Gesellschaft und Politik in Mitteleuropa, Berlin 1967

Rosenberg, P. (Hrsg.): Wesen, Grundsätze und Ziele der Nationalsozialistischen Deutschen Arbeiterpartei. Das Programm der Bewegung, München 1932

Rosin, H.: Das Recht der Arbeiterversicherung. Für Theorie und Praxis systematisch dargestellt, Bd.1: Die reichsgesetzlichen Grundlagen der Arbeiterversicherung, Berlin 1893, Bd.2: Das Recht der Invaliden- und Altersversicherung, Berlin 1905

Rosin, H.: Die Rechtsnatur der Arbeiterversicherung, Tübingen 1908

Roth: Die Rechtsverhältnisse der landesherrlichen Beamten in der Markgrafschaft Baden-Durlach im 18. Jahrhundert, 1906

Rothfels, H. (Hrsg.): Bismarck und der Staat. Ausgewählte Dokumente, 3.Aufl., Stuttgart 1958

Ruland, F.: Möglichkeiten und Grenzen einer Annäherung der Beamtenversorgung an die gesetzliche Rentenversicherung. Zu den verfassungsrechtlichen Vorgaben der Versorgung der Beamten. Rechtsgutachten, in: Sachverständigenkommission Alterssicherungssysteme: Anlageband B zum Gutachten der Sachverständigenkommission, Stuttgart-Berlin-Köln-Mainz 1983

Rüstow, A.: Sozialpolitik diesseits und jenseits des Klassenkampfes, in: Aktionsgemeinschaft Soziale Marktwirtschaft (Hrsg.): Sinnvolle und sinnwidrige Sozialpolitik, Ludwigsburg 1959, S.11-21

Sachße, Ch. / **Tennstedt**, F.: Geschichte der Armenfürsorge in Deutschland, 2 Bde., Stuttgart-Berlin-Köln-Mainz 1980/1988

Sachverständigenkommission Alterssicherungssysteme: Vergleich der Alterssicherungssysteme und Empfehlungen der Kommission. Gutachten der Sachverständigenkommission, Anlageband B, Stuttgart-Berlin-Köln-Mainz 1983

Sauerborn: Aus der Entstehungsgeschichte der Deutschen Krankenversicherung, in: RArBl. II (nichtamtl. Teil), N.F., 13.Jg., Nr.18/1933, S.237-241

Say, J.B.: A Treatise on Political Economy, Philadelphia 1836

Schaller, F.: Un aspect du nouveau courant social. De la charité privée aux droits économiques et sociaux du citoyen, Neuchâtel 1950

Scherpner, H.: Theorie der Fürsorge, Göttingen 1962

Scheur, W.: Einrichtungen und Maßnahmen der sozialen Sicherheit in der Zeit des Nationalsozialismus, Diss. Köln 1967

Schewe, D. / **Schenke**, K. / **Meurer**, A. / **Hermsen**, K.-W.: Übersicht über die soziale Sicherung. Stand: 1. April 1977, hrsg. vom Bundesminister für Arbeit und Sozialordnung, 10.Aufl., Bonn 1977

Schiefer, J.: Geschichte der deutschen Gewerkschaften, Bd.1, Aachen 1947

Schindler, E.: Lehrlingswesen (Neue Zeit), in: HWSt, 4.Aufl., Bd.6, Jena 1925, S.299-326

Schlangen, W.: Demokratie und bürgerliche Gesellschaft. Einführung in die Grundlagen der bürgerlichen Demokratie, Stuttgart-Berlin-Köln-Mainz 1973

Schleicher, R.: Die Wandlung der Wohlfahrtspflege durch den Nationalsozialismus, Diss. Heidelberg 1939

Schnabel, F.: Deutsche Geschichte im neunzehnten Jahrhundert, Bd.2 bis Bd.8, Freiburg-Basel-Wien 1964/65

Schneider, D. (Hrsg.): Zur Theorie und Praxis des Streiks, Frankfurt 1971

Schneider, M: Ökonomische und soziale Entwicklung in der Weimarer Republik, in: Th. Meyer / S. Miller / J. Rohlfes (Hrsg.): Geschichte der deutschen Arbeiterbewegung, Bd.2, Bonn 1984, S. 355-367

Schoenbaum, D.: Die braune Revolution. Eine Sozialgeschichte des Dritten Reiches, Köln-Berlin 1968

Schönberg, G. von: Die gewerbliche Arbeiterfrage, in: G. von Schönberg (Hrsg.): Handbuch der politischen Ökonomie, 3.Aufl., Bd.2, Tübingen 1891, S.631-778

Schönberg, G. von (Hrsg.): Handbuch der politischen Ökonomie, 3.Aufl., Bd.2, Tübingen 1891

Schraepler, E.: Quellen zur Geschichte der sozialen Frage in Deuschland, Bd.1: 1800-1870, Göttingen 1955, Bd.2: 1871 bis zur Gegenwart, Göttingen-Berlin-Frankfurt 1957

Schuhmann, W. / **Bruckner**, L.: Sozialpolitik im neuen Staat, Berlin 1934

Schulin, B.: Soziales Entschädigungsrecht, in: B. Baron von Maydell / F. Ruland (Hrsg.): Sozialrechtshandbuch (SRH), Neuwied-Darmstadt 1988, S.1041-1080

Schulte-Holthausen, Th.: Unfallversicherung, in: H. Hanow u.a. (Hrsg.): Kommentar zur Reichsversicherungsordnung, 4.Aufl., Bd.3, Berlin 1929

Schulz, G.: Die Anfänge des totalitären Maßnahmenstaates, in: K.D. Bracher / W. Sauer / G. Schulz: Die nationalsozialistische Machtergreifung, Teil 2, Köln-Opladen 1960, S.371-681

Schulze, W.: Die Jugend-, Kinder- und Frauenarbeit im vormärzlichen Preußen, in: Archivalische Forschungen zur Geschichte der deutschen Arbeiterbewegung, Bd. 1/1954, S.105-111

Schulze, W.: Kinderarbeit und Erziehungsfragen in Preußen zu Beginn des 19. Jahrhunderts, in: Soziale Welt, 9.Jg., Heft 9/1958, S.299-309

Schumann, H.-G.: Nationalsozialismus und Gewerkschaftsbewegung. Die Vernichtung der deutschen Gewerkschaften und der Aufbau der »Deutschen Arbeitsfront«, Hannover-Frankfurt 1958

Schuster, D.: Die deutsche Gewerkschaftsbewegung – DGB, 4.Aufl., Düsseldorf 1973

Seldte, F.: Sozialpolitik im Dritten Reich 1933-1938, München-Berlin 1939

Sinzheimer, H.: Ein Arbeitstarifgesetz. Die Idee der sozialen Selbstbestimmung im Recht, München 1916

Sitzler, F.: Der Tarifvertrag in Deutschland, in: Internationale Rundschau der Arbeit, 1.Jg., Bd.1, Heft 3/1923, S.223-237

Sitzler, F.: Parteitag 1936, in: Soziale Praxis, 45.Jg., Heft 38/1936, Sp. 1106-1114

Sombart, W.: Die gewerbliche Arbeiterfrage, Leipzig 1904; 2.Aufl., Leipzig 1912

Sörgel, W.: Metallindustrie und Nationalsozialismus. Eine Untersuchung über Struktur und Funktion industrieller Organisationen in Deutschland 1929-1939, Frankfurt 1965

Spencer, H.: Social Statics, London 1868

Spree, R.: Zur Bedeutung des Gesundheitswesens für die Entwicklung der Lebenschancen der deutschen Bevölkerung zwischen 1870 und 1913, in: F. Blaich (Hrsg.): Staatliche Umverteilungspolitik in historischer Perspektive. Beiträge zur Entwicklung des Staatsinterventionismus in Deutschland und Österreich (Schriften des Vereins für Socialpolitik, N.F. Bd.109), Berlin 1980, S.165-223

Stahl, H.: Die Rechtsnatur der Reichsunfallversicherung, Berlin 1930

Steinbrinck, O. / **Reuß**, M.: Knappschaftsgesetz, 2.Aufl., Berlin 1908, 3.Aufl., Berlin 1912

Stephan: Arbeitsbeschaffung durch das Gesetz zur Verminderung der Arbeitslosigkeit, in: RArBl. II (nichtamtl. Teil), N.F., 13.Jg., Nr.19/1933, S.268-271

Stiller, W.: Der Verein für Handlungsgehilfen-Commis von 1858, Kaufmännischer Verein in Hamburg, Jena 1910

Stolleis, M.: Quellen zur Geschichte des Sozialrechts (Quellensammlung zur Kulturgeschichte, Bd.20), Göttingen-Frankfurt-Zürich 1976

Stolleis, M.: Die Sozialversicherung Bismarcks. Politisch institutionelle Bedingungen ihrer Entstehung, in: H.F. Zacher (Hrsg.): Bedingungen für die Entstehung und Entwicklung von Sozialversicherung (Schriftenreihe für Internationales und Vergleichendes Sozialrecht, Bd.3), Berlin 1979, S.387-411

Stolper, G. / **Häuser**, K. / **Borchardt**, K.: Deutsche Wirtschaft seit 1870, 2.Aufl., Tübingen 1966

Strasser, G. (Hrsg.): Wirtschaftliches Sofortprogramm der NSDAP, Berlin 1932

Strieda, W.: Gewerbegerichte, in: HWSt, 3.Aufl., Bd.4, Jena 1909, S.880-895

Sturm, R.: Zusammenbruch der Demokratie und faschistische Machtergreifung, in: Th. Meyer / S. Miller / J. Rohlfes (Hrsg.): Geschichte der deutschen Arbeiterbewegung, Bd.2, Bonn 1984, S.577-597

Sumner, W.G.: The concentration of wealth – Its economic justification. Essays of William Graham Sumner, New Haven 1934

Sydow, G.: Die Novelle zum Krankenversicherungsgesetz, in: Soziale Praxis, 12.Jg., Heft 32/1903, Sp.849-854

Syrup, F.: Der Schutz der gewerblichen Arbeiter gegen Unfall- und Erkrankungsgefahren in den letzten 100 Jahren, in: RArBl. II (nichtamtl. Teil), N.F., 5.Jg., Nr.29-30/1925, S.483-487

Syrup, F.: Die Regelung der Arbeitsvermittlung und Arbeitslosenversicherung im Deutschen Reich, in: Internationale Rundschau der Arbeit, 5.Jg., Bd.2, Heft 9/1927, S.801-815

Syrup, F.: Handbuch des Arbeiterschutzes und der Betriebssicherheit, 3 Bde., Berlin 1928 (1928a)

Syrup, F.: Von der Erwerbslosenfürsorge zur Arbeitslosenversicherung, in: RArBl. II (nichtamtl. Teil), N.F., 8.Jg., Nr.13/1928, S.203-204 (1928b)

Syrup, F.: Die Deutsche Reichsanstalt für Arbeitsvermittlung und Arbeitslosenversicherung im ersten Jahr, in: Internationale Rundschau der Arbeit, 7.Jg., Bd.1, Heft1/1929, S.15-28

Syrup, F. / **Neuloh**, O.: Hundert Jahre staatliche Sozialpolitik 1839-1939, Stuttgart 1957

Szombathy, O.: Die österreichische Einkommensteuerreform von 1914, in: Finanz-Archiv, 32.Jg., 1915, Bd.2, S.101-189

Tenfelde, K. / **Volkmann**, H. (Hrsg.): Zur Geschichte des Arbeitskampfes in Deutschland während der Industrialisierung, München 1981

Tennstedt, F.: Soziale Selbstverwaltung. Geschichte der Selbstverwaltung in der Krankenversicherung von der Mitte des 19. Jahrhunderts bis zur Gründung der Bundesrepublik Deutschland, Bonn 1977

Tennstedt, F. / **Leibfried**, S.: Sozialpolitik und Berufsverbote im Jahre 1933. Die Auswirkungen der nationalsozialistischen Machtergreifung auf die Krankenkassenverwaltung und die Kassenärzte, in: Zeitschrift für Sozialreform, 25.Jg., 1979, S.129-153

Teuteberg, H.-J.: Geschichte der industriellen Mitbestimmung in Deutschland. Ursprung und Entwicklung ihrer Vorläufer im Denken und in der Wirklichkeit des 19. Jahrhunderts, Tübingen 1961

Thielmann, H.: Die Geschichte der Knappschaftsversicherung, Bonn-Bad Godesberg 1960

Till, G.: Die Entwicklung des Alimentationsprinzips. Zum tieferen Verständnis eines hergebrachten Grundsatzes des Berufsbeamtentums in der Diskussion um die Dienstrechtsreform, München 1979

Tönnies, F.: Die Entwicklung der sozialen Frage, Leipzig 1907

Tormin, W.: Geschichte der deutschen Parteien seit 1848, Stuttgart-Berlin-Köln-Mainz 1966

Troeltsch, W.: Das Problem der Arbeitslosigkeit (Kaisergeburtstagsrede), Marburg 1907

Tyrell, A.: Voraussetzungen und Strukturelemente des nationalsozialistischen Herrschaftssystems, in: K.D. Bracher / M. Funke / H.-A. Jacobsen (Hrsg.): Nationalsozialistische Diktatur 1933-1945. Eine Bilanz (Schriftenreihe der Bundeszentrale für politische Bildung, Bd.192), Bonn 1983, S.37-72

Umbreit, P.: Der Krieg und die Arbeitsverhältnisse. Die deutschen Gewerkschaften im Kriege, Stuttgart-Berlin-Leipzig 1928

Umlauf, J.: Die deutsche Arbeiterschutzgesetzgebung 1880-1890. Ein Beitrag zur Entwicklung des sozialen Rechtsstaates, Berlin 1980

Vogel, W.: Bismarcks Arbeiterversicherung im Kräftespiel der Zeit, Braunschweig 1951

Voigt, F.: Verkehr, Bd.II/1,2: Die Entwicklung des Verkehrssystems, Berlin 1965

Völkert, R.: Versorgung der Beamten und ihrer Hinterbliebenen, Berlin 1940

Volkmann, H.: Die Arbeiterfrage im preußischen Abgeordnetenhaus 1848 bis 1869, Berlin 1968

Völter, R.: Die deutsche Beamtenbesoldung, in: W. Gerloff (Hrsg.): Die Beamtenbesoldung im modernen Staat (Schriften des Vereins für Socialpolitik, Bd.184/I), München-Leipzig 1932, S.1-105

Vossiek, W.: Hundert Jahre Kruppsche Betriebskrankenkasse 1836-1936, Berlin 1937

Wachenheim, H.: Die deutsche Arbeiterbewegung 1844 bis 1914, Köln-Opladen 1967

Wagenbach, J.: Die Wohnungspolitik des Reiches 1935/1936, in: Soziale Praxis, 45.Jg., Heft 21/1936, Sp.599-608

Wahle, G.H.: Erläuterungen zu dem sächsischen Knappschaftsgesetze vom 17. Juni 1914, in: Zeitschrift für Bergrecht, 56.Jg., 1915, S.222-266

Wankelmuth: Die Altersversorgung für das Deutsche Handwerk, in: Amtliche Nachrichten für Reichsversicherung, Nr.1/1939, S.IV 23-32

Wannagat, G.: Lehrbuch des Sozialversicherungsrechts, Bd.I, Tübingen 1965

Weber, A.: Armenwesen und Armenfürsorge. Einführung in die soziale Hilfsarbeit, Leipzig 1907

Weddigen, W.: Die Behandlung der saisonalen Arbeitslosigkeit im Rahmen des Versicherungsschutzes gegen Arbeitslosigkeit (Sozialpolitische Schriften, Heft 8), Berlin 1957

Wehler, H.-U. (Hrsg.): Moderne deutsche Sozialgeschichte, Köln-Berlin 1966

Weigert, O.: Die Verordnung über Erwerbslosenfürsorge in der Fassung vom 16. Februar 1924, in: RArBl. II (nichtamtl. Teil), N.F., 4.Jg., Nr.6/1924, S.121-124

Weigert, O.: Die Entwicklung der deutschen Arbeitslosenhilfe, in: Internationale Rundschau der Arbeit, 11.Jg., Bd.2, Heft 8/1933, S.701-710, Heft 9/1933, S.814-831

Wermel, M.T. / **Urban**, R.: Arbeitslosenfürsorge und Arbeitslosenversicherung in Deutschland (Neue Soziale Praxis Heft 6/I-III, Schriftenreihe des Bayerischen Staatsministeriums für Arbeit und Sozialfürsorge), München 1949

Wiedemann, W.: Zur neuen Verordnung über Kurzarbeiterunterstützung, in: RArBl. II (nichtamtl. Teil), N.F., 16.Jg., Nr.25/1936, S.369-372

Wiedwald, R.: Die Betreuung der arbeitslosen Jugend – Rückschau und Ausblick, in: RArBl. II (nichtamtl. Teil), N.F., 13.Jg., Nr.33/1933, S.441-444

Wielandt, F.: Die Deutsche Reichsgesetzgebung über die Freizügigkeit und über den Unterstützungswohnsitz im Zusammenhang mit der Badischen Landesgesetzgebung, Heidelberg 1889

Wilbrandt, R.: Der Entwurf des Hausarbeitsgesetzes, in: Annalen für soziale Politik und Gesetzgebung, Bd.1, 1912, S.81-93

Wille: Ergebnisse der Kleinsiedlung bis 31. März 1939, in: RArBl. II (nichtamtl. Teil), N.F., 19.Jg., Nr.30/1939, S.385-391

Willecke, R.: Die deutsche Berggesetzgebung. Von den Anfängen bis zur Gegenwart, Essen 1977

Wisell, R.: Koalitionen und Koalitionsverbote, in: HWSt, 4.Aufl., Bd.5, Jena 1923, S.734-756

Witzleben, G. von: Das neue Invalidenversicherungsgesetz, in: Soziale Praxis, 8.Jg., Heft 38/1899, Sp.1017-1021

Wölz, O.: Wohnungsgesetzgebung, in: Handwörterbuch des Wohnungswesens, Jena 1930, S.809-814

Woytinsky, W.: Die neue Tarifstatistik in Deutschland, in: Internationale Rundschau der Arbeit, 9.Jg., Bd.1, Heft 4/1931, S.351-378

Zacher, H.F.: Die Geschichte der Arzneimittelversorgung in der gesetzlichen Krankenversicherung, in: B. Külp / W. Stützel (Hrsg.): Beiträge zu einer Theorie der Sozialpolitik. Festschrift für E. Liefmann-Keil zum 65. Geburtstag, Berlin 1973, S.201-228

Zacher, H.F. (Hrsg.): Bedingungen für die Entstehung und Entwicklung von Sozialversicherung (Schriftenreihe für Internationales und Vergleichendes Sozialrecht, Bd.3), Berlin 1979

Zimmermann, F.W.R.: Die derzeitige Stellung der einzelnen Deutschen Staaten gegenüber der Beamten-, Witwen- und Waisenversorgung, in: G. Hirth / M. Sendel (Hrsg.): G. Hirth's Annalen des Deutschen Reiches, 26.Jg., Nr.2/1893, S.140-156

Zirkel: Zur Geschichte des sächsischen Bergbaus, in: Zeitschrift für Bergrecht, 28.Jg., 1887, S.344-365

Zöllner, D.: Öffentliche Sozialleistungen und wirtschaftliche Entwicklung. Ein zeitlicher und internationaler Vergleich (Sozialpolitische Schriften, Heft 16), Berlin 1963

Zöllner, D.: Länderbericht Deutschland, in: P.A. Köhler / H.F. Zacher (Hrsg.): Ein Jahrhundert Sozialversicherung in der Bundesrepublik Deutschland, Frankreich, Großbritannien, Österreich und der Schweiz (Schriftenreihe für Internationales und Vergleichendes Sozialrecht, Bd.6), Berlin 1981, S.45-180

Zschimmer, G.: Das Gesetz über den Aufbau der Sozialversicherung vom 5. Juli 1934, in: RArBl. II (nichtamtl. Teil), N.F., 14.Jg., Nr. 21/1934, S.249-252

Zwiedieneck-Südenhorst, O. von: Arbeiterschutz und Arbeiterversicherung, 2.Aufl., Leipzig 1912

Verzeichnis sonstiger Quellen

(Amtliche) Gesetzes-Sammlungen und Verordnungsblätter

Abschiede aller des H. R. Reichs Reichtäge &c. von 1356 bis 1654 (Reichst.Absch.), *verlegt bey J. M. Schönwetters sell. Wittib, Frankfurt a. M. 1720*

Amtliche Mittheilungen aus den Jahresberichten der Gewerbe-Aufsichtsbeamten, *1892 (1893)–1898, hrsg. vom Reichsamt des Innern, Berlin*

Amtliche Nachrichten der Landesverwaltung Sachsen (Amtl.NR LVSachs.), *ab 26.3.1946 Gesetze/Befehle/Verordnungen/Bekanntmachungen veröffentlicht durch die Landesverwaltung Sachsen, ab 1.1.1948 Gesetz- und Verordnungsblatt Land Sachsen, Dresden*

Amtsblatt der Landesverwaltung Mecklenburg-Vorpommern (ABl.Mecklbg.), *1945–1946, ab 1.1.1947 Amtsblatt der Landesregierung Mecklenburg-Vorpommern, ab 12.3.1947 Regierungsblatt für Mecklenburg*

Annalen der Preussischen inneren Staatsverwaltung, *1817–1839, hrsg. von Carl Albert Christoph Heinrich von Kamptz, Berlin*

Baierische Landtagshandlungen in den Jahren 1429 bis 1513 (BaiLandtHd.), *1803–1805, hrsg. von F. von Krenner, 18 Bde., München*

Berg-Ordnungen der Preußischen Lande. Sammlung der in Preußen gültigen Berg-Ordnungen nebst Ergänzungen, Erläuterungen und Ober-Tribunals Entscheidungen (Slg.PreußBO), *hrsg. von Hermann Brassert, Köln 1858*

Bulletin des lois de l'Empire Français, 4.e Série (4.e Bull), *Mai 1804–April 1814, Paris*

Bundes-Gesetzblatt des Norddeutschen Bundes (NorddtBGBl.), *1867–1870, Berlin*

Chur-Badisches Regierungs-Blatt (churbad.RegBl.), *1803–1806, Carlsruhe*

Churbaierisches Intelligenzblatt (ChurbaiInBl.), *1796–1801, München (ab 1778 Münchner Intelligenz-Blatt)*

Churfürstlich-pfalzbaierisches Regierungs- und Intelligenz-Blatt (churbaiRegBl.), *1802–1805, München*

Churfürstliches Regierungs-Blatt für Franken (churf.RegBl.f.Franken)

Codex Augusteus oder Neuvermehrtes Corpus Juris Saxonici (Cod.Aug.Cor.jur.sax.), *1724 ff., Dresden*

Corporis Constitutionum Marchicarum Continuatio (Corp.Const.PrBrand), *Th. I–IV, Suppl. 1737–1745, hrsg. von Christian Otto Mylius, 1737 ff.* einschl. Repertorium Corporis Constitutionum. 1. Cronologicum, 2. Reale, 1298–1750, Abth. 1, 2, *1755, Berlin*

Corpus Constitutionum Marchicarum, Oder Königl. Preußis. und Churfürstl. Brandenburgische in der Chur- und Marck Brandenburg, auch incorporirten Landen publicirte und ergangene Ordnungen, Edicta, Mandata, Rescripta &c. Von Zeiten Friedrichs I. Churfürstens zu Brandenburg, &c. biß ietzo unter der Regierung Friderich Wilhelms Königs in Preussen &c. ad annum 1736. inclusivè (Corp.Const.PrBrand), *Th. I–V, 1445–1736, hrsg. von Christian Otto Mylius, 1737, Berlin*

Corpus juris metallici recentissimi et antiquioris. Sammlung der neuesten und älteren Berggesetze (Corp.jur.met.), *hrsg. von Thomas Wagner, Leipzig 1791*

Deutsche Justiz. Rechtspflege und Rechtspolitik (DJ), *1933–1945, amtliches Blatt der deutschen Rechtspflege, hrsg. vom Reichsjustizminister und vom Preußischen Justizminister, Berlin*

Deutsche Wissenschaft, Erziehung und Volksbildung. Amtsblatt des Reichsministers für Wissenschaft, Erziehung und Volksbildung (RMinABl.DtschWiss), *1935 ff., Berlin*

Deutscher Reichs-Anzeiger und Preußischer Staats-Anzeiger (DRA), *1933 ff., Berlin (davor 1871–1918: Deutscher Reichs-Anzeiger und Königlich Preußischer Staats-Anzeiger)*

Die Gesetzgebung des Kabinetts Hitler: die Gesetze im Reich und Preußen seit dem 30. Januar 1933 in systematischer Ordnung mit Sachverzeichnis, *1933–1939, Berlin*

Fürstlich-Waldeckisches Regierungs-Blatt (WaldeckRegBl.), *1811–1918, Mengeringhausen*

Gesetz- und Verordnungs-Blatt für das Königreich Bayern (BayGVBl.), *1874–1918, München*

Gesetz- und Verordnungs-Blatt für das Königreich Sachsen (SächsGVOBl.), *1835–1918, Dresden*

Gesetz- und Verordnungs-Sammlung für die Herzoglich Braunschweigischen Lande (BraunGVO Slg), *1832–1917, Braunschweig (1814–1832 Verordnungs-Sammlung für die Herzoglich-Braunschweigischen Lande)*

Gesetz-Blatt für das Fürstenthum Birkenfeld (GBl.f.Birkenfeld), *1855–1917, Idar-Oberstein*

Gesetz-Blatt für das Großherzogthum Oldenburg (OldenbGBl.), *1885–1918, Oldenburg; 1813/52 (1866)–1852/83 (1888) Sammlung der im Herzogthum Oldenburg geltenden Gesetze, Verordnungen und Bekanntmachungen*

Gesetz-Blatt für das Königreich Bayern (BayGBl.), *1818–1873, München*

Gesetz-Buelletin des Königreichs Westfalen / Bulletin des lois et décrets du Royaume de Westphalie (WestfGeBull.), *1806ff., Cassel*

Gesetz-Buelletin für das Großherzogthum Berg / Bulletin des lois du Grand-Duché de Berg (Berg GeBull.), *1809–1814, Düsseldorf*

Gesetz-Sammlung der Freien und Hansestadt Hamburg (HambGSlg.), *1866/67–1920, Hamburg*

Gesetz-Sammlung für das Herzogthum Anhalt (AnhaltGSlg.), *1863/65–1911/16 (1918), Dessau*

Gesetz-Sammlung für das Herzogthum Anhalt-Dessau (Anhalt-DessGSlg.), *1818–1850/53 (1853), Dessau*

Gesetz-Sammlung für das Herzogthum Anhalt-Dessau-Köthen (Anhalt-KöthenGSlg.), *1853/54 (1854)–1861/63 (1883), Dessau*

Gesetz-Sammlung für das Herzogthum Coburg (CoburgGSlg.), *1800ff., Coburg*

Gesetz-Sammlung für das Herzogthum Gotha (GothaGSlg.), *1827–1868, Gotha*

Gesetz-Sammlung für das Herzogthum Sachsen-Altenburg (AltenbGSlg.), *1855ff., Altenburg*

Gesetz-Sammlung für das Königreich Sachsen (SächsGSlg.), *1818–1831, Dresden*

Gesetz-Sammlung für die Königlich Preußischen Staaten (PrGS), *1806–1918, Berlin (ab 1907 Preußische Gesetzessammlung)*

Gesetzblatt für Elsaß-Lothringen (GBl.Elsaß-Lothr.), *1871–1918, Straßburg (ab 1881 Berlin)*

Gesetzes- und Verordnungs-Blatt für das Großherzogthum Baden (BadGVBl.), *1869–1918, Karlsruhe*

Gesetzsammlung für das Fürstenthum Schwarzburg-Rudolstadt (Schw.Rudolst.GSlg.), *1840–1918, Rudolstadt*

Gesetzsammlung für das Fürstenthum Schwarzburg-Sondershausen (Schw.Sond.GSlg), *1837–1917, Sondershausen*

Grosherzoglich-Badisches Regierungs-Blatt (BadRegBl.), *1807–1816, Karlsruhe (1807–1808 Regierungs-Blatt für das Grosherzogthum Baden)*

Grosherzoglich-Badisches Staats- und Regierungs-Blatt (BadStRegBl.), *1817–1844, Karlsruhe*

Großherzoglich Hessisches Regierungsblatt (HessRegBl.), *1819–1918, Darmstadt*

Großherzoglich Mecklenburg-Strelitzscher offizieller Anzeiger für Gesetzgebung und Staatsverwaltung (MeckAnz.), *1838–1918, Neustrelitz*

Handbuch der für die Königl. Preuß. Rheinprovinzen verkündigten Gesetze, Verordnungen und Regierungsbeschlüsse aus der Zeit der Fremdherrschaft, *hrsg. von A. von Daniels, Bd.1–7, Köln 1833–1842*

Handbuch der teutschen Reichsgesetze (Hb.d.teut.RG), *hrsg. von C. F. Gerstlacher, Frankfurt und Leipzig 1791*

Herzoglich Sachsen-Altenburgische Gesetz-Sammlung (AltenbGSlg.), *Altenburg 1821 ff.*

Königlich Württembergisches Staats- und Regierungs-Blatt (WürttStRegBl.), *1807–1824; Stuttgart*

Königlich-Baierisches Regierungsblatt (Kgl.RegBl.), *1806–1817, München*

Ministerialblatt des Reichs- und Preußischen Ministers des Innern, *hrsg. vom Reichsministerium des Innern, 1936–1945, Berlin*

Novum Corpus Constitutionum Prussico Brandenburgensium praecipue Marchicarum, Oder Neue Sammlung Königl. Preußl. und Churfürstl. Brandenburgischer, sonderlich in der Chur- und Marck-Brandenburg, Wie auch anderen Provintzien publicirten und ergangenen Ordnungen, Edicten, Mandaten, Rescripten &c. &c. Vom Anfang des Jahrs 1751 und folgenden Zeiten (Nov. Corp.Const.PrBrand.), *Bd.1–12, 1751–1810, hrsg. von der Academie der Wissenschaften, Berlin*

Protokolle der deutschen Bundesversammlung (Prot.dt.BundVersammlg.), *1817–1866, Frankfurt*

Regierungs- und Intelligenzblatt für das Königreich Bayern, *1821–1825, München*

Regierungs-Blatt für das Großherzogthum Sachsen-Weimar-Eisenach (S.-WeimarEisenRegBl.), *1811 ff., Weimar*

Regierungs-Blatt für das Königreich Bayern (BayRegBl.), *1826–1872, München*

Regierungs-Blatt für das Königreich Württemberg (WürttRegBl.), *1824–1918, Stuttgart*

Reichs-Gesetz-Blatt (FrankfRGBl.), *St. 1/1848–21/1849 (Juni), hrsg. von der provisorischen Centralgewalt, Frankfurt*

Reichs-Gesetzblatt (RGBl.), *1871–1945, Berlin (ab 1922 Teilung in Teil I und Teil II)*

Reichsanzeiger (RAnz) (= Deutscher Reichs-Anzeiger und Preußischer Staats-Anzeiger), *1933 ff., Berlin*

Reichsbesoldungsblatt, *1922 ff., ab 1937 Reichshaushalts- und Besoldungsblatt, Berlin*

Sammlung aller Baden-Durlachischen Anstalten und Verordnungen (Slg.Bad.-Durl.VO), *hrsg. von C. F. Gerstlacher, 3 Bde., Frankfurt 1774*

Sammlung aller in dem souverainen Herzogthum Schlesien und dessen incorporierten Grafschaft Glatz in Finanz-, Justiz, Criminal-, Geistlichen-, Censistorial-Kirchen-Sachen etc. publicirten und ergangenen Ordnungen, Edicten, Mandaten, Rescripten etc. (Kornsche Sammlung), *1759–1790, Breslau*

Sammlung auserlesener teutscher Landesgesetze usw., *hrsg. von Joh. H. L. Bergius, 3 Bd., 1781 ff.*

Sammlung der Churpfalz-Baierischen allgemeinen und besonderen Landesverordnungen von Justiz-, Finanz-, Landschafts-, Maut-, Accis-, Kommerzien-, Manufaktur- oder Fabriquen-Sachen, *hrsg. von G. K. Mayr, 6 Bde., München 1784–1799*

Sammlung der Churpfalz-Baierischen Landesverordnungen von Maximilian Joseph IV., *hrsg. von G. K. Mayr, 2 Bde., München 1800–1802*

Sammlung der churtrierischen Gesetze und Verordnungen (churtrierGVSlg.), *hrsg. von Scotti, Düsseldorf 1832*

Sammlung der für die Königlich Preussischen Staaten erschienen Gesetze und Verordnungen von 1806 bis zum 27. Oktober 1810 mit Ausschluß der in der 1. Abtheilung des 12. Bandes der Myliusschen Edicten-Sammlung schon enthaltenen Verordnungen aus dem Jahre 1806. Als Anhang zu der seit dem Jahre 1810 editierten Gesetz-Sammlung für die Königlich Preussischen Staaten (PrGS. 1806–1810), *Berlin 1822*

Sammlung der Gesetze und Verordnungen für das Königreich Sachsen, *1832–1834, Dresden*

Sammlung der Gesetze und Verordnungen, welche die fünf französischen Gesetzbücher modificiren, oder neben denselben in der Königlich Preussischen Rheinprovinz Geltung haben, *Crefeld, Bd. 1-3, 1848–1862*

Sammlung der Gesetze und Verordnungen, welche in dem Herzogthum Cleve und in der Grafschaft Mark über Gegenstände der Landeshoheit, Verfassung ... ergangen sind, *Bd. 1, 1418/1700 (1826)–1776/1810 (1829), Düsseldorf*

Sammlung der Gesetze, Verordnungen und Ausschreiben für das Königreich Hannover (HannGVOSlg.), *1818–1866, Hannover*

Sammlung der hamburgischen Gesetze und Verordnungen in Bürger- und kirchlichen, auch Cammer-, Handlungs- und übrigen Polizey-Angelegenheiten und Geschäften samt historischen Einleitungen, *hrsg. von Piscator, Th. 1–12, Hamburg 1765–1773; N. S. 1783–1801*

Sammlung der in dem Herzogthum Sachsen-Meiningen ergangenen Landes-Gesetze, *1822–1829, Hildburghausen*

Sammlung der in der Großherzoglich-hessischen Zeitung publicirten Verordnungen und höheren Verfügungen (HessVOSlg), *1811–1819, Darmstadt*

Sammlung der landesherrlichen Edikte und Verordnungen des Herzogthums Nassau, *1809–1845, Wiesbaden*

Sammlung der landesherrlichen Verordnungen im Herzogthum Sachsen-Meiningen (MeinVOSlg.), *1829/31–1915/21, Meiningen*

Sammlung der Verordnungen der Freyen Hansestadt Hamburg (HambVOSlg.), *1814–1866, Hamburg*

Sammlung der Verordnungen und Proclame des Senats der freien Hansestadt Bremen (Bremen VOSlg.), *1751/1810 (1820) ff., Bremen*

Sammlung derer Reichs-Schlüsse (Slg.Reichs-Schl.,), *Tom. I et II, Regensburg 1740*

Sammlung des baierischen Bergrechts mit einer Einleitung in die baierische Bergrechts-Geschichte, *hrsg. von Joh. Georg Lori, München 1764*

Sammlung Großherzogl. S.-Weimar-Eisenachischer Gesetze, Verordnungen und Circularbefehle (S.WeimarEisenGVOSlg.), *1821 ff., Weimar*

Sammlung hamburgischer Gesetze und Verfassungen, *hrsg. von J. F. Blank, Theil I ff., Hamburg 1764 ff.*

Sammlung kurhessischer Landes-Ordnungen und Ausschreiben nebst dahin gehörigen Erläuterunges- und anderen Rescripten, Resolutionen, Abschieden, gemeinen Bescheiden und dergleichen, *Bd. 1, 1337/1627 (1767) – Bd. 8, 1801/1806, Cassel*

Sammlung von Gesetzen, Verordnungen, Ausschreiben und anderen allgemeinen Verfügungen für Kurhessen (kurhessGVOSlg.), *1813/16–1817/19; 1820/22–1864/66, Cassel*

Urkundenbuch der Stadt Freiberg in Sachsen (UrkB.Freiberg), *2 Bde. 1886, Freiberg*

Verhandlungen des Ersten deutschen Handwerker- und Gewerbekongresses, *Frankfurt 1848*

Verordnungsblatt der Provinzialregierung Mark Brandenburg (VOBl.Prov.Brdbg.), *ab 1.1.1947 Gesetz- und Verordnungsblatt der Provinzialregierung Brandenburg, ab 22.9.1947 Gesetz und Verordnungsblatt der Landesregierung Brandenburg, Potsdam*

Verordnungsblatt des Herzogthums Nassau (NassauVBl.), *1846–1866, Wiesbaden (1809–1845 Sammlung der landesherrlichen Edicte und Verordnungen des Herzogthums Nassau)*

Verordnungsblatt für die Provinz Sachsen (VOBl.Prov.Sachsen), *Oktober 1945-Dezember 1946, ab 1.1.1947 Gesetzblatt der Provinz Sachsen-Anhalt, ab 8.8.1947 Gesetzblatt des Landes Sachsen-Anhalt, 1950–1952 Gesetz- und Amtsblatt des Landes Sachsen-Anhalt, Halle*

Veröffentlichungen staatlicher statistischer Ämter

Bevölkerung und Wirtschaft 1872–1972, *hrsg. vom Statistischen Bundesamt, Wiesbaden 1972*

Bevölkerung und Wirtschaft. Langfristige Reihen 1871 bis 1957 für das Deutsche Reich und die Bundesrepublik Deutschland, *Statistik der Bundesrepublik Deutschland, Bd. 199, hrsg. vom Statistischen Bundesamt, Wiesbaden 1958*

Jahrbuch für die amtliche Statistik des Preußischen Staates, *1863–1883, hrsg. vom Königlich Statistischen Bureau, Berlin*

Statistik des Deutschen Reiches, *Alte Folge, 1973 ff., hrsg. vom Kaiserlich Statistischen Reichsamt; Neue Folge, Bd. 1-601, 1883–1944, hrsg. vom Kaiserlich Statistischen Reichsamt, ab 1919 vom Statistischen Reichsamt, Berlin*

Statistische Mitteilungen aus dem Königreich Sachsen, *1851 ff., hrsg. vom Königlich Sächsischen Statistischen Bureau (Landesamt), Dresden*

Statistisches Handbuch für den Preußischen Staat, *Bd. 1, 1888–1903, hrsg. vom Königlich Preußischen Statistischen Bureau, Berlin*

Statistisches Jahrbuch für das Deutsche Reich, *1880 ff., hrsg. vom Kaiserlich Statistischen Reichsamt, Berlin*

Statistisches Jahrbuch für das Königreich Sachsen, *1873 ff., hrsg. vom Königlich Sächsischen Statistischen Landesamt, Dresden*

Statistisches Jahrbuch für den Preußischen Staat, *1903–1934, hrsg. vom Königlich preußischen Statistischen Bureau, Berlin*

Vierteljahreshefte zur Statistik des Deutschen Reiches, *1873–1883, hrsg. vom Kaiserlich Statistischen Reichsamt, Berlin*

Sonstige statistische Veröffentlichungen

Statistisches Handbuch von Deutschland 1928–1944, *hrsg. vom Länderrat, München 1949*

Fachzeitschriften und Veröffentlichungen von Verbänden, Organisationen und ähnlichen Institutionen

ADGB-Jahrbücher, *1922 ff., jährlich, hrsg. vom Allgemeinen Deutschen Gewerkschaftsbund, Berlin*

Archiv für das Post- und Fernmeldewesen, *1949 ff., hrsg. im Auftrag des Bundesministeriums für das Post- und Fernmeldewesen, Frankfurt*

Archiv für Sozialgeschichte, *1961 ff., hrsg. von der Friedrich-Ebert-Stiftung, Hannover (später Bonn)*

Archivalische Forschungen zur Geschichte der deutschen Arbeiterbewegung, *1954 ff., hrsg. vom Zentralinstitut für Geschichte, Ost-Berlin*

Aus Politik und Zeitgeschichte, *1951 ff., Beilage zur Wochenzeitung Das Parlament, hrsg. von der Bundeszentrale für politische Bildung (anfangs von der Bundeszentrale für Heimatdienst), Bonn*

Correspondenzblatt der Generalkommission der Gewerkschaften Deutschlands, *1892 ff., hrsg. von der Generalkommission der Gewerkschaften Deutschlands, Berlin*

Hamburger Jahrbuch für Wirtschafts- und Gesellschaftspolitik, *1956 ff., Veröffentlichungen des HWWA-Instituts für Wirtschaftsforschung, Tübingen*

Internationale Rundschau der Arbeit, *1921 ff., hrsg. vom Internationalen Arbeitsamt, Genf*

Jahrbuch für Wirtschaftsgeschichte, *1963 ff., hrsg. von der Deutschen Akademie der Wissenschaften zu Berlin, Institut für Geschichte, Abteilung Wirtschaftsgeschichte, Ost-Berlin*

Mitteilungen der List-Gesellschaft, *1960/61 ff. Düsseldorf*

Soziale Sicherheit. Zeitschrift für Sozialpolitik, *1952 ff., hrsg. vom Deutschen Gewerkschaftsbund, Köln*

Soziale Welt, *1949/50 ff., im Namen der Arbeitsgemneinschaft sozialwissenschaftlicher Institute hrsg. von der Sozialforschungsstelle Dortmund*

Zeitschrift für Bergrecht, *1860 ff., hrsg. von der Bergabteilung des Reichs- und Preussischen Wirtschaftsministeriums, Berlin*

Sonstige Fachzeitschriften

Annalen für soziale Politik und Gesetzgebung, *1911/12–1919, Berlin*

Annalen des Deutschen Reiches für Gesetzgebung, Verwaltung und Statistik (Hirth's Annalen), *1867 ff., hrsg. von Georg Hirth, Berlin-München-Leipzig*

Archiv des öffentlichen Rechts, *1886 ff., Tübingen*

Deutsches Verwaltungsblatt, *1875 ff., Köln*

Finanz-Archiv, *1884 ff., begründet von Georg von Schanz, Stuttgart (später Tübingen)*

Journal of Contemporary History, *1966 ff., hrsg. von W. Laqueur und G. C. Mosse, London*

Soziale Praxis. Zentralblatt für Sozialpolitik, *1896 ff., Berlin*

Sozialpolitisches Centralblatt, *1892 ff., Berlin*

Vierteljahresschrift für Sozial- und Wirtschaftsgeschichte, *1903 ff., Berlin-Stuttgart-Leipzig*

Zeitschrift für die gesamte Staatswissenschaft, *1844 ff. Tübingen, Ergänzungshefte, 1901 ff., Tübingen*

Zeitschrift für Sozialreform, *1955 ff., Wiesbaden*

Entscheidungssammlungen der Gerichte

Entscheidungen des Reichsarbeitsgerichts, *Bd. 1 ff., 1928 ff., Berlin-Leipzig*

Entscheidungen des Reichsgerichts in Zivilsachen, *Bd. 1 ff., 1880 ff., Leipzig*

Entscheidungen und Mitteilungen des Reichsversicherungsamts, *Bd. 1 ff., 1914 ff., Berlin*

Materialien von Regierung und oberen Behörden

Amtliche Nachrichten des Reichsversicherungsamtes (AN), *1885 ff., hrsg. vom Reichsversicherungsamt, Berlin*; ab 1928; Amtliche Nachrichten für Reichsversicherung, *Berlin*

Bericht der Reichsanstalt für Arbeitsvermittlung und Arbeitslosenversicherung, *1928/29 ff., jährlich, Berlin*

Jahresberichte der Gewerbe-Aufsichtsbeamten und Bergbehörden, *1899 (1900)–1937/38 (1939), hrsg. vom Reichs-Arbeitsministerium, Berlin*

Reichs-Arbeitsblatt (RArBl.), *monatlich, 1903/1904–1918 hrsg. vom Kaiserlichen Statistischen Amt, Abt. für Arbeiterstatistik; 1918–September 1920 hrsg. vom Statistischen Reichsamte, ab 1920 Neue Folge hrsg. von der Reichsarbeitsverwaltung (Teil I: amtlich, Teil II: nicht-amtlich), ab 1927 hrsg. vom Reichsarbeitsministerium (Teil I: amtlich, Teil II: nicht-amtlich, Teil III: Arbeitsschutz, Teil IV: Amtliche Nachrichten für Reichsversicherung, Teil V: Reichsversorgungsblatt, Teil VI: Bekanntmachungen über Tarifverträge), 1940–1944 (Teil I: amtlich, Teil II: nicht-amtlich und Amtli-*

che Nachrichten für Reichsversicherung, Teil III: Arbeitsschutz, Teil IV: Bekanntmachungen über Tarifordnungen, Teil V: Soziales Deutschland)

Reichsversicherungsanstalt für Angestellte, Materialien, versch. Jahre

Stenographische Berichte über die Verhandlungen des Deutschen Reichstages, *1871 ff., Berlin (einschl. Anlagen zu den Verhandlungen des Reichstages, Aktenstück Nr.1 ff., 1873 ff., Berlin)*

Stenographische Berichte über die Verhandlungen des Reichstages des Norddeutschen Bundes, *1867–1870, Berlin*

Stenographischer Bericht über die Verhandlungen der deutschen constituirenden Nationalversammlung zu Frankfurt am Main, *Nrn. 1-237, 1848/1849, Bd. 1-9, hrsg. auf Beschluß der Nationalversammlung durch die Redactions-Commission, Frankfurt*

Berichte von Sachverständigenkommissionen

Vergleich der Alterssicherungssysteme und Empfehlungen der Kommission (Berichtsband 1); Darstellung der Alterssicherungssysteme und der Besteuerung von Alterseinkommen (Berichtsband 2). Gutachten der Sachverständigenkommission Alterssicherungssysteme, *hrsg. vom Bundesminister für Arbeit und Sozialordnung, Bonn 1983; Anlageband A: Unterlagen zum empirischen Vergleich der Alterssicherungssysteme; Anlageband B: Möglichkeiten und Grenzen einer Annäherung der Beamtenversorgung an die gesetzliche Rentenversicherung*

Handwörterbücher und ausgewählte Kommentare (Loseblatt-Sammlungen)

100 Jahre Deutsche Geschichte, *hrsg. von der Niedersächsischen Landeszentrale für Politische Bildung, Leer 1971*

Deutsche Verwaltungsgeschichte, *5 Bde. im Auftr. der Freiherr-von-Stein-Gesellschaft e. V. hrsg. von K. G. A. Jeserich, H. Pohl, G-C. von Unruh, Stuttgart 1982-1984*

Deutsches Verwaltungsrecht, *Berlin-Wien 1930, hrsg. von F. Giese/E. Neuwiem/E. Cahn*

Dokumente zur deutschen Verfassungsgeschichte, *Bd. 1 ff, Stuttgart 1964 ff., hrsg. von E. Huber*

Geschichte der deutschen Arbeiterbewegung. Darstellung-Chronologien-Dokumente, *3 Bde., Bonn 1984, hrsg. von Th. Meyer/S. Miller/J. Rohlfes*

Handbuch der gesetzlichen Rentenversicherung. Festschrift aus Anlaß des 100jährigen Bestehens der gesetzlichen Rentenversicherung, *hrsg. im Auftrag des Vorstandes des Verbandes Deutscher Rentenversicherungsträger von F. Ruland, Neuwied-Frankfurt a. M. 1990*

Handwörterbuch der Arbeitswissenschaft, *2 Bde., hrsg. von F. Giese, Halle 1930*

Handwörterbuch der Frauenbewegung, *hrsg. von H. Lange/G. Bäumer, 4 Bde., Berlin 1901*

Handwörterbuch der Kommunalwissenschaften, *Bd. 1 ff, Jena 1918 ff., hrsg. von J. Brix/H. Lindermann/O. Most/H. Preuss/A. Südekum*

Handwörterbuch der Preußischen Verwaltung, *2. Bde., 3. Aufl., Berlin-Leipzig 1928, hrsg. von B. Drews/F. Hoffmann/R. von Bitter*

Handwörterbuch der Staatswissenschaften, *8 Bde., hrsg. von L. Elster, A. Weber. F. Wieser, 4. gänzl. umgearbeitete Aufl., Jena 1923-1928, Ergänzungsband 1929*

Handwörterbuch der Wirtschaftswissenschaften (HdWW), *9 Bde., hrsg. von W. Albers u. a., 1977-1982, Stuttgart-New York-Göttingen-Tübingen*

Handwörterbuch der Wohlfahrtspflege, *hrsg. von J. Dünner, 2. völlig neubearb. Aufl., Berlin 1929*

Handwörterbuch des Städtebaues, Wohnungs- und Siedlungswesens, *hrsg. von H. Wandersleb u. a., 3 Bde., Stuttgart 1959*

Handwörterbuch des Wohnungswesens, *im Auftrage des Deutschen Vereins für Wohnungsreform e. V. Berlin, hrsg. von G. Albrecht, A. Gut, W. Lübbert, E. Weber, O. Wölz, B. Schwan, Jena 1930*

Internationales Handwörterbuch des Gewerkschaftswesens, *2 Bde., Berlin 1931/1932, hrsg. von L. Heyde*

Kommentar zur Reichsversicherungsordnung, *hrsg. von H. Hanow u. a., 4. Aufl., Bd. 3, Berlin 1929*

Sozialrechtshandbuch (SRH), *hrsg. von B. Baron von Maydell / F. Ruland, Neuwied-Darmstadt 1988*

Wörterbuch der Volkswirtschaft, *2 Bde., hrsg. von L. Elster, 1. Aufl., 1898, 2. völlig umgearbeitete Aufl., Jena 1906; 4. Aufl., 3 Bde., 1931-1933*

Verzeichnis der Abkürzungen

§	=	Paragraph
§§	=	Paragraphen
%	=	Prozent
£	=	Englisches Pfund
4.e Bull.	=	Bulletin des lois de l'Empire Français, 4.e Série
a.F.	=	alte Fassung
a.G.	=	auf Gegenseitigkeit
ABG	=	Allgemeines Berggesetz (Preußen)
Abg.	=	Abgeordneter
ABl.	=	Amtsblatt
Abs.	=	Absatz
Abschn.	=	Abschnitt
Abth.	=	Abtheilung
ADGB	=	Allgemeiner Deutscher Gewerkschaftsbund
AE	=	Arbeitserlaubnis
AG	=	Aktiengesellschaft
AHGB	=	Allgemeines Deutsches Handelsgesetzbuch
Alg	=	Arbeitslosengeld
Alhi	=	Arbeitslosenhilfe
Allg.	=	Allgemeine(r,s)
AllgGewO	=	Allgemeine Gewerbeordnung
ALR	=	Allgemeines Landrecht (Preußen)
AltenbGSlg.	=	Gesetz-Sammlung für das Herzogthum Sachsen-Altenburg
AlU	=	Arbeitslosenunterstützung
AlV	=	Arbeitslosenversicherung
amtl.	=	amtlich
AN	=	Amtliche Nachrichten des Reichsversicherungsamtes bzw. für Reichsversicherung
ÄndG	=	Änderungsgesetz
ÄndVO	=	Änderungsverordnung
Anh.	=	Anhang
AnhaltGSlg.	=	Gesetz-Sammlung für das Herzogthum Anhalt
Anl.	=	Anlage
Anmerk.d.Verf.	=	Anmerkung des Verfassers
AnpG	=	Anpassungsgesetz
AnV	=	Angestelltenversicherung
AO	=	Anordnung
AOG	=	Arbeitsordnungsgesetz
AOK	=	Allgemeine Ortskrankenkasse
ArbG	=	Arbeitsgericht
ArbGG	=	Arbeitsgerichtsgesetz
Arbschutz	=	Arbeitsschutz
ArbZG	=	Arbeitszeitgesetz
Art.	=	Artikel
Artt	=	Artikel (Mehrzahl)
ArV	=	Arbeiterrentenversicherung
AU	=	Arbeitsunfähigkeit
Aufl.	=	Auflage
AVAVG	=	Gesetz über Arbeitsvermittlung und Arbeitslosenversicherung
AVE	=	Allgemeinverbindlichkeitserklärung (Tarifverträge)
AVG	=	Angestelltenversicherungsgesetz
AVO	=	Aufbauverordnung
AZV	=	Arbeitszeitverordnung
BadGVBl.	=	Gesetz- und Verordnungsblatt für das Großherzogthum Baden
BadRegBl.	=	Grosherzoglich-Badisches Regierungs-Blatt

BadStRegBl.	= Großherzoglich-Badisches Staats- und Regierungs-Blatt
BaiLandtHd.	= Baierische Landtagshandlungen
BayGBl.	= Gesetzblatt für das Königreich Bayern
BayGVBl.	= Gesetz- und Verordnungsblatt für das Königreich Bayern
BayRegBl.	= Regierungs-Blatt für das Königreich Bayern
Bd.	= Band
BdM	= Bund deutscher Mädel
BeamtVG	= Beamtenversorgungsgesetz
BeamtVGÄndG	= Gesetz zur Änderung des Beamtenversorgungsgesetzes und sonstiger dienst- und versorgungsrechtlicher Vorschriften
BergGeBull.	= Gesetz-Buelletin des Großherzogthums Berg
BesG	= Besoldungsgruppe
betr.	= betreffend
Betr.	= Betrieb
BGB	= Bürgerliches Gesetzbuch
BGen	= Berufsgenossenschaften
BHG	= Beamtenhinterbliebenengesetz
BIP	= Bruttoinlandsprodukt
BK	= Berufskrankheit
Bkm.	= Bekanntmachung
BKVO	= Berufskrankheitenverordnung
Brandenbg.	= Mark Brandenburg
BraunGVOSlg.	= Gesetz- und Verordnungs-Sammlung für die Herzoglich Braunschweigischen Lande
BremenVOSlg.	= Sammlung der Verordnungen und Proclame des Senats der freien Hansestadt Bremen
BRG	= Betriebsrätegesetz
BSP	= Bruttosozialprodukt
BU	= Berufsunfähigkeit
Buchst.	= Buchstabe
bzgl.	= bezüglich
bzw.	= beziehungsweise
c.	= chapter
ca.	= circa
Cap	= Capitel
ChurbaiInBl.	= Churbaierisches Intelligenzblatt
ChurbaiRegBl.	= Churbayerisches Regierungsblatt
churfRegBl.f.Franken	= Churfürstliches Regierungsblatt für Franken
churtrierGVSlg.	= Sammlung der churtrierischen Gesetze und Verordnungen (Scotti)
const.jur.met	= constitutionum juris metallici
Corp.Const.PrBrand.	= Corporis Constitutionum Marchicarum
Corp.jur.met.	= Corpus juris metallici recentissimi et antiquioris (Wagner)
d.h.	= das heißt
d.J.	= dieses Jahres
DAF	= Deutsche Arbeitsfront
dar.	= darunter
dav.	= davon
DBG	= Deutsches Beamtengesetz
DJ	= Deutsche Justiz (Zeitschrift)
DJ	= Deutsches Jungvolk
DNVP	= Deutsch-Nationale Volkspartei
DP	= Deutsche Partei
DRA	= Deutscher Reichs- und Preußischer Staatsanzeiger
Drs.	= Drucksache
dschn.	= durchschnittlich
durchges.	= durchgesehen(e)
e.V.	= eingetragener Verein
EG-BGB	= Einführungsgesetz zum Bürgerlichen Gesetzbuch
EinfG	= Einführungsgesetz
einschl.	= einschließlich

endg.	= endgültig
ErgG	= Ergänzungsgesetz
ErgSt	= Ergänzungssteuer
ErgStG	= Ergänzungssteuergesetz
erw.	= erweitert(e)
Erw.	= Erwerb
ErwVO	= Erweiterungsverordnung
ESt	= Einkommensteuer
EStÄndG	= Einkommensteuer-Änderungsgesetz
EStDV	= Einkommensteuerdurchführungsverordnung
EStG	= Einkommensteuergesetz
etc.	= et cetera
EU	= Erwerbsunfähigkeit
f.	= folgende Seite
ff.	= folgende Seiten
FrankfRGBl.	= Reichs-Gesetz-Blatt der Frankfurter Nationalversammlung
GBl.	= Gesetzblatt
GBl.Elsaß-Lothr.	= Gesetzblatt für Elsaß-Lothringen
GBl.f.Birkenfeld	= Gesetz-Blatt für das Fürstenthum Birkenfeld
gem.	= gemäß
Gestapo	= Geheime Staatspolizei
gew.	= gewerblich
gewerbl.	= gewerblich
GewG	= Gewerbegericht
GewGG	= Gewerbegerichtsgesetz
GewO	= Gewerbeordnung
ggf.	= gegebenenfalls
GmbH	= Gesellschaft mit beschränkter Haftung
GothaGSlg.	= Gesetz-Sammlung für das Herzogthum Gotha
GrundStÄndG	= Grundsteuer-Änderungsgesetz
GrundStDV	= Grundsteuerdurchführungsverordnung
GrundStG	= Grundsteuergesetz
GRV	= Gesetzliche Rentenversicherung
GVBl.	= Gesetz- und Verordnungsblatt
ha	= Hektar
HambGSlg.	= Gesetz-Sammlung der freien und Hansestadt Hamburg
HambVOSlg	= Sammlung der Verordnungen der Freyen Hansestadt Hamburg
HannGVOSlg	= Sammlung der Gesetze, Verordnungen und Ausschreiben für das Königreich Hannover
Hb.d.teut.RG	= Handbuch der teutschen Reichsgesetze
HDG	= Hilfsdienstgesetz
HdSW	= Handwörterbuch der Sozialwissenschaften
HdWW	= Handwörterbuch der Wirtschaftswissenschaften
HessRegBl.	= Großherzoglich Hessisches Regierungs-Blatt
HessVOSlg.	= Sammlung der in der Grosherzoglich Hessischen Zeitung publicierten Verordnungen und höheren Verfügungen
HFG	= Hinterbliebenenfürsorgegesetz
HGB	= Handelsgesetzbuch
HJ	= Hitler-Jugend
HÖV	= Handbuch für die öffentliche Verwaltung
Hrsg.	= Herausgeber
hrsg.	= herausgegeben
HWdKom	= Handwörterbuch der Kommunalwissenschaften
HWSt	= Handwörterbuch der Staatswissenschaften
HwV	= Handwerkerversicherung
HwVG	= Handwerkerversicherungsgesetz
i.a.	= im allgemeinen
i.d.F.	= in der Fassung
i.d.R.	= in der Regel
i.d.S.	= in dem Sinne

i.e.S.	=	im engeren Sinne
i.S.d.	=	im Sinne der (des)
i.S.v.	=	im Sinne von
i.V.m.	=	in Verbindung mit
i.w.S.	=	im weiteren Sinne
IAA	=	Internationales Arbeitsamt
IAO	=	Internationale Arbeitsorganisation
IAVG	=	Gesetz betr. die Invaliditäts- und Altersversicherung
IG	=	Industriegewerkschaft
IKK	=	Innungskrankenkasse
ILO	=	International Labour Organization
insb.	=	insbesondere
IVG	=	Invalidenversicherungsgesetz
JArbSchG	=	Jugendarbeitsschutzgesetz
JAV	=	Jahresarbeitsverdienst
JD	=	Jahresdurchschnitt
Jg.	=	Jahrgang
Jge.	=	Jahrgänge
Jhdt.	=	Jahrhundert
JWG	=	Jugendwohlfahrtsgesetz
Kap.	=	Kapitel
KdF	=	Kraft durch Freude
KfmG	=	Kaufmannsgericht
KfmGG	=	Kaufmannsgerichtsgesetz
Kfz	=	Kraftfahrzeug
kgl.	=	königlich
Kgl. Statist. Landesamt	=	königlich statistisches Landesamt
Kgl.RegBl.	=	Königliches Regierungsblatt
km	=	Kilometer
KnG	=	Knappschaftsgesetz
KnRV	=	Knappschaftliche Rentenversicherung
KnV	=	Knappschaftsversicherung
KPD	=	Kommunistische Partei Deutschlands
KR	=	Kontrollrat
Kr.	=	Kreuzer
KraftStG	=	Kraftfahrzeugsteuergesetz
KriF	=	Krisenfürsorge
KSchG	=	Kündigungsschutzgesetz
kurhessGVOSlg.	=	Sammlung von Gesetzen, Verordnungen, Ausschreiben und anderen allgemeinen Verfügungen für die kurhessischen Staaten
KV	=	Krankenversicherung
KVdR	=	Krankenversicherung der Rentner
KVG	=	Krankenversicherungsgesetz
KWVO	=	Kriegswirtschaftsverordnung
KZ	=	Konzentrationslager
LAG	=	Landesarbeitsgericht
landw.	=	landwirtschaftlich
lfde. Jge.	=	laufende Jahrgänge
lfde. Nrn.	=	laufende Nummern
lit.	=	Buchstabe
Loseblattslg.	=	Loseblattsammlung
LP	=	Legislaturperiode
LV	=	Landesversicherung
LVA	=	Landesversicherungsanstalt
M	=	Mark
max.	=	maximal
MeckAnz.	=	Großherzoglich Mecklenburg-Strelitzscher offizieller Anzeiger für Gesetzgebung und Staatsverwaltung
med.	=	medizinisch(e)

MeinVOSlg. = Sammlung der landesherrlichen Verordnungen im Herzogthum Sachsen-Meiningen
Min. = Minute
Mio. = Million(en)
Mitgl. = Mitglied
Mos. = Moses
Mrd. = Milliarde(n)
MuSchG = Mutterschutzgesetz
n.Chr. = nach Christus
n.F. = neue Fassung
N.F. = Neue Folge
NassauVBl. = Verordnungsblatt für das Herzogthum Nassau
NAW = Nationales Aufbauwerk
neubearb. = neubearbeitet(e)
nichtamtl. = nichtamtlich
No. = Number
NOG = Neuordnungsgesetz
NorddtBGBl. = Bundesgesetzblatt für den Norddeutschen Bund
NotVO = Notverordnung
Nov. = Novelle
Nov.Corp.Const.PrBrand. = Novum Corporis Constitutionum Marchicarum
Nr. = Nummer
NS = Nationalsozialismus
NSBO = Nationalsozialistische Betriebszellenorganisation
NSDAP = Nationalsozialistische Deutsche Arbeiterpartei
NSV = Nationalsozialistische Volkswohlfahrt
o.J. = ohne Jahresangabe
o.O. = ohne Ortsangabe
o.V. = ohne Verfasser
OKK = Ortskrankenkasse
OldenbGBl. = Gesetz-Blatt für das Großherzogthum Oldenburg
OldenbGSlg = Oldenburgische Gesetzessammlung
p.a. = pro Jahr
Pers. = Personen
Pfg. = Pfennig
pfl. = pflichtige
Pkt. = Punkt
PRgl. = Pensionsreglement für die Zivilstaatsdiener
PrGS = Gesetz-Sammlung für die Königlich Preußischen Staaten
Prot.dt.BundVersammlg. = Protokolle der deutschen Bundesversammlung
PStGB = Polizei-Strafgesetzbuch
qm = Quadratmeter
RA = Reichsanstalt
RAG = Reichsarbeitsgericht
RAM = Reichsarbeitsministerium
RAnz = Reichsanzeiger
RAO = Reichsabgabenordnung
RArBl. = Reichsarbeitsblatt
RAVAV = Reichsanstalt für Arbeitsvermittlung und Arbeitslosenversicherung
RBB = Reichshaushalts- und Besoldungsblatt
RBBG = Reichsbeamtenbesoldungsgesetz
RBG = Reichsbeamtengesetz
rd. = rund
Rdnr. = Randnummer
RegBl. = Regierungsblatt
Reichst.Absch. = Abschiede aller des H. R. Reichs Reichstäge
RfA = Reichsversicherungsanstalt für Angestellte
RFV = Reichfürsorgepflicht-Verordnung
RGBl. = Reichsgesetzblatt

RGr	=	Reichsgrundsätze über Voraussetzung, Art und Maß öffentlicher Fürsorgeleistungen
RGZ	=	Entscheidungen des Reichsgerichts in Zivilsachen
RJWG	=	Reichsjugendwohlfahrtsgesetz
RKnG	=	Reichsknappschaftsgesetz
RM	=	Reichsmark
RMBliV	=	Ministerialblatt des Reichs- und Preußischen Ministers des Innern
RMinABl.DtschWiss	=	Amtsblatt des Reichsministers für Wissenschaft, Erziehung und Volksbildung
Rpf.	=	Reichspfennig
RSiedlungsG	=	Reichssiedlungsgesetz
Rthlr.	=	Reichsthaler
RV	=	Reichsverfassung
RV	=	Rentenversicherung
RVA	=	Reichsversicherungsamt
RVG	=	Reichsversorgungsgesetz
RVO	=	Reichsversicherungsordnung
S.	=	Seite (Satz: im Zusammenhang mit Gesetzesstellen)
S.-WeimarEisenRegBl.	=	Regierungsblatt für das Großherzogthum Sachsen-Weimar-Eisenach
S.WeimarEisenGVOSlg.	=	Sammlung Großherzogl. S.Weimar-Eisenachischer Gesetze, Verordnungen und Circularbefehle
SA	=	NS-Sturmabteilung
SächsBR	=	Das Sächsische Bergrecht des Mittelalters (Ermisch)
SächsGSlg.	=	Gesetz-Sammlung für das Königreich Sachsen
SächsGVOBl.	=	Gesetz- und Verordnungsblatt für das Königreich Sachsen
Sam.	=	Samuel
SchwRudolst.GSlg.	=	Gesetzsammlung für das Fürstenthum Schwarzburg-Rudolstadt
SchwSonders.GSlg.	=	Gesetzsammlung für das Fürstenthum Schwarzburg-Sondershausen
SD	=	Sicherheitsdienst
Sept.	=	September
Sitz.	=	Sitzung
Slg.Bad.-Durl.VO	=	Sammlung aller Baden-Durlachischen Anstalten und Verordnungen
Slg.BaiBR	=	Sammlung des baierischen Bergrechts (Lori)
Slg.ÖsterrGB	=	Chronologisch systematische Sammlung der Berggesetze der österreichischen Monarchie (Schmidt)
Slg.PreußBO	=	Sammlung der in Preußen gültigen Berg-Ordnungen (Brassert)
Slg.Reichs-Schl.	=	Sammlung der Reichs-Schlüsse
sog.	=	sogenannt
Sp.	=	Spalte
SPD	=	Sozialdemokratische Partei Deutschlands
SS	=	NS-Schutzstaffel
Std.	=	Stunde(n)
stellv	=	stellvertretender
SteuerÄndG	=	Steueränderungsgesetz
StGB	=	Strafgesetzbuch
StJbDR	=	Statistisches Jahrbuch für das Deutsche Reich
SV	=	Sozialversicherung
t	=	Tonne
T.	=	Teil
Tab.	=	Tabelle
Tbc	=	Tuberkulose
Th.	=	Theil
Thl.	=	Thaler
ThürGSlg.	=	Thüringische Gesetzessammlung
Tit.	=	Titel
TVG	=	Tarifvertragsgesetz
Tz.	=	Textziffer
u.	=	und
u.ä.	=	und ähnliches

u.a.	=	unter anderem/und andere
u.U.	=	unter Umständen
überarb.	=	überarbeitet(e)
UrkB.Freiberg	=	Urkundenbuch der Stadt Freiberg in Sachsen
usw.	=	und so weiter
UV	=	Unfallversicherung
UWG	=	Unterstützungswohnsitzgesetz
V	=	Vers
v.	=	von/vom
v.a.	=	vor allem
v.Chr.	=	vor Christus
VA	=	Verwaltungsanordnung
VerfO	=	Verfahrensordnung
Verhandl.Dt.Reichst.	=	Verhandlungen des Deutschen Reichstages
versch.	=	verschieden(e)
Versich.-pfl.	=	Versicherungspflichtiger
vgl.	=	vergleiche
vH	=	vom Hundert
Vj	=	Versicherungsjahre
VO	=	Verordnung
VOBl.	=	Verordnungsblatt
Vol.	=	Volume
VSt	=	Vermögensteuer
VStG	=	Vermögensteuergesetz
VW	=	Volkswagen
VZ	=	Veranlagungszeitraum
VZ	=	Volkszählung
WaldeckRegbl.	=	Regierungsblatt für das Fürstenthum Waldeck und Pyrmonth
WestfGeBull.	=	Gesetz-Buelletin des Königreich Westfalen
WHW	=	Winterhilfswerk
WiSt	=	Wirtschaft und Statistik (Zeitschrift)
WoBauG	=	Wohnungsbaugesetz
WRV	=	Weimarer Reichsverfassung
WürttRegBl.	=	Regierungsblatt für das Königreich Württemberg
WürttStRegBl.	=	Königlich Württembergisches Staats- und Regierungs-Blatt
z.B.	=	zum Beispiel
z.T.	=	zum Teil
ZfGeschOberrh	=	Zeitschrift für Geschichte des Oberrheins
ZGB	=	Zivilgesetzbuch
Ziff.	=	Ziffer
zit.	=	zitiert
ZK	=	Zentralkomitee
zzgl.	=	zuzüglich
°C	=	Grad Celsius

Verzeichnis der Tabellen

Verzeichnis der Abbildungen

Personenregister

Sachregister

www.ingramcontent.com/pod-product-compliance
Lightning Source LLC
LaVergne TN
LVHW081327011026
849161LV00013BB/2863